中国南方电网
CHINA SOUTHERN POWER GRID

南方电网
继电保护案例分析汇编

中国南方电网有限责任公司　发布

中国电力出版社
CHINA ELECTRIC POWER PRESS

内 容 提 要

本书由中国南方电网电力调度控制中心组织编写，书中有大量的继电保护故障案例及继电保护动作实例分析，旨在帮助继电保护技术人员提高相关技术。

本书共分为十七章，分别为电力系统运行及故障分析基本原理，电力系统故障分析方法，线路故障实例分析，变压器故障实例分析，母线故障实例分析，断路器故障实例分析，发电机故障实例分析，复杂故障实例分析，误碰实例分析，误操作实例分析，误接线实例分析，误整定实例分析，调试不良实例分析，运行维护不良实例分析，回路设计不合理实例分析，装置原因导致的保护误动实例分析，以及智能变电站运行中的主要问题及事故实例。

本书可作为继电保护技术人员的培训用书，可作为其他相关技术人员的警示教材，还可作为相关管理人员的学习教材。

图书在版编目（CIP）数据

南方电网继电保护案例分析汇编 / 中国南方电网有限责任公司发布. —北京：中国电力出版社，2018.5（2026.1 重印）

ISBN 978-7-5198-2076-3

Ⅰ. ①南⋯ Ⅱ. ①中⋯ Ⅲ. ①电网-继电保护-故障诊断-汇编 Ⅳ. ①TM77

中国版本图书馆 CIP 数据核字（2018）第 108285 号

出版发行：中国电力出版社
地　　址：北京市东城区北京站西街 19 号（邮政编码 100005）
网　　址：http://www.cepp.sgcc.com.cn
责任编辑：苗唯时（010-63412340）
责任校对：黄　蓓　常燕昆
装帧设计：张俊霞
责任印制：石　雷

印　　刷：北京世纪东方数印科技有限公司
版　　次：2019 年 9 月第一版
印　　次：2026 年 1 月北京第六次印刷
开　　本：787 毫米×1092 毫米　16 开本
印　　张：23.75
字　　数：591 千字
印　　数：6501—7000 册
定　　价：95.00 元

前言

维持电网的安全、稳定、优质、经济运行，保障现代社会发展所必需的绿色、优质、可靠的电力能源供应，才能满足人民追求美好生活的电力需求。为保证电力系统的安全稳定运行，电网设置了“三道防线”，继电保护作为“三道防线”中的第一道防线，在维护系统稳定和保设备安全方面发挥首要作用。现代高压电网远距离、特高压、大容量、交直流混联运行等特点日益凸显，电网运行风险不断增大，继电保护拒动导致系统失稳、保护不正确动作导致局部电网重要设备跳闸引发大面积停电的风险形势日益严峻。近十几年来，国际上发生的一些大停电案例，比如 2003 年美加大停电、2005 年莫斯科大停电、2011 年巴西大停电、2012 年印度大停电、2018 年巴西大停电等，与继电保护在关键时刻不正确动作都有密切关系。

本书分析整理了南方电网十余年来的典型故障，其中既有典型的保护误动案例，也有少见复杂故障的介绍。从过往的事故案例来看，影响继电保护正确动作的因素众多，除了装置本身的逻辑原理和工艺质量外，在设计、施工安装、验收调试和运行维护等每个环节的错误都可能造成保护的不正确动作。“前事不忘，后事之师”，本书编写的初衷之一，就是给继电保护各环节的从业人员提供参考，避免同一因素造成保护不正确动作重复发生。此外，面对发生概率较少的复杂故障，现场人员可能会由于经验、技能水平不足无法快速完成事故分析，影响故障定位和快速复电。提升现场人员分析复杂故障的水平，是本书编写的另一个初衷。

本书首先介绍了电力系统运行及故障基本原理，读者可以进行理论上的学习、回顾；其次，介绍了电力系统故障分析的一般思路，包括分析方法以及分析工具的使用，有利于初学者快速掌握故障分析基本技能；接着按照一次设备类型、保护不正确动作责任原因分类展示典型保护误动案例，剖析保护不正确动作原因并提出了针对性的整改措施。本书充分兼顾了理论和实践两方面技能，适合从事继电保护专业工作的工程技术人员阅读。

本书第一、二章由侯捷、李洪卫、高永强编写，第三章由黎剑波编写，第四章由李德华编写，第五章由李海勇编写，第六章由李俊格编写，第七章由李德华、陆明编写，第八章由陈桥平、刘世丹编写，第九章由李海勇、陈宏山编写，第十章由牛静、陈朝晖编写，第十一章由李海勇、彭业编写，第十二章由符凯华、陈朝晖编写，第十三章由方毅、李本瑜编写，第十四章由李洪卫、李正红编写，第十五章由黎剑波、陈宏山编写，第十六章由李俊格编写，第十七章由熊学海、徐鹏、黄佳胤编写，附录由侯捷、高永强编写。全文由余江、侯捷统稿。

由于时间仓促，书中疏漏与不足之处，恳请读者批评指正。

编　者

2019 年 4 月

目录

第一章

电力系统运行及故障分析基本原理

第一节 电力系统正常运行时电压、电流及功率传输

电力系统运行的基本任务是将电能安全、可靠、经济的传输分配给用电设备。在电力传输过程中，需综合考虑功率传输方向、功率损失、电压降落等问题，这些问题可以采用等值双端电源电力系统模型进行分析。

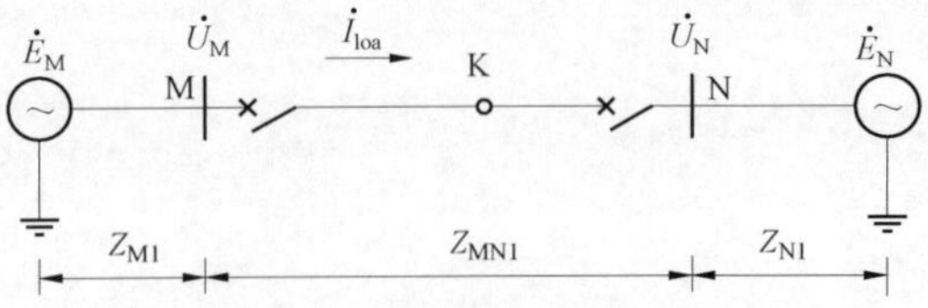

图 1－1　MN 线路等值系统图

图 1－1 为 MN 线路等值系统图，线路正序阻抗为 Z_{MN1}，M、N 侧等值正序阻抗为 Z_{M1}、Z_{N1}；M、N 侧等值电动势为 $\dot{E}_M$、$\dot{E}_N$；M、N 母线电压为 $\dot{U}_M$、$\dot{U}_N$；从 M 侧流向 N 侧的线路电流为 $\dot{I}_{loa}$。

一、正常运行时的电流、K 点电压

分析图 1－1 中 M 侧流向 N 侧的电流、K 点电压。M 侧流向 N 侧的线路三相电流为

$$\dot{I}_{loa \cdot A} = \frac{\dot{E}_{MA} - \dot{E}_{NA}}{Z_{M1} + Z_{MN1} + Z_{N1}} = \frac{\dot{E}_{MA} - \dot{E}_{NA}}{Z_{11}} \tag{1-1}$$

$$\dot{I}_{loa \cdot B} = \frac{\dot{E}_{MB} - \dot{E}_{NB}}{Z_{11}} = a^2 \dot{I}_{loa \cdot A} \tag{1-2}$$

$$\dot{I}_{loa \cdot C} = \frac{\dot{E}_{MC} - \dot{E}_{NC}}{Z_{11}} = a \dot{I}_{loa \cdot A} \tag{1-3}$$

式中　Z_{11}——系统总的综合正序阻抗，$Z_{11} = Z_{M1} + Z_{MN1} + Z_{N1}$；

a、a^2——运算子，$a = e^{j120^\circ}$、$a^2 = e^{j240^\circ}$。

如果 $|\dot{E}_M| = |\dot{E}_N| = |\dot{E}_\varphi|$、$\dot{E}_M$ 超前 $\dot{E}_N$ 的相角为 δ，计及 $|\dot{E}_M - \dot{E}_N| = 2|\dot{E}_\varphi|\sin\frac{\delta}{2}$，则从式（1－1）～式（1－3）可知

$$|\dot{I}_{loa}| = \frac{2|\dot{E}_\varphi|}{Z_{11}} \sin\frac{\delta}{2} \tag{1-4}$$

可以看出，当两侧电动势同相时，有 $I_{loa} = 0$，即处于空载状态；当两侧电动势夹角 δ 逐渐增大时，相应的 I_{loa} 也逐渐增大。正常运行时 δ 不会超过 60°。若系统发生振荡，即 δ 为 0°～360° 作周期变化，则当 $\delta = 180^\circ$ 时 I_{loa} 达最大值，也就是最大振荡电流 $\frac{2E_\varphi}{Z_{11}}$；$\delta$ 大于 180°，逐渐趋近 360°，I_{loa} 逐渐减小。

图 1－1 中 K 点三相电压可表示为

$$
\begin{aligned}
\dot{U}_{KA[0]} &= \dot{E}_{MA} - \dot{I}_{loa \cdot A}(Z_{M1} + Z_{MK1}) \\
&= \dot{E}_{MA} - \frac{\dot{E}_{MA} - \dot{E}_{NA}}{Z_{11}}(Z_{M1} + Z_{MK1}) \\
&= \frac{\dfrac{\dot{E}_{MA}}{Z_{M1} + Z_{MK1}} + \dfrac{\dot{E}_{NA}}{Z_{N1} + Z_{NK1}}}{\dfrac{1}{Z_{M1} + Z_{MK1}} + \dfrac{1}{Z_{N1} + Z_{NK1}}}
\end{aligned} \tag{1-5}
$$

$$\dot{U}_{KB[0]} = \dot{E}_{MB} - \dot{I}_{loa \cdot B}(Z_{M1} + Z_{MK1}) = a^2\dot{U}_{KA[0]} \tag{1-6}$$

$$\dot{U}_{KC[0]} = \dot{E}_{MC} - \dot{I}_{loa \cdot C}(Z_{M1} + Z_{MK1}) = a\dot{U}_{KA[0]} \tag{1-7}$$

式中 Z_{MK1} ——线路段 MK 的正序阻抗；

Z_{NK1} ——线路段 NK 的正序阻抗。

若 $\dot{E}_N = E_\varphi$、$\dot{E}_M = E_\varphi e^{j\delta}$，计及 K 点的电气位置系统

$$\rho_K = \frac{Z_{M1} + Z_{MK1}}{Z_{11}} \tag{1-8}$$

则式（1－5）～式（1－7）可化简为

$$U_{K\varphi[0]} = E_\varphi\sqrt{1 - 4\rho_K(1 - \rho_K)\sin^2\frac{\delta}{2}} \tag{1-9}$$

可以看出，K 点三相电压不仅与 ρ_K 有关，而且与 δ 有关。如 $\rho_K = 0.2$、$\delta = 30°$，则 $U_{K\varphi[0]} = 0.978E_\varphi$，说明电力系统正常运行时，K 点三相电压在额定值附近。但是，若系统发生振荡，当 $\delta = 180°$ 时，则 K 点三相电压由式（1－9）得

$$U_{K\varphi[0]}\Big|_{\delta=180°} = |1 - 2\rho_K|E\varphi \tag{1-10}$$

这就是系统振荡过程中 K 点的最低电压。

二、功率传输

如图 1－2 所示为路线 M 侧传输方向上电流滞后电压的相量关系，滞后的相角 $\varphi < 90°$。传输的视在功率有两种表示方式，即

$$S = \dot{U}_M\dot{I}^*_{loa} = P + jQ \tag{1-11}$$

$$S = \dot{U}^*_M\dot{I}_{loa} = P - jQ \tag{1-12}$$

式中 $\dot{U}^*_M$ ——电压 $\dot{U}_M$ 的共轭相量；

$\dot{I}^*_{loa}$ ——电流 $\dot{I}_{loa}$ 的共轭相量。

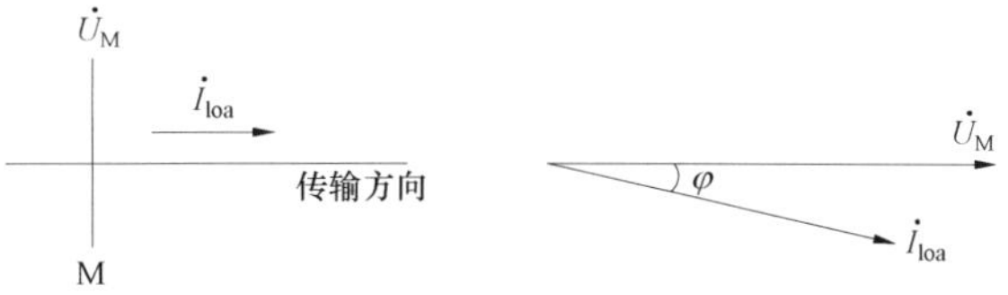

图 1－2 传输方向上电流滞后电压的向量关系

式（1－11）中以电压为基准与共轭的电流相乘，$+\mathrm{j}Q$ 表示在传输方向上送出感性无功功率；式（1－12）中以电流为基准与共轭的电压相乘，$-\mathrm{j}Q$ 表示在传输方向上送出感性无功功率。上述两种方法不影响有功功率符号。

用式（1－11）所示的方式讨论图 1－1 中线路 MN 中功率的传输。设 $\dot{U}_{\mathrm{N}}$ 为参考相量，即 $\dot{U}_{\mathrm{N}}=U_{\mathrm{N}}\angle 0^{\circ}$，若 M 母线电压超前 N 母线电压的相角 δ_{MN}，则 $\dot{U}_{\mathrm{M}}=U_{\mathrm{N}}\angle\delta_{\mathrm{MN}}$，计及线路阻抗角为 φ_{Line}，从 M 侧流向 N 侧的线路电流为

$$\dot{I}_{\mathrm{loa}}=\frac{U_{\mathrm{M}}\angle\delta_{\mathrm{MN}}-U_{\mathrm{N}}}{Z_{\mathrm{MN1}}\angle\varphi_{\mathrm{Line}}}=\frac{1}{Z_{\mathrm{MN1}}}[U_{\mathrm{M}}\angle(\delta_{\mathrm{MN}}-\varphi_{\mathrm{Line}})-U_{\mathrm{N}}\angle(-\varphi_{\mathrm{Line}})] \quad (1-13)$$

于是 M 侧、N 侧的视在功率按式（1－11）的表示方法得到为

$$\begin{aligned}P_{\mathrm{M}}+\mathrm{j}Q_{\mathrm{M}}&=\dot{U}_{\mathrm{M}}\dot{I}_{\mathrm{loa}}^{*}=\frac{U_{\mathrm{M}}}{Z_{\mathrm{MN1}}}[U_{\mathrm{M}}\angle\varphi_{\mathrm{Line}}-U_{\mathrm{N}}\angle(\delta_{\mathrm{MN}}+\varphi_{\mathrm{Line}})]\\&=\frac{U_{\mathrm{M}}}{Z_{\mathrm{MN1}}}[U_{\mathrm{M}}\cos\varphi_{\mathrm{Line}}-U_{\mathrm{N}}\cos(\delta_{\mathrm{MN}}+\varphi_{\mathrm{Line}})]+\\&\quad\mathrm{j}\frac{U_{\mathrm{M}}}{Z_{\mathrm{MN1}}}[U_{\mathrm{M}}\sin\varphi_{\mathrm{Line}}-U_{\mathrm{N}}\sin(\delta_{\mathrm{MN}}+\varphi_{\mathrm{Line}})]\end{aligned} \quad (1-14)$$

$$\begin{aligned}P_{\mathrm{N}}+\mathrm{j}Q_{\mathrm{N}}&=\dot{U}_{\mathrm{N}}\dot{I}_{\mathrm{loa}}^{*}=\frac{U_{\mathrm{N}}}{Z_{\mathrm{MN1}}}[U_{\mathrm{M}}\angle(\varphi_{\mathrm{Line}}-\delta_{\mathrm{MN}})-U_{\mathrm{N}}\angle\varphi_{\mathrm{Line}}]\\&=\frac{U_{\mathrm{N}}}{Z_{\mathrm{MN1}}}[U_{\mathrm{M}}\cos(\varphi_{\mathrm{Line}}-\delta_{\mathrm{MN}})-U_{\mathrm{N}}\cos\varphi_{\mathrm{Line}}]+\\&\quad\mathrm{j}\frac{U_{\mathrm{N}}}{Z_{\mathrm{MN1}}}[U_{\mathrm{M}}\sin(\varphi_{\mathrm{Line}}-\delta_{\mathrm{MN}})-U_{\mathrm{N}}\sin\varphi_{\mathrm{Line}}]\end{aligned} \quad (1-15)$$

其中 $P_{\mathrm{N}}+\mathrm{j}Q_{\mathrm{N}}$ 由路线流向 N 侧母线，对于线路分布电容以集中电容的形式置于两侧母线，故讨论功率传输时可不计分布电容的影响。

（一）不计线路电阻分量时的功率传输

令 $\varphi_{\mathrm{Line}}=90^{\circ}$，式（1－14）、式（1－15）改写为

$$P_{\mathrm{M}}+\mathrm{j}Q_{\mathrm{M}}=\frac{U_{\mathrm{M}}U_{\mathrm{N}}}{Z_{\mathrm{MN1}}}\sin\delta_{\mathrm{MN}}+\mathrm{j}\frac{U_{\mathrm{M}}}{Z_{\mathrm{MN1}}}(U_{\mathrm{M}}-U_{\mathrm{N}}\cos\delta_{\mathrm{MN}}) \quad (1-16)$$

$$P_{\mathrm{N}}+\mathrm{j}Q_{\mathrm{N}}=\frac{U_{\mathrm{M}}U_{\mathrm{N}}}{Z_{\mathrm{MN1}}}\sin\delta_{\mathrm{MN}}+\mathrm{j}\frac{U_{\mathrm{N}}}{Z_{\mathrm{MN1}}}(U_{\mathrm{M}}\cos\delta_{\mathrm{MN}}-U_{\mathrm{N}}) \quad (1-17)$$

1. 有功功率

$P_{\mathrm{M}}=P_{\mathrm{N}}=\dfrac{U_{\mathrm{M}}U_{\mathrm{N}}}{Z_{\mathrm{MN1}}}\sin\delta_{\mathrm{MN}}$，说明线路 MN 中不产生有功功率损耗（线路为纯电抗），即 $\Delta P=P_{\mathrm{M}}-P_{\mathrm{N}}=0$。有功功率传输方向，与电压高低无关系，取决于电压相位关系。当 $\dot{U}_{\mathrm{M}}$ 超前 $\dot{U}_{\mathrm{N}}$ 时，$\delta_{\mathrm{MN}}>0$，有功功率从 M 侧输向 N 侧；当 $\dot{U}_{\mathrm{M}}$ 滞后 $\dot{U}_{\mathrm{N}}$ 时，$\delta_{\mathrm{MN}}<0$，有功功率从 N 侧输向 M 侧。

2. 无功功率

当 $\delta_{\mathrm{MN}}=0^{\circ}$ 时，线路中不传输有功功率，此时由式（1－16）、式（1－17）得到 M、N 侧

的感性无功功率为

$$Q_{\mathrm{M}}=\frac{U_{\mathrm{M}}}{Z_{\mathrm{MN1}}}(U_{\mathrm{M}}-U_{\mathrm{N}}) \tag{1-18}$$

$$Q_{\mathrm{N}}=\frac{U_{\mathrm{N}}}{Z_{\mathrm{MN1}}}(U_{\mathrm{M}}-U_{\mathrm{N}}) \tag{1-19}$$

式（1－18）和式（1－19）说明无功功率（感性）从电压高的一侧输到电压低的一侧，与有功功率的输送完全不同。当$U_{\mathrm{M}}>U_{\mathrm{N}}$时，感性无功功率从M侧输向N侧；当$U_{\mathrm{M}}<U_{\mathrm{N}}$时，感性无功功率从N侧输向M侧。

感性无功功率从M侧输送到N侧，产生的无功功率损耗ΔQ。由式（1－16）、式（1－17）得到

$$\Delta Q=Q_{\mathrm{M}}-Q_{\mathrm{N}}=\frac{1}{Z_{\mathrm{MN1}}}\left[(U_{\mathrm{M}}-U_{\mathrm{N}})^2+4U_{\mathrm{M}}U_{\mathrm{N}}\sin^2\frac{\delta_{\mathrm{MN}}}{2}\right] \tag{1-20}$$

可以看出，无功功率损耗有两部分：$\frac{(U_{\mathrm{M}}-U_{\mathrm{N}})^2}{Z_{\mathrm{MN1}}}$为传送无功功率（$U_{\mathrm{M}}\neq U_{\mathrm{N}}$）引起的损耗；$\frac{4U_{\mathrm{M}}U_{\mathrm{N}}}{Z_{\mathrm{MN1}}}\sin^2\frac{\delta_{\mathrm{MN}}}{2}$为传送有功功率（$\delta_{\mathrm{MN}}\neq0°$）引起的损耗。

由式（1－16）得到M侧送出的感性无功功率为

$$Q_{\mathrm{M}}=\frac{U_{\mathrm{M}}}{Z_{\mathrm{MN1}}}\left(U_{\mathrm{M}}-U_{\mathrm{N}}+2U_{\mathrm{N}}\sin^2\frac{\delta_{\mathrm{MN}}}{2}\right) \tag{1-21}$$

可见，当Z_{MN1}较大时，要输送较大的无功功率，必须加大U_{M}、U_{N}间的电压差。但U_{M}和U_{N}间的电压差受系统运行条件限制，故长距离输送无功功率是受限制的。当以送出无功功率（$\delta_{\mathrm{MN}}=0°$）为基准时，由式（1－18）、式（1－20）得到$\delta_{\mathrm{MN}}=0°$是无功功率损耗占送出无功功率的比率为

$$\left.\frac{\Delta Q}{Q_{\mathrm{M}}}\right|_{\delta_{\mathrm{MN}}=0°}=\frac{U_{\mathrm{M}}-U_{\mathrm{N}}}{U_{\mathrm{M}}}=Z_{\mathrm{MN1}}\frac{Q_{\mathrm{M}}}{U_{\mathrm{M}}^2} \tag{1-22}$$

Z_{MN1}越大，传输无功功率越大，无功功率的损失比率也越大。因此，长距离输送无功功率是不合理的。

（二）计及线路电阻分量时的功率传输

由于计及线路电阻分量，故$\varphi_{\mathrm{Line}}\leqslant 90°$。由式（1－14）、式（1－15）得到有功功率损耗

$$\begin{aligned}\Delta P&=P_{\mathrm{M}}-P_{\mathrm{N}}\\&=\frac{1}{Z_{\mathrm{MN1}}}\left[(U_{\mathrm{M}}-U_{\mathrm{N}})^2+4U_{\mathrm{M}}U_{\mathrm{N}}\sin^2\frac{\delta_{\mathrm{MN}}}{2}\right]\cos\varphi_{\mathrm{Line}}\\&=\Delta Q\cos\varphi_{\mathrm{Line}}\end{aligned} \tag{1-23}$$

由式（1－23）可知，线路中产生的有功功率损耗与无功功率损耗成正比。这意味着长距离输送无功功率，不仅有很大的无功功率损耗，同时也增大了有功功率损耗。

计及线路电阻分量后，由式（1－14）、式（1－15）得到无功功率损耗为

$$
\begin{aligned}
\Delta Q &= Q_{\mathrm{M}} - Q_{\mathrm{N}} \\
&= \frac{1}{Z_{\mathrm{MN1}}}\left[(U_{\mathrm{M}} - U_{\mathrm{N}})^2 + 4U_{\mathrm{M}}\sin^2\frac{\delta_{\mathrm{MN}}}{2}\right]\sin\varphi_{\mathrm{Line}} \\
&= \Delta Q_0 \sin\varphi_{\mathrm{Line}}
\end{aligned} \tag{1-24}
$$

计及线路电阻分量后，与不计电阻时相比，无功功率损耗有所减小。

三、电压降落与电压损失

在图 1-1 中，$\dot{U}_{\mathrm{M}}$ 与 $\dot{U}_{\mathrm{N}}$ 间关系式为

$$\dot{U}_{\mathrm{M}} = \dot{U}_{\mathrm{N}} + \dot{I}_{\mathrm{loa}} Z_{\mathrm{MN1}} \tag{1-25}$$

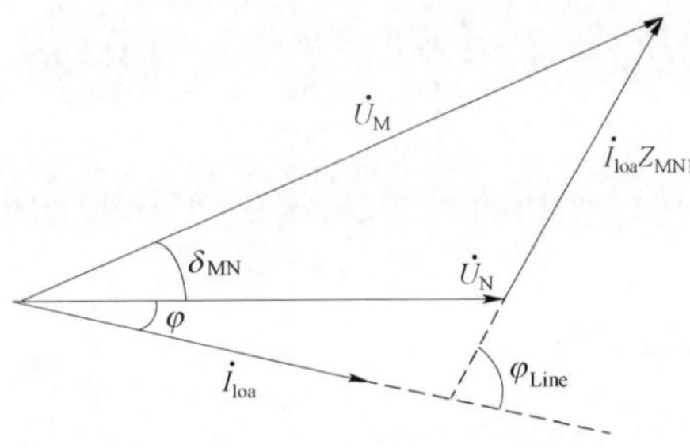

图 1-3　$\dot{U}_{\mathrm{M}}$ 与 $\dot{U}_{\mathrm{N}}$ 间的向量关系

$\dot{U}_{\mathrm{M}}$ 与 $\dot{U}_{\mathrm{N}}$ 间向量关系如图 1-3 所示。$\dot{U}_{\mathrm{M}}$ 与 $\dot{U}_{\mathrm{N}}$ 间的向量差称电压降落，或称电压降。相电压降落的表达式为（线电压降落是相电压降落的 $\sqrt{3}$ 倍）

$$\left|\dot{U}_{\mathrm{M}} - \dot{U}_{\mathrm{N}}\right| = \left|\dot{I}_{\mathrm{loa}} Z_{\mathrm{MN1}}\right| = \frac{Z_{\mathrm{MN1}}}{Z_{11}} 2E_{\varphi} \sin\frac{\delta}{2} \tag{1-26}$$

显而易见，负荷电流越大、线路越长，电压降落也越大。如 $\frac{Z_{\mathrm{MN1}}}{Z_{11}} = 0.15$、$\delta = 20^{\circ}$，则电压降落值为 $5.12\%E_{\varphi}$。当 δ 发生变化时（相应的 $\dot{I}_{\mathrm{loa}}$ 发生变化），电压降落同样发生变化。

$\dot{U}_{\mathrm{M}}$ 与 $\dot{U}_{\mathrm{N}}$ 间的绝对值之差，称电压损失，用 ΔU 表示为

$$\Delta U = U_{\mathrm{M}} - U_{\mathrm{N}} \tag{1-27}$$

令 $\dot{U}_{\mathrm{N}}$ 为参考相量，则 $\dot{I}_{\mathrm{loa}} = |\dot{I}_{\mathrm{loa}}| \mathrm{e}^{-\mathrm{j}\varphi}$、$Z_{\mathrm{MN1}}\dot{I}_{\mathrm{loa}} = \left|Z_{\mathrm{MN1}}\dot{I}_{\mathrm{loa}}\right| \mathrm{e}^{\mathrm{j}(\varphi_{\mathrm{Line}} - \varphi)}$，于是式（1-25）可表示为

$$
\begin{aligned}
\dot{U}_{\mathrm{M}} &= \dot{U}_{\mathrm{N}} + \left|\dot{I}_{\mathrm{loa}} Z_{\mathrm{MN1}}\right| \mathrm{e}^{\mathrm{j}(\varphi_{\mathrm{Line}} - \varphi)} \\
&= U_{\mathrm{N}} + \left|\dot{I}_{\mathrm{loa}} Z_{\mathrm{MN1}}\right| (\cos\varphi_{\mathrm{Line}} \cos\varphi + \sin\varphi_{\mathrm{Line}} \sin\varphi) + \\
&\quad \mathrm{j}\left|\dot{I}_{\mathrm{loa}} Z_{\mathrm{MN1}}\right| (\sin\varphi_{\mathrm{Line}} \cos\varphi - \cos\varphi_{\mathrm{Line}} \sin\varphi)
\end{aligned} \tag{1-28}
$$

如果式(1-28)中的 U_{M}、U_{N} 定义为线电压，计及 $Z_{\mathrm{MN1}}\cos\varphi_{\mathrm{Line}} = R_{\mathrm{MN}}$、$Z_{\mathrm{MN1}}\sin\varphi_{\mathrm{Line}} = X_{\mathrm{MN}}$、$P_{\mathrm{M}} = \sqrt{3}U_{\mathrm{M}}I_{\mathrm{loa}}\cos\varphi$，$Q_{\mathrm{M}} = \sqrt{3}U_{\mathrm{M}}I_{\mathrm{loa}}\sin\varphi$，则式（1-28）变换为

$$U_{\mathrm{M}} = U_{\mathrm{N}} + \Delta U + \mathrm{j}(\delta U) \tag{1-29}$$

式中　ΔU ——纵向线电压损失，$\Delta U = \dfrac{P_{\mathrm{M}}R_{\mathrm{MN}} + Q_{\mathrm{M}}X_{\mathrm{MN}}}{U_{\mathrm{M}}}$；

　　δU ——横向线电压损失，$\delta U = \dfrac{P_{\mathrm{M}}X_{\mathrm{MN}} - Q_{\mathrm{M}}R_{\mathrm{MN}}}{U_{\mathrm{M}}}$。

通常情况下，$\delta U \ll U_{\mathrm{N}} + \Delta U$，故式（1-27）可表示为

$$\Delta U = \frac{P_{\mathrm{M}}R_{\mathrm{MN}} + Q_{\mathrm{M}}X_{\mathrm{MN}}}{U_{\mathrm{M}}} \tag{1-30}$$

长距离输送较大无功功率时，$Q_M X_{MN}$ 较大，当然电压损失较大，故长距离输送无功功率是不合理的。

四、测量阻抗

测量阻抗是距离保护中常用的概念，它定义为保护安装处测量电压与测量电流之比。下面讨论图 1－1 中线路 M 侧的二次测量阻抗。

线路 M 侧的二次测量阻抗 Z_m，计及 $\dot{E}_N = E_\varphi$、$\dot{E}_M = E_\varphi e^{j\delta}$、$\dot{U}_M = \dot{E}_M - \dot{I}_{loa} Z_{M1}$、$\dot{I}_{loa} = \dfrac{E_\varphi}{Z_{11}}(e^{j\delta} - 1)$ 可得到

$$Z_m = \frac{n_{TA}}{n_{TV}} \frac{\dot{U}_M}{\dot{I}_{loa}} = \frac{n_{TA}}{n_{TV}}\left(-Z_{M1} + Z_{11}\frac{e^{j\delta}}{e^{j\delta}-1}\right) = \frac{n_{TA}}{n_{TV}}\left(-Z_{M1} + \frac{Z_{11}}{2} - j\frac{Z_{11}}{2}\cot\frac{\delta}{2}\right) \quad (1-31)$$

式中 n_{TA}——电流互感器变比；

n_{TV}——电压互感器变比。

如图 1－4 所示为 $\delta = \delta_0$ 时的 Z_m 值，其中 φ_Σ 为 Z_{11} 阻抗角。因正常运行时 δ_0 不大，故 Z_m 为负荷阻抗值。

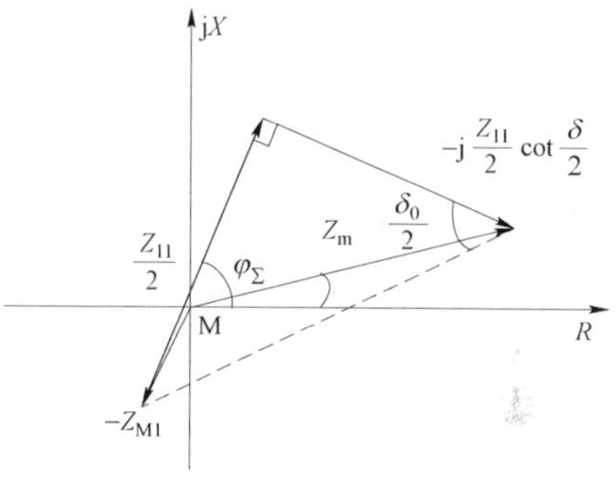

图 1－4 Z_m 与 δ 的关系

第二节 标 幺 制

在短路故障分析中，可以用有名值进行计算分析，如电压单位用 kV、电流单位用 kA、阻抗单位用 Ω、功率单位用 W 等。实际工程计算中，常采用标幺值进行计算分析使计算过程简化，称为标幺制。

一、标幺值

标幺值就是各物理量对基准值的相对数值，是无单位的，其表达式为

$$\text{标幺值} = \frac{\text{有名值（任意单位）}}{\text{基准值（与有名值同单位）}}$$

在短路故障分析中，常用到电气物理量有 U、I、Z、S，其基准值分别为 U_B、I_B、Z_B、S_B，于是标幺值为 $U_* = \dfrac{U}{U_B}$；$I_* = \dfrac{I}{I_B}$；$Z_* = \dfrac{Z}{Z_B}$；$S_* = \dfrac{S}{S_B}$。

二、三相系统基准值选取

（一）同一电压等级中的基准值

在标幺制中，基准值的选取是重要的。在三相系统中，U_B、I_B、Z_B、S_B 的关系为

$$S_B = \sqrt{3} U_B I_B \quad (1-32)$$

$$U_B = \sqrt{3} I_B Z_B \quad (1-33)$$

式中　U_B、I_B——线电压、线电流的基准值；

Z_B——每相阻抗的基准值；

S_B——三相容量的基准值。

在上述四个基准值中，由于存在式（1－32）、式（1－33）的关系，所以只要选取两个基准值（通常是S_B和U_B），其余两个基准值也就随之确定了，如

$$I_B=\frac{S_B}{\sqrt{3}U_B} \tag{1-34}$$

$$Z_B=\frac{U_B}{\sqrt{3}I_B}=\frac{U_B^2}{S_B} \tag{1-35}$$

S_B和U_B的选取，原则上可以是任意的，但为了计算的方便，一般S_B选取某一发电厂的总容量或系统总容量（较多选取100MVA或1000MVA）。对于U_B可以选取该电压等级的额定电压，但在故障分析中，通常选取的是该电压等级的平均额定电压U_{av}。各电压等级的平均额定电压如表1－1中所示（U_N为电网额定电压）。例如，110kV级，U_B=115kV；220kV级，U_B=230kV。对于发电机电压等级的基准电压取发电机的额定电压。

表1－1　　各电压等级的平均额定电压

U_N(kV)	0.38	3	6	10	35	110	220	330	500
U_{av}(kV)	0.40	3.15	6.3	10.5	37	115	230	345	525

当基准值选定后，各电气量的标幺制计算为

$$S_*=\frac{S}{S_B} \tag{1-36}$$

$$U_*=\frac{U}{U_{av}} \tag{1-37}$$

$$I_*=\frac{I}{I_B}=\frac{I}{\dfrac{S_B}{\sqrt{3}U_{av}}}=\frac{\sqrt{3}U_{av}I}{S_B} \tag{1-38}$$

$$Z_*=\frac{Z}{Z_B}=Z\frac{S_B}{U_{av}^2} \tag{1-39}$$

注意，式(1－36)中的S应为三相容量，如是单相容量，则S_B也应为单相容量基准值；式(1－37)中的U应为线电压，如是相电压，则U_{av}也应为相电压基准值。

（二）不同电压等级基准值间关系

电力系统中存在不同电压等级的线路段，由升压变压器或降压变压器耦合相连，并且这些变压器的变化一般是不等的。在故障分析中，为了方便，可假设系统中所有变压器的变比等于两侧平均额定电压之比（这样假设，使误差在工程允许误差范围内）。变压器两侧基准值之间的关系如图1－5所示，变压器变比为U_{av1}/U_{av2}。不同电压等级通过变压器耦合相连，所以这两侧的基准值有着一定的关系。

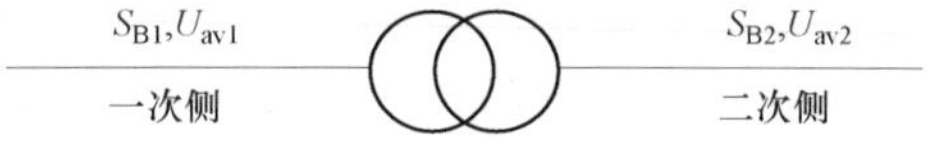

图 1－5 变压器两侧基准值之间的关系

由于功率通过变压器不会发生变化，所以电力系统中基准容量选定后，各电压等级的基准容量也随之确定下来并等于选定的基准容量。在图 1－5 中，基准容量 $S_{B1}=S_{B2}=S_B$；一次侧基准电压是 U_{av1}，二次侧是 U_{av2}，根据式（1－34）、式（1－35）可确定

$$I_{B1}=\frac{S_B}{\sqrt{3}U_{av1}} \tag{1-40}$$

$$Z_{B1}=\frac{U_{av1}^2}{S_B} \tag{1-41}$$

$$I_{B2}=\frac{S_B}{\sqrt{3}U_{av2}} \tag{1-42}$$

$$Z_{B2}=\frac{U_{av2}^2}{S_B} \tag{1-43}$$

如有更多的电压等级，处理方式相同，即基准容量仍为 S_B，各电压等级的电压基准值为该级的平均额定电压。

各电压级的 S_B、U_B 确定后，根据式（1－36）～式（1－39）可求得各电压等级电气量的标幺值，需要注意的是，电压基准值要采用元件所处电压等级的平均额定电压。

三、三相系统中标幺值计算特点

（1）有功功率 P、无功功率 Q 的基准值是 S_B，而不是 P_B、Q_B，所以在求得 P_*、Q_* 后，P、Q 的有名值为

$$P=P_*S_B，\quad Q=Q_*S_B$$

阻抗 R、X 的基准值不是 R_B、X_B 而是 Z_B，在求得 R_*、X_* 后，R、X 值为

$$R=R_*Z_B，\quad X=X_*Z_B$$

（2）若以下标 1 表示单相，下标 3 表示三相，则有

$$P_{1*}=P_{3*}，\quad S_{1*}=S_{3*}$$

即三相功率（包括视在功率）标幺值等于单相功率标幺值。注意 $P_{3*}\neq 3P_{1*}$、$S_{3*}\neq 3S_{1*}$。在求得 P_*、S_* 后，乘上三相基准容量 S_B 就得三相功率值 P_3、S_3；乘上单相基准容量 $\frac{1}{3}S_B$ 就得单相功率值 P_1、S_1。

与功率标幺值情况相似，线电压标幺值和相电压标幺值也相等。在求得电压标幺值后，乘上相电压基准值可得到实际相电压；乘上线电压基准值可得到实际线电压。

（3）在有名制中，$S_3=\sqrt{3}UI$、$P_3=\sqrt{3}UI\cos\varphi$（$U$ 为线电压，I 为线电流）。但在标幺制中，$S_{3*}=U_*I_*$、$P_{3*}=U_*I_*\cos\varphi$。

（4）标幺值计算中，$I_{*B}=U_{*B}/Z_{*B}$ 仍成立。

（5）标幺值电气量经过变压器后不变化。如图 1－5 所示，一次侧的电流为I_1，其标幺值为$I_{1*}=I_1/I_{B1}=\dfrac{\sqrt{3}U_{av1}I_1}{S_B}$。$I_1$经过变压器后变为$I_2$，$I_2=I_1\dfrac{U_{av1}}{U_{av2}}$，所以

$$I_{2*}=\frac{I_2}{I_{B2}}=\frac{I_1U_{av1}/U_{av2}}{S_B/\sqrt{3}U_{av2}}=\frac{\sqrt{3}I_1U_{av1}}{S_B}$$

显然，$I_{1*}=I_{2*}$（但$I_1\neq I_2$）。其他各电气量也有这一关系。

虽然标幺值电气量经过变压器后数值不发生变化，但求有名值时，应将求得的标幺值电气量乘以该电压等级相应基准值。

第三节 对 称 分 量 法

由电工基本原理得到，一组不对称的三个电气量可分解为正序、负序和零序三组电气分量。假定$\dot{F}_A$、$\dot{F}_B$、$\dot{F}_C$代表不对称的三个电气量（电流或电压），用$\dot{F}_1$、$\dot{F}_2$、$\dot{F}_0$代表正序、负序和零序三个电气分量。令A相为基准相时，其关系为

$$\left.\begin{aligned}\dot{F}_A&=\dot{F}_{A1}+\dot{F}_{A2}+\dot{F}_{A0}\\\dot{F}_B&=\dot{F}_{B1}+\dot{F}_{B2}+\dot{F}_{B0}=a^2\dot{F}_{A1}+a\dot{F}_{A2}+\dot{F}_{A0}\\\dot{F}_C&=\dot{F}_{C1}+\dot{F}_{C2}+\dot{F}_{C0}=a\dot{F}_{A1}+a^2\dot{F}_{A2}+\dot{F}_{A0}\end{aligned}\right\}\tag{1-44}$$

$$\left.\begin{aligned}\dot{F}_{A0}&=\frac{1}{3}(\dot{F}_A+\dot{F}_B+\dot{F}_C)\\\dot{F}_{A1}&=\frac{1}{3}(\dot{F}_A+a\dot{F}_B+a^2\dot{F}_C)\\\dot{F}_{A2}&=\frac{1}{3}(\dot{F}_A+a^2\dot{F}_B+a\dot{F}_C)\end{aligned}\right\}\tag{1-45}$$

某输电路上的 K 点，在正常运行情况下该点三相电压$\dot{U}_{KA[0]}$、$\dot{U}_{KB[0]}$、$\dot{U}_{KC[0]}$对称（正序），K 点横向无电流，即无电流流入大地、相间也无电流流通。当 K 点发生不对称短路故障时，K 点三相电压$\dot{U}_{KA}$、$\dot{U}_{KB}$、$\dot{U}_{KC}$不对称，横向三相电流$\dot{I}_{KA}$、$\dot{I}_{KB}$、$\dot{I}_{KC}$不对称。应用对称分量法，可将 K 点三相电压、横向三相电流表示为

$$\dot{U}_{KA}=\dot{U}_{KA1}+\dot{U}_{KA2}+\dot{U}_{KA0}$$

$$\dot{U}_{KB}=\dot{U}_{KB1}+\dot{U}_{KB2}+\dot{U}_{KB0}$$

$$\dot{U}_{KC}=\dot{U}_{KC1}+\dot{U}_{KC2}+\dot{U}_{KC0}$$

$$\dot{I}_{KA}=\dot{I}_{KA1}+\dot{I}_{KA2}+\dot{I}_{KA0}$$

$$\dot{I}_{KB}=\dot{I}_{KB1}+\dot{I}_{KB2}+\dot{I}_{KB0}$$

$$\dot{I}_{KC}=\dot{I}_{KC1}+\dot{I}_{KC2}+\dot{I}_{KC0}$$

其中下标1、2、0表示正序、负序、零序分量。这样 K 点发生不对称短路故障使用序分量标示如图 1－6 所示。

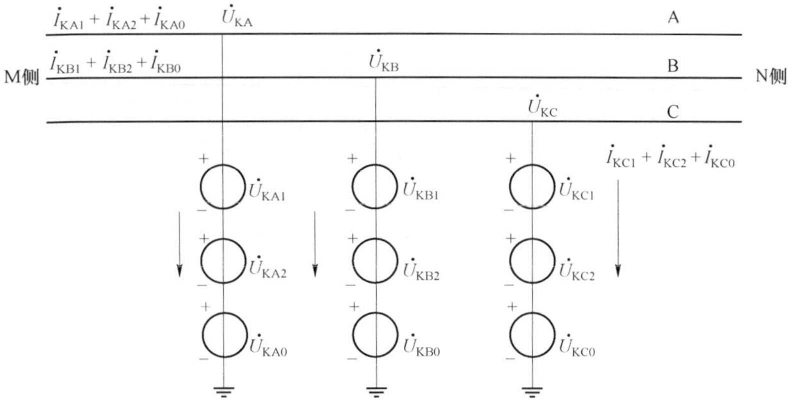

图 1－6　故障点电气量分解为正序、负序、零序分量

因为电力系统各元件参数可认为是线性的，故可应用叠加原理，从而形成正序网络、负序网络、零序网络。在正序网络中除故障点有$\dot{U}_{KA1}$、$\dot{U}_{KB1}$、$\dot{U}_{KC1}$故障正序电动势作用外，还有发电机电动势$\dot{E}_{MA}$、$\dot{E}_{MB}$、$\dot{E}_{MC}$（M 侧）和$\dot{E}_{NA}$、$\dot{E}_{NB}$、$\dot{E}_{NC}$（N 侧），各元件用相应的正序参数代替；在正序网络中除原有的负荷分量电流、电压外，同时还有正序故障分量电流、电压；故障支路无负荷电流，仅有故障正序分量电流（$\dot{I}_{KA1}$、$\dot{I}_{KB1}$、$\dot{I}_{KC1}$）。在负序网络中仅有故障点的$\dot{U}_{KA2}$、$\dot{U}_{KB2}$、$\dot{U}_{KC2}$作用（发电机无负序电动势），各元件用相应的负序参数代替；在负序网络中只存在负序分量电流、电压。在零序网络中仅有故障点的$\dot{U}_{KA0}$、$\dot{U}_{KB0}$、$\dot{U}_{KC0}$作用（发电机无零序电动势），零序电流流通的元件用相应的零序等值电路代替；在零序网络中只存在零序分量电流、电压。

由于电力系统中三相参数是对称的，故正序网络、负序网络、零序网络可只画一相，如图 1－7（a）、（c）、（e）所示（取 A 相为基准相）。其中$Z_{MK1}+Z_{M1}$和$Z_{KN1}+Z_{N1}$、$Z_{MK2}+Z_{M2}$和$Z_{KN2}+Z_{N2}$、$Z_{MK0}+Z_{M0}$和$Z_{KN0}+Z_{N0}$分别是 K 故障点左侧和右侧的正序、负序、零序等值阻抗；N_1、N_2、N_0分别是该系统电源的正序中性点、负序中性点和接地中性点。计及式（1－5）可将图 1－7（a）简化成图 1－7（b），图 1－7（c）简化成图 1－7（d），图 1－7（e）简化成图 1－7（f）。其中，$Z_{\Sigma1}=(Z_{MK1}+Z_{M1})\|(Z_{KN1}+Z_{N1})$为故障点的正序综合阻抗；$Z_{\Sigma2}=(Z_{MK2}+Z_{M2})\|(Z_{KN2}+Z_{N2})$为故障点的负序综合阻抗，一般情况下可认为$Z_{\Sigma2}=Z_{\Sigma1}$；$Z_{\Sigma0}=(Z_{MK0}+Z_{M0})\|(Z_{KN0}+Z_{N0})$为故障点的零序综合阻抗。由图 1－7（b）、（d）、（f）可得各序电压方程为

$$\begin{cases}\dot{U}_{KA1}=\dot{U}_{KA[0]}-\dot{I}_{KA1}Z_{\Sigma1}\\ \dot{U}_{KA2}=-\dot{I}_{KA2}Z_{\Sigma2}\\ \dot{U}_{KA0}=-\dot{I}_{KA0}Z_{\Sigma0}\end{cases}\tag{1-46}$$

如果将式（1－46）中的 A 换以 B、C，则就可得到故障点的 B、C 相各序电压方程。需要注意的是：各序电压方程不随故障点相别、故障类型而发生变化。

通过上述分析，可得到如下几点结论：

（1）各序网络与短路故障点的相别、故障类型无关，与短路故障点的位置、系统运行方式有关。

（2）正序网络、负序网络、零序网络各自独立，即序分量仅存在于各自的序网络中。

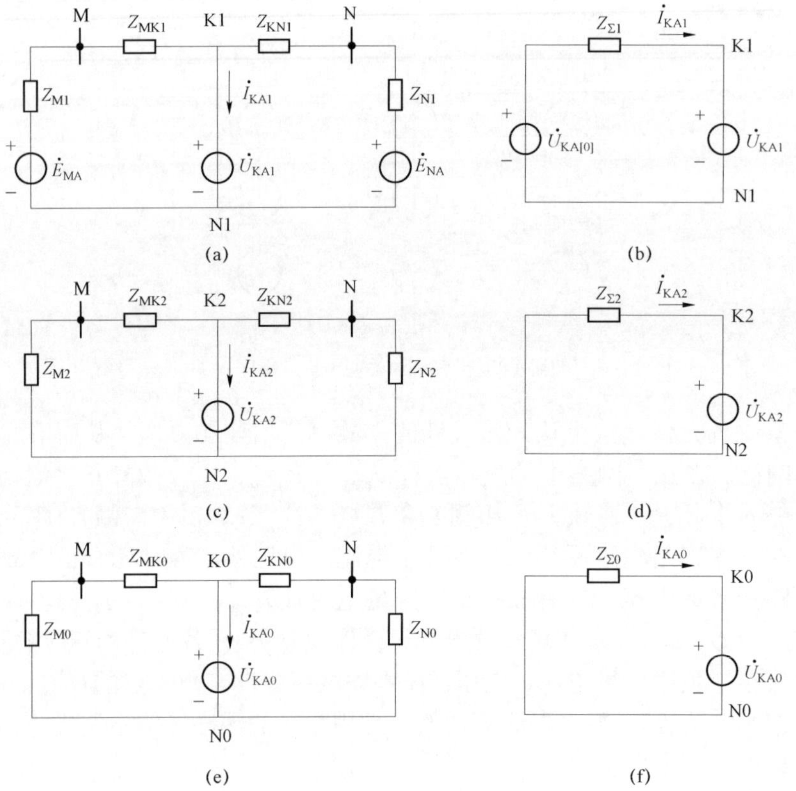

图 1－7　正序、负序、零序网络

（a）正序网络；（b）等效正序网络；（c）负序网络；（d）等效负序网络；（e）零序网络；（f）等效零序网络

（3）负序网络、零序网络是无源网络，仅在故障点作用相应的负序、零序电动势，因而故障点处负序电压、零序电压值最高。

（4）正序网络中存在原有的负荷分量电流、电压，同时存在正序故障分量电流、电压、故障支路中无负荷电流分量。故障点处正序电压值最低。

（5）序网络中的电流、电压仅是特殊相的一个分量，不是电流、电压的全量。当全量电流或电压为零时，其中的分量（正序、负序、零序）电流或电压不为零。

（6）由图 1－6 可见，故障支路（横向）各序电流三相均流通，并不仅在短路故障的相别支路中流通。如 K 点 A 相接地，B 相和 C 相完好，则 K 点的 B 相、C 相横向支路中同样有各序电流流通。

第四节　正序等效定则

发生短路故障时，故障支路的特殊相（单相接地故障，特殊相为故障相；相间及相间接地故障，特殊相为非故障相。此处以 A 相为例）A 相的正序分量电流 $\dot{I}_{KA1}^{(n)}$ 的通式为

$$\dot{I}_{KA1}^{(n)}=\frac{\dot{U}_{K[0]}}{Z_{\Sigma1}+Z_{\Delta}^{(n)}} \tag{1-47}$$

式中　$\dot{U}_{K[0]}$——故障前故障点特殊相的运行相电压；

$Z_{\Delta}^{(n)}$——与短路故障类型有关的阻抗［三相短路时 $Z_{\Delta}^{(n)}=0$；两相短路时，$Z_{\Delta}^{(2)}=Z_{\Sigma2}$；两相接地短路时，$Z_{\Delta}^{(1,1)}=Z_{\Sigma2}Z_{\Sigma0}/(Z_{\Sigma2}+Z_{\Sigma0})$；单相接地短路时，$Z_{\Delta}^{(1)}=Z_{\Sigma2}+Z_{\Sigma0}$］；

$Z_{\Sigma1}$、$Z_{\Sigma2}$、$Z_{\Sigma0}$——分别为系统的正序阻抗、负序阻抗、零序阻抗。

由式（1－47）可见，不对称短路故障时，故障支路的正序分量电流 $\dot{I}_{KA1}^{(n)}$ 等于故障点每相加上一个附件阻抗 $Z_{\Delta}^{(n)}$ 后发生三相短路的电流，这就是正序等效定则。

故障点故障相电流的绝对值 $I_{k}^{(n)}$ 与故障支路的正序分量电流 $I_{k1}^{(n)}$ 成正比，可表示为：

$$I_{k}^{(n)}=m^{(n)}I_{k1}^{(n)} \tag{1-48}$$

式中　$m^{(n)}$——与短路故障类型有关的比例系数，不同短路故障类型的 $m^{(n)}$ 如表 1－2 所示。

表 1－2　　不同短路故障类型的 $m^{(n)}$

故障类型	三相短路	两相短路	两相接地短路	单相接地短路
$m^{(n)}$	1	$\sqrt{3}$	$\sqrt{3}\sqrt{1-\frac{Z_{\Sigma2}Z_{\Sigma0}}{(Z_{\Sigma2}+Z_{\Sigma0})^2}}$	3

正序等效定则的推导过程见附录 A。

第五节　电力系统振荡时电气量特点

电力系统失去稳定，就引发电力系统振荡。电力系统振荡时，图 1－1 中两侧电源系统等值电动势 $\dot{E}_M$、$\dot{E}_N$ 间的夹角 δ 在 0°～360° 周期性变化。当全相振荡时，系统三相参数是对称的，可按单相系统讨论。

电力系统振荡是系统最严重的事故之一。电力系统振荡时继电保护不能发生误动作，但在振荡过程中发生对称或不对称短路故障时，继电保护应有选择性的动作，快速切除短路故障。为此，继电保护应能正确识别振荡和短路故障，所以分析振荡时电气量特点尤为重要。

一、振荡过程中的电流、母线电压

图 1－1 所示的电力系统振荡时，$\dot{E}_M$ 与 $\dot{E}_N$ 的频率不等，所以角速度 ω_M、ω_N 也不等，当振荡周期为 T 时，有

$$|\omega_M-\omega_N|T=2\pi$$

得

$$T=\frac{1}{|f_M-f_N|} \tag{1-49}$$

频差越大，振荡周期越短，振荡越严重；频差越小，振荡周期越长，振荡容易平息。电力系统的振荡周期一般为 1～3s。

（一）振荡电流

在振荡过程中，若偏离额定频率不多，可不计频率变化引起系统阻抗的变化，图 1－1 所示的系统振荡时，振荡电流为

$$\dot{I}=\frac{\dot{E}_M-\dot{E}_N}{Z_{11}} \tag{1-50}$$

如果$|\dot{E}_M|=|\dot{E}_N|=E_\varphi$，以$\dot{E}_N$作参考时，有$\dot{E}_M-\dot{E}_N=E_\varphi(e^{j\delta}-1)$，则式（1－50）可写成

$$\dot{I}=\frac{\dot{E}_\varphi}{Z_{11}}(e^{j\delta}-1) \tag{1-51}$$

可见，振荡电流随 δ 发生变化，振荡电流幅值可表示为

$$|\dot{I}|=\frac{\dot{E}_\varphi}{Z_{11}}|e^{j\delta}-1|=\frac{2E_\varphi}{Z_{11}}\sin\frac{\delta}{2} \tag{1-52}$$

振荡电流幅值随 δ 的变化曲线如图 1－8（a）所示，当 $\delta=0°$ 时，振荡电流有最小值，当 $\delta=180°$ 时，振荡电流有最大值，$I_{max}=\frac{2E_\varphi}{Z_{11}}$。$\delta$ 变化 360° 完成一个周期的变化，所以系统振荡时，振荡电流以振荡周期做大幅度变化。

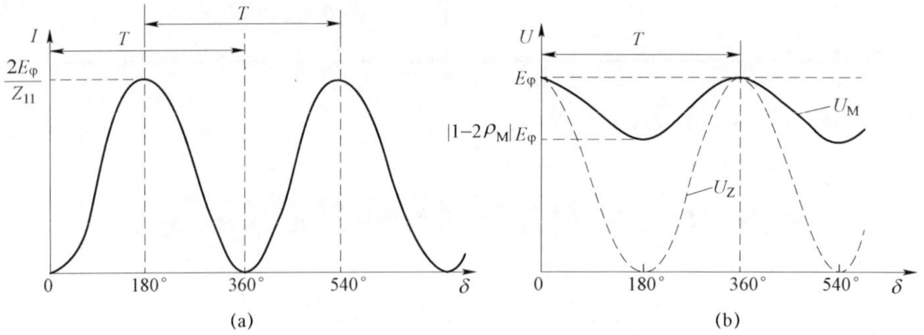

图 1－8　振荡电流、各点电压幅值变化情况

（a）振荡电流；（b）各点电压

（二）M 母线电压

令式（1－8）中的 $Z_{MK1}=0$，则 $\rho_M=\frac{Z_{M1}}{Z_{11}}$，考虑振荡过程中 δ 发生变化，当图 1－1 所示系统振荡时，M 母线电压由式（1－9）得

$$U_M=E_\varphi\sqrt{1-4\rho_M(1-\rho_M)\sin^2\frac{\delta}{2}} \tag{1-53}$$

当 $\delta=0°$ 时，U_M 有最大值，$U_{M\cdot max}=E_\varphi$；当 $\delta=180°$ 时，U_M 有最小值，最小值为

$$U_{M\cdot min}=|1-2\rho_M|E_\varphi \tag{1-54}$$

当 δ 在 0°～360° 间变化时，U_M 在最大值与最小值间做周期变化，如图 1－8（b）中所示。ρ_M 越接近 $\frac{1}{2}$，$U_{M\cdot min}$ 越低，U_M 变化越剧烈，对母线上的负荷影响越严重。

二、振荡过程中电气量变化特点

（一）振荡中心电压变化

系统振荡过程中电压最低的一点称振荡中心，用 Z 点表示。当系统各元件阻抗角相等、两侧等值电动势相等时，由式（1－9）可见，$\delta = 180°$、$\rho_K = \frac{1}{2}$，则 $U_K = 0$，即 K 点就是 Z 点，Z 点位于 $\frac{Z_{11}}{2}$ 处。令 $\rho_K = \frac{1}{2}$，由式（1－9）得到振荡中心电压为

$$U_Z = E_\varphi \left|\cos\frac{\delta}{2}\right| \tag{1-55}$$

当 δ 为 0°～360° 变化时，U_Z 变化如图 1－8（b）中虚线曲线所示，随 δ 变化十分剧烈。$\delta = 180°$ 时，因有 $U_Z = 0$，相当于在该点上发生了三相短路。

应当指出，当系统各元件阻抗角不相等，振荡中心位置并不固定，随 δ 变化而有所移动。

（1）保护安装处测量振荡中心电压。图 1－9 示出了图 1－1 振荡过程中的电流、电压相量关系，其中 φ_{Line} 为线路阻抗角（可认为与 Z_{11} 的阻抗角相等）。由相量图可得从 M 侧测量到振荡中心电压为

$$U_Z = U_M \cos(\varphi + 90° - \varphi_{Line}) \tag{1-56}$$

式中　φ——保护安装处测量电压与测量电流的相角差，$\varphi = \arg\left(\frac{\dot{U}_M}{\dot{I}}\right)$。

当然，振荡过程中 U_Z 随 δ 在 0～E_φ 变化。

（2）电路三相短路时 $U_M \cos(\varphi + 90° - \varphi_{Line})$ 表达式的含义。

图 1－1 中 K 点三相短路时，M 母线上的电压 $\dot{U}_M$ 可表示为

$$\dot{U}_M = \dot{U}_{arc} + \dot{I}Z_{MK1} \tag{1-57}$$

式中　$\dot{I}$——K 点三相短路时 M 母线流向故障点的电流；

$\dot{U}_{arc}$——故障点电弧压降。

由式（1－57）作出相量关系如图 1－10 所示，由图得

$$U_M \cos(\varphi + 90° - \varphi_{Line}) = OA < U_{arc} \tag{1-58}$$

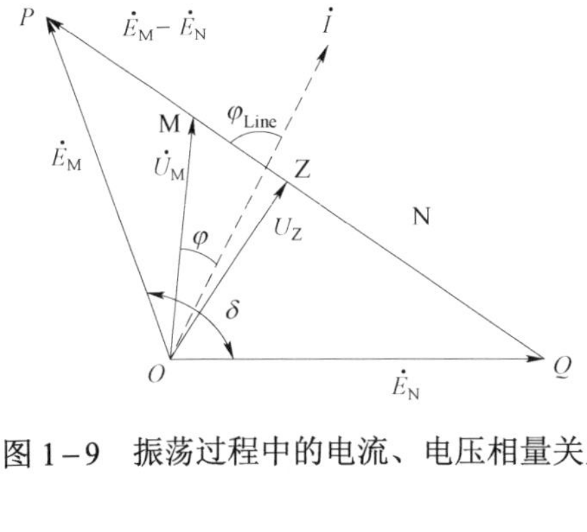

图 1－9　振荡过程中的电流、电压相量关系

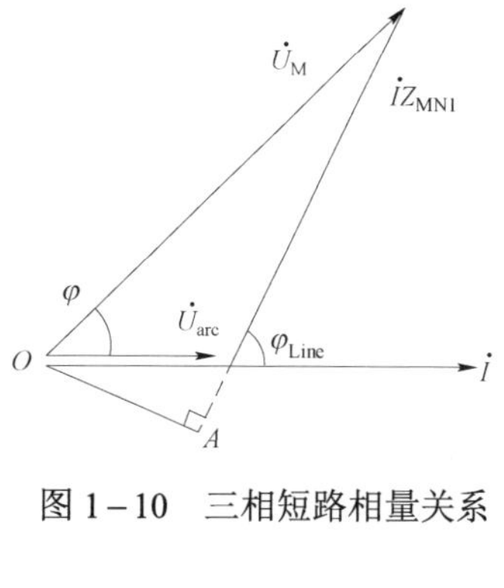

图 1－10　三相短路相量关系

计及$U_{arc}<5\%U_N$（U_N为电网额定电压），则式（1－58）改写为

$$U_M\cos(\varphi+90^\circ-\varphi_{Line})<5\%U_N \tag{1-59}$$

由以上分析可见，若$\delta=180^\circ$附近设定一个$U_M\cos(\varphi+90^\circ-\varphi_{Line})$区间（该区间包含$5\%U_N$），在最长振荡周期（如取3s）下，$U_Z$在该区间内的变化时间为$t_X$，则当测得的$U_M\cos(\varphi+90^\circ-\varphi_{Line})$值在$t_X+t_\Delta$（$t_\Delta$为时间裕度）内一直在上述区间内，可判定线路上发生了三相短路故障；越出上述区间，可判定为系统振荡。

（二）电气量变化速度

系统振荡时包含安装处电压、电流随δ而周期变化；输电线发生短路故障时，保护安装处的电压突然降低、电流突然增大。因此，就图1－1中M侧的测量阻抗$Z_m=\frac{\dot{U}_M}{\dot{I}}$（二次值为$\frac{n_{TA}}{n_{TV}}\times\frac{\dot{U}_M}{\dot{I}}$）来说，短路故障时$Z_m$由负荷阻抗突变为线路阻抗；系统振荡时$Z_m$是缓慢变化的，两者完全不同。

测量阻抗变化如图1－11所示，设有两个四边形阻抗特性，Z_2比Z_1大25%，系统振荡时Z_m沿mn变化（当两侧等值电动势相等时，mn变为直线），Z_2、Z_1先后动作；短路故障时，Z_m沿OK突变，Z_2、Z_1同时动作。因此Z_2比Z_1动作时间差大于Δt（Δt可取40～50ms）时，则系统振荡；动作时间差小于Δt时，则线路发生短路故障。

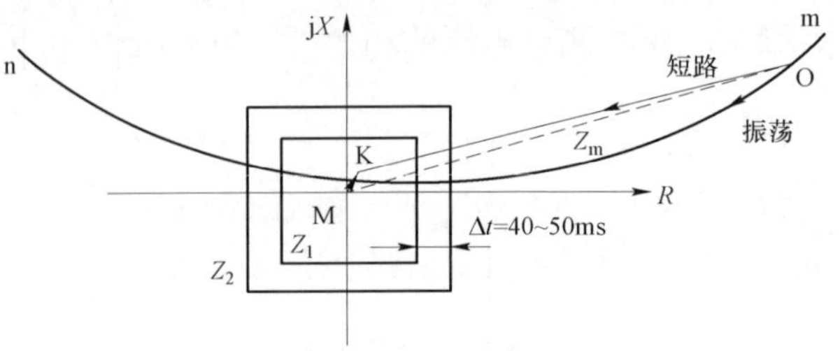

图1－11　测量阻抗的变化

Z_m的阻抗角$\varphi=\arg\left(\frac{\dot{U}_m}{\dot{I}}\right)$，即$\varphi_m$就是保护安装处电压与电流间的相角差。系统振荡时，$\varphi_m$随$Z_m$的变化在大范围内变化，而短路故障时$\varphi_m=\varphi_{Line}$不发生变化。

（三）测量阻抗变化率

短路故障时，测量阻抗等于故障点到保护安装处的线路阻抗（金属性短路），测量阻抗变化率$\frac{dZ_m}{dt}$为零。系统振荡时，由图1－11可见，测量阻抗Z_m随δ发生变化，因此$\frac{dZ_m}{dt}$也随δ发生变化。

图1－1所示系统振荡时，M侧的测量阻抗Z_m为

$$Z_m=\frac{\dot{U}_M}{\dot{I}}=\frac{\dot{E}_N+\dot{I}Z_{N1}+\dot{I}Z_{MN1}}{\dot{I}}=Z_{N1}+Z_{MN1}+\frac{\dot{E}_N}{\dot{E}_N(e^{j\delta}-1)}\cdot Z_{11} \tag{1-60}$$

于是$\frac{dZ_m}{dt}$为

$$\frac{\mathrm{d}Z_{\mathrm{m}}}{\mathrm{d}t}=-\mathrm{j}\frac{\mathrm{e}^{\mathrm{j}\delta}}{(\mathrm{e}^{\mathrm{j}\delta}-1)^2}\cdot Z_{11}\cdot\frac{\mathrm{d}\delta}{\mathrm{d}t} \tag{1-61}$$

计及$|\mathrm{e}^{\mathrm{j}\delta}-1|=2\sin\frac{\delta}{2}$、$\frac{\mathrm{d}\delta}{\mathrm{d}t}=\omega_{\mathrm{s}}(\omega_{\mathrm{s}}=\omega_{\mathrm{M}}-\omega_{\mathrm{N}})$，式（1－61）可简化为

$$\left|\frac{\mathrm{d}Z_{\mathrm{m}}}{\mathrm{d}t}\right|=\frac{Z_{11}}{4\sin^2\frac{\delta}{2}}\cdot|\omega_{\mathrm{s}}| \tag{1-62}$$

在一定的$|\omega_{\mathrm{s}}|$下，由式（1－62）作出$\left|\frac{\mathrm{d}Z_{\mathrm{m}}}{\mathrm{d}t}\right|$与$\delta$的关系曲线如图1－12所示。可以看出，在$\delta=180°$附近$\left|\frac{\mathrm{d}Z_{\mathrm{m}}}{\mathrm{d}t}\right|$变化平缓，且有较小值；随着$\delta$偏离180°，$\left|\frac{\mathrm{d}Z_{\mathrm{m}}}{\mathrm{d}t}\right|$随之增大，偏离180°越大，增大程度越大。

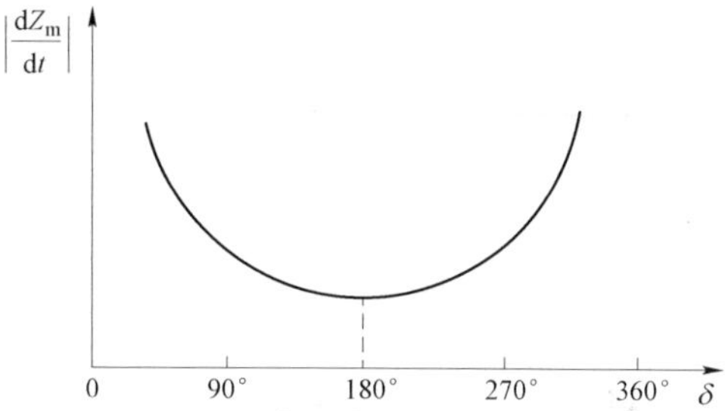

图1－12 $\left|\frac{\mathrm{d}Z_{\mathrm{m}}}{\mathrm{d}t}\right|$与$\delta$的关系曲线

当$\delta=180°$、$|\omega_{\mathrm{s}}|$有最小值时，$\left|\frac{\mathrm{d}Z_{\mathrm{m}}}{\mathrm{d}t}\right|$有最小值。

计及$|\omega_{\mathrm{s}}|=\frac{2\pi}{T}$，取$T=3\mathrm{s}$（最长振荡周期），得到$\left|\frac{\mathrm{d}Z_{\mathrm{m}}}{\mathrm{d}t}\right|$最小值为

$$\left|\frac{\mathrm{d}Z_{\mathrm{m}}}{\mathrm{d}t}\right|_{\min}=\frac{\pi}{6}Z_{11}\ (\Omega/\mathrm{s}) \tag{1-63}$$

因此，当满足关系式

$$\left|\frac{\mathrm{d}Z_{\mathrm{m}}}{\mathrm{d}t}\right|>\frac{\pi}{6}Z_{11}(\Omega/\mathrm{s}) \tag{1-64}$$

则为系统振荡。当然，Z_{11}应取各种运行方式下的最大值。

（四）$|\dot{I}_2|+|\dot{I}_0|$与$|\dot{I}_1|$的比较

分析图1－1中线路M侧的$|\dot{I}_2|+|\dot{I}_0|$与$|\dot{I}_1|$在系统振荡、振荡过程中发生不对称短路故障的大小关系。为便于比较，令

$$m=\frac{|\dot{I}_2|+|\dot{I}_0|}{|\dot{I}_1|} \tag{1-65}$$

所以只需分析在上述情况下的m值。

（1）系统振荡时无负序电流、零序电流，仅有正序电流，故$m_{\mathrm{sw}}\approx 0$。

（2）振荡过程中发生不对称短路故障。由于振荡时δ在0°～360°变化，所以分析两个极端情况$\delta=0°$、$\delta=180°$下的m值。

先分析$\delta=0°$情况下的不对称短路故障。图1－1中MN线路单相接地时，线路M侧的$\dot{I}_1=C_{1\mathrm{M}}\dot{I}_{\mathrm{K1}}^{(1)}$、$\dot{I}_2=C_{2\mathrm{M}}\dot{I}_{\mathrm{K2}}^{(1)}$、$\dot{I}_0=C_{0\mathrm{M}}\dot{I}_{\mathrm{K0}}^{(1)}$，计及$C_{1\mathrm{M}}=C_{2\mathrm{M}}$、$\dot{I}_{\mathrm{K1}}^{(1)}=\dot{I}_{\mathrm{K2}}^{(1)}=\dot{I}_{\mathrm{K0}}^{(1)}$，得到$m$值为

$$m_{\delta=0°}^{(1)}=1+\frac{C_{0\mathrm{M}}}{C_{1\mathrm{M}}} \tag{1-66}$$

当图 1-1 中 MN 线路两相短路时，线路 M 侧的 $\dot{I}_1 = C_{1M}\dot{I}_{K1}^{(2)}$、$\dot{I}_2 = C_{2M}\dot{I}_{K2}^{(2)}$、$\dot{I}_0 = 0$ 计及 $C_{1M} = C_{2M}$、$\dot{I}_{K1}^{(2)} = -\dot{I}_{K2}^{(2)}$ 得到 m 值为

$$m_{\delta=0^\circ}^{(2)} = 1 \tag{1-67}$$

当图 1-1 中 MN 线路两相接地短路时，线路 M 侧的电流为

$$\dot{I}_1 = C_{1M}\dot{I}_{K1}^{(1,1)}、\ \dot{I}_2 = C_{2M}\dot{I}_{K2}^{(1,1)} = -C_{2M} \cdot \frac{Z_{\Sigma 0}}{Z_{\Sigma 2} + Z_{\Sigma 0}} \cdot \dot{I}_{K1}^{(1,1)}$$

$$\dot{I}_0 = C_{0M}\dot{I}_{K0}^{(1,1)} = -C_{0M} \cdot \frac{Z_{\Sigma 2}}{Z_{\Sigma 2} + Z_{\Sigma 0}} \cdot \dot{I}_{K1}^{(1,1)}$$

计及 $C_{1M} = C_{2M}$，得到 m 值为

$$m_{\delta=0^\circ}^{(1,1)} = \frac{Z_{\Sigma 0} + \dfrac{C_{0M}}{C_{1M}} \cdot Z_{\Sigma 2}}{Z_{\Sigma 0} + Z_{\Sigma 2}} \tag{1-68}$$

当故障点靠近线路 M 侧时，C_{0M} 增大，有 $C_{0M} > C_{1M}$，所以 $m_{\delta=0^\circ}^{(1,1)} > 1$；当故障点靠近线路 N 侧时，$C_{0M}$ 减小，这是最不利情况，出现 $m_{\delta=0^\circ}^{(1,1)} < 1$ 的情况。但是，当 N 侧三相跳闸后有 $C_{0M} = 1$、$C_{1M} = 1$，于是 $m_{\delta=0^\circ}^{(1,1)} = 1$。

由式（1-66）～式（1-68）可见，在 $\delta = 0^\circ$ 线路发生不对称短路故障时，可认为 $m_{\delta=0^\circ}^{(n)}$ 值不会小于 1。

再讨论 $\delta = 180^\circ$ 情况下的不对称短路故障。由于此时故障前的负荷电流为

$$\dot{I}_{loa} = \frac{\dot{E}_M - \dot{E}_N}{Z_{11}} = \frac{2\dot{E}_M}{Z_{11}}$$

有最大值，再计及不对称短路故障产生的正序电流 $C_{1M}\dot{I}_{K1}^{(n)}$，使 M 侧的正序电流有较大值，从而导致 $m_{\delta=180^\circ}^{(n)}$ 值较小。分析表明，$m_{\delta=180^\circ}^{(n)} < 0.5$。但随着 δ 偏离 180° 向 360° 趋近过程中，因 $\dot{I}_0$、$\dot{I}_2$ 增大，$\dot{I}_1$ 减小，所以 m 值也随着增大。

（3）不对称短路故障的判据。由上分析可见，根据具体的电力系统，选取合适的 m_{set} 值，当 $m > m_{set}$ 或

$$|\dot{I}_2| + |\dot{I}_0| > m_{set}|\dot{I}_1| \tag{1-69}$$

成立时，就可判断出振荡过程中发生了不对称短路故障。

需要注意的是：对于 $\delta = 180^\circ$ 情况下发生的不对称短路故障（含短路故障发生在振荡中心），因式（1-69）不满足，所以距离保护不开放是十分必要的（因为此时阻抗继电器的保护区失去控制，需要防止外部不对称短路故障的误动作）。δ 由 180° 向 360° 趋近过程中，m 值逐渐增大，当式（1-69）满足时，保护开放，此时阻抗继电器的保护区已恢复控制，可选择性切除不对称短路故障。可见，$\delta = 180^\circ$ 附近发生的不对称短路故障，保护动作需有延时。

（五）突变量电流

突变量电流指的是保护安装处的相电流突变量或相电流差突变量。

电力系统振荡时，随着频率偏离额定值程度的增大，不平衡输出相应增大。为不影响短路故障时突变量电流元件的灵敏度、克服不平衡输出的影响，在继电保护技术中广泛采用浮

动门槛技术。如对相电流差突变量$\Delta I_{\varphi\varphi}$元件，动作判据可描述为

$$\Delta I_{\varphi\varphi}(k) \geqslant 1.25\ \Delta I_{\varphi\varphi T}(k-N)+0.2 I_{N} \tag{1-70}$$

式中 $\Delta I_{\varphi\varphi}(k)$——$t_k$时刻测得的相电流差突变量；

$\Delta I_{\varphi\varphi}(k-N)$——构成浮动门槛，$\Delta I_{\varphi\varphi T}(k-N)=\Delta I_{\varphi\varphi}(k-N)-\Delta I_{\varphi\varphi}(k-2N)$，其中$\Delta I_{\varphi\varphi}(k-2N)$、$\Delta I_{\varphi\varphi}(k-N)$、为$t_k-2NT_S$、$t_k-NT_S$测得的相电流差突变量，而$T_S$为采样间隔时间，$N$为每工频周期采样的点数；

I_N——额定电流。

可以看出，短路故障时，$\Delta I_{\varphi\varphi}$元件灵敏动作；系统振荡时，$\Delta I_{\varphi\varphi}$元件不动作。

事实上，判别振荡和短路故障是采用$\Delta I_{\varphi\varphi}$元件和相电流$I_\varphi$元件（人为增加 10ms 延时）动作的先后来判别的。系统振荡时，I_φ元件先于$\Delta I_{\varphi\varphi}$元件动作（实际上$\Delta I_{\varphi\varphi}$元件并不动作）；短路故障时，$\Delta I_{\varphi\varphi}$元件先于$I_\varphi$元件动作。当然，$I_\varphi$元件的动作电流应躲过该线路的最大负荷电流，并在线路末端短路故障时有足够的灵敏度。

需要注意的是：这种区分短路故障和系统振荡的原理不受短路故障类型、相别的影响，但这是建立在短路故障存在突变量电流这一基础上的。然而，在振荡过程中$\delta=180°$时，振荡中心处发生各种类型短路故障，因故障前该点电压为零，所以不存在故障分量电流，当然也没有突变量电流，即使δ偏离 180°，也提取不到电流突变量。此时，式（1-69）处于动作状态（不对称短路故障）、$U_M\cos(\varphi+90°-\varphi_{Line})$元件处于动作状态（对称短路故障）和式（1-64）处于动作状态（对称短路故障），保护处于开放状态。

第二章

电力系统故障分析方法

电力系统发生故障时，微机保护和故障录波均可以记录故障时的录波信息，不同厂家的故障波形图格式不尽相同，对故障信息处理方法也不同。保护和录波采集的信息主要有两种类型，一类为电流、电压等模拟量信号，另一类为开关量变位等数字信号，采集到的数据一般不做滤波处理，以尽可能完整、真实地记录故障信息。标准的录波图一般分为故障前一段时间、故障的全过程及故障后一段时间三个时段，每个时段都应完整记录当时的电流、电压波形及开关量变位情况，且这些信息均采用同一时标绘制。

下面分别对线路故障、母线故障和主变压器故障等介绍故障分析的一般方法。

第一节　典型故障的分析方法

一、线路保护动作分析

（一）单一线路故障

一条 110kV 线路故障，保护动作报告如图 2－1 所示，要求完成动作情况简表如表 2－1 所示并对保护动作情况做出判断。

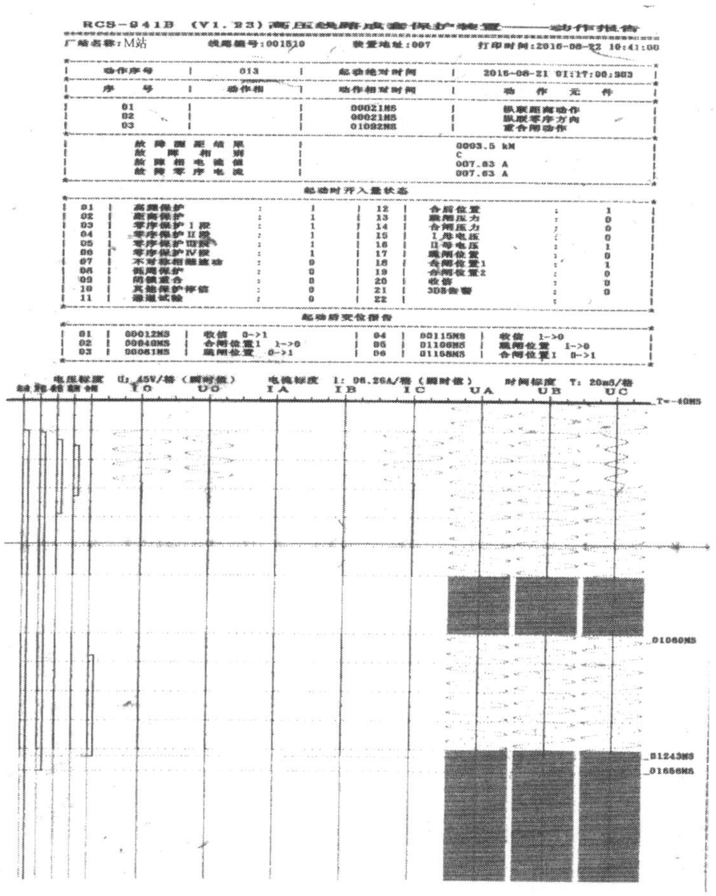

图 2－1　110kV 线路保护故障动作报告

表 2-1　　保护动作情况简表

<table>
<tr><td rowspan="2">厂站名称</td><td rowspan="2"></td><td>故障设备</td><td colspan="2"></td><td>故障时间</td><td colspan="3"></td></tr>
<tr><td>电压等级</td><td colspan="2"></td><td>故障原因</td><td colspan="3"></td></tr>
<tr><td>故障相别</td><td>相</td><td>故障类型</td><td colspan="2"></td><td>故障情况</td><td colspan="3"></td></tr>
<tr><td colspan="2" rowspan="2">故障持续时间</td><td>初次故障</td><td colspan="2">ms</td><td rowspan="2">故障电流</td><td>二次值</td><td colspan="2"></td></tr>
<tr><td>合于故障</td><td colspan="2">ms</td><td>一次值</td><td colspan="2"></td></tr>
<tr><td rowspan="2">录波情况</td><td rowspan="2"></td><td rowspan="2">故障测距</td><td>主一</td><td>km</td><td>主二</td><td>km</td><td>主三</td><td>km</td></tr>
<tr><td>录波</td><td colspan="2">km</td><td>行波</td><td colspan="2">km</td></tr>
</table>

仔细阅读线路保护的动作报告，分为两个部分，第一部分是故障信息简报，第二部分是故障录波图。通过该故障录波报告，可以获得以下信息：

1. 故障分析简报

故障分析简报是依据保护设备自动记录的信息对本次故障进行的简单分析，包括以下几部分：

（1）变电站及线路名称、保护装置型号及版本、装置地址。由图 2-1 中可知，变电站为 M 变电站，编号为 1510，装置地址为 007，打印时间为 2016-08-22 10:41:00。

（2）故障发生的启动绝对时间和动作相对时间、动作相别、动作元件以及序号。由图 2-1 中可知，启动绝对时间为 2016-08-21 01:17:00:903，各保护元件动作相对时间（即以保护启动时绝对时间为基准）如下：

1）纵联距离方向元件在保护启动后 21ms 动作。

2）纵联零序元件在保护启动后 21ms 动作。

3）重合闸元件在保护启动后 1092ms 动作。

（3）测距、故障相别、故障相电流和故障零序电流。由图 2-1 中可知，测距为 3.5km、故障相别为 C 相、故障相电流有效值和故障零序电流有效值均为 7.63A。

（4）启动时开入量状态。由图 2-1 中可知，高频保护、距离保护、零序保护Ⅰ段等保护在启动时开入量状态为 1，表示相关保护功能压板均投入；跳闸位置状态为 0，合闸位置 1 状态为 1，表示断路器在合闸位置；Ⅰ母电压状态为 0，Ⅱ母电压状态为 1，表示该线路运行在 110kV 的Ⅱ段母线。

（5）启动后变位报告状态。由图 2-1 中可知，保护启动后 12ms 收信由“0”变为“1”、40ms 合闸位置 1 由“1”变为“0”、81ms 跳闸位置由“0”变为“1”、115ms 收信由“1”变为“0”、1106ms 跳闸位置又由“1”变为“0”、1158ms 合闸位置 1 由“0”变为“1”等。

2. 故障波形图信息

故障波形图即为整个故障过程中的各相电流、电压瞬时值变化曲线和开关量的变位情况。

（1）电流、电压、时间比例尺及单位。如图 2-1 所示，电压标度 U：45V/格（瞬时值）、电流标度 I：6.26A/格（瞬时值）、时间标度 T：20ms/格。

（2）故障波形图通道名称。如图 2－1 所示，包括了启动、发信、收信、跳闸、合闸共 5 个开关量通道及 8 个模拟量通道，其中 I_0 为零序电流（实际为 3 I_0），U_0 为零序电压（实际为 3 U_0），I_A、I_B、I_C 分别为 A、B、C 三相电流，U_A、U_B、U_C 分别为 A、B、C 三相电压。

（3）右边时间纵坐标。如图 2－1 所示，录波图中均以故障发生保护启动时刻为 0ms 计时，后续保护动作时间均是相对于启动时刻的时间，如 T=－40ms 表示保护从启动前 40ms 开始记录数据。

（4）故障波形图开关量信息。

启动：故障相模拟通道采集到故障电流时刻，保护在 0ms 时启动。

发信：在保护启动 4ms 后发信，1656ms 后返回。

收信：在发信后 8ms 保护收到对侧信号，保护此时判断为正方向区内故障。

跳闸：保护启动并判断为正方向区内故障，21ms 动作出口跳断路器，跳闸脉冲持续 75ms 消失。

合闸：当保护动作出口跳断路器后在 1092ms 重合闸动作，持续 151ms 合闸脉冲消失。

（5）故障波形图模拟量信息。

I_0：保护零序电流模拟通道。因发生 C 相接地故障，出现零序电流分量直到故障被切除，持续约 72ms。

U_0：保护零序电压模拟通道。因发生 C 相接地故障，出现零序电压分量直到故障被切除，持续约 72ms。

I_A、I_B：A、B 相电流模拟通道。基本为负荷电流，无故障电流存在。

I_C：C 相电流模拟通道。因发生 C 相接地故障，0ms 启动时通道上出现故障电流，持续 72ms 消失。

U_A、U_B：A、B 相电压模拟通道。因发生 C 相接地故障，A、B 相电压在故障前后无变化。

U_C：C 相电压模拟通道。因发生 C 相接地故障，故障期间 C 相电压明显降低。

根据以上对故障波形图的分析可知：第一个阶段 C 相采集到故障电流，21ms 后保护动作发跳断路器命令，故障电流至 72ms 时被切除，1092ms 时重合动作将断路器合上；第二个阶段系统电流、电压恢复正常。

3. 故障波形图中读取准确事件时间

保护装置根据开关量变位时刻给出了各事件发生的时间，有时并不十分准确，如断路器跳开或合上时间，一般取决于断路器辅助触点动作时间，但断路器辅助触点与主触头并不精确同步，会有一定时差。因此需要从波形图中直接读取各事件的相对时间，通常以电流或电压波形变化比较明显的时刻为基准，读取各事件发生的相对时间。因为电流变大和电压变小时刻可较准确判断为故障已发生，故障电流消失和电压恢复正常的时刻可判断为故障已切除。以图 2－2 所示的 110kV 线路故障事件相对时间图为例，说明读取准确事件时间的方法。

故障持续时间：从电流变大、电压降低开始到故障电流消失、电压恢复正常的时间，如图 2－2 所示的 A 段，故障持续时间为 72ms。

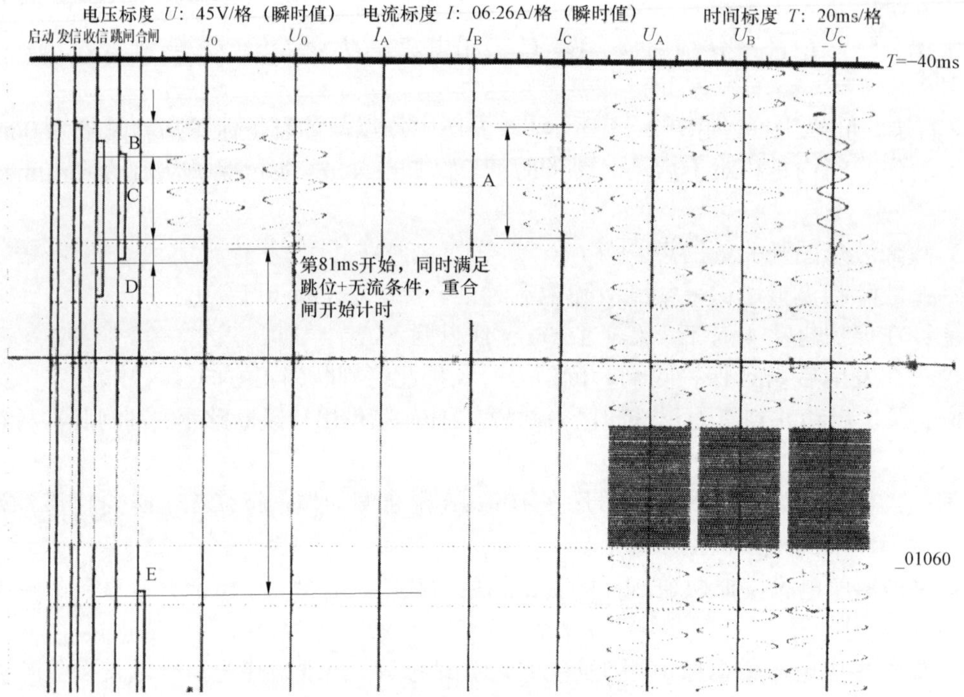

图 2－2　110kV 线路故障事件相对时间图

保护动作时间：从故障开始到保护出口的时间，即从电流变大、电压开始降低，到保护跳闸继电器动作的时间，如图 2－2 所示的 B 段，保护动作时间为 21ms。

断路器跳闸时间：从跳闸继电器动作到故障电流消失的时间，如图 2－2 所示的 C 段，断路器跳闸时间为 51ms。

重合闸动作时间：从满足“跳位+无流”开始到发出重合命令的时间，如图 2－2 所示的 E 段，重合闸动作时间为 1011ms。

4. 故障波形中电流、电压的幅值读取

根据故障波形图，可计算出故障期间电流、电压的幅值，如图 2－3 所示。C 相故障，C 相电流大幅增加，非故障 A、B 相电流在故障前后基本不变；C 相电压明显降低，非故障 A、B 相电压基本没有变化。

故障电流计算方法：如图 2－3 所示，先以 I_C 通道上的故障电流波形两边的最高波峰在刻度标尺上的位置，计算在标尺截取格数除以 2，乘以显示的“I：6.26A/格”比率，除以 1.414 就得到二次电流有效值，再乘以该间隔的 TA 变比，即得到一次电流有效值。假设本间隔 TA 变比为 1600/1，则 C 相短路的一次电流为

$$I_{KC} = [(\text{总格} \times \text{电流标度} I)/(1.414\times2)] \times \text{变比} = [(3.5\times6.26)/(1.414\times2)]\times1600/1 = 12\,396\ (\text{A})$$

零序电流的计算方法与 I_{KC} 相同，装置录波一般显示的是 $3I_0$。

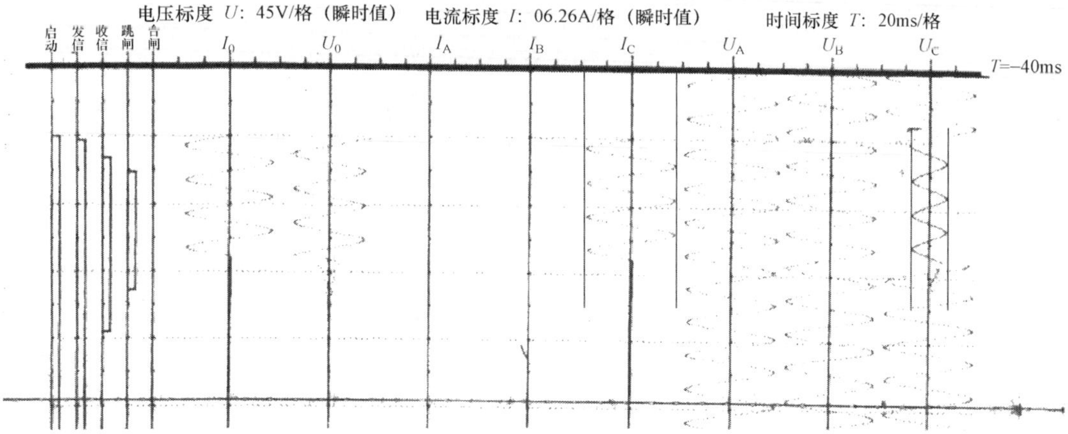

图 2－3　故障电流、电压的幅值读取图

故障电压计算方法：先以U_C通道上存在的故障电压波形两边的最低波峰在刻度标尺上的位置，计算出两边最低波峰之间截取的标尺格数除以 2，乘以在图中显示的“U：45V/格”比率，再除以 1.414 就得到二次电压有效值，再乘以该间隔母线 TV 的变比，即得到一次电压有效值。假设本间隔 TV 变比为 1100/1。则 C 相短路的一次电压为

$$U_{KC}=[(总格\times 电压标度\ U)/(2\times 1.414)]\times 变比=[(1.4\times 45)/(2\times 1.414)]\times 1100/1$$
$$=24.5\ (kV)$$

零序电压的计算方法与U_{KC}相同，装置录波一般显示的是$3U_0$。

5. 故障波形图中电流、电压相位的读取

通过测量故障相波形图，如图 2－4 所示，图中电流、电压波形过零点的时间差可测量故障期间故障相电压、相电流及零序电压、零序电流的相位，结合前文理论分析，判断保护是否正确动作。

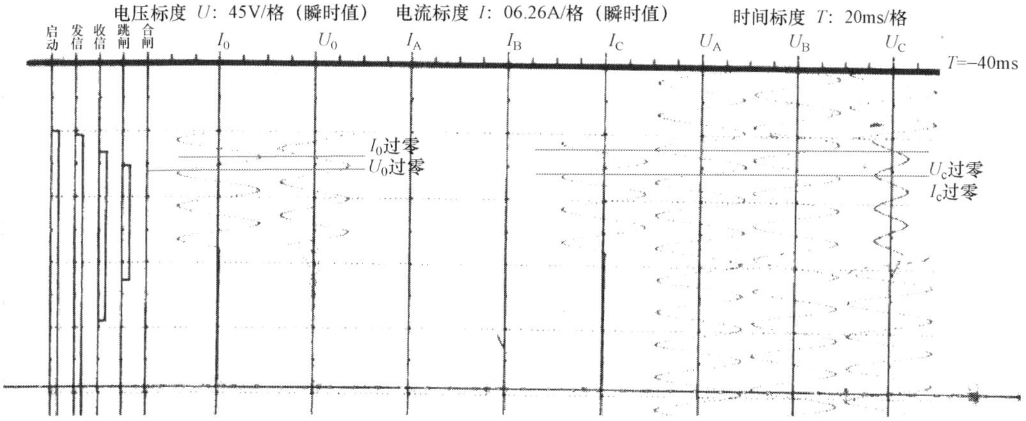

图 2－4　线路故障电流、电压的相位读取图

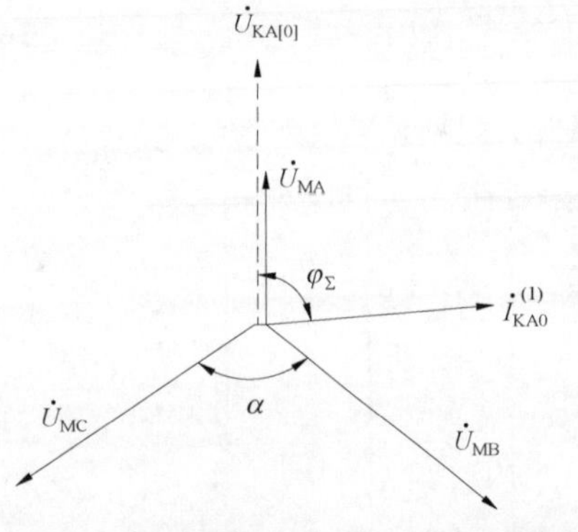

图 2–5　线路故障电流、电压的相量图

若电流过零时间滞后于电压过零时间，则电流滞后电压；反之则电流超前电压。如图 2－4 中的 C 相电流过零点滞后 C 相电压过零点约 4.5ms，一个周波 20ms，相当于 B 相电流滞后 B 相电压约（360°/20）×4.5＝80°，由此可以判断故障发生在正方向（相对于本站母线），且金属性接地故障。若实测相电流超前相电压 100°左右，则表明是反向故障，相量图如图 2－5 所示。

同理，零序电流过零点超前零序电压过零点大约 5.5ms，相当于超前角 100°，由此可以判断故障发生在正方向（相对于本站母线）。若实测零序电流滞后零序电压约 80°，则是反向故障，相量图如图 2－6（d）所示。

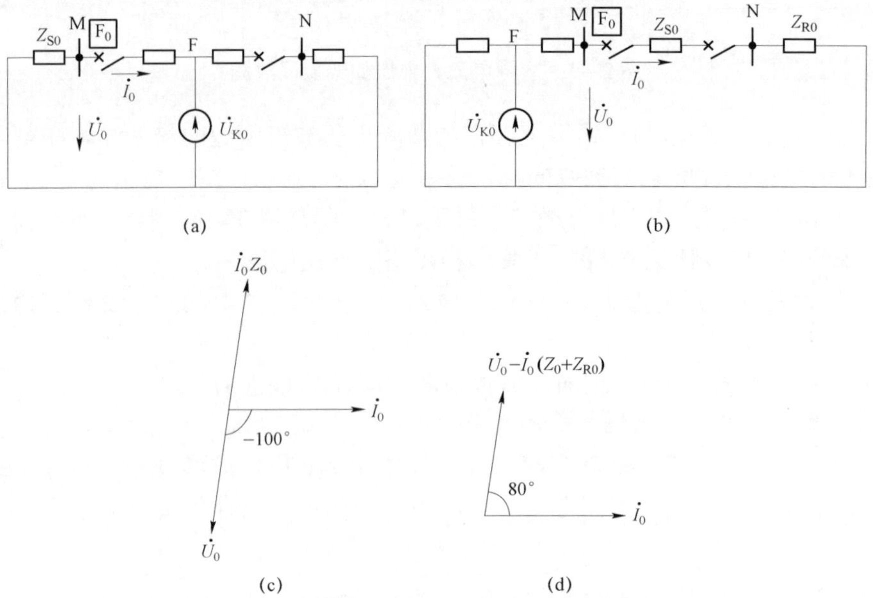

图 2－6　正、反向单相接地时的零序序网图和相量关系

（a）正方向短路；（b）反方向短路；（c）正方向相量图；（d）反方向相量图

通过以上分析，动作情况简表如表 2－2 所示。

表 2－2　　填好的保护动作情况简表

<table>
<tr><td rowspan="2">厂站名称</td><td rowspan="2">220kV
M 变电站</td><td>故障设备</td><td colspan="2">110kV
1510 线路</td><td>故障时间</td><td colspan="3">2016 年 8 月 21 日 1 时
17 分 00 秒 903 毫秒</td></tr>
<tr><td>电压等级</td><td colspan="2">110kV</td><td>故障原因</td><td colspan="3">雷击</td></tr>
<tr><td>故障相别</td><td>C 相</td><td>故障类型</td><td colspan="2">单瞬</td><td>故障情况</td><td colspan="3">线路故障重合成功</td></tr>
<tr><td colspan="2" rowspan="2">故障持续时间</td><td>初次故障</td><td colspan="2">72ms</td><td rowspan="2">故障电流</td><td>二次值</td><td colspan="2">7.63A</td></tr>
<tr><td>合于故障</td><td colspan="2"></td><td>一次值</td><td colspan="2">12.208kA
（TA：1600/1）</td></tr>
<tr><td rowspan="2">录波情况</td><td rowspan="2">完好</td><td rowspan="2">故障测距</td><td>主一</td><td>3.5km</td><td>主二</td><td>km</td><td>主三</td><td>km</td></tr>
<tr><td>录波</td><td colspan="2">km</td><td>行波</td><td colspan="2">km</td></tr>
</table>

上面介绍了读取故障录波信息的一般方法。运用附录 A 所讲的单相故障量特征：

（1）故障相电流增大、电压降低；同时出现零序电压、零序电流。

（2）故障相电压超前故障相电流约 80°，零序电流超前零序电压约 100°。

（3）零序电流相位与故障相电流相位相同，零序电压相位与故障相电压相位相反。

（4）保护开关量变位相别与故障相别一致，保护启动、跳闸、重合闸、通道交换信息与保护动作情况一致。

可以直接迅速的判断为 C 相正向接地故障，且保护 4ms 发信，12ms 收信，再次验证为区内故障；在 1092ms 时保护发出合闸指令，断路器重合闸成功，即可以判断此故障为 C 相区内瞬时性故障。

以上就是通过一个保护动作报告，介绍了线路故障分析的一般方法。线路保护的单相接地、两相短路、两相接地短路、三相短路等故障类型也是类似方法判断，灵活运用第一章内容及附录 A 的基础知识可以迅速对保护动作情况做出判断。

（二）同杆并架线路故障保护动作

双回线是指两端均为相同母线的线路，同杆并架双回线是指在沿着线路的每个杆塔上采用双回路供电，可以节省材料。同杆并架双回线按实际运行方式可划分为双回并列运行、双回分列运行。

图 2－7、图 2－8 均为同杆并架双回线发生故障时的录波图，图 2－7 所示为 N 站 MN 甲乙线录波图，图 2－8 所示为 M 站 MN 甲乙线故障录波图。

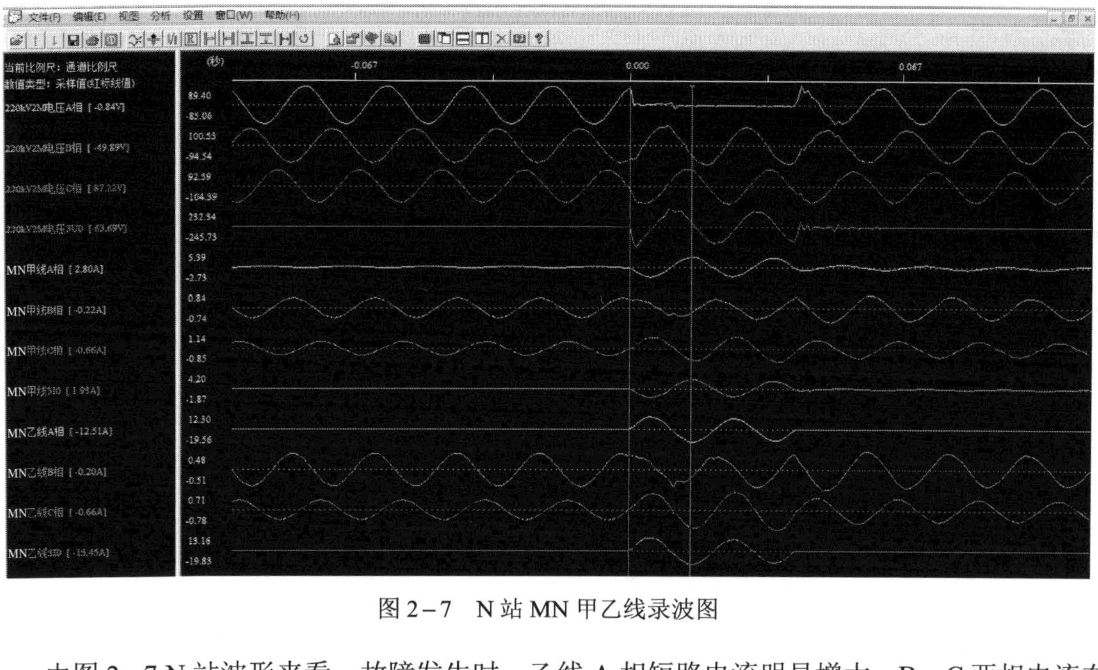

图 2－7　N 站 MN 甲乙线录波图

由图 2－7 N 站波形来看，故障发生时，乙线 A 相短路电流明显增大，B、C 两相电流在故障前后不变；电压 U_a 有效值约为 0V，U_b、U_c 两相电压故障前后不变；$3U_0$ 有效值约为正常相，$3I_0$ 有效值约为乙线 A 相电流有效值，运用上一节零序电流电压相位的知识，零序电流 $3I_0$ 超前零序电压 $3U_0$ 大约 100°，零序功率方向为正方向，故可以判断为乙线 A 相故障。

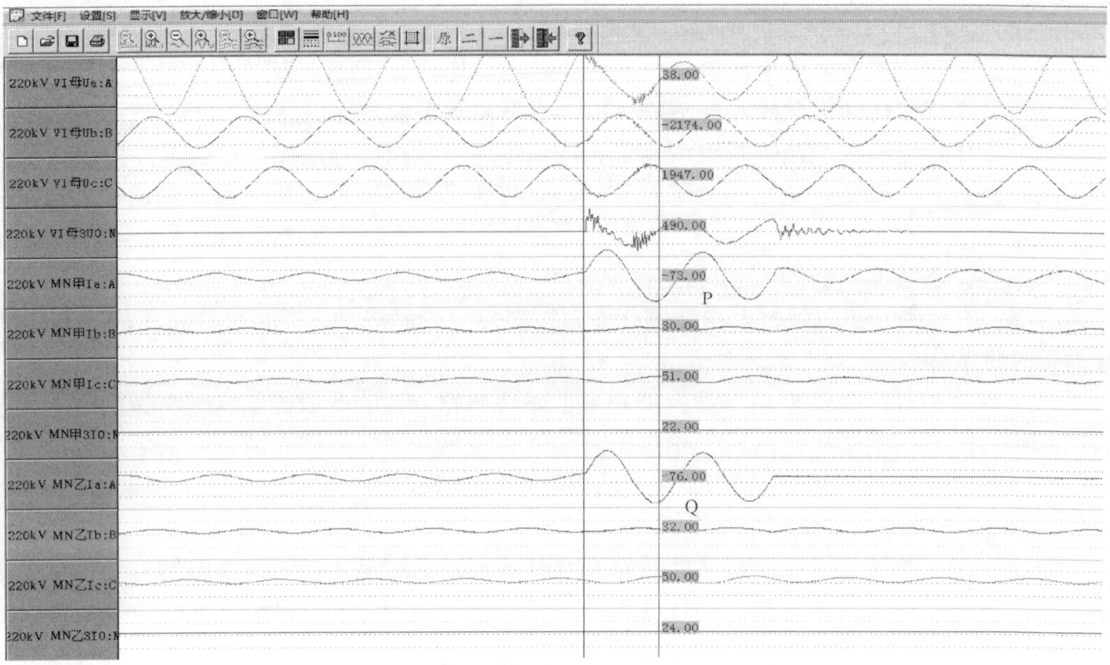

图 2－8　M 站 MN 甲乙线故障录波图

当乙线发生故障时，通过图 2－7 中的 M 点和 N 点可以看出，当甲线电流 A 相为波谷时，乙线电流 A 相为波峰，同杆并架双回线当其中一条线路故障时，线路一侧甲、乙线故障同名相的电流相位近似于 180° 的相位差，零序电流 $3I_0$ 滞后零序电压 $3U_0$ 大约 80°，零序功率方向为反方向。

由图 2－8M 站波形来看，故障发生时，乙线 A 相短路电流明显增大，B、C 两相电流在故障前后不变；电压 U_a 有效值有明显减少，U_b、U_c 两相电压故障前后不变；$3U_0$ 有效值约为电压 U_a 减少量，$3I_0$ 有效值约为乙线 A 相电流有效值，运用上一节零序电流电压相位的知识（零序电流 $3I_0$ 超前零序电压 $3U_0$ 大约 100°，零序功率方向为正方向），故可以判断为乙线 A 相故障。当乙线发生故障时，通过图 2－8 的 P 点和 Q 点可以看出，当甲线电流 A 相为波谷时，乙线电流 A 相为波谷，同杆并架双回线当其中一条线路故障时，线路另一侧甲、乙线故障同名相的电流相位近似一致，零序电流 $3I_0$ 超前零序电压 $3U_0$ 大约 100°，零序功率方向为正方向。

通过以上分析可以得出，当同杆并架双回线路的一条线路故障时，线路一侧甲乙线故障同名相故障电流相位差约为 180°，另一侧甲乙线故障同名相故障电流相位近似一致，这是同杆并架双回线的电流电压的特点，电流流向由功率方向决定。

同杆并架双回线也可能同时故障，下面分析同杆并架双回线同时故障的录波图信息。

从图 2－9、图 2－10 可以看出，MN 甲线、MN 乙线两侧的故障电流特点几乎一致，均为零序电流，B、C 故障电流大小相等，方向相反，可以判断 MN 甲线与 MN 乙线同时发生了 B、C 相两相接地故障，实际查找发现 220kV MN 甲乙线 19 号塔小号侧 B 相绝缘子、C 相绝缘子有放电痕迹。

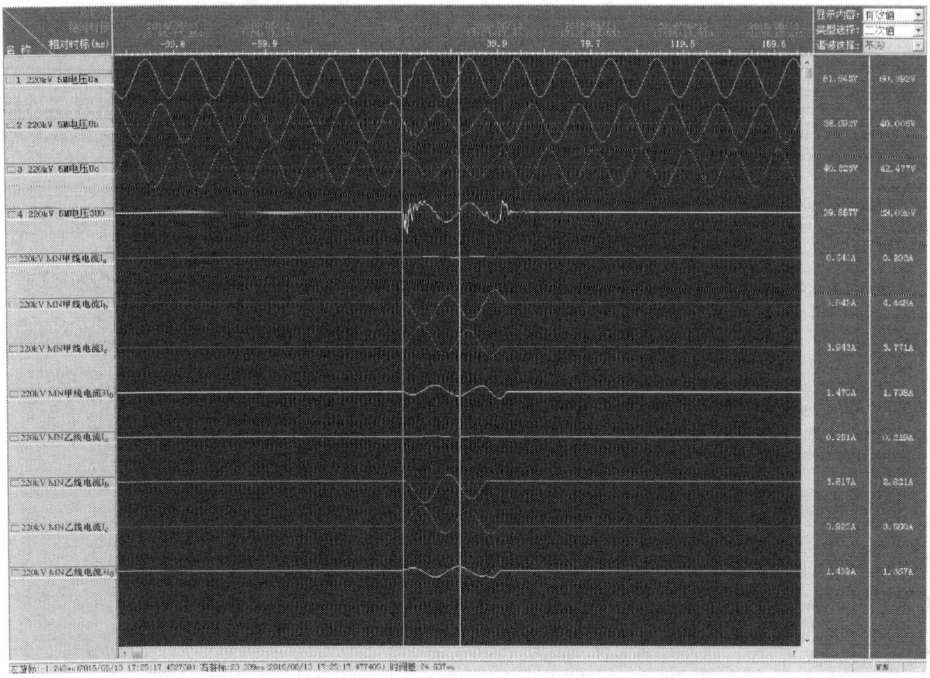

图 2-9　MN 甲乙线同时故障 M 站故障录波图

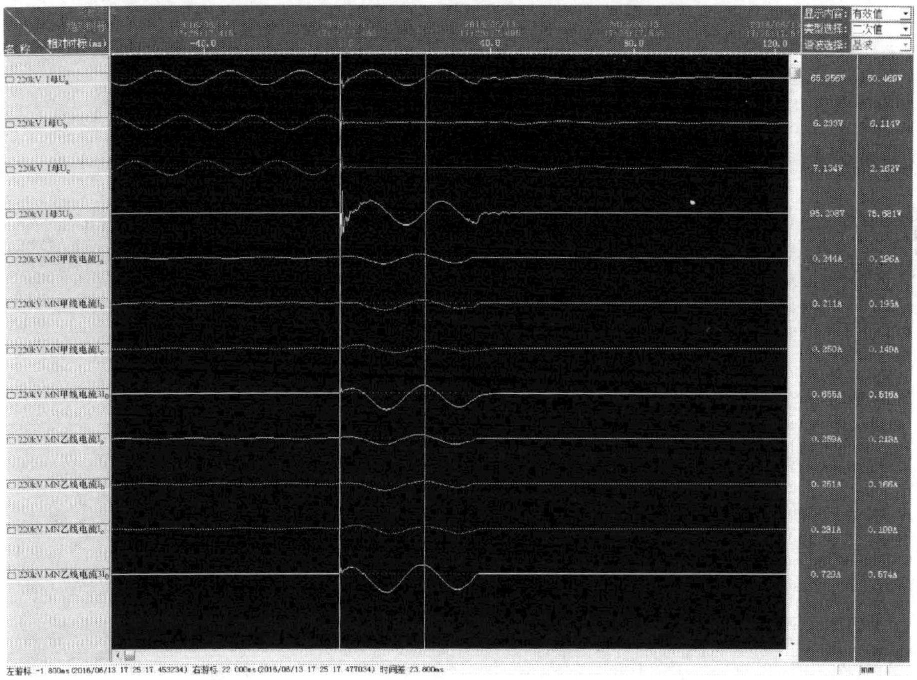

图 2-10　MN 甲乙线同时故障 N 站故障录波图

对比上述两个例子，其一是双回线中的单回发生故障，其二是双回线两回同时发生故障，很清晰地可以知道双回线路因其电气和空间位置的相互联系，其故障时的电流、电压是有相关性的，在故障判断时要结合运行方式、空间位置、功率方向等多方面综合分析。

（三）短时间多次线路故障保护动作

在雷暴、暴风雨等天气时，同一条线路会在短时间内出现多次发生瞬时故障，这种线路故障区别于永久性故障，故障后线路是否重合主要取决于间隔时间是否使断路器合闸线圈完成储能。

如图 2－11 所示， MN 乙线经历了第一次故障，在保护装置启动 15ms 时，电流差动保护动作，断路器分闸，重合闸动作，重合成功。

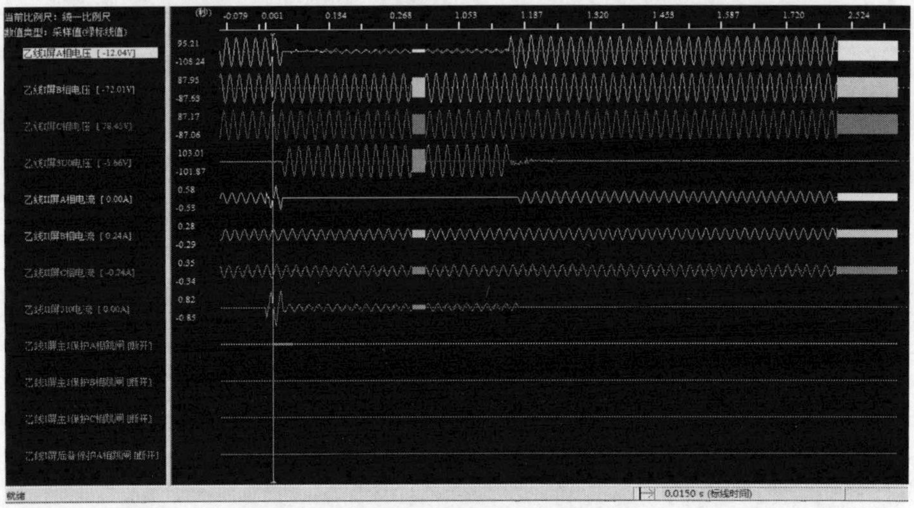

图 2－11　MN 乙线第 1 次故障波形图

如图 2－12 所示，距离上次故障 8s MN 乙线又经历了一次故障，在保护装置启动 17.5ms 时，电流差动保护动作，断路器分闸。

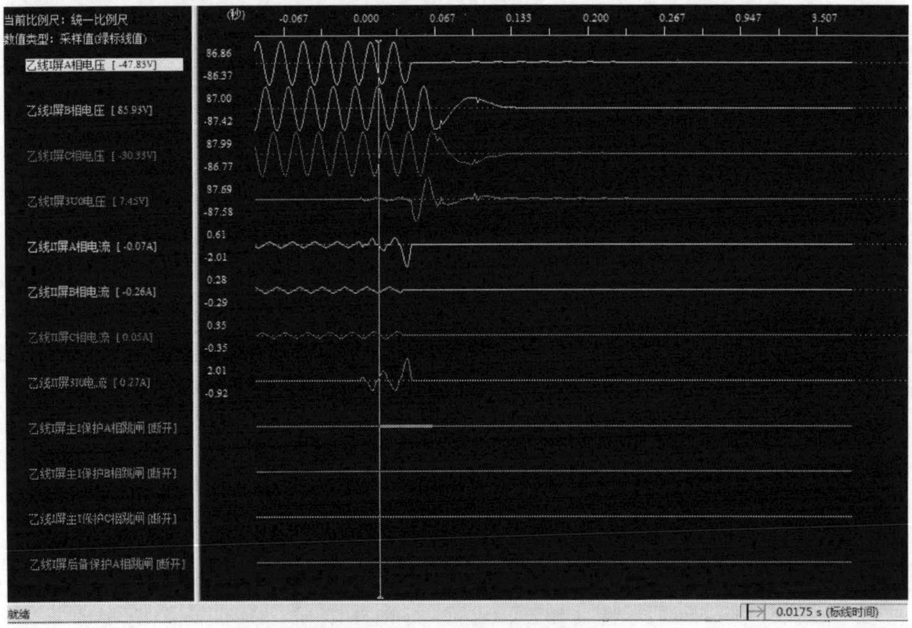

图 2－12　第 2 次故障波形图

两次故障间隔时间 8s 左右，从波形中能清晰的认定这是同一条线路在短时间内发生的两次故障。

当两次故障间隔时间很短时，如图 2－13 所示，MN 乙线断路器均经历了分—合—分的过程，保护的简明报文：4ms 保护启动，12ms 分相差动动作，966ms 重合闸动作，1094ms 分相差动动作，1097ms 阻抗相近加速动作。

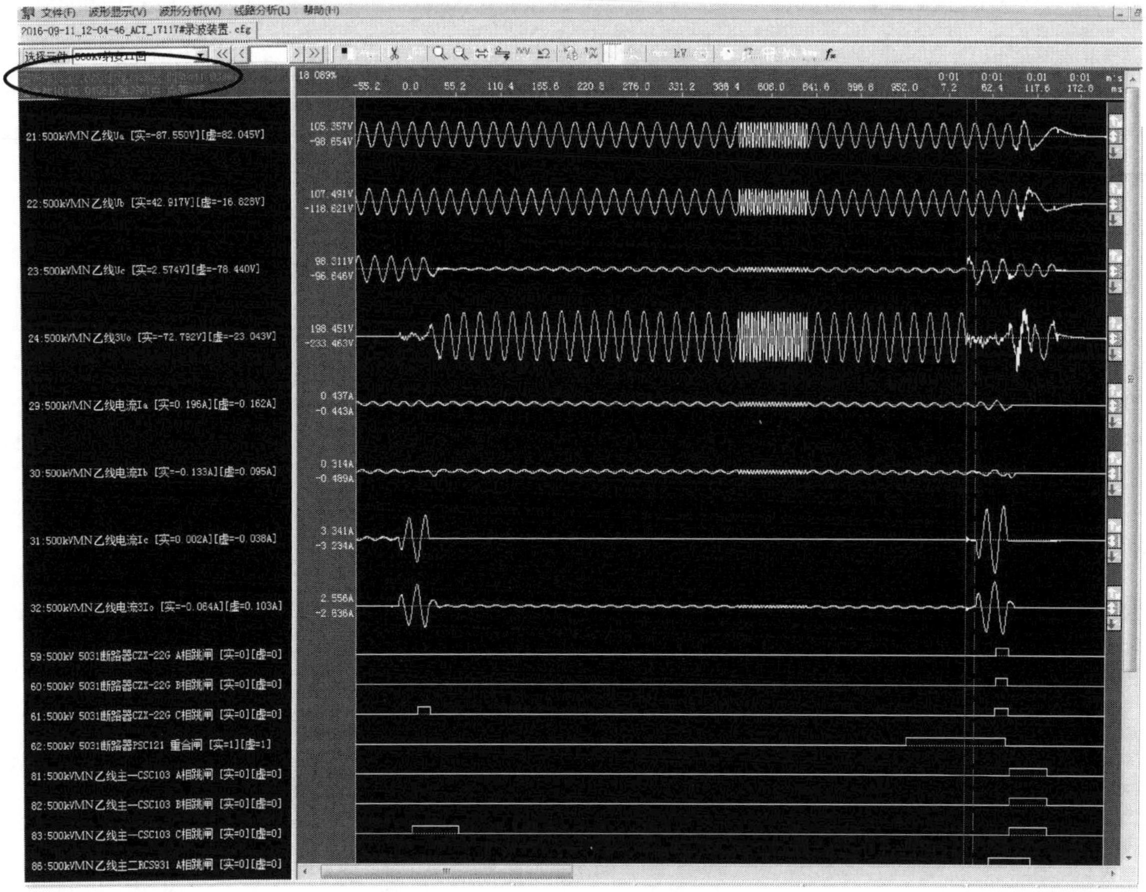

图 2－13　MN 乙线故障录波图

无论从断路器的分合行为还是从简明报文来看，很容易将此次故障行为认定为一次永久性故障。但仔细分析故障波形，断路器合闸后，MN 乙线故障相 C 相电压恢复了约 44ms，如图 2－13 中实线与虚线间，故障相 C 相电流也恢复至负荷电流大小，这与典型的永久性故障在重合闸出口断路器合上后，电流、电压立刻变成故障时电流、电压截然不同。一般情况下，电压恢复时间超过 20ms 就可以认为重合成功。按照这一原则，可以认定 MN 乙线的这次故障是短时间内的两次故障而不是永久性故障。

二、母线保护动作分析

母线上连接有变压器、电压互感器及电流互感器等多种元件。运行实践表明：在众多连接元件中，由于绝缘老化、污秽引起的闪络接地故障和雷击造成的短路故障次数较多；母线电压互感器、电流互感器的故障，运行人员带负荷拉隔离开关，带接地线合断路器的误操作事故也时有发生。母线发生故障时，需要切掉多个相关运行间隔，涉及的范围广、影响大，所以及时准确完成母线故障分析，判断保护动作情况有极强的现实意义。

本部分介绍母差保护动作分析的一般方法。

某变电站 220kV 母差保护动作，跳开母联开关及 1M 上所有运行开关，事故前的运行方式简图如图 2－14 所示，间隔 2313、2030、2909、2203、2860、2201、4281 断路器运行于 1M，间隔 2315、2281、2910、2202、2861、4282 断路器运行于 2M，母联 2012 断路器在合位。

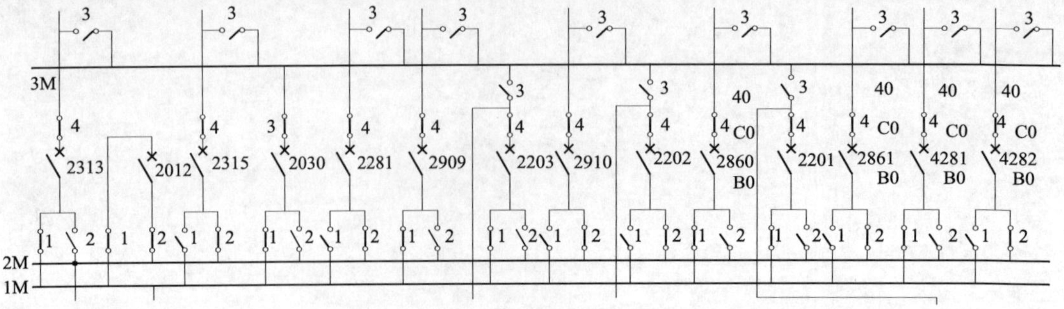

图 2－14　事故前的运行方式简图

（1）读取故障录波简报内容，① 相对时间：15ms，动作相别：AB，动作信息：变化量差动跳Ⅰ母、2860、2201、4281、2203、2909、2030、2313、母联；② 相对时间：20ms，动作相别：AB，动作信息：稳态量差动跳母联；③ 相对时间：22ms，动作相别：AB，动作信息：稳态量差动跳Ⅰ母。比对事前运行方式，母差保护动作跳开 1M 上所有运行断路器，母差动作行为正确。

（2）母线保护动作示意录波图如图 2－15 所示，由图可得的信息有：

1）开关量通道。从图 2－15 得知，开关量 1（代表母差跳Ⅰ母）在故障发生 5ms 后有突变，即工频变化量差动保护跳Ⅰ母上的所有间隔（含母联）；开关量 C（分别代表稳态量差动跳母联）在故障发生 20ms 后有突变，即稳态量差动保护动作跳Ⅰ母、母联。上述开关量变位说明保护有动作出口现象。

2）差动量通道。在母差保护的大差 DIA 的 A 相通道中有突变差流存在，并持续 60ms，大差 DIB 的 B 相通道中有突变差流存在并持续 60ms，从图 2－15 中可以看出当 DIA 的 A 相波峰 M 时刻时，DIB 的 B 相波谷 N，DIA 与 DIB 刚好反向，可以判断是 AB 相间故障；同时在母差保护的Ⅰ母小差 DIA1 的 A 相通道中有差流存在并持续 60ms，Ⅰ母小差 DIB1 的 B 相通道中有差流存在并持续 60ms，从图 2－15 中可以看出当 DIA 的 A 相波峰 M 时刻时，DIA1 的 A 相波峰 P，DIA 与 DIA1 刚好同向，从图 2－15 中可以看出当 DIB 的 B 相波谷 N 时刻时，DIB1 的 B 相波谷 Q，DIB 与 DIB1 刚好同向，以上说明故障时母差保护大差元件和Ⅰ母小差元件均感受到电流，满足母差保护动作条件：母差保护大、小差元件动作。

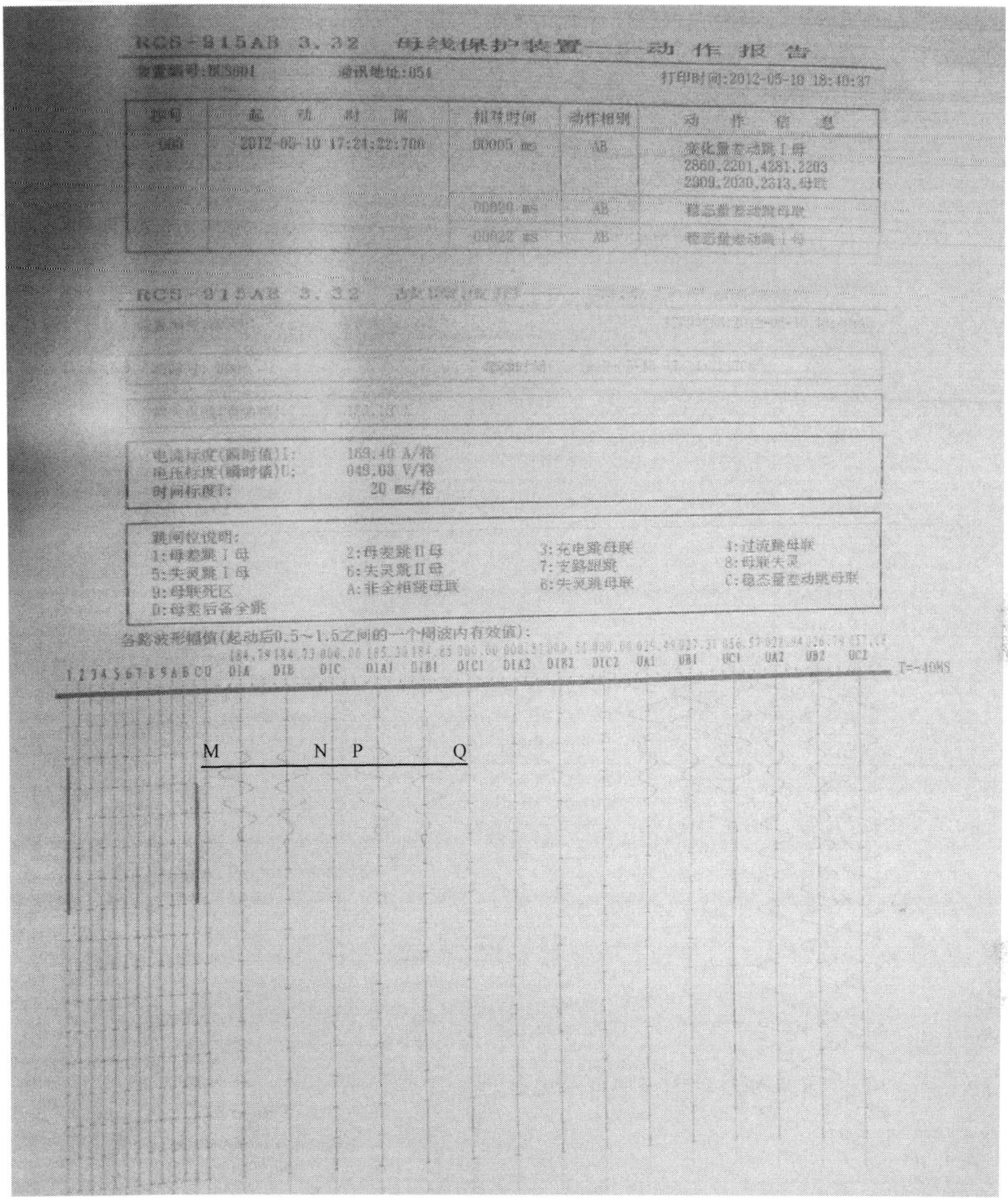

图 2－15　母线保护动作示意录波图

3）电压通道。在 U_{A1}、U_{B1} 通道中出现突变量差流时，存在明显的压降，U_{C1} 整个过程中未出现变化，持续 60ms 后，断开 I 母所有运行开关，电压 U_{A1}、U_{B1}、U_{C1} 变为 0；同时在 U_{A2}、U_{B2} 通道中出现突变量差流时，也存在明显的压降，U_{C2} 整个过程中未出现变化，持续 60ms 后恢复正常。以上情况说明系统中确实发生了 A、B 相接地故障，故障相电压明显降低，母差保护复压闭锁条件开放。

4）电流通道。有些厂家的母差保护动作报告录波图会详细标明各支路的电流值，前面内容已详细说明计算各支路电流值大小的方法，此处不再赘述，选取保护启动后相对时间 15ms 时刻的各支路电流值如表 2－3 所示。

表 2-3　　保护启动后相对时间 15ms 时刻的各支路电流值

名称	开关属性	运行母线	开关位置	A 相电流（A）	B 相电流（A）	C 相电流（A）
2313	线路	Ⅰ母	合位	-44.23	46.51	-1.52
2315	线路	Ⅱ母	合位	-43.32	47.15	-3.86
2030	旁路	Ⅰ母	分位	0	0	0
2281	线路	Ⅱ母	合位	0.08	0.19	-0.08
2909	线路	Ⅰ母	合位	-21.12	21.77	-0.05
2203	主变压器高压侧开关	Ⅰ母	合位	-9.48	9.72	3.12
2910	线路	Ⅱ母	合位	-18.48	19.68	-0.69
2202	主变压器高压侧开关	Ⅱ母	合位	19.49	-20.76	0.73
2860	线路	Ⅰ母	合位	-24.39	23.37	2.39
2201	主变压器高压侧开关	Ⅰ母	合位	-9.66	8.94	1.44
2861	线路	Ⅱ母	合位	-26.38	23.63	0.91
4281	线路	Ⅰ母	合位	-11.26	9.09	1.48
4282	线路	Ⅱ母	合位	-10.93	9.24	1.73
2012	母联		合位	-79.55	79.49	-1.15

常规比率差动元件动作判据为

$$\left|\sum_{j=1}^{m} I_j\right| > I_{\text{cdzd}}$$

差动电流大于启动值，且差动电流与制动电流满足

$$\left|\sum_{j=1}^{m} I_j\right| > K\sum_{j=1}^{m}\left|I_j\right|$$

RCS-915 系统母差保护默认母联 TA 极性指向Ⅰ母，故

Ⅰ母差流　　$I_{\text{IMcd}} = \left|\sum_{i=1}^{m} \dot{I}_i + \dot{I}_{ml}\right|$

Ⅱ母差流　　$I_{\text{IMcd}} = \left|\sum_{j=1}^{n} \dot{I}_j + \dot{I}_{ml}\right|$

根据以上公式计算得到保护启动后相对时间 15ms 时母线差动电流计算结果如表 2-4 所示。

表 2-4　　保护启动后相对时间 15ms 时母线差动电流计算结果

形式 \ 相别	A 相	B 相	C 相
大差差动电流	199.68	198.53	5.6
大差制动电流	238.82	240.05	18
Ⅰ母差动电流	199.69	198.89	5.71

续表

相别 形式	A 相	B 相	C 相
Ⅰ母制动电流	199.69	198.89	11.15
Ⅱ母差动电流	0.01	0.36	0.11
Ⅱ母制动电流	198.23	200.14	9.15

该 RCS－915 母差保护装置定值为差动启动高值 6A，比例制动系数高值为 0.7，因为母联在合位，大差比例制动系数和小差比例制动系数取高值。

将动作时刻的动作点描于比例差动元件动作特性曲线图中，如图 2－16 所示，确定母线保护比率差动落在动作区内，母线差动保护达到动作条件，出口跳闸。

图 2－16 中，DA 表示大差 A 相，DB 表示大差 B 相，DC 表示大差 C 相；DIA 表示Ⅰ母小差 A 相，DIB 表示Ⅰ母小差 B 相，DIC 表示Ⅰ母小差 C 相；DⅡA 表示Ⅱ母小差A 相，DⅡB 表示Ⅱ母小差B 相，DⅡC 表示Ⅱ母小差 C 相。

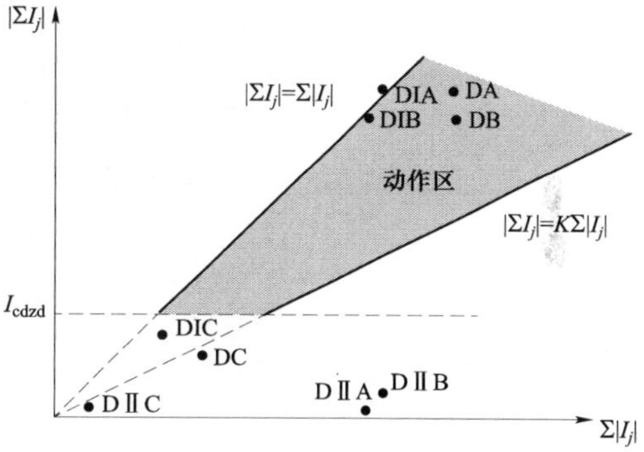

图 2–16　母线比例差动元件动作特性曲线图

综合图 2－15 和图 2－16，可以很清晰的看出，大差的 A 相、B 相和Ⅰ母小差 A 相、B 相在动作区内，其他相别均不在动作区，所以可以判断此次母差动作Ⅰ母动作，故障在Ⅰ母上。此次实际一次故障为枯枝藤掉落在 220kVⅠ母电压互感器 221TV A、B 相隔离开关之间，造成 220kVⅠ母 AB 相间放电。母差保护动作分析与实际故障情况一致，本次母差保护正确动作。

三、主变压器保护动作分析

变压器是将不同电压等级的系统联系起来的电压转换设备，是电力系统中的一个重要电气设备，它的功能是把某一电压等级的电能转换为另一电压等级的电能。变压器是依据电磁感应原理工作的，其主要组成部分是铁芯和绕组。变压器的故障可分为内部故障和外部故障，内部故障是指箱壳内部发生的故障，如绕组相间、匝间短路，绕组与铁芯间的短路等；外部故障是指箱壳外部引出线间的各种相间和接地短路故障。针对这些故障，电力系统中运行的变压器均装设了能灵敏反映油箱内部故障的非电量保护和主要反映绕组相间及接地短路、短路匝数较多的匝间短路等故障的纵差保护（含比率制动差动保护、差动速断保护等）。

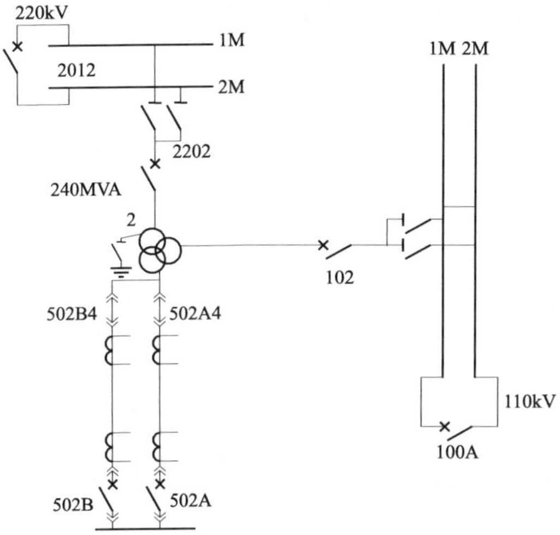

图 2–17　某 220kV 变电站 2 号主变压器运行方式示意图

如图 2－17 所示为某 220kV 变电站 2 号主变压器运行方式示意图。

某220kV变电站2号变压器发生故障跳闸，其故障录波图，如图2-18～图2-20所示。故障初期发生AB相短路故障，8ms后发展成三相短路故障。

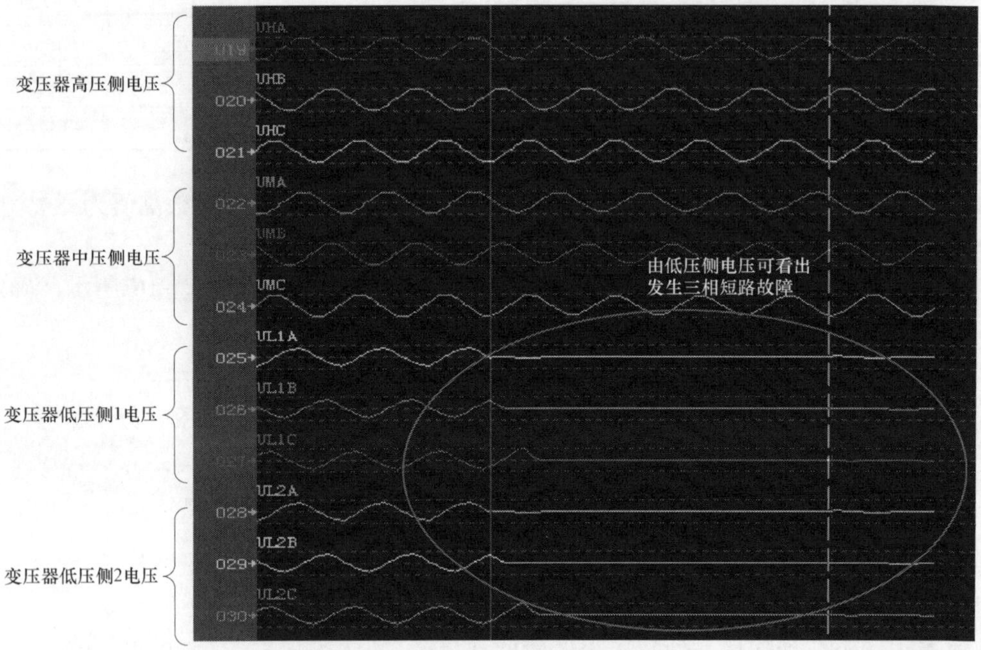

图2-18　2号主变压器各侧电压波形

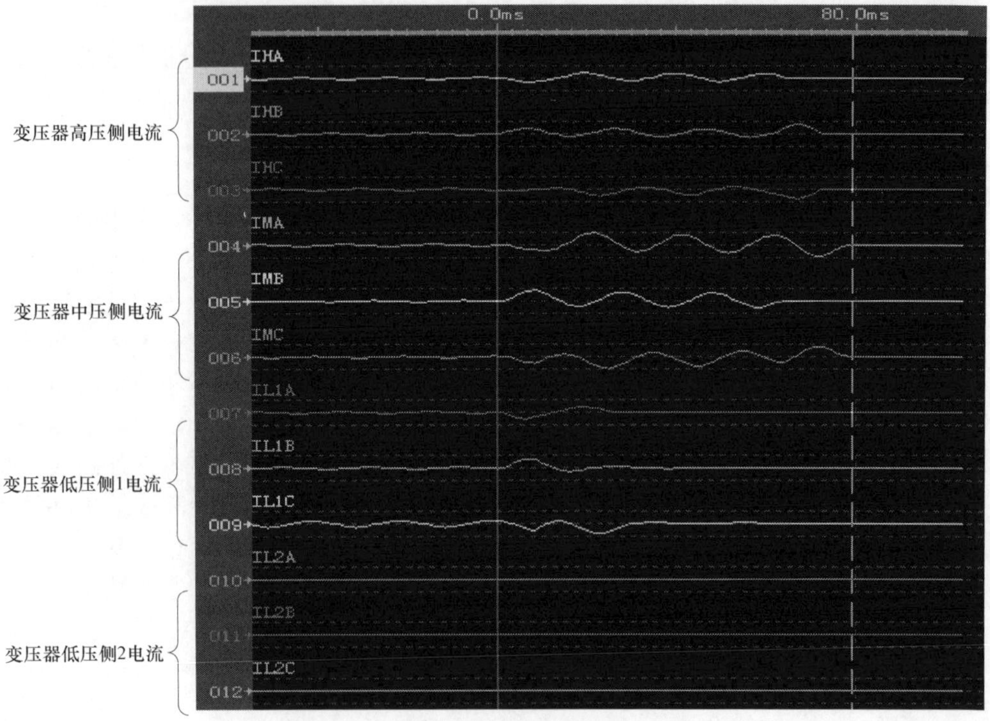

图2-19　2号主变压器各侧电流录波

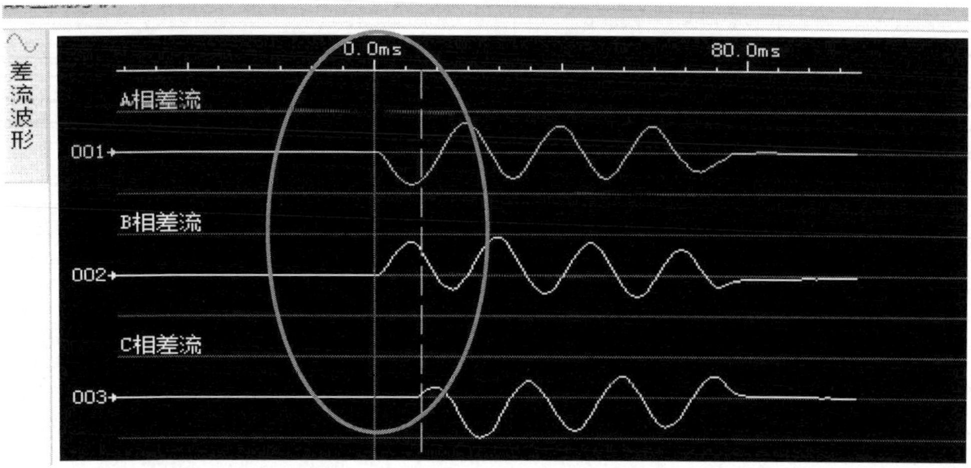

图 2-20 2 号主变压器差流波形

由图 2-18～图 2-20 可得以下信息：

1. 电压通道

UHA、UHB、UHC、UMA、UMB、UMC 通道在整个过程中未出现明显的压降变化，U_{L1A}、U_{L1B}、U_{L2A}、U_{L2B} 电压快速由额定电压降至 1V 左右，紧接着 U_{L1C}、U_{L2C} 降至 1V 左右，在 80ms 后电压降至 0V。高压侧、中压侧电压整个过程中未出现变化，说明系统变压器低压侧发生发展性故障，故障时间大约持续 80ms。

2. 电流通道

（1）在变压器高压侧 I_{HA}、I_{HB}、I_{HC} 相通道中存在出现突变电流，持续 73ms 后全部消失，变压器高压侧断路器三相跳开后电流变为 0。

（2）在 I_{MA}、I_{MB}、I_{MC} 相通道中存在出现突变电流，持续 78ms 后全部消失，变压器中压侧断路器三相跳开后电流变为 0。

（3）在 I_{L1A}、I_{L1B}、I_{L1C} 相通道中存在出现突变电流，持续 63ms 后全部消失，变压器低压侧 A 分支断路器三相跳开后电流变为 0。I_{L2A}、I_{L2B}、I_{L2C} 相通道中电流一直为 0，说明整个过程中 2 号主变压器低压侧 B 分支断路器在分位。

结合电流通道可以初步判断故障位置在主变压器低压侧与低压侧断路器间。

3. 差动电流通道

由各侧电压电流录波可知，主变压器低压侧发生了三相短路发展性故障（A、B 相短路 8ms 转 A、B、C 相短路）。

该主变压器差动保护采用对于 Y12/Y12/△11 接线形式补偿方法采用△→Y 的方式进行相位调整，对 Y 侧电流而言存在以下关系：

Y0 侧：　　　　△侧：

$$\dot{I}'_A=(\dot{I}_A-\dot{I}_0)\qquad \dot{I}'_a=(\dot{I}_a-\dot{I}_c)$$

$$\dot{I}'_B=(\dot{I}_B-\dot{I}_0)\qquad \dot{I}'_b=(\dot{I}_b-\dot{I}_a)$$

$$\dot{I}'_C=(\dot{I}_C-\dot{I}_0)\qquad \dot{I}'_c=(\dot{I}_c-\dot{I}_b)$$

主变压器稳态差流保护动作特性方程

$$\begin{cases} I_d > 0.2I_r + I_{cdqd} \\ I_d > K_{bl}(I_r - 0.5I_e) + 0.1I_e + I_{cdqd} \\ I_d > 0.75(I_r - 6I_e) + K_{bl} \times 5.5I_e + 0.1I_e + I_{cdqd} \\ I_r = \dfrac{1}{2}\sum_{i=1}^{m}|I_i| \\ I_d = \sum_{i=1}^{m}|I_i| \end{cases}$$

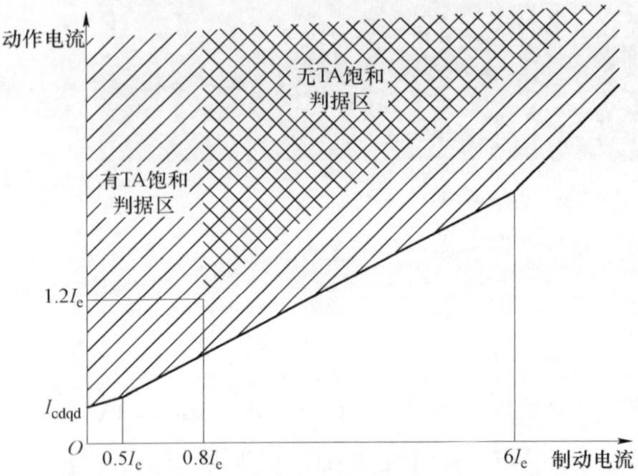

图 2–21　主变压器稳态差流保护动作特性

主变压器稳态差流保护动作特性如图2－21所示。

运用上述计算差流方法，三相差流最大值（二次值）达到 1.28A，大于比率差动启动电流定值 I_{cdqd} =0.34A，此时电流在差动电流的动作区域内，达到差动保护动作条件。

结合电流通道可以初步判断故障位置在主变压器低压侧与低压侧断路器间。由各侧电压电流录波可知，主变压器低压侧发生了三相短路发展性故障（A、B 相短路 8ms 转 A、B、C 相短路）。检查一次设备发现，故障原因是因为有小动物进入 2 号变压器低压侧 502A4 开关柜，引起三相短路故障，故障点处于主变压器差动保护范围，本次保护为正确动作，且通过录波分析可以大致判断故障位置，为事故处理提供了支持。

四、故障录波图分析步骤总结

（1）通过故障分析简报了解此次保护动作情况，了解变电站及线路名称、故障发生的绝对时间和动作相对时间、动作相别、动作元件、故障电流的二次值和一次值等故障基本情况。

（2）结合资料和现场检查情况核实动作简报中的变电站及线路名称、故障发生的绝对时间等基础信息是否准确。

（3）运用本节所述的方法，根据故障录波图提供的故障过程中的各相电流、电压变化值曲线和开关量情况，判断故障录波图是否完好。

（4）运用本节所述的方法，根据开关量变位和电流、电压波形变化情况读取准确故障相别与故障持续时间。

（5）根据波形中的电流、电压幅值，故障电流波形两边的最高波峰在刻度标尺上的位置，计算在标尺截取格数除以 2，乘以显示的比率，除以 1.414 就得到二次电流有效值，再乘以该间隔的 TA 变比，即得到一次电流有效值，比对故障分析简报结果。

（6）以故障相电压或电流的过零点为相位基准，确定故障态各相电流电压的相位关系（注意选取相位基准时应躲开故障初始及故障结束部分，因为这两个区间一是非周期分量较大，二是电压电流夹角由负荷角转换为线路阻抗角跳跃较大，容易造成错误分析），绘制向量图，分析故障情况。

第二节 故障波形分析工具的使用

各种录波分析软件菜单设置基本相似，使用方法基本相同。本节简要介绍故障波形分析工具的使用方法。

1. 光标定位

录波软件光标定位界面如图 2－22 所示。进行光标定位时，按下鼠标左键，来定义 T1 光标，按下鼠标右键，来定义 T2 光标。

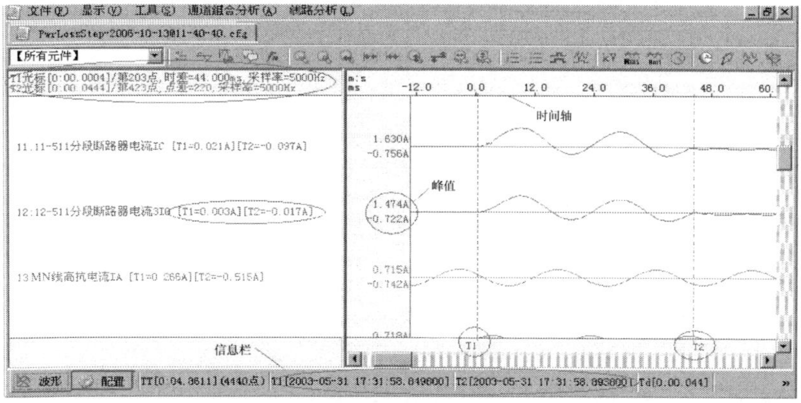

图 2－22 录波软件光标定位界面

双光标位置微调方法。用键盘左右方向键微调 T1 光标点，用 Shift＋左右方向键微调 T2 光标点，每次微调移动一个采样点。

在录波图上左侧，可以看到不同时刻的光标定位时，各通道均有对应时刻的采样值。只有定位在相应通道波形，才能对其进行后续操作。

2. 通道显示值切换

通过主菜单、工具栏上的按钮以及右键弹出的快捷菜单，可以方便地实现一次值、二次值、瞬时值、真有效值、基波有效值以及相角等显示值之间的选择和切换。通道显示值切换操作界面如图 2－23 所示。

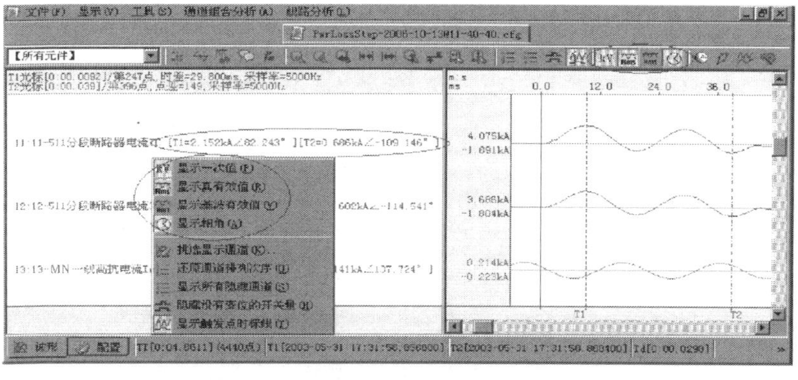

图 2－23 通道显示值切换操作示意图

一般而言，保护装置的动作情况，应以基波有效值进行分析。若考虑故障电流大小，可以选择真有效值或一次值进行分析，但选择一次值应注意该文件中 TA 变比设置是否正确。

3. 通道缩放

横向缩放是沿时间轴方向的缩放；纵向缩放是沿幅值方向的缩放，可对每个模拟量通道单独控制。无论如何缩放，此工具均可自由滚动定位、可迅速还原、可迅速显示全图。缩放控制均由图 2-24 中椭圆框处的工具栏按钮实现。

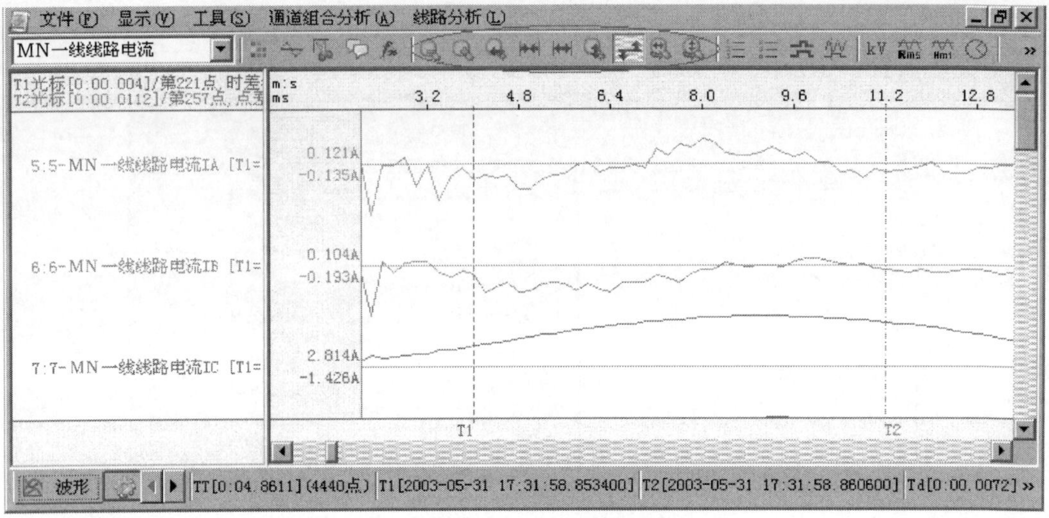

图 2-24　通道缩放示值操作界面

4. 通道组合分析——相量分析

通道相量分析操作界面如图 2-25 所示，可对电压、电流单独缩放，可选择“旋转相量”

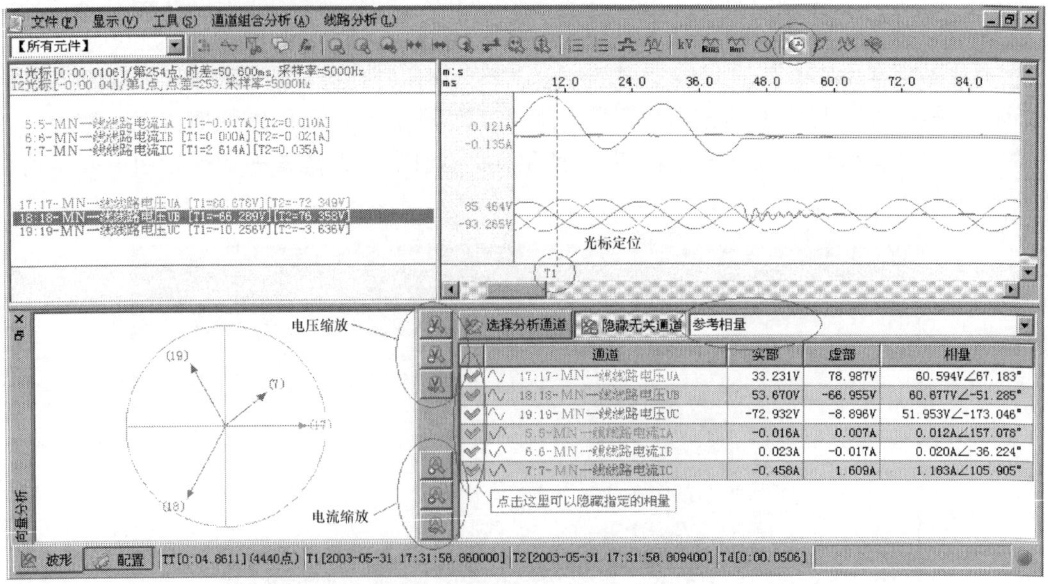

图 2-25　通道相量分析操作界面

或“参考相量”模式观测；可选择隐藏指定的通道相量，通过移动 T1 光标可观测指定点处的相量值，通道显示值切换操作中的一次值和二次值切换可同时切换相量值的显示；可以选择多个通道进行相量分析，通过相量分析，可以得到各模拟量通道任意时刻的幅值及相位关系。

5. 通道组合分析——序量分析

通道序量分析操作界面如图 2－26 所示，单独或同时选择三相电压通道和/或三相电流通道做序量分析，可对电压电流单独缩放，可选择隐藏指定的序量。进入序量分析后，挑选分析的电压电流通道，通过移动 T1 光标可观测指定点处的序量值。序量分析主要用于分析正、负、零序模拟量的情况，特别是对于保护动作情况的分析作用较大。

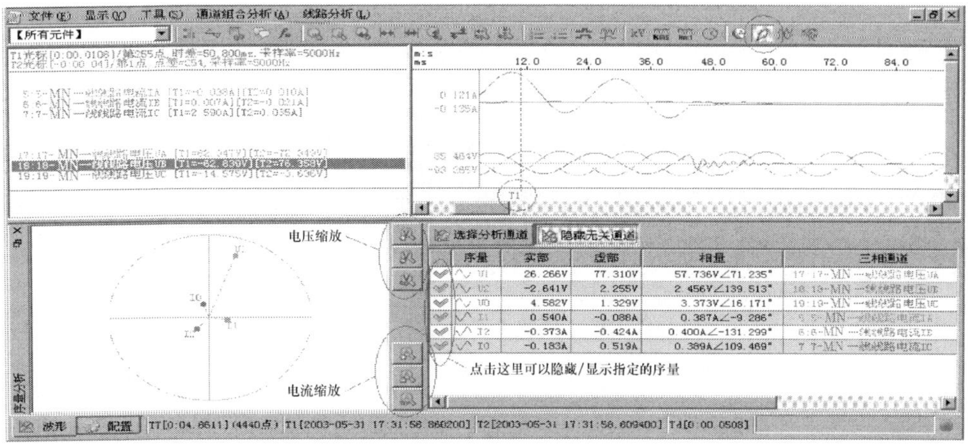

图 2－26 通道序量分析操作界面

除了相量分析、序量分析，相类似的操作方法还可用于谐波分析、阻抗分析、功率曲线分析。

6. 通道组合分析——母线差动分析

母线差动保护动作分析主要应用于差流合成、制动特性分析等，其操作界面如图 2－27 所示，用于分析验证母线差动保护动作的正确性。

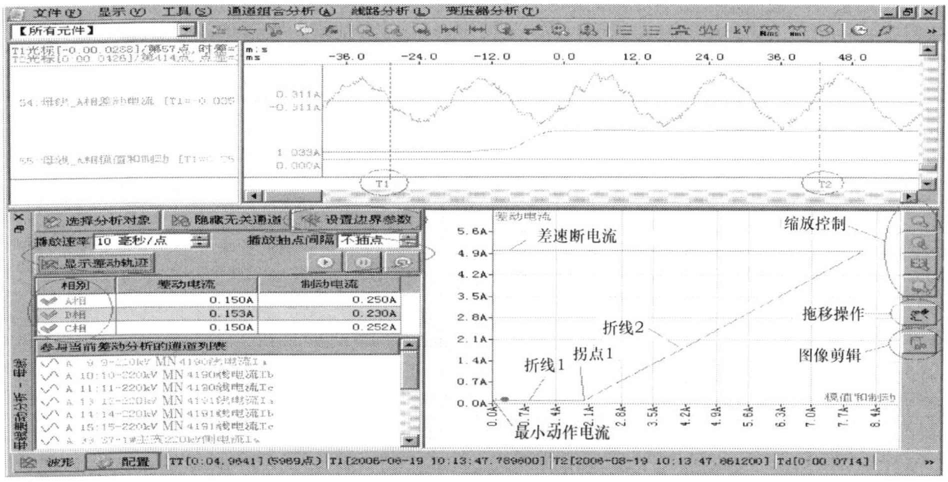

图 2－27 母线差动分析操作界面

7. 通道组合分析——变压器纵差

变压器纵差分析操作界面如图 2-28 所示，最多可选择变压器各分支电流值，主变压器差动保护动作后，合成差流并分析差动动作区域，分析差动保护动作是否正确。可用于分析验证变压器差动保护动作的正确性。

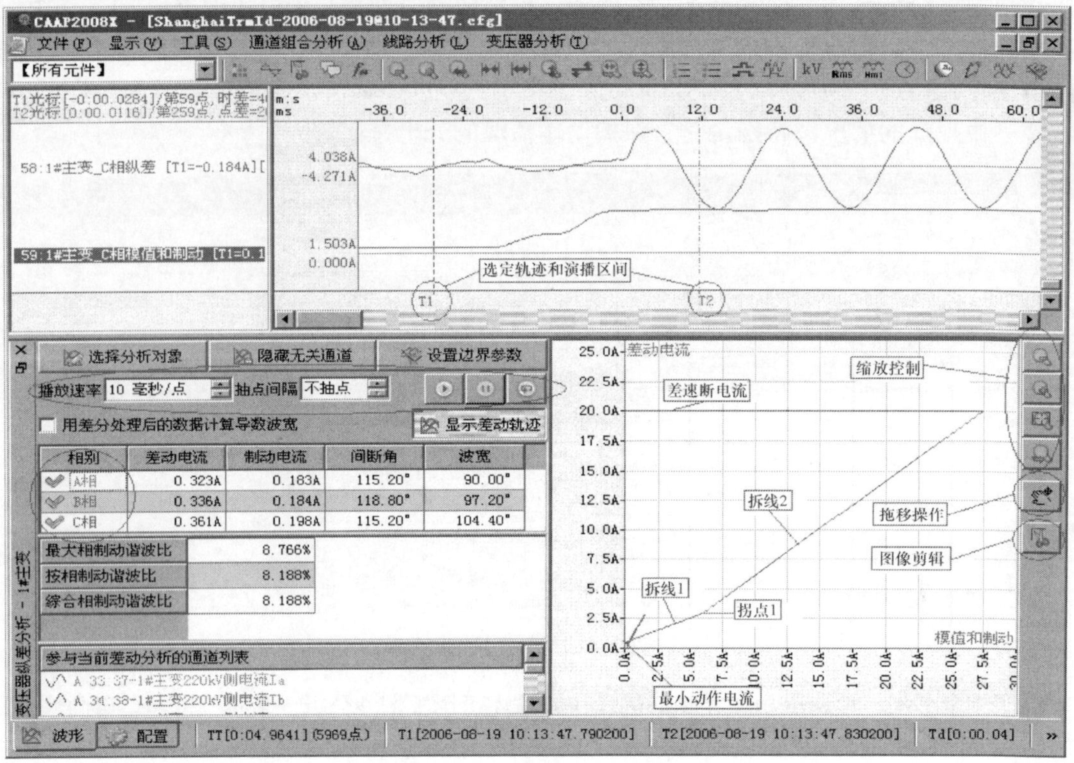

图 2-28　变压器纵差分析操作界面

8. 通道组合分析——发电机保护分析

发电机完全纵差、发电机不完全差动、发电机裂相横差、发电机失步分析、发电机失磁分析等均可以通过软件实现，其操作界面如图 2-29 所示。

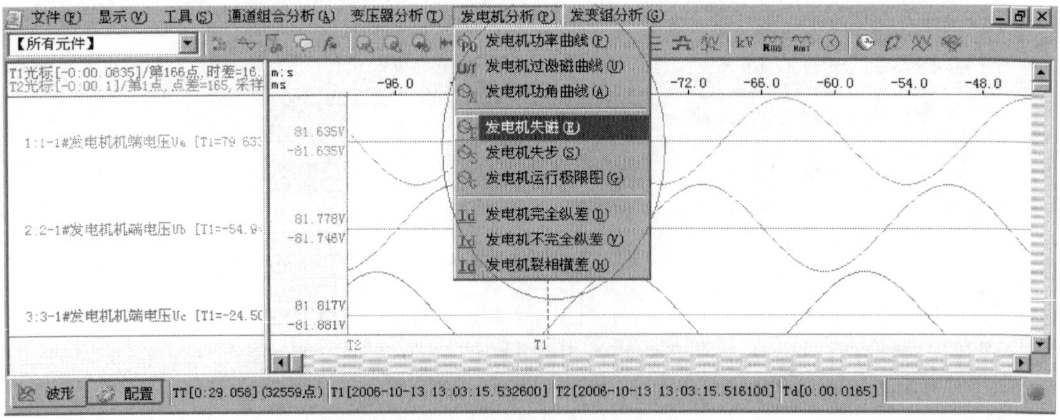

图 2-29　发电机分析操作界面

9. 波形图像剪辑

为了对比比较，可以将多个通道重叠在一起进行分析，如图 2-30 所示。可通过拾取通道，重叠已拾取的通道方法完成。

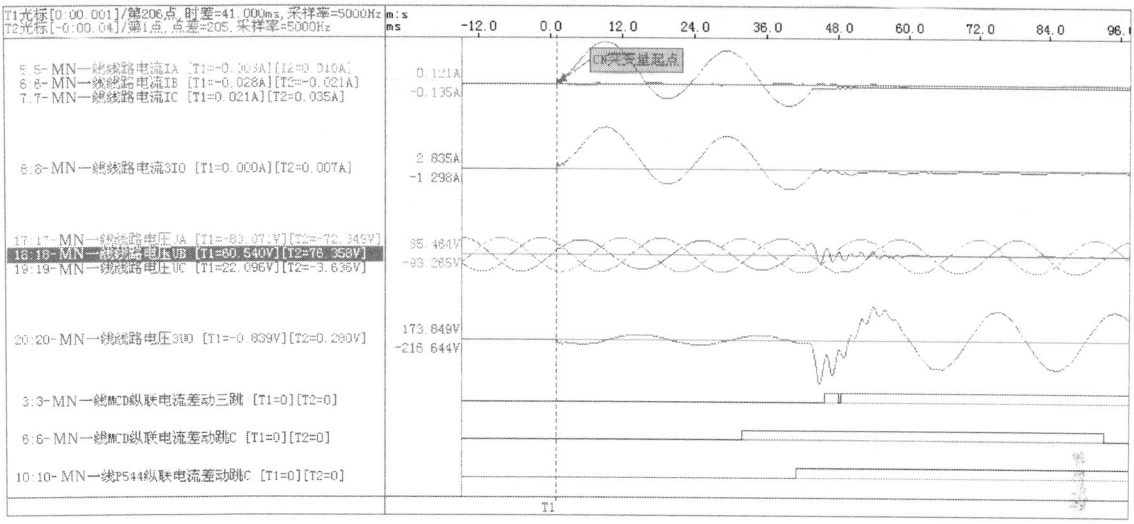

图 2-30　多通道重叠分析操作界面

10. 波形剪辑融合

录波分析软件可以进行文件剪辑，即选取需要的通道，裁剪不需要的通道后将文件保存，录波文件剪辑操作界面如图 2-31 所示。

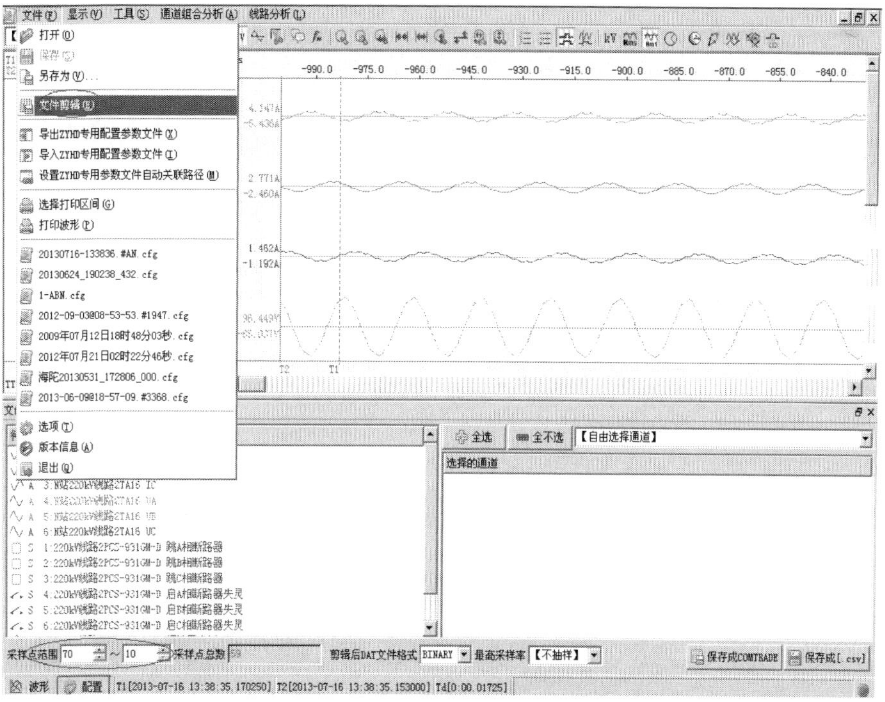

图 2-31　录波文件剪辑操作界面

录波分析软件还可以进行文件融合，即两个录波文件的通道可以放在一起显示并对齐，其操作界面如图 2-32 所示。

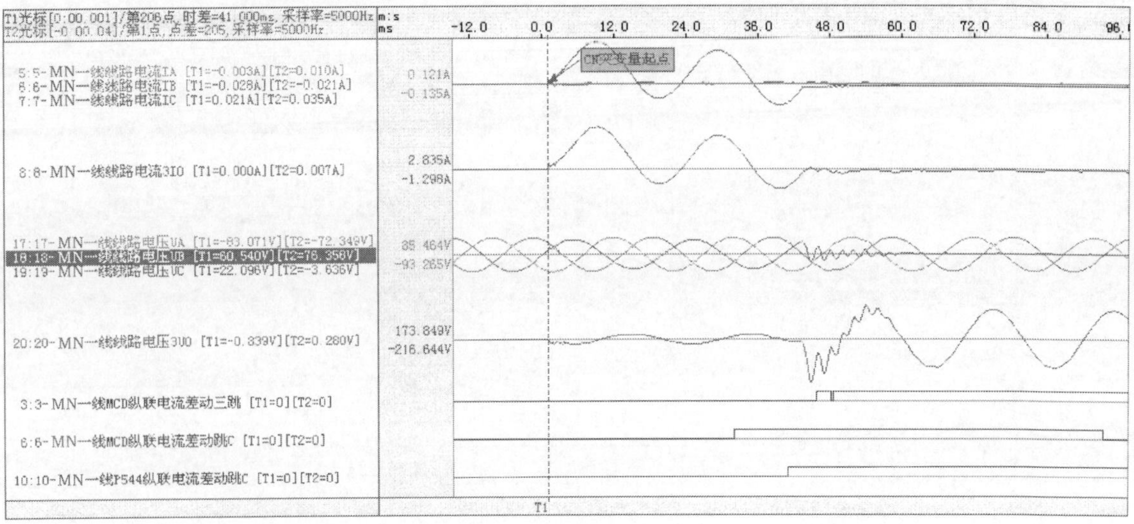

图 2-32　文件融合操作界面

以上简单介绍了波形分析工具的使用方法，不同录波分析软件还可以提供更为综合和高级的功能。例如，当单一线路故障时，录波分析软件工作会将所有通道进行综合分析，然后选择出一个故障线路，再对该故障线路进行选相和单端测距，并给出故障报告，包括测距结果和开关量动作清单以及相应的故障时刻线路的有效值等。

第三章

线路故障实例分析

按故障类型，常见输电线路故障可分为单相接地故障、两相接地故障、两相短路故障、三相短路故障、三相接地故障等，其中单相接地故障约占故障总数的 90%～95%。按故障性质，输电线路故障可分为瞬时性故障和永久性故障，其中瞬时性故障可通过重合闸策略恢复线路的正常运行，避免线路非计划停运。

线路故障形态呈现多元化发展，除常见的线路单相故障外，近年来因雷击导致的同杆并架线路跨线故障、因树木过高导致的高阻接地故障、因山火导致的线路三相故障、因覆冰或风偏导致的线路断线故障等也时有发生。

当线路发生金属性接地或短路故障时，电流电压突然变化，故障特征非常明显，线路两侧纵联保护可正确动作快速切除故障；当线路发生高阻接地故障时，电流电压变化缓慢，故障特征不明显，线路两侧保护可能无法快速切除故障。

线路的单一简单故障如线路单相故障、线路两相接地故障、线路两相相间故障、线路三相短路故障、线路断线不接地故障等例子较为常见。在线路实际运行中，当线路发生断线时，导线掉落过程中不一定伴随接地故障的发生，线路保护对断线故障的适应性值得关注。另外，线路谐振过电压也是一种特殊的线路故障，给线路正常运行带来挑战。金属性接地故障比较普遍，不展开介绍，本章着重介绍线路高阻接地故障、线路发展性故障、线路谐振过电压等案例。

第一节　线路高阻接地故障实例

线路纵联保护是当线路发生故障时，使两侧断路器同时快速跳闸的一种保护装置，是线路的主保护。它以线路两侧判别量的特定关系作为判据，即两侧均将判别量借助通道传送到对侧，然后两侧分别按照对侧与本侧判别量之间的关系来判别区内故障或区外故障。因此，判别量和通道是纵联保护装置的主要组成部分。

高阻接地时，纵联距离保护的判别量有可能失效，这个时候只能靠配置电流差动保护完成快速切除，这也是目前高压电网中线路保护首选配置双光纤差动电流保护的原因。即便如此，在过渡电阻很高的极端情况下，仍有可能导致差动保护不启动，后备保护动作出口。

1. 事件概况

500kV MN 甲线发生 A 相单相高阻接地故障重合不成功。故障发生时刻，差动保护均未动作，在 N 变电站后备保护零序Ⅱ段动作后，500kV MN 甲线两侧差动保护动作，M 变电站重合于故障，线路三跳。

2. 保护动作分析

线路两侧保护动作情况如表 3－1 所示。

表 3－1　线路两侧保护动作情况

时间	M 变电站保护	N 变电站保护
0000ms（故障开始）	电流变化较小，差流满足，保护未启动，未向 N 变电站发送差动允许信号	保护启动，差流满足，向 M 变电站发送差动允许信号
2340ms	保护启动	零序Ⅱ段动作，向 M 变电站发送跳闸命令

续表

时间	M 变电站保护	N 变电站保护
2351ms	A 相差动保护动作，向 N 变电站发送差动允许信号	
2362ms		A、B、C 相电流差动保护动作
3448ms	重合于故障，A、B、C 相电流差动保护动作	

故障发生时刻，两侧的保护装置动作时序图如图 3－1 所示。

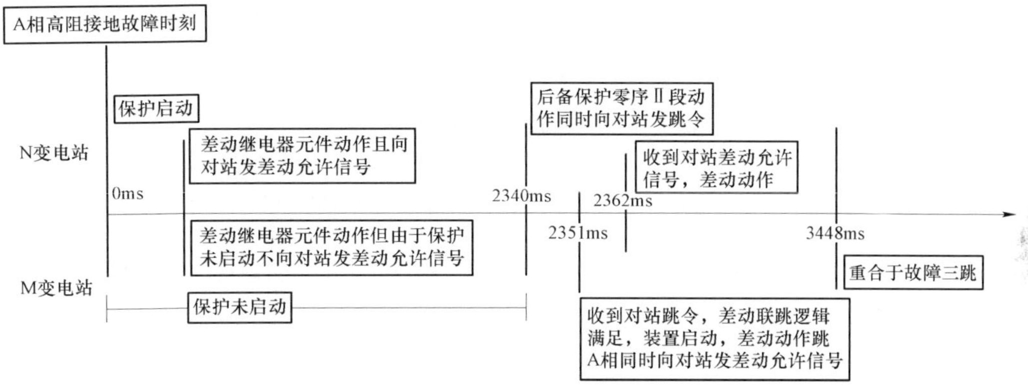

图 3－1 故障时刻两侧保护装置动作时序图

M 变电站 MN 甲线故障时刻录波如图 3－2 所示。

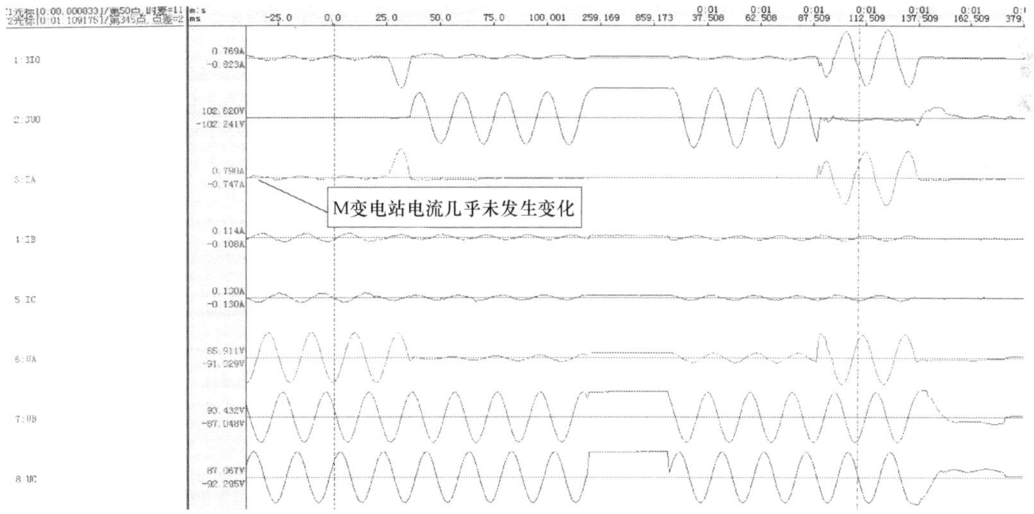

图 3－2 M 变电站 MN 甲线故障时刻录波

N 变电站 MN 甲线故障时刻录波如图 3－3 所示。

对比图 3－2、图 3－3 可知，故障发生后 N 变电站感受到的故障电流较大，N 变电站电流缓慢上升且保护启动，不久后差动电流满足差动动作条件；而 M 变电站感受到的零序电流和

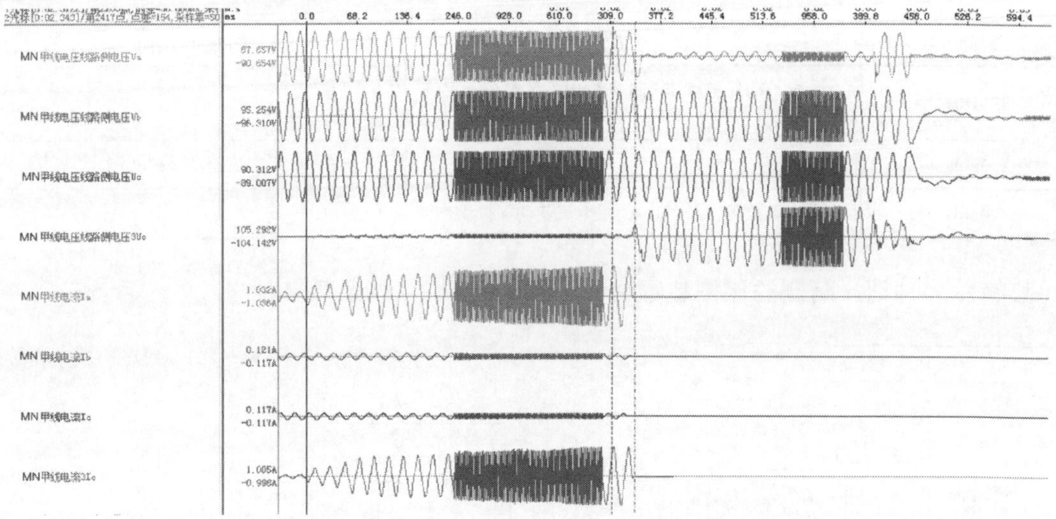

图 3-3　N 变电站 MN 甲线故障时刻录波

相电流变化量很小，M 变电站电流几乎未发生变化，保护未启动。即使差流满足，保护不动作。

差动保护动作逻辑图如图 3-4 所示。

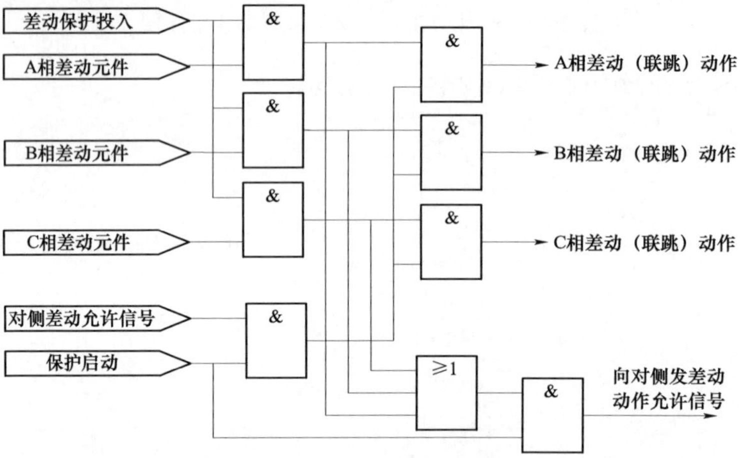

图 3-4　差动保护动作逻辑图

差动保护动作必须满足三个条件：①本端启动元件启动；②本端差动继电器动作；③收到对侧“差动动作”允许信号。只有上述三个条件同时满足，差动保护才允许出口跳闸。

对于 M 变电站，由于感受到的故障电流过小，保护未启动，上述条件①不满足，差动保护不动作，不向对站发送差动允许信号。

对于 N 变电站，上述条件③不满足，因此差动保护也无法动作。故障时两侧差动逻辑对比分析如表 3-2 所示。

表 3-2　　　　两侧差动逻辑对比分析

N 变电站		M 变电站	
差动条件	是否满足	差动条件	是否满足
本端启动元件启动	是	本端启动元件启动	否
本端差动继电器动作	是	本端差动继电器动作	是
收到对端“差动动作”的允许信号	否	收到对端“差动动作”的允许信号	是

当 N 变电站保护启动时间到达 2340ms 时刻，由于故障电流一直持续存在，N 变电站后备保护零序电流Ⅱ段定值满足（零序Ⅱ段时间定值 2.3s），N 变电站后备保护零序电流Ⅱ段动作，通过保护通道向对站 M 变电站发送跳闸命令。

差动保护具有非电流量启动差动逻辑：当差动保护投入，N 变电站保护跳闸后，会发送对应相的跳闸命令给 M 变电站，M 变电站收到 N 变电站跳闸命令后，会结合就地条件决定是否启动 M 变电站装置并联跳 M 变电站断路器。联跳功能逻辑图如图 3-5 所示。

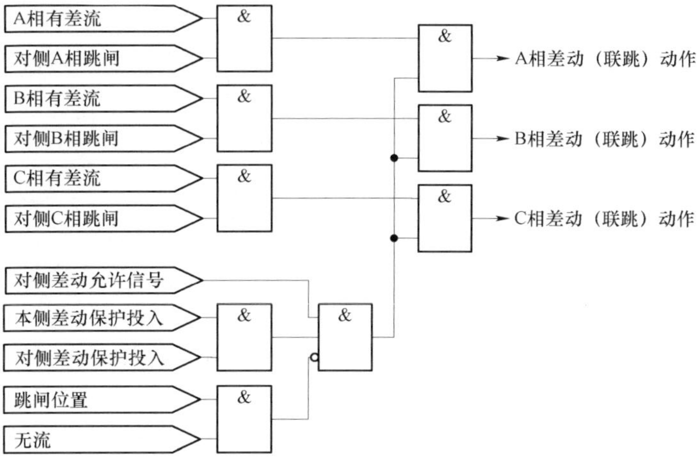

图 3-5　联跳功能逻辑图

继续分析图 3-5，N 变电站后备保护动作后，会向 M 变电站发送跳令，此时对于 M 变电站，所有 A 相差动联跳动作逻辑条件满足，保护装置启动，差动动作跳 A 相，同时向对侧（N 变电站）发送差动允许信号。N 变电站在收到差动允许信号后，差动动作的 3 个条件全部满足，因此在 2362ms 装置差动保护动作。M 变电站跳开 A 相后，延时 1s 进行重合，由于重合后故障依然存在，保护加速动作跳开三相。

3. 解决措施

巡线发现保护测距故障点附近有山火烧过痕迹。为避免高阻接地故障时，单侧电流差动不启动导致差动无法动作出口，提出了以下措施：

（1）完善差动保护启动元件。差动保护启动元件除了相电流突变量启动元件、零序电流辅助启动元件、低电压辅助启动元件、TWJ 的辅助启动元件外，考虑增加零序电压和电压突变启动元件，以此作为高阻接地的辅助启动元件。当对侧装置启动且满足 $3U_0$ 大于 2V、$3U_0$ 突变大于 2V，或者相电压突变大于 8V 时，本侧被拉入启动。

（2）完善差动保护发信三跳逻辑。当本侧后备保护三跳后，应发信至对侧，对侧任意相满足判据后直接三跳。

第二节　高压线路的三相短路故障实例

三相短路对系统的危害远远高于单相短路，尤其是 220kV 及以上线路。多年的运行数据表明，90%以上的 220kV 及以上电压等级线路故障是单相故障。雷击是导致线路发生相间、两相接地及三相故障的最主要原因。对于 220kV 线路，雷击是导致线路发生三相故障的最主要原因，对于 500kV 线路，绝缘水平较高，三相故障基本由山火导致。2011～2016 年，南方电网发生 6 次 500kV 线路三相故障，全部由山火导致。本节主要选取其中的一个案例进行分析。

1. 事件概况

500kV MN 乙线附近发生山火，导致 500kV MN 乙线 AB 相间故障，后续发展为 A、B、C 三相短路故障，线路两侧保护动作跳开断路器三相。

2. 保护动作分析

M 侧变电站保护动作情况：0ms，保护启动；11ms，主二纵差保护动作出口；14ms，主一纵差保护动作出口；23ms，5591、5592 断路器保护动作出口；47ms，5591、5592 断路器跳开。

N 侧变电站保护动作情况：0ms，保护启动；11ms，主二纵差保护动作出口；15ms，主一纵差保护动作出口；19ms，5742、5743 断路器保护动作出口；49ms，5742、5743 断路器跳开。

500kV MN 乙线保护动作时序图如图 3－6 所示；故障时刻录波图如图 3－7、图 3－8 所示。

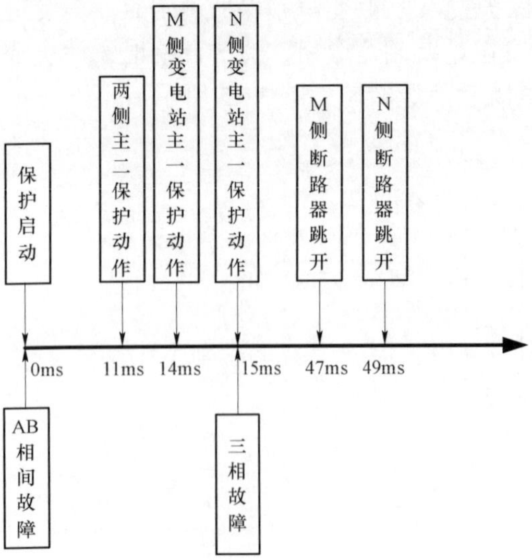

图 3－6　500kV MN 乙线保护动作时序图

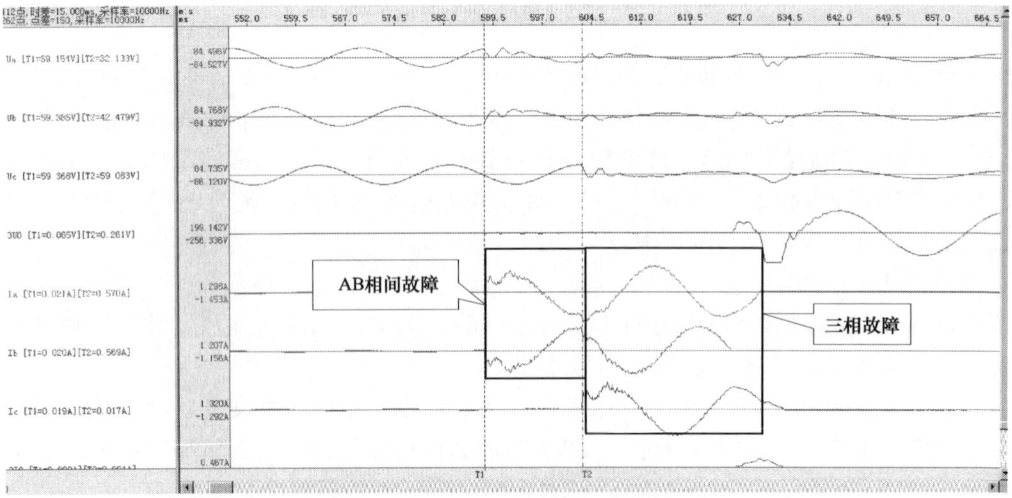

图 3－7　M 变电站故障时刻录波图

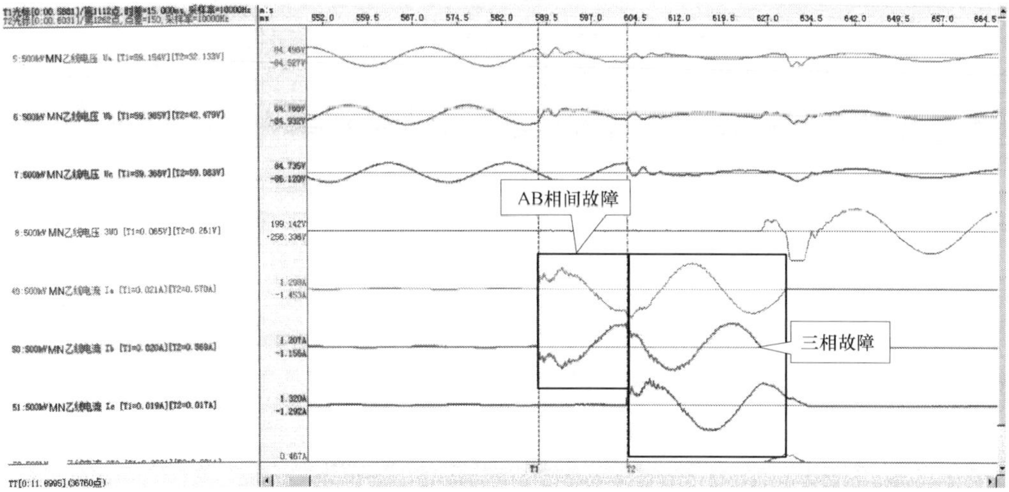

图 3－8　N 变电站故障时刻录波图

如图 3－8 所示，故障发生时刻（0ms），线路两侧 A、B 相电流增大，基本保持幅值相同，方向相反，C 相电流不变，且无零序电流，线路发生 AB 相短路故障，线路两侧的主保护分别动作；故障发生 15ms 之后，C 相产生故障电流，且三相电流基本保持正序波形。线路故障由 AB 相间短路故障发展成为三相短路故障。故障维持将近 50ms 后，线路两侧断路器动作，切除故障线路。

3. 故障原因

此次故障为线路下方发生山火导致。故障点杆塔示意图如图 3－9 所示，杆塔位于山体山梁，由于松树、杉木的燃烧性质及树下植被较厚等原因燃烧时烟幕较为浓厚，且山火在此处燃烧时间较长，过火面积较大，加上受刮风的影响，燃烧时由地表火转变为树冠火，引起突发大量浓烟、粉尘垂直窜往正上方导线，造成空气绝缘陡然下降，因此先引起中相 A 相与左相 B 相的相间短路，后引起三相短路。

图 3－9　故障点杆塔示意图

第三节 线路过电压实例

本案例是因为线路并联电抗器在非全相运行时，断开相感应出谐振过电压，发生了故障点潜供电弧重燃的现象。

一、线路谐振过电压实例

1. 事件概况

500kV MN 甲线发生 B 相接地故障，故障录波显示故障相跳闸后，故障相恢复电压峰值达 315kV，并发生故障点潜供电弧重燃的现象，单相重合闸成功。

2. 保护动作分析

500kV MN 甲线保护动作情况：0ms，保护启动；10ms，主一电流差动保护动作，跳 B 相；23ms，断路器保护动作，跳 B 相；27ms，主二纵联保护动作，跳 B 相；1275ms，重合闸动作，B 相重合成功。

MN 甲线保护动作时序图如图 3－10 所示。

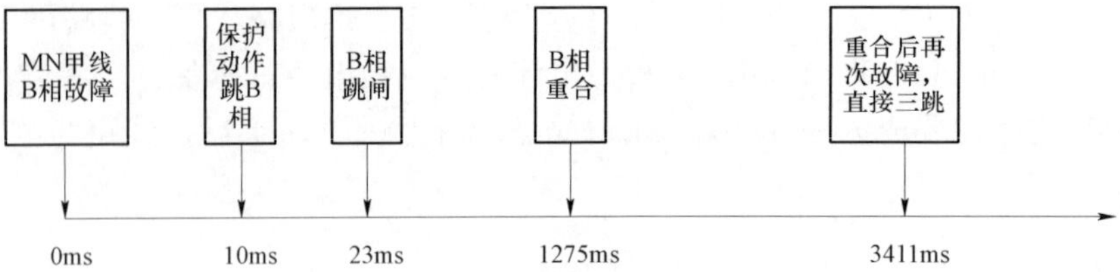

图 3－10　MN 甲线保护动作时序图

500kV MN 甲线故障波形如图 3－11 所示，MN 甲线 B 相在－18.44ms 发生短路接地，电压由工作电压 434.2kV 下降至 326.8kV。约 40ms 后，即线路电流过零时，线路单相跳闸，B 相电压降至 0kV，并出现高频振荡。约 26ms 后，即 25.94ms 时刻短路点电弧熄灭，A、C 相在 B 相线路上感应出工频电压。电压从 0kV 开始逐渐增大，约 8 个周波后，即 203.75ms 时刻振荡电压升高到 310kV，超过击穿电压，短路点再次被击穿。短路电弧熄灭重燃的现象持续 700ms 后，短路点绝缘恢复。线路跳闸 1.3s 后，MN 甲线单相重合闸成功。

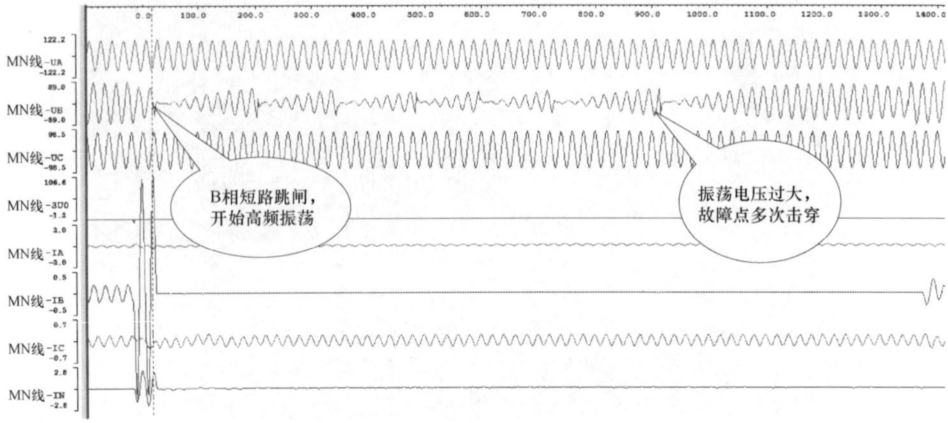

图 3－11　500kV MN 甲线故障波形

3. 故障原因

MN 甲线原线路的 M 变电站侧装有容量为 150Mvar 的高压并联电抗器，后线路解口接入新变电站 π 接后形成现有线路，使并联电抗器补偿度发生变化，变成过补偿方式，由此导致该线路非全相运行时，断开相上的感应电压偏高。MN 甲线 B 相发生接地故障单相跳闸后，断开相的感应电压峰值较高，发生了故障点潜供电弧重燃的现象，但未影响保护装置单相重合闸功能，最终单相重合成功。

4. 解决措施

为了减小线路非全相运行时的感应过电压和单相重合闸过程中的恢复电压，可以对线路进行全换位改造，其方案如图 3－12 所示。经研究计算，MN 甲线在方案 1 及方案 2 下的潜供电流最大值分别为 2.69A、2.60A，考虑线路互感后，最大值均为 3.18A；在方案 1 及方案 2 下的恢复电压最大值分别为 115.1kV、110.3kV，考虑线路互感后，最大值分别为 118.1kV、116.7kV。两种方案的潜供电流均不大，恢复电压水平不高，可满足 1s 的单相重合闸时间要求，方案 2 换位较均匀，恢复电压值低于方案 1。

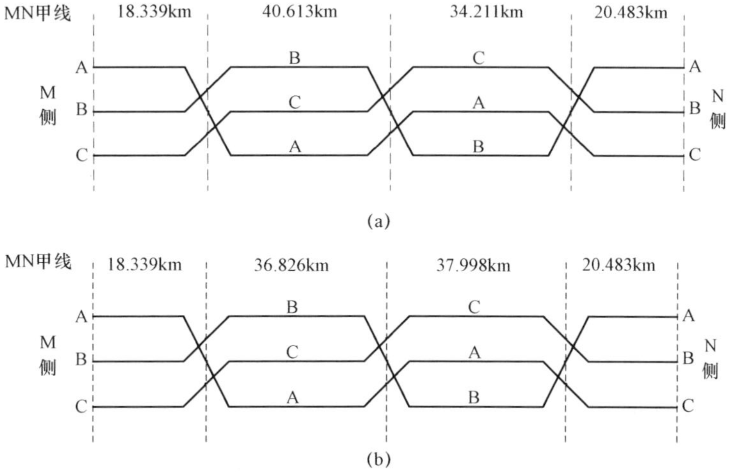

图 3－12　MN 甲线线路全换位方案示意图

（a）方案 1；（b）方案 2

二、线路工频过电压实例

1. 事件概况

500kV M 变电站强对流天气过程中，雷击造成 220kV Ⅰ、Ⅱ母线发生相继接地故障，所有 220kV 出线全部被切除。事件发生时 500kV 主变压器低压侧 35kV 两组电容器正挂网运行，因主变压器感性负载全部被切除，造成 500kV 线路末端工频电压达到线路过电压保护定值而跳开 500kV MN 线路，该站全站失压。（该站仅一回 500kV 出线，采用“一线一变”接线方式。）

2. 保护动作分析

保护动作情况：0ms，母线保护启动；3ms，变化量差动动作跳Ⅰ母和Ⅲ母（Ⅰ、Ⅲ母采用硬连接接线方式，可视为同一条母线）；14ms，500kV MN 线线路过电压保护启动；23ms，稳态差动动作跳Ⅰ母和Ⅲ母；508ms，稳态差动跳Ⅱ母；510ms，变化量差动跳Ⅱ母。

保护动作时序图如图 3－13 所示。

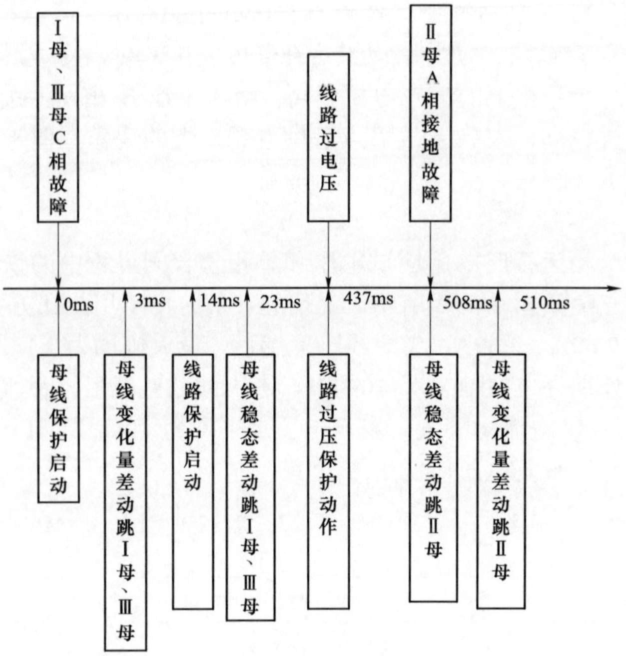

图 3－13　保护动作时序图

母线故障录波图如图 3－14 所示，第一阶段为Ⅰ（Ⅲ）母 C 相故障，故障时 C 相大差电流及Ⅰ（Ⅲ）母小差电流为 19A，因母线并列运行，Ⅰ、Ⅲ母 C 相电压均几乎为零。在Ⅰ（Ⅲ）母被切除、保护启动后 508ms，Ⅱ母 A 相发生接地故障，A 相大差电流及Ⅱ母小差电流为 9A，Ⅱ母 A 相电压立即跌落至零。

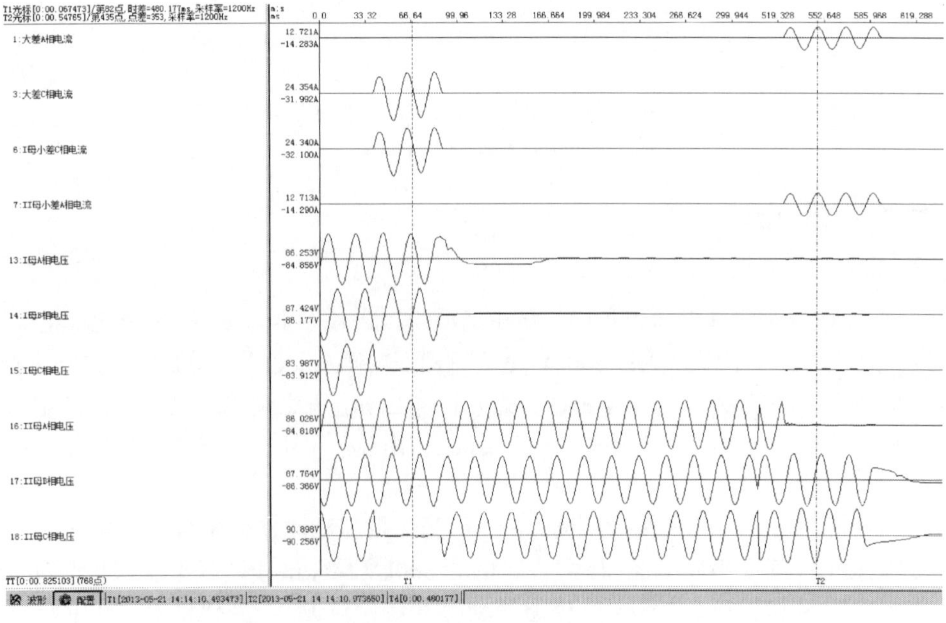

图 3－14　母线故障录波图

过电压保护动作录波图如图 3－15 所示，在Ⅰ（Ⅲ）母发生故障被切除后，造成 500kV MN 线工频过电压，超过过电压保护定值 63.51V，满足 300ms 延时，线路过电压保护动作。

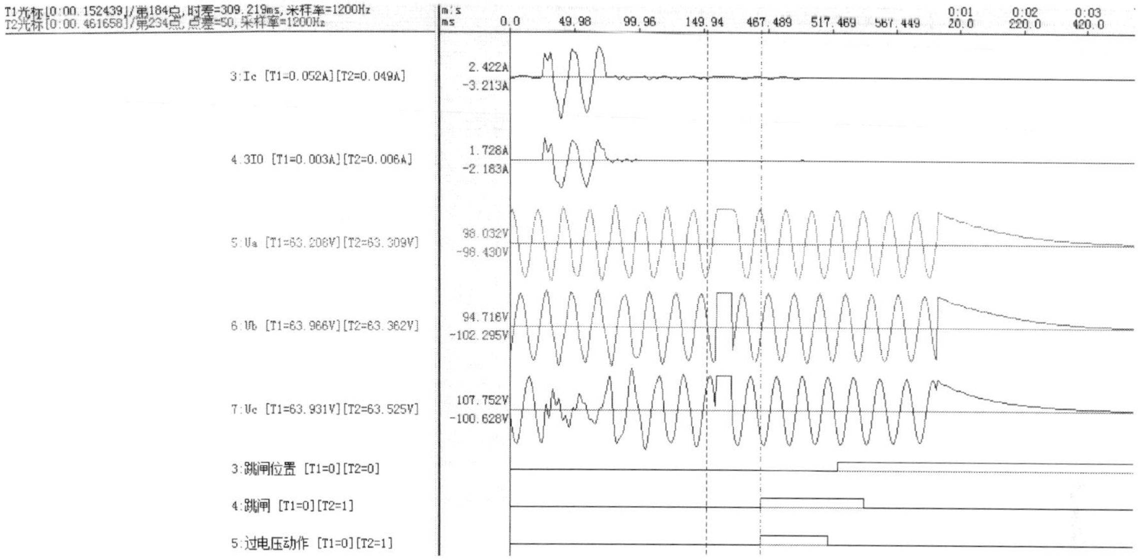

图 3－15 过电压保护动作录波图

3. 故障原因

该站 500kV 侧为“一线一主变”的接线方式，故障时主变压器中压侧在Ⅰ母运行，主变压器低压侧 35kV 两组电容器挂网运行，220kVⅠ母发生 C 相接地故障跳开主变压器中压侧断路器后，导致电网感性负荷被切除，500kV MN 线空载运行，500kV MN 线输入的大量容性无功功率以及 35kV 母线上接有的两组电容器的容性无功功率（每组电容器的容量为 44.088Mvar）无法被电网的感性负载所吸收，因此造成 500kV MN 线工频过电压。

4. 解决措施

该站为“一线一变”特殊接线形式，系统过电压（35kV 母线、500kV 母线均过电压）时，35kV 电容器过压保护动作跳开 35kV 电容器断路器先于 500kV MN 线过电压保护动作，避免变压器中压侧母线失压导致线路强迫停运。

第四节 线路高抗故障实例

超高压远距离输电线的对地电容电流很大。为吸收线路容性无功功率、限制系统的操作过电压，同时对于使用单相重合闸的线路，为限制潜供电容电流、提高重合闸的成功率，在输电线两端或一端变电站内装设三相对地的并联电抗器。

高压电抗器（以下简称高抗）可与输电线路视为一体，随线路投运。高压电抗器退出而线路需要运行的特殊工况需要校核线路的重合闸是否满足潜供电流熄灭的要求，也可以采用专用断路器将高抗接入母线或直接入串，作为站内无功考虑，不与线路的运行方式捆绑，运行灵活但投资大。

高压电抗器可能发生的故障有：① 线圈的单相接地和匝间短路；② 引线的相间短路和单相接地短路；③ 由过电压引起的过负荷；④ 油面降低；⑤ 温度升高和冷却系统故障。

一、高抗保护基本配置

（一）纵差保护和电流速断保护

三相并联电抗器和发电机三相定子绕组相似，可以装设纵差保护，能保护相间短路和单相接地短路，但不能保护电抗器的匝间短路。利用电抗器两端的套管电流互感器即可构成纵差保护，无需装设外附电流互感器。并联电抗器的纵差保护有比率制动特性的稳态量的纵差保护、差动电流速断保护。

（二）并联电抗器的匝间短路保护

电抗器的匝间短路是比较多见的一种内部故障形式。当短路匝数很少时，一相匝间短路引起的三相电流不平衡，很难被继电保护装置检出，为此需设更高灵敏度的电抗器匝间短路保护。

1. 匝间短路保护

如果电抗器每相有两个并联分支（即双星形接线方式），这时和双星形接线方式的发电机一样首先考虑装设高灵敏单元件横差保护，这不但是匝间短路的灵敏保护，而且还能有效保护绕组内部接地短路，但对引出端相间及接地短路无效。可利用零序及负序电流（电压）的保护方案，但均不能取得匝间短路足够的灵敏度。若匝间短路使一相阻抗改变 3%，估算零序或负序电流均小于 1%，如此小的故障电流很难构成性能良好的匝间短路保护。

2. 零序功率方向保护

零序功率方向元件的匝间保护由于外部短路暂态过程中零序不平衡电气量的作用、邻近大容量变压器合闸等系统操作引起的低频或高频电气量扰动、线路分布电容与电抗器可能产生的某种频率的谐振以及输电线断路器三相分、合不同步而短时产生零序电流和电压等原因，应带时限动作于跳闸。

（三）主电抗器的过负荷保护及过电流、零序电流后备保护

考虑到并联电抗器所接系统有可能电压升高，造成电抗器的过负荷，故应装设过负荷保护。

根据 330～500kV 并联电抗器的技术规范，允许过压倍数和时间的关系为反时限特性，如表 3-3 所示。

表 3-3　并联电抗器允许过压倍数和时间关系

过压倍数	1.05	1.15	1.20	1.25	1.30	1.40
允许时间	连续	20min	3min	1min	20s	8s

配置的过负荷保护有定时限和反时限保护，动作于信号，采用电抗器首端的电流。

主电抗器还采用定时限和反时限的过电流保护作为电抗器内部相间故障的后备保护，采用电抗器首端的电流；采用定时限的零序过电流保护作为电抗器的内部接地短路的后备保护，采用电抗器首端的自产零序电流。

（四）中性点接地电抗器保护

对于中性点接地电抗器，在正常运行时，既无高电压，也无大电流。系统单相接地故障或单相断开线路期间，该接地电抗器流过较大电流，在电抗器设计制造时，已保证其有足够的热稳定性。线路零序过电流保护和断路器的非全相保护，均对中性点接地电抗器有保护作用。油浸式接地电抗器还设有瓦斯保护，所以对中性点电抗器仅装过负荷保护。

如果并联电抗器有专用断路器，并联电抗器保护动作以后跳该断路器。如果并联电抗器没有专用断路器，通过隔离开关与线路相连，则并联电抗器保护动作以后跳线路断路器，并发远跳信号跳线路对侧断路器。

二、高抗故障典型案例

1. 事件经过

事件发生前M电厂运行方式，如图3－16所示。

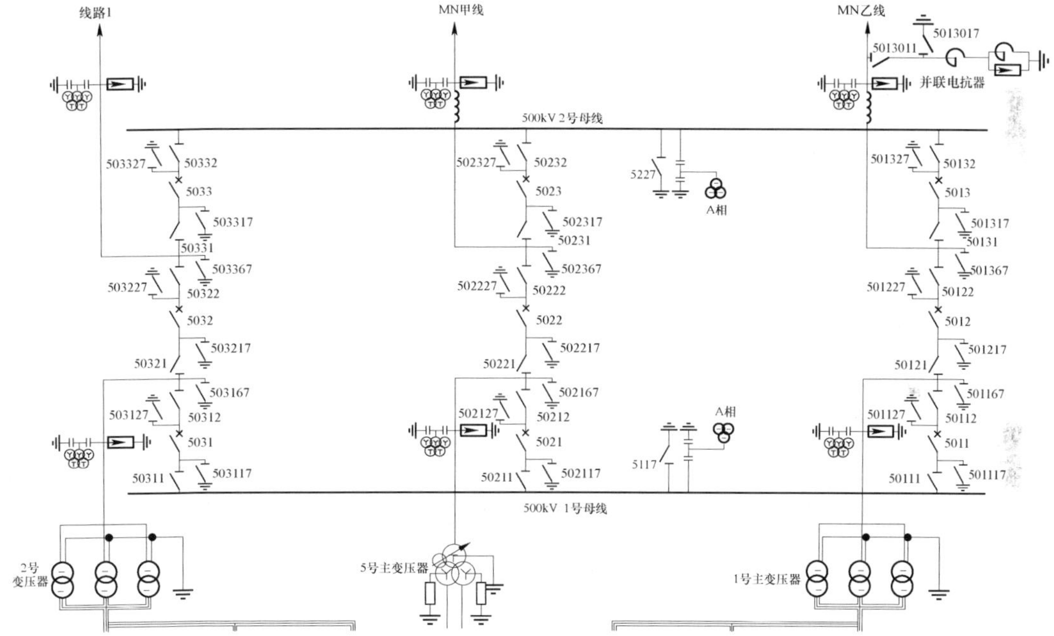

图3－16　故障前M电厂500kV系统运行方式

第一串：500kV MN乙线、1号主变压器停运，5011、5012、5013断路器分闸位置。

第二串：500kV MN甲线、5号主变压器运行，5021、5022、5023断路器合闸位置。

第三串：500kV线路1、2号主变压器停运，5031、5032、5033断路器分闸位置。

500kV 1、2号母线均在运行状态；M电厂1、2号机停机状态。

某日12时49分，500kV MN乙线B相跳闸，重合闸成功，4s后再次故障三跳，故障距离M电厂101.4km，原因为山火引起跳闸。

13时28分，N变电站侧对500kV MN乙线充电，线路空载运行5min后AB故障跳闸三跳，原因为山火引起跳闸。

16时47分，N变电站侧对500kV MN乙线送电，N变电站线路保护动作，M电厂高抗保护动作。高抗保护非电量保护动作情况：轻瓦斯、重瓦斯、压力释放动作。电气量保护动作情况：零序比例差动、零序差动速断、比例差动、差动速断、工频变化量差动。高抗保护动作报告如图 3－17 所示。

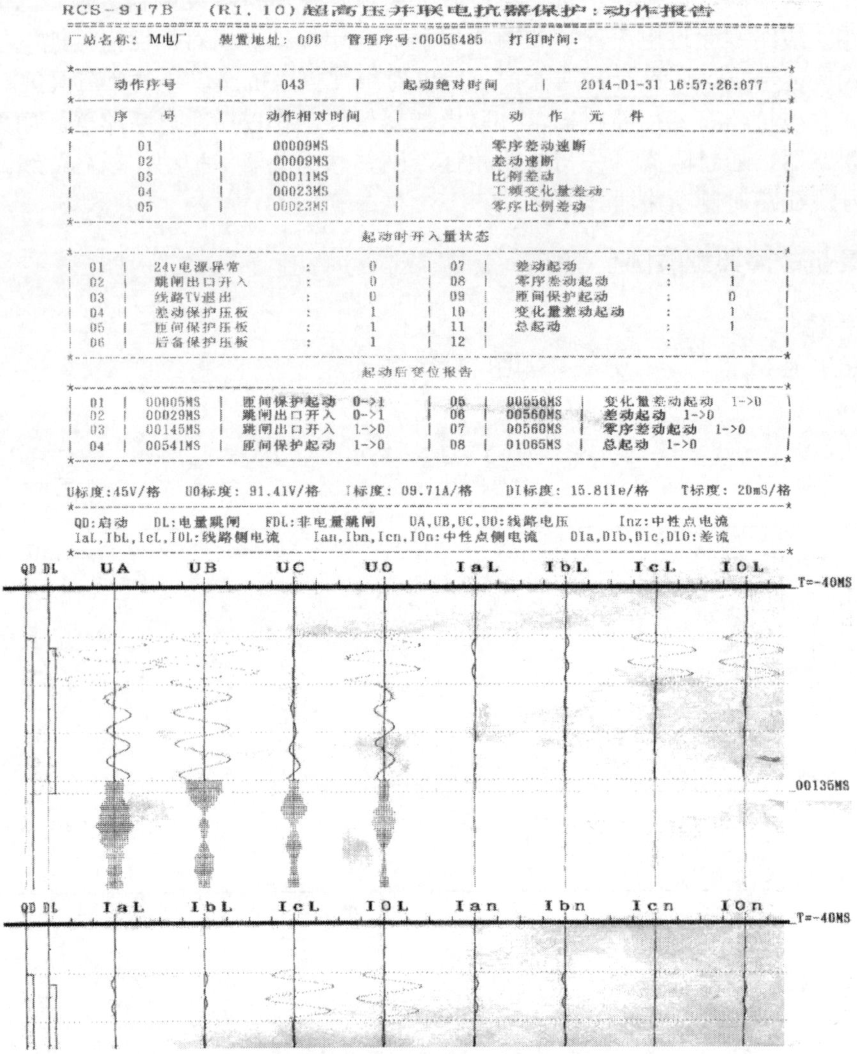
RCS-917B (R1.10)超高压并联电抗器保护：动作报告

厂站名称：M电厂 装置地址：006 管理序号:00056485 打印时间：

动作序号	043	起动绝对时间	2014-01-31 16:57:26:677

序号	动作相对时间	动作元件
01	00009MS	零序差动速断
02	00009MS	差动速断
03	00011MS	比例差动
04	00023MS	工频变化量差动
05	00023MS	零序比例差动

起动时开入量状态

01	24v电源异常	0	07	差动起动	1
02	跳闸出口开入	0	08	零序差动起动	1
03	线路TV退出	0	09	匝间保护起动	0
04	差动保护压板	1	10	变化量差动起动	1
05	匝间保护压板	1	11	总起动	1
06	后备保护压板	1	12		

起动后变位报告

01	00005MS	匝间保护起动 0->1	05	00556MS	变化量差动起动 1->0
02	00029MS	跳闸出口开入 0->1	06	00560MS	差动起动 1->0
03	00145MS	跳闸出口开入 1->0	07	00560MS	零序差动起动 1->0
04	00541MS	匝间保护起动 1->0	08	01065MS	总起动 1->0

U标度:45V/格 U0标度：91.41V/格 I标度：09.71A/格 DI标度：15.81Ie/格 T标度：20mS/格

QD:启动 DL:电量跳闸 FDL:非电量跳闸 UA,UB,UC,U0:线路电压 Inz:中性点电流
IaL,IbL,IcL,I0L:线路侧电流 Ian,Ibn,Icn,I0n:中性点侧电流 DIa,DIb,DIc,DI0:差流

图 3－17　高抗保护动作报告

2. 高抗检查、试验情况

（1）MN 乙线高抗保护动作后，现场检查，发现地面有喷油痕迹，低压套管有裂纹。

（2）MN 乙线 C 相避雷器、中性点避雷器动作（避雷器动作计数器计数比最近记录多一次）。

（3）对高抗进行了电气试验和油样试验，情况如下：

1）主绝缘合格，铁芯、夹件对地绝缘合格，铁芯、夹件之间绝缘为 100kΩ，接近零，而 A、B 相铁芯、夹件绝缘为 30GΩ 以上。结论：铁芯和夹件绝缘击穿。

2）套管、本体介质损耗、电容测试：和上次试验，无明显差别，合格。

3）直流电阻测试，经过温度换算后，和上次试验，无明显差别，合格。

4）绝缘油试验，氢气、乙炔、总烃严重超标，绝缘油气相色谱分析报告如表 3－4 所示。

表 3－4　　　　绝缘油气相色谱分析报告

设备名称	并联电抗器	油样名称	25 号变压器油	电压等级	500kV
取样地点	C 相	取样天气	晴	取样人员	
取样日期	年　月　日	取样数量	60mL	机组负荷	500MW
分析项目		控制标准			
		投运前	运行中	分析结果	产气速率（mL/d）
氢气（H_2），μL/L		30	≤150	1702.2	
甲烷（CH_4），μL/L				499.8	
乙烯（C_2H_4），μL/L				336.85	
乙烷（C_2H_6），μL/L				37.73	
乙炔（C_2H_2），μL/L		0	≤1	240.95	
总烃，μL/L		20	≤150	1115.33	
一氧化碳（CO），μL/L				958.01	
二氧化碳（CO_2），μL/L				5505.41	
水分，mg/L		≤10	≤15	—	
备　注		检修监督			
分析意见		根据 DL/T 722—2014《变压器油中溶解气体分析和判断导则》，所测油中溶解气体含量乙炔超标，氢气超标，总烃超标。依据三比值判断为低能放电，油质不合格			

（4）绝缘油外观检查：从图 3－18 可以看出，C 相高抗油变色明显。

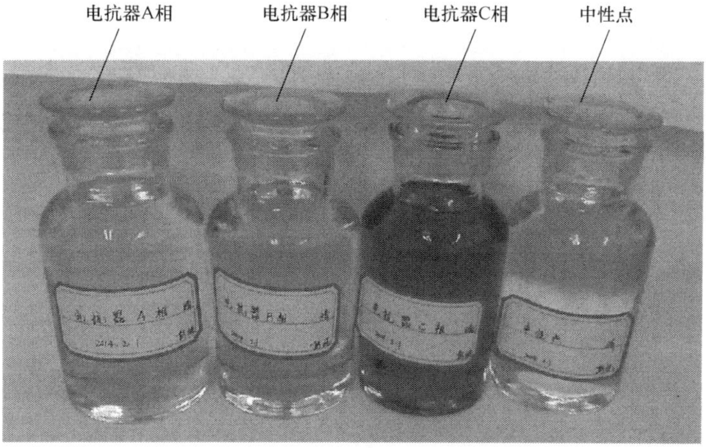

图 3－18　C 相高抗油变色

（5）进行了绕组变形试验，本体绕组无变形。

高抗厂家到达现场后对 C 相高抗放油，进入内部检查，发现高压引线均压球对引线支架、外壳有发电现象，高压引线支架烧坏，电抗器绕组检查正常。C 相高抗引线支架螺杆击穿如图 3－19 所示。

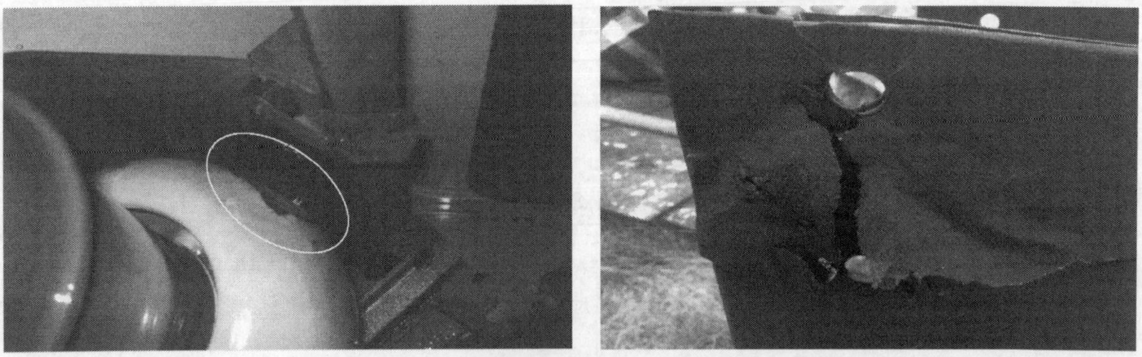

图 3－19　C 相高抗引线支架螺杆击穿

3. 事件原因

（1）直接原因。电抗器内部的高压引线支架护板及螺杆绝缘性能达不到设计值，支架螺杆上可能存在异物或支架本身的质量问题，绝缘性能满足不了设计要求，在系统过电压时导致绝缘薄弱环节击穿，形成单相接地故障，差动保护动作；故障瞬间产生巨大电动力，绝缘油部分击穿产生大量气体，重瓦斯动作，设备故障跳闸。

（2）间接原因。N 变电站侧对 500kV MN 乙线冲击，产生过电压，导致 C 相均压球对支架和外壳放电，形成单相接地故障。

第四章

变压器故障实例分析

电力变压器是变电站中最关键的一次设备，其内部运行状态及正常运行与否，直接关系到电能的输送、分配和使用。变压器有不同的使用条件、安装场所、电压等级、容量级别、结构形式以及冷却方式，其故障涉及面也较广。

变压器常见的故障有：① 油箱内的故障，主要是绕组的相间短路、接地短路、匝间短路以及铁芯的烧损等；② 油箱外的故障，主要是套管和引出线上发生相间短路和接地短路。

变压器的不正常运行状态主要有：① 由于变压器外部故障引起的过电流和中性点过电压；② 由于负荷超过额定容量引起的过负荷以及由于漏油等原因引起的油面降低；③ 大容量变压器在过电压或低频率等异常运行方式下的过励磁故障。

变压器的潜伏性故障一般表现为内部局部放电、局部过热和绝缘老化等。通常变压器绕组电流和电压等状态参数不会发生明显的变化，但变压器漏电抗和电阻等状态参数值会发生幅值不等的漂移。

变压器的区内短路故障包括油箱内部、套管、引出线的相间和接地故障，以及绕组的匝间短路故障。识别变压器的内部短路故障主要靠故障时出现的差流来判断，正常运行时，变压器保护各侧电流相量之和为零，即无差流；内部短路故障时，变压器保护出现很大的差流。计算时需要考虑变压器不同接线方式下的各侧电流幅值、相位补偿。

变压器故障表现形式如下：

（1）铁芯损坏。变压器铁芯硅钢片间绝缘损坏会增加铁芯中的涡流损耗，涡流损耗的增加与硅钢厚度的平方成正比，如果硅钢片片间绝缘损坏，使硅钢片的厚度增加一倍，涡流损耗将增加四倍，发热后会使临近的铁芯绝缘更加损坏；同时会使油温升高和油质劣化加速，严重时，气体继电器动作。

（2）铁芯接地片裂开。变压器在运行中，其内部金属部件会因感应产生悬浮电位，如果接地不良或接地片断开，就会产生断续的放电。当电压升高时，内部可能发生轻微噼啪声，严重时会使气体继电器动作，油色谱分析结果为不合格。

（3）绕组匝间短路。匝间短路时，一般气体继电器的气体是灰白色或蓝色，跳闸回路动作；故障严重时，差动保护动作。匝间短路如不能及时发现，会使熔化的铜（铝）粒飞溅，波及邻近的绕组。绕组匝间短路的原因包括：散热不良或长期过负荷使匝间绝缘损坏；由于变压器出现短路或其他故障使绕组受短路电流冲击而产生振动与变形，损坏匝间绝缘，油面降低使绕组露出油面线匝间绝缘击穿；雷击时大气过电压侵入损坏匝间绝缘；绕组绕制时有缺陷或绕匝排列、换位、绕组压装不正确，使匝间绝缘受到损坏。

（4）绕组接地短路。引起这类事故的原因主要有：变压器油受潮后绝缘强度降低，油面下降或绝缘老化；雷电大气电压及操作过电压，绕组受短路电流的冲击发生变形，主绝缘老化破裂、折断；绕组内有杂物落入等。

（5）绕组和引线断线。由于连接不良或短路应力使导线断裂；导线内部焊接不良，匝间短路使线匝烧断，断线处发生电弧会引起绕组接地和相间短路，油分解促使气体继电器动作。

（6）绕组相间短路。绕组有匝间短路或接地故障时，由于电弧及熔化的铜（铝）粒子四散飞溅使事故蔓延扩大，可能发展为相间短路。发生相间短路时，强大的短路电流将产生猛烈的电弧。

（7）套管碎裂或出线连接松动。变压器套管表面污秽及大雾、下雨、阴天时会造成电晕放电而发生“吱吱”声，套管污损产生电晕、闪络会引起奇臭味；套管出线连接松动、表面接触面过热、氧化都会引起变色和异常气味。

第一节　变压器内部故障实例

变压器油箱内部发生的各种故障，其主要类型有：各相绕组之间发生的相间短路，单相绕组部分线匝之间发生的匝间短路，单相绕组或引出线通过外壳发生的单相接地故障等。

1. 事件概况

某日，500kV 某变电站 1 号主变压器 A 相本体爆炸并起火，1 号主变压器差动及 A 相本体重瓦斯保护动作，跳开 1 号主变压器三侧断路器。2s 后，燃起的火焰导致相邻 2 号主变压器本体 C 相故障，2 号主变压器差动保护动作，跳开 2 号主变压器三侧断路器。

2. 保护动作分析

500kV 1 号主变压器保护差动保护、重瓦斯保护动作出口，2 号主变压器保护差动保护动作出口。1、2 号主变压器保护动作故障时序如图 4－1 所示。

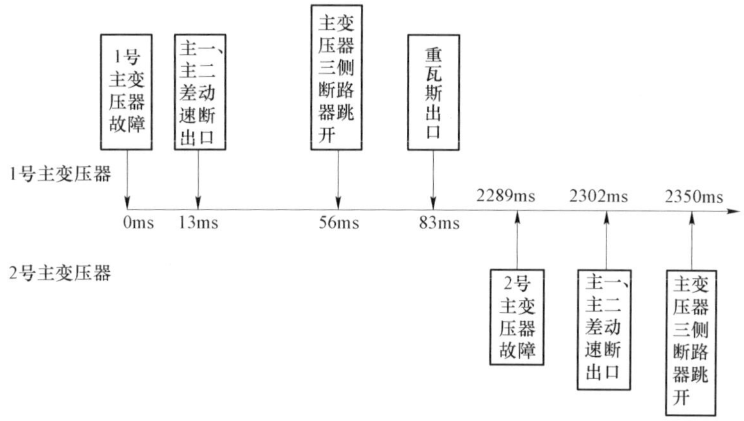

图 4－1　1、2 号主变压器保护动作故障时序图

1 号主变压器故障录波图如图 4－2 所示。从图中可以看出，故障发生时 1 号主变压器 500kV 侧 B、C 相电压正常，A 相 500kV 侧电压降为 0 且电流剧增，1 号主变压器 A 相 500kV 侧发生了单相接地故障。经计算，1 号主变压器 500kV 侧短路电流为 26.434kA、220kV 侧短路电流为 2.70kA，故障持续时间约为 70ms。根据现场检查情况及保护配置，由于故障录波电流取自套管 TA，故障发生 13ms 后套管 TA 烧毁，因此 500kV 侧 A 相故障电流显示仅持续 13ms。

2 号主变压器集中录波图如图 4－3 所示。从图中可以看出，1 号主变压器发生故障时，2 号主变压器 A 相电流出现较大波动，持续时间约 70ms，与 1 号主变压器 A 相故障时间吻合，因此是 1 号主变压器故障跳闸影响所致。因 2 号变压器故障发生在 2 号主变压器开关 TA 和套管 TA 之间，而集中录波录的是套管 TA 电流，因此图 4－3 看到的 2 号主变压器故障时的高压侧电流和中压侧电流相位是相反的。

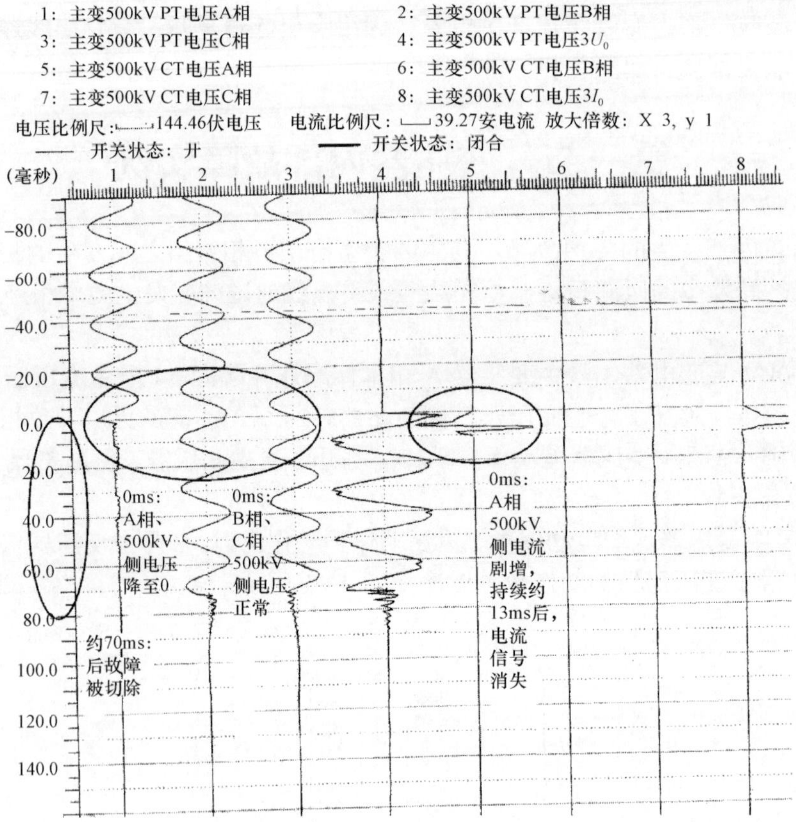

图4-2 1号主变压器故障录波图

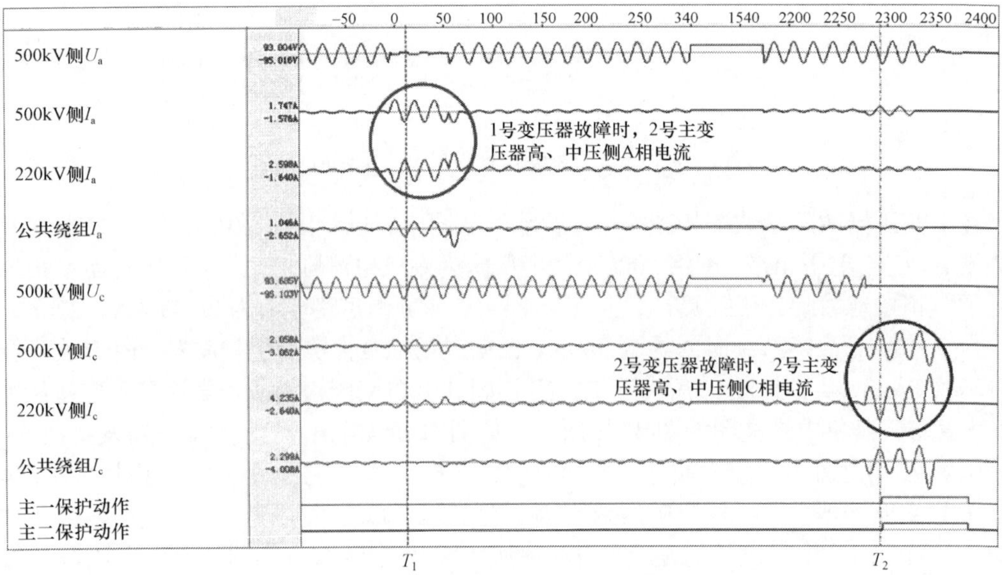

图4-3 2号主变压器集中录波图

3. 故障原因分析

（1）1 号主变压器故障情况。1 号主变压器内部突发故障导致 A 相高压升高座受到巨大压力被喷出、螺栓全部断裂，高压套管法兰盘螺栓全部断裂，如图 4–4 所示，法兰盘挂于高压套管导杆根部；中压侧套管瓷套碎裂，低压套管残破；从高压套管出线孔处观察，绕组内部有过火痕迹，如图 4–5 所示。

图 4–4　1 号主变压器 A 相高压升高座断裂变形

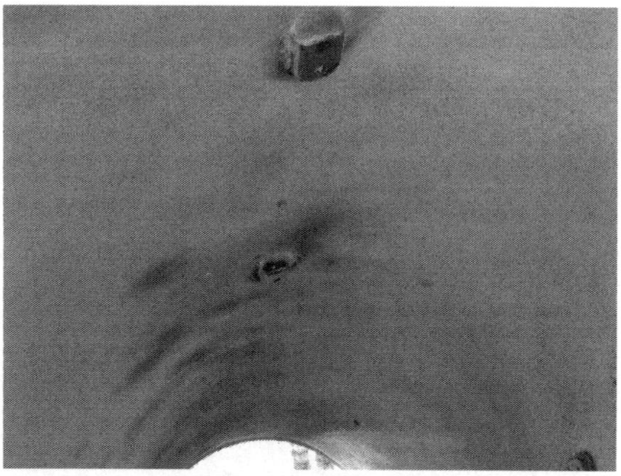

图 4–5　1 号主变压器 A 相高压升高座内部放电点

（2）2 号主变压器故障情况。1 号主变压器 A 相着火后烟尘引起 2 号主变压器 C 相周围空气绝缘击穿，导致高压套管将军帽对储油柜放电，C 相高压套管将军帽处有放电烧蚀点，储油柜顶部螺栓处有烧蚀痕迹，如图 4–6 所示。

图 4–6　2 号主变压器闪络位置

第二节　变压器铁磁谐振故障实例

变压器因铁芯电感元件的饱和现象，使回路的电感参数是非线性的，这种含有非线性电感元件的回路在满足一定的谐振条件时，会产生铁磁谐振。

1. 事件概况

某换流站在操作 500kV 2 号站用变压器停电过程中，断开高压侧断路器 5112、5113 后 121s，主一、主二保护反时限过励磁保护动作出口。跳闸时，500kV 2 号站用变压器在冷备用状态。

2. 保护动作分析

（1）500kV 2 号站用变压器保护动作情况。

00:16:52.874，保护装置启动。

00:18:53.873，主一、主二反时限过励磁保护动作出口。

（2）2 号站用变压器保护录波如图 4－7 所示。

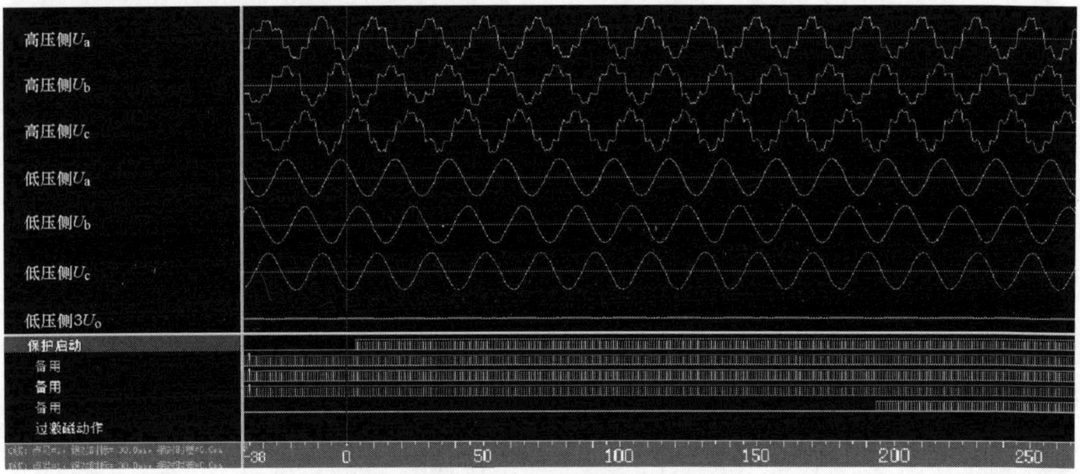

图 4－7　2 号站用变压器保护录波图

3. 故障原因分析

通过图 4－7，500kV 2 号主变压器高压侧的电压出现了异常变化，2 号站用变压器高压侧断路器断开后，高压侧电压依然存在，从过励磁倍数上看已经满足了动作条件。通过谐波分解，发现大量的 3 次谐波，经分析为铁磁谐振造成的电压畸变，从而导致过励磁保护动作。

第三节　变压器区外故障实例

一、油流涌动导致重瓦斯保护出口

重瓦斯保护是变压器的主要保护，能有效地反映变压器内部故障。当变压器内部发生严重故障时，将产生强烈的气体，使变压器内部压力突增，产生很大的油流向储油柜方向冲击，因油流冲击挡板，挡板克服弹簧的阻力，带动磁铁向干簧触点方向移动，使干簧触点接通，作用于跳闸。

当变压器外部设备发生严重的短路故障，流经变压器的短路电流可能使变压器线圈收缩、扩张产生油流涌动，并且使变压器器身产生震动。油流涌动和震动的双重作用有可能引起气体继电器动作。近年来，网内已经发生多起区外故障导致变压器重瓦斯保护动作出口事件。采用"重瓦斯动作值由 1.0m/s 改为 1.5m/s""将气体继电器更换为抗振动性能更好的挡板式继电器并支撑加固""重瓦斯继电器增加动作延时以躲过变压器区外故障产生的油流"等措施，可有效解决上述风险。

1. 事件概况

如图 4－8 所示为事件发生前运行方式。某日 07 时 44 分，500kV M 站拉开 500kV 3 号主变压器 220kV 变中 22035 隔离开关时，22035 气室发生区内转换性故障，220kV 5M 母线 C 相发生接地短路，12.5ms 后发展为三相短路故障。故障后 18ms，220kV 5M、6M 母差动保护动作，切除 5、6 号母线并远跳 220kV M 七甲乙线、M 步甲乙线、M 元乙线对侧；故障电流共持续 52ms。500kV 1、2、3 号主变压器本体重瓦斯保护动作，跳开 1、2、3 号主变压器三侧断路器。

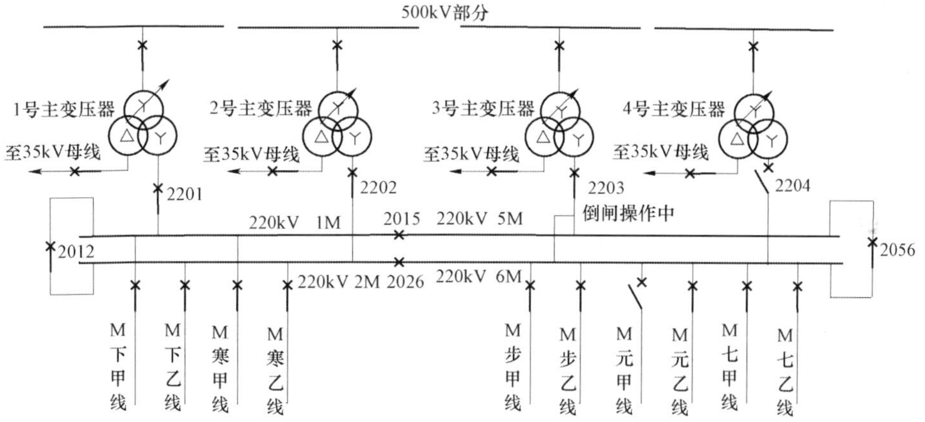

图 4－8 事件前运行方式

本体重瓦斯保护相继动作切除三侧断路器。220kV 1、2、5、6 号母线失压。事件发生时，4 号主变压器在充电运行未跳闸。具体保护动作及开关动作时序如图 4－9 所示。

2. 保护动作行为分析

（1）母差保护分析。

对 5、6 号母线进行差流计算，波形如图 4－10 所示。

A 相差流最大有效值为 42.19kA，B 相差流最大有效值为 45.54kA，C 相差流最大有效值为 45.91kA。因此，5、6 号母线发生了明显的区内故障，故障持续时间 52ms，故障类型为 C 相故障，8.5ms 后转换为 A、C 相故障，12.5ms 后转换为三相故障。由于 3 号主变压器中压侧正在执行倒闸操作，母线置互联，因此 5、6 号 M 母差保护正确动作跳开 5、6 号母线。

（2）1、2、3 号主变压器跳闸分析。

3 台主变压器故障电流及相关信息如表 4－1 所示。

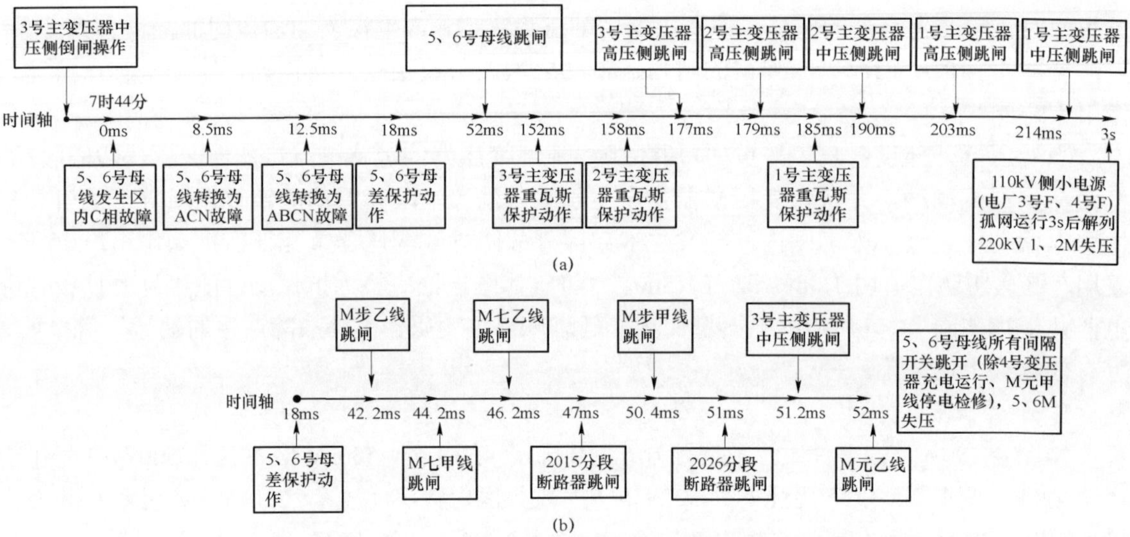

图 4-9 M 站 220kV 失压事件时序图及详细跳闸时序图

（a）M 站 220kV 失压事件时序图；（b）5、6 号母线详细跳闸时序图

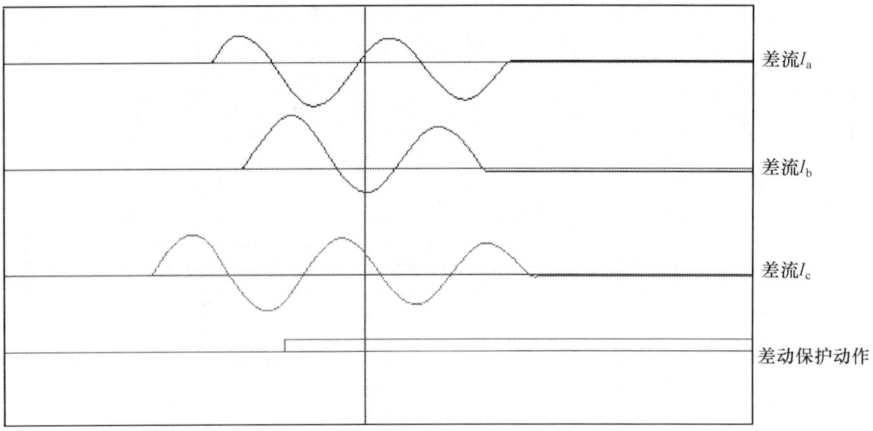

图 4-10 220kV 5、6 号母线差流波形

表 4-1　　3 台主变压器故障电流及相关信息

项　目		M 站 1 号主变压器	M 站 2 号主变压器	M 站 3 号主变压器
重瓦斯动作情况		距母线发生故障约 185ms，1 号主变压器本体重瓦斯 A 相动作	距母线发生故障约 158ms，2 号主变压器本体重瓦斯 B 相动作	距母线发生故障约 152ms，3 号主变压器本体重瓦斯 A、B 相动作
主变压器流过短路电流（kA）	高压侧 A 相	5.16	5.12	5.16
	高压侧 B 相	5.6	5.6	5.6
	高压侧 C 相	5.32	5.6	5.32
	中压侧 A 相	11.88	12.27	11.82
	中压侧 B 相	12.9	12.9	12.9
	中压侧 C 相	12.15	13.89	12.2
投运时间		2003 年	2006 年	2003 年
重瓦斯保护定值		1.5m/s	1.5m/s	1.5m/s

根据短路电流计算结果，1、2、3 号变压器高压侧故障电流有效值均为 5.8kA，中压侧故障电流有效值均为 13.38kA，故障点总短路电流 40.47kA。本次故障中 1、2、3 号主变压器的故障电流及母差差流与理论计算结果相近。

由图 4－11 可知，区外故障明显消失后的某一时刻，主变压器重瓦斯保护动作出口。

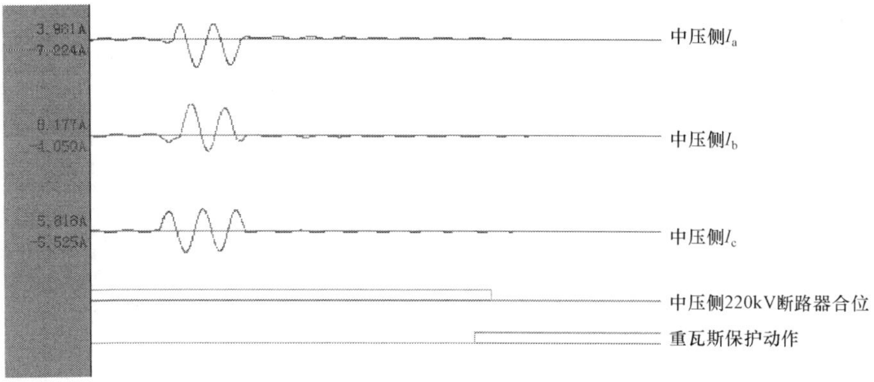

图 4－11　1 号主变压器电流及重瓦斯动作录波波形

事件后继电保护人员对 1 号主变压器 C 相，2 号主变压器 B 相，3 号主变压器 A、B 相的重瓦斯跳闸回路进行试验，非电量保护装置开入信号灯、保护报文及后台信号均正确，并测量重瓦斯开入回路和气体继电器接点间绝缘合格，1、2、3 号主变压器非电量保护二次回路正常。

3. 主变压器重瓦斯动作原因分析及防范措施

经分析，主变压器重瓦斯保护动作原因为：穿越性电流产生的短路电动力引起主变压器绕组快速挤压和扩张，使得本体油快速往储油柜方向涌动，油流经过气体继电器时，触发该气体继电器动作，从而跳开主变压器三侧。

结合近年来主变压器区外故障重瓦斯继电器误动信息，有如下特点：

（1）误动主变压器均为容量 1000MVA 的某公司 SUB 型 500kV 变压器。

（2）误动主变压器经受的最大穿越性故障电流（变中基波有效值）均小于 13kA。

（3）所有主变压器重瓦斯继电器误动均发生在故障后 152～321ms。

（4）所有主变压器重瓦斯继电器误动作的持续时间均小于 150ms。

（5）故障电流衰减直流分量可能是影响主变压器重瓦斯继电器误动作的因素之一。

为避免该公司 500kV 壳式变压器在发生区外故障时重瓦斯继电器误动的风险，对该公司 500kV 壳式变压器的重瓦斯继电器增加 1s 动作延时，以躲过变压器区外故障产生的油流。

二、主变压器因抗区外短路电流能力不足连锁故障

电网规模与经济发展密不可分，伴随着经济飞速发展，电网建设速度日益加快，系统容量显著增大。系统容量的激增，带来的是短路电流日趋增大。变压器近区区外故障时，短路电流将瞬间达到额定电流的几倍到几十倍，有可能达到或超过变压器的抗短路电流能力。

当短路电流产生的短路电动力超过变压器的抗短路能力时，可能造成变压器绕组绝缘损坏，影响绕组绝缘性能，甚至造成绕组变形、散开或者扭曲等。当区外短路故障造成变压器绕组损坏时，变压器保护将随即动作，造成连锁故障。

毫无疑问，变压器故障是电力系统最严重的故障之一，不仅是因为变压器自身经济价值高，大修成本较高；更严重的是变压器修复通常是数月，乃至一年才能完成，在修复期间变电站供电能力和供电可靠性将大大降低。

近年来，因外部短路导致变压器损坏的事件时有发生，甚至发生过由于变压器制造水平不高，虽然区外短路电流未达到厂家承诺的抗短路水平，变压器绕组也发生损坏的事件。变压器抗短路能力不足已经成为影响变压器安全运行的重要因素之一。

为防止因变压器抗短路能力不足导致变压器损坏的事件，宜根据110kV及以上变压器所能承受的最大短路电流，并结合电网运行方式计算最大穿越电流，开展变压器抗短路能力校核工作，并对抗短路能力不足的变压器结合变压器的重要度、健康度等分析提出整治方案。

（一）某变电站1号主变压器区外故障时绕组损坏

1. 事件概况

某日，500kV某变电站1号主变压器C相故障，1号主变压器三侧断路器跳闸，1号主变压器本体C相重瓦斯动作、C相压力释放阀动作、C相油压突发继电器动作、1号主变压器保护动作。跳闸前1号主变压器负荷为160.07MW，站内天气雷雨。

2. 保护动作分析

1号主变压器保护动作情况：0ms，保护录波启动；27ms，1号主变压器主一保护差动速断保护动作；52ms，非电量C相本体油压继电器动作；126ms，非电气量C相压力释放动作；6144ms，非电气量C相有载轻瓦斯动作；11 651ms，非电气量C相本体重瓦斯动作。

保护动作时序图如图4－12所示；故障时刻主一、主二保护录波图如图4－13、图4－14所示。

21时33分11秒830毫秒保护录波启动，220kV近区发生故障，1号主变压器中压侧流过故障电流。

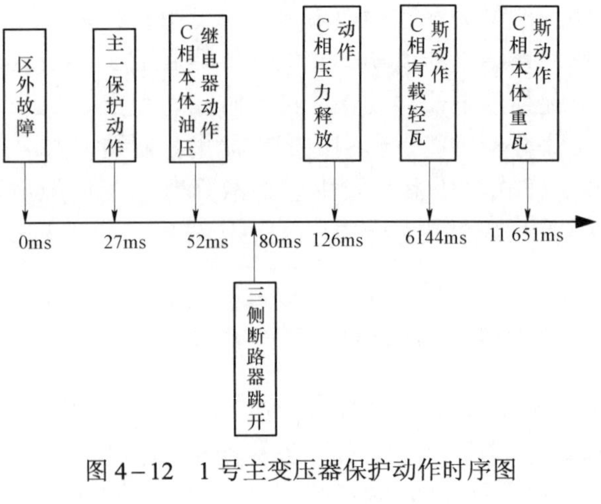

图4－12　1号主变压器保护动作时序图

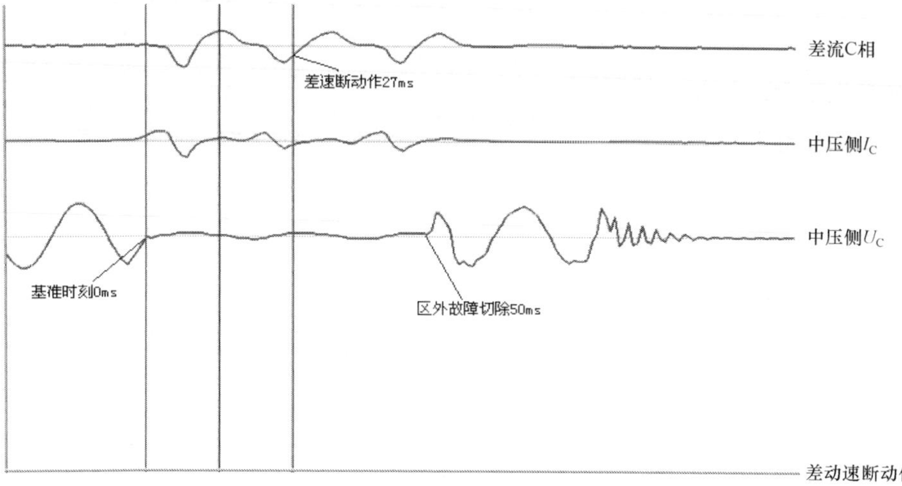

图 4－13　1 号主变压器主一保护录波图

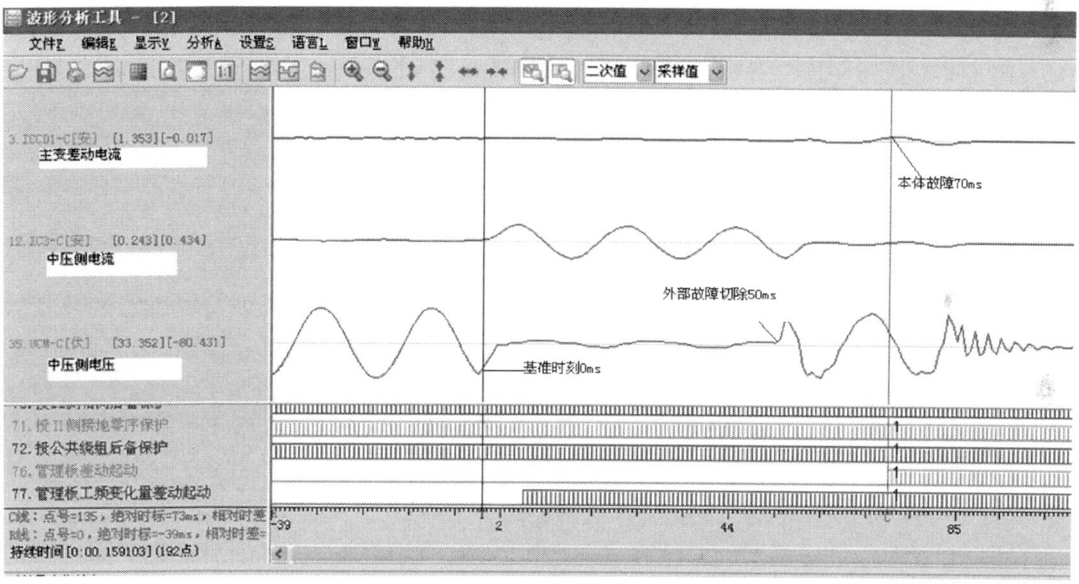

图 4－14　1 号主变压器主二保护录波图

1 号主变压器主一保护录波图（图 4－14）显示，当区外故障发生后，1 号主变压器中压侧电压立即降低为 0，此刻 1 号主变压器中压侧电流同时突变，27ms 后差动速断保护动作，50ms 后区外故障切除，中压侧电压恢复，差流消失，70ms 左右又感受到差流，1 号主变压器出现内部故障，80ms 时 1 号主变压器跳开三侧断路器。

1 号主变压器主二保护录波图（图 4－15）显示，当区外故障发生后，1 号主变压器中压侧电压立即降低为 0，此刻 1 号主变压器中压侧电流开始突变，感受到差流较小，在 70ms 感受到差流导致差动保护启动，判断此刻变压器内部开始出现故障。

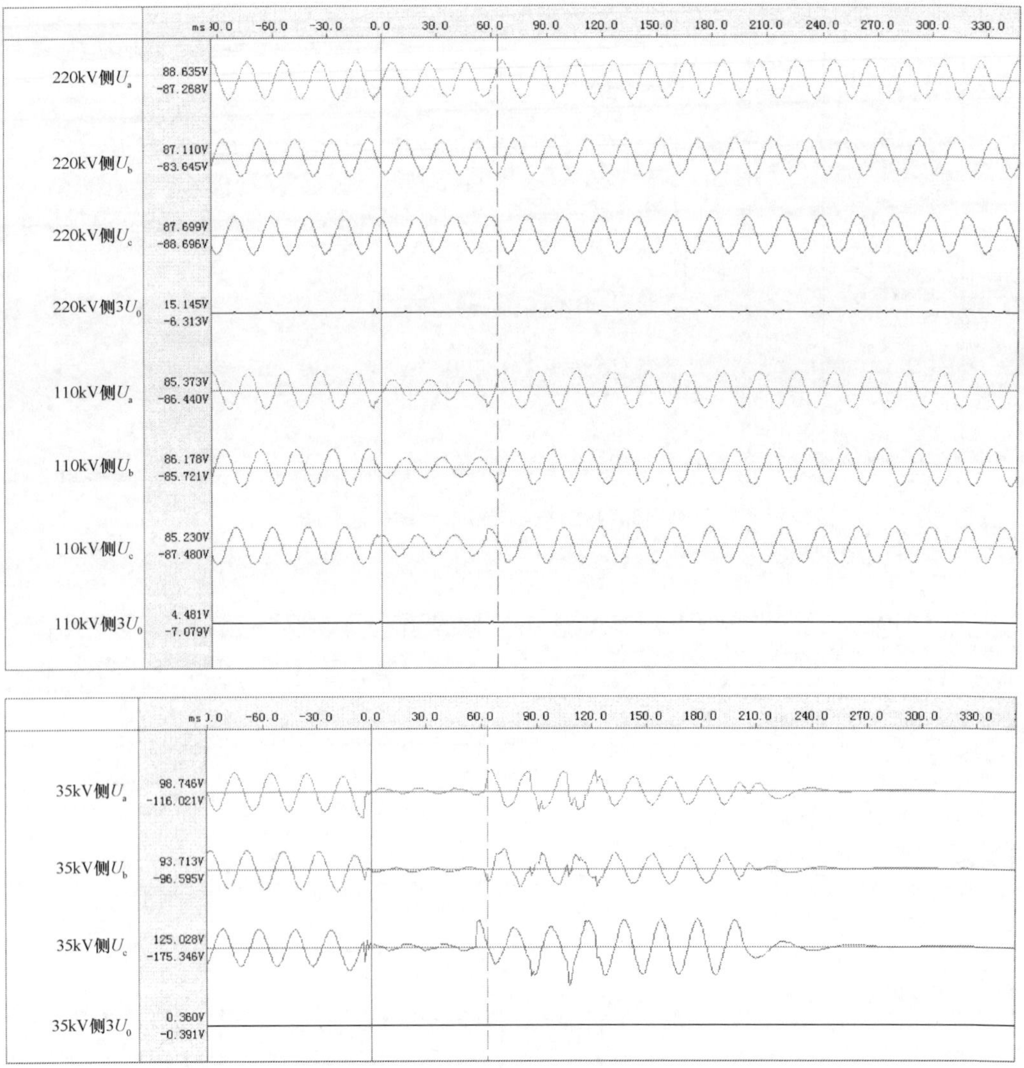

图 4-15　1 号主变压器三侧电压波形

1 号主变压器非电量及辅助保护开入信息：27ms，收到主一保护的启动失灵开入（第三套保护装置时间有误差，以第一套为基准折算成相对时间，该时刻对应主一保护差动速断动作时刻），52ms 非电量 C 相动作（为 C 相本体油压继电器动作），67 毫秒 2001 断路器跳开，126 毫秒压力释放 C 相动作，6144 毫秒有载轻瓦斯 C 相动作，11 651 毫秒本体重瓦斯 C 相动作。

经油化试验、电气试验及进一步的解体分析，1 号主变压器 C 相故障原因为该变压器抗短路能力不足，在变压器中压侧近区短路故障，区外故障穿越电流产生的电动力导致变压器中压线圈Ⅱ变形、绝缘受损。

（二）某变电站主变压器抗区外短路能力不足发生烧损故障

1. 事件概述

某日，220kV 某变电站 35kV 某线路近区三相短路故障，因 220kV 1 号主变压器 35kV 侧

B 相绕组抗短路能力不足发生烧损，导致 220kV 1 号主变压器跳闸。

2. 保护动作分析

某 35kV 线路三相短路，电流速断保护动作，65ms 后断开线路断路器。在 35kV 线路断路器断开后，主变压器高、中压侧故障电流并未完全消失，153ms 时主变压器差动保护动作，跳开主变压器三侧断路器。

由 220kV 1 号主变压器故障录波波形（如图 4－16 和图 4－17 所示）可以看出，主变压器 35kV 侧作为负荷侧，在故障开始时刻 35kV 侧有较大电流流过（二次值峰值可到 54A，TA 变比为 2000/5），且 35kV 侧电压下降较为明显，说明最初的故障电流为主变压器 35kV 侧区外故障导致；主变压器三侧的故障电流中，高、中压侧同相位，低压侧与高中压侧反相位且相差近 30°，说明主变压器保护 TA 极性没有错误。

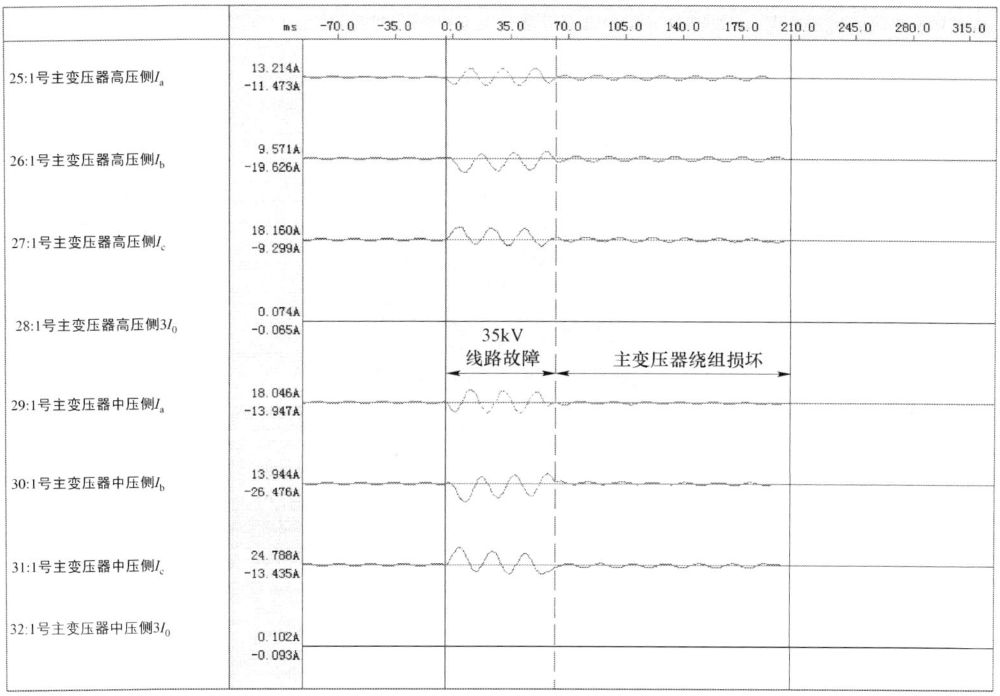

图 4－16 1 号主变压器三侧电流波形 1

1 号主变压器容量为 180MVA，35kV 侧额定电流二次值约为 7.42A，故障时刻故障电流峰值达到七倍额定电流，故障持续 60ms。35kV 线路三相短路的短路电流穿越 220kV 1 号主变压器，由于主变压器低压侧绕组抗短路能力不足，在线路故障短路电流的作用下，220kV 1 号主变压器 35kV 侧 B 相绕组烧损短路，35kV 线路故障跳闸后，220kV 1 号主变压器差动保护动作出口跳闸。

3. 故障原因分析

220kV 1 号主变压器低压侧 B 相绕组，因区外故障抗短路能力不足，导致绕组变形、烧损，受损情况如图 4－18 所示。

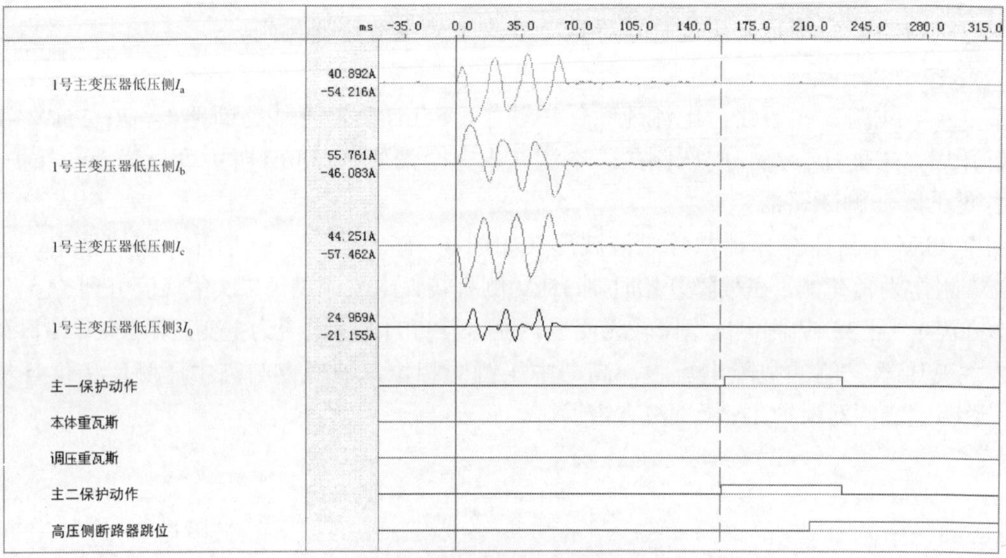

图 4-17　1 号主变压器三侧电流波形 2

图 4-18　受损的 1 号主变压器低压侧 B 相绕组

第五章

母线故障实例分析

母线，是电网连接的节点，是变电站、发电厂的重要组成部分。随着现代电网的快速发展，母线连接的线路、元件越来越多。为了降低母线故障给电网造成的影响，变电站、发电厂的主接线从单母线、双母线方式发展到双母线单分段、双母线双分段、3/2 接线等方式。

母线发生短路故障时，需要配置母线差动保护（简称母差保护）来快速切除故障。母差保护接线回路多，要检测所有间隔的电流，检测每段母线的电压，要判断线路接在哪条母线上，判断母联开关是否失灵，判断是否死区故障，出口跳闸要闭锁重合闸。

母线发生短路故障时，短路电流大，对电网的冲击和对电网稳定的影响巨大，特别是三相短路故障，可能导致电力系统的失稳。由于母线连接多条线路，如果母差保护误动或超范围动作，电网将失去多条输电线路，可能破坏静态稳定。因此，母差保护能否正确动作，对电网的安全稳定运行至关重要。

近年来，随着越来越多的国产 GIS 母线设备投入运行，部分厂家设备产品质量差，母线发生单相接地、相间短路，甚至三相短路的情况越来越多，只有依靠母差保护快速、有选择性的切除故障母线，保证非故障母线继续运行，才能有效保证电网的稳定运行。

母线的重要性和母差保护的复杂性，对母差保护装置的安装调试、运行维护、定期检验等工作，提出了更高的要求。因此，从事母差保护相关工作，务必加倍的小心谨慎，制订严密的工作方案，采取切实有效的安全措施，坚决杜绝人为原因引发的不正确动作。

第一节 GIS 三相故障实例

GIS 母线设备一般为 A、B、C 三相共用一个气管，出现 GIS 故障较大概率会发展成为 GIS 三相故障，下面就介绍几起 GIS 母线三相故障的案例。

一、某变电站 220kV 母线 GIS 设备三相故障

1. 事件经过

某变电站 220kV 备用 3 线 2 号母隔离开关气室压力降低，A 相接地短路故障。220kV 母差 A、B 屏“Ⅱ母差动保护动作”，跳开母线上所有开关，并远跳线路对侧。现场未认真检查设备状态，线路从对侧强送，220kV 母线发生 ABC 三相短路故障，母差 A、B 屏“Ⅱ母差动保护动作”。该起事件造成 220kV M 站 220kV 2 号母线失压。

图 5-1 气压表压力接管断裂

2. 现场检查情况

（1）设备检查情况：

1）220kV 母差 A、B 屏定值核对正确，二次回路备检查无异常。

2）220kV M 岭Ⅰ保护 A、B 屏定值核对正确，二次回路备检查无异常。

3）220kV 备用 3 线 2 号母线隔离开关气室动静触头有烧伤痕迹，气压表压力接管断裂，如图 5-1 所示。

（2）保护动作情况。

1）第一次故障，220kV 母线保护 A、B 屏，保护动作信息报告如下：

a. 母差差动保护启动。

b. Ⅱ母差动相电压，A 相电压：25.969V，B 相电压：63.118V，C 相电压：63.658V，零序电压：44.447V，负序电压：44.447V。

c. Ⅱ母失灵相电压，A 相电压：50.819V，B 相电压：61.150V，C 相电压：62.051V，零序电压：13.518V，负序电压：3.149V。

d. Ⅱ母差动保护动作。

e. 母联跳闸。

f. 失灵开入。

2）第二次故障，220kV 母线保护 A、B 屏，保护动作信息报告如下：

a. 母差差动保护启动。

b. Ⅱ母差动保护动作。

c. 母联跳闸。

d. 失灵开入。

3. 故障原因分析

220kV 备用 3 线 2 号母线隔离开关气室动静触头有烧伤痕迹，气压表压力接管断裂。由于现场未认真核对一次设备情况，给调度反馈信息有误，线路强送期间气室再次放电，故障由单相发展为三相。

二、某变电站 220kV 2M 母线 GIS 故障

M 变电站 220kV 母线保护动作，跳开 220kV 2 号、6 号母线上的所有断路器。故障发生时 M 变电站附近天气晴朗。

1. 220kV M 变电站故障前运行方式

220kV 母线为双母线接线，故障前 220kV 1M、2M 母线经母联 2016 断路器并列运行。

220kV 增 M 甲线、M 沦甲线、M 联甲线、3 号主变压器运行于 1M 母线；220kV 增 M 乙线、M 联乙线、2 号主变压器运行于 2M 母线，2 号主变压器高、中压侧中性点直接接地；220kV M 沦乙线运行于 6M，220kV M 变电站 220kV GIS 母线故障前运行方式如图 5－2 所示。

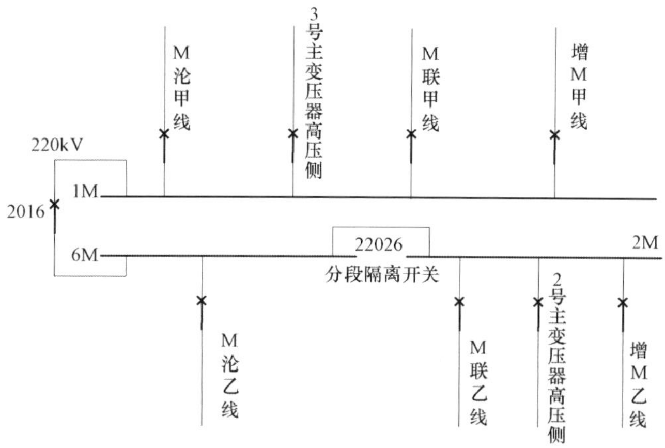

图 5－2 220kV M 变电站 220kV GIS 母线故障前运行方式

2. 故障经过

2015 年 11 月 27 日 00 时 49 分，M 变电站 220kV 2M、6M 母线差动保护一、二动作，跳开 220kV 2M、6M 母线上的所有断路器：增 M 乙线 2418 断路器、M 沦乙线 2842 断路器、M 联乙线 2821 断路器、2 号变压器高压侧 2202 断路器、母联 2016 断路器，220kV 2M、6M 母线失压，故障一次电流约 15.6kA；同时母线保护启动增 M 乙线、M 沦乙线、M 联乙线线路保护远跳发令，跳开对侧断路器。

3. 保护动作情况分析

（1）220kV M 变电站 220kV GIS 故障保护动作时序图如图 5－3 所示。

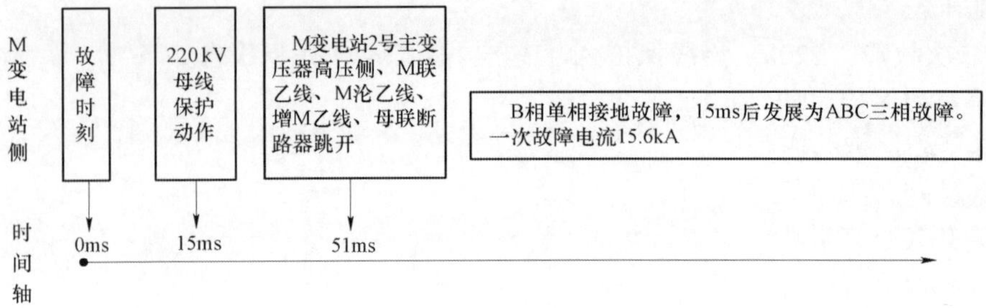

图 5－3　220kV M 变电站 220kV GIS 故障保护动作时序图

（2）母差保护一动作情况：15ms，2M、6M 母线差动动作（2M、6M 母线互联），故障二次电流 6.5A，一次电流约 15.6kA；跳开增 M 乙线 2418 断路器、M 沦乙线 2842 断路器、M 联乙线 2821 断路器、2 号变压器高压侧 2202 断路器、母联 2016 断路器。

（3）母差保护二动作情况：18ms，2M、6M 母线差动动作（2M、6M 母线互联）；故障二次电流 6.5A，一次电流约 15.6kA；跳开增 M 乙线 2418 断路器、M 沦乙线 2842 断路器、M 联乙线 2821 断路器、2 号变压器高压侧 2202 断路器、母联 2016 断路器。

M 变电站录波器波形图如图 5－4 所示，经分析，保护正确动作，初步判断故障点在 220kV 2M、6M 的 GIS 母线上。

4. 设备检查情况

（1）设备红外测温情况。对 220kV 2M、6M 母线进行红外测温，发现 2 号主变压器高压侧的 2M 母线气室温度为 17.3℃，比其他气室高出约 5℃，如图 5－5 所示。

（2）现场检查 220kV 2 号主变压器高压侧 2M 母线气室外观无异常，气室压力正常。

（3）气体组分试验情况。试验人员对 220kV 2M、6M 母线及相邻各间隔母线隔离开关气室进行气体组分分析，其中 2M 母线靠分段 22026 隔离开关侧气室气体分解物不合格，SO_2 含量为 212μL/L，H_2S 含量为 29μL/L。

三、某变电站 220kV GIS 故障

1. 事件概述

220kV M 变电站母线发生发展性故障，220kV 母差保护动作跳 220kV Ⅱ 母上 220kV M 崖 Ⅱ 线 2251 断路器、安 M Ⅱ 线 2254 断路器、西 M Ⅱ 线 2256 断路器、2 号主变压器高压侧 2202 断路器、母联 2212 断路器 ABC 三相。

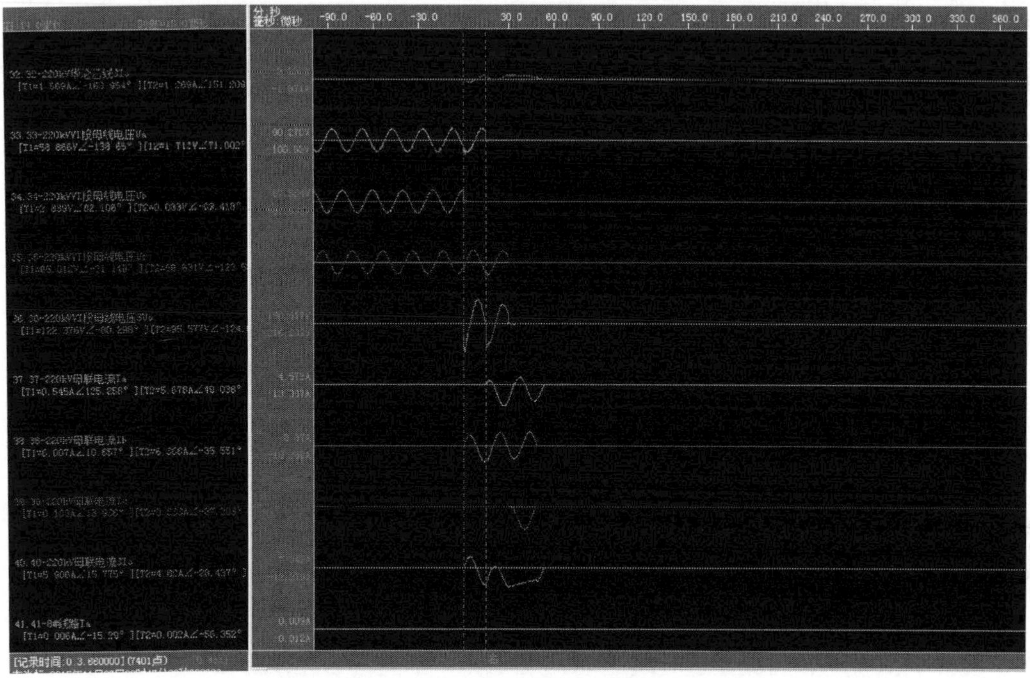

图 5-4　M 变电站录波器波形图

(a)　　　　(b)

图 5-5　红外测温图对比

（a）220kV 2 号变压器高压侧 2M 母线气室红外测温图；（b）其他气室红外测温图

经现场检查，故障点确定在 220kV 西 MⅠ线 GIS 间隔与 220kVⅡ母连接处（2 号母线管内部）。

2. 故障前 220kV 母线运行方式

220kV 母线合环运行，220kV 2 号母线挂 220kV M 崖Ⅱ线、220kV 安 MⅡ线、220kV 西 MⅡ线、220kV 2 号主变压器运行。220kV 1 号母线挂 220kV M 崖Ⅰ线、220kV 安 MⅠ线、220kV 西 MⅠ线、220kV 1 号主变压器运行。

3. 保护装置动作情况

（1）M 变电站 220kV 母差保护装置动作情况。

1）故障电流。主一保护 31.46A，主二保护 31.57A。

2）故障测距。故障录波屏测距为：0km。故障相别：主一保护 B、C 相转 A、B、C 相故障；主二保护 B、C 相转 A、B、C 相故障。

3）运行定值。母联 TA 变比 2400/5，差动动作电流 2.5A。

4）主一保护。4ms 变化量差动动作、19ms 稳态量差动动作跳母联、20ms 稳态量差动动作跳Ⅱ母上 220kV M 崖Ⅱ线 2251 断路器、安 MⅡ线 2254 断路器、西 MⅡ线 2256 断路器、2 号主变压器 2202 断路器、母联 2212 断路器 A、B、C 相，断路器 50ms 断弧。

5）主二保护：4ms 变化量差动动作、19ms 稳态量差动动作跳母联、20ms 稳态量差动动作跳Ⅱ母上 220kV M 崖Ⅱ线 2251 断路器、安 MⅡ线 2254 断路器、西 MⅡ线 2256 断路器、2 号主变压器 2202 断路器、母联 2212 断路器 A、B、C 相，断路器 50ms 断弧。

（2）M 站 220kVⅡ母上挂接线路及 2 号主变压器保护动作情况。

1）220kV M 崖Ⅱ线、安 MⅡ线、西 MⅡ线线路保护动作报文均为：远方启动跳闸，三跳闭锁重合闸。

2）220kV 2 号主变压器保护动作报文显示“启动”。

（3）线路对侧保护动作情况。

1）220kV M 崖Ⅱ线 40ms 远方跳闸动作跳三相，断路器 50ms 断弧。

2）220kV 安 MⅡ线 28ms 远方跳闸动作跳三相，断路器 50ms 断弧。

3）220kV 西 MⅡ线 30ms 远方跳闸动作跳三相，断路器 50ms 断弧。

4. 现场检查情况

（1）M 变电站 220kV 2 号主变压器及Ⅱ母挂接线路开关设备外观检查无异常。

（2）M 变电站 220kV 母差、2 号主变压器及线路保护 A、B 屏定值、压板核对正确，保护 A、B 屏交流采样正确，保护动作信号、后台信息、故障录波及开关动作正确，二次回路检查无异常。

（3）针对 220kV 西 MⅠ线 GIS 间隔Ⅱ母隔离开关母线气室开展气体回收及开盖检查，发现 220kV 西 MⅠ线Ⅱ母母线气隔盆子 C 相电连接处有电弧灼伤痕迹及外部有金属融化挂点，母管内壁有明显放电痕迹，管内壁烧黑受损，导体被电弧灼伤表面受损，并发现了放电产生的分解物等。现场抽取 220kV 西 MⅠ线 GIS 间隔与 220kVⅡ母连接处气室内 SO_2 气体样本送检，发现故障气室 HF（氟化氢）、H_2S（硫化氢）、SO_2（二氧化硫）超标。

5. 综合分析

综合现场检查情况分析，本起事件是由于 220kV 西 MⅠ线Ⅱ母隔离开关母线气室气隔盆子 C 相电连接处导体表面可能存在尖端，造成电场畸变引起尖端放电；另外，由于 B 相处于 C 相下方，不排除电连接处触头接触电阻过大，异常发热导致导体熔化掉落引发放电，或外电场畸变引起尖端放电。如图 5－6 所示为 GIS 解体后故障点实物图，其中黑色部分是烧黑的，白色粉末是气体分解物。

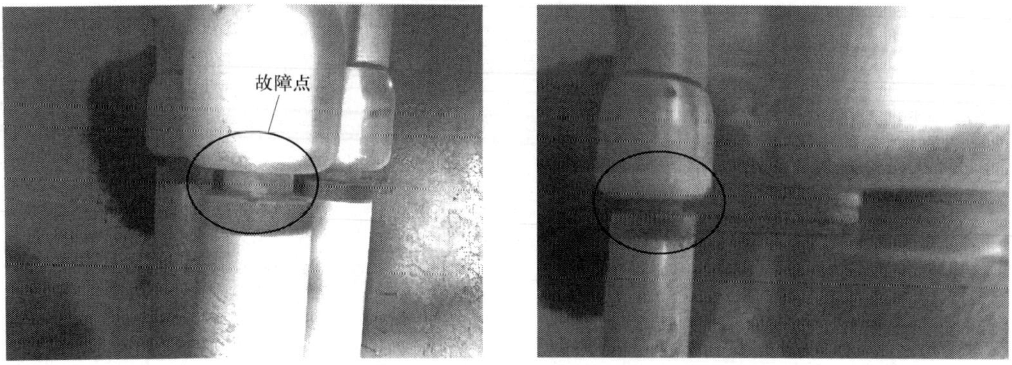

图 5-6　GIS 解体后故障点实物图

第二节　倒闸操作期间故障实例

电气设备分为运行、热备用、冷备用、检修四种状态。将设备由一种状态转变为另一种状态的过程称为倒闸，所进行的操作叫倒闸操作。倒闸操作是通过操作隔离开关、断路器以及挂、拆接地线将电气设备从一种状态转换为另一种状态，或使系统改变了运行方式。

倒闸操作的主要内容有：拉开或合上断路器和隔离开关、装设或拆除接地线（合上或拉开接地隔离开关）、投入或退出继电保护及安全自动装置、改变继电保护和安全自动装置的运行方式或定值、安装或拆除控制回路、电压互感器回路的熔断器、改变有载调压、消弧线圈的分接头位置、站用电源切换等操作。

电力变压器倒闸操作内容繁多，操作方法复杂，其危险系数也较大。电力变压器倒闸操作内容主要包括：充电、并列、带负荷、切断空载等。其操作的危险主要表现为：空载变压器切除时，操作过程中出现的过电压极有可能使变压器绝缘损坏，引发变压器出现漏电现象，对操作人员人身安全造成威胁；变压器在空载运行过程中电压升高，破坏变压器的绝缘效果。

为了有效减少事故的发生，针对变压器操作过程中的危险点，可通过以下措施进行防范。

（1）在变压器中性点接地系统中，变压器低压侧是否有电源是判断中性点是否接地的主要依据。就一般情况来说，当变压器低压侧有电源接通时，为防止变压器高压跳闸后影响低压侧的中性点接地系统，变压器的中性点必须接地。

（2）变压器进行充电或者停电操作之前，必须使变压器的中性点接地，从而避免操作过程中出现过电压，影响变压器绝缘效果。

母线倒闸操作可分为三个方面，即停电操作、送电操作和倒母线操作。母线倒闸危险点主要体现在：① 带负荷拉隔离开关；② 对保护装置操作不规范，引起母线保护误动。针对以上危险点，电力生产人员可采用以下方式进行防范：首先，操作人员在进行母线倒闸的过程中，应确认母联开关的操作电源是否拉开，防止倒闸操作时，母联开关跳闸；其次，在进行母线倒闸操作时，操作人员应充分了解母差保护运行状态，防止运行方式的改变影响母差保护。

由倒闸的定义及倒闸操作的主要内容可以明确电气倒闸操作的主要目的是改变电气设备

的运行状态。由于电气倒闸既具有典型性特征，又具有特殊性特征，电网的运行方式及变电站主接线都会影响电气倒闸的操作，加大了事故的发生概率，同时在倒闸操作过程中发生故障会扩大事故影响范围。

一、某变电站220kV母线倒闸操作期间一次设备故障

1. 事件概述

某日18时44分03秒，500kV M变电站220kV MN甲线2538 A相断路器爆炸，220kV MN甲线非全相运行，220kV N变电站220kV MN甲线零序Ⅲ段保护动作跳开N站2538三相断路器。

运行人员按调度令将M变电站220kV 1M负荷转至2M运行，倒母线过程中220kV 1M和2M临时并列。在运行人员将220kV MP甲线1M侧24501隔离开关拉开后，准备对下一间隔进行操作时，于20时30分53秒，24501隔离开关B相断裂，220kV母线保护一、二动作，220kV 1M、2M失压（母线保护为互联方式）。

2. 故障情况

（1）一次设备检查情况。500kV M变电站220kV MN甲线2538 A相断路器发生爆炸，在此过程中无故障电流。

（2）二次设备检查情况。500kV M变电站220kV母线保护一和二装置的“跳Ⅰ母”“跳Ⅱ母”灯亮，母线保护动作报告如下：

1）主一保护。

动作元件：5ms，母差跳1M、母差跳2M。

故障相别：B。

最大差电流：13.98A。

2）主二保护。

动作元件：3ms，变化量差动跳1M、变化量差动跳2M。

21ms，稳态量差动跳母联。

23ms，稳态量差动跳1M、稳态量差动跳2M。

故障相别：B。

最大差电流：13.96A。

3. 保护动作情况分析

M变电站220kV母线接线情况示意图如图5－7所示。

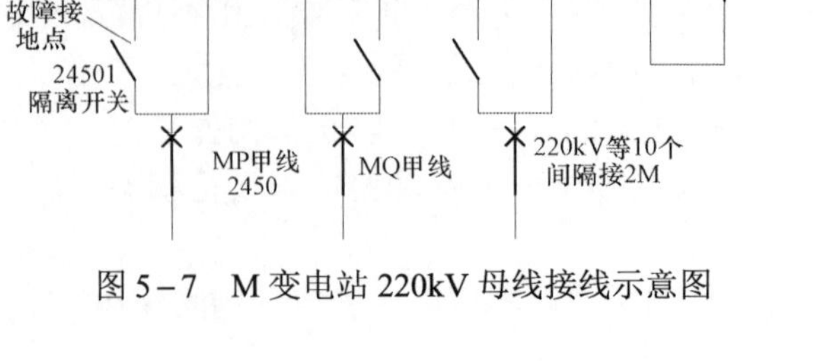

图5－7　M变电站220kV母线接线示意图

MP 甲线 24501 隔离开关发生 B 相接地故障时，220kV 母线保护一、二母线互联压板因进行倒闸操作已投入，母线保护不再进行故障母线的选择，因此在 2M 发生单相接地故障时，母线保护跳开 220kV 母线上除母联 2012、MN 甲线 2538 外的所有断路器，快速隔离故障。

二、某变电站倒闸误操作引起 220kV 旁路及 220kV 母差保护动作

1. 事件概述

某日 17 时 02 分，M 变电站进行 220kV MN 线母线 2071 隔离开关更换工作，M 变电站 220kV 旁路 270 代 220kV MN 线运行，220kV Ⅰ母处在检修状态，当检修工作结束后，在操作 220kV MN 线路转为 220kVⅡ母运行过程中，误将 220kV MN 线路转为 220kVⅠ母运行，发生了带接地线合断路器误操作，造成 220kVⅠ母发生三相接地短路故障，220kVⅠ母两套母差保护动作跳 207 断路器，220kV 旁路 270 保护动作跳开 270 断路器。故障发生时母线状态如图 5－8 所示。

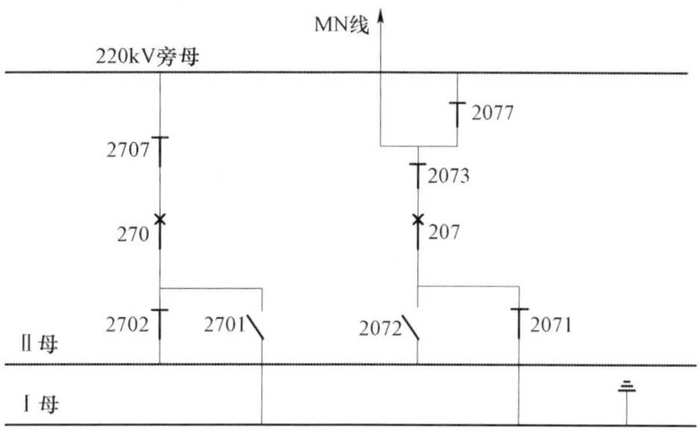

图 5－8　故障发生时母线状态

2. 保护动作分析

（1）M 变电站侧 220kV 旁路保护。7ms 快速距离保护、17ms 相间距离Ⅰ段保护、29ms 纵联保护动作出口。

（2）N 变电站侧 220kV MN 线路保护。27ms 纵联保护动作出口。

（3）M 变电站侧 220kV 母差保护。主一保护：6msⅠ母差动动作出口；主二保护：5msⅠ母差动动作出口。

M 变电站集中录波如图 5－9 所示。

由于 220kVⅠ母处于检修状态，Ⅰ母电压开放，220kVⅠ母三相接地短路故障时，Ⅰ母母差保护正确动作出口。

当 220kVⅠ母发生三相接地短路故障时，220kV 旁路 270 保护感受到正方向故障，保护正确动作；而 220kV MN 线路保护感受到反方向故障，保护不动作。

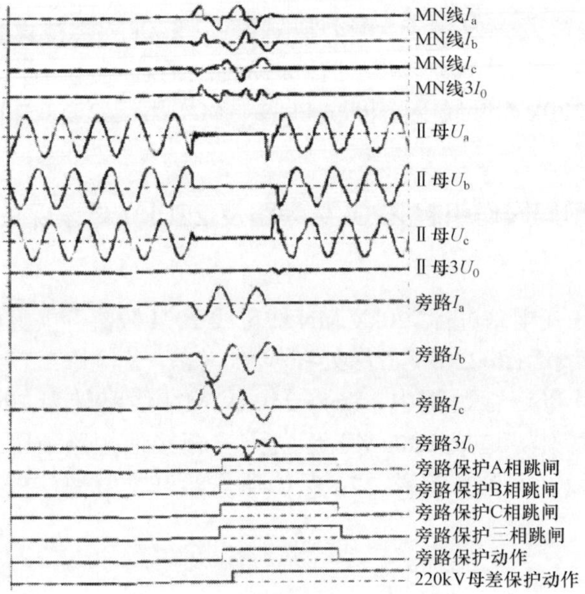

图 5-9　M 变电站集中录波图

第三节　交叉区域故障实例

电力系统中，由于电流互感器绕组的安装位置不同，存在两个元件保护范围的交叉或叠加，在断路器跳开或故障切除前，两个元件的保护均会动作，例如：

（1）装设在线路与断路器之间的电流互感器，当母差绕组与线路绕组之间的互感器本体发生故障时，母线保护与线路保护均动作，造成母线与线路停电。

（2）电流互感器装设在断路器两侧条件下，断路器与电流互感器之间或断路器本身发生故障时，母线保护和线路保护均会动作，造成母线和线路停电。

（3）旁代线路运行转母线带线路运行过程中隔离开关误操作造成母线接地故障时，母线保护与旁路保护均动作，造成线路停电。

一、电流互感器燃爆，MN 甲线、Ⅱ母线同时故障

1. 事件概述

某日 20 时 39 分，M 电厂 500kV 升压站第一串 5013 断路器 B 相电流互感器故障起火爆燃，导致 MN 甲线、M 电厂Ⅱ母同时故障。

2. 保护动作分析

M 电厂侧：主一保护 11ms 差动保护动作，主二保护 32ms 纵联保护动作，跳 5012、5013 断路器 B 相；34ms Ⅱ母 A 套、B 套母差保护动作跳 5013、5023 断路器，闭锁 5013 重合闸（5013 重合闸时间整定为 0.9s），N 侧边断路器经 0.9s 后重合于永久性故障，1142ms M 电厂侧 MN 甲线主一、主二保护动作跳三相，闭锁 5012 重合闸（5012 重合闸时间整定为 1.4s），5012、5013、5023 断路器跳闸。

3. 故障原因分析

500kV 升压站第一串 5013 断路器 B 相电流互感器故障起火爆燃后，5013 断路器 B 相电流互感器报废、B 相电流互感器两侧引线、50131B 相隔离开关、501311B 相接地开关皆有损伤。爆燃现场及烧毁后的电流互感器如图 5－10 所示。

（a）　　（b）

图 5－10　爆燃现场及烧毁后的电流互感器

（a）电流互感器爆燃现场；（b）烧毁后的电流互感器

二、220kV MN 甲线、M 电厂 5 号母线同时跳闸

1. 事件概述

某日 19 时 12 分，220kV MN 甲线发生 B 相接地故障，两侧主一、主二保护正确单跳单重；M 电厂侧 B 相断路器重合后，B 相 TA 爆炸引起 MN 甲线 TA 传变异常，MN 甲线线路保护、母差保护大差和 5 母小差均感受到差流，MN 甲线两侧主一、主二差动保护和母差一、母差二的 5 母差动正确动作出口永跳。

2. 保护动作分析

（1）MN 甲线 TA 绕组分布情况如图 5－11 所示。

（2）保护动作情况如表 5－1 所示。

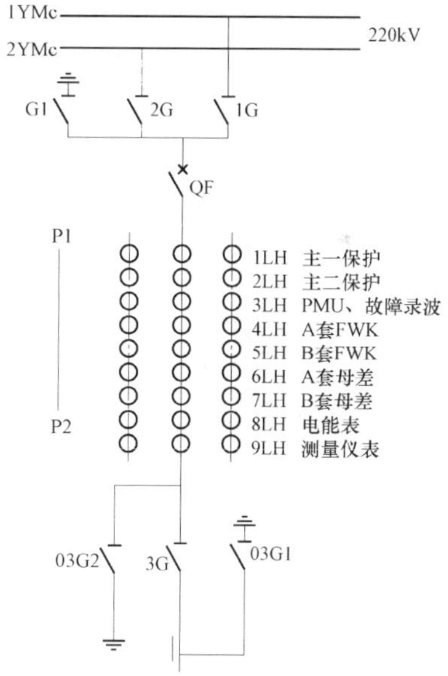

图 5－11　MN 甲线 TA 绕组分布情况

表 5－1　　**保护动作情况**

MN 甲线	M 侧	主一保护（RCS－931BM）	电流差动保护：9ms 重合闸动作：855ms 电流差动保护：928ms 零序加速：978ms
		主二保护（RCS－931BM）	电流差动保护：13ms 重合闸动作：862ms 电流差动保护：928ms 零序加速：978ms

续表

MN 甲线	N 侧	主一保护（RCS－931BM）	电流差动保护：9ms 重合闸动作：853ms 电流差动保护：928ms 远方启动跳闸：951ms 距离加速：952ms 零序加速：980ms
		主二保护（RCS－931BM）	电流差动保护：13ms 重合闸动作：854ms 电流差动保护：928ms 远方启动跳闸：951ms 距离加速：952ms 零序加速：980ms
M 电厂母差		母差一（WMH－800A/R1）	5 母差动保护动作：931ms
		母差二（WMH－800A/R1）	5 母差动保护动作：907ms

（3）录波与差流分析。

1）MN 甲线录波。由图 5－12 MN 甲线 M 电厂侧录波可知，MN 甲线发生 B 相永久性接地故障，M 电厂侧跳开 B 相后重合于故障，保护三跳。

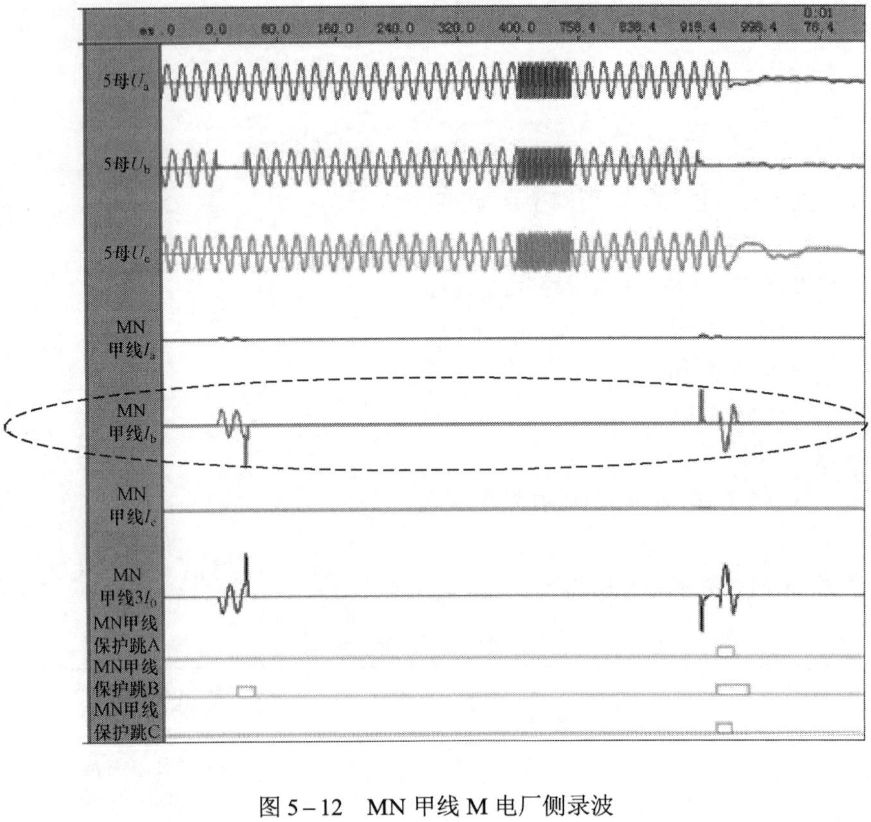

图 5－12　MN 甲线 M 电厂侧录波

2）母线录波及差流。利用录波图对母线保护大差电流和小差电流进行合成分析。线路第一次故障时，母线保护大差差流几乎为0；B相开关重合于故障时，母线保护大差差流和小差差流非常明显，如图5－13所示。

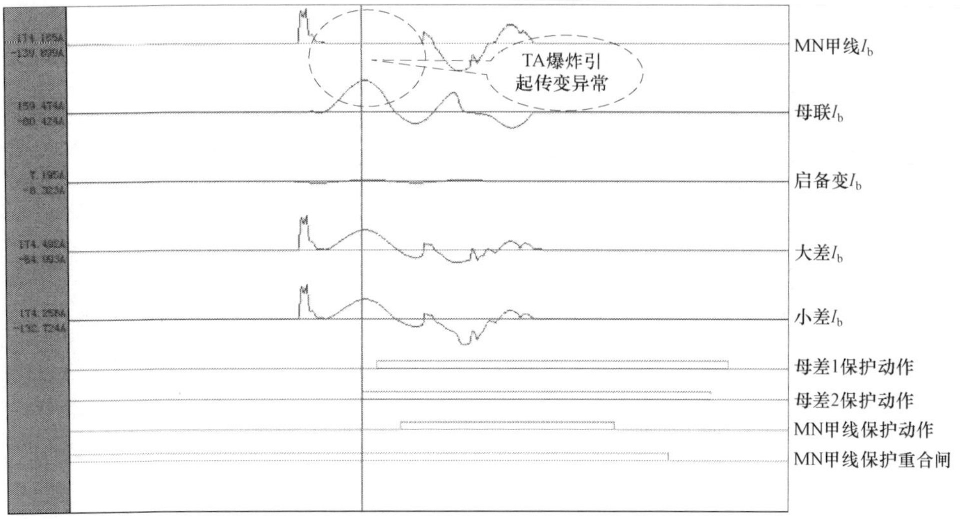

图5－13 重合于故障时母差大、小差流

MN甲线M电厂侧B相开关TA现场实物如图5－14所示。

图5－14 MN甲线M电厂侧B相开关TA现场实物图

三、220kV线路与母线保护交叉点故障

1. 事件概述

某日，220kV N变电站220kV MN乙线B相开关气室故障，两侧线路保护动作，同时220kV N变电站220kV母差保护动作，跳开220kV 2M运行开关。

2. 保护动作分析

（1）保护动作情况。220kV MN乙线为纯电缆线路，重合闸退出，两侧保护动作行为如下：

1）M变电站侧：10ms电流差动保护动作，32ms远方启动跳闸。

2）N变电站侧：5ms母线差动保护动作，8ms电流差动保护动作。

（2）保护动作分析。220kV MN乙线M侧录波如图5－15所示，B相电流29.5kA，B相电压跌落明显。220kV MN乙线N侧录波如图5－16所示，由于N变电站为220kV终端站且母线侧变压器接地运行，因此A、B、C三相仅流过大小为0.65kA且方向相同的零序分量，明显与M侧B相电流不等（区外故障两侧电流应大小相等），同时B相电压跌落为0kV，判断220kV MN乙线发生区内B相接地故障。N变电站220kV母线保护录波显示，220kV MN

乙线B相故障电流29kA，与N变电站MN乙线B相故障电流大小不同，因此，进一步判断220kV MN乙线发生线路故障，且故障点在N变电站母线保护范围内。

220kV MN乙线运行方式及N变电站TA配置示意图如图5-17所示，N变电站母线保护用TA与线路保护用TA存在交叉，判断故障点应在此范围内，现场对N变电站断路器进行检查，发现断路器防爆膜爆裂，故障点在TA交叉范围内。

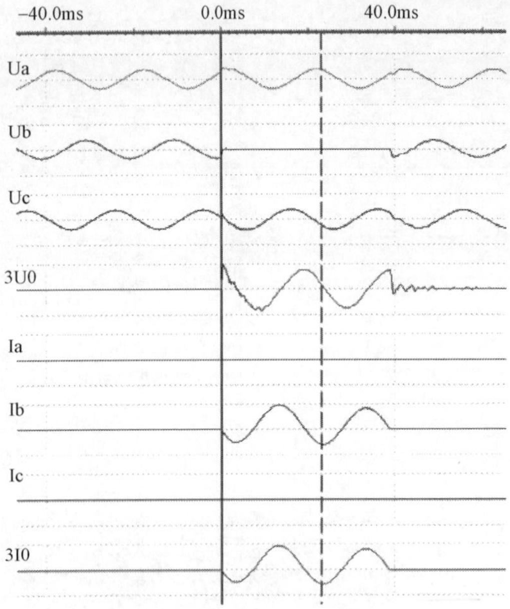

图5-15　220kV MN乙线M侧录波

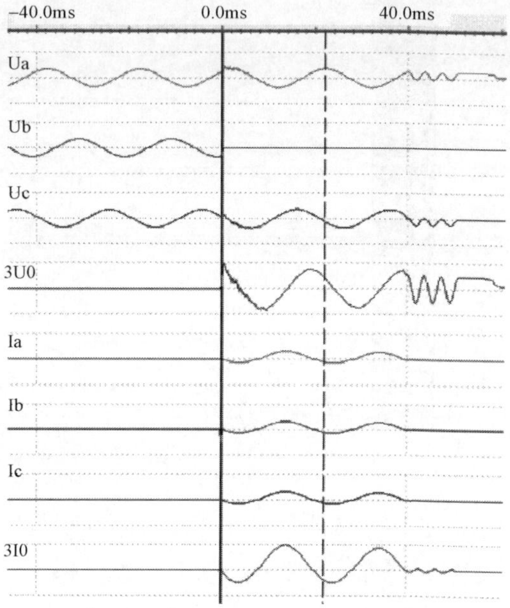

图5-16　220kV MN乙线N侧录波

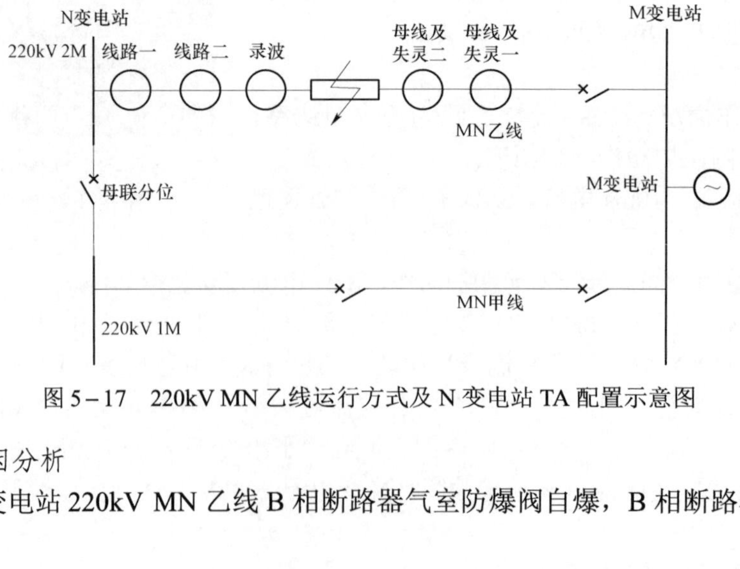

图5-17　220kV MN乙线运行方式及N变电站TA配置示意图

3. 故障原因分析

220kV N变电站220kV MN乙线B相断路器气室防爆阀自爆，B相断路器气室SF_6气体压力瞬间释放至闭锁值以下，引发绝缘击穿短路故障，断路器防爆膜爆裂如图 5－18 所示。

图 5－18　220kV MN 乙线 B 相断路器防爆膜爆裂

第六章

断路器故障实例分析

第一节 断路器拒动实例

一、开关机构卡涩导致断路器拒动

1. 事件概述

某日 23 时 23 分 05 秒，220kV MNⅡ回线发生 C 相永久性接地故障，线路两侧保护动作跳闸，重合于 C 相故障，M 变电站侧保护再次动作，但 M 变电站侧 204 断路器由于机构卡涩，断路器失灵，220kV 母差失灵保护动作跳开 220kV 母联断路器（210、220）、220kVⅡ母上所有断路器。

2. 保护动作分析

（1）M 变电站侧 MNⅡ回线路保护动作情况。

1）主一保护：12ms 分相差动、接地距离Ⅰ段保护动作跳 C 相，1073ms 重合于 C 相故障，1113ms 距离加速、1123ms 分相差动、1166ms 零序加速保护动作跳三相。

2）主二保护：17ms 电流差动、20ms 距离Ⅰ段保护动作跳 C 相，1060ms 重合于 C 相故障，1107ms 电流差动、1112ms 距离加速、1137ms 距离Ⅰ段、1162ms 零序加速保护动作跳三相。

M 变电站 MNⅡ回故障录波如图 6－1 所示。

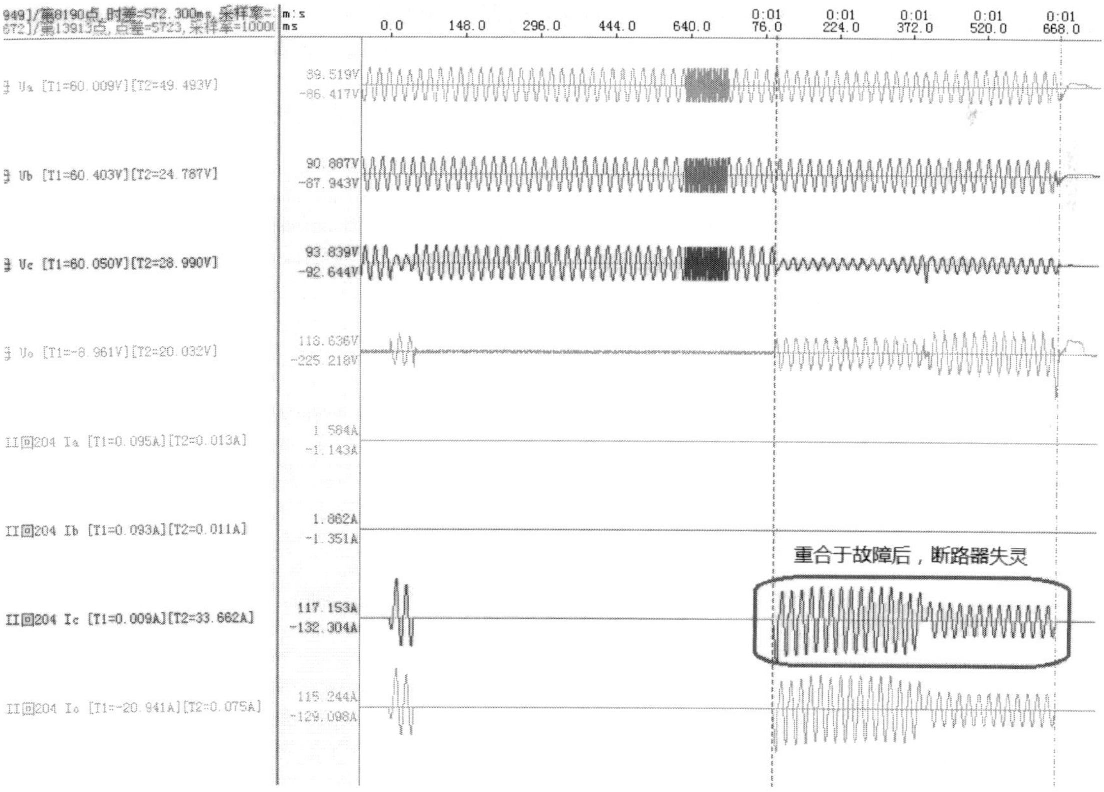

图 6－1　M 变电站 MNⅡ回故障录波

（2）N 变电站侧 MNⅡ回线路保护动作情况。

1）主一保护：11ms 分相差动保护动作跳 C 相，1062ms 重合于 C 相故障，1168ms 分相差动保护动作跳三相。

2）主二保护：5ms 电流差动保护动作跳 C 相，1046ms 重合于 C 相故障，1121ms 电流差动保护动作跳三相。

（3）M 变电站侧 220kV 母线失灵保护动作情况。M 变电站 220kV 母差失灵保护整定时限：250ms 跳母联，500ms 跳失灵开关所在母线。M 变电站母差失灵保护装置报文如图 6-2 所示。

第 03 次：闭锁常开	2012 年 04 月 15 日 23 时 23 分 34 秒 700 毫秒
第 04 次：Ⅱ母 TV 告警	2012 年 04 月 15 日 23 时 23 分 16 秒 670 毫秒
第 05 次：失灵接点变位 000000	2012 年 04 月 15 日 23 时 23 分 07 秒 820 毫秒
第 06 次：失灵接点变位 004000	2012 年 04 月 15 日 23 时 23 分 07 秒 810 毫秒
第 07 次：失灵接点变位 004010	2012 年 04 月 15 日 23 时 23 分 07 秒 800 毫秒
第 08 次：失灵接点变位 00C010	2012 年 04 月 15 日 23 时 23 分 07 秒 760 毫秒
第 09 次：刀闸位置变化 02356F　04CAD9　02	2012 年 04 月 15 日 23 时 23 分 07 秒 580 毫秒
第 10 次：Ⅱ母失灵动作	2012 年 04 月 15 日 23 时 23 分 07 秒 480 毫秒
第 11 次：失灵接点变位 004000	2012 年 04 月 15 日 23 时 23 分 07 秒 240 毫秒
第 12 次：失灵接点变位 000000	2012 年 04 月 15 日 23 时 23 分 06 秒 200 毫秒
第 13 次：失灵接点变位 004000	2012 年 04 月 15 日 23 时 23 分 06 秒 140 毫秒

图 6-2　M 变电站母差失灵保护装置报文

（4）保护动作时序如图 6-3 所示。

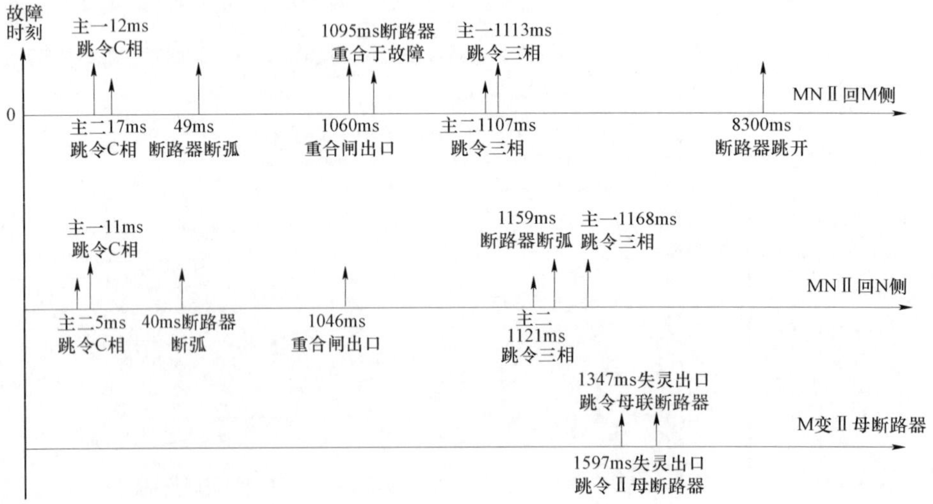

图 6-3　保护动作时序图

3. 故障原因分析

220kV MNⅡ回断路器失灵的原因是断路器传动系统中的导气拉杆损坏（如图 6-4 所示），与导气套在传动过程中存在摩擦，导致断路器分闸不到位，引起断路器失灵。

二、开关辅助触点接触不良导致拒动

1. 事件概述

某日05时53分40秒，110kV MN线发生A相永久性故障，两侧保护正确动作跳开两侧断路器，重合于故障后M侧断路器再次跳开，N侧断路器未跳开，110kV NP线P侧保护零序Ⅱ段出口跳开P侧开关隔离故障，110kV N变电站失压。M、N、P变电站接线示意图如图6－5所示。

图6－4 断路器导气拉杆损坏图

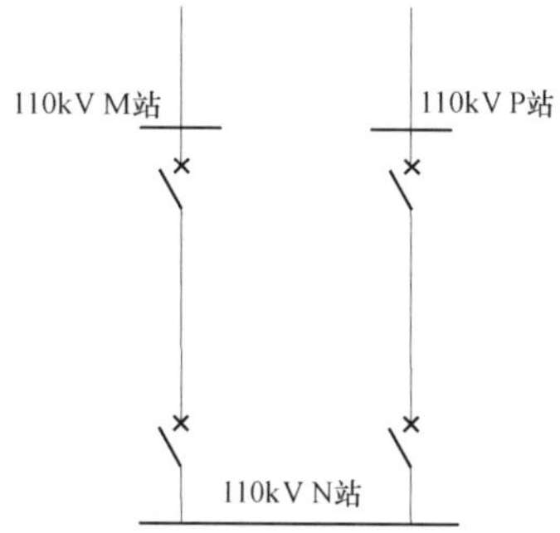

图6－5 M、N、P变电站接线示意图

2. 保护动作分析

05时53分40秒，110kV MN线发生A相永久性故障，M变电站A相故障电流为35.01A（TA变比600/5，一次值4.2kA），N变电站A相故障电流为1.36A（TA变比600/5，一次值0.16kA）。

（1）从保护动作信息和录波看，05:53:40:361保护启动（0ms），启动后18ms，MN线两侧电流差动保护正确动作出口，跳开两侧断路器。

（2）2090ms，MN线M变电站侧保护重合闸动作出口合上MN线M变电站侧断路器，2198ms MN线M变电站侧保护电流差动、距离加速、距离Ⅰ段正确动作出口，跳开MN线M变电站侧断路器。图6－6为110kV MN线M变电站侧保护动作报文。

02		00023ms	距离Ⅰ段动作
03		02090ms	重合闸动作
04		02198ms	电流差动保护
05		02218ms	距离加速
06		02228ms	距离Ⅰ段动作
07		03128ms	电流差动保护
08		03209ms	电流差动保护
09		03291ms	电流差动保护
10		03373ms	电流差动保护
11		03454ms	电流差动保护
12		04581ms	电流差动保护

图6－6 110kV MN线M变电站侧保护动作报文

（3）3070ms，MN 线 N 变电站侧保护重合闸动作出口合上 MN 线 N 变电站侧断路器，3127ms MN 线 N 变电站侧电流差动保护、距离加速、零序加速、零序过流Ⅱ段、距离Ⅱ段正确动作出口，110kV MN 线 N 变电站侧保护动作报文如图 6－7 所示，但未跳开 MN 线 N 变电站侧断路器，MN 线 A 相故障未隔离，仍有 A 相故障电流。

02		03070ms	重合闸动作
03		03127ms	电流差动保护
04		03153ms	距离加速
05		03216ms	零序加速
06		03414ms	零序过流Ⅱ段
07		03428ms	距离Ⅱ段动作

图 6－7　110kV MN 线 N 变电站侧保护动作报文

（4）3416ms，110kV NP 线 P 变电站侧保护零序过流Ⅱ段元件正确动作出口，跳开 110kV NP 线 P 变电站侧断路器；4488ms，110kV NP 线 P 变电站侧保护重合闸动作出口，合上 110kV NP 线 P 变电站侧断路器；4679ms，110kV NP 线 P 变电站侧保护零序加速元件正确动作出口跳开断路器，110kV NP 线 P 变电站侧保护动作报文如图 6－8 所示。110kV N 变电站失压。（注：因区外反方向故障，110kV NP 线 N 变电站侧保护不动作。）

02		04488ms	重合闸动作

图 6－8　110kV NP 线 P 变电站侧保护动作报文

（5）110kV NP 线 P 变电站侧断路器重合闸时，MN 线 N 变电站侧断路器再次流过故障电流，两侧保护正确动作，N 侧断路器再次未跳开。

3. 故障原因分析

（1）由图 6－9 N 变电站 110kV MN 线保护录波开关量变位情况和图 6－10 保护装置动作打印报告可知，110kV MN 线 N 变电站侧断路器重合闸时刻，只有跳闸位置变位“由 1 变 0”，而合闸位置没有变位。而对侧 M 变电站断路器合闸位置有该变位记录，如图 6－11 所示。

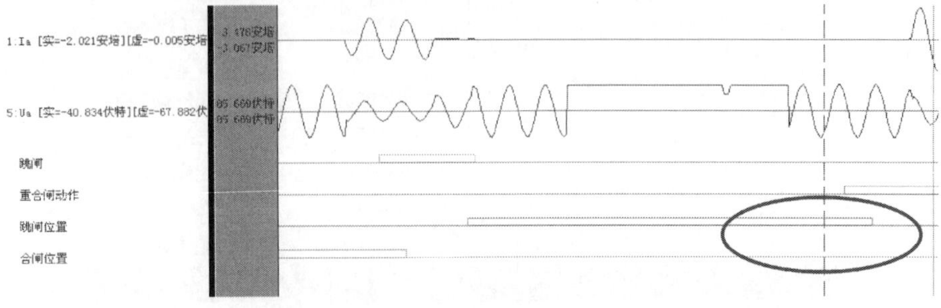

图 6－9　N 变电站 110kV MN 线保护录波开关量变位情况

启动后变位报告

01	00031ms	合闸位置 1	1->0	03	03085ms	跳闸位置	1->0
02	00065ms	跳闸位置	0->1	04			

图 6－10 N 变电站 110kV MN 线保护动作打印报告开关量变位记录情况

启动后变位报告

01	00034ms	合闸位置 1	1->0	05	02191ms	合闸位置 1	0->1
02	00082ms	跳闸位置	0->1	06	02213ms	合闸位置 1	1->0
03	02106ms	跳闸位置	1->0	07	05998ms	闭锁重合	1->0
04	02189ms	闭锁重合	0->1	08	06018ms	跳闸位置	0->1

图 6－11 M 变电站 110kV MN 线保护动作打印报告开关量变位记录情况

（2）后台信息显示，在 N 变电站 110kV MN 线断路器重合后，频繁出现“控制回路断线”告警，且“合闸位置 1”和“控制回路断线”频繁变位，一直维持到运行人员到站手分 110kV MN 线断路器为止，“控制回路断线”告警信号消失。

经分析，N 站重合后断路器未跳开的原因是由于断路器辅助触点接触不良，导致跳闸回路未能导通，造成 N 侧断路器无法跳开。正常情况下，重合闸动作后，断路器重合，跳闸位置“由 1 变 0”，而合闸位置“由 0 变 1”，跳合位监视回路如图 6－12 所示。但在本次事件中，N 侧保护重合闸动作，断路器重合时，只有跳闸位置变位“由 1 变 0”，合闸位置没有变位（对侧有变位记录），接点 2 未导通，控制回路中的合闸位置继电器不动作。由于 TWJ 和 HWJ 均不动作，所以保护报“控制回路断线”。此外，由于接点 2 未导通，造成跳闸回路未导通，最终导致断路器拒动。

三、220kV 短时多次动作断路器压力不足拒动

1. 事件概况

某日 16 时 40 分 23 秒，220kV NM 线发生 B 相短路故障，M 变电站侧线路保护动作出口，由于断路器拒动，导致 M 变电站 220kV 断路器失灵保护动作跳 M 变电站 220kVⅡ母所有断路器，造成 M 变电站 220kVⅡ母失压。N 变电站线路主保护 9ms 跳 B 相，断路器 40ms 断弧，296ms 线路保护收对侧远跳命令三跳。

2. 保护动作分析

M 变电站侧 220kV NM 线路保护动作情况：11ms 纵联差动保护动作跳 B 相，32ms 距离Ⅰ段保护动作跳 B 相，162ms 纵联差动保护动作跳 A、B、C 相，162ms 距离Ⅰ段保护动作跳 A、B、C 三相，163ms 单跳失败跳 A、B、C 三相。由于线路 B 相断路器拒动，引发保护装置发三相跳闸命令，跳开了 A、C 相断路器。

两套断路器失灵保护配置在 220kV 母差保护装置内，A、B 两套母差保护装置动作情况基本一致。

M 变电站 220kV 母差保护支路电流录波图如图 6－13 所示，第三电流支路（2253）接 NM 线三相电流，发生故障 0.5 周波后 NM 线的故障电流 $I_{A3}=1.01A$，$I_{B3}=20.41A$，$I_{C3}=0.37A$，

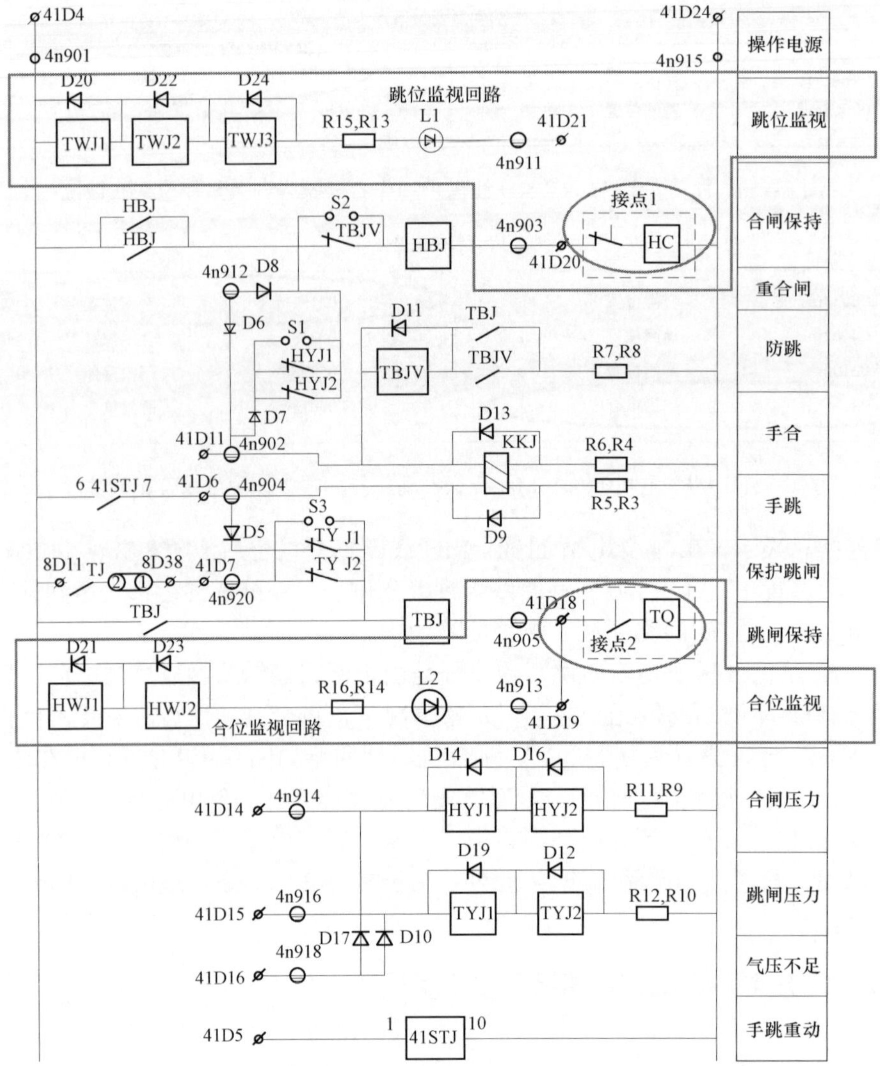

说明：S1短接，取消手合压力闭锁；S2短接，取消防跳；S3短接，取消跳闸压力闭锁

图 6-12　跳合闸监视回路示意图

折算到一次侧，B 相短路电流 = 20.41 × 600/5 = 2485.2A。282ms 后，“支路跟跳”“失灵跳母联”动作；322ms 后，NM 线 B 相电流减小到 1256A，说明母联开关已经跳闸；532ms 后，“失灵跳Ⅱ母”动作，约 570ms 时，NM 线 B 相电流消失，说明Ⅱ母上其他断路器已经全部跳闸。

M 变电站 220kV 母差保护母联电流录波图如图 6-14 所示，故障开始后，母联 B 相电流 = 19.05 × 600/5 = 2286A。322ms 时，母联三相电流消失，说明此时母联开关跳闸，与 NM 线电流波形分析相吻合。从图 6-14 中的Ⅰ、Ⅱ母线电压波形可以看出，故障开始后，Ⅰ、Ⅱ母线 B 相电压明显减小，322ms 母联开关跳闸后Ⅰ母 B 相电压基本恢复正常，Ⅱ母 B 相电压变得更小。572ms 时，Ⅱ母三相电压全部消失。

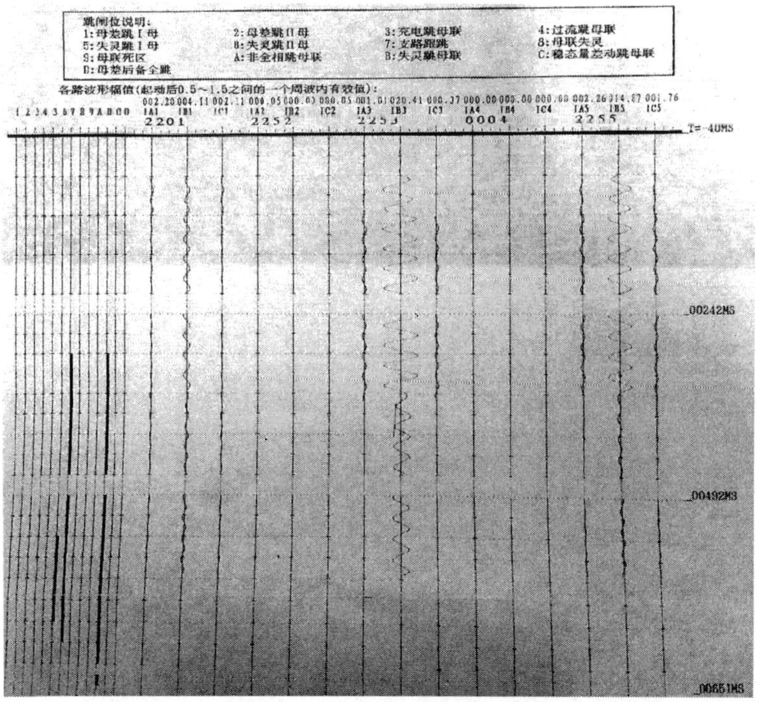

图 6－13　M 变电站 220kV 母差保护支路电流录波图

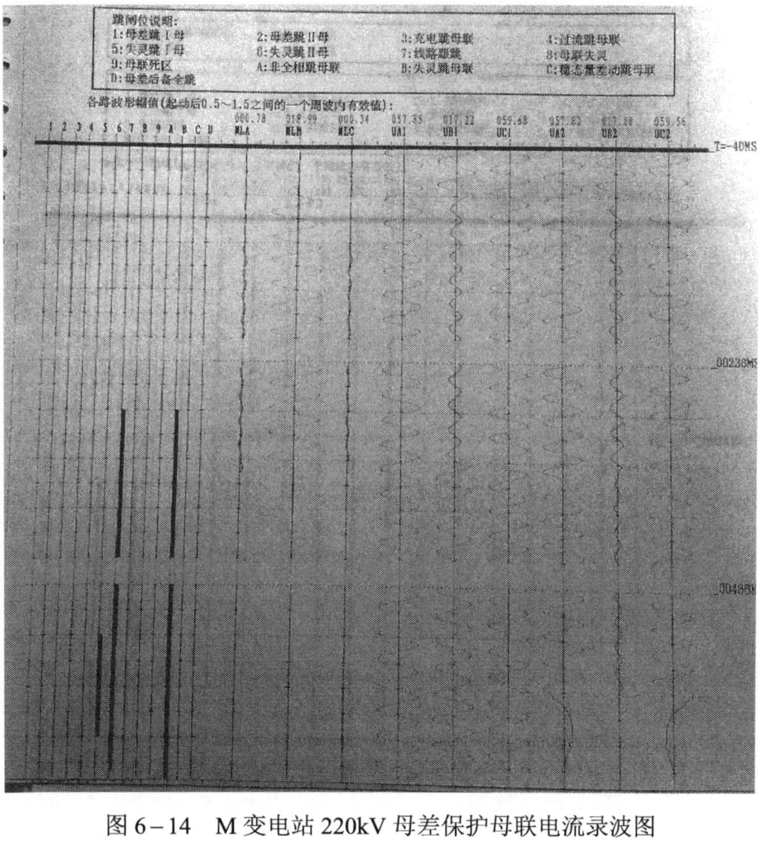

图 6－14　M 变电站 220kV 母差保护母联电流录波图

3. 故障原因分析

事故后查明，220kV NM线由于强台风影响，在此次B相接地短路故障前，线路断路器已经跳闸、重合成功多次。第6次故障跳闸、重合成功后，由于频繁且相隔时限很短的故障跳闸重合过程，导致断路器操动机构泄压严重，B相断路器因压力低而拒动。

第二节　断路器绝缘击穿故障实例

一、断路器绝缘击穿故障

1. 事件概况

某日16时26分，220kV MN甲线（线路充电，M侧断路器断开）发生A相故障，N侧主一、主二保护动作出口跳A相，44ms MN甲线N侧A相断路器跳开。

MN甲线A相故障后380ms，MN甲线M侧A相断路器断口击穿，M侧主一、主二线路保护动作出口跳三相（同时启动失灵保护），MN甲线A相故障后610ms（断口击穿后230ms），MN甲线M侧断路器与TA之间位置发生A、B相间不接地短路故障（母线保护区内，线路保护区外），M变电站220kV母差保护动作出口跳Ⅰ母断路器，失灵保护未动作出口（保护定值为350ms跳母联，500ms跳相关支路断路器）。

M站220kV母差保护动作后，远跳220kV MN甲线N侧断路器。

2. 保护动作行为分析

（1）保护动作时序。M、N变电站保护动作时序如图6-15所示。

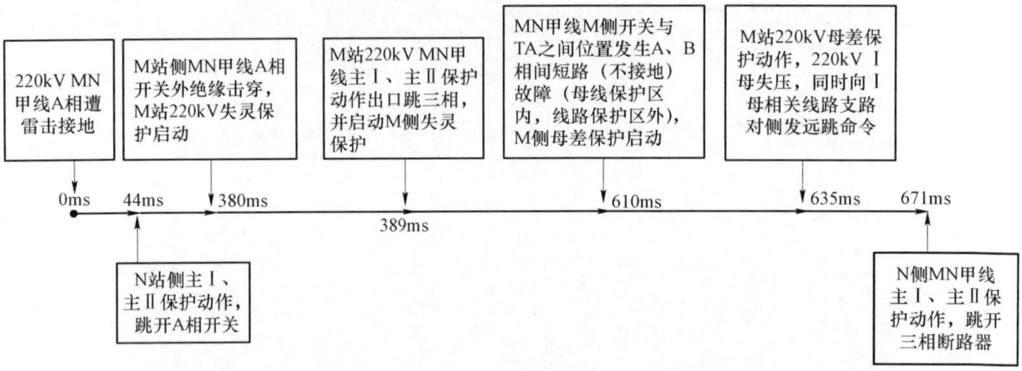

图6-15　M、N变电站保护动作时序图

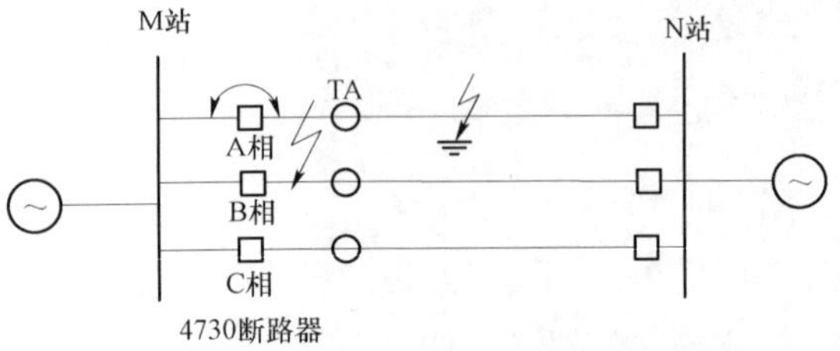

图6-16　MN甲线一次故障情况示意图

（2）MN甲线一次故障情况。如图6-16所示，MN甲线最初发生A相故障，随后M侧A相断路器断口击穿，M侧主一、主二线路保护动作出口跳三相（同时启动失灵保护），紧接着MN甲线M侧断路器与TA之间位置发生A、B相间短路故障。

（3）MN甲线差流合成情况分析。对MN

甲线两侧故障录波波形进行融合并生成MN甲线差流，如图6－17所示。由合成的差流（MN甲线A相有差流，B、C相无差流，B相故障电流为穿越性电流），可以清楚判断出本次故障MN甲线区内为A相故障，B相故障为MN甲线区外故障。在MN甲线第一次A相故障时，N侧主Ⅰ、主Ⅱ保护动作跳开N侧A相断路器。MN甲线A相断路器击穿后，M侧主Ⅰ、主Ⅱ保护动作出口三跳M侧断路器。M变电站母差保护动作后，MN甲线N侧主Ⅰ保护远跳动作、主Ⅱ保护纵联距离动作三跳N侧断路器。保护动作行为正确。

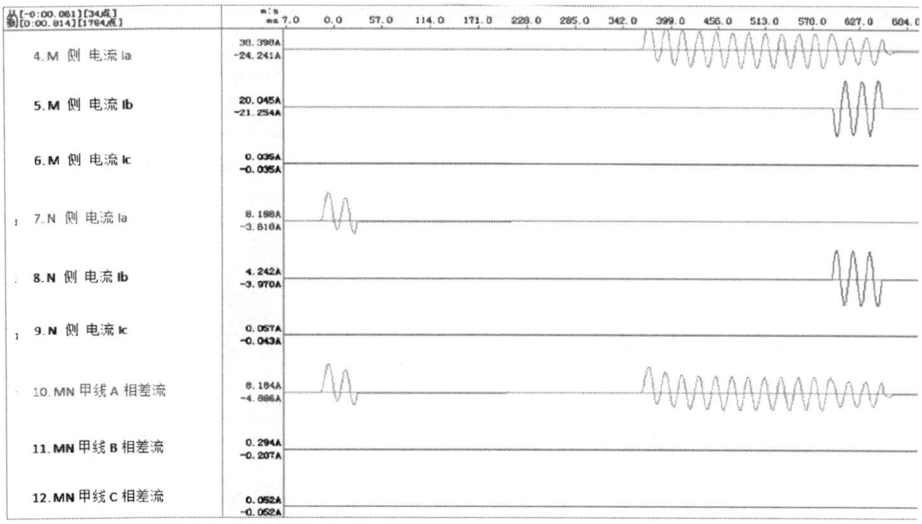

图6－17 MN甲线两侧电流及合成差流波形

（4）M侧220kVⅠ母差流合成情况分析。对M变电站侧220kV故障录波波形进行融合并生成差流，如图6－18所示。

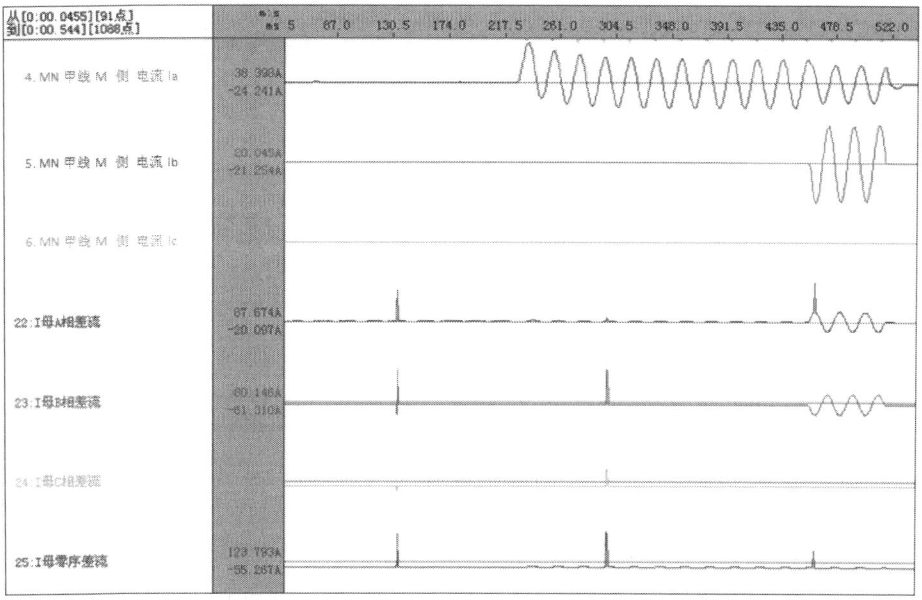

图6－18 M侧220kV Ⅰ母差流波形

由合成的 M 侧 220kV Ⅰ 母差流，MN 甲线 M 侧 A 相断路器断口击穿时 M 侧 220kV Ⅰ 母无差流（MN 甲线有差流）；MN 甲线 M 侧 A 相断路器断口击穿后约 230ms，M 侧 220kV Ⅰ 母 A、B 相均有差流，A 相差流与 B 相差流大小相等、方向相反（无零序差流，MN 甲线 B 相无差流）。由此可以清晰判断，MN 甲线 A 相断路器断口击穿后 230ms 在 MN 甲线 M 侧断路器至 TA 之间发生了 A、B 相间短路不接地故障（母差区内、MN 甲线区外），母差保护正确动作跳 Ⅰ 母断路器，并远跳 MN 甲线对侧断路器。保护正确动作。

3. 一次设备故障情况

对 220kV M 变电站 220kV MN 甲线 4730 断路器进行检查，发现 A 相和 B 相断路器上端和下端接线板位置均有放电痕迹，接线板有损伤，瓷套表面有零星的烧蚀痕迹，如图 6－19 所示。

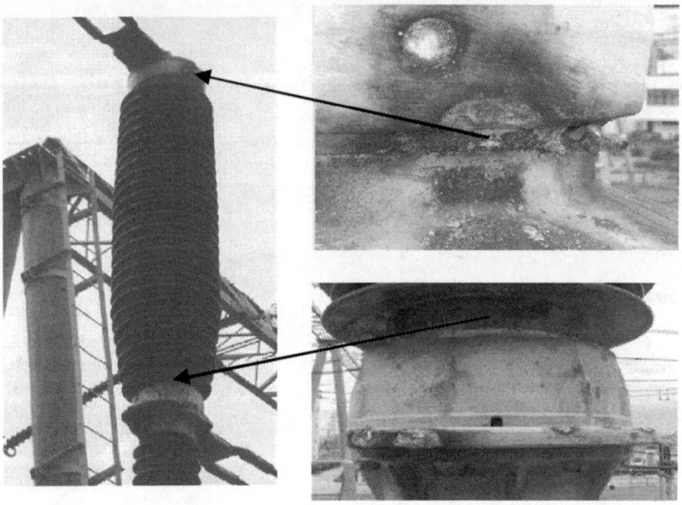

图 6－19　M 变电站 A 相断路器上端和下端接线板

二、线路间隔 A 相断路器击穿

1. 事件概况

某 220kV MN 乙线按计划进行停电检修工作。M 电厂侧断路器先断开，N 侧断路器后断开。N 侧断路器断开后，MN 乙线 M 电厂侧发生 A 相断路器击穿并伴有接地故障，MN 乙线两侧保护动作跳三相并启动失灵保护。

由于故障无法切除，M 电厂 1M、2M 母差失灵保护动作跟跳故障间隔、跳 2M 母联与分段开关，此后 2M 剩余支路形成中性点不接地系统，故障电流迅速减小，母差失灵保护动作返回。2M 母联与分段开关跳开后，2M 所连 5 号主变压器发生中性点间隙击穿故障，5 号发变组主变压器间隙过电流保护动作跳高压侧断路器，2M 所有支路均跳开，故障彻底隔离。

2. 保护动作过程

M 电厂事故前运行方式如图 6－20 所示。其中 220kV 接地方式为 6 号主变压器中性点接地，110kV 接地方式为联络变压器 110kV 侧中性点接地。

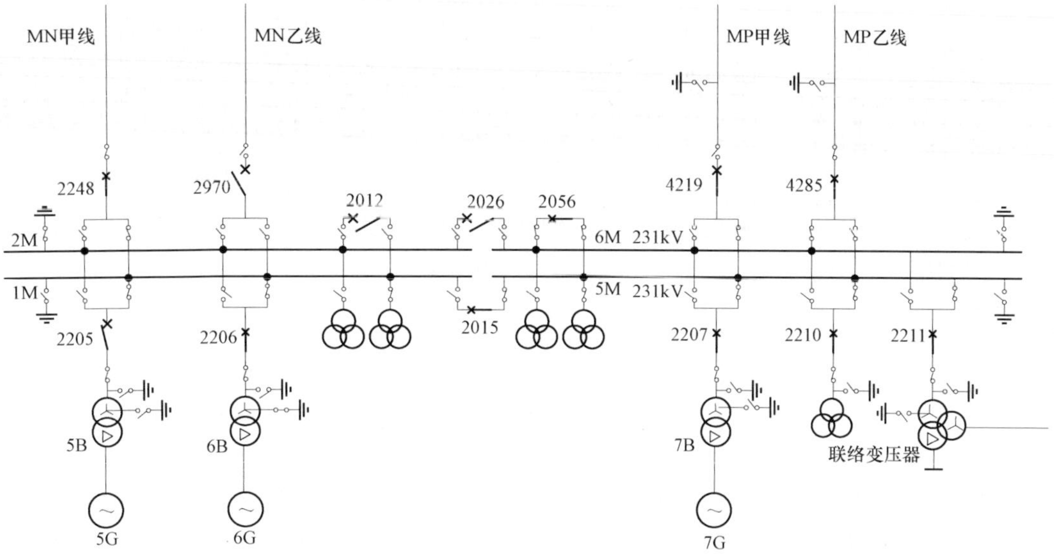

图 6–20 事故前运行方式

保护动作时序如表 6–1 和图 6–21 所示。

表 6–1 保 护 动 作 时 序

序号		相对时间	保护动作行为
M 电厂侧	1	9:42:49.793（0ms）	MN 乙线 A 相区内故障
	2	48ms	MN 乙线主一、主二距离手合加速、保护永跳出口
	3	51ms	MN 乙线主一差动永跳出口
	4	120ms	MN 乙线主一、主二零序加速段动作
	5	203ms	1M、2M 母线主一、主二失灵保护跟跳 MN 乙线断路器（失灵保护启动后 54ms 收到失灵开入）
	6	405ms	1M、2M 母线主一、主二失灵保护跳母联分段断路器（失灵保护启动后 54ms 收到失灵开入）
	7	445ms	2M 母联 2012 断路器、分段 2026 断路器跳开
	8	446ms	5 号主变压器中性点间隙击穿
	9	1639ms	5 号发变组主一主变压器间隙零序过电流动作跳 5 号发变组
	10	1645ms	5 号发变组主二主变压器间隙零序过电流动作跳 5 号发变组
	11	1707ms	5 号发变组高压侧断路器 2205 断开，故障彻底隔离
	12	4315ms	5 号发变组主一、主二复压记忆过电流保护跳 5 号机
线路对侧	1	9:42:49.793	故障发生（本侧断路器分位，无故障电流）
	2	92ms	主一远跳、差动永跳出口（对侧故障永跳）

3. 保护动作行为分析

结合一次故障发展过程及保护动作时序图，按照三个阶段分析故障过程（对应图 6–21 中①～③）。

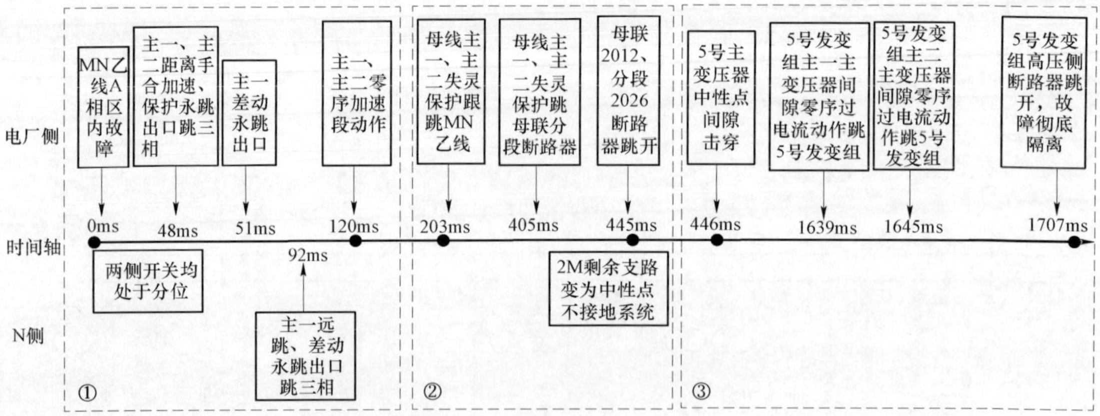

图 6-21　保护动作时序示意图

（1）MN 乙线发生 A 相接地故障，线路保护动作。由图 6-22 所示的集中录波可以看出，MN 乙线发生 A 相区内接地故障，M 电厂侧 A 相故障电流 23.441kA（二次值 9.376A，TA 变比 2500/1），A 相电压接近 0；N 侧无故障电流，A 相电压 16.923V（二次值）（通过 MN 甲线与 M 电厂连接）。

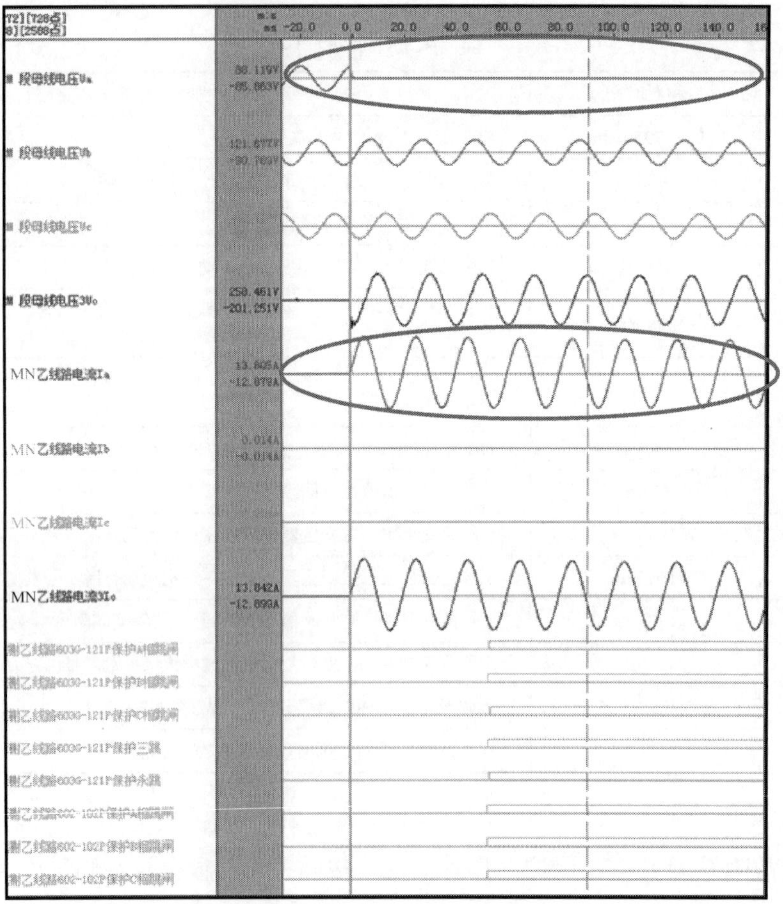

图 6-22　MN 乙线 M 电厂侧集中录波

由于故障前两侧断路器均为分位，M 电厂侧 A 相断路器发生击穿并有接地故障点；N 侧断路器正常分位，无故障电流。由于故障前断路器分位并突然产生故障电流，M 电厂侧保护进入手合于故障加速动作逻辑，主一、主二距离手合加速、保护永跳 48ms 出口，零序加速段 120ms 动作出口。

MN 乙线两侧线路保护均正确动作，由于故障无法切除，M 电厂侧线路保护出口启动失灵进入失灵保护动作逻辑。

（2）M 电厂 1、2M 失灵保护动作。由母差保护录波及保护动作报告可知，故障期间 2M 无差流，2M 母差保护正确不动作。故障后 54ms，1、2M 母差失灵保护装置收到 MN 乙线支路三跳及 A/B/C 三相失灵开入信号（线路保护最快出口时间 48ms），同时 MN 乙线 A 相电流（9.376A，二次值）远大于支路失灵相电流定值（0.8A，二次值），母差失灵保护开始启动，经跟跳动作延时 0.15s，即 203ms 动作跟跳 MN 乙线，经母联动作延时 0.35s，即 405ms 动作跳 2M 母联 2012 及分段 2026 断路器。

445ms，2M 母联 2012 及分段 2026 断路器跳开后，2M 剩余支路（包括 MN 乙线 A 相故障相、5 号发变组高压侧）形成中性点不接地系统下的单相接地故障，虽然后续紧接着 5 号主变压器间隙击穿，但此后 MN 乙线 A 相故障电流迅速减小至 0.728A（二次值），如图 6－23 所示，低于支路失灵相电流定值（0.8A，二次值），失灵保护动作返回，不再继续跳 2M 剩余支路，M 电厂 1、2M 失灵保护动作正确。

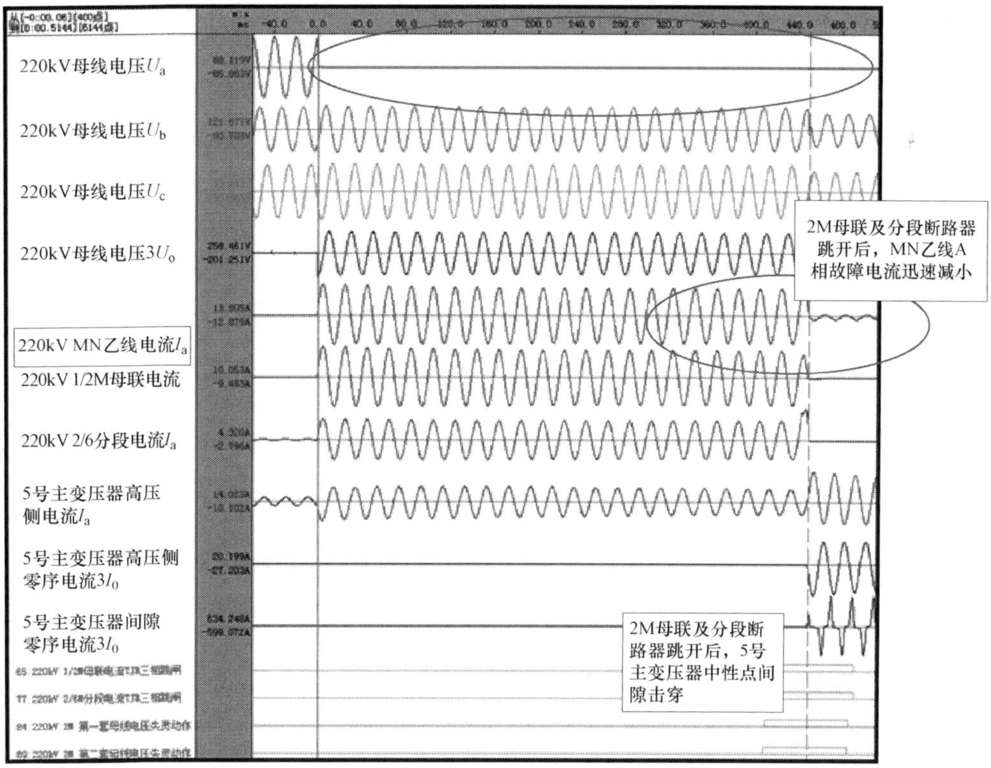

图 6－23 M 电厂 2M 相关支路集中录波

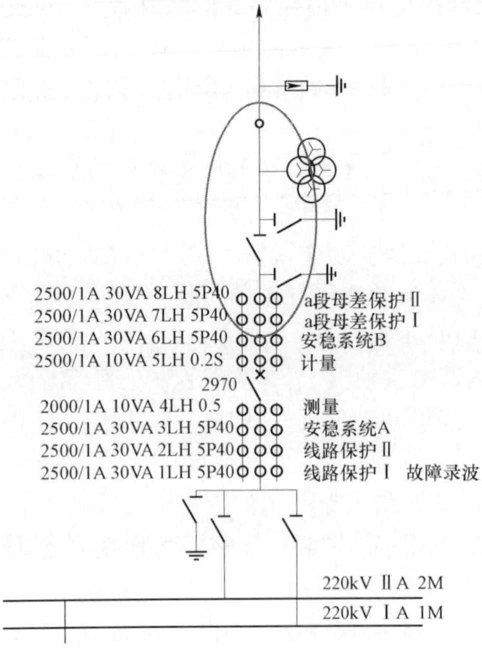

图 6－24　MN 乙线间隔示意图

（3）5 号主变压器中性点间隙击穿，主变压器间隙过电流保护动作。由 M 电厂 2M 相关支路集中录波图（如图 6－23 所示）分析，445ms，2M 母联 2012 及分段 2026 断路器跳开后，2M 剩余支路（包括 MN 乙线 A 相故障相、5 号发变组高压侧）形成中性点不接地系统下的单相接地故障，446ms 5 号主变压器间隙击穿，5 号主变压器间隙电流约 1.820kA（一次值），远大于主变压器间隙过电流定值 100A（一次值），主变压器间隙过电流保护延时 1.2s，即 MN 乙线故障后 1639ms 动作跳 5 号发变组，5 号发变组高压侧断路器 2205 断开，故障彻底隔离。主变压器间隙过电流保护正确动作。

4. 故障原因分析

（1）故障位置及故障现象。由上述分析可知，故障点位于线路保护范围内、母差保护范围外，根据 TA 绕组分布图，可确认故障接地点位于母差 TA 绕组外侧，如图 6－24 所示；由于当时 A 相断路器处于分位，推测 A 相断路器发生击穿。

经现场分析认为，N 侧断路器断开后，M 电厂侧线路 TV 发生过激磁（电抗变小），线路 TV 与 MN 乙线断路器断口电容形成谐振，产生过电压，导致线路 TV、A 相断路器击穿爆炸，引发故障。

（2）一次故障点查找。电厂运行人员检查发现，MN 乙线线路侧 A 相 TA 及 2970 断路器 A 相均有烧灼痕迹。故障现场如图 6－25 所示。

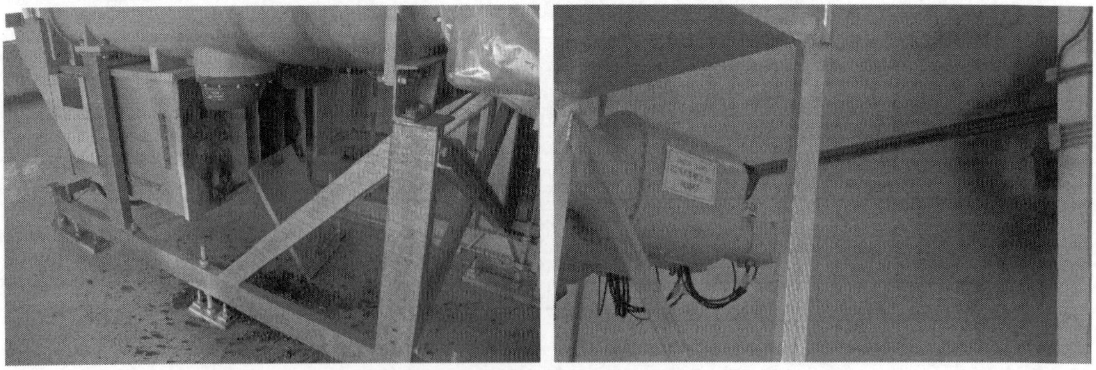

图 6－25　故障现场放电点痕迹

三、某电厂 500kV 5013 断路器击穿故障

1. 事件概况

某日 06 时 59 分，某电厂在 1 号机组启机操作进行零起升压时，处于热备用状态的 5013

断路器发生击穿故障，1 号发变组保护动作，5013 断路器启动失灵，500kV Ⅱ母两套母线失灵保护均动作。

2. 保护动作分析

（1）1 号发变组保护动作情况。1 号发变组保护 A 柜：发变组差动 179ms 动作，572ms 主变压器差动、主变压器差动速断动作；1 号发变组保护 B 柜：140ms 主变压器差动动作，554ms 发变组差动、发变组差动速断动作；1 号发变组保护 C 柜：507ms 主变压器重瓦斯动作。

1 号发变组集中录波如图 6－26 所示，图中 T1 时刻为故障零时刻。主变压器高压侧出现故障电流，此时故障电流较小，故障后 58ms（T2 时刻），主变压器差动保护出口。

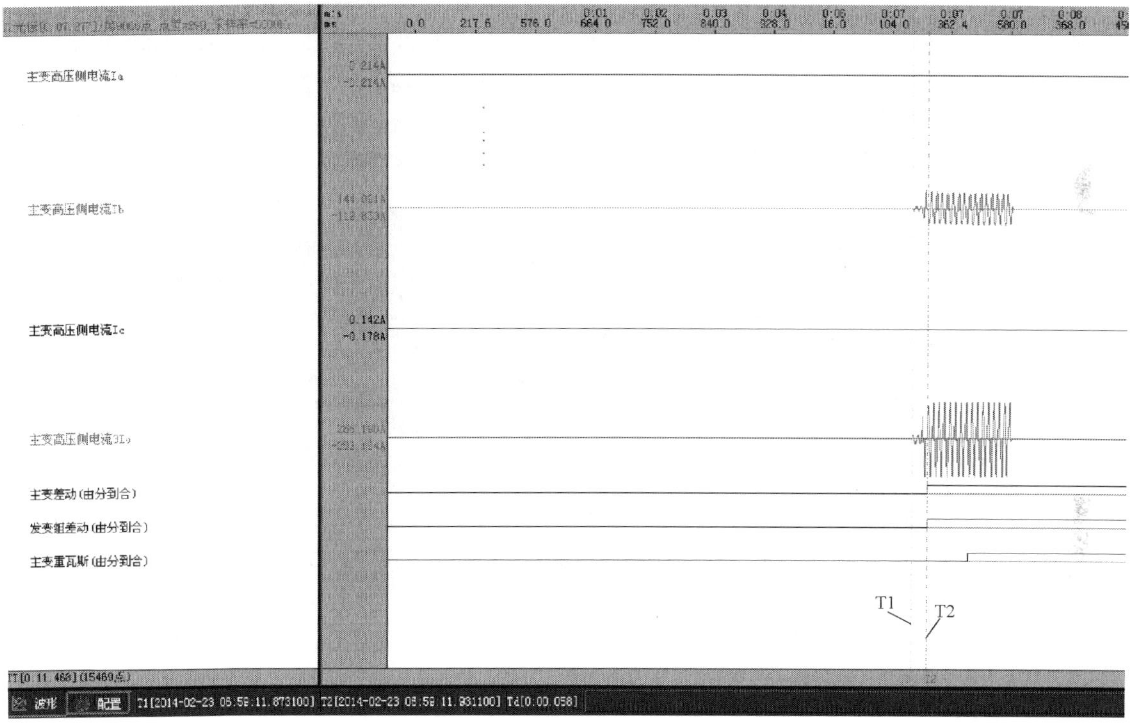

图 6－26　1 号发变组集中录波

（2）500kV 5013 断路器保护动作情况。5013 断路器保护：68ms 三相跟跳，195ms 失灵跳本断路器，266ms 失灵保护动作，266ms 死区保护动作，故障前 5013 断路器在分位。

（3）500kV 5023 断路器保护动作情况。5023 断路器保护：332ms 三相跟跳，332ms 沟通三相跳闸动作，故障前 5023 断路器在合位。

（4）500kV 5033 断路器保护动作情况。5033 断路器保护：338ms 三相跟跳，338ms 沟通三相跳闸动作，故障前 5033 断路器在合位。

（5）500kV Ⅱ母保护动作情况。500kV Ⅱ母 A 套母差：322ms 失灵保护动作，B 套母差保护：325ms 失灵保护动作。

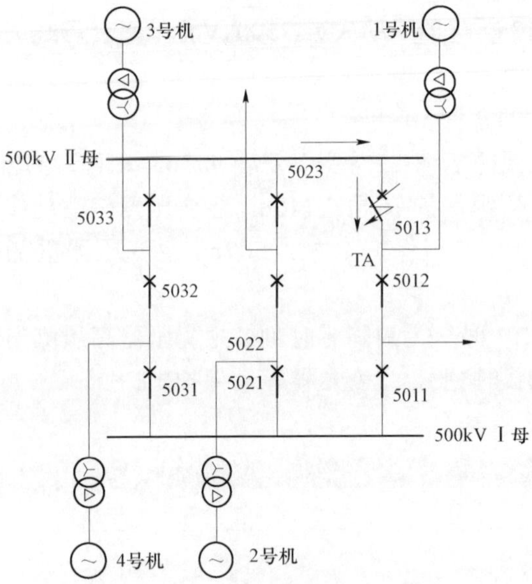

图 6－27　某电厂 5013 断路器故障电流流向

3. 故障原因

故障电流流向如图 6－27 所示：500kVⅡ母→5013 断路器 B 相母线侧断口→5013 断路器 B 相主变压器侧断口→5013 断路器 B 相 TA，此故障电流为穿越性电流，故 500kVⅡ母母差保护不会动作。1 号发变组电量保护（主变压器差动、发变组差动）出口，启动 5013 断路器失灵保护，由于 5013 断路器处于热备用状态并且故障电流仍然存在，5013 断路器死区保护正确动作，并启动 500kVⅡ母两套母线保护跳开 5023、5033 断路器。现场检查发现第一串 5013 断路器 B 相断口两侧均压环有贯穿性放电现象，故障现场如图 6－28 所示。

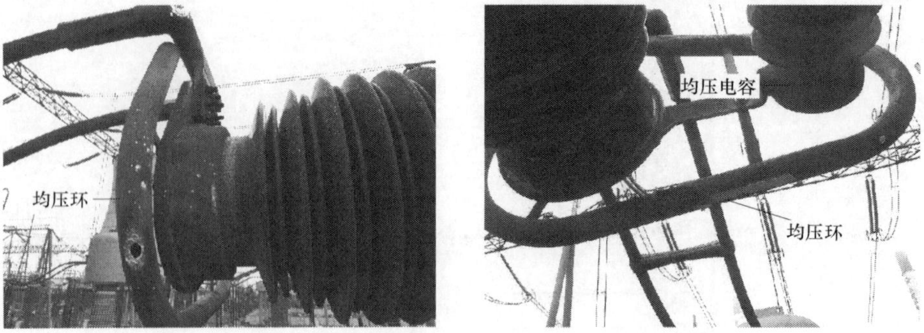

图 6－28　5013 断路器 B 相断口两侧均压环放电痕迹

四、换流站交流滤波器小组断路器重燃故障实例

1. 故障概况及处置情况

某日 23 时 11 分 00 秒，某换流站线路直流功率调整的过程中，500kV 585 交流滤波器 585 断路器跳闸（断路器保护三相不一致动作，滤波器保护零序电流Ⅰ段动作，断路器失灵保护动作），500kV 8 号 M 母线跳闸（母线失灵保护动作），查看录波，585 断路器 C 相电流波形异常。

经分析，判断故障原因为直流功率调整过程中，自动无功控制切除 500kV 585 交流滤波器时，500kV 585 交流滤波器 585 断路器正常分闸后 C 相灭弧室发生重燃，585 断路器失灵保护动作导致 500kV 8 号 M 母线跳闸。

2. 故障分析

系统发出分闸命令后，585 断路器三相正常断开，断路器分位出现，三相电流消失，从顺序记录（SER）及故障录波可看出，经过 50ms 时间延时 585 断路器 C 相重新燃弧，电流峰值达 3561A 左右，并出现 202A 的持续电流（正常负荷电流）。经过 3000ms 延时滤波器零序过流保护Ⅰ段动作，585 断路器保护收到滤波器保护三跳开入后经过 200ms 延时启动母线失灵保护，母线失灵保护经过 30ms 延时跳开交流进线断路器和所有小组交流滤波器断路器。全程保护均正确动作，保护动作时序图如图 6－29 所示。

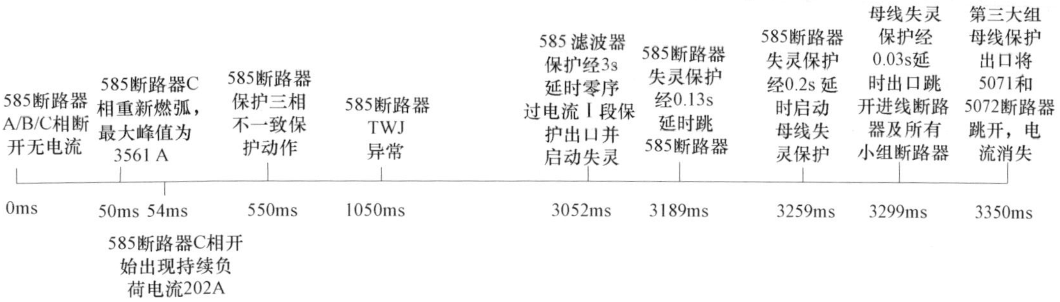

图 6－29　保护动作时序图

（1）585 断路器故障保护录波图如图 6－30 所示，SER 报文如下：

时间	主机	系统	等级	报警组	事件
2015－10－23 23:11:00.303	S1DCC2	A	正常	无功控制	无功控制要求切除交流滤波器
2015－10－23 23:11:00.338	Protection	–	报警	AFP35B1 滤波器保护柜 B	保护启动出现
2015－10－23 23:11:00.344	Protection	–	正常	AFP35B2 滤波器保护柜 B	保护启动出现
2015－10－23 23:11:00.344	Protection	–	报警	AFP35B2 滤波器保护柜 B	零序过流Ⅰ段启动出现
2015－10－23 23:11:00.345	Protection	–	正常	AFP35A1 滤波器保护柜 A	保护启动出现
2015－10－23 23:11:00.345	Protection	–	报警	AFP35A1 滤波器保护柜 A	零序过流Ⅰ段启动出现
2015－10－23 23:11:00.360	S1AFC3	B	正常	交流滤波器断路器	10BF35.Q0(585)三相断开
2015－10－23 23:11:00.360	S1AFC3	A	正常	交流滤波器断路器	10BF35.Q0(585)三相断开
2015－10－23 23:11:00.366	Protection	–	报警	AFP35B1 滤波器保护柜 B	C 相跳闸位置出现
2015－10－23 23:11:00.367	Protection	–	报警	AFP35B1 滤波器保护柜 B	B 相跳闸位置出现
2015－10－23 23:11:00.367	Protection	–	报警	AFP35B1 滤波器保护柜 B	A 相跳闸位置出现

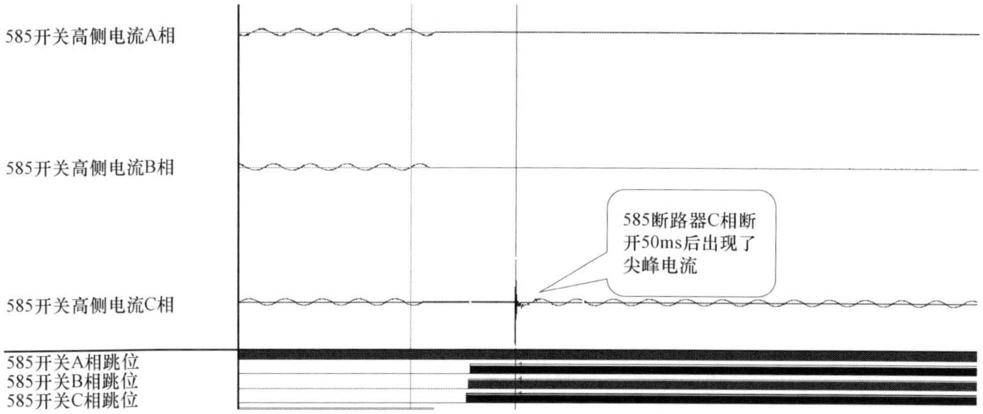

图 6－30　585 断路器故障保护录波图

根据 SER 报文和波形可以看出 23:11:00.303 系统发出 585 断路器分闸命令，在 585 断路器断开 50ms 左右 C 相出现了峰值为 3561A 左右的尖峰电流（如图 6－30 所示），然后 585 断路器 C 相开始出现持续的负荷电流。

根据 SER 报文和波形可知，585 断路器 C 相跳闸后有流，零序电流大于不一致零序电流，

585 断路器保护三相不一致动作；同时零序电流大于交流滤波器保护零序Ⅰ段电流定值，两套 585 交流滤波器保护零序Ⅰ段达到 3s 延时后动作；585 断路器有三跳开入后沟通三跳动作，达到断路器失灵保护动作延时后跳本断路器，在 585 断路器 C 相一直存在电流情况下，585 断路器保护失灵跳相邻断路器（如图 6－31 所示）。第三大组交流滤波器两套母线保护同时收到585断路器保护双失灵开入且存在失灵电流情况下经30ms延时后动作切除大组进线断路器5071、5072 及第三大组交流滤波器所有断路器（如图 6－32 所示）。585 断路器 C 相有跳闸位置开入且对应相有流，报“TWJ 异常”。从 585 断路器断开到母线失灵保护出口跳闸共持续了3350ms。

（2）断路器三相不一致保护动作分析。三相不一致保护定值为：$3I_0>0.1$A 或 $I_2>0.1$A，延时 0.5s 跳本断路器，三相不一致保护动作逻辑图如图 6－33 所示。由断路器保护波形可知，断路器分闸 50ms 后，断路器 C 相持续有 0.41A 左右的零序电流，故障延时大于 0.5s，满足断路器三相不一致保护动作条件，因此断路器三相不一致保护正确动作。

时间	主机	系统	等级	报警组	事件
2015－10－23 23:11:00.889	Protection	–	紧急	AFP35B1 滤波器保护柜 B	三相不一致保护动作出现
2015－10－23 23:11:00.889	Protection	–	紧急	AFP35B1 滤波器保护柜 B	A 相跳闸出口出现
2015－10－23 23:11:00.889	Protection	–	紧急	AFP35B1 滤波器保护柜 B	B 相跳闸出口出现
2015－10－23 23:11:00.889	Protection	–	紧急	AFP35B1 滤波器保护柜 B	C 相跳闸出口出现
2015－10－23 23:11:00.899	S1AFC3	B	紧急	交流滤波器场	10BF35 小组保护柜 B 失灵装置保护跳闸出现
2015－10－23 23:11:00.899	S1AFC3	A	紧急	交流滤波器场	10BF35 小组保护柜 B 失灵装置保护跳闸出现
2015－10－23 23:11:01.382	Protection	–	报警	AFP35B1 滤波器保护柜 B	TWJ 异常出现
2015－10－23 23:11:01.383	Protection	–	报警	AFP35B1 滤波器保护柜 B	装置报警出现
2015－10－23 23:11:01.395	S1AFC3	A	报警	交流滤波器场	10BF35 小组保护柜 B 失灵装置异常出现
2015－10－23 23:11:01.396	S1AFC3	B	报警	交流滤波器场	10BF35 小组保护柜 B 失灵装置异常出现
2015－10－23 23:11:03.388	Protection	–	紧急	AFP35A1 滤波器保护柜 A	零序过流Ⅰ段动作出现
2015－10－23 23:11:03.388	Protection	–	紧急	AFP35A1 滤波器保护柜 A	跳断路器出现
2015－10－23 23:11:03.391	Protection	–	紧急	AFP35B2 滤波器保护柜 B	零序过流Ⅰ段动作出现
2015－10－23 23:11:03.391	Protection	–	紧急	AFP35B2 滤波器保护柜 B	跳断路器出现
2015－10－23 23:11:03.412	Protection	–	紧急	AFP35B1 滤波器保护柜 B	沟通三跳出现
2015－10－23 23:11:03.537	Protection	–	紧急	AFP35B1 滤波器保护柜 B	失灵跳本断路器出现
2015－10－23 23:11:03.607	Protection	–	紧急	AFP35B1 滤波器保护柜 B	失灵保护动作出现
2015－10－23 23:11:03.607	Protection	–	紧急	AFP35B1 滤波器保护柜 B	失灵出口出现
2015－10－23 23:11:03.617	Protection	–	报警	FBP3B1 滤波器母差保护柜 B	保护启动出现
2015－10－23 23:11:03.617	Protection	–	报警	FBP3B1 滤波器母差保护柜 B	支路 07 失灵启动开入 1 出现
2015－10－23 23:11:03.617	Protection	–	报警	FBP3B1 滤波器母差保护柜 B	支路 07 失灵启动开入 2 出现
2015－10－23 23:11:03.618	Protection	–	报警	FBP3A1 滤波器母差保护柜 A	支路 07 失灵启动开入 2 出现
2015－10－23 23:11:03.619	Protection	–	报警	FBP3A1 滤波器母差保护柜 A	保护启动出现
2015－10－23 23:11:03.619	Protection	–	报警	FBP3A1 滤波器母差保护柜 A	支路 07 失灵启动开入 1 出现
2015－10－23 23:11:03.647	Protection	–	紧急	FBP3B1 滤波器母差保护柜 B	1 母失灵出现
2015－10－23 23:11:03.649	Protection	–	紧急	FBP3A1 滤波器母差保护柜 A	1 母失灵出现
2015－10－23 23:11:03.658	S1ACC7	B	紧急	交流场	第三大组交流滤波器母线保护 B ESOF 信号出现
2015－10－23 23:11:03.658	S1AFC3	B	紧急	交流滤波器场	第三大组交流滤波器母线保护柜 A 母差保护动作出现
2015－10－23 23:11:03.658	S1ACC7	A	紧急	交流场	第三大组交流滤波器母线保护 B ESOF 信号出现
2015－10－23 23:11:03.659	S1ACC7	B	紧急	交流场	第三大组交流滤波器母线保护 A ESOF 信号出现
2015－10－23 23:11:03.659	S1AFC3	A	紧急	交流滤波器场	第三大组交流滤波器母线保护柜 A 母差保护动作出现
2015－10－23 23:11:03.659	S1AFC3	A	紧急	交流滤波器场	第三大组交流滤波器母线保护柜 B 母差保护动作出现
2015－10－23 23:11:03.659	S1ACC7	A	紧急	交流场	第三大组交流滤波器母线保护 A ESOF 信号出现
2015－10－23 23:11:03.660	S1AFC3	B	紧急	交流滤波器场	第三大组交流滤波器母线保护柜 B 母差保护动作出现

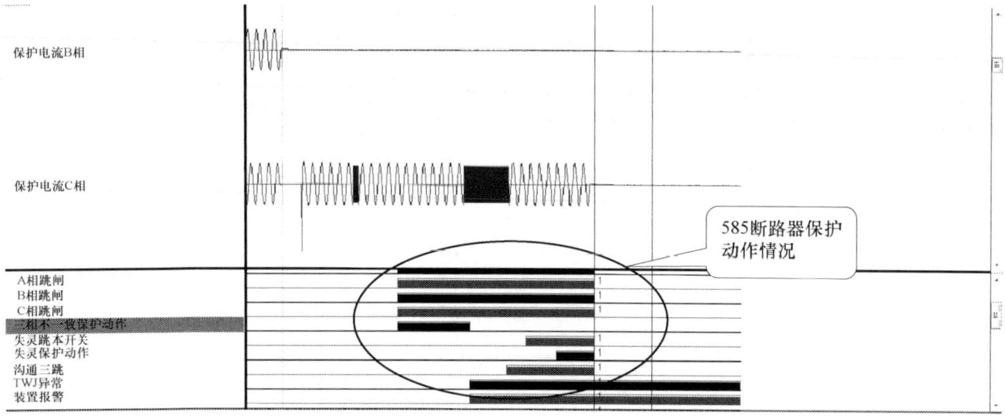

图 6-31 585 断路器保护动作情况图

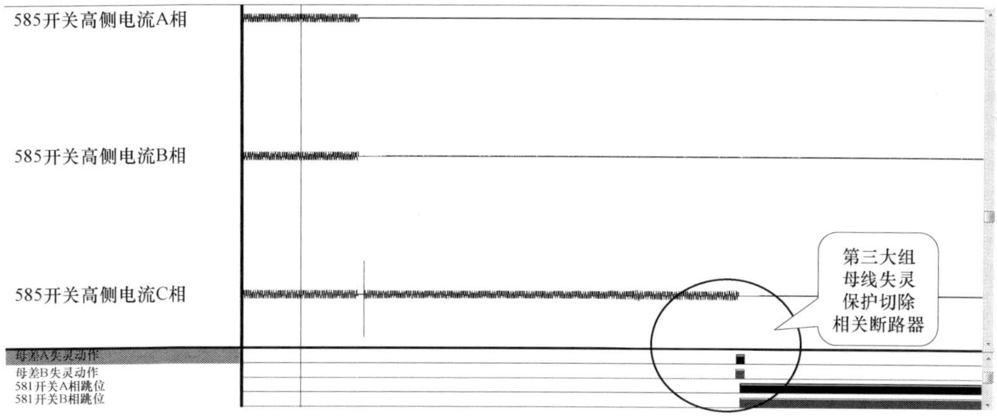

图 6-32 第三大组交流滤波器母线保护切除相关断路器波形图

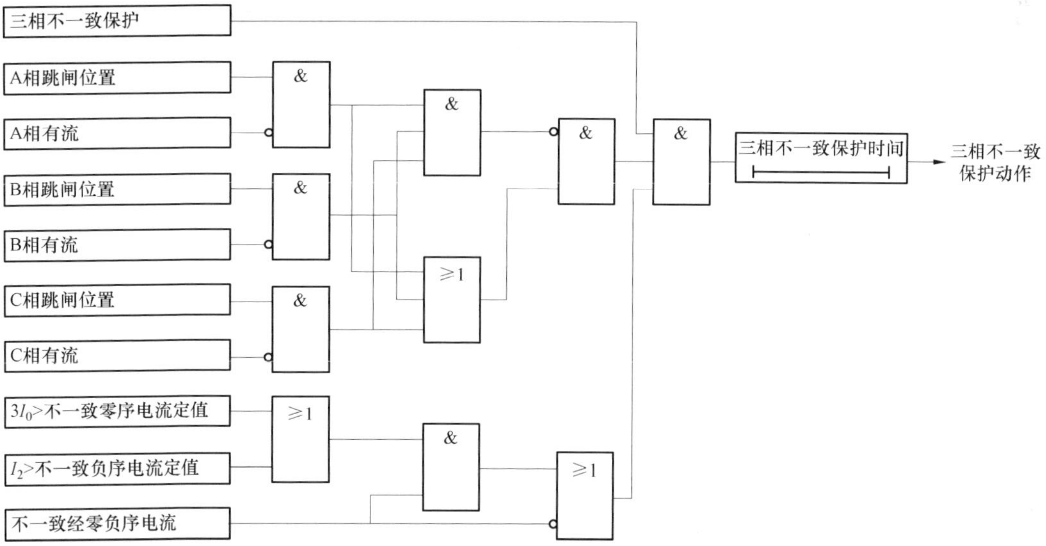

图 6-33 三相不一致保护动作逻辑图

（3）交流滤波器零序过电流保护分析。零序过电流保护 I 段定值为：$3I_0$ >0.1A，T>3s。零序过电流保护逻辑如图 6－34 所示，由图 6－35 所示的 585 断路器零序电流波形图可知，滤波器首端零序电流有效值大小约为 0.41A>0.1A（零序过电流保护 I 段定值），故障持续时间为 3002ms>3s，保护软、硬压板及控制字在投入状态，满足零序过电流保护 I 段动作逻辑，因此零序过电流保护 I 段正确动作。

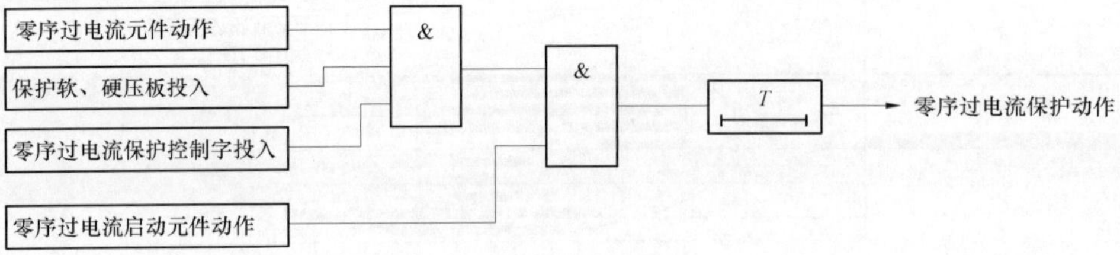

图 6－34　零序过电流保护逻辑

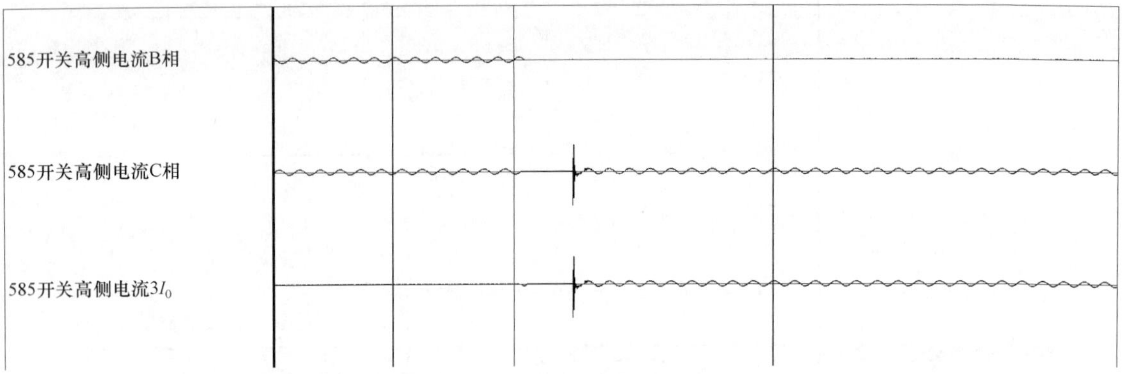

图 6－35　585 断路器电流波形图

（4）断路器保护沟通三跳动作分析。沟通三跳逻辑图如图 6－36 所示。由波形可知，断路器重新燃弧后 C 故障电流有效值大小约为 0.41A>0.06A（线路任意相有流定值），电流量已经启动，同时有滤波器保护三跳开入，由于重合闸未投，重合闸未充电条件满足，满足沟通三跳逻辑，断路器保护沟通三跳正确动作。

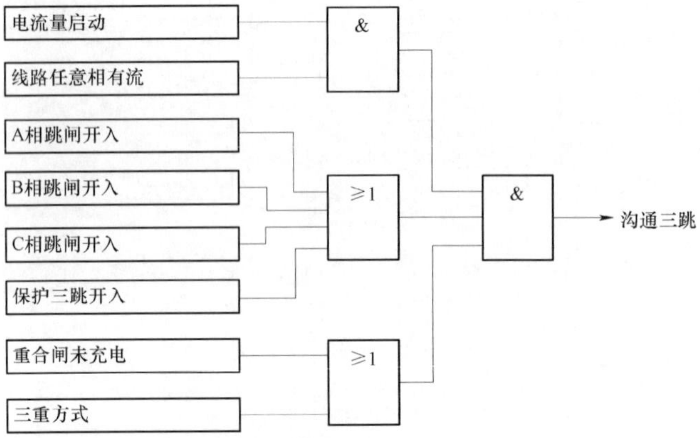

图 6－36　沟通三跳保护逻辑图

（5）断路器失灵保护动作分析。失灵保护定值为：$I>0.43A$ 或 $3I_0>0.1A$ 或 $I_2>0.1A$，延时 0.13s 跳本断路器，延时 0.2s 跳相邻断路器。失灵保护动作逻辑如图 6－37 所示。由断路器保护波形可知，断路器保护有滤波器保护三跳开入，此时零序电流有效值大小为 0.41A>0.1A（失灵保护零序电流定值），故障延时大于 0.2s，满足失灵保护动作逻辑，因此失灵保护正确动作。

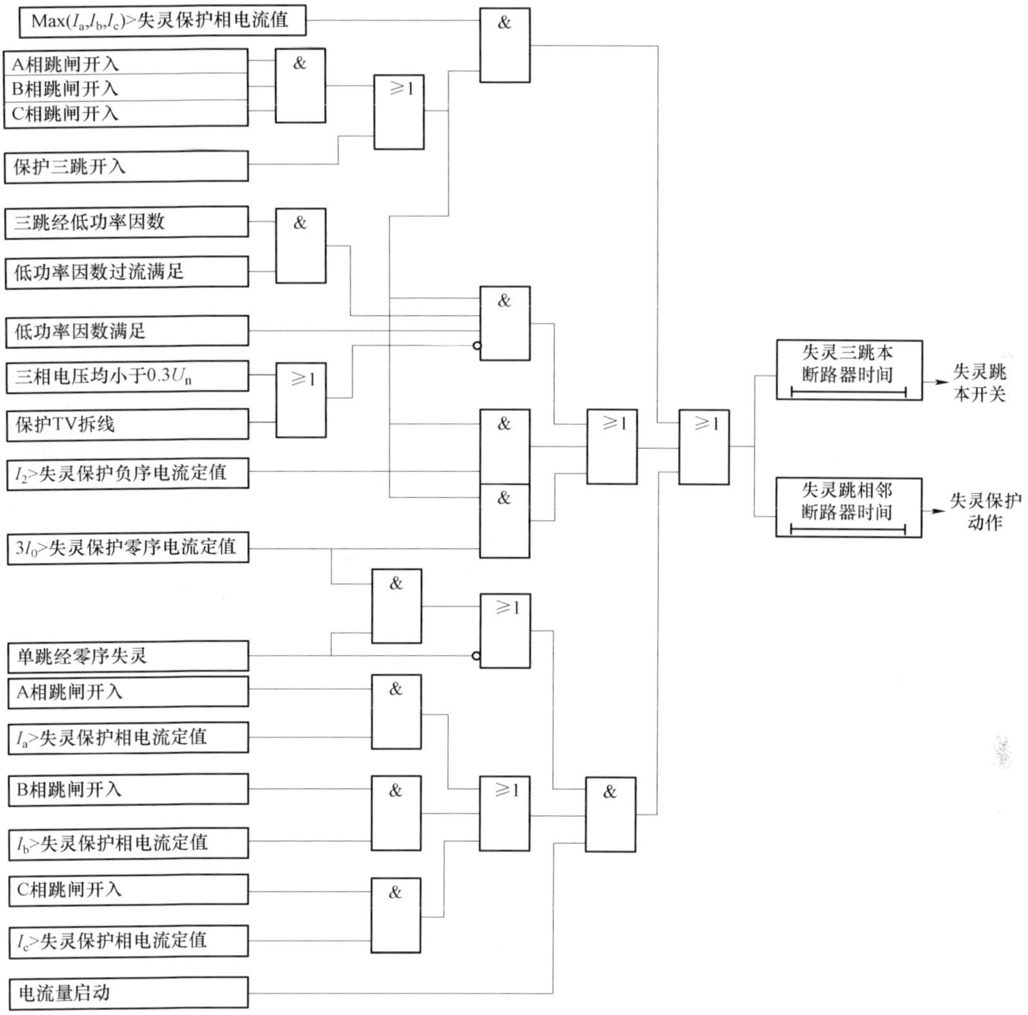

图 6－37 失灵保护动作逻辑

（6）母线失灵保护动作分析。母线失灵保护定值为：失灵相电流定值 $I>0.05A$，失灵保护动作时间 $T>0.03s$。失灵经母差跳闸逻辑如图 6－38 所示，从波形可知，585 断路器 C 相故障电流有效值大小为 0.41A>0.05A（失灵相电流定值），故障持续时间大于 0.03s，同时接收到 585 断路器保护双失灵开入，失灵保护经电压闭锁控制字未投，失灵保护硬、软压板及控制字在投入状态，满足失灵经母差跳闸逻辑，因此母线失灵保护正确动作跳开连接在该母线上的所有断路器。

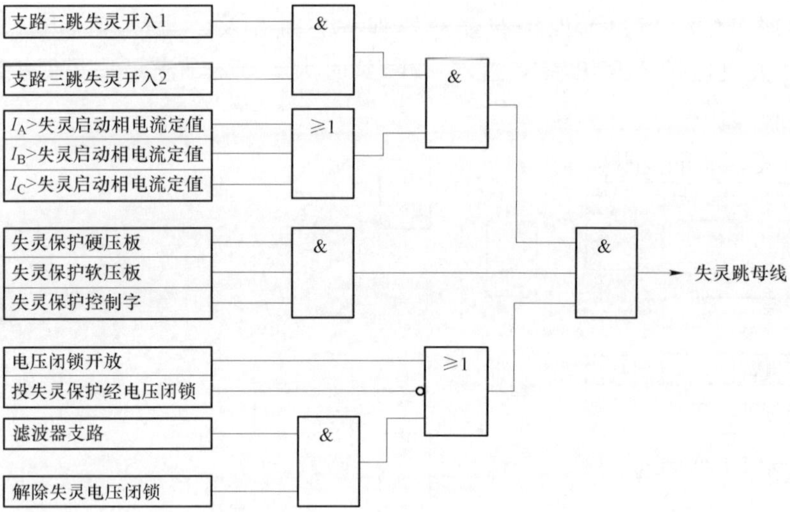

图 6-38　失灵经母差跳闸逻辑

（7）一次设备检查情况。现场检查，585 断路器 C 相母线侧灭弧室底部存在明显放电点（如图 6-39 所示），母线侧灭弧室底部存在放电通道（如图 6-40 所示），放电通道所经伞裙颜色较浅，用手触摸，有颗粒状物质。TA 侧灭弧室存在放电通道且 TA 侧灭弧室两端均压环有放电点且已穿孔（如图 6-41 所示）。585 断路器 C 相灭弧室现场布置如图 6-42 所示。

图 6-39　母线侧灭弧室底部存在明显放电点

图 6-40　母线侧灭弧室底部存在放电通道

图 6-41 TA 侧灭弧室存在放电通道

图 6-42 断路器 C 相灭弧室现场布置图

根据外观检查情况，已确认外绝缘灭弧室放电点及放电通道，无其他明显异常。可以确认断路器 C 相电流熄弧后 50ms 发生闪络的外绝缘通道如图 6－43 所示。

图 6－43　断路器 C 相电流熄弧后发生闪络的外绝缘通道

第三节　断路器爆炸实例

18 时 44 分，220kV MN 甲线 M 变电站侧 A 相断路器出现间歇性断线运行状况，B 相和 C 相断路器无间断流过正常负荷电流，约为 670A。220kV MN 甲线非全相运行，220kV N 变电站 220kV MN 甲线零序Ⅲ段保护动作跳开 N 变电站 2538 三相断路器，线路连接示意图如图 6－44 所示。事故发生后现场检查，M 变电站 2538A 相断路器发生爆炸。

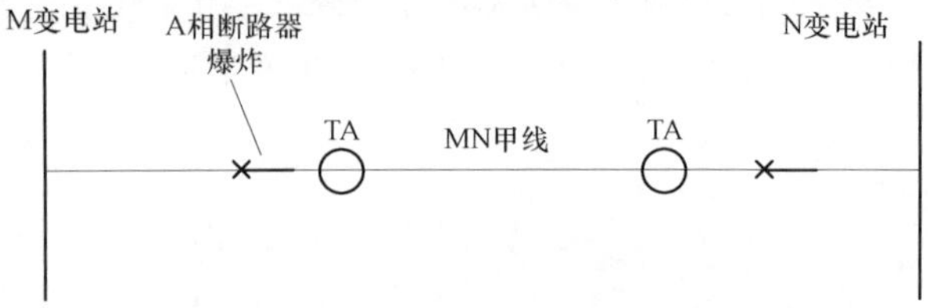

图 6－44　MN 甲线线路连接示意图

根据录波图显示，220kV MN 甲线 M 侧 A 相断路器第 1 次发生断线至断路器电流完全消失，历时约 37s，在此期间，录波装置记录到 9 次明显的断线过程，各次断线持续时间如表 6－2 所示，9 次断线的电流波形图如图 6－45～图 6－47 所示。

表 6－2　　各次断线持续时间

次序	第 1 次	第 2 次	第 3 次	第 4 次	第 5 次	第 6 次	第 7 次	第 8 次	第 9 次
持续时间（ms）	10.8	31.7	11.6	13.3	22.5	18.3	133.3	140	2250.8
零序电流一次值（A）	504	672	504	552	672	696	696	696	672

220kV MN 甲线第 9 次发生断线的持续时间最长，达 2250ms。经过对比分析 M 变电站保护启动报告及 N 变电站保护动作报告可知，在 N 变电站 2538 断路器跳开前约 1.6s，M 变电站 2538 断路器发出压力降低禁止分合闸信号，判断在 N 变电站线路保护动作之前，M 变电站 2538 A 相断路器已爆炸，220kV MN 甲线非全相运行。在线路非全相运行期间，220kV MN 甲线 N 侧保护测得系统的零序电流、零序电压满足零序Ⅲ段保护动作条件，该保护动作出口跳开 N 变电站 2538 三相断路器。

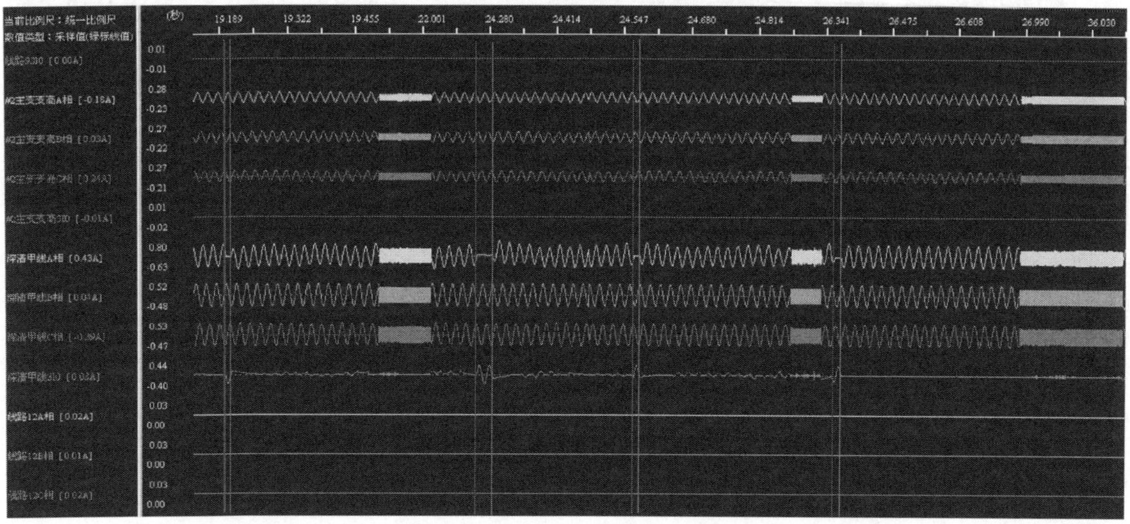

第 1 次 10.8ms　　第 2 次 31.7ms　　第 3 次 11.6ms　　第 4 次 13.3ms

图 6－45　9 次断线的电流波形图（一）

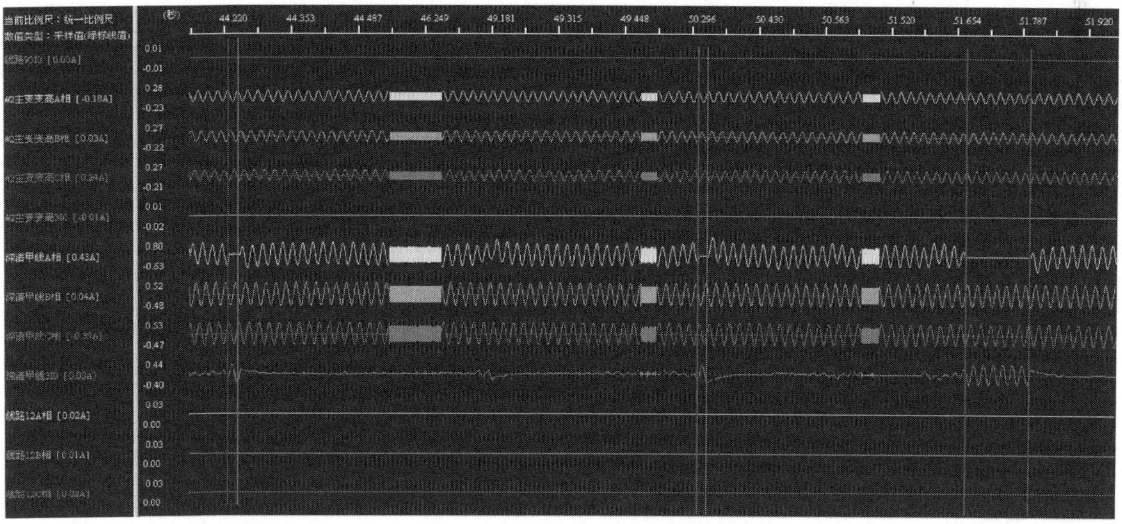

第 5 次 22.5ms　　第 6 次 18.3ms　　第 7 次 133.3ms

图 6－46　9 次断线的电流波形图（二）

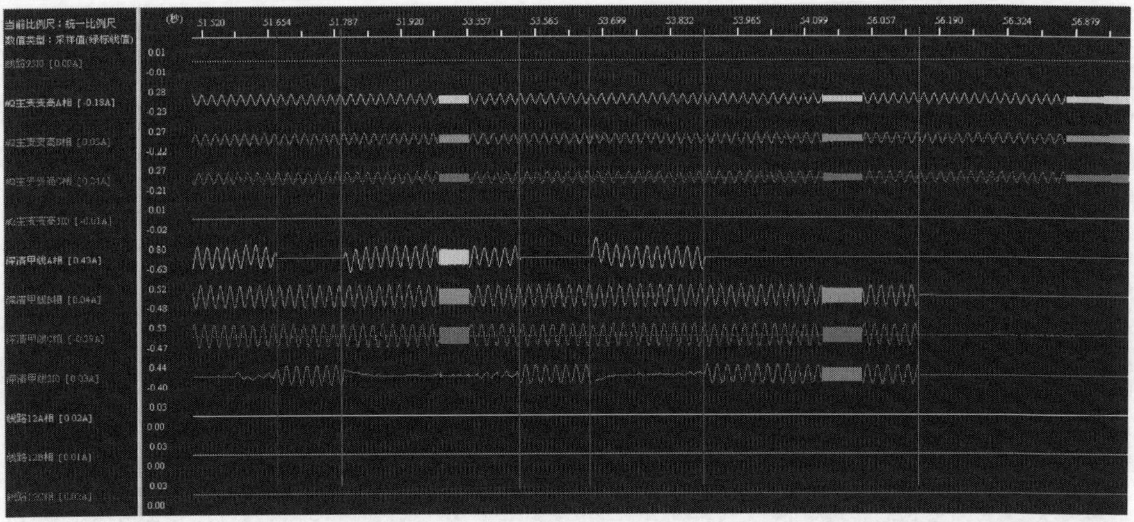

第 7 次 133.3ms　　第 8 次 140ms　　第 9 次 2250.8ms (M 站侧零序Ⅲ段定值 0.2A/2.1s)

图 6-47　9 次断线的电流波形图（三）

第七章

发电机故障实例分析

发电机的故障类型有：相间故障、定子匝间短路、铁芯故障、内部引线故障、定子绕组开路、定子接地、转子接地、异常故障（指发电机发生失磁、过电压、过励磁、过负荷、失步、频率变化等事故中的任何一种造成保护装置动作跳闸的故障）、非发电机故障（指差动保护范围内、发电机变压器组差动保护范围内的断路器、电流互感器、电压互感器、隔离开关、外部引线等的单相接地、两相接地、两相短路、三相短路等故障）。与常规发电机组相比，抽水蓄能机组有其特有运行方式及特点，故障也更为复杂。

抽水蓄能电站机组由可逆式水泵水轮机和发电电动机组成，机组顺时针方向旋转为水轮机和发电机，逆时针旋转为水泵和电动机，两者电压、电流相序相反。抽水蓄能电站机组较常规水轮发电机组增加了静止变频器、启动母线、换相刀闸等一次设备，主接线形式复杂。机组主要运行工况由发电工况、抽水工况、发电调相、抽水调相等稳态工况，静止变频器启动、背靠背被拖动等启动工况以及背靠背拖动等中间工况组成，各工况转换频繁。

抽水蓄能电站发电电动机频繁双向旋转，其通风设计、轴承设计独特，驱动、从动端交替变化，从而影响机组圆度及整体性，导致产生比常规水轮发电机组大得多的受力和振动。此外，为适应电网的调度需要，抽水蓄能机组须频繁启停、快速转换工况，故对机组、机组出口断路器等设备要求较高。

第一节　机组定子线棒击穿接地故障实例

1. 事件概况

2013年6月24日09时46分，某电厂4号机组开机并网。10时03分，4号机组负荷217MW。10时04分，4号机组出口断路器跳闸。监控系统信号主要有：4F不完全差动跳闸（A柜）F动作、4F单元件横差保护跳闸（A柜）F动作、4F事故停机1（保护A柜）F动作、4F事故停机1（保护B柜）F动作、4F不完全差动跳闸（B柜）F动作、4F单元件横差保护跳闸（B柜）F动作”。

2. 保护动作分析

（1）故障情况。2013年06月24日10时04分32秒，4号发电机发生定子接地短路故障，发电机A、B套电气量保护动作跳出口断路器、启动出口断路器失灵、事故停机、跳灭磁开关，非电量保护动作；保护装置正确动作，录波完好。

（2）录波分析。4号F发电机定子接地故障录波图如图7－1所示，横差电流定值：0.39A；横差电流高定值：1.57A。

3. 故障原因分析

（1）机组外观检查。现场检查发现，机组上风洞门被冲开（如图7－2所示），中性点母线盖板脱落（如图7－3所示），其他无异常。

（2）机组机械部分检查。现场检查蜗壳进人门、锥管进人门，蝶阀、导水机构传动部件，上、下机架，上下引风板，转子及顶轴等，未见异常。

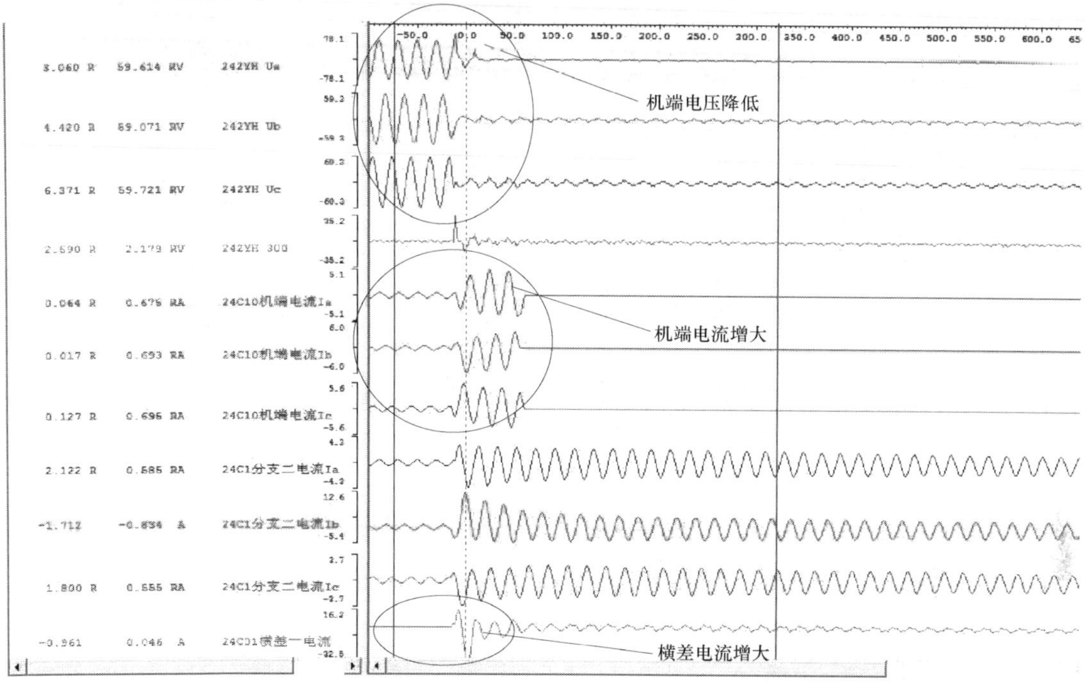

图 7-1 4 号 F 发电机定子接地故障录波图

图 7-2 4 号机组上风洞门被冲开

图 7-3 4 号机组中性点母线盖板脱落

（3）机组风洞内检查。进入机组上风洞检查，发现 5 号空冷器下部有积水，如图 7-4 所示。

进一步检查发现，定子绕组下端部 124、140、144、149 号槽，槽中的 4 根线棒下端部绝缘层烧损、绝缘盒熔化并造成导体裸露，如图 7-5～图 7-8 所示。

（4）空冷器检查情况。4 号机组 5 号空冷器吊出后，在机架下端部发现有水流过的痕迹，如图 7-9 所示。将 5 号空冷器吊出进行打压试验，发现 5 号空冷器下端部一根管束（靠定子侧第 1 排第 5 列管束）漏水较大，呈八字形喷射，如图 7-10 所示。下端部连接部位管束有细微裂缝，如图 7-11 所示。

图 7-4　4 号机组 5 号空冷器下部有积水

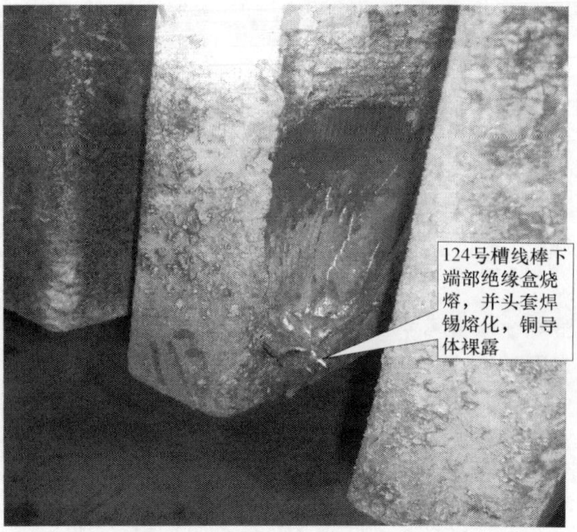

图 7-5　124 号槽线棒下端部绝缘盒

图 7-6　140 号槽线棒下端部绝缘盒

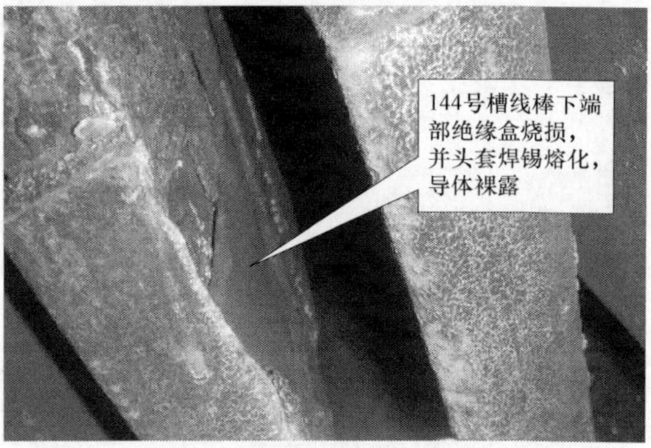

图 7-7　144 号槽线棒下端部绝缘盒

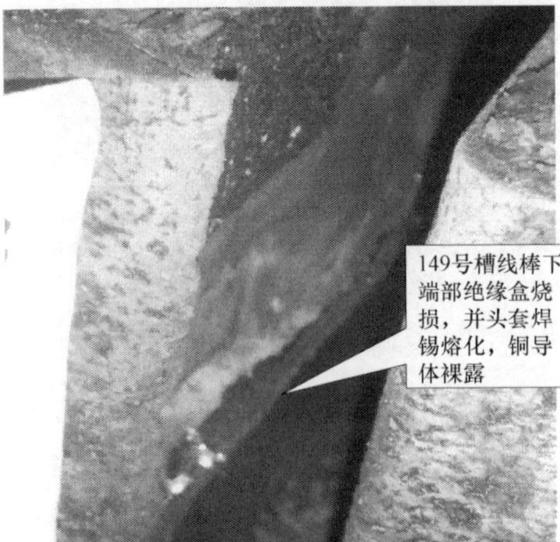

图 7-8　149 号槽线棒下端部绝缘盒

图 7-9　5 号空冷器机架下端部

图 7－10　5 号空冷器打压时水流为喷射状

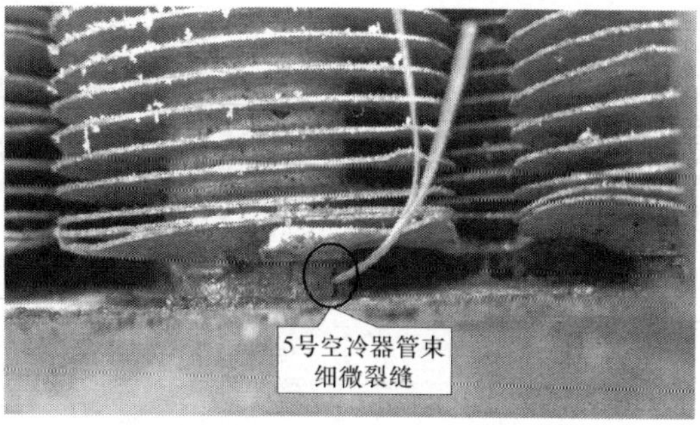

图 7－11　5 号空冷器管束细微裂缝

（5）其他关联的一次设备检查情况。检查 4 号机组出口断路器、隔离开关、2 号主变压器等一次设备未发现异常。

（6）直接原因。5 号空冷器管束下端部破裂，大量喷水，是导致该事件发生的直接原因。事件发生后，现场检查发现，在对应 5 号空冷器后部的定子绕组下方有放电点，如图 7－12 所示。

图 7－12　5 号空冷器后部的定子绕组下方

对 5 号空冷器吊出进行打压试验，发现 5 号空冷器下端部一根管束（靠定子侧第 1 排第 5 列管束）漏水较大，呈八字形喷射，喷水示意图如图 7－13 所示。

管束上约有 3mm × 1mm 的裂纹，喷水量约 2850mL/min，如图 7－10、图 7－11 所示为空冷器试验漏水及裂缝情况。

5 号空冷器吊出后，发现在空冷器靠定子侧机架下端部有水流过的痕迹，如图 7－9 所示。

进一步检查 4 号机组的其他空冷器，发现 2、6、7 号空冷器有少量渗水现象，其漏水通道是通过承管板与管束胀管间隙渗出，如图 7－14 所示。

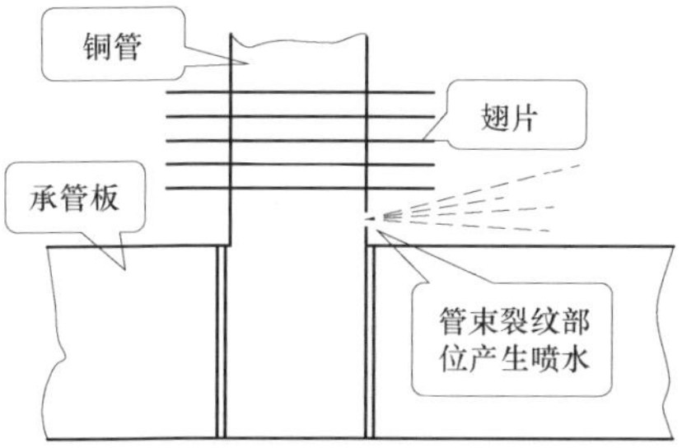

图 7－13　喷水示意图

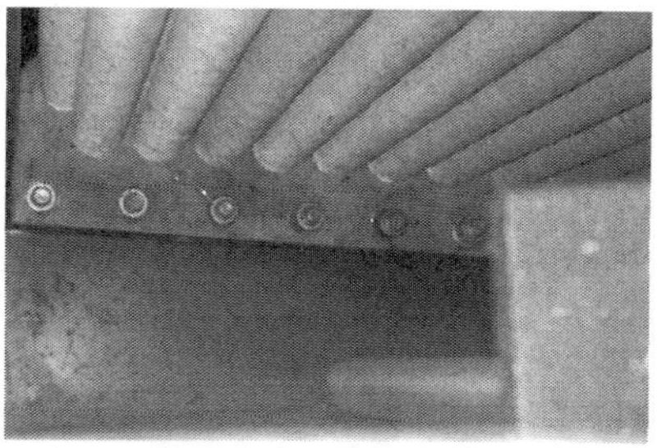
图 7－14　渗水示意图

通过以上分析，5 号空冷器管束破裂大量喷水是导致定子线棒绝缘击穿的原因。进一步通过 5 号空冷器喷水位置与定子机架大齿压板水流痕迹比较，可以看出，该水流痕迹正是由空冷器喷水后留下的。现场检查发现，在漏水点的右前方两块定位筋的托板上部螺丝孔内发现有积水，如图 7－15 所示。

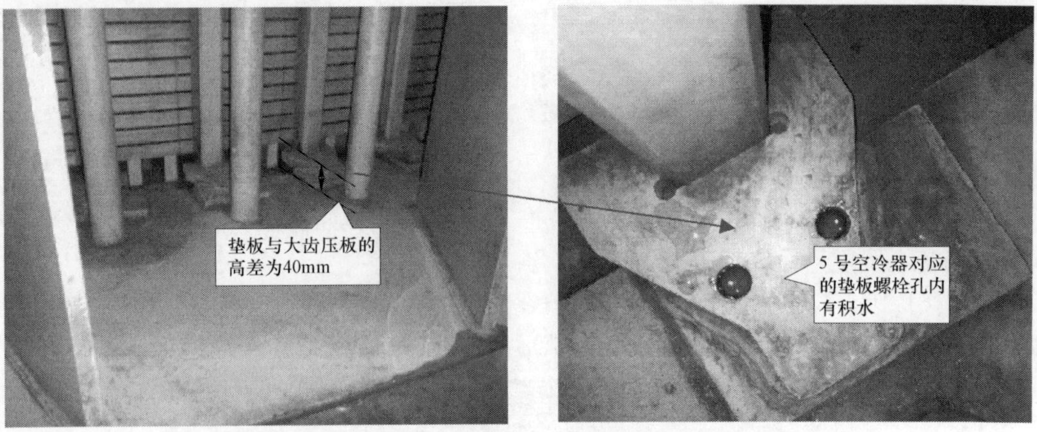

图 7－15　漏水点的右前方两块定位筋的托板上部

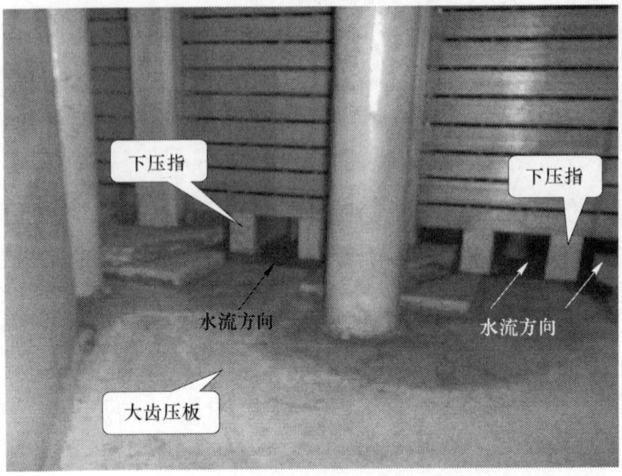

图 7－16　水流方向示意图

该托板高出大齿压板约为 40mm，正常流动的水不会到达该位置。该部位的积水是由空冷器下端部管束破裂向上方喷射所致。

比较空冷器内腔水流痕迹，5 号空冷器下端部管束喷射的大量水流，顺着大齿压板经过压指间流到了定子线棒下端部的绝缘盒上，如图 7－16 所示，并混有灰尘油污等杂质，在电场的作用下，水被电离并使离子沿表面移动、汇集。绝缘盒表面存在的杂质及水分造成绝缘盒表面电场畸变；同时表面的杂质、空间电荷或电离的离子又发展成一些微通道，降低了绝缘盒表面的放电电压，以上原因引起绝缘盒沿面放电，这种沿面放电实际上是一种气体介质放电现象，其放电电压比单一气体或固体中存在的击穿电压低得多。沿面放电导致绝缘盒表面对空气闪络，闪络击穿空气时电流突然增加，继而引起热电离发生局部电弧放电。局部电弧温度高，不断腐蚀绝缘盒；同时在交流电场和水分的作用下，绝缘材料又发生降解，直到绝缘盒的绝缘性能降低承受不住闪络击穿，瞬间发生了绝缘盒击穿。空气冷却器漏水流至定子线棒示意图如图 7－17 所示。

由以上分析得出，5 号空冷器下端部内侧第 1 排右起第 5 根管束破裂，大量喷水，是导致该事件发生的直接原因。

（7）间接原因。空冷器质量不良，在相对较短的服役期内发生了锈蚀、漏水，是本次事件的间接原因。

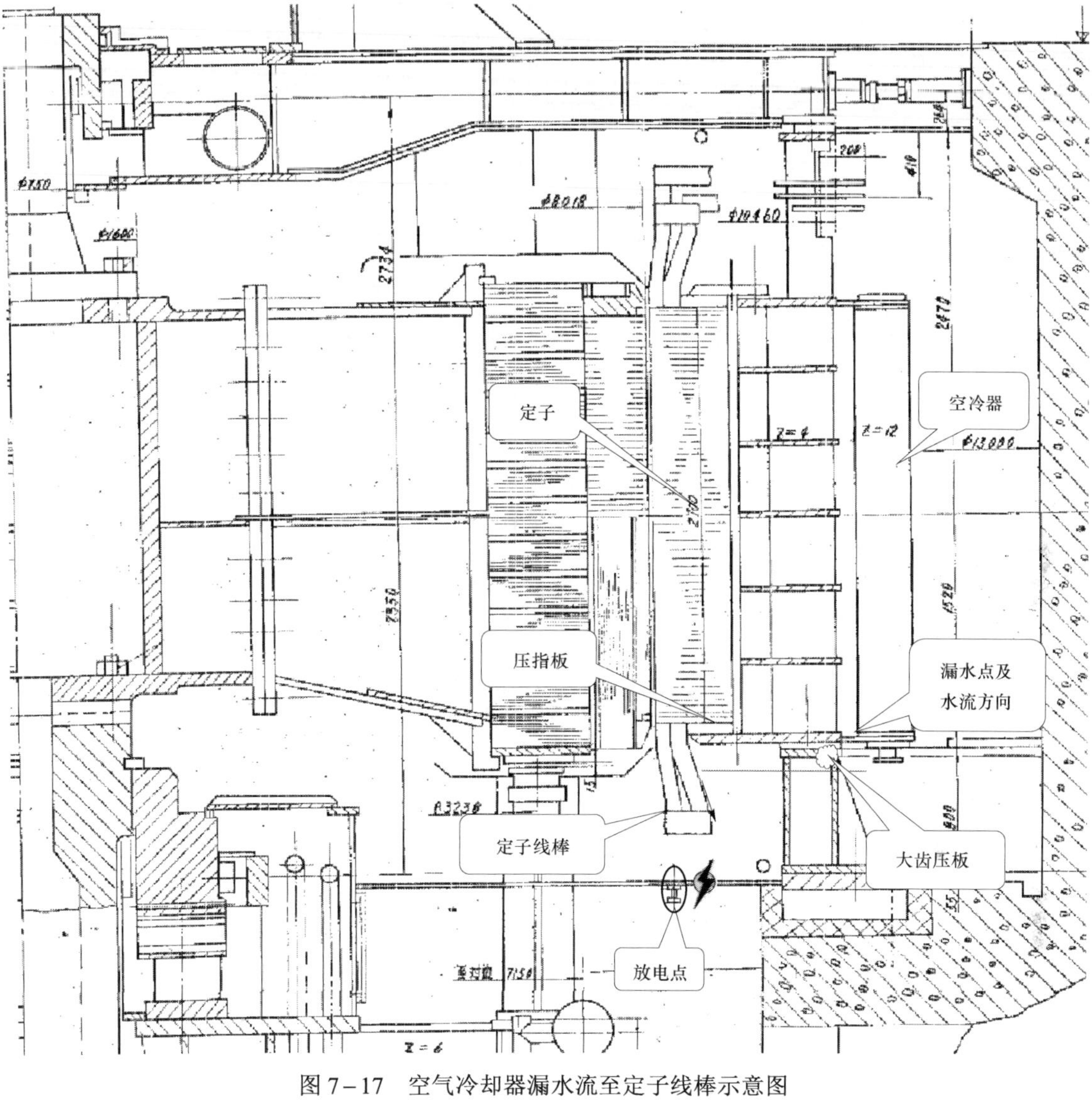

图 7－17　空气冷却器漏水流至定子线棒示意图

第二节　机坑漏水导致转子接地实例

1. 事件概况

某日 15 时 44 分 04 秒，某电厂 2 号机转子接地保护Ⅱ级动作，2 号机 F02 断路器、2 号主变压器 202 断路器跳闸，2 号机停运。

2. 保护动作原因分析

（1）提取 2 号发电机保护装置“转子接地保护跳闸”事件录波及故障信息进行分析（如图 7－18、图 7－19 所示），初步判断为发电机转子接地保护启动量（3Hz 测量信号）超限，保护瞬时出口跳闸。

Number	Indication	Value	Date and time	Cause	State
00301	Power System fault	612-ON	28.09.2011 15:44:04.447		
00302	Fault Event	615-ON	28.09.2011 15:44:04.447		
00501	Relay PICKUP	ON	0ms		
05406	REF Prot. (1-3Hz) Re<< picked up	ON	0ms		
00511	Relay GENERAL TRIP command	ON	998ms		
05407	REF Prot. (1-3Hz) Re<< TRIP	ON	998ms		
00576	Primary fault current IL1 Sidel	5.71kA	1020ms		
00577	Primary fault current IL2 Sidel	5.80kA	1020ms		
00578	Primary fault current IL3 Sidel	5.73kA	1020ms		
00579	Primary fault current IL1 Side2	5.73kA	1020ms		
00580	Primary fault current IL2 Side2	5.83kA	1020ms		
00581	Primary fault current IL3 Side2	5.73kA	1020ms		
05012	Voltage UL1E at trip	8.65kV	1020ms		
05013	Voltage UL2E at trip	8.72kV	1020ms		
05014	Voltage UL3E at trip	8.69kV	1020ms		
05015	Active power at trip	147.40MW	1020ms		
05016	Reactive power at trip	28.33MVAR	1020ms		
05017	Frequency at trip	50.01Hz	1020ms		
05701	Diff. current in phase L1 at trip	0.01I/InO	1020ms		
05702	Diff. current in phase L2 at trip	0.01I/InO	1020ms		
05703	Diff. current in phase L3 at trip	0.01I/InO	1020ms		
05704	Restr. current in phase L1 at trip	1.82I/InO	1020ms		
05705	Restr. current in phase L2 at trip	1.86I/InO	1020ms		
05706	Restr. current in phase L3 at trip	1.81I/InO	1020ms		
05336	Exc. voltage failure recognized	ON	1059ms		
05406	REF Prot. (1-3Hz) Re<< picked up	OFF	2127ms		
00301	Power System fault	612-OFF	28.09.2011 15:44:06.574		

图 7－18　A 套发电机保护事件记录

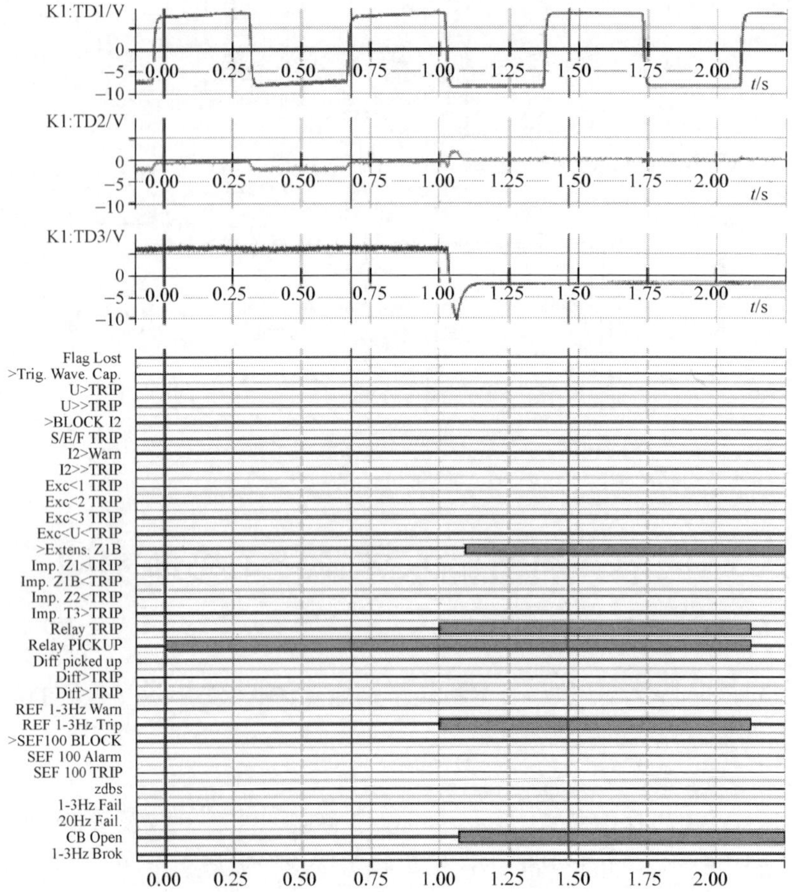

图 7－19　A 套发电机保护录波图

（2）分别检查 2 号发变组保护 A 屏、B 屏内及两套发电保护装置外观均未发现异常。

（3）对机组保护动作录波图进行分析，计算出故障电阻为 2kΩ。

（4）2 号机转子接地保护装置校验记录如表 7－1 所示。

表 7－1　转子接地保护装置校验记录

序号	检验项目（模拟接地）	发电机保护 A 套装置			发电机保护 B 套装置		
		测量值	动作	结论	测量值	动作	结论
1	100kΩ	98.5kΩ	无	正确	99kΩ	无	正确
2	80kΩ	79.5kΩ	告警	正确	79kΩ	告警	正确
3	5.02kΩ	5.0kΩ	跳闸	正确	5.0kΩ	跳闸	正确
4	1kΩ	1kΩ	跳闸	正确	1kΩ	跳闸	正确

（5）发电机 A、B 套转子接地保护公用 3Hz 测量回路检查。

1）对转子接地保护测量采样、执行回路检查，回路接线正确且接线端子紧固，未发现异常。

2）对转子接地保护回路绝缘测试，对地绝缘均在 2MΩ 以上，正常。

3）对转子接地保护测量回路外围附属元器件检查，测量信号注入耦合元件外观正常，耦合电阻阻值为 21.4kΩ，与标准及投产标定值相符。

（6）检查结论。转子接地保护回路接线正确、可靠，外围两套保护装置共用测量附属元器件工作参数正常。2 号发电机 A 套、B 套保护装置工作正常，转子接地保护 Ⅰ 段、Ⅱ 段测量、逻辑判断准确，动作出口正确。此次保护动作停机，转子接地保护 Ⅰ 段未动作系转子回路瞬间低阻接地，Ⅰ 段延时（10s）未到，Ⅱ 段瞬时（1s）出口所致。

3. 故障原因分析

（1）采用 1000V 绝缘电阻表对发电机转子回路进行绝缘测量，绝缘电阻为 170MΩ，绝缘正常。

（2）励磁系统设备和励磁变外观检查，未发现异常。对励磁电压、励磁电流及系统电压数据分析，没有发现异常。

（3）发电机组水轮机部件及其附属设备检查，未发现异常。对机组振动监测装置数据分析，机组振动没有发现异常。

（4）调速器电气柜、机械柜设备、元器件检查，未发现异常。

（5）转子上下端、磁极引线、励磁系统直流汇流母排侧和交流侧电缆外观检查均正常，发电机上端、下出风槽、磁极间隙、励磁盘柜检查未发现小动物、杂物残留和异常痕迹。

转子回路绝缘测试记录情况如表 7－2 所示。

表 7-2　　转子回路绝缘测试记录情况

检测部件	项　目	测量值	结论
转子本体——滑环	绝缘测试（1000V）	170M	正常
励磁电缆（直流侧）	绝缘测试（1000V）	290M	正常
励磁电缆（交流侧）	绝缘测试（1000V）	280M	正常
励磁变低压侧	绝缘测试（1000V）	300M	正常
励磁盘直流系统	绝缘测试（500V）	300M	正常

（6）9 月 28 日 23:41，手动开 2 号发电机转动，未发现异响等异常状况，机组空转检查发电机各部件运行工况正常。启动励磁零起升压至额定值，机组运行正常，转子接地保护测量显示、工作正常。

（7）励磁系统检查。

1）励磁设备厂家技术人员对励磁盘柜内元器件、汇流母排逐一进行外观、局部损伤排查，未发现异常。

2）对与转子回路有电气联系的电压、电流采样板件，脉冲板进行检查，均未发现异常，确认正常。

3）励磁系统与转子连接的主回路测量绝缘电阻如表 7-3 所示。

表 7-3　　励磁系统与转子连接的主回路测量绝缘电阻

序号	项　目	绝缘电阻表	测量值	结论
1	励磁正极绝缘	1000V	280MΩ	合格
2	励磁负极绝缘	1000V	260MΩ	合格
3	调节器自用电源变压器 T05	1000V	∞	合格
4	灭磁电阻	1000V	2000MΩ	合格

（8）转子接地动态模拟试验检查。

1）机组保护厂家技术人员逐一检查保护装置内部元器件，未发现异常；转子接地保护定检正常。

2）2 号机零起升压正常后，机组空载运行，进行转子接地动态模拟实验。

分别检测两套发电机保护装置，转子接地保护采样精确、工作正常。

在励磁盘内经电阻箱模拟转子回路经 75kΩ 高阻接地故障，转子接地保护Ⅰ段正确动作、延时输出告警，故障录波显示波形与投产调试相符。

在励磁盘内经电阻箱模拟转子回路经 2kΩ 低阻接地故障，转子接地保护Ⅱ段正确动作，瞬时跳闸，录波图形与跳机动作录波相符。

会同厂家技术人员对录波图分析，排除保护测量回路受外部干扰信号影响，保护装置动态试验正常。

（9）转子本体检查。对励磁系统及保护装置的检查和试验情况进行全面的分析判断，再次对转子本体进行全面的检查。

1）转子磁极绝缘外观检查。分别检查转子磁极上、下端磁极引线绝缘外观，未发现破损等异常现象，转子磁极间引线支撑螺杆部件组成部分如图 7-20 所示。

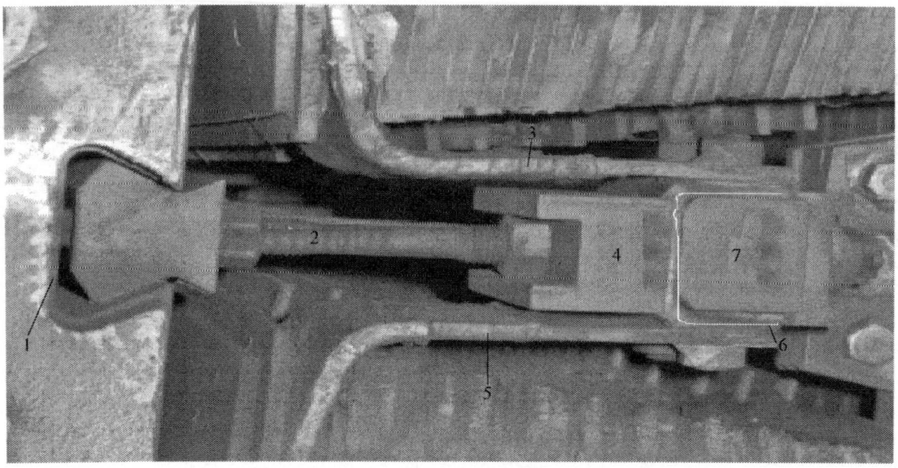

图 7-20　转子磁极间引线支撑螺杆部件组成结构

1—燕尾槽；2—支撑螺杆；3，5—磁极引出线；4，7—绝缘块；6—U 形导电板

2）转子磁极引出线支撑螺杆固定件检查。检查比对发现部分磁极引出线固定绝缘块表面、支撑螺杆端部油污积垢表象异常，油污结垢痕迹不一致，少数绝缘块表面、支撑螺杆端部油污积垢有被冲刷痕迹，如图 7-21 所示。

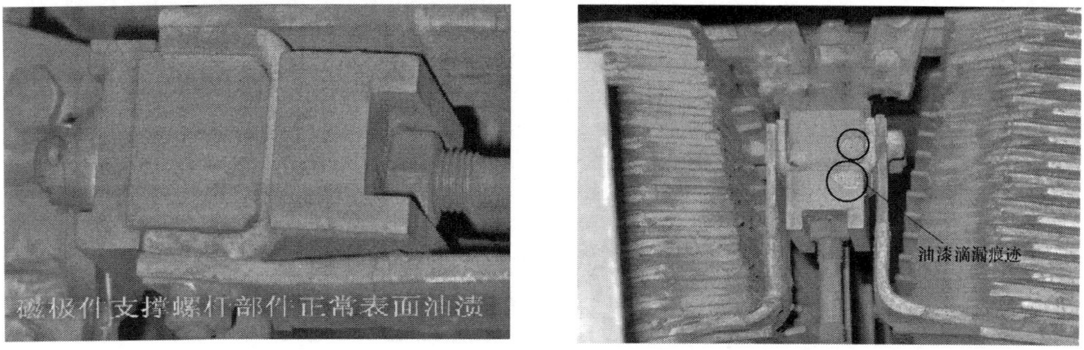

(a)　　　　(b)

图 7-21　磁极引线支撑部件表面油渍对比

（a）正常油渍积尘痕迹；（b）磁极引线支撑部件表面留存机坑上盖板喷漆处理时油漆滴漏痕迹

3）机坑（发电机室）上端密封检查。机坑上端盖板拼缝密封部分被损。

4）磁极引线支撑螺杆受潮转子绝缘对比检测试验数据如表 7-4 所示。

表 7-4　　磁极引线支撑螺杆受潮转子绝缘对比检测试验数据

项　目	测试仪器	转子绝缘	转子接地保护
正常绝缘测试	1000V 摇表	160MΩ	不动作
磁极支撑螺杆绝缘块表面放置小片湿纸巾	1000V 摇表	67kΩ	转子接地保护 I 级延时动作告警，Ⅱ级不动作
磁极支撑螺杆绝缘块表面放置小片湿纸巾并搭接螺杆	1000V 摇表	4kΩ	转子接地保护 I 级未动作，Ⅱ级瞬时动作跳闸

5）通过对磁极上端部件检查比对发现，在机组运行工况下，存在少量流体介质被发电机气流吸附到支撑螺杆处的可能。

（10）对2号机机坑上端盖板密封进行处理，2号机交付调度使用。

故障原因：外聘保洁人员按规定对发电机盖板进行定期清扫时，因机坑上盖板拼缝处密封局部破损，机组盖板清洁拖布水经破损处渗入机坑，被机组转动气流少量吸到转子磁极间连扳支撑螺杆绝缘组件处，引起磁极引线瞬间接地，导致转子回路绝缘骤降，转子接地保护Ⅱ段动作跳闸。

第三节　磁极间连接铜排接地导致机组转子接地故障实例

1. 事件概况

某日，1号机组于02时52分08秒泵工况启动，03时00分43秒带负荷－320MW。03时56分09秒612毫秒，1号机组转子接地保护动作跳闸，1号机组出口断路器跳闸，1号、2号主变压器和500kV线路1正常运行。

2. 保护动作分析

转子一点接地保护，通过向转子注入1～3Hz低频方波电压（TD1）后，通过测量转子上的电流（电流经标准电阻转成电压TD2）和转子上的方波电压（TD3）计算出转子接地电阻。

（1）保护装置事件记录。1号发电机B套保护装置中事件记录如图7－22所示。

编号	信号	数值	日期和时间
00301	Power System fault	222 - ON	11.01.2016　03:56:07.896
00302	Fault Event	222 - ON	11.01.2016　03:56:07.896
00501	Relay PICKUP	ON	0 ms
05406	REF prot. (1-3Hz) Re<< picked up	ON	0 ms
00511	Relay GENERAL TRIP command	ON	1996 ms
05407	REF prot. (1-3Hz) Re<< TRIP	ON	1996 ms
00576	Primary fault current IL1 Side1	11.15 kA	2020 ms
00577	Primary fault current IL2 Side1	11.15 kA	2020 ms
00578	Primary fault current IL3 Side1	11.27 kA	2020 ms
00579	Primary fault current IL1 Side2	11.19 kA	2020 ms
00580	Primary fault current IL2 Side2	11.22 kA	2020 ms
00581	Primary fault current IL3 Side2	11.31 kA	2020 ms
05012	Voltage UL1E at trip	9.48 kV	2020 ms
05013	Voltage UL2E at trip	9.52 kV	2020 ms
05014	Voltage UL3E at trip	9.47 kV	2020 ms
05015	Active power at trip	-312.49 MW	2020 ms
05016	Reactive power at trip	-67.84 MVAR	2020 ms
05017	Frequency at trip	49.97 Hz	2020 ms
05701	Diff. current in phase L1 at trip	0.00 I/In0	2020 ms
05702	Diff. current in phase L2 at trip	0.01 I/In0	2020 ms
05703	Diff. current in phase L3 at trip	0.00 I/In0	2020 ms
05704	Restr. current in phase L1 at trip	1.72 I/In0	2020 ms
05705	Restr. current in phase L2 at trip	1.73 I/In0	2020 ms
05706	Restr. current in phase L3 at trip	1.71 I/In0	2020 ms
06531	Undervoltage protection is BLOCKED	ON	2043 ms
05336	Exc. voltage failure recognized	ON	2060 ms
05334	Underexc. prot. blocked by U<	ON	4116 ms
05406	REF prot. (1-3Hz) Re<< picked up	OFF	5624 ms
00301	Power System fault	222 - OFF	11.01.2016　03:56:13.520

图7－22　1号发电机B套保护装置动作记录

由图7－23可知，2016－01－11 3:56:07.896；转子一点接地保护启动“05406 REF prot.（1－3Hz）Re<<picked up ON 0ms”，1996ms转子一点接地保护动作“05406 REF prot.（1－3Hz）Re<<trip ON 1996ms”。

（2）保护装置录波。1 号发电机 B 套保护装置录波如图 7－23 所示。

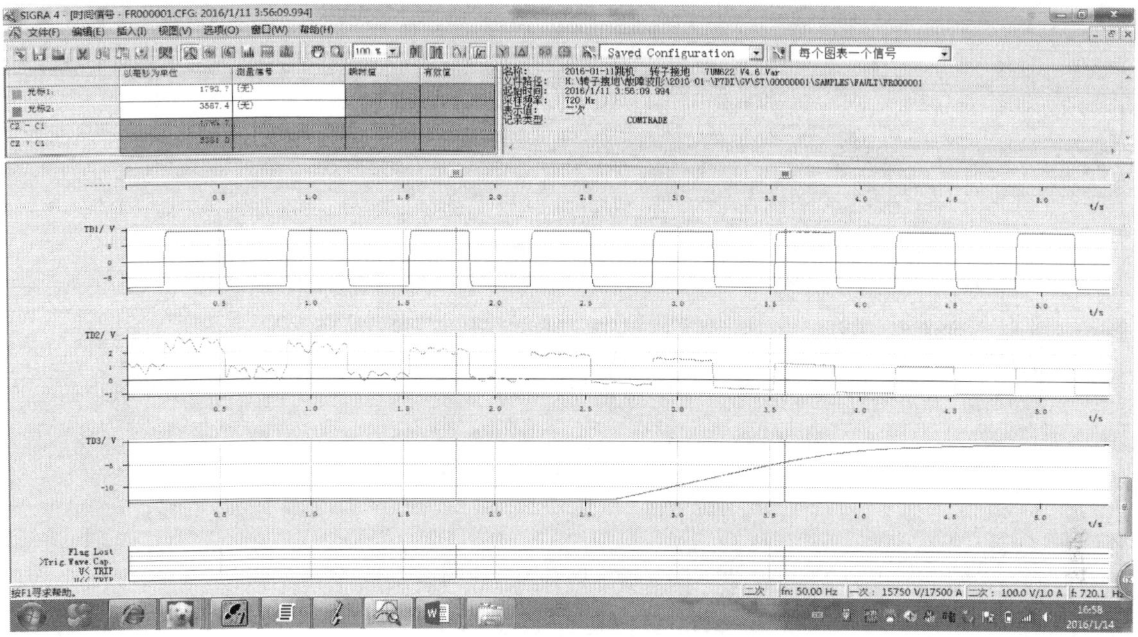

图 7－23 1 号发电机 B 套保护装置录波图

从录波图 7－23 分析，转子接地后产生的接地电流经标准电阻转化为电压后的波形为 TD2，TD2 波形有突变，将故障主要查找方向确定为一次设备。

（3）故障原因分析。将励磁回路分段，测量各段绝缘电阻，逐步缩小故障范围，分以下三步查找故障。

1）第一步：将 1 号发电机集电环碳刷拔出，如图 7－24 所示，对地测量绝缘情况如表 7－5 所示。

图 7－24 1 号机集电环碳刷示意图（碳刷拔出后）

在集电环处测量磁极引线及磁极的绝缘电阻为 7.1Ω，故障范围确定在励磁引线及磁极上，排除了磁场开关至集电环间直流母排（正、负极）发生接地的情况。

表 7－5　　集电环碳刷拆下后各分段绝缘测量情况

分段	测量结果	结论
磁场开关至集电环间直流母排（正极）	540MΩ	正常
磁场开关至集电环间直流母排（负极）	1.02GΩ	正常
励磁引线及磁极	加不上电压	异常

再考虑转子上励磁引线拆解难易程度，分析转子结构上可能的故障点后，先后选择了 A1、

A2 点及 B1、B2 点进行拆解，拆解情况的图纸及实物照片如图 7－25、图 7－26 所示。

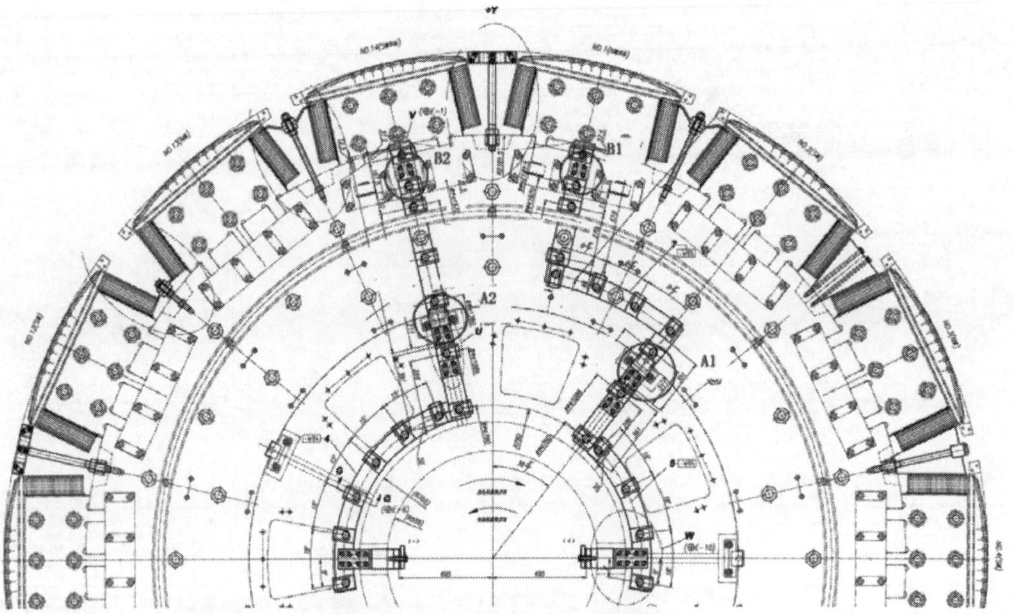

图 7－25　发电机磁极装配图

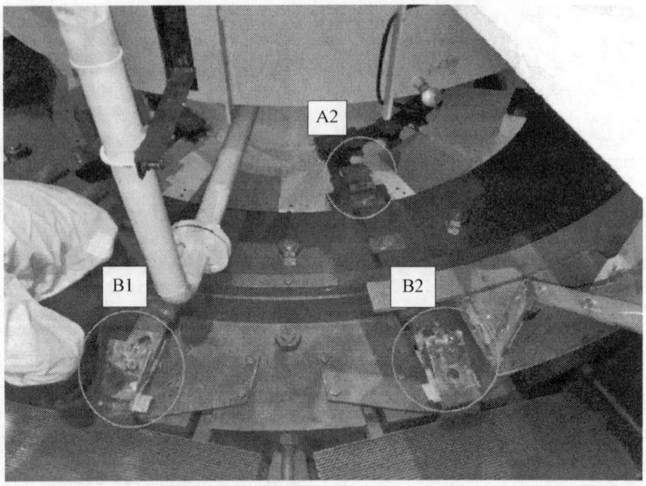

图 7－26　励磁引线 A2 点、1 号磁极引出线 B1 点、14 号磁极引出线 B2 点

2）第二步：在 A1、A2 两点断开磁轭上的励磁引线（此时 B1、B2 还处于连接状态），保持碳刷拔出状态，对地测量绝缘情况如表 7－6 所示。

表 7－6　　拆开磁轭上的励磁引线 A1 点、A2 点后绝缘测量情况

测试部分	测量结果	结论
A1 点至集电环间励磁引线	637MΩ	正常
A2 点至集电环间励磁引线	712MΩ	正常
A1 点至磁极和磁极至 A2 点	加不上电压	异常

测量结果排除了 A1 点至集电环间励磁引线、A2 点至集电环间励磁引线发生接地的情况。

3）第三步：在 B1、B2 点断开磁轭上的励磁引线，对地测量绝缘情况如表 7－7 所示。

表 7－7　拆开 1 号磁极引出线 B1 点、14 号磁极引出线 B2 点后绝缘测量情况

测试部分	显示电阻	结论
A1 点与 B1 间励磁引线	602MΩ	正常
A2 点与 B2 间励磁引线	650MΩ	正常
磁极（B1 点至 B2 点之间）	加不上电压	异常

测量结果排除了 A1 点与 B1 间的励磁引线、A2 点与 B2 间的励磁引线发生接地的情况。将故障范围确定在磁极（B1 点至 B2 点之间）上。

3. 磁极上接地点定位

1 号发电机有 14 个磁极，检查 14 个磁极外观，没有发现磁极线圈移位、绝缘部分与非绝缘部分接触、发热烧蚀等明显异常现象。

为了确定故障点，采用电压法对故障点进行定位。在 1 号磁极引出线 B1 点和 14 号磁极引出线 B2 点间注入恒定直流电流，用万用表直流电压挡测量 1 号磁极引出线 B1 点对地电压 U_1，测量 14 号磁极引出线 B2 点对地电压 U_2，测量 1 号磁极与 14 号磁极间电压 U，测量记录如表 7－8 所示。

表 7－8　电压法测试记录

测　量　点	测　量　结　果
1 号磁极引出线 B1 点对地电压 U_1	0.159V
14 号磁极引出线 B2 点对地电压 U_2	0.286V
1 号磁极与 14 号磁极间电压 U	0.445V

由表 7－8 可得

$$U_1/(U/14)=5.002$$
$$U_2/(U/14)=8.998$$

计算结果表明，接地点位于 5 号磁极和 6 号磁极之间。

4. 排查 5 号磁极和 6 号磁极间连接铜排

1 号发电机 5 号磁极和 6 号磁极间连接装配图及实物图如图 7－27 所示。

检查 5 号磁极和 6 号磁极的铜排连接外观无异常。将固定 5 号磁极和 6 号磁极连接铜排的支撑螺杆上的外侧螺母拆开，取下外侧绝缘垫圈，取出套装在支撑螺杆上的绝缘套管，绝缘套管实物图如图 7－28 所示，拆除后的情况如图 7－29 所示。在螺母拆除过程中，未发现异物从孔中掉落，用万用表监视的对地电阻由 7.1Ω 变成无穷大。

检查绝缘垫圈、绝缘套管外观，无裂纹，内部清洁，未发现异常；对绝缘垫圈、绝缘套管测量绝缘，绝缘均正常，用内窥镜检查拆开部位，未发现异物。

此次事件的直接原因：1 号机组转子 5 号磁极与 6 号磁极间连接铜排处接地。

间接原因：5 号磁极与 6 号磁极线圈之间连接是采用熔锡连接工艺，铜排端部为几十片铜片，连接时铜片交错叠紧，用夹具夹紧后，加热、熔锡，铜排表面被加热后液体锡覆盖。熔锡完成后，在铜排中间钻孔，用于安装支撑螺栓，螺栓穿过铜排，之间是有绝缘套管隔离，铜排内外两侧有 20mm 厚的绝缘垫片。在绝缘套管与固定螺栓及与绝缘垫片处封堵的严密性不足，在机组运行及检修时可能会导致灰尘慢慢集聚，并最终导致接地。

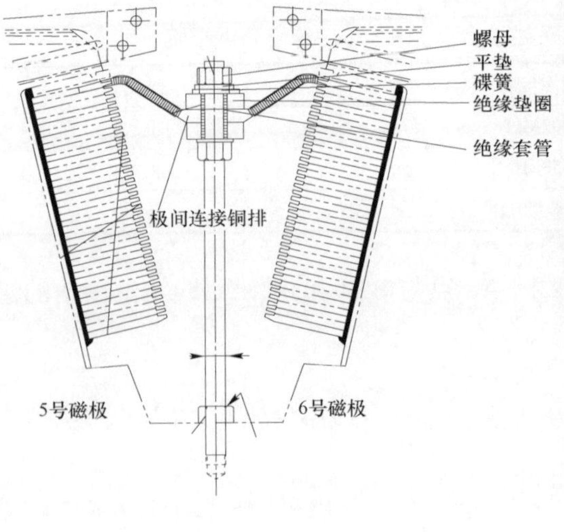

(a)

(b)

图 7－27　5 号磁极和 6 号磁极间连接装配图与实物图

（a）装配图；（b）实物图

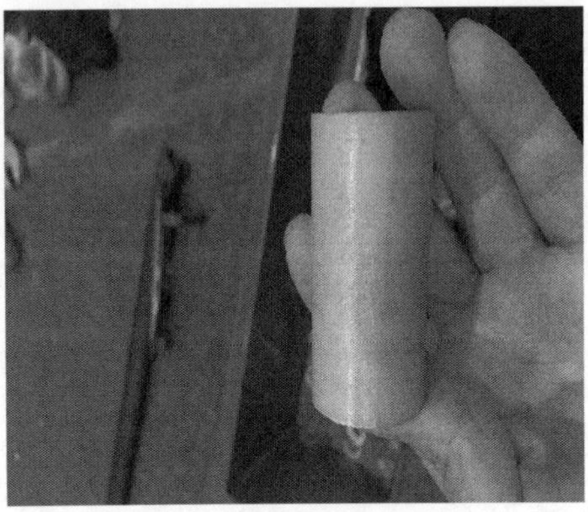

图 7－28　绝缘套筒实物图

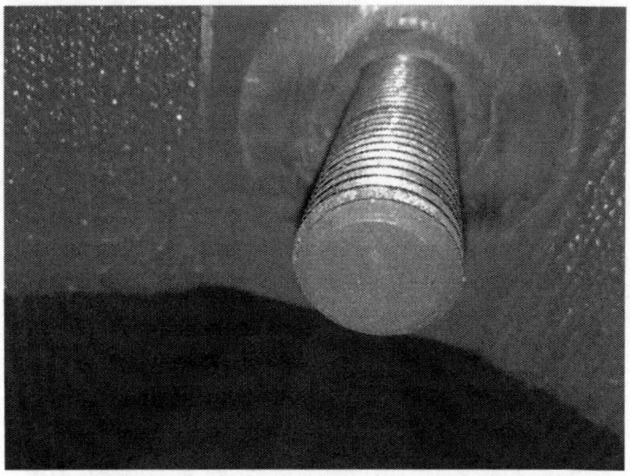

图 7－29　螺母、绝缘垫圈及绝缘套拆除后情况

第四节　机组母线设备故障实例

1. 事件概况

某日 13 时 05 分 18 秒，某电厂 3 号发电机启动并网 20s 后，3 号主变压器零序过电压保护 A、B 两套动作，跳开 500kV 5003、5004 断路器及 3、4 号主变压器及 3 号机组（约带 100MW 负荷）。

2. 保护动作分析

现场查看 3 号主变压器保护 A 柜及 B 柜，均有主变压器零序过电压保护动作信息；读取两套主变压器零序过电压保护装置内部动作报告，均显示有主变压器零序过电压保护动作出口；读取保护装置内部录波，可见 3 号发电机三相电压存在不平衡，相差达到 1200V 左右。

保护装置录波中的主变压器高压侧电流也出现较大的不平衡。两套故障录波如图 7-30、图 7-31 所示，保护装置内部录波分析如图 7-32 所示。

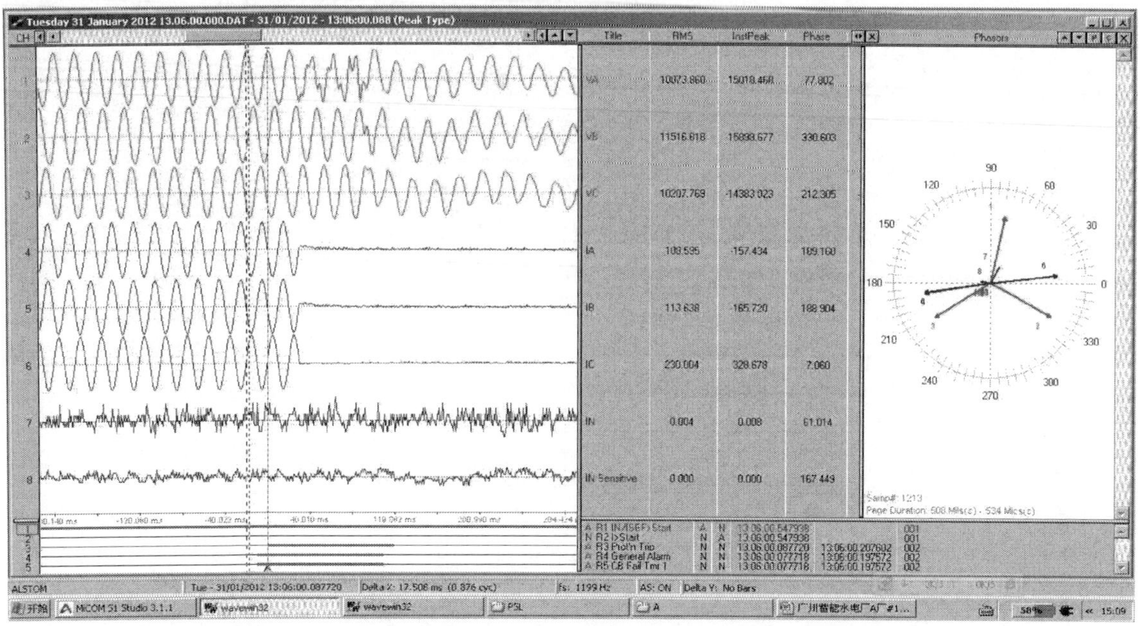

图 7-30 18kV 母线接地保护（零序过压保护）动作 A 套故障录波

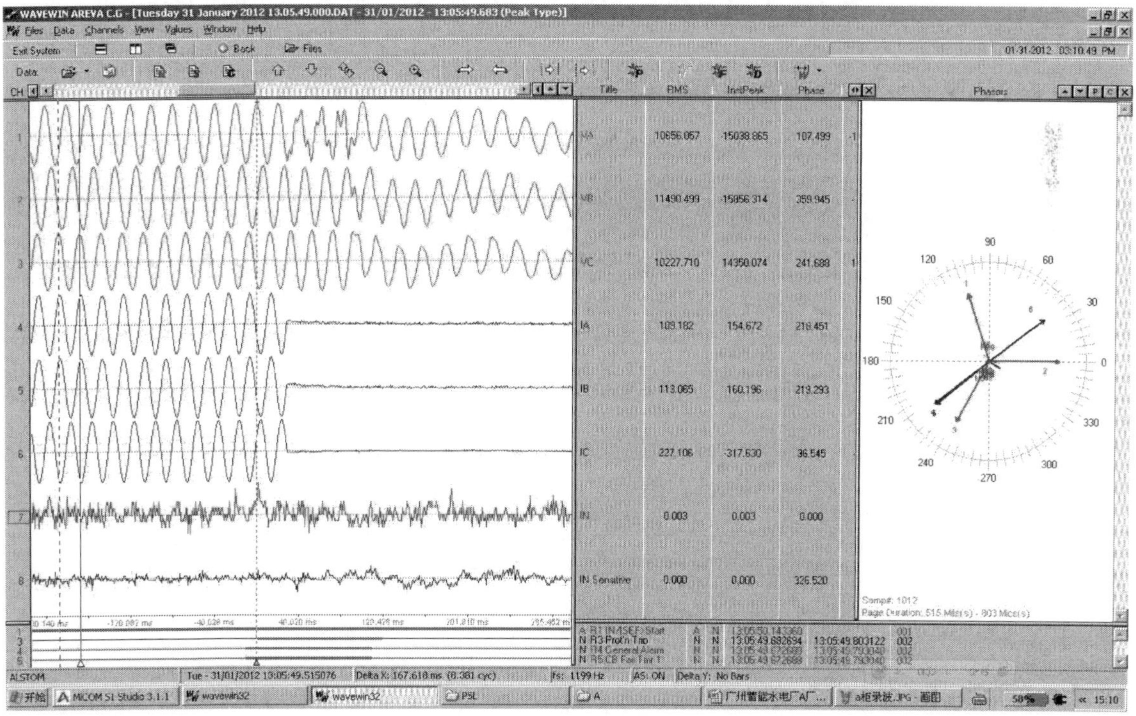

图 7-31 18kV 母线接地保护（零序过压保护）动作 B 套故障录波

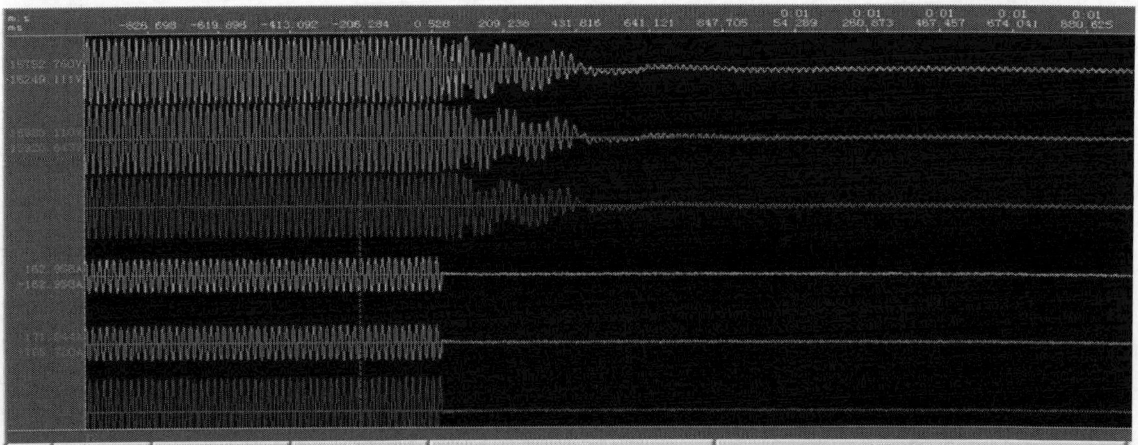

序量	实部	虚部	向量	通道列表
U1	1130.036V	-14444.8···	10245.239V∠-85.527°	1:VA
U2	-564.259V	531.894V	548.315V∠136.691°	2:VB
U0	-1631.628V	-18.782V	1153.812V∠-179.341°	3:VC
I1	41.401A	151.441A	111.014A∠74.710°	4:IA
I2	108.792A	-113.546A	111.195A∠-46.225°	5:IB
I0	-4.339A	2.683A	3.608A∠148.271°	6:IC

图 7－32　保护装置内部录波分析

检查两套主变压器零序过电压保护装置共同的 TV 测量回路，直流电阻未见异常。

测量主变压器低压侧母线绝缘，结果正常。

查看 PMU 中录得的电压及电流数据（如图 7－33 所示），机端三相电压在并网前是平衡的，并网后，随着发电机输出功率的增加，三相电压开始不平衡且差值越来越大，最终导致跳闸。从机端电流分析，A 相缺相无电流，B、C 相电流幅值相等相位相反。发电机并网后缺相运行。

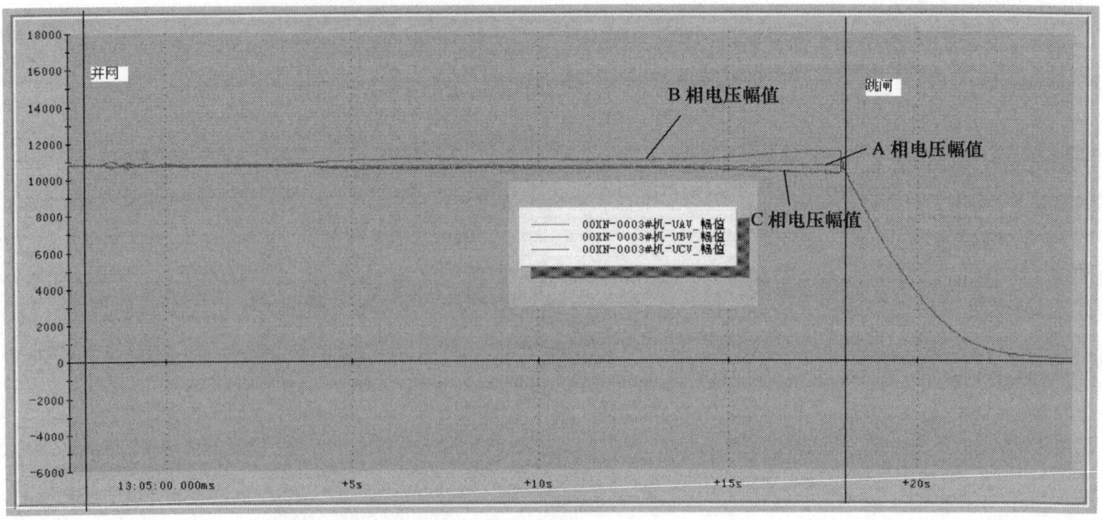

(a)

图 7－33　PMU 录得的机端电压、电流波形（一）

（a）电压波形

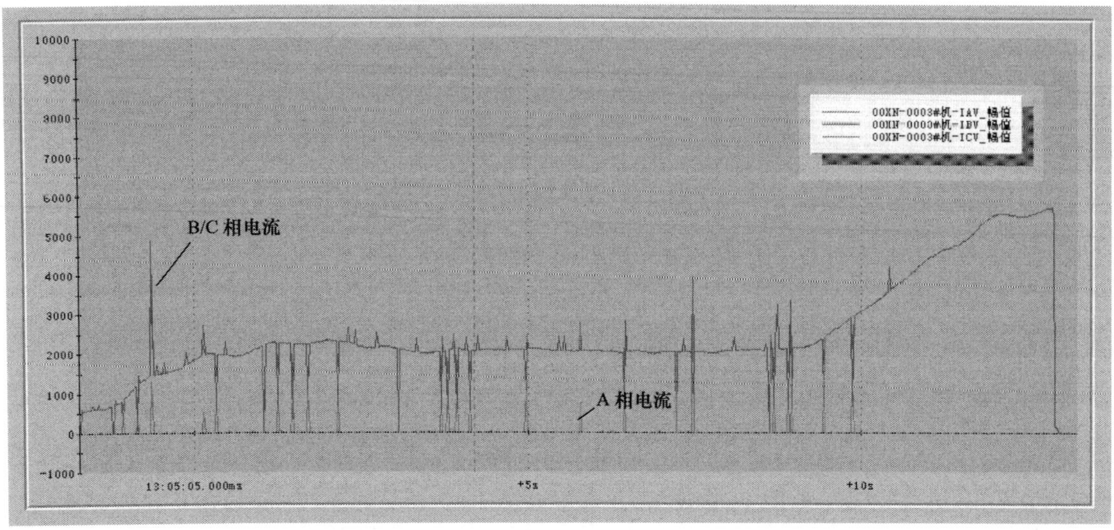

(b)

图 7－33 PMU 录得的机端电压、电流波形（二）

（b）电流波形

3. 故障原因分析

检查发电机出口断路器，发现出口断路器操动机构与 A 相灭弧室间的连杆完全断裂，如图 7－34 所示，确认此为发电机缺相运行的原因。

检查断裂的 3 号机组出口断路器操动机构 A 相连杆，发现存在焊接咬边缺陷（裂缝的宽度以及焊道高度不足），如图 7－35 所示。

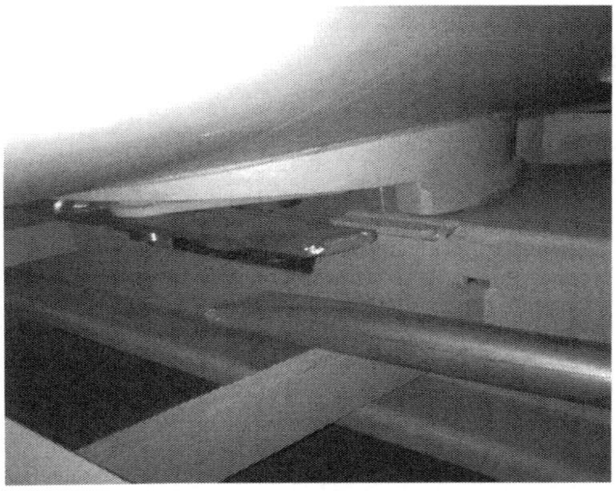

图 7－34 机组出口断路器操动机构连杆断裂

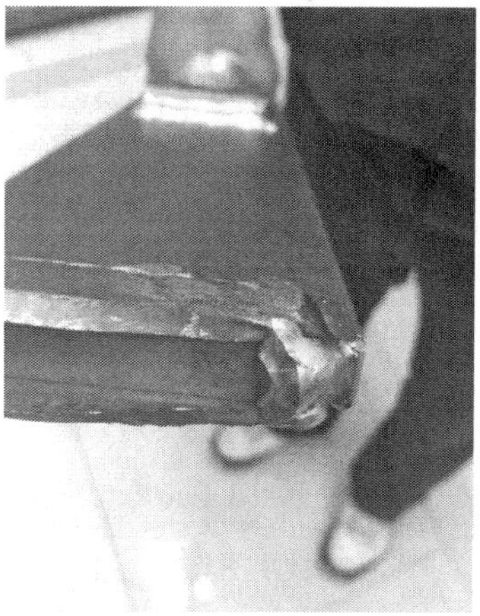

图 7－35 焊缝咬边裂纹

直接原因：3 机组出口断路器操动机构 A 相连杆断裂，导致 A 相无法合闸，造成 3 号机组并网后缺相运行，最终引起 3 号主变压器 A、B 两套零序过电压保护动作，跳开 500kV 5003、5004 断路器及 3 号、4 号主变压器。

间接原因：3 号机组出口断路器操动机构 A 相连杆存在焊缝咬边缺陷，咬边处在断路器操作的剧烈震动下逐渐产生裂纹，断路器频繁操作使得机件疲劳加快，最终引发断裂。

第五节　母线 GIS 设备故障实例

1. 事件概述

某日 16 时 30 分，3 号主变压器小修、500kV 5004 断路器保护定检、500kV 3/4TM 电缆保护定检工作结束，完成工作终结手续，准备恢复相关设备。20 时 02 分远方合上 500kV 5004 断路器母线侧隔离刀闸 50042 时，500kV Ⅱ母母差保护一、二动作，500kV 3/4TM 高压电缆差动保护一、二动作，跳开 500kV 5003、5007、5008 断路器，500kV 2 号母线停电，8 号机组跳机。

2. 保护动作分析

500kV Ⅱ母母差保护一、二动作，500kV 3/4TM 高压电缆差动保护一、二动作；500kV 开关站 3/4TM GIS 现地控制柜上显示："DS－ES MOTOR SUPPLY FAULT"（隔离开关或接地开关电机电源故障）、"AC1 SUPPLY FAIL"（交流供电 1 路电源故障）、"AC2 SUPPLY FAIL"（交流供电 2 路电源故障）、"REPEAT RELAY ANOMALY"（存在隔离开关或接地开关位置紊乱）、"INTERAL ARC"（局部燃弧）、"BW3 FULLY CONVERTER FAIL"（BW3 气体监测系统电源整流器故障）、"BW3 GENERAL ALARM"（BW3 报警）。

（1）500kV Ⅱ母线差动保护一动作，报告显示 A 相差动电流为 8.60A（二次值，TA 变比：4000/1），5003、5007、5008 断路器流过故障电流，5004 断路器处 TA 未测到故障电流，具体电流波形如图 7－36、图 7－37 所示。

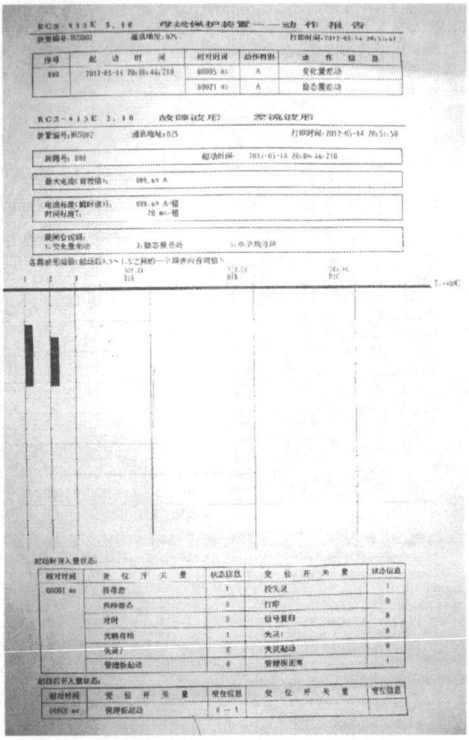

图 7－36　Ⅱ母母差保护一差动电流录波图

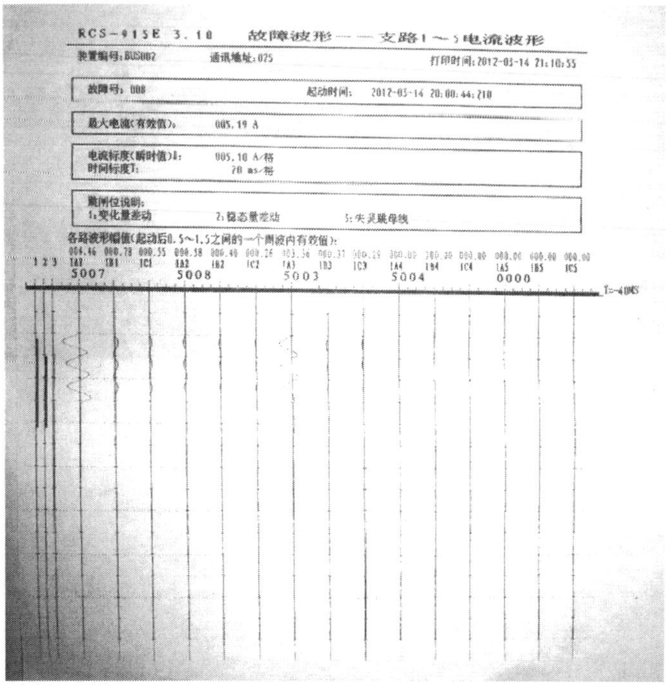

图 7－37 Ⅱ母母差保护一支路电流录波图

（2）500kV Ⅱ母线差动保护二动作，报告显示故障电流为 8.55A（二次值，TA 变比：4000/1），5003、5007、5008 断路器流过故障电流，5004 断路器处 TA 未测到故障电流，具体电流波形如图 7－38、图 7－39 所示。

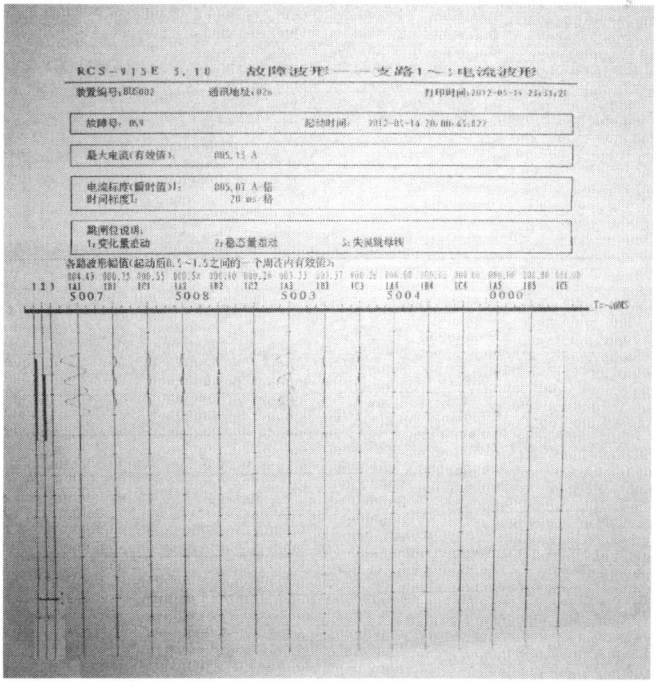

图 7－38 Ⅱ母母差保护二差动电流录波图

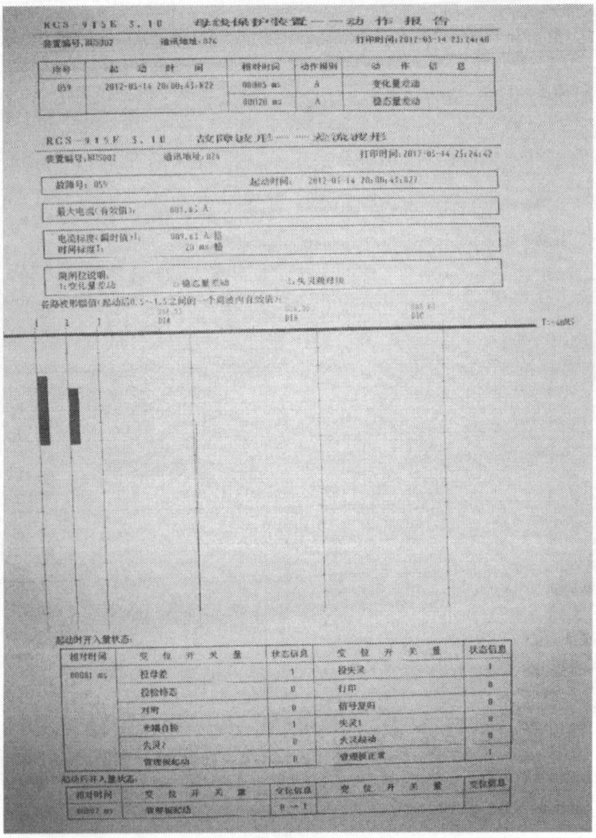
RCS-915E 3.10 母线保护装置——动作报告

装置编号：BUS002 通讯地址：026 打印时间：2012-03-14 23:24:40

序号	起动时间	相对时间	动作相别	动作信息
059	2012-03-14 20:00:43:822	00005 ms	A	变化量差动
		00020 ms	A	稳态量差动

RCS-915E 3.10 故障波形——差流波形

装置编号：BUS002 通讯地址：026 打印时间：2012-03-14 23:24:42

故障号：059 起动时间：2012-03-14 20:00:43:822

最大电流（有效值）：

电流标度（瞬时值）：

时间标度T：20 ms/格

跳闸位说明：

1：变化量差动 2：稳态量差动 3：失灵跳母联

各路波形幅值（起动后0.5～1.5之间的一个周波内有效值）：

起动时开入量状态：

相对时间	变位开关量	状态信息	变位开关量	状态信息
00081 ms	投母差	1	投失灵	1
	投检修态	0	打印	0
	对时	0	信号复归	0
	光端自检	1	失灵1	0
	失灵2	0	失灵起动	0
	管理板起动	0	管理板正常	1

起动后开入量状态：

相对时间	变位开关量	变位信息	变位开关量	变位信息
00097 ms	管理板起动	0→1		

图 7－39 Ⅱ母母差保护二支路电流录波图

（3）3/4TM 高压电缆保护一动作，报告显示故障电流约为 39.2kA（一次值），如图 7–40 所示。

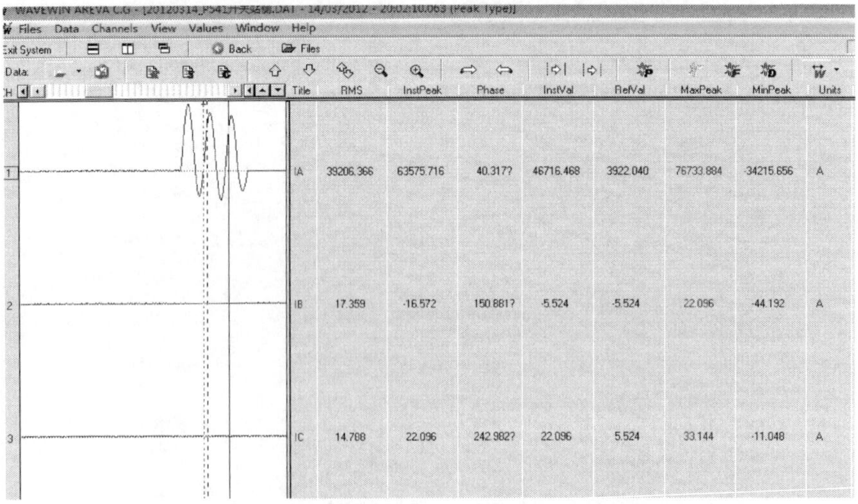

图 7－40 3/4TM 高压电流保护一录波图

（4）3/4TM 高压电缆保护二动作，报告显示故障电流为 18.54A（二次值，TA 变比：2000/1），如图 7－41 所示。

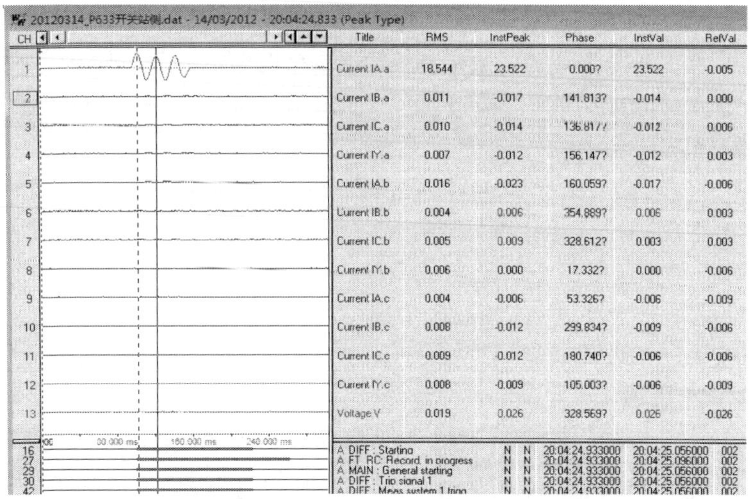

图 7－41　3/4TM 高压电流保护二录波图

（5）5003、5007、5008 断路器保护跟跳，具体波形如图 7－42 所示（以 5003 断路器为例）。

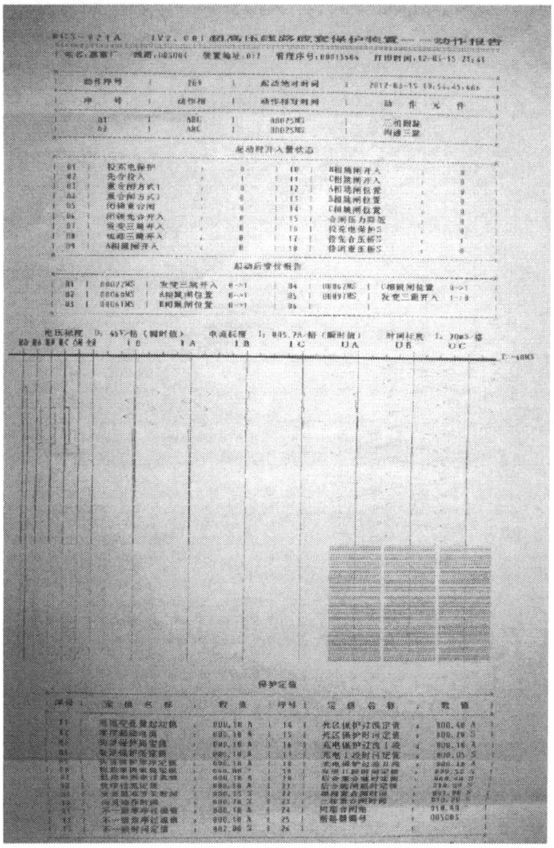

图 7－42　5003 断路器保护录波图

查看 500kVⅡ母母差保护一、二，3/4 TM 高压电流保护一、二动作报告，录波图显示 A 相故障电流约 36kA，故障点在母差保护、高压电缆保护保护范围的交叉区域中。

3. 故障原因分析

初步分析判断为一次设备故障，故障点在 5004 A 相靠母线侧气隔内，因 50042 内部已观察到放电痕迹，5004、50042 需开盖检查。

（1）检查与抢修。

1）现场检测 SF_6 气体，结果为 5004 A 相 G0 气隔、50042 A 相 G2 气隔内 SF_6 气体分解物超标，存在放电迹象，B、C 相检测正常。

2）5004 断路器壳体内覆盖着一层白色粉状物，5004 断路器靠近 50042 侧断口电容均压电容及端口外表面绝缘对壳体有放电痕迹，如图 7－43 所示；50042 隔离开关气隔内覆盖着白色粉尘，其动/静触头、外壳及处盆式绝缘子有放电烧损痕迹，50042 隔离开关三相未合到位，如图 7－44、图 7－45 所示。

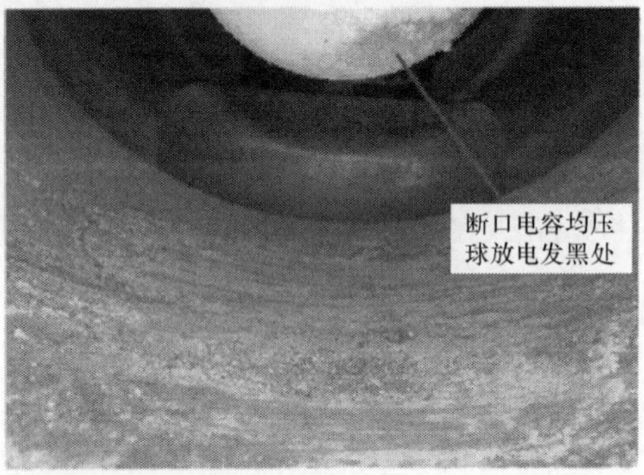

图 7－43 5004 断路器断口电容均压球燃弧痕迹

图 7－44 50042 隔离断路器 A 相故障

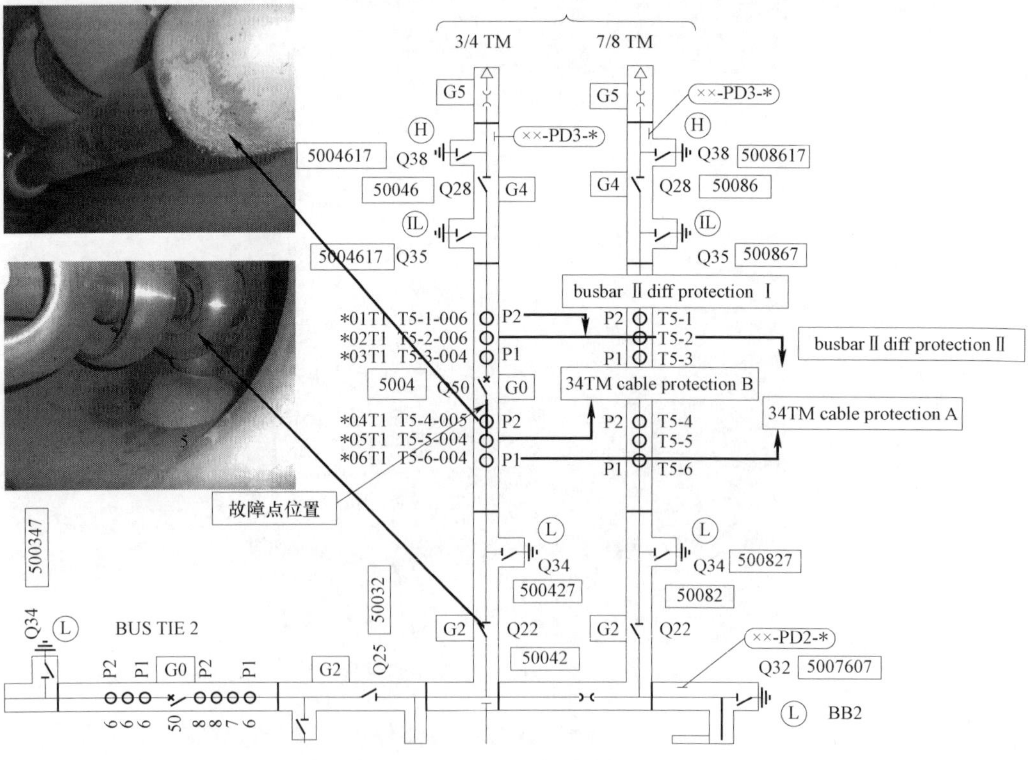

图 7－45 一、二次图设备对照

（2）直接原因：50042 隔离开关合闸过程中产生的快速暂态过电压（VFTO）使 5004 断路器断口电容均压球对地闪络放电，弧光短路故障电流同时使合闸过程中的 50042 隔离开关烧损。

第六节　TV 一次故障致主变压器零序过电压保护动作实例

1. 事件概况

某日 09 时 50 分 04 秒，某电厂 2 号主变压器零序过电压保护动作，5002 断路器跳闸。

2. 保护动作分析

故障发生时，2 号主变压器 B 套保护装置零序过电压保护功能动作。

保护装置动作信息如下：

Started phase N
Tripped phase N
Residual O/V　NVD　start Vn＞1　trip Vn＞1
VAN：10.77kV；
VBN：10.32kV；
VCN：9.688kV；
VN：1.816kV；

2 号主变压器 B 套保护装置故障录波图如图 7－46 所示。开关站 500kV 故障录波器 5002 断路器处故障录波图如图 7－47 所示。

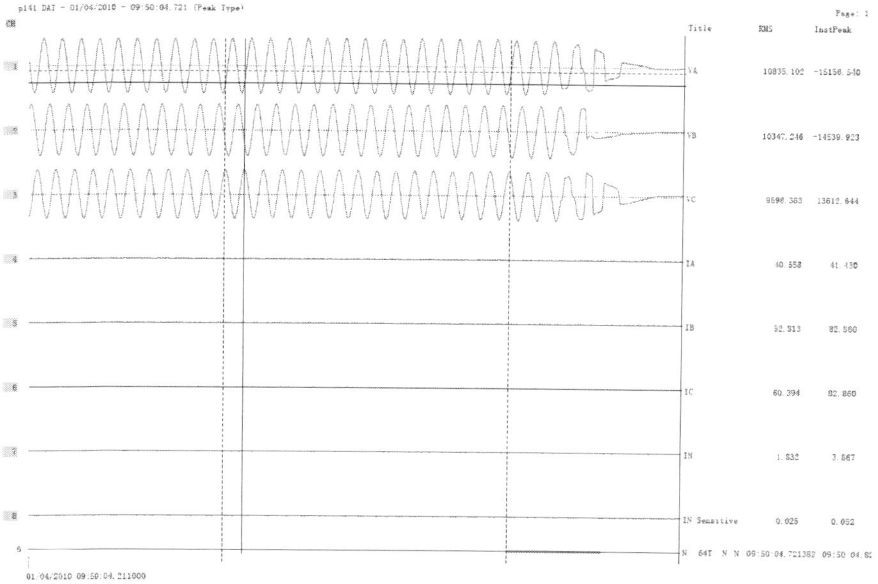

图 7－46　2 号主变压器 B 套保护装置故障录波图

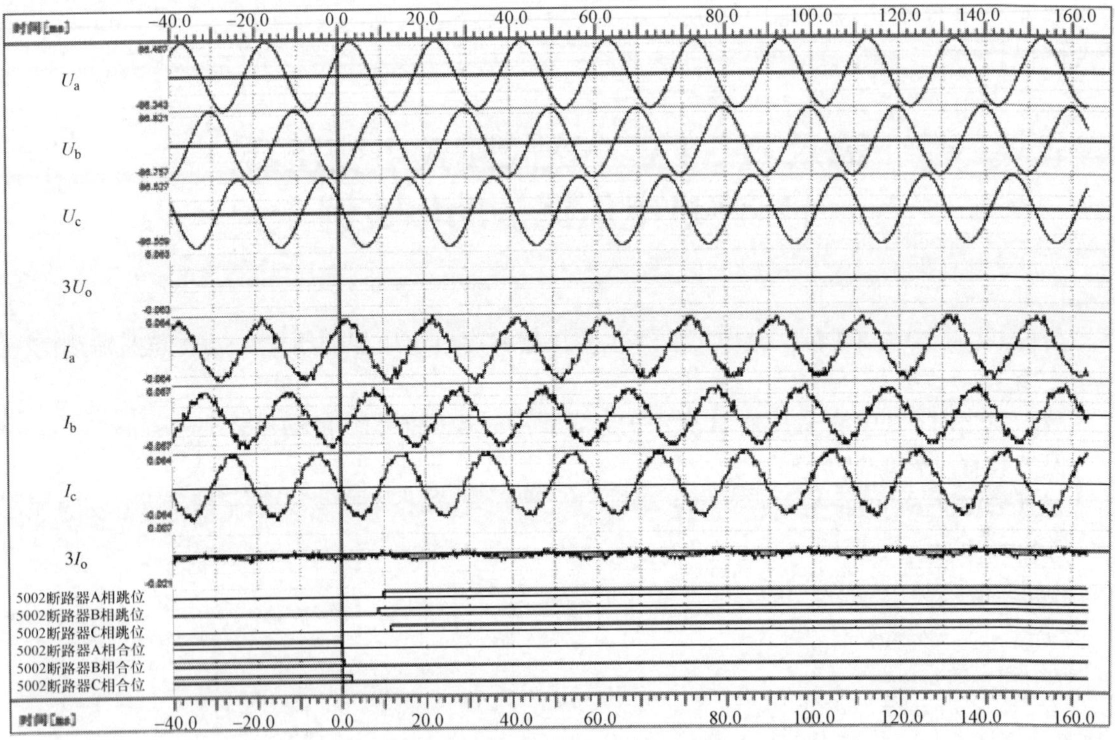

图 7－47　开关站 500kV 故障录波器 5002 断路器处故障录波图

零序过电压保护动作定值为 10V，延时 0.4s 动作。保护动作时保护装置测量到的零序电压 U_n＝1816V（一次值），变比 18kV/100V，折算为二次值 10.09V，大于保护动作值，延时到达后保护跳闸。装置采样正常，保护装置动作正确。

3. 故障原因分析

对主变压器的外观、TV 及其二次回路、TV 变比进行检查，未见异常。经过现场检查确认 TV 一次回路、二次回路接线正确且中性点接地良好。对主变压器油温、绕组温度等进行历史记录查询，无异常信息。测量主变压器低压侧 18kV 主回路绝缘，绝缘正常。

在 2 号机主变压器低压侧 TV 一次回路检查过程中发现，当 C 相 TV 处于工作位置时，TV 与 18kV 一次回路活动连接部位之间的接触电阻随盘柜振动而增大，其余 A、B 两相未发生此状况。在对 2 号机主变压器低压侧 TV 本体进一步检查时发现 A、B 相 TV 本体存在裂纹。3、4 号机主变压器转冷备用进行 TV 本体检查，共检查出 10 个存在开裂现象。

电压回路的一、二次设备检查和分析情况如下：

（1）TV 二次中性线接地情况检查，分别测量图 7－48 中圈出的三个点的对地电阻，均为 0.1Ω，表明中性线接地良好，且均在 TV 旁的端子箱内接入同一个接地铜排。

（2）TV 二次回路及保护装置采样检查。解除图 7－49 所示的圈出的三对接线，在解开的二次接线处施加电压，查看保护装置采样数据如表 7－9 所示。

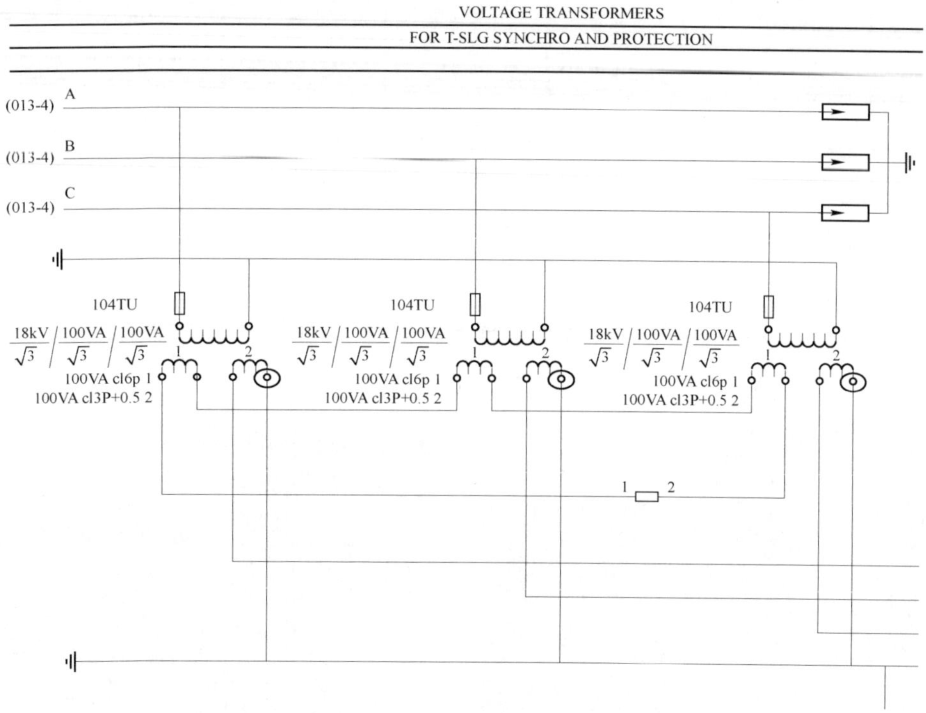

图 7-48 TV 及其二次回路接线图

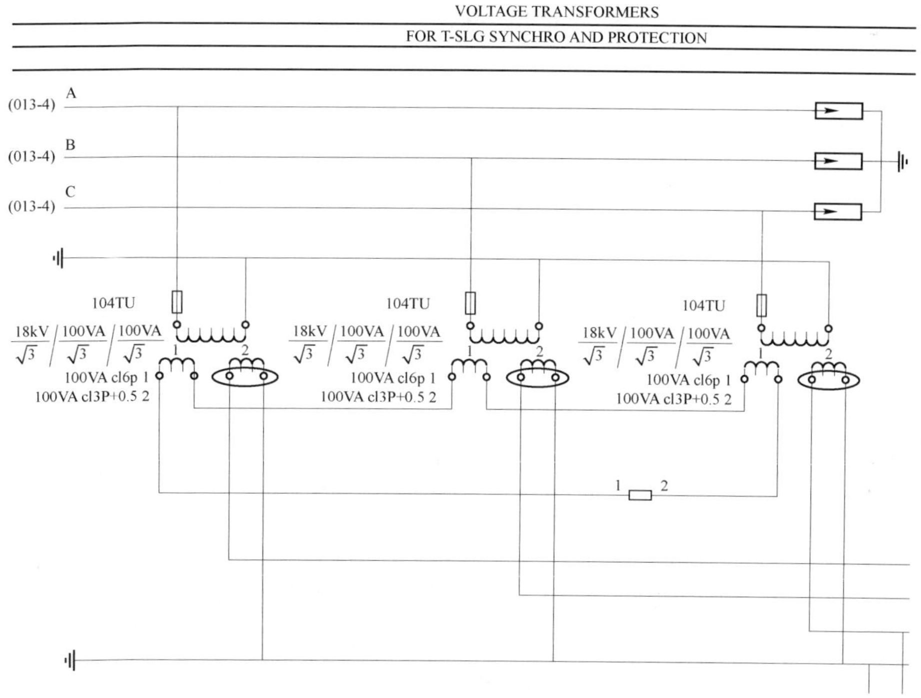

图 7-49 TV 二次回路现场检查示意图

表 7-9　　保护装置采样数据

相别	加入电压	装置读数	加入电压	装置读数	加入电压	装置读数
A	57.7V	10.38kV	50V	8.995kV	20V	3.593kV
B	57.7V	10.37kV	40V	7.189kV	40V	7.189kV
C	57.7V	10.37kV	30V	5.387kV	60V	10.78kV

试验结果表明 TV 二次回路及保护装置采样正常。

（3）TV 一次回路检查。

1）TV 本体检查。对 TV 本体进行外观检查，发现 A 相 TV、B 相 TV 存在开裂，B 相开裂较严重。A、B 相 TV 开裂情况如图 7-50 所示。

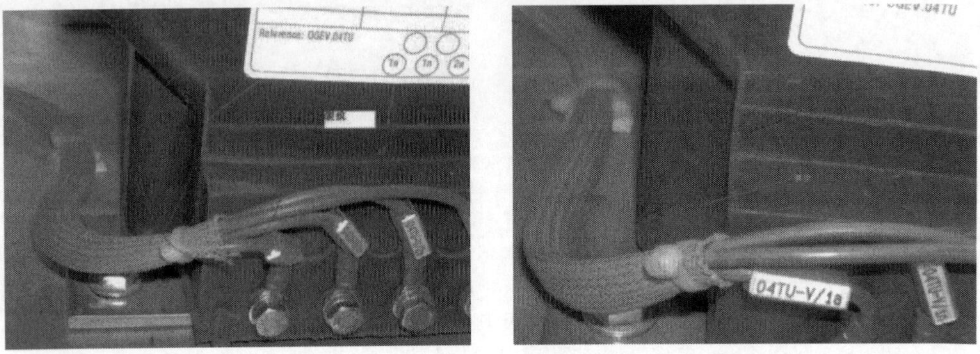

(a)　　(b)

图 7-50　A、B 相 TV 开裂情况

（a）A 相 TV 开裂；（b）B 相 TV 开裂

2）TV 变比检查。A 相：179.51/1；B 相：179.42/1；C 相：179.51/1，变比均符合要求。

3）TV 回路检查。TV 柜内部结构如图 7-51 所示，TV 活动部件（内含代替保险的铝棒）与 TV 本体及一次回路连接如图 7-52 所示。

图 7-51　TV 柜内部结构图

图 7-52　TV 活动部件与 TV 本体及一次回路连接

当 TV 推入工作位置后，TV 保险棒的一端通过弹簧与一次回路相连，另一端通过金属触

头与 TV 本体相连，金属触头与连接于 TV 本体的弹簧片接触。正常工作时，弹簧片依靠自身的向上的恢复力与金属触头可靠接触，如图 7－53 所示。

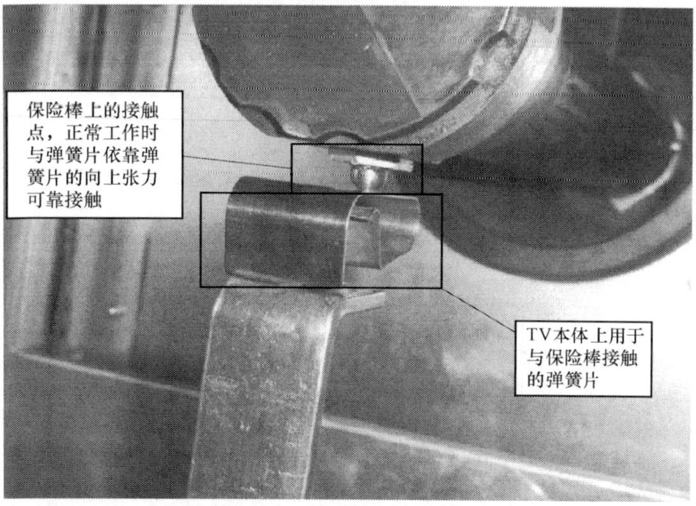

图 7－53　金属触头与连接于 TV 本体的弹簧片接触

检查时发现 C 相弹簧片与金属触头的接触松弛，对比 A 相、B 相，发现 C 相不如 A 相、B 相可靠、有力；测量该接触部位的接触电阻，阻值为 0.3Ω，测量 A、B 相，阻值也为 0.3Ω，测量点如图 7－54 所示。当轻拍盘柜模拟盘柜振动时，发现 C 相测得的接触电阻会变大，由 0.3Ω很快变大，可达数百欧姆、无穷大。对 A、B 两相进行同样试验，其阻值维持在 0.3Ω不变。

图 7－54　活动部件与 TV 本体接触部位接触电阻测量点

分析认为，此处的弹簧片存在疲劳，导致向上的恢复力不够，如盘柜存在一定的振动，金属触头向上振动后，弹簧片未随之向上跟进，导致金属触头与弹簧片接触面积减小，接触电阻增大，导致保护测量的 C 相电压下降。

直接原因：2 号主变压器低压侧 TV 一次回路连接机构存在质量问题，TV 本体上的弹簧片恢复力不够，导致弹簧片与活动部件的金属触头接触不可靠。

第八章

复杂故障实例分析

第一节 短时间多元件故障实例

一、某 500kV 变电站 30s 内 4 个 TA 相继故障实例

1. 事件概述

500kV 变电站附近发生强雷大雨天气，站内多个电流互感器故障，引起 500kV 1 号母线、500kV MN 乙线、500kV MP 线、500kV 1 号主变压器、500kV MN 甲线相继跳闸（500kV 母线 1 条、500kV 线路 3 条、500kV 主变压器 1 台）。故障发展 30s 内情况如下，M 变电站故障顺序示意图如图 8－1 所示。

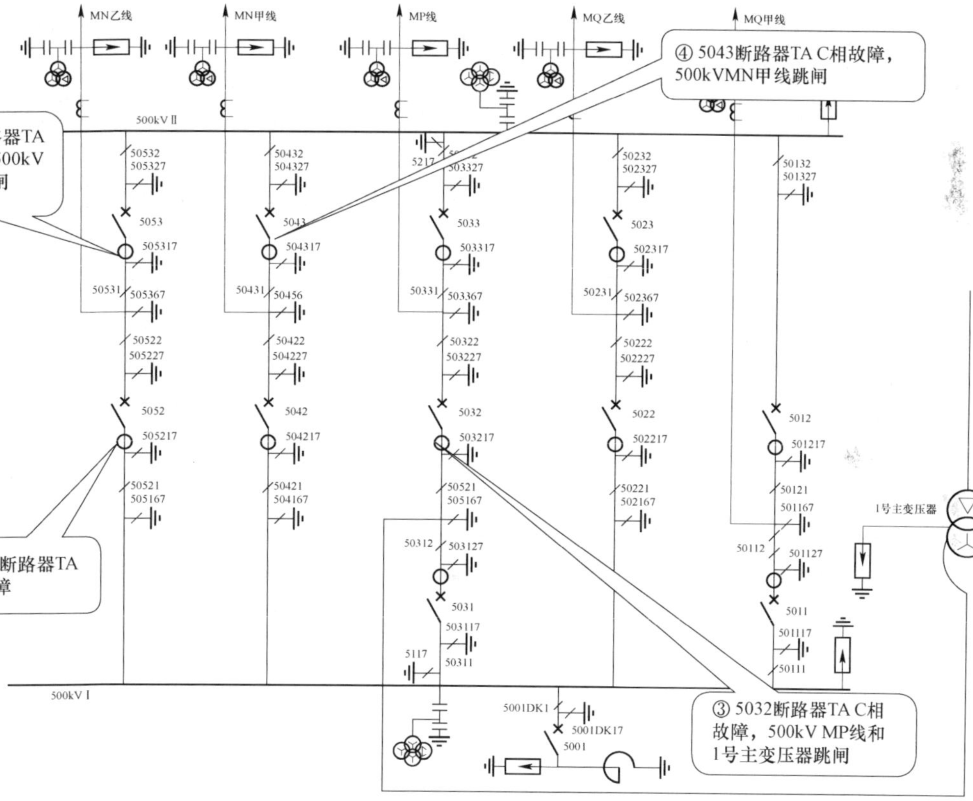

图 8－1 M 变电站故障顺序示意图

（1）500kV 5052 断路器 TA 的 A 相发生故障，500kV Ⅰ母母差保护动作跳开 5011、5022、5031、5042、5052 断路器三相，切除故障。

（2）500kV 5053 断路器 TA 的 A 相发生故障，M 变电站 MN 乙线路保护动作跳 5053 断路器 A 相，重合闸动作不成功，跳开 5053 断路器三相，切除故障。

（3）500kV 5032 断路器 TA 的 C 相发生故障，M 变电站 MP 线保护动作跳开 5033、5032 断路器 C 相，未能切除故障，5032 断路器 C 相仍有故障电流，失灵保护动作跳开 500kV MP 线两侧断路器三相，主变压器差动保护动作跳开 211、311 断路器三相，切除故障。

（4）500kV 5043 断路器 TA 的 C 相发生故障，MN 甲线路保护动作跳 5043 断路器 C 相断路器，重合闸动作不成功，跳开 5043 断路器三相，切除故障。

2. 保护动作分析

（1）5052 断路器 TA 的 A 相发生故障，故障在 I 母母差保护范围。

母差保护：7.5ms 差动保护跳开 5011、5022、5031、5042、5052 断路器。

5011 断路器保护：23ms 失灵出口。

5022 断路器保护：23ms 失灵出口。

5031 断路器保护：16ms 三相联跳。

5042 断路器保护：23ms 三相跟跳、沟通三跳。

5052 断路器保护：25ms 三相跟跳、沟通三跳。

（2）5053 断路器 TA 的 A 相发生故障，故障在 M 变电站 MN 甲线线路保护范围内。

MN 甲线线路主一保护：6ms 工频变化量阻抗、11ms 电流差动、19ms 距离 I 段。1362ms 电流差动、1388ms 距离加速、1393ms 距离 I 段、1415ms 零序加速。

MN 甲线线路主二保护：12ms 分相差动、14ms 距离 I 段。1383ms 阻抗相似加速、1384ms 分相差动。

5053 断路器保护：18ms A 相跟跳；保护动作跳 5053 断路器 A 相，断路器 40ms 断弧；1270ms 重合闸动作，重合于故障。

5053 断路器保护：1374ms A 相跟跳、B 相跟跳、三相跟跳、沟通三跳，1375ms C 相跟跳，保护动作跳三相。

（3）5032 断路器 TA 的 C 相发生故障，故障在 M 变电站 MP 线保护范围。

MP 线线路主一保护：8ms 工频变化量阻抗、10ms 电流差动、46ms 距离 I 段。158ms 电流差动、距离 I 段、159ms 单跳失败三跳、467ms 单相运行三跳。

MP 线线路主二保护：13ms 分相差动、14ms 阻抗 I 段保护动作跳 5032、5033 断路器 C 相。164ms 单跳失败三跳、315ms 三跳失败永跳保护动作跳 5032、5033 断路器三相。

5032、5033 断路器三相跳开后，由于故障点位于保护死区（5032 断路器和 50321 隔离开关间的 C 相 TA 内部），故障仍存在，5033 断路器保护失灵出口：24ms C 相失灵重跳、33ms A 相失灵重跳、B 相失灵重跳、C 相失灵重跳、三相失灵重跳动作跳 5033 断路器三相。5032 断路器保护：19ms 单相联跳（TLT）、220ms 三相联跳（TST）、失灵保护（TSL）、联跳三相（LTst）、死区保护（TSQ）、169ms 沟通三跳（NPR）保护动作跳 5032 断路器三相，向 P 侧发远跳命令，MP 线三跳。

5032、5033 断路器三相跳开后，仍不能切除故障，由 1 号主变压器 211 断路器提供故障电流，故障继续保持并发展，在 5032 断路器 TA 发生故障约 0.72s 后，差动电流达到 0.81A，满足 1 号主变压器差动速断保护动作条件（整定值 0.79A），1 号主变压器 A、B 两套差动速断保护 32ms 动作出口，跳开 1 号主变压器压器中压侧 211 断路器、低压侧 311 断路器。

（4）5043 断路器 TA 的 C 相发生故障，故障在某站 MN 乙线保护范围。

MN 乙线线路主一保护：11 082ms 工频变化量阻抗、11 086ms 电流差动、11 120ms 距离 I 段保护动作。12 433ms 电流差动，12 451ms 距离加速，12 459ms 距离 I 段、12 482ms 零序加速。

MN 乙线线路主二保护：11 083ms 工频变化量阻抗、11108 光纤纵联距离、光纤纵联零序、11 132ms 载波纵联距离、载波纵联零序保护。12 451ms 距离加速、12 459ms 距离Ⅰ段、12468 光纤纵联距离、12482 零序加速保护。

5043 断路器保护：11 098ms C 相跟跳；保护动作跳 C 相；12 343ms 重合闸动作，重合于故障；12 450ms A 相跟跳、B 相跟跳、C 相跟跳、三相跟跳、沟通三跳保护跳三相。

全过程故障时序如表 8－1 所示（以 5052 断路器 TA 故障时刻为基准时间）。

表 8－1　　全过程故障时序

序号	时间	事　件
1	0	5052 断路器 TA 故障（A 相）
2	5ms	母差保护动作
3	40ms	切除母线故障
4	13s:250ms	5053 断路器 TA 故障（A 相）
5	13s:256ms	MN 乙线保护动作
6	13s:296ms	5053 断路器跳闸，切除故障（A 相）
7	14s:520ms	重合闸动作
8	14s:612ms	重合于故障，保护动作
9	14s:667ms	5053 断路器三相断路器跳闸，切除故障
10	20s:355ms	5032 断路器 TA 故障（C 相）
11	20s:362ms	MP 线保护动作，故障未切除
12	20s:575ms	5032 断路器失灵保护远跳对侧断路器，死区保护动作联跳 5032 断路器三相
13	21s:206ms	5032 断路器 TA 故障（C 相）依然存在，1 号主变压器保护动作跳 211、311 断路器，切除故障
14	24s:329ms	5043 断路器 TA 故障（C 相）
15	24s:337ms	MN 甲线保护动作
16	24s:377ms	5043 断路器 C 相断路器跳闸，切除故障
17	25s:706ms	重合于故障，保护动作
18	25s:776ms	5043 断路器三相断路器跳闸，切除故障

设备故障原因：SF_6 电流互感器内部电容屏结构设计上存在缺陷，频繁雷电波侵入情况下发生的 TA 放电击穿故障，导致站内多个设备短时间内相继跳闸。

二、某 500kV 电厂 6min 内 3 个 TA 相继故障实例

1. 事件概述

（1）某日 23 时 48 分 04 秒，500kV M 电厂 5031 TA 故障，M 电厂Ⅰ母差动保护和 MN 甲线主一保护先后动作，Ⅰ母与 MN 甲线跳闸。

（2）23 时 48 分 48 秒，500kV M 电厂 5042 TA 故障，M 电厂 4 号发变组主变压器差动动

作，4 号机组跳闸。

（3）23 时 54 分 45 秒，500kV M 电厂 5023 TA 故障，M 电厂Ⅱ母差动保护和 5023 断路器失灵保护先后动作，Ⅱ母与 MN 乙线跳闸。

TA 故障点示意图如图 8－2 所示。

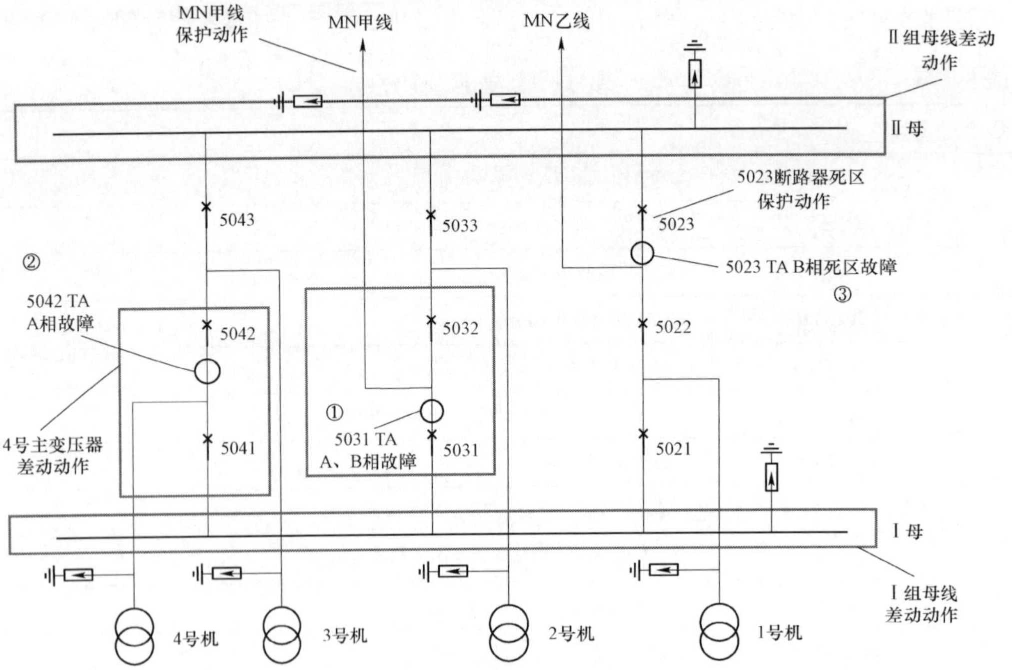

图 8－2　故障点示意图

2. 保护动作分析

（1）M 电厂 5031 TA A 相故障，Ⅰ母两套差动保护动作，跳开Ⅰ母上所有断路器。由于故障点位于死区（5031 TA 在 5031 断路器和 50312 隔离开关之间），故障未切除。受 TA 故障的影响，约 152ms 后，MN 甲线主一保护 A 相出现差流，分相差动动作，跳开 M 电厂 5032 A 相断路器和对侧断路器 A 相。在 MN 甲线两侧中断路器重合同时，5031 TA B 相故障，MN 甲线主一保护分相差动动作，跳开 M 电厂 5032 三相断路器和对侧断路器三相。5031 TA 故障时 M 电厂 MN 甲线主一保护装置录波，如图 8－3 所示。

由 M 电厂 MN 甲线主二保护装置录波可见（如图 8－4 所示），电流无异常，故障为线路区外故障，故主二保护未动作。

由 M 电厂的故障录波图可见（如图 8－5、图 8－6 所示），在 5031 A 相 TA 故障期间，故障录波器录到的 A 相电流无异常，但 5031 B 相 TA 故障期间 B 相电流有约 5ms 尖波脉冲。因此，主一保护和故障录波装置录到的异常电流应为 TA 故障导致传变电流畸变所致。

（2）M 电厂 5042 TA B 相故障，4 号发变组主变压器差动动作，跳 5042 断路器，4 号机解列。

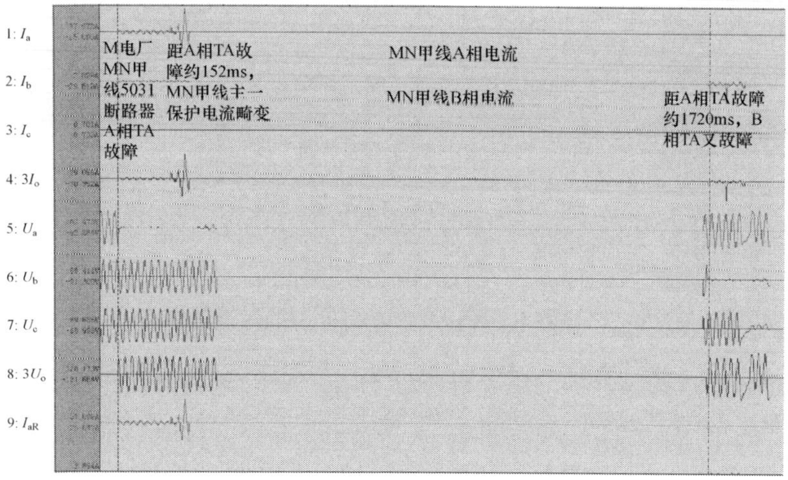

图 8－3　5031 TA 故障时 M 电厂 MN 甲线主一保护装置录波

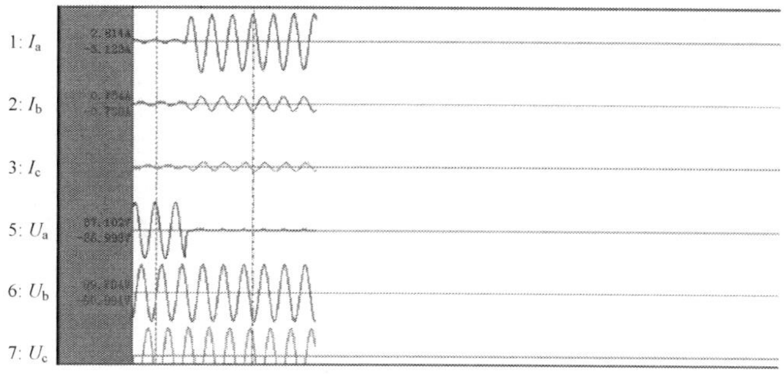

图 8－4　5031 TA A 相故障时 M 电厂 MN 甲线主二保护装置录波

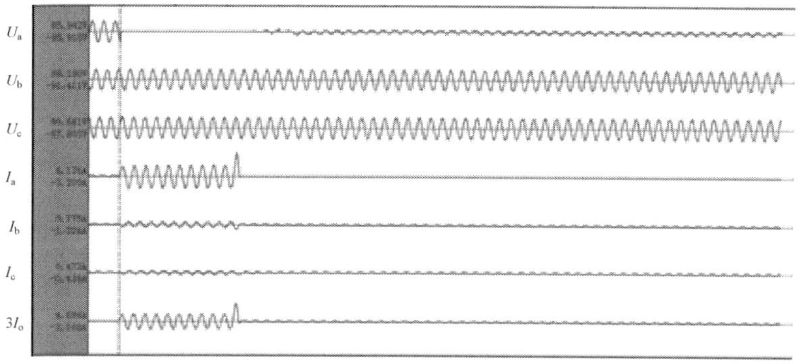

图 8－5　A 相故障时 M 电厂故障录波

（3）M 电厂 5023 TA B 相故障，Ⅱ母两套差动保护动作，跳开Ⅱ母上所有断路器。由于故障点位于死区，故障未切除。约 248ms 后，5023 断路器失灵、死区保护动作跳开Ⅱ母断路器，并远跳 MN 乙线线路对侧断路器，切除故障，M 电厂全停。

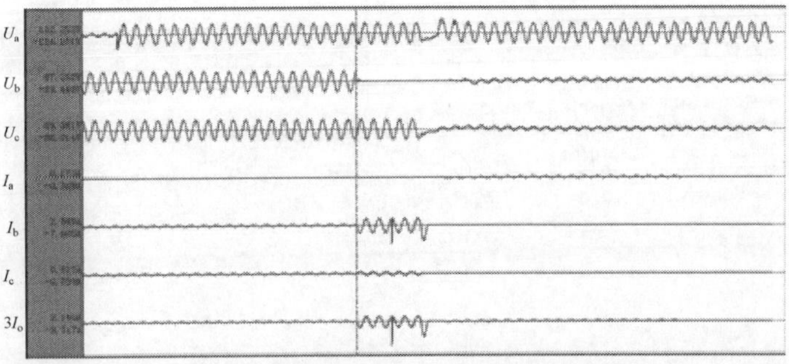

图 8－6　B 相故障时 M 电厂故障录波

（4）故障动作时序图。保护动作分析中以 M 电厂故障录波录到的 5031 A 相故障时间为基准作为零时刻。故障动作时序图如图 8－7 所示。

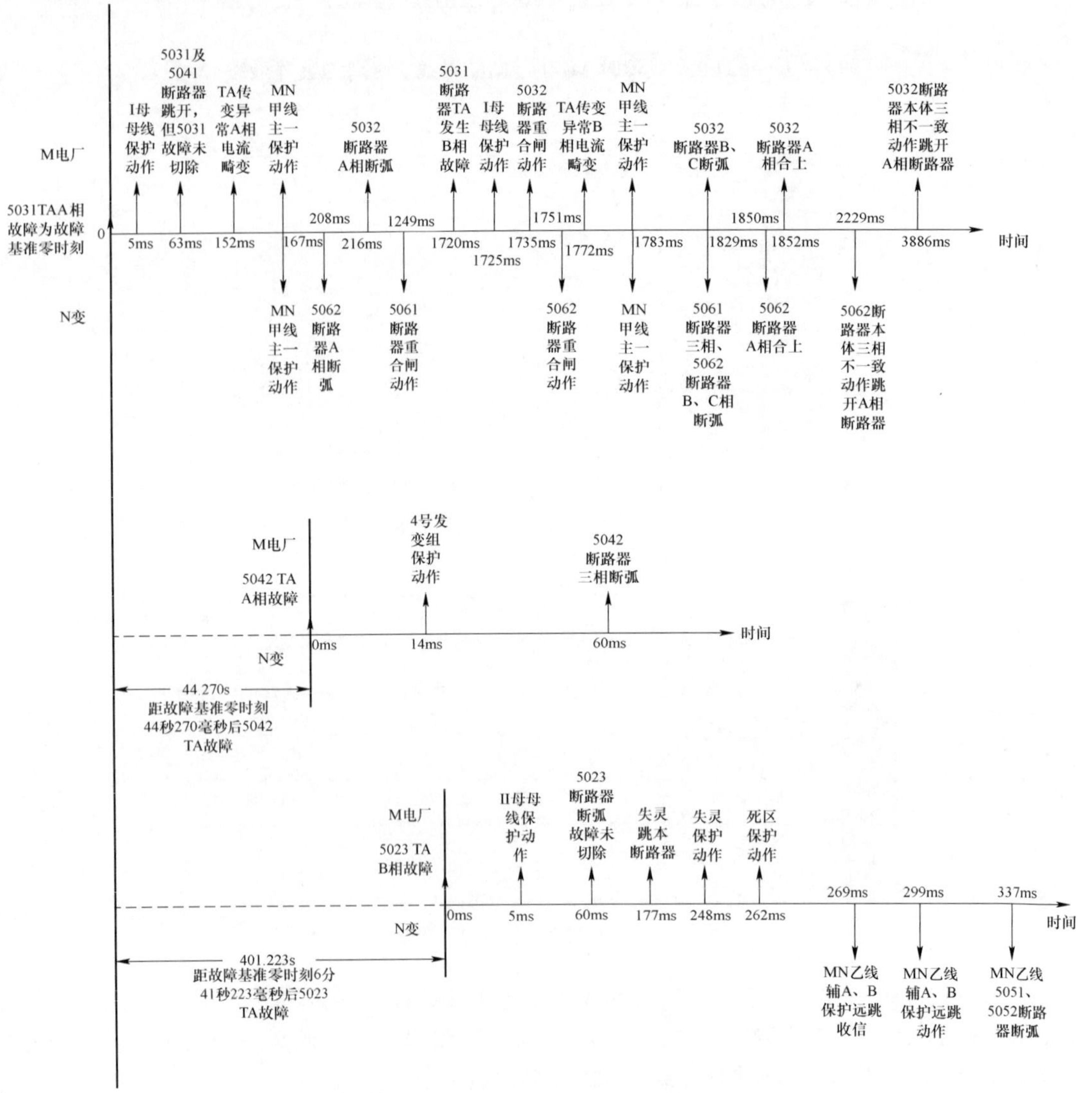

图 8－7　500kV M 电厂 TA 相继故障时序图

3. 故障原因

（1）5031 断路器 TA A、B 相由于雷击损坏，从外观可明显看出故障点，如图 8－8、图 8－9 所示。

(a) (b)

图 8－8 500kV 5031 A 相电流互感器

（a）互感器顶部放电点；（b）互感器二次接线盒放电情况

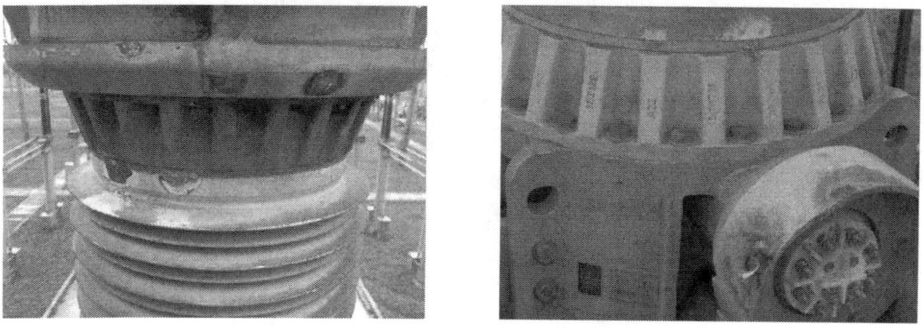

(a) (b)

图 8－9 500kV 5031 B 相电流互感器

（a）互感器顶部放电点；（b）互感器二次接线盒放电情况

（2）5042 A 相 TA 故障，如图 8－10 所示。

（3）5023 TA B 相故障，外观无明显故障点，随后经 SF_6 组分测试分析，SO_2 含量达 4000μL/L，该相 TA 故障，如图 8－11 所示。

(a) (b)

图 8－10 500kV 5042 A 相电流互感器

（a）互感器顶部放电点；（b）互感器底座放电点

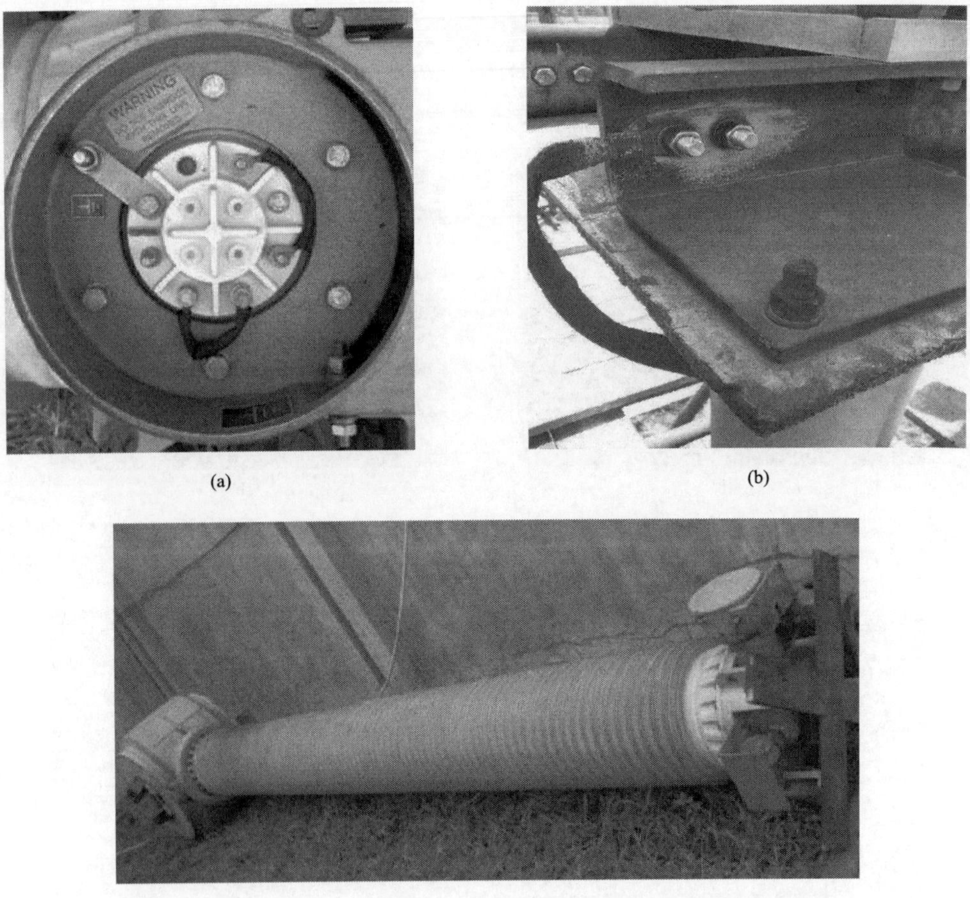

(a) (b) (c)

图 8－11　500kV 5023 B 相电流互感器

（a）末屏接地；（b）外部接地良好；（c）电流互感器外部无明显异常

三、3 条 220kV 线路因山体滑坡相继倒杆跳闸实例

1. 事件概述

某日 03 时 34 分 39 秒，220kV MN 线发生 A 相永久性故障，重合不成功；993ms 后 220kV MPⅠ回线发生 B 相转 AC 相故障；2317ms 后 220kV MPⅡ回线发生 AB 相相间故障。MPⅠ回线、MPⅡ回线为同杆并架线路。

2. 保护动作分析

（1）220kV MN 线发生 A 相永久性故障，M 变电站侧保护动作情况（N 变电站侧为牵引变压器，MN 线路重合闸为三重方式）：主一、主二保护，接地距离Ⅱ段、零序过电流Ⅱ段动作，并重合于故障加速跳三相。MN 线 M 变电站侧故障录波如图 8－12 所示。

（2）220kV MPⅠ回发生 B 相转 AC 相故障，M 变电站保护动作情况：主一、主二保护，电流差动保护动作跳 B 相，远方启动动作、差动发展性故障保护动作跳三相。

P 变电站保护动作情况：主一、主二保护，电流差动保护动作跳 B 相，远方启动动作、差动发展性故障保护动作跳三相。

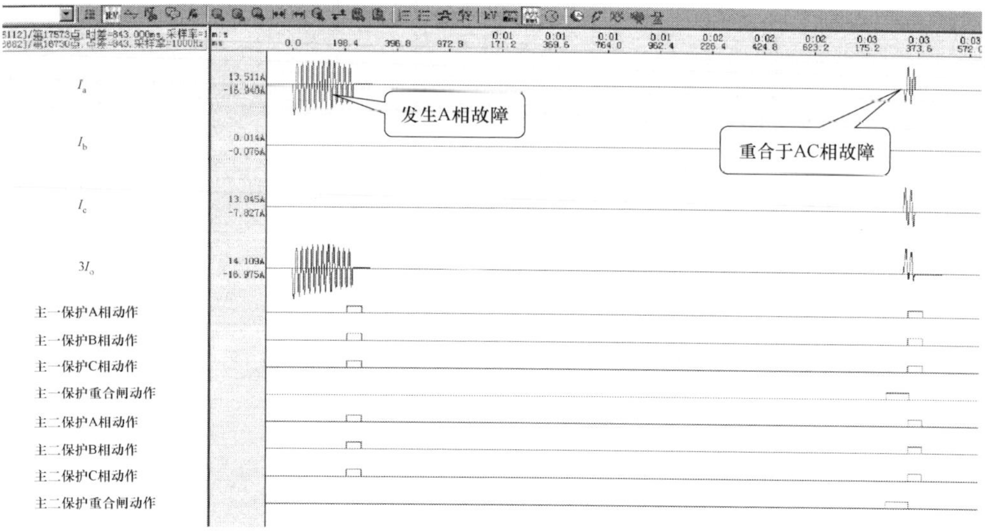

图 8－12　MN 线 M 变电站侧故障录波图

（3）220kV MPⅡ回线发生 AB 相相间故障，M 变电站 220kV MPⅡ回线保护动作情况：主一、主二保护，电流差动保护动作跳三相。

P 变电站 220kV MPⅡ回线保护动作情况：主一、主二保护，电流差动保护动作跳三相。

M 变电站 MPⅠ回、MPⅡ回线故障录波如图 8－13 所示。

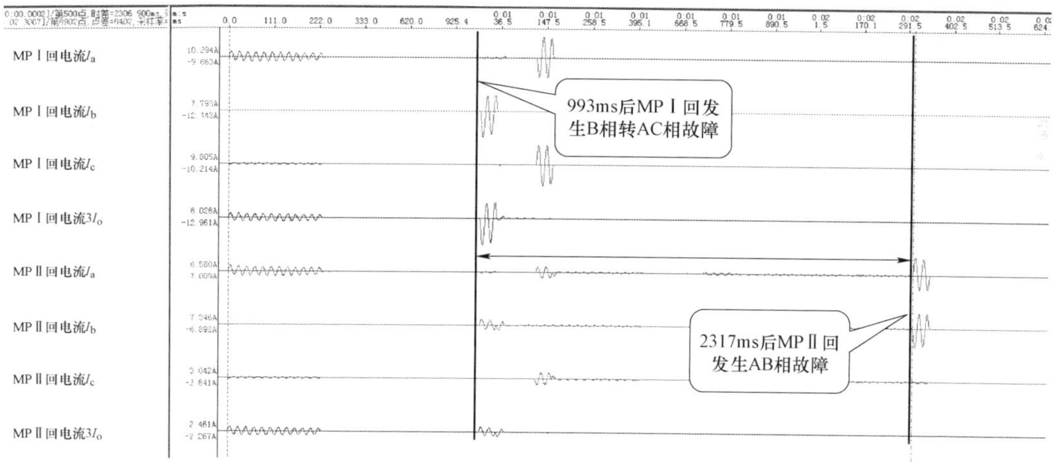

图 8－13　MPⅠ回、Ⅱ回线故障录波图

（4）MPⅠ回、MPⅡ回动作时序图如图 8－14 所示。

3. 故障原因

因山体滑坡，220kV MN 线 4 号基塔倒塌，造成 220kV MN 线、220kV MPⅠ回、220kV MPⅡ回三条线路故障（220kV MPⅠ回、220kV MPⅡ回为同塔双回）。

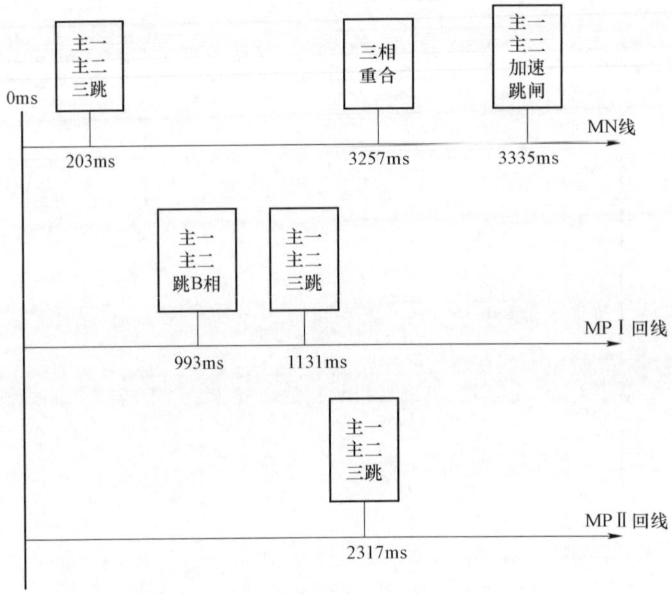

图 8－14　MN 线、MPⅠ回、MPⅡ回动作时序图

四、500kV MN 甲乙线及 220kV PQ 乙线线路相继故障实例

1. 事件概述

某日 18 时 22 分 15 秒，500kV MN 甲线 C 相故障重合成功。500kV MN 甲线故障后 1.767s，500kV MN 乙线发生 B 相故障，两侧保护正确动作跳 B 相；B 相故障后 0.698s 转 C 相故障（此时乙线重合闸充电尚未完成），500kV MN 乙线三相跳闸不重合。500kV MN 乙线 C 相故障三跳后 1.633s，220kV PQ 乙线发生 C 相故障，两侧保护 16ms 正确动作跳 C 相并重合于故障，220kV PQ 乙线三相跳闸不重合。220kV PQ 乙线交叉跨越 500kV MN 甲乙线。

2. 保护动作分析

（1）500kV MN 甲线保护动作情况（M 变电站）：0ms，保护装置启动（基准时刻）；11ms，主一、主二保护动作出口，跳 C 相；19ms，5033、5032 断路器保护动作，C 相跳闸；983ms，5033 断路器重合闸动作，C 相重合；1462ms，5032 断路器重合闸动作，C 相重合。

（2）500kV MN 甲线保护动作情况（N 变电站）：0ms，保护装置启动（基准时刻）；9ms，主一、主二保护动作出口，跳 C 相；19ms，5061、5062 断路器保护动作，C 相跳闸；962ms，5061 断路器重合闸动作，C 相重合；1485ms，5062 断路器重合闸动作，C 相重合。

（3）500kV MN 乙线保护动作情况（M 变电站）：0ms，保护装置启动（距故障启动基准时刻 1.767s）；14ms，主一、主二保护动作出口，跳 B 相；34ms，5043、5042 断路器保护动作，B 相跳闸；711ms，主一、主二保护动作出口，永跳三相；743ms，5043、5042 断路器保护动作，三相跟跳。

（4）500kV MN 乙线保护动作情况（N 变电站）：0ms，保护装置启动（距故障启动基准时刻 1767ms）；11ms，主一、主二保护动作出口，跳 B 相；22ms，5071、5072 断路器保护动作，B 相跳闸；709ms，主一、主二保护动作出口，永跳三相；720ms，5071、5072 断路器保护动作三相跳闸；962ms，5061 断路器重合闸动作，C 相重合；1485ms，5062 断路器重合闸动作，C 相重合。

（5）220kV PQ 乙线保护动作情况（P 变电站）：0ms，保护装置启动（距故障启动基准时刻 4.098s）；16ms，主一保护动作出口，跳 C 相；15ms，主二保护动作出口，跳 B 相；904ms，保护重合闸动作出口；944ms，纵联保护、加速保护跳三相。

（6）220kV PQ 乙线保护动作情况（Q 变电站）：0ms，保护装置启动（距故障启动基准时刻 4.098ms）；35ms，主一、主二保护动作出口，跳 C 相；898ms，保护重合闸动作出口，938ms，纵联保护、后加速保护跳三相。

保护动作时序图如图 8－15 所示，故障时刻录波图如图 8－16 所示。

18 时 22 分 15 秒，500kV MN 甲线发生区内 C 相故障（故障时刻波形如图 8－16 所示），两侧电压瞬间跌落；M 侧故障电流 4.317kA，N 故障电流达 46.193kA。两侧保护正确动作跳 C 相，M 侧 962ms、N 侧 983ms 重合成功。

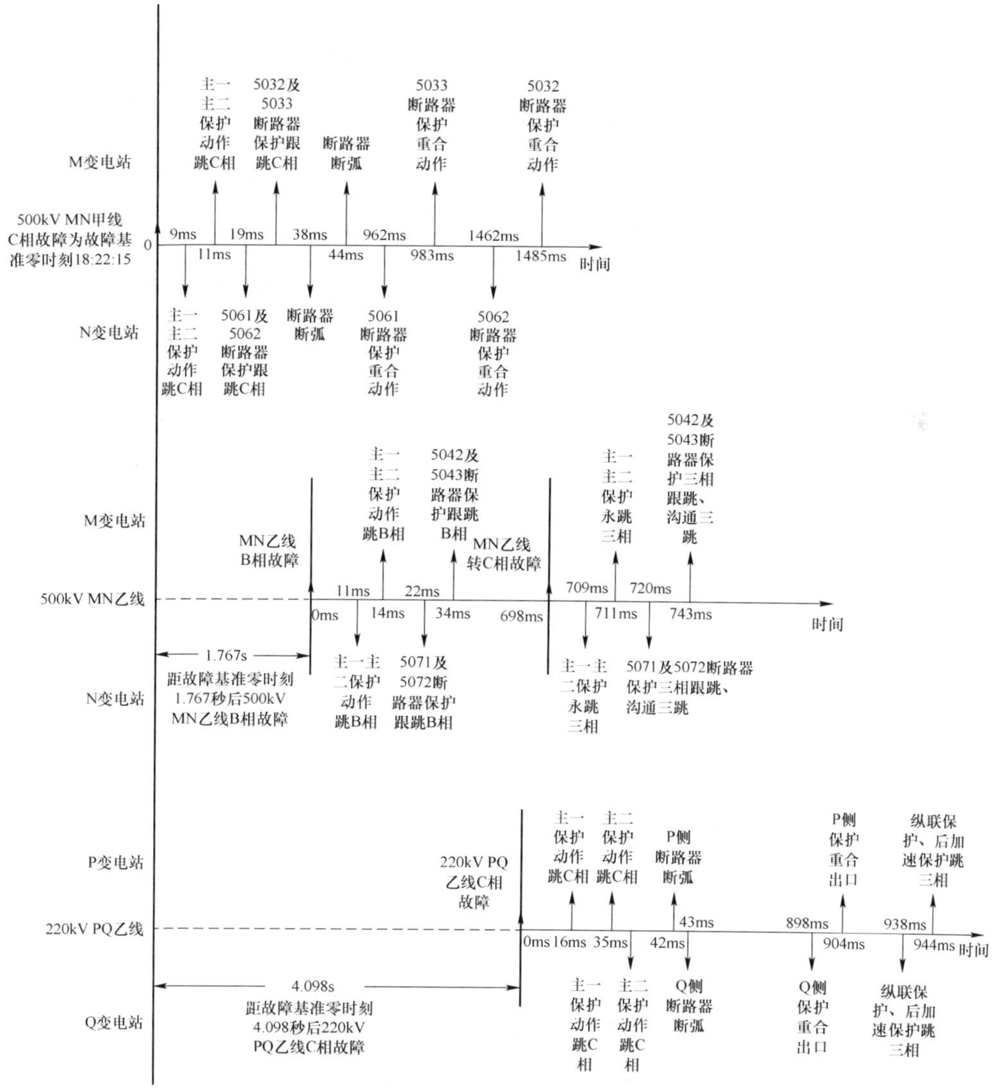

图 8－15　保护动作时序图

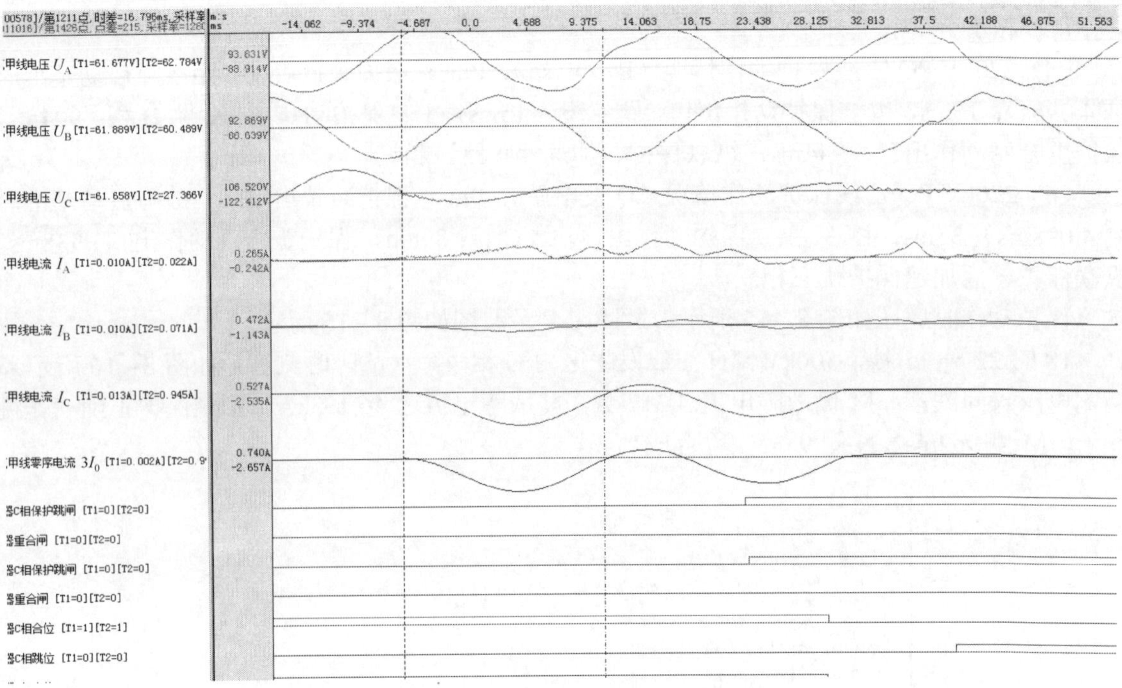

图 8－16　500kV MN 甲线 M 变电站侧故障时刻录波

500kV MN 甲线 C 相故障后 1.767s，500kV MN 乙线 B 相故障（故障时刻 M 侧波形如图 8－17 所示），电压均有跌落，M 侧约为正常电压 1/3，后逐步减小至几乎为 0；M 侧故障电流 5.529kA，保护正确动作跳 B 相；B 相故障后 0.698s，500kV MN 乙线 C 相故障，M 侧故障电流 5.096kA，由于此时重合闸尚处于充电过程中，保护正确动作跳三相，重合闸放电。500kV MN 乙线三跳不重合。

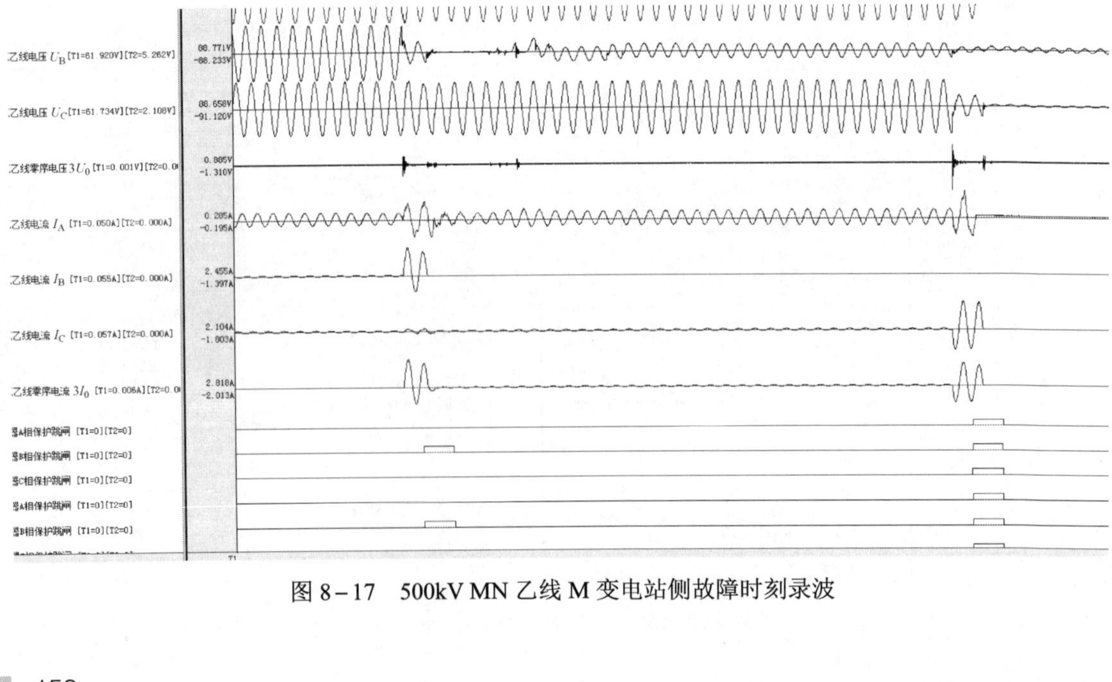

图 8－17　500kV MN 乙线 M 变电站侧故障时刻录波

500kV MN 甲线 C 相故障后 4.098s，220kV PQ 乙线 C 相区内故障（故障时刻 M 侧波形如图 8－18 所示），合成差流显示故障点电流达 27.552kA，保护正确动作跳 C 相；P 侧 898ms、Q 侧 904ms 重合于故障，合成差流显示故障点电流达 22.348kA，两侧保护正确动作跳三相。

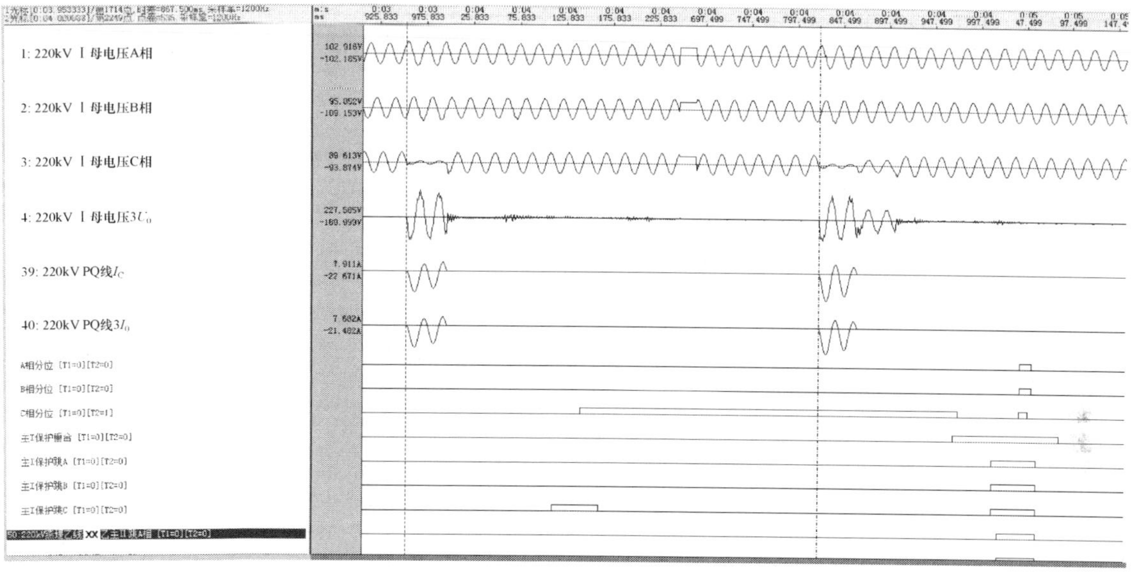

图 8－18　220kV PQ 乙线 P 变电站侧录波

3. 故障情况

18 时 22 分 15 秒，500kV MN 甲线因线路 C 相故障（因雷击或架空地线断线掉落引起），C 相故障重合成功；1.767s 后 500kV MN 乙线架空地线断线掉落引发 500kV MN 乙线 B 相故障，2.465s 后 500kV MN 乙线 C 相故障，三相跳闸。4.098s 后，架空地线搭落在 220kV PQ 乙线，引发 220kV PQ 乙线 C 相永久故障，220kV PQ 乙线重合于故障三相跳闸。

五、两台 500kV 主变压器相继发生内部故障实例

1. 事件概述

某日，某 500kV 变电站 1 号主变压器 A 相本体爆炸并起火，1 号主变压器差动及 A 相本体重瓦斯保护动作，跳开 1 号主变压器三侧断路器。2s 后，燃起的火焰导致相邻 2 号主变压器本体 C 相故障，2 号主变压器差动保护动作，跳开 2 号主变压器三侧断路器。

2. 保护动作分析

保护动作故障时序如图 8－19 所示。

从图 8－20 可以看出，1 号主变压器 A 相 500kV 侧发生了突发性单相接地故障。故障发生时 1 号主变压器 500kV 侧 B、C 相及 220kV 侧 B、C 相电压正常，A 相 500kV 侧电压降为 0 且电流剧增，A 相 220kV 侧电压未下降到 0。500kV 侧短路电流为 26.434kA、220kV 侧短路电流为 2.70kA，故障持续时间约为 70ms。需要说明的是，A 相 500kV 侧电流剧增，约 13ms 后电流消失，根据现场检查情况及保护配置，故障录波电流取自套管 TA，故障发生 13ms 后套管 TA 被烧毁因此未录到后续故障电流。

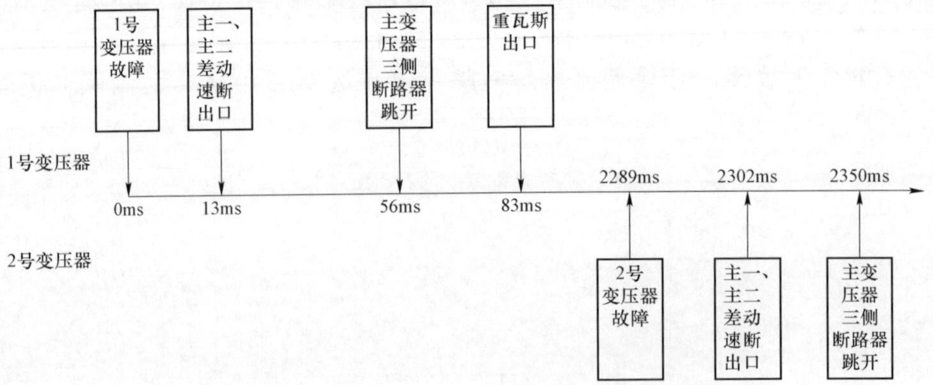

图 8－19　1、2 号主变压器保护动作故障时序图

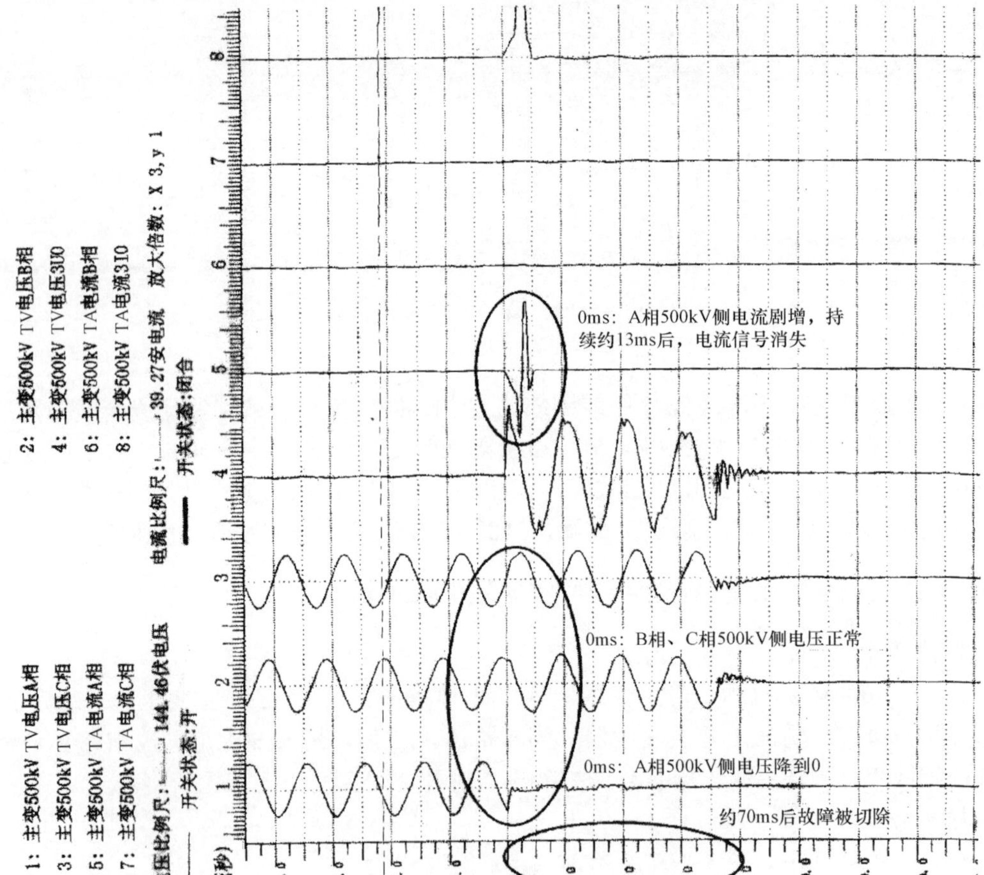

图 8－20　1 号变压器故障录波图

2 号变压器故障录波图如图 8－21 所示。可以看出，1 号主变压器发生故障时，2 号主变压器 A 相电流出现较大波动，持续时间约 70ms，与 1 号主变压器 A 相故障时间吻合。因 2 号变压器故障发生在 2 号主变压器断路器 TA 和套管 TA 之间，而集中录波录的是套管 TA 电流，因此图 8－21 中看到的 2 号变压器故障时的高压侧电流和中压侧电流相位是

相反的。

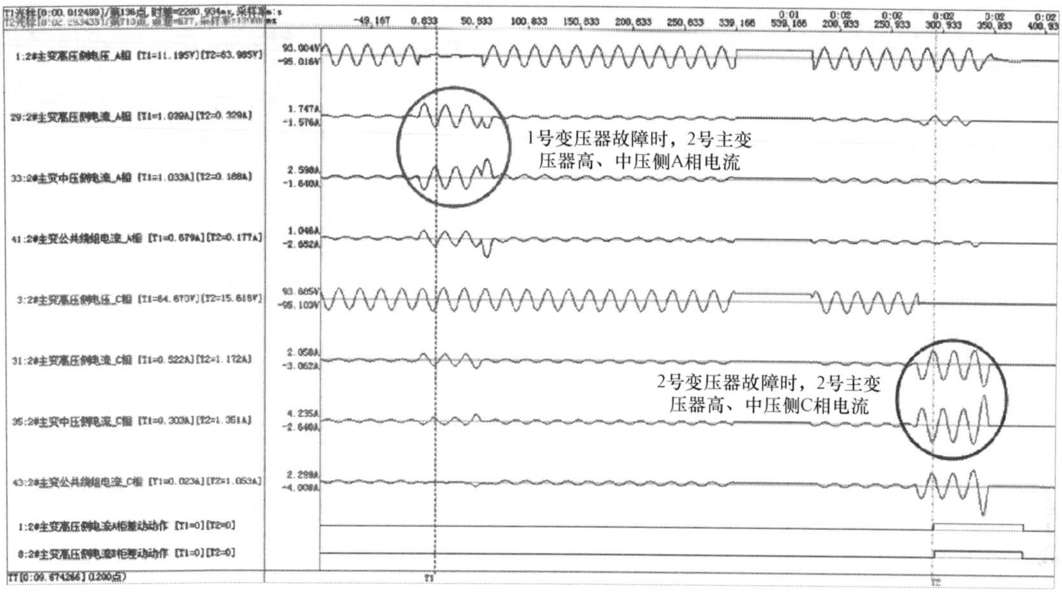

图 8－21　2 号变压器故障录波图

3. 故障原因分析

（1）1 号主变压器故障情况。1 号主变压器内部突发故障导致 A 相高压升高座受到巨大压力被喷出、螺栓全部断裂，高压套管法兰盘螺栓全部断裂，法兰盘挂于高压套管导杆根部；中压侧套管瓷套碎裂，低压套管残破；从高压套管出线孔处观察，绕组内部有过火痕迹，如图 8－22 所示。

(a)

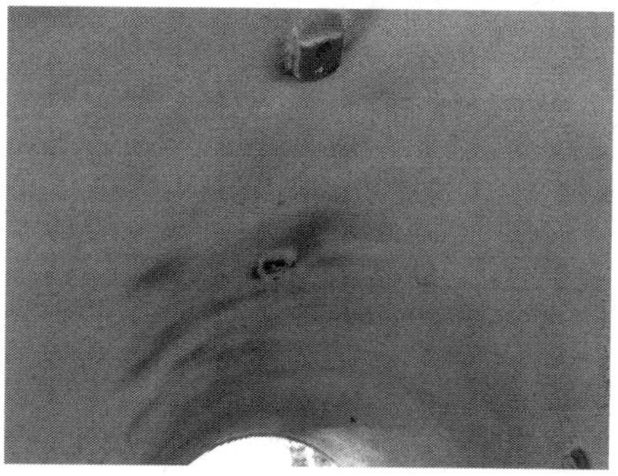

(b)

图 8－22　1 号主变压器故障情况

（a）1 号主变压器 A 相高压升高座断裂变形；（b）1 号主变压器 A 相高压升高座内部放电点

（2）2 号主变压器故障情况。1 号主变压器 A 相着火后烟尘引起 2 号主变压器 C 相周围空气绝缘击穿，导致高压套管将军帽对储油柜放电，C 相高压套管将军帽处有放电烧蚀点，储油柜顶部螺栓处有烧蚀痕迹，2 号主变压器闪络位置如图 8－23 所示。

六、某500kV变电站遭遇龙卷风袭击全站失压实例

图8-23 2号主变压器闪络位置

1. 事件概述

某日，受强台风影响，500kV M变电站遭遇突发龙卷风正面侵袭，M变电站500kV 1M、2M母线、1、3、4号主变压器，500kV NM甲线、NM乙线、220kV MP甲线、MP乙线、MQ甲线、MQ乙线、MR甲线、MR乙线、MU甲线、MU乙线、MT甲线、MT乙线、WM甲线、WM乙线、MV甲线、MV乙线、MS丙线、MS丁线主保护动作，造成M变电站500kV、220kV母线全部失压。

2. 保护动作分析

（1）保护动作情况。龙卷风导致M变电站及相关线路一次设备故障31次，故障总持续时间约30s。M变电站一次设备故障明细表如表8-2所示，按故障设备分类：500kV母线故障2次，500kV变压器故障3次，500kV线路故障2次，220kV线路故障24次。按故障类型分类：单相故障18次、相间故障9次、发展性故障3次、断线故障1次。

表8-2 M变电站一次设备故障明细表

设备	第一次故障						第二次故障					
	故障相对时序 ms	保护动作相对时序 ms	故障类型	故障描述	故障电流 kA	故障持续时间 ms	故障相对时序 ms	保护动作相对时序 ms	故障类型	故障描述	故障电流 kA	故障持续时间 ms
3号主变压器	0	20	单相故障	B相接地故障	30.7	60	/	/	/	/	/	/
500kV 1M	1268	1280	单相故障	B相接地故障	39.6	53	/	/	/	/	/	/
500kV 2M	1280	1292	单相故障	A相接地故障	40.3	55	/	/	/	/	/	/
500kV NM乙线	1436	1448	相间故障	空充状态，线路BC相间故障	/	/	/	/	/	/	/	/
500kV NM甲线	2042	2054	发展性故障	A相接地502ms后转C相接地	4.4	41	/	/	/	/	/	/
220kV MT乙线	4533	4548	单相故障	C相单相故障，重合成功	25.1	40	7709	7724	单相故障	C相故障，重合闸未充电，保护三跳	23.5	40
220kV WM甲线	4533	4549	单相故障	A相单相故障，重合成功	26.2	40	7709	7726	单相故障	A相故障，重合闸未充电，保护三跳	26.2	40
220kV MT甲线	5135	5150	相间故障	BC相间故障	23.7	40	/	/	/	/	/	/
1号主变压器	9164	9195	相间故障	AB相间故障	9.2	60	/	/	/	/	/	/
4号主变压器	9671	9692	相间故障	AB相间故障	27.3	54	/	/	/	/	/	/
220kV MU乙线	12 412	12 426	相间故障	AC相间故障	21.9	41	/	/	/	/	/	/

续表

设备	第一次故障						第二次故障					
	故障相对时序ms	保护动作相对时序ms	故障类型	故障描述	故障电流kA	故障持续时间ms	故障相对时序ms	保护动作相对时序ms	故障类型	故障描述	故障电流kA	故障持续时间ms
220kV MV 乙线	13 495	13 510	单相故障	C 相单相故障，重合成功	25	41	16 425	16 440	单相故障	B 相转 A 相故障，重合闸未充电，保护三跳	24.6	54
220kV MV 甲线	15 224	15 239	相间故障	BC 相间故障	21.5	41	/	/	/	/	/	/
220kV MS 丙线	15 500	15 517	单相故障	C 相单相故障，重合成功	23.9	40	/	/	/	/	/	/
220kV MP 乙线	16 304	16 320	单相故障	A 相单相故障，重合成功	15.3	40	19 920	19 934	单相故障	B 相故障，重合闸未充电，保护三跳	22.7	40
220kV MR 乙线	21 228	21 242	发展性故障	B 相单相故障，780ms 后转 C 相故障，主一保护三跳、主二保护单跳重合成功	21.2	40	22 183	21 201	单相故障	C 相故障，重合闸未充电，保护三跳	20.9	52.6
220kV WM 乙线	21 508	21 525	发展性故障	C 相接地 175ms 后转 AB 相间故障	22.8	215	/	/	/	/	/	/
220kV MU 甲线	22 184	22 199	单相故障	A 相单相故障，重合成功	22.9	40	25 056	25 071	相间故障	BC 相间故障	15.7	40
220kV MQ 乙线	23 544	23 560	单相故障	C 相单相故障，重合失败	17	40	/	/	/	/	/	/
220kV MQ 甲线	24 797	24 811	相间故障	AB 相间故障	13	40	/	/	/	/	/	/
220kV MS 丁线	26 403	26 418	单相故障	B 相单相故障，重合成功	14.2	40	31 081	31 102	单相故障	A 相故障，重合闸未充电，保护三跳	2.1	43
220kV MP 甲线	29 019	29 036	相间故障	AB 相间故障	8.7	43	/	/	/	/	/	/
220kV MR 甲线	29 982	29 999	断线及接地故障	A 相断线故障重合成功	0.95	42	30 906	30 924	单相故障	A 相接地故障，重合闸未充电，保护三跳	3.8	39

M 变电站保护动作时序图如图 8－24 所示，断路器跳闸时序如图 8－25 所示，220kV 母线电压波形如图 8－26 所示，故障首先从 500kV 3 号变压器开始，1268ms 500kV 1M、2M 相继故障跳闸，500kV OM 甲线、OM 乙线与 M 变电站 500kV 电网脱离；2540ms 500kV NM 甲

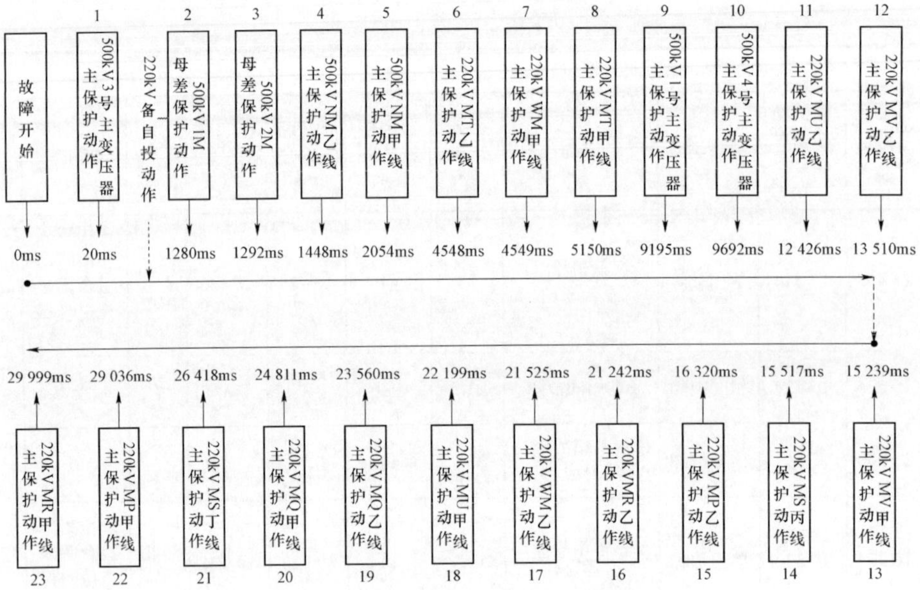

图 8-24　M变电站保护动作时序图

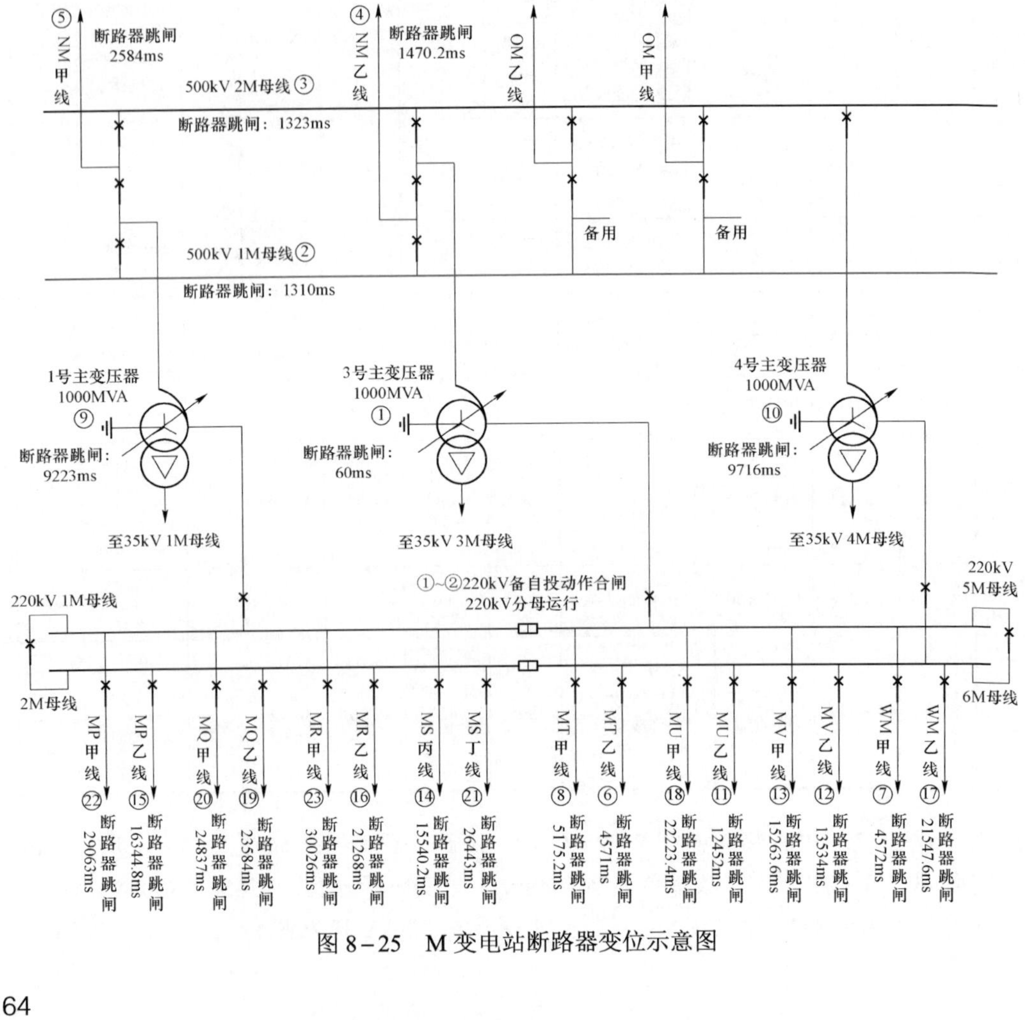

图 8-25　M变电站断路器变位示意图

线转换性故障三相跳闸，至此M变电站500kV断路器全部跳开；4533ms 220kV MT乙线故障，龙卷风开始侵袭220kV电压等级，500kV变压器、220kV线路开始陆续跳闸，9671ms 500kV 4号变压器跳闸，至此M变电站500kV变压器全部跳闸，约30s时220kV MR甲线跳闸，至此全站失压。故障设备的主保护全部正确动作，快速切除故障，避免事故进一步扩大，有效防止设备损坏，为事后的快速复电提供了有力支持。

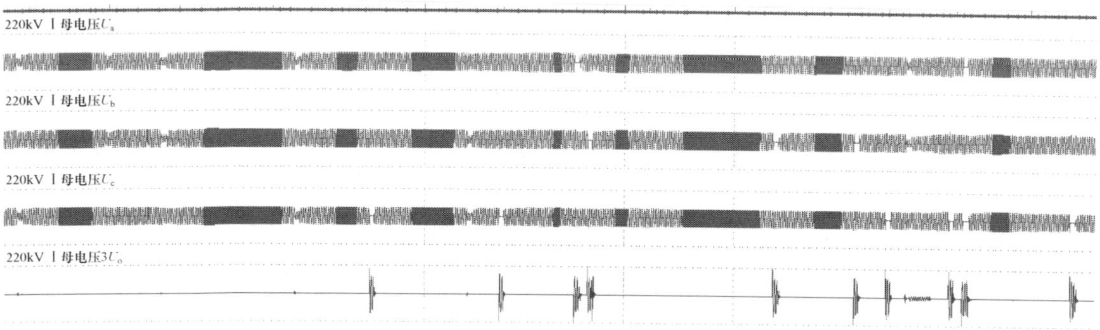

图8-26 M变电站220kV母线电压波形图

（2）保护动作分析。本次失压事件具有停电范围广、故障持续时间长、一次设备故障类型多、保护动作繁杂等特点，因此，快速、准确的还原一次设备故障过程，对于事后的保护动作分析、快速复电有着重要意义，也是本次失压事件保护动作分析的难点。本次失压事件中，恰巧M变电站对时时钟存在缺陷，保护、录波时间不准确，不能通过保护动作时间确定一次设备故障过程。保护人员通过“监控后台断路器变位时序”和“录波器波形故障特征匹配”相结合的方法快速、准确的还原了一次设备故障过程。

在复杂故障中，一般会有多个录波器同时启动，受录波器装置时间、定值参数、采样特性等因素的影响，各个录波器波形的0ms时刻往往对应不同的绝对时间，导致不能用录波波形的相对时间直接确定不同故障设备的故障顺序。实际应用中，不同的录波器波形在某一故障时刻，往往存在具有共同特性的电气量，我们可以利用这些电气量的波形特性将全部录波器波形的0ms时刻设置为同一绝对时间，进一步确定各间隔的故障顺序。本次失压事件中M变电站共有8台录波器启动，其信息如表8-3所示，主变压器录波器的高压侧电压与各间隔500kV线路电压、主变压器录波器的中压侧电压与220kV录波器的母线电压就属于上述的电气量。

表8-3 M变电站录波器信息

序号	录波器名称	主要接入信息
1	500kV第一串录波器	500kV OM甲线电压、电流、开关量
2	500kV第二串录波器	500kV OM乙线电压、电流、开关量
3	500kV第三串录波器	500kV NM乙线电压、电流、开关量
4	500kV第四串录波器	500kV NM甲线电压、电流、开关量
5	1、3号主变压器录波器	1、3号主变压器各侧电压、电流、开关量
6	4号主变压器录波器	4号主变压器各侧电压、电流、开关量

续表

序号	录波器名称	主要接入信息
7	220kV 1M、2M 录波器	220kV 1M、2M 电压，MP 甲、乙线，MQ 甲、乙线，MS 丙、丁线，MR 甲、乙线
8	220kV 5M、6M 录波器	220kV 5M、6M 电压，MV 甲、乙线，MT 甲、乙线，WM 甲、乙线，MU 甲、乙线

1、3 号主变压器录波器和 500kV 第三串录波器在 3 号主变压器故障时，3 号主变压器高压侧电压、NM 乙线线路电压如图 8－27 所示，从图中可以看出 3 号主变压器跳闸后高压侧电压消失，而 NM 乙线线路电压恢复正常，可以确定 3 号主变压器先于 500kV 母线故障。同时两个录波器的 A 相电压、C 相电压在故障初始时刻和 20ms 时刻，电压波形特征完全一致，可以确定上述两个录波器波形的 0ms 时刻为同一绝对时间。同样的用 3 号主变压器高、中压侧电压波形，可以将全部录波器波形的 0ms 时刻设置为同一绝对时间。

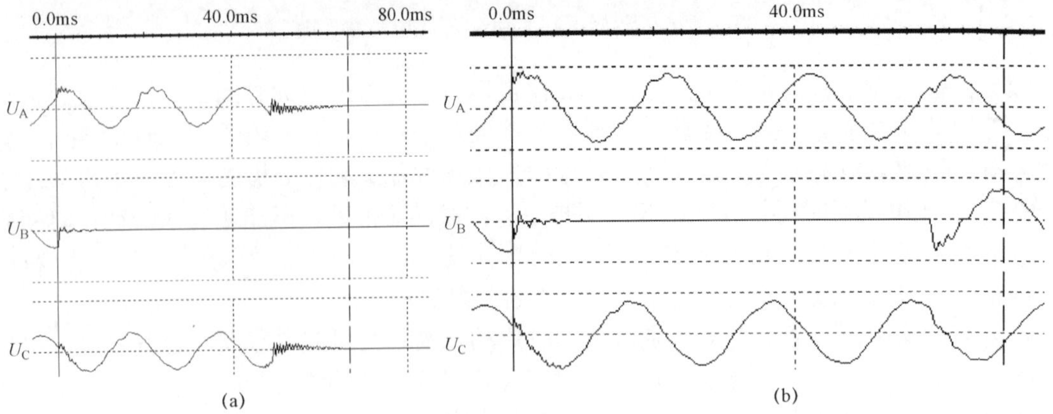

图 8－27　3 号主变压器跳闸时刻高压侧电压和 NM 乙线线路电压波形

（a）3 号主变压器高压侧电压；（b）NM 乙线线路电压

3. 故障原因

现场检查发现 M 变电站内及相关线路挂有大量铁皮等飘挂物，相关现场照片如图 8－28 所示。

4. 启示

（1）主保护定值方式适应能力强。本次失压事件，共计 16 回 220kV 线路先后发生故障跳闸，调度单位事后根据失压后运行方式校核母线、线路主保护定值，定值灵敏系数较正常方式有所下降，但均满足规程规定的灵敏系数要求，说明按照目前的整定原则，主保护定值具有较强的方式适应能力。

（2）220kV 线路应优先配置双套光纤差动保护。失压事件后，受运行方式影响，部分 220kV 线路配置的主二纵联保护，需要投退弱馈功能。在方式变化频繁、定值调整较多时，非常容易因人为判断或操作错误造成误、漏投退，而光纤差动保护不需要进行此类调整。

图 8-28 M变电站及相关线路现场照片

（3）通过预设定值能快速应对方式变化。线路保护设置多套定值区，针对台风等恶劣天气期间可能出现的系统运行方式变化、开关代路运行等情况，可通过运行人员切换定值区的方式快速应对。

七、GIS 故障导致 1M 与线路同时跳闸实例

1. 事件概述

某日 16 点 05 分，220kV M 变电站 220kV 母联 2012 断路器靠近 1 号母线侧的 C 相与 MN 乙线 BC 相同时发生接地故障，在 MN 乙线两侧断路器直接三跳切除故障后约 20ms 时，两套 220kV 母差保护动作出口，跳开 220kV 1 号母线上所有设备（当时双母分裂运行，母联断路器断开），包括：220kV MN 甲线 2759 断路器、1 号主变压器高压侧 2201 断路器、3 号主变压器高压侧 2203 断路器。现场检查发现，220kV 母联 2012 断路器 GIS 气室的 C 相内部有大量粉末，连接静触头与气室顶盖的绝缘支架、顶盖上盛装吸附剂的金属框存在电弧烧伤痕迹，吸附剂散落在气室内部。最终分析认为系雷击造成 GIS 内部绝缘击穿，引发接地故障，故障点示意图如图 8-29 所示。

2. 保护动作分析

M 变电站 220kV MN 乙线主一、主二保护分别 9ms、10ms 差动动作出口，220kV 母差主一、主二保护均约 60ms 动作出口。由图 8-30 所示的录波图可看出，母差保护在线路故障隔离后才动作出口。

（1）220kV MN 乙线保护动作分析。根据图 8-30 可以看出 220kV MN 乙线发生 B、C 相相间接地故障；根据 220kV MN 乙线动作打印报告（如图 8-31 所示），故障时差动电流达到 11.45A，远大于差动保护定值，故 220kV MN 乙线保护正确动作跳开两侧三相断路器。

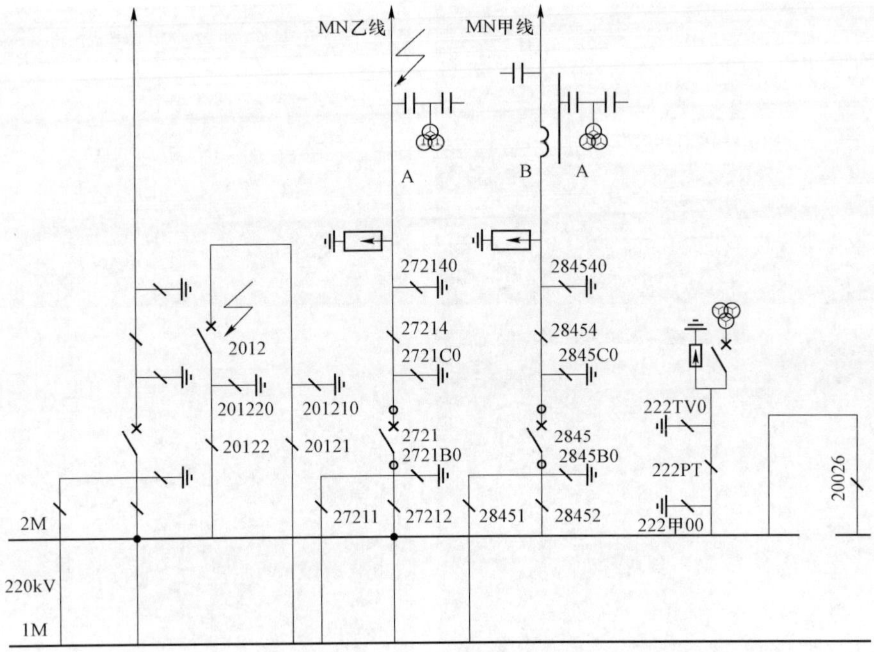

图 8－29　M 变电站一次接线图及故障点示意图

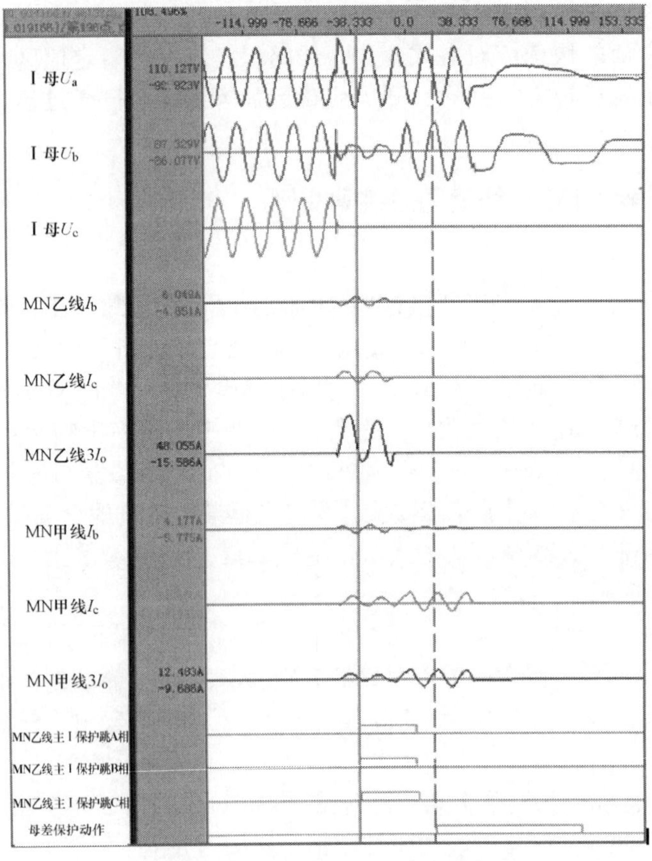

图 8－30　220kV M 变电站录波图

[redacted]

图 8－31　220kV MN 乙线动作打印报告

（2）220kV M 变电站母差保护动作分析。

BP－2B 母差比率差动判据为

$$\begin{cases} I_d > I_{dset} \\ I_d > K_r \times (I_r - I_d) \end{cases}$$

式中，I_{dset} 为差电流门坎定值，现场整定值为 1A；K_r 为复式比率系数（制动系数），计算小差时为 0.5，计算大差时在母联分裂运行情况下整定值为 0.5。和电流 $I_r = \sum_{j=1}^{m} \left| I_j \right|$，差电流 $I_d = \left| \sum_{j=1}^{m} I_j \right|$，$I_j$ 为母线上第 j 个连接元件的电流。

根据母差保护动作判据公式分析母线各支路电流，得到如图 8－32 所示波形。

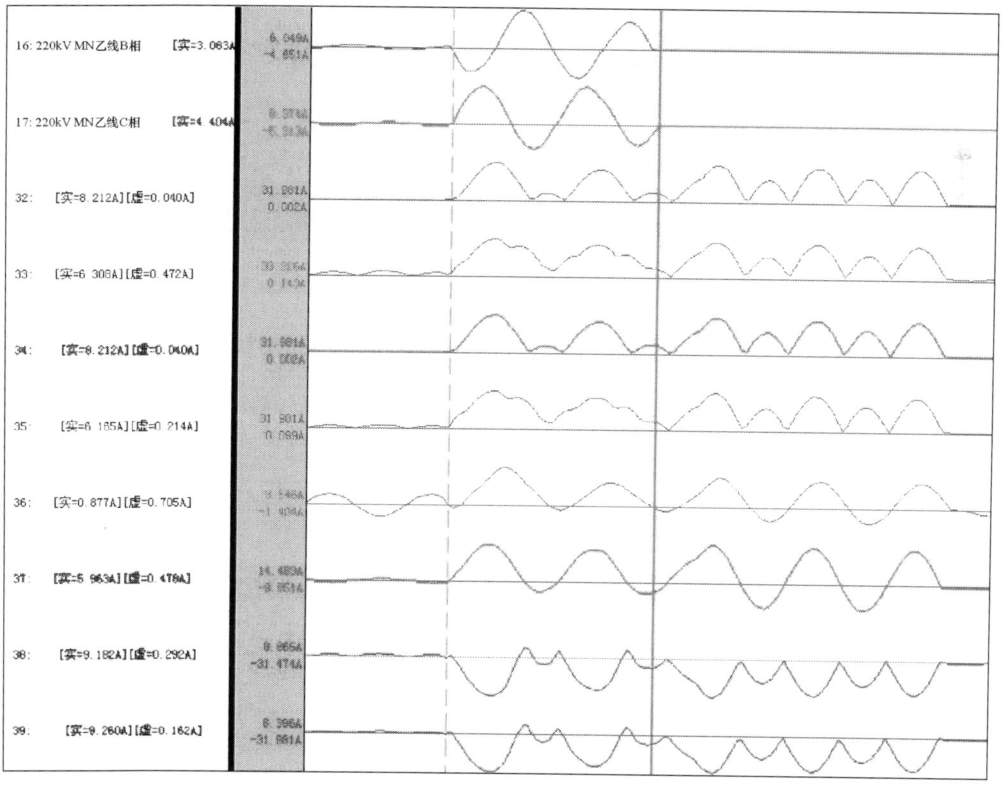

图 8－32　M 变电站母差差流分析录波图

图 8-32 中 i_d 为 1M 和 2M 的大差 C 相差电流，i_r 为对应大差 C 相和电流，$i_{dd}=0.5\times(i_r-i_d)-i_d$；$i_{d1}$ 为 1M 的小差 C 相差电流，i_{r1} 为对应小差 C 相和电流，$i_{dd1}=0.5\times(i_{r1}-i_{d1})-i_{d1}$。由比率差动判据公式可知，当 i_{dd} 与 i_{dd1} 大于零时，不满足判据条件。

从 MN 乙线 BC 相发生故障至 BC 相故障切除，1M 内部 C 相虽因故障有差流，但 i_{dd} 和 i_{dd1} 的值在每 20 个采样点中至少有 5 个采样点大于零，不满足保护动作判据条件，故母差未动作；在 MN 乙线 BC 相故障切除后，几乎所有采样点均满足动作判据，两套母差保护正确动作出口跳开各支路。

此次事件中，线路和母线发生同名相故障，若线路配置纵联距离保护，线路保护有可能判为区外故障拒动，而母线保护又将由于汲出电流的存在而拒动，故障将一直持续直至后备保护动作隔离故障。幸而此次故障线路配置的是差动电流保护，正确选相隔离故障，母差保护在线路故障点隔离后正确动作，有效控制了故障持续时间。

3. 一次设备故障情况

对母联 2012 断路器 C 相气室进行解体检查，发现 C 相气室顶部法兰吸附剂金属罩与断路器静触头处均压环间的绝缘拉杆有明显的灼烧痕迹，对地短路的放电通道明显，如图 8-33 所示。

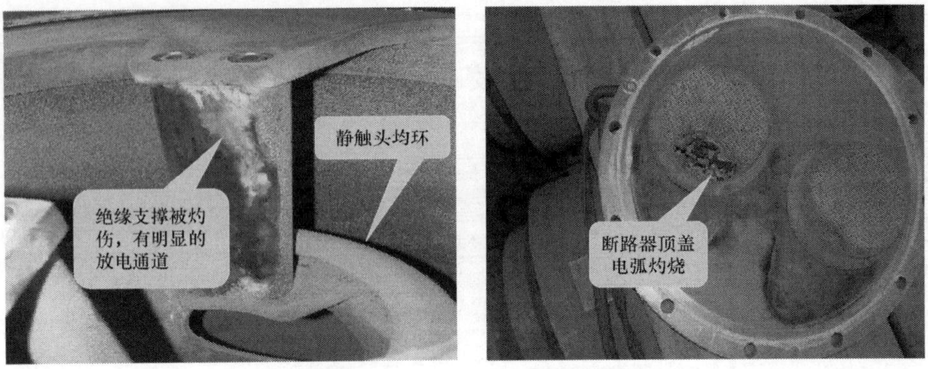

图 8-33　母联断路器故障点照片

第二节　双套直流电源消失实例

1. 事件概述

220kV M 变电站 110kV Ⅰ、Ⅱ母因雷击发生三故障，M 变电站 110kV 母差保护动作，跳开了 5 台 110kV 断路器，由于变电站直流系统异常，站内其他 10 台断路器无法正常跳闸，导致故障未切除，由 M 变电站对侧 220kV 线路后备保护动作切除故障，造成 M 变电站全站失压。M 变电站站内接线图如图 8-34 所示。

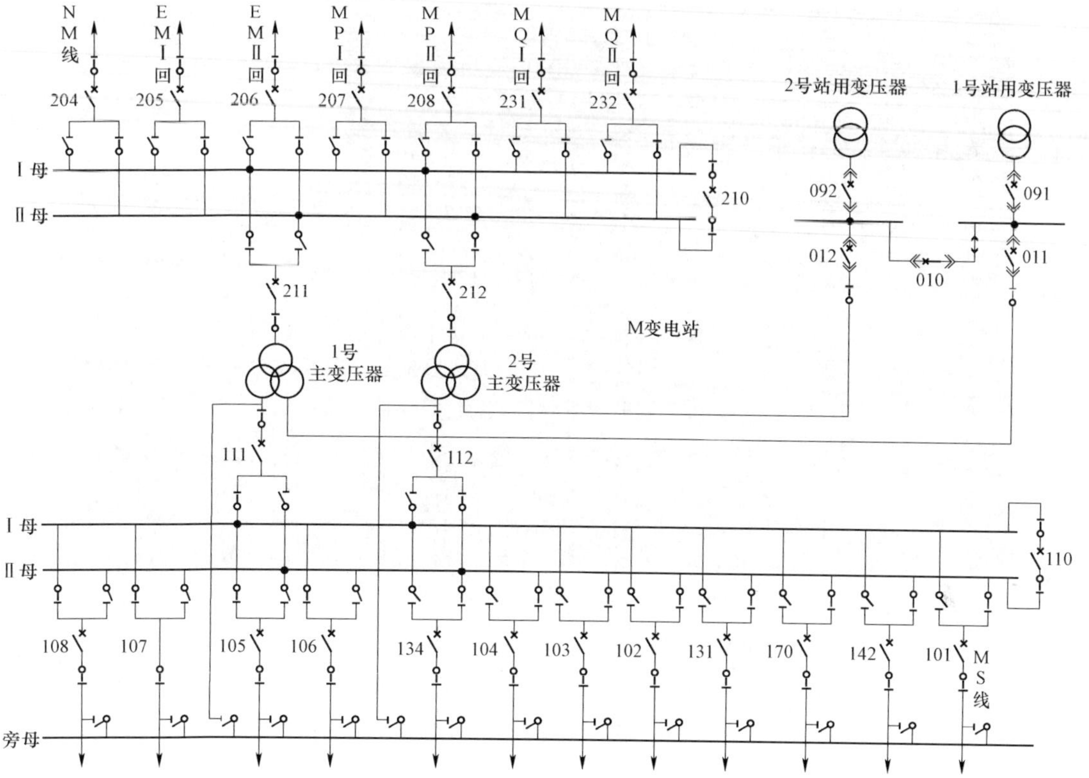

图 8－34　220kV M 变电站站内接线图

2. 保护动作分析

1）第一阶段：M 变电站 110kV 母线三相弧光短路。14 时 52 分 32 秒，为故障 0ms 时刻，220kV M 变电站 110kV Ⅰ、Ⅱ母因雷击，发生三相弧光短路故障。M 变电站 110kV 母差保护动作，103、104、105、106、110 共 5 个 110kV 断路器跳开，其余 10 个断路器均未跳开，主变压器保护动作。故障第一阶段录波图如图 8－35 所示。

2）第二阶段：由三相弧光短路逐步发展为三相接地故障。从故障后约 2221ms 至 3385ms M 变电站 110kV 母线由三相弧光短路故障逐步发展为三相接地故障。故障第二阶段录波图如图 8－36 所示。

3）第三阶段：220kV 线路保护动作跳闸。故障后约 6632ms，E 变电站侧 EM 双回距离Ⅲ段动作跳开 EM 双回；10 763ms，N 变电站侧 NM 线距离Ⅲ段动作跳开 NM 线；14 813ms，P 变电站侧 MP 双回距离Ⅲ段动作跳开 MP 双回。故障第三阶段录波图如图 8－37 所示。

各侧变电站保护动作时序图如图 8－38 所示。

根据现场动作记录分析，母线保护差流满足动作条件（一次值 600A），M 变电站 110kV 电压 18ms 低至 68%U_e 满足复压闭锁开放条件（70V），110kV 母差保护 19ms 出口。

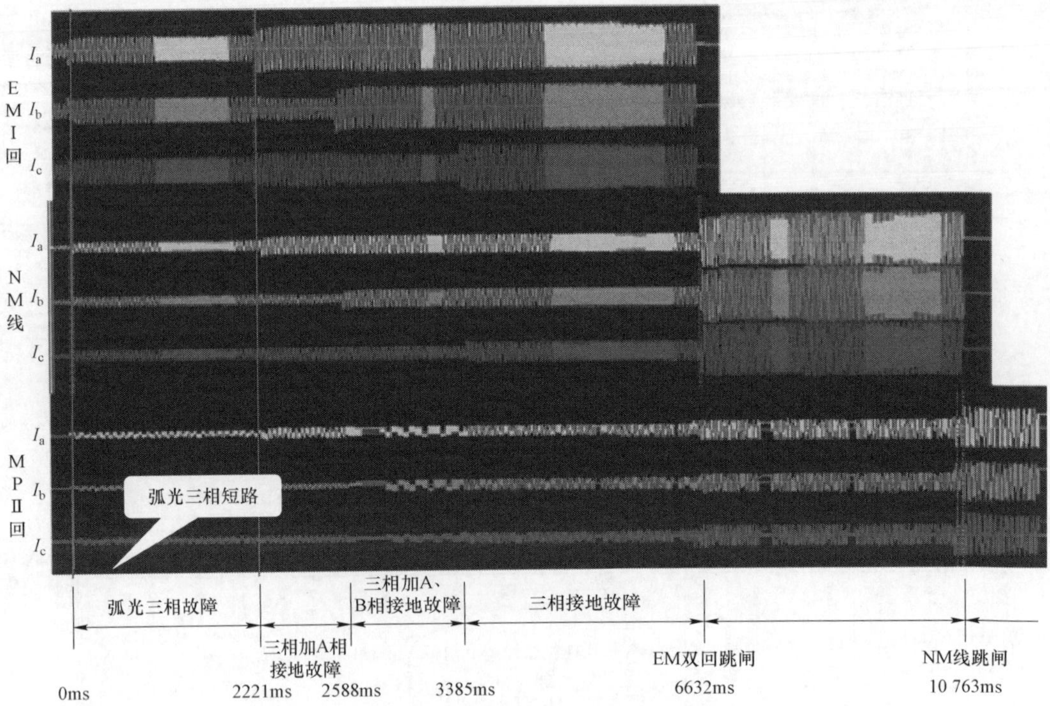

图 8-35　故障第一阶段录波图

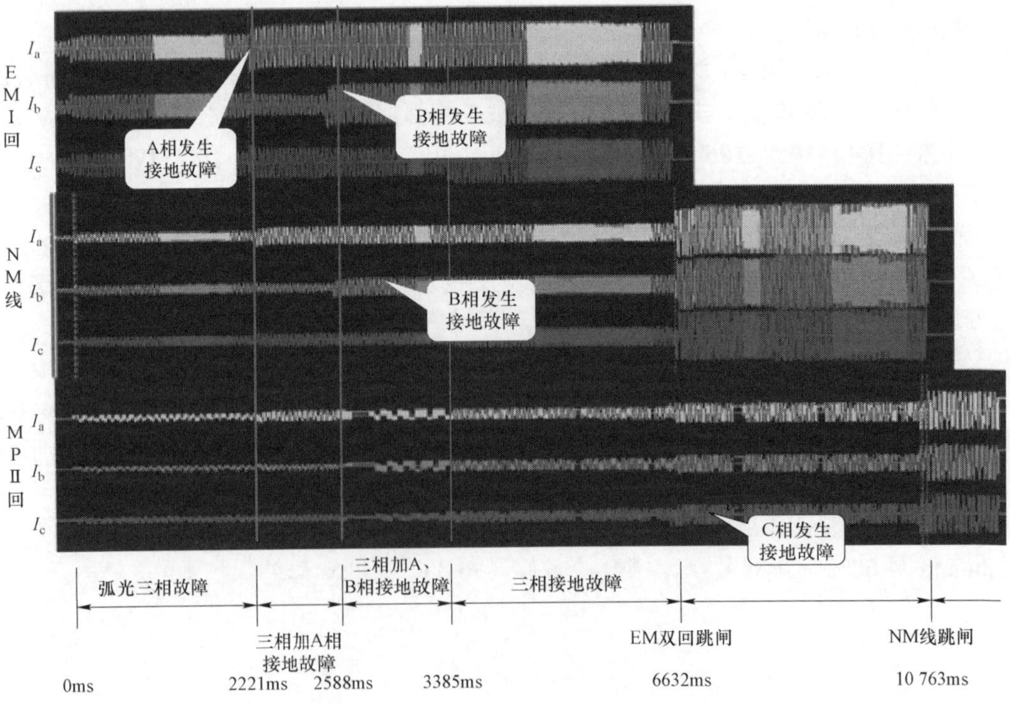

图 8-36　故障第二阶段录波图

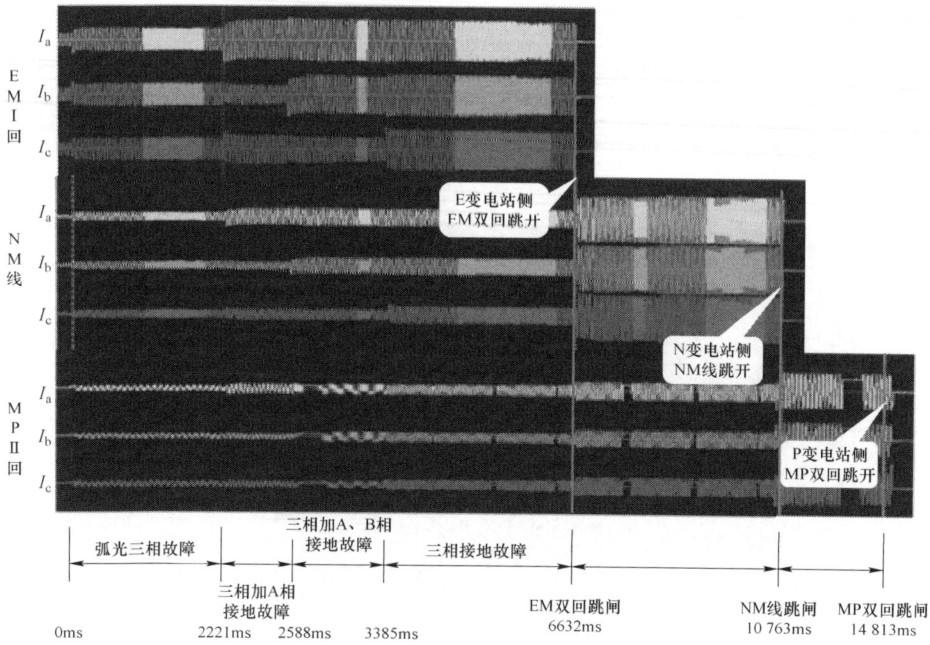

图 8-37 故障第三阶段录波图

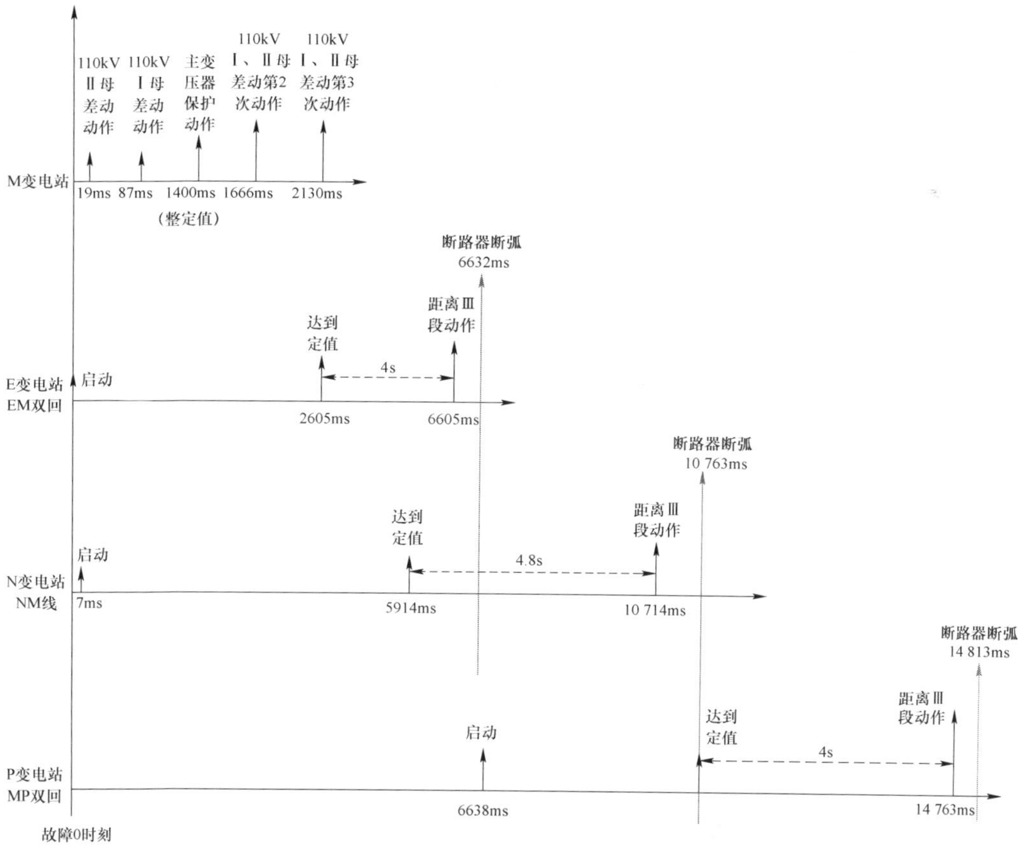

图 8-38 各侧变电站保护动作时序图

3. 故障原因

（1）一次设备故障。M 变电站 110kV MS 线进线门型架的高跨引线三相瓷绝缘子串击穿，A、B 相掉串，C 相绝缘子串第一片瓷裙炸裂，整串绝缘子贯通性闪络，现场照片如图 8－39 所示。

图 8－39　门型杆塔的站内侧三相瓷绝缘子

（2）直流电源异常。M 变 110kV Ⅰ、Ⅱ母线发生三相短路时，10kV 电压下降到 68%U_e，站用 0.4kV 系统电压同样降至 68%U_e，引起两套直流充电机退出运行（充电机交流输入工作电压为 85%～118% U_e，超过此范围立即闭锁，停止输出）。此时站用直流系统转由蓄电池组供电，之后两组蓄电池发生故障，造成全站直流系统不能正常工作。

故障蓄电池为密封铅酸蓄电池，容量为 300Ah，单支 2V。故障时全站母差保护出口动作，发出跳闸命令，当时运行的 110kV 断路器共 14 台，Ⅰ段直流母线供 3 台断路器、Ⅱ段直流母线供 11 台断路器，每台断路器的跳闸电流约 2.5A，由此计算，故障时一组蓄电池冲击负荷电流 18.5A，二组蓄电池冲击负荷电流 35.5A。

事故时，在冲击负荷的影响下，一组蓄电池组中 81 号电池、二组蓄电池组中 68、104 号电池损坏，两组蓄电池输出电压大幅下降，致使全站绝大部分断路器、保护和自动化装置不能正常工作。

按 DL/T 459—2000《电力系统直流电源柜订货技术条件》要求，大于 200Ah 容量的 2V 阀控式密封铅酸蓄电池，应能承受 8 倍 I_{10}（10 小时率放电电流）的冲击电流，本组电池为 300Ah 应能承受 240A 的冲击电流，蓄电池质量存在问题，无法承受冲击负荷。同时变电站直流系统及蓄电池的日常运行、维护及监视规范等需进一步研究改进和完善。

第三节 主保护拒动实例

一、出口继电器质量问题引起的母差保护拒动实例

1. 事故前运行方式

N 变电站双母并列运行：1 号主变压器 2001 断路器、MN Ⅰ 线 2053 断路器、NQ Ⅰ 线 2056 断路器接在 Ⅰ 母，MN Ⅱ 线 2054 断路器、NQ Ⅱ 线 2055 断路器接在 Ⅱ 母，母联 2012 断路器合环运行。

Q 变电站双母并列运行：NQ Ⅰ 线 2057 断路器、MQ 线 2053 断路器接在 Ⅰ 母，NQ Ⅱ 线 2056 断路器、1 号主变压器 2001 断路器、QP 线 2052 断路器接在 Ⅱ 母，母联 2012 断路器合环运行。

M 变电站 220kV MR Ⅰ 线 2065 断路器停电检修，其余元件正常运行。M 变电站及其相邻变电站地区环网接线情况如图 8－40 所示。

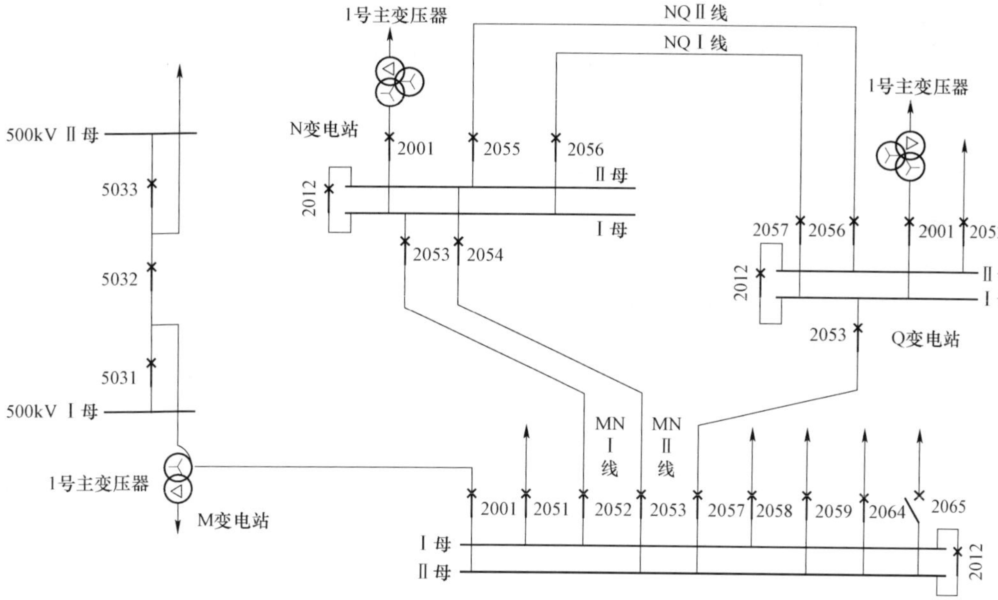

图 8－40 故障前系统接线图

2. 事件概述

某年 08 月 03 日 04 时 29 分 45 秒，220kV NQ 双回线同时发生 AC 相故障，线路两侧主一、主二保护动作出口永跳，NQ 双回线停运。4 时 35 分 23 秒，N 变电站 NQ Ⅰ 线 2056 断路器的 A 相和 Q 变电站 NQ Ⅱ 线 2056 断路器的 C 相同时发生纵向击穿。由于 N 变电站 2056 断路器和 Q 变电站 2056 断路器在之前线路发生相间故障时已跳开，因而线路保护动作后，故障无法切除，启动母线失灵保护，N 变电站断路器失灵启动母差跳开母联切除故障，Q 变电站

断路器失灵启动母差跳母联，由于母联拒动导致事故范围扩大，最终由M变电站主变压器零序反时限保护动作切除故障。

3. 保护动作分析

第一阶段：04时29分45秒，220kV NQ双回线同时发生AC相故障，线路两侧主一、主二保护动作出口永跳，NQ双回线停运。

第二阶段：04时35分23秒，N变电站NQⅠ线2056断路器的A相和Q变电站NQⅡ线2056断路器的C相同时发生纵向击穿，如图8－41所示。由于N变电站2056断路器和Q变电站2056断路器在之前线路发生相间故障时已跳开，因而线路保护动作后，故障无法切除，启动母线失灵保护。

276ms，N变电站220kVⅠ母失灵一时限动作，跳母联2012断路器；310ms，N变电站2012母联跳开；526ms，N变电站220kVⅠ母失灵第二时限跳Ⅰ母上的1号主变压器2001断路器、MNⅠ线2053断路器，并远跳MNⅠ线对侧断路器，N变电站处故障点隔离。

277ms，Q变电站220kVⅡ母失灵一时限动作，跳母联2012断路器，母联未跳开；527ms，Q变电站220kVⅡ母失灵第二时限跳Ⅱ母上的QP线2052断路器，并远跳QP线对侧断路器；Q变电站处故障点未隔离。

3604ms，Q变电站220kV 1号主变压器220kV侧零序过电流Ⅱ段一时限（定值：428A/3.6s）动作，跳三相。因Q变电站主变压器跳闸后，Q变电站再无负载，从220kV MQ线A、B相电流的变化情况可以判断Q变电站1号主变压器跳闸情况。3646ms，Q变电站1号主变压器跳开。

3710ms，M变电站500kV 1号主变压器两套主变压器保护220kV侧零序反时限动作，跳主变压器三侧断路器。3736ms，主变压器跳开。

4500ms，Q变电站NQⅡ线2056断路器C相发生爆炸，现场如图8－42所示，故障随断路器爆炸消失，MQ线C相故障电流变为零。

5559ms，Q变电站NQⅡ线20561隔离开关掉落地上，造成Ⅰ母线故障，Q变电站两套母差保护动作。5599ms，母联2012断路器跳开，故障被隔离。

以上叙述的整个动作过程，当277～527ms，Q变电站母联2012拒动后，MQ线M变电站侧后备保护动作。下面对此保护动作行为进行分析：

220kV MQ线M变电站侧后备保护配置有接地距离Ⅱ段（8.0Ω/0.9s）、接地Ⅲ段（9.26Ω/3.3s）、相间距离Ⅱ段、相间距离Ⅲ段、零序过电流Ⅲ段（0.24A/5.3s）。TA变比为1250/1A，正序灵敏角为78°，零序补偿系数为0.62。

（1）接地距离Ⅱ段动作行为分析。根据整定值和录波数据绘制出接地距离Ⅱ段动作特性圆，以及事故时保护装置测量阻抗的运动轨迹。

0～570.4ms，测量阻抗在距离Ⅱ段动作特性圆边界附近来回移动，有时进入动作区，有时穿出动作区，保护动作时间无法连续计时，如图8－43（a）所示。

570.8～1453.7ms，测量阻抗比较长时间进入距离Ⅱ段动作区，但累积时间只有882.9ms，未达到整定值0.9s，保护不动作，如图8－43（b）所示。

从1453.7～4480.1ms测量阻抗基本在距离Ⅱ段动作特性圆外，保护不动作，如图8－43（c）所示。

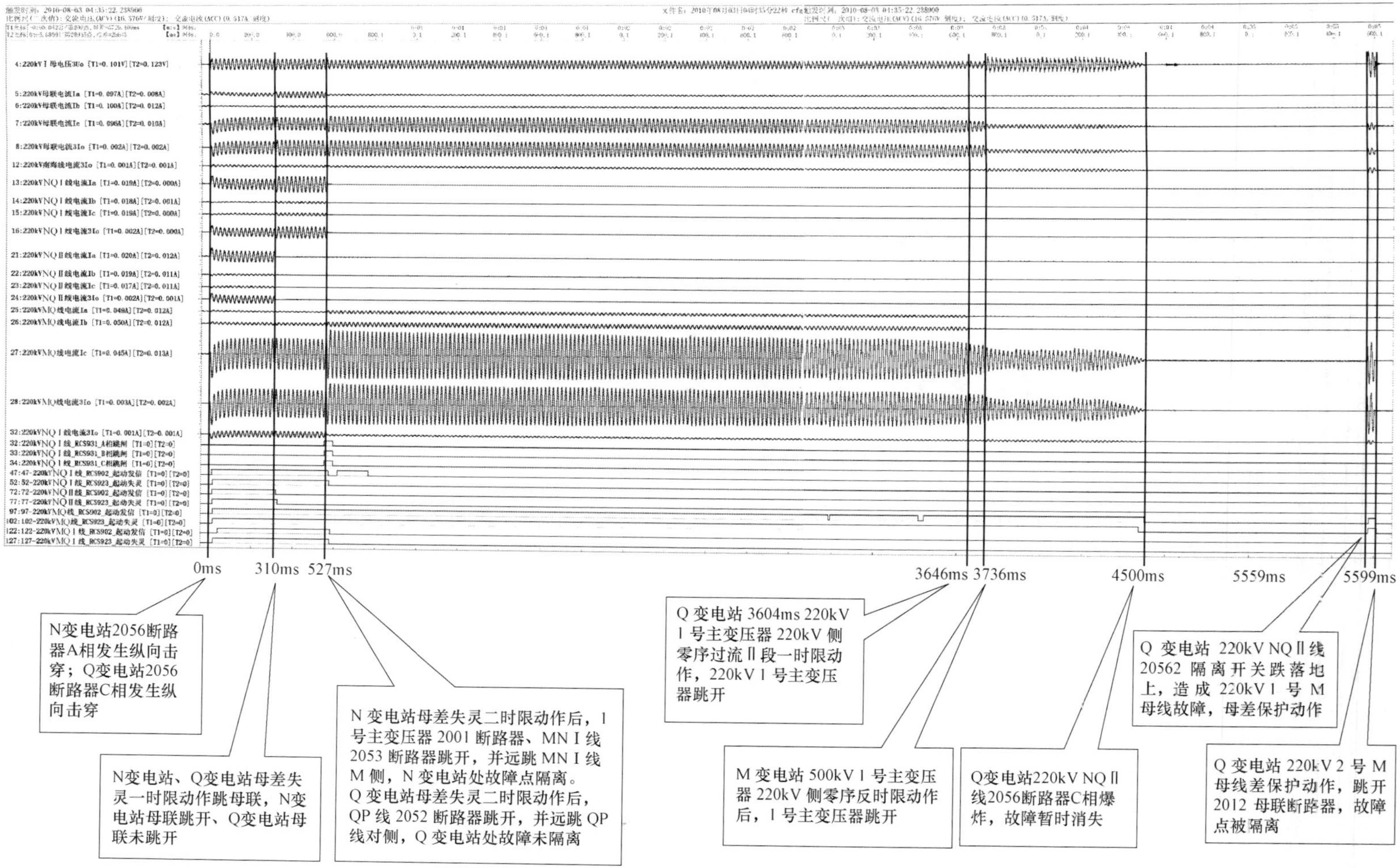

图 8-41 第二阶段保护动作时序

(a)　(b)　(c)

图 8－42　断路器爆炸后的现场

（a）2056 断路器 C 相断路器本体爆炸；（b）散落地上的断路器顶盖；（c）掉到地上的 20561 隔离开关

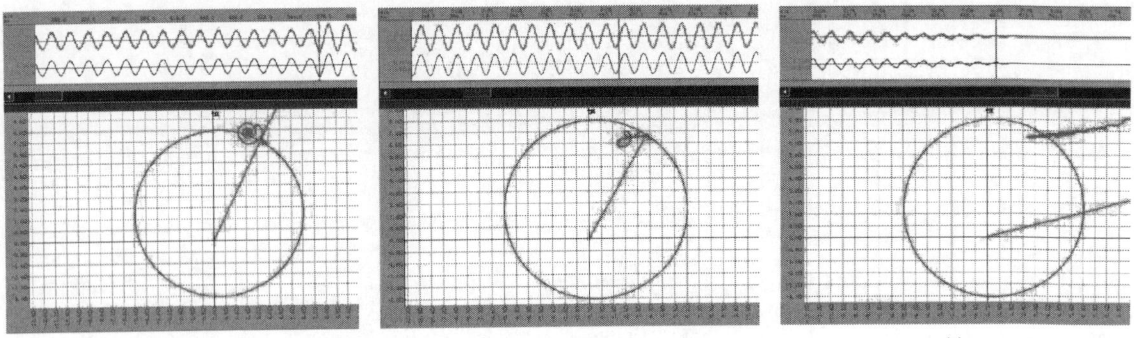

(a)　(b)　(c)

图 8－43　接地距离Ⅱ段运动轨迹

（a）0～570.4ms；（b）570.8～1453.7ms；（c）1453.7～4480.1ms

综上所述，从 0 开始到 4480.1ms，根据接地距离Ⅱ段动作特性分析可以看出，测量阻抗虽然在某些时间段内进入接地距离Ⅱ段保护的动作区，但进入动作区的时间没有连续达到接地距离Ⅱ段整定时限 0.9s，因此，接地距离Ⅱ段在整个过程中没有动作出口。

（2）接地距离Ⅲ段动作行为分析。根据整定值和录波数据绘制出接地距离Ⅲ段动作特性圆，以及事故时保护装置测量阻抗的运动轨迹，如图 8－44 所示。

从 0～2816.5ms，测量阻抗已经进入接地距离Ⅲ段保护的动作区，如图 8－44（a）所示。从 2816.5～4480.1ms，测量阻抗在接地距离Ⅲ段动作特性圆运动轨迹可以看出，测量阻抗已离开接地距离Ⅲ段保护的动作区，如图 8－44（b）所示。

综上分析，在整个事故过程中，测量阻抗进入接地距离Ⅲ段保护动作区的时间只有 2.8s，没有达到整定时限 3.3s，接地距离Ⅲ段在整个过程中没有动作出口。

（3）零序过电流Ⅲ段动作行为分析。M 变电站 220kV MQ 线 2057 零序过电流Ⅲ段保护感受整个故障过程，零序电流持续时间为 4515.7ms，而零序过电流Ⅲ段动作时间整定为 5.3s，因此零序过电流Ⅲ段没有动作。

220kV MQ 线 M 变电站侧零序过电流Ⅲ段未动，而 M 变电站 500kV 1 号主变压器 220kV 侧零序反时限动作，造成 M 变电站 500kV 1 号主变压器跳闸，存在时间配合的问题。下面对 500kV 1 号主变压器 220kV 侧零序反时限动作行为进行分析。

220kV 侧零序反时限过电流保护采用标准反时限：

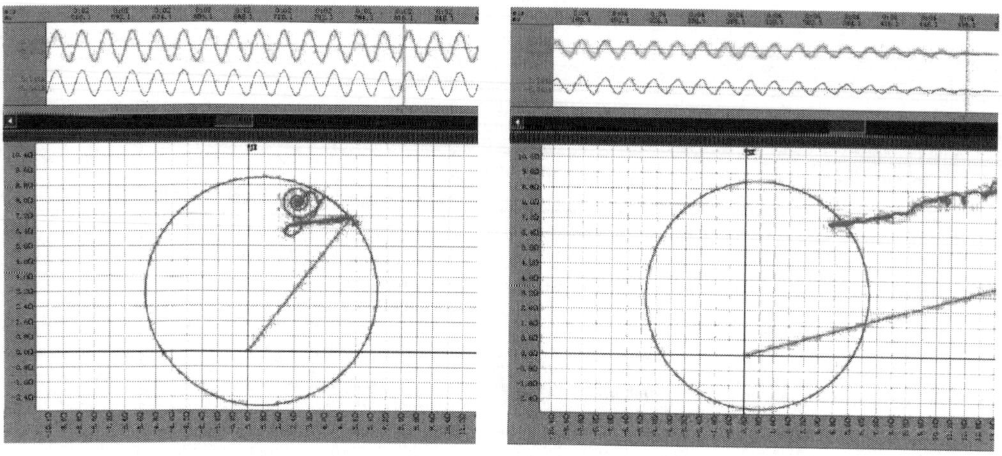

(a)　　(b)

图 8－44　接地距离Ⅲ段动作特性圆的运动轨迹

（a）19.6～2816.5ms；（b）2816.5～4480.1ms

$$T(3I_0)=\frac{0.14}{(3I_0/I_p)^{0.02}-1}T_p$$

式中：T_p 为反时限时间常数，定值取 1.2；I_p 为反时限基准电流，一次值取 300A（二次值 0.12A）。

故障过程中零序电流在不断变化，为了能及时反映零序电流的变化对反时限动作时间的影响，一般可采用积分算法，计算故障过程中零序电流反时限累积的时间，如果累积的时间达到 0.14T_p 就出口。积分算法如下：

$$\sum T=\sum[(3I_0/I_p)^{0.02}-1]\times\Delta t$$

式中：Δt 为采样间隔。

如果 $\sum T$ 达到了 $0.14\times1.2=0.168$，零序反时限保护动作出口。为便于分析，将反时限累积的时间、累积时间定值与零序电流波形画在同一张图上，如图 8－45 所示，图中反时限累积时间及累计时间定值扩大了十倍。

从计算的结果来看，M 变电站 500kV 1 号主变压器 220kV 侧零序反时限保护动作时，时间累积值为 0.165 65，为定值 0.168 的 98.6%，处于临界状态。

4. 不正确动作原因分析

Q 变电站 220kV 第一套母线保护装置内 5B 插件跳 220kV 母联 2012 断路器 TJML 出口中间继电器损坏，查明是驱动芯片 MC1413 输出异常致使母差失灵保护动作时该继电器未能正确动作（装置内部如图 8－46 所示），失灵保护动作后，出口接点无法接通，造成失灵保护跳 Q 变电站 220kV 母联 2012 断路器无法出口，引发了事故范围的扩大。

5. 改进措施

（1）为防止类似由于单一保护配置的继电器损坏导致保护拒动的事故，按照保护双重化配置原则，新投产项目按照两套母线保护和两套失灵保护进行配置，已运行厂站逐步改造；对 500kV 线路、主变压器、母差，220kV 线路、主变压器、母差保护的直流电源回路、电流二次回路、电压二次回路、保护通道、控制回路等重要回路开展“N－1”专项检查，对发现

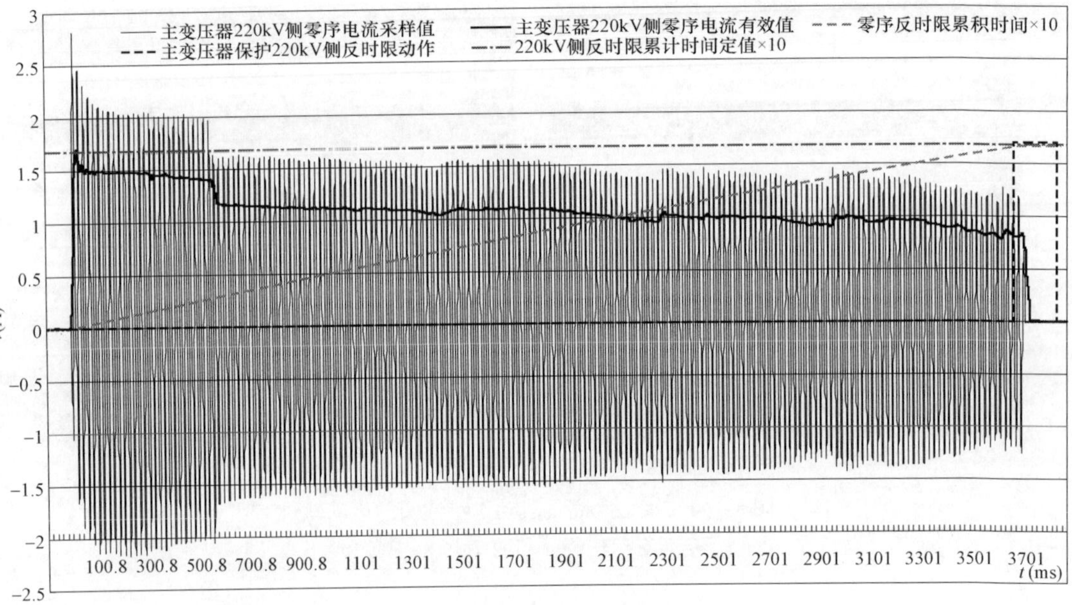

图 8-45　500kV M 变电站 1 号主变压器 220kV 侧零序电流及其反时限保护动作波形

问题进行风险分析并制定应对措施。

（2）整定时需综合考虑到不同原理（动作特性）的 500kV 变压器零序反时限过电流保护与 220kV 线路接地距离保护、零序定时限过电流保护存在失配的可能。

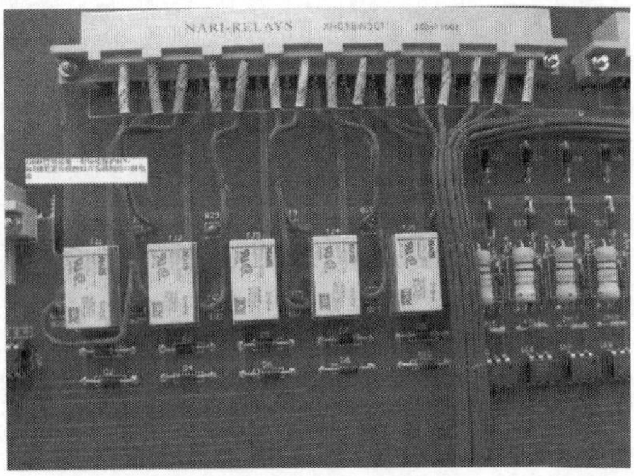

图 8-46　Q 变电站第一套母差跳母差出口回路继电器

二、220kV 某电厂保护配置不合理导致 02 号起备变故障保护拒动实例

1. 事件概述

某日，某电厂 6kV 八段断路器室内 02 号厂总 6kV Ⅰ B 段间隔断路器仓内发生短路故障，集控室 02 号厂总变保护屏内二次接线及保护背板配线绝缘层起火、燃烧，导致 02 号起备变差动保护拒动，由 220kV 系统对侧断路器跳闸切除故障。电厂通过甲、乙线与 M 站连接，通过丙、丁线与 N 变电站连接。

2. 保护动作分析

（1）某电厂保护动作情况。仅 5 号主变压器 220kV 零序Ⅰ段保护动作，5 号主变压器高压侧跳闸。其余保护均未动作。

（2）220kV 系统 M 变电站侧保护动作情况。甲线主一保护 1133ms 距离Ⅱ段、主二保护 1133ms 接地距离Ⅱ段动作。乙线主一保护 1133ms 距离Ⅱ段、主二保护 1133ms 接地距离Ⅱ段动作。

（3）220kV 系统 N 变电站侧保护动作情况。丙线主一保护 1402ms 零序Ⅲ段、主二保护 1402ms 零序Ⅲ段动作。丁线主一保护 1402ms 距离Ⅲ段、主二保护 1402ms 零序Ⅲ段动作。

3. 不正确动作原因

（1）保护配置及保护屏布置，如图 8－47、图 8－48 所示。

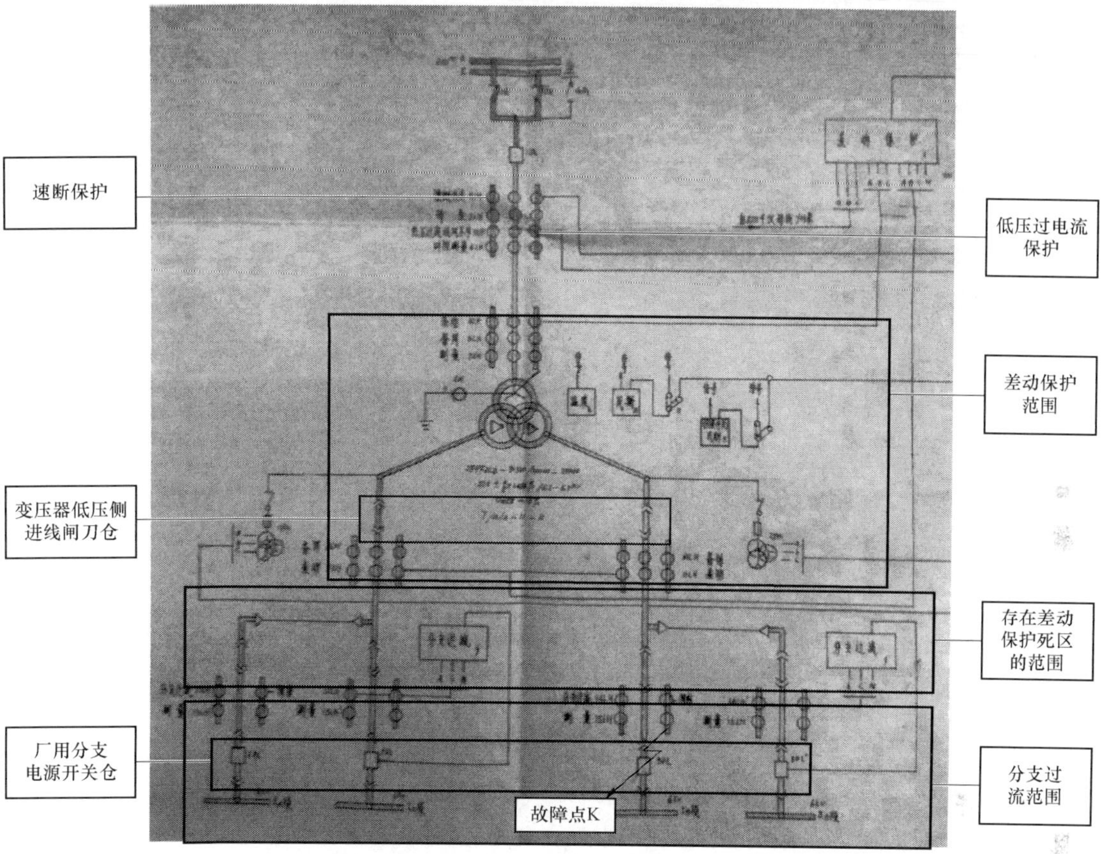

图 8－47　02 号启备变保护配置图

1）02 号启备变配置变压器差动保护、高压侧速断保护、高压侧低电压过电流保护、零序过电流保护、失灵启动、瓦斯保护（注：该保护于 1988 年投运，当时并未要求配置主后一体双重化保护，从屏柜安装来看，采取的是主、后各一套分离配置）。

2）6kV Ⅰ A 段母线分支过电流、6kV Ⅰ B 段母线分支过电流、6kV Ⅱ A 段母线分支过电流、6kV Ⅱ B 段母线分支过电流保护均统一安装于 02 号启备变保护柜内。

3）各侧保护采用的 TA、TV 说明。变压器差动保护各侧电流取自：220kV 套管 TA、6kV 低压侧Ⅰ分支进线仓 TA 及 6kV 低压侧Ⅱ分支进线闸刀仓 TA。

高压侧低电压过电流保护：电流取自 220kV 209 断路器 TA，电压取自 6kV 低压侧Ⅰ分支进线仓 TV 及 6kV 低压侧Ⅱ分支进线闸刀仓 TV（高压侧低电压过电流保护采用 6kV 低压闭锁）。

零序过电流保护：零序电流取至 220kV 侧中性点专用 TA；

失灵启动：电流取自 220kV 209 断路器 TA；

6kV ⅠA 段母线过流、6kV ⅠB 段母线过流、6kV ⅡA 段母线过流、6kV ⅡB 段母线过电流保护：电流取自 6kV 低压侧各厂用分支电源开关仓负荷侧 TA。

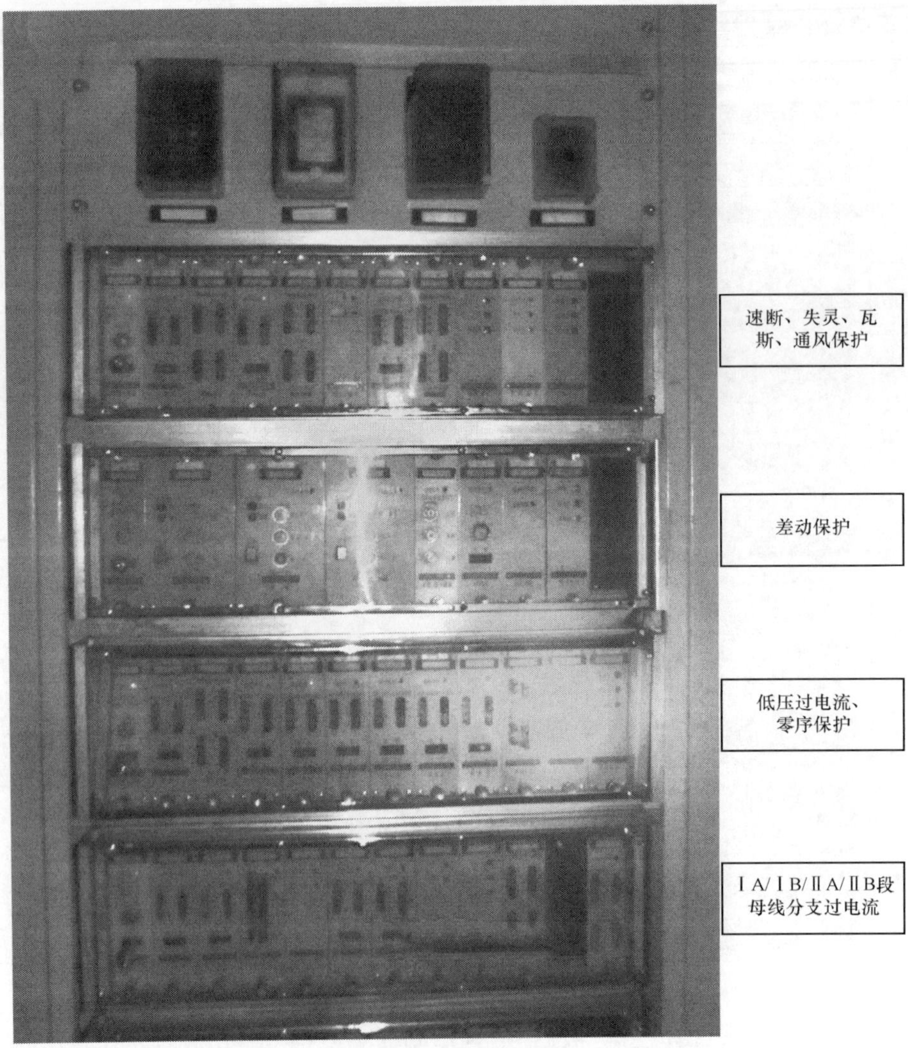

图 8－48　保护装置正面布置图

（2）02 号启备变压器保护动作情况分析。

6kV ⅡA 段母线分支过电流保护动作分析。

根据现场保护装置上的整定值（如图 8－49 所示），可知 6kV ⅡA 段母线分支过电流保护定值：14A，0.5s。

根据图 8－50 可知，电厂对侧线路保护能够感受故障电流时已是两相乃至三相故障，由 220kV 线路录波图进行初步矢量计算，三相故障初期 2 号启备变压器高压侧感受故障电流为 320A 左右（如图 8－51 所示），折算至低压侧感受故障电流为 11 174A，二次值为 18.6，大于 6kV ⅡA 段母线分支过电流保护定值 14A。因此，6kV Ⅱ A 段故障发展至两相乃至三相故障时，6kV ⅡA 段母线分支过电流保护应能动作，但实际上未动作。判断 6kV 开关柜可能先发生单相故障，由于启备变压器 6kV 低压侧为三角形接线，是不接地系统，单相故障时仅为电容电流，分支过电流保护不动作，然而此时高电压已侵入保护电流回路导致 6kV ⅡA 段电流回路放电烧断、保护屏起火燃烧。故在 6kV 开关柜发展至两相乃至三相故障后，即使 6kV ⅡA

图 8－49 6kV ⅡA 段母线过电流保护装置

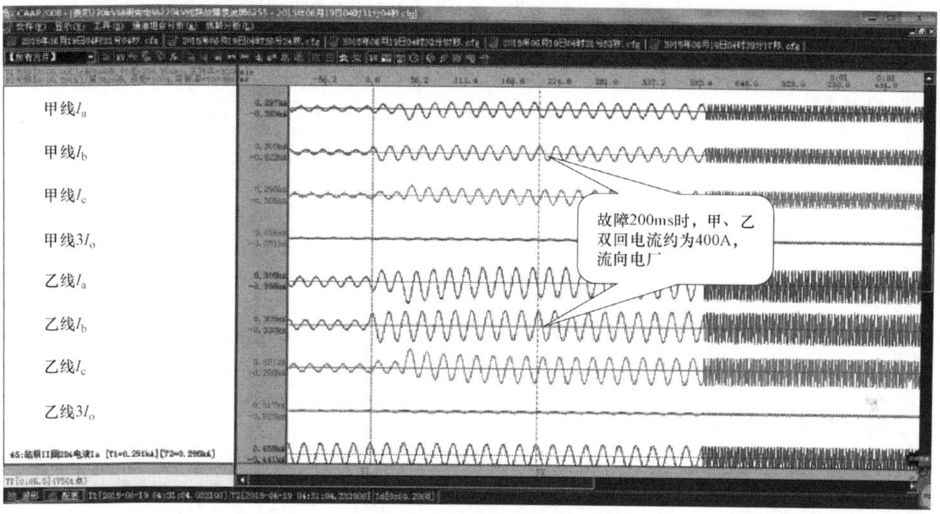

图 8－50 甲、乙双回线录波图

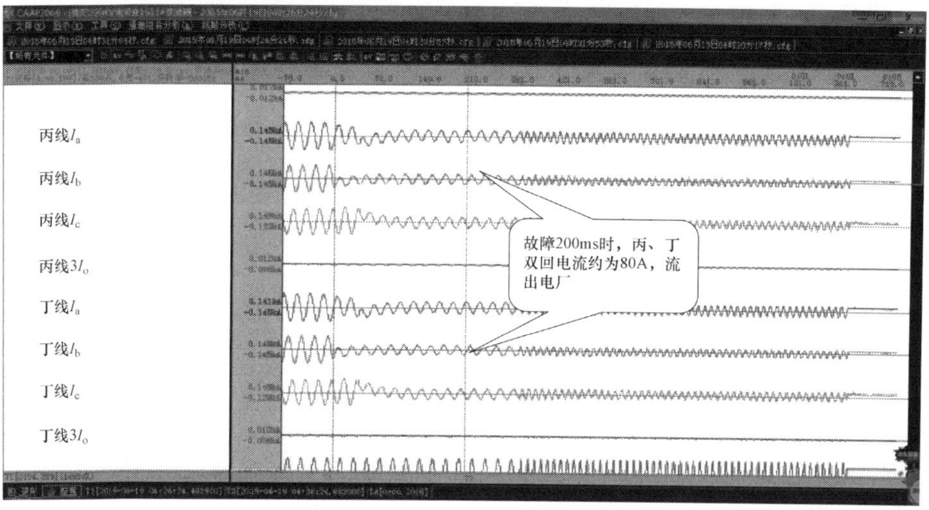

图 8－51 丙、丁双回线录波图

段母线分支过电流保护达到定值，但因电流回路已烧断、保护屏已烧毁，无法动作。另外，因故障发生在6kV开关柜内，即便6kV ⅡA段母线分支过电流保护动作，也无法切除故障。

（3）保护动作时序如图8－52所示。

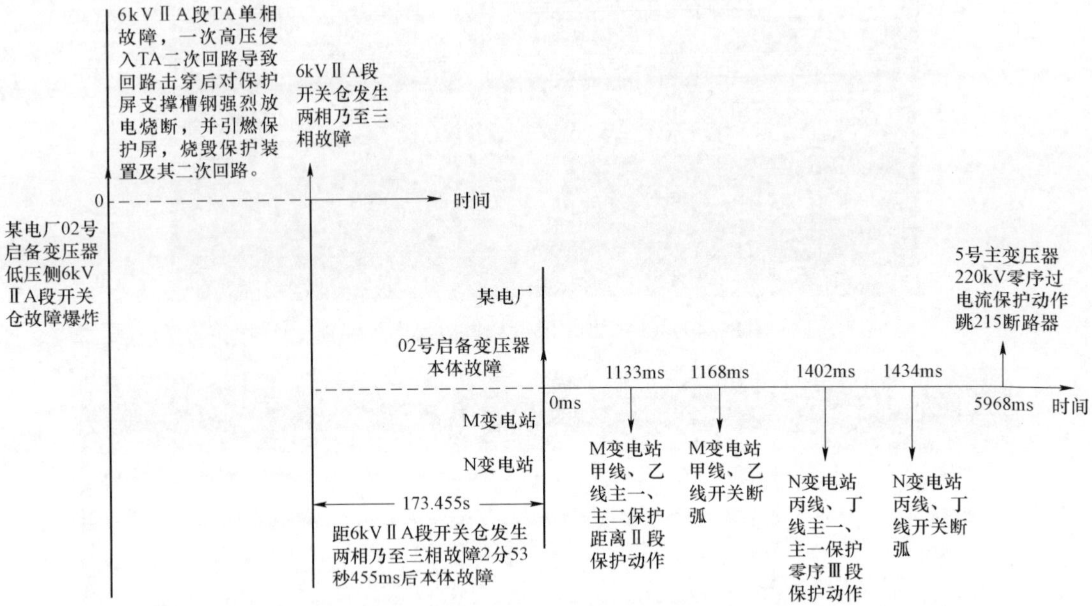

图8－52　保护动作时序图

（4）拒动原因。2号启备变压器配置一块总出口板，包括瓦斯保护、差动保护、低压过电流保护等所有保护均需通过该总出口板出口至断路器跳闸回路。

由2号启备变压器跳6kV分支断路器回路示意图8－53、图8－54可知，保护跳6kV分支断路器的跳闸控制回路引入到了断路器机构箱内，6kV开关柜故障时烧损或击穿了跳闸控制回路电缆外绝缘，导致交流高电压从跳闸控制电缆侵入总出口板导致其损坏，继而导致所有保护无法出口。

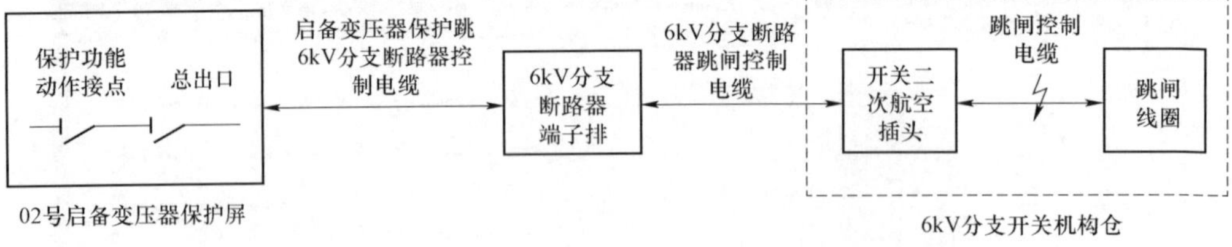

图8－53　2号启备变压器跳6kV分支断路器回路示意图

高电压侵入随即在保护屏内对其支撑槽钢产生强烈放电，导致电缆绝缘层起火燃烧，6kV分支断路器跳闸控制缆芯最终导致保护屏被完全烧毁。

设备检查情况：

1）2号启备变压器6kV ⅠB段断路器及TA烧毁，2号启备变压器爆炸、起火、烧毁，6kV封闭母线烧断。

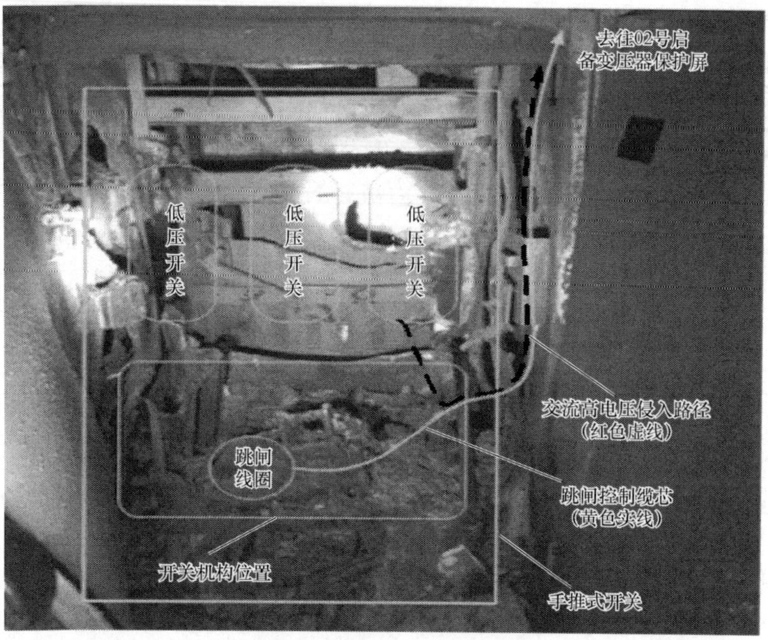

图 8－54　2 号启备变压器跳 6kV 分支断路器现场检查图

2）保护屏内存在显著的高压放电痕迹和过火痕迹。屏柜内二次线绝缘层烧毁，保护装置背板烧损严重。根据现场烧毁情况推断，分析应为高压侵入引燃缆芯二次绝缘层（非阻燃型），最终导致保护屏被完全烧毁，如图 8－55 所示。

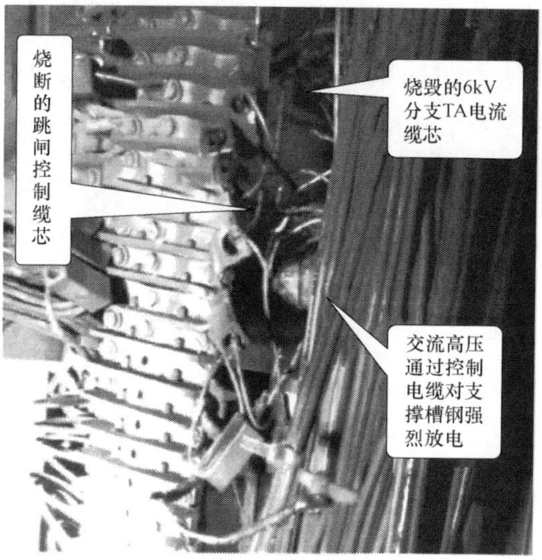

图 8－55　2 号启备变压器 6kV I B 段断路器及 TA 烧毁图

4. 暴露问题

（1）退役电厂保护等二次设备配置不符合反措要求，存在严重隐患。2 号启备变压器主保护、后备保护均单套配置，不满足双重化配置要求；电气量保护、非电量保护共屏，不符合非电量保护单独组屏的原则；所有电气量、非电量保护共用一块出口板，一旦该板卡故障将导致所有保护拒动，“$N-1$”风险危害大。

（2）运维所需资金和人员匮乏，基本维护工作难以保证。2 号启备变压器保护于 1988 年投运，为晶体管型保护，保护装置性能不满足安全稳定要求，未更新改造。

（3）相关调度机构风险闭环管控不到位。由于专业管理手段单一，退役电厂的管理存在死角，对不满足运行要求的并网设备或电厂需落实管理要求和安全措施，确保电网安全可靠运行。

第四节　死区故障实例

随着电网的日趋复杂、电力系统的稳定可靠运行变得愈加重要，一旦死区发生故障不能及时切除，或者不能准确切除，可能影响系统的稳定运行。通过相邻设备主保护用 TA 交叉配置，可有效解决保护配置死区问题，如图 8－56 中乙站 CB2 断路器的母线保护用 TA 和线路保护用 TA。

对于仅单侧配置 TA 的断路器，故障发生在断路器与 TA 之间时，保护动作跳开该断路器后故障并未切除，一般把断路器与 TA 之间的这一段范围称为保护死区。典型死区故障一般有三种：出线断路器与出线 TA 之间的死区故障、主变压器断路器与主变压器 TA 之间的死区故障、母联断路器与母联 TA 之间的死区故障。

死区故障示意图如图 8－56 所示，f1 故障属于出线断路器与 TA 之间的 TA 死区故障，f2 故障属于母联断路器与 TA 之间的死区故障，以 f2 故障为例说明死区故障特点。当 f2 故障时，2M 母差保护动作跳开与 2M 母线相联的所有支路断路器，包括母联断路器。此时，故障并未切除，系统通过 1M 向故障点提供故障电流。母差保护经装置内部固定延时或可整定延时检查母联辅助触点是否为分位，若母联分位则封母联 TA 电流。待母联 TA 电流退出小差电流计算后，1M 母差电流出现不平衡，1M 母差保护动作跳开与 1M 母线相连的所有支路断路器，死区故障被隔离。

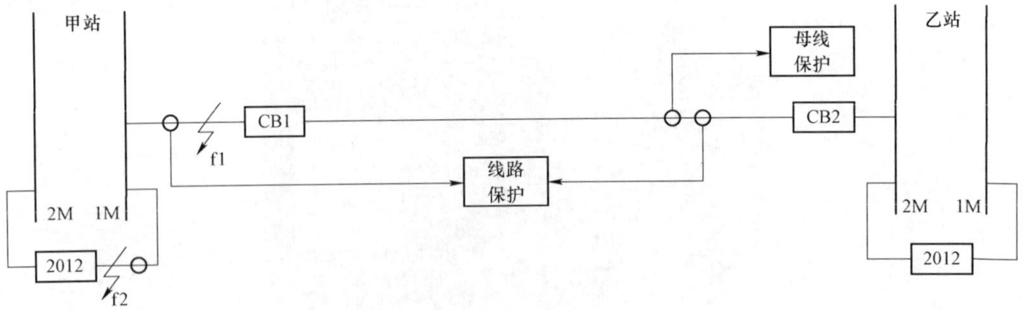

图 8－56　死区故障示意图

一、500kV 变电站 5022 断路器 A、B 相死区故障实例

1. 事件概述

某日，500kV 某变电站 5022 断路器均压电容爆炸后发生 A、B 相相间短路故障，500kV 线路保护差动动作跳闸，随后失灵保护动作跳开同在第二串的 2 号主变压器。

（1）故障经过。500kV 线路进行复电操作，19:15 执行到“合上 500kV 第二串联络 50221 隔离开关”时。此时 500kV 线路 5023 断路器、500kV 第二串联络 5022 断路器均在断开位置，50231、50232、50222 隔离开关在合上位置。50221 隔离开关合闸不到位（大约合闸至 80%位置左右），造成 50221 隔离开关 A、B 相抢弧，其中 A 相燃弧较严重。第二串联络 5022 断路器均压电容冒烟，随后发生爆炸，2 号主变压器三侧断路器跳闸。

（2）故障点位置。故障点位于 5022 断路器与 5022 断路器 TA 之间（死区），如图 8－57 所示。

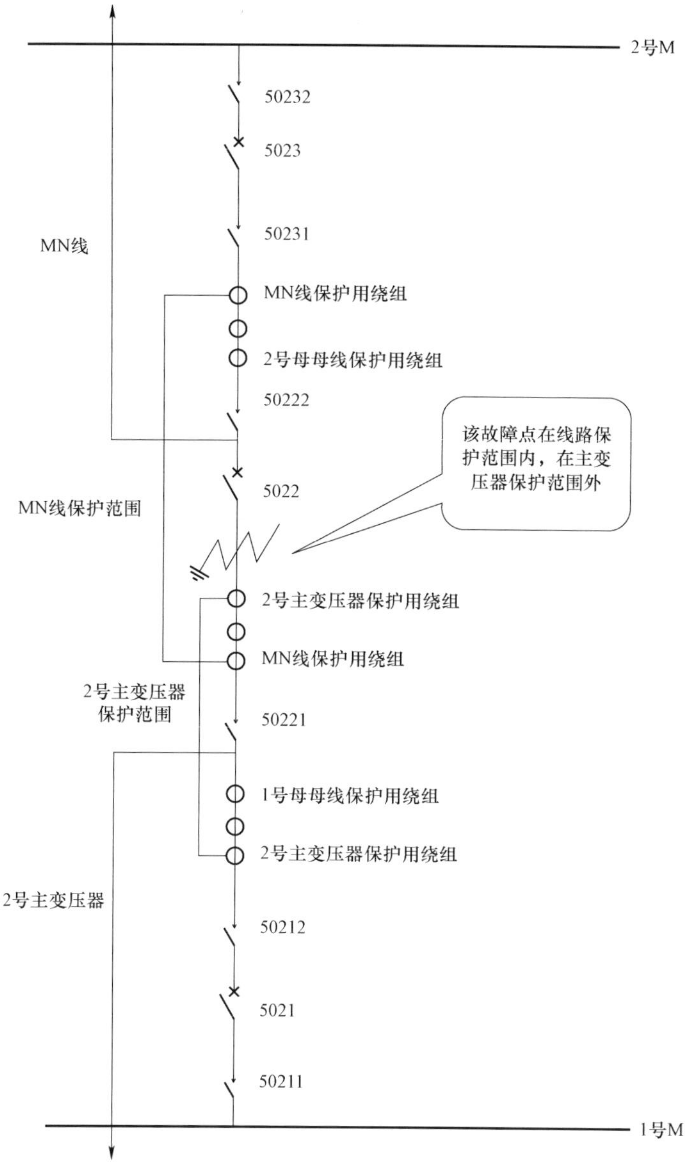

图 8－57　某变电站第一串 TA 配置图

（3）线路动作行为分析。5022 断路器 A、B 相均压电容爆炸后，线路发生 A、B 相相间短路故障，两套线路保护差动正确动作跳闸。故障电流约 34 200A（二次值 8.55A）。

（4）5022 断路器失灵保护、死区保护动作分析。线路保护动作后，由于故障发生在 TA 和断路器之间，5022 断路器处于分位无法隔离故障点，如图 8－57 所示，5021 断路器和 2 号主变压器仍为故障点提供故障电流，5022 断路器死区保护和失灵保护分别经过 221ms 和 223ms 动作联跳主变压器三侧，故障持续时间约 260ms，如图 8－58 所示。

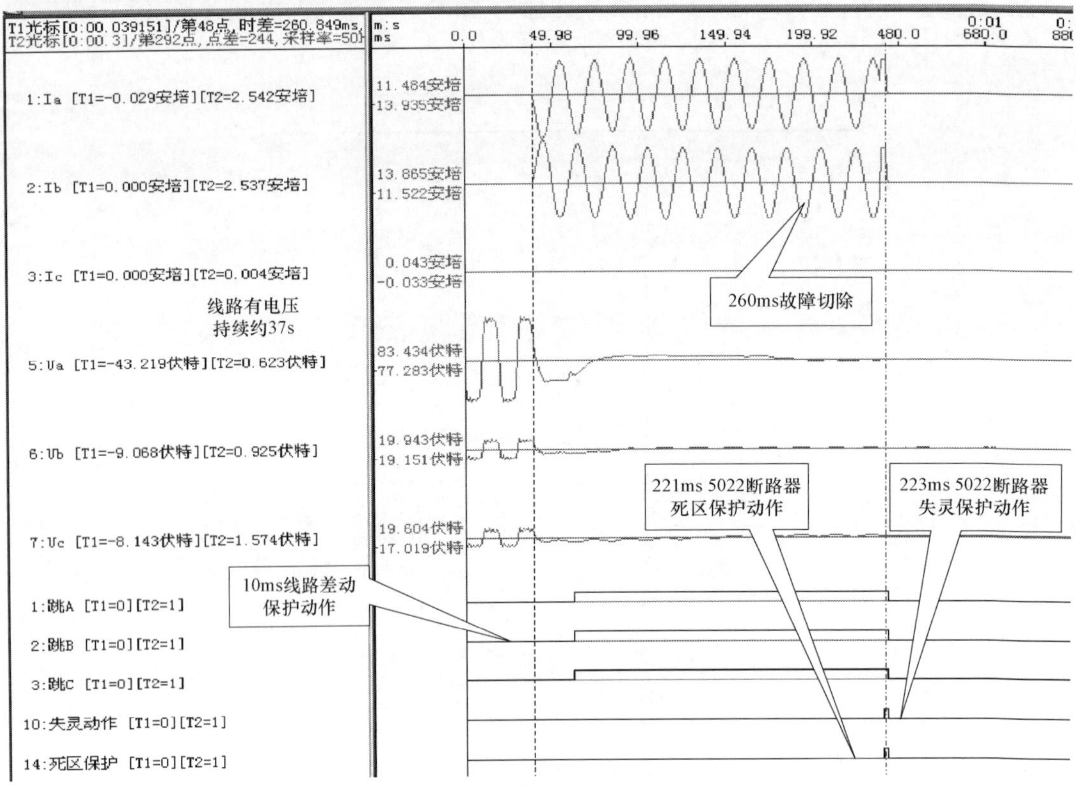

图 8－58 故障过程录波图

2. 故障原因分析

（1）5022 断路器 A 相均压电容爆炸及断路器 A、B 相间短路原因分析。由于 50221 隔离开关合闸不到位，50221 隔离开关动静触头间燃弧放电，形成了典型的隔离开关投切空母线过电压，这种过电压的频率一般在几千赫兹到几百千赫兹之间。隔离开关发生燃弧后，500kV MN 甲线线路故障录波监视到有电压，如图 8－59 所示，电压波形含有高频分量，其峰值：A 相 324kV，B 相 72kV，C 相 60kV，故障前 2 号主变压器高压侧 CVT 录波图电压显示 308kV。从 A 相的对地工频电压来看，由于线路电容远大于断路器并联电容，依据电容分压的原理，过电压大部分由断路器并联电容承受。因此，在高电压的作用下，A 相断路器并联电容内部绝缘加速老化，导致电容元件击穿。击穿后，电流增大，使并联电容内部产生剧热，从而使绝缘油分解产生大量气体，最终导致电容爆炸。电容爆炸后，大量高温油气喷出，导致 5022 断路器 A、B 相间短路。

（2）一次设备故障情况。经过检查发现，5022 断路器 A 相断口电容爆炸、50221 隔离开关 A 相、B 相动静触头损坏，故障点照片如图 8－60～图 8－62 所示。

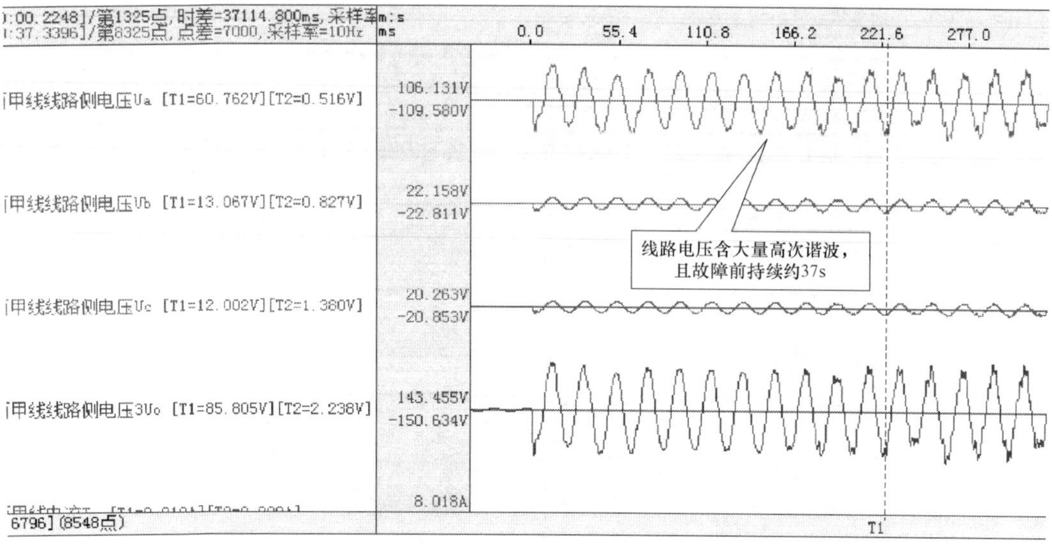

图 8－59　故障前电压波形

图 8－60　第二串 5022 断路器 A 相均压电容损坏

图 8－61　第二串 50221 隔离开关动静触头损坏

图 8－62　故障点散落的碎片

二、500kV 变电站 TA 本体故障实例

1. 事件概述

某日 500kV M 变电站 5013 TA 本体 C 相故障，故障位置位于 TA 本体靠边断路器侧如图 8－63 所示。500kV Ⅱ母第一套、第二套母差差动保护同时动作，21ms 出口跳开Ⅱ母所有断路器；5013 边断路器跳开后，故障没能切除，5013 断路器保护装置失灵保护和死区保护动作，154ms 失灵保护出口跳边断路器（5013 断路器已在跳位），225ms 失灵保护动作出口跳 5012 中断路器，同时启动 500kV Ⅱ母失灵和发远跳命令给对侧，264ms 死区保护动作出口；5012 断路器跳开后，对侧主保护 285ms 收三跳开入（5013 断路器、5012 断路器跳位串联）发允许信号，对侧主保护 328ms 动作出口跳闸，同时辅助保护在收远跳信号后 48ms 出口跳闸，338ms 故障消失。

接地点发生在 C 相本体内部靠近 5013 断路器侧，如图 8－63 所示。

2. 保护动作分析

M 站 500kV 5013 TA 本体 C 相故障，故障持续 338ms。

故障点位于 TA 本体靠边断路器 5013 侧，对于线路保护来说是区外故障，对于母差保护来说是区内故障，故 500kV 线路 1 主一、主二、主三保护启动，保护不动作。

500kV Ⅱ母第一套、第二套母差保护同时动作，21ms 出口跳开Ⅱ母所有断路器，故障未切除。

5013 断路器保护动作，26ms 出口跟跳 5013 三相断路器，失灵跳本断路器时间定值整定 0.13s，5013 断路器失灵跳本断路器动作出口时间 154ms；失灵跳相邻断路器时间定值整定 0.20s，5013 断路器失灵跳相邻断路器动作出口时间 225ms；264ms 死区保护动作出口，其中 5013 断路器跳位开入时刻为第 61ms，5013 断路器死区保护时间定值整定 0.20s，5013 断路器死区保护动作出口时间 264ms。

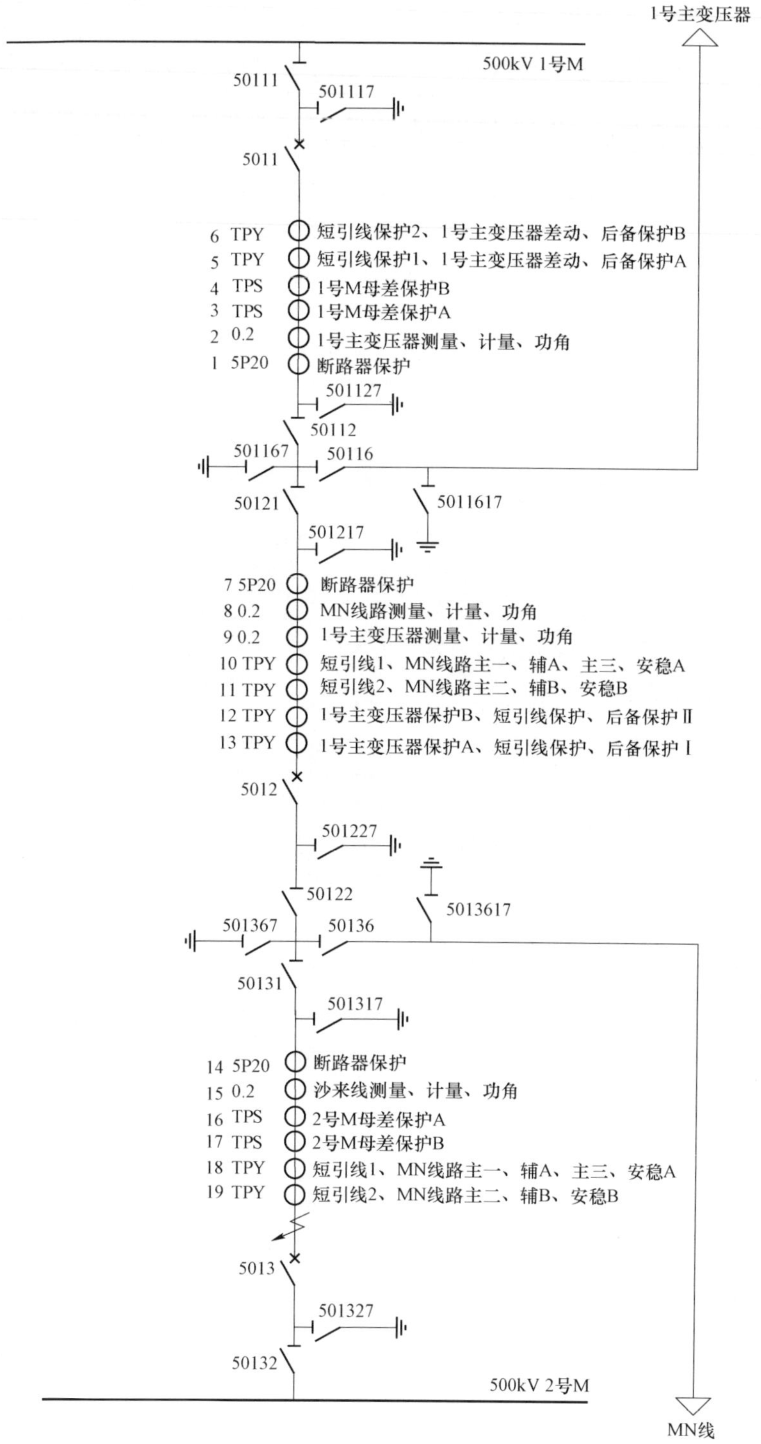

图 8－63 MN 线死区故障点示意图

5012 断路器保护 225ms 收到 5013 断路器失灵跳相邻断路器命令，249ms 三相跟跳出口，276ms 5012 断路器跳开，线路 1 的 A、B 相负荷电流消失。

线路对侧主保护 285ms 收三跳开入（5013、5012 断路器跳位串联发允许信号），328ms 动作出口跳闸，同时辅助保护在收远跳信号后 48ms 出口跳闸，338ms 故障电流消失，故障隔离。

3. 故障原因

5013 TA 本体 C 相防爆膜完全破裂，二次绕组外壳对绝缘支撑底座放电，二次绕组外壳由于放电烧灼出较大孔洞，二次绕组漆包线完好。绝缘支撑件沿面有放电痕迹，但没有深度。电容屏外表面和内径沿面都有放电痕迹，电容屏内径$\phi 8$铝环处的电容因放电过热烧熔并严重变形，电容屏的低压处有一个接地铜片过电流烧断。电容屏总长度因过热而缩短约 600mm。玻璃钢筒内部有一条贯穿放电痕迹，和电容屏表面的放电位置相对应。TA 本体解剖图如图 8－64 所示。

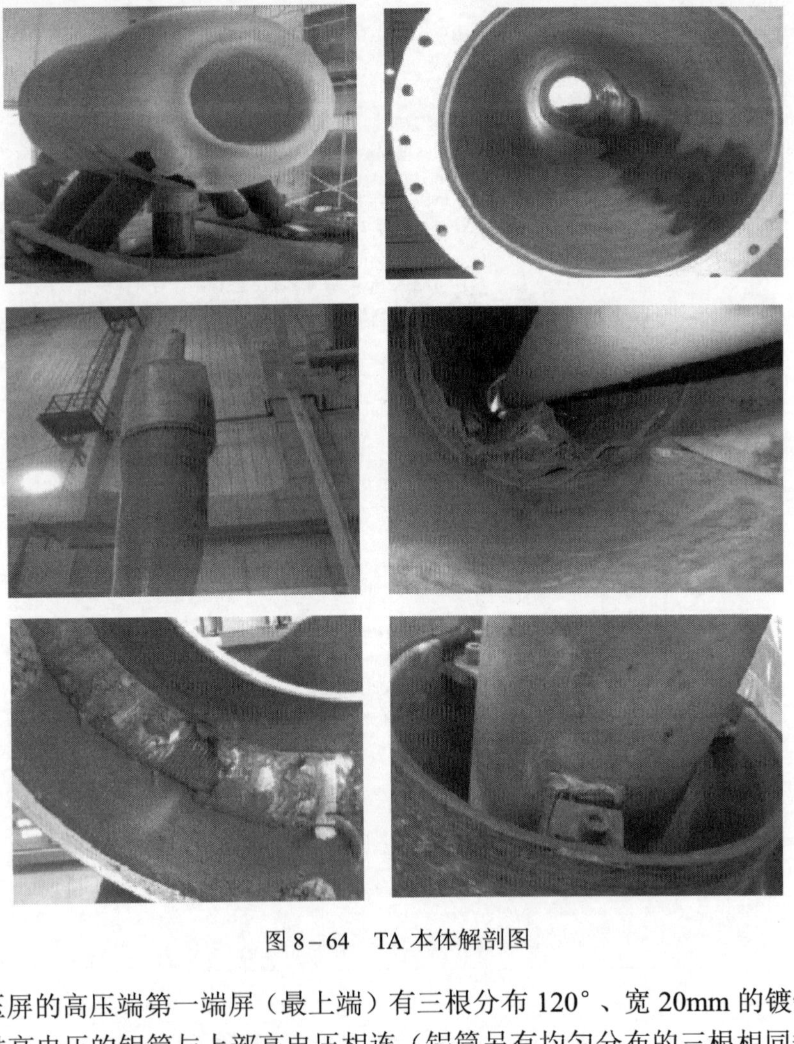

图 8－64　TA 本体解剖图

电容均压屏的高压端第一端屏（最上端）有三根分布 120°、宽 20mm 的镀锡铜带与之压紧，然后穿过高电压的铝筒与上部高电压相连（铝筒另有均匀分布的三根相同规格的镀锡铜带与高压相连），整个均压电容屏绕制成喇叭形绝缘筒，最上端的另一端屏与绝缘筒尚有约 100mm 距离，在绝缘筒端部放有开口的$\phi 8$ 的铝环，目的是使三根镀锡铜带形成圆弧平滑过渡，镀锡铜带与$\phi 8$铝环只是自然接触并无有效的压紧等电位措施，可能在运输过程中松动，因而造成接触不良，$\phi 8$ 铝环可能出现悬浮电位。该种接触不良在工频或正常运行条件下不致造成放电，但在高频雷电波冲击下可能引起局部放电，导致 SF_6 气体击穿。由于气体放电使电容屏部分电容击穿，开始可能只是局部故障，高频雷电波过后放电也熄灭，没有发生接地故障影响运行，但是经过几天或几个月时间，故障点不断扩大，最终导致电容屏接地故障，接地铜片过电流烧断。而放电引起的气体污染造成玻璃钢筒、二次绕组外壳对绝缘支撑底座放电，强大气流使防爆膜完全破裂。

4. 改进措施

独立式 TA 应按照 TA 故障时跳闸范围最小的原则合理选择等电位点。一次导体为 2 匝并联（或 1 匝）的独立式 TA，等电位点设置如下：

（1）3/2 接线的边断路器 TA（母线→断路器→TA→线路），等电位连接点应在 TA 的线路侧，如图 8-65 所示。

（2）3/2 接线不完整串断路器 TA（母线→TA→断路器→线路），TA 一次导体等电位连接点应在 TA 的母线侧，如图 8-66 所示。

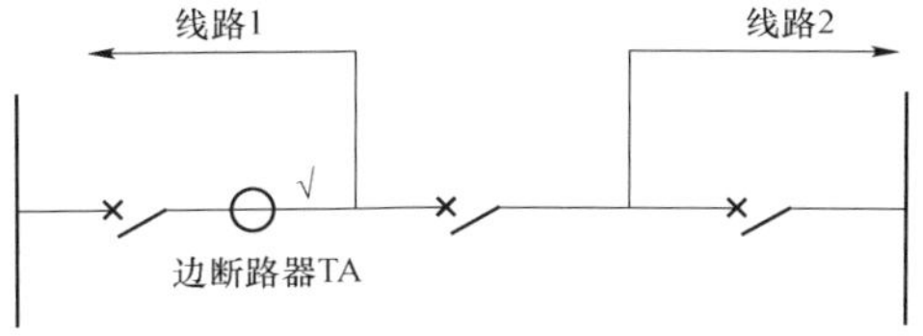

图 8-65　3/2 接线的边断路器 TA

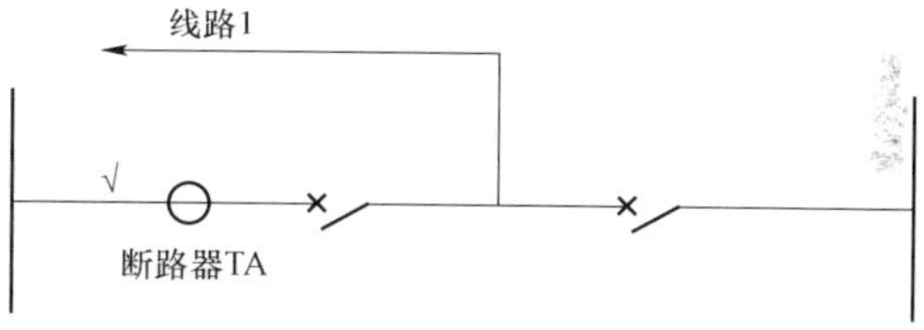

图 8-66　3/2 不完整串断路器 TA

（3）3/2 接线的中断路器 TA（单 TA 配置），等电位连接点应在 TA 的线路侧，如图 8-67 所示。

（4）3/2 接线的中断路器 TA（双 TA 配置），线路 1 与线路 2 中断路器 TA 保护范围交叉时，等电位连接点在 TA 线路侧和 TA 的断路器侧都不存在问题，如图 8-68 所示。

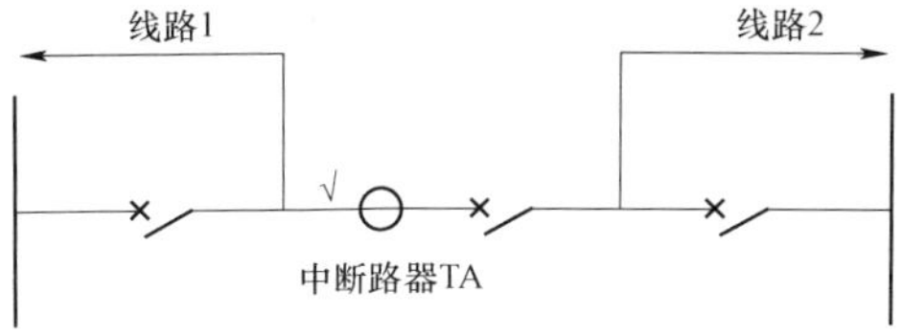

图 8-67　3/2 接线的中断路器 TA（单 TA 配置）

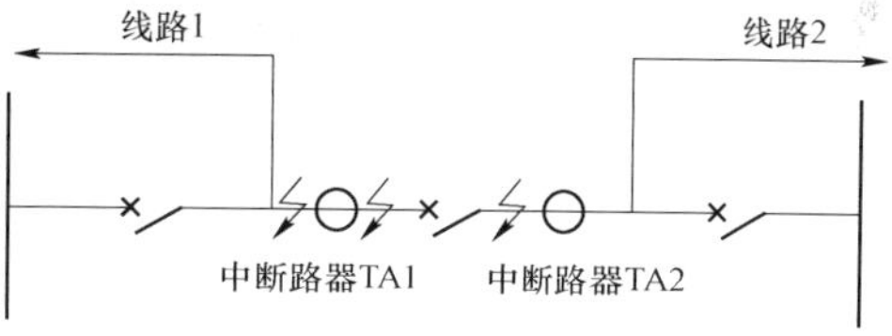

图 8-68　3/2 接线的中断路器 TA（双 TA 配置）

（5）非 3/2 接线的 TA 等电位点在线路侧。

图 8-65～图 8-68 中 TA 标志“√”一端为等电位连接点，以上仅列出几种电气连接方式，变电站其他电气连接方式可参照上文分析。

目前独立式 TA 的连接方式分为串联和并联两类，工程实际应用中最常见的是一次绕组分为两组，引出线端处设有用于变换电流比的串、并联换接片，通过调整可以得到不同的电流变比。

等电位是两个以上的点电势相等，电荷在等电位点间移动不作功或作功为零，与路径无关，即电位差为零叫等电位。TA 一次导体 2 匝串联时，TA 外壳作为导体用，不存在等电位点；TA 一次导体 2 匝并联（或仅用 1 匝）时，TA 外壳不作为导体用，通过换接排做成等电位点连接，一般厂家将等电位点设置在P2（L2）端。

一次导体为2匝并联（或1匝）的独立式TA，故障时（外绝缘及内部绝缘故障）故障电流经由一次导体与外壳的等电位连接点入地。以双母、单母分段和单母接线方式为例，电流互感器等电位点在TA的断路器侧，则外壳接地等同故障点在母线保护范围，如图8－69（a）所示；电流互感器等电位点在线路侧，则外壳接地等同故障点在线路保护范围，如图8－69（b）所示，TA等电位连接点如在TA的断路器侧，会导致跳闸范围扩大，因此一次导体为2匝并联（或1匝）TA应按照TA故障时跳闸范围最小的原则合理选择等电位点。

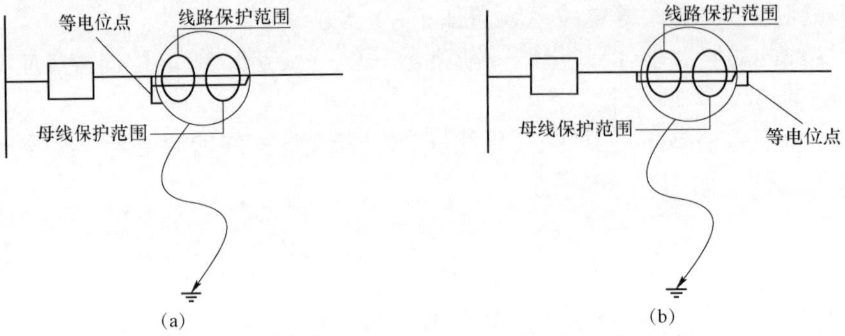

图8－69　TA故障保护动作与等电位点关系示意图

（a）等电位点在母线侧；（b）等电位点在线路侧

一次绕组为2匝串联的独立式TA，正常时一次电流如图8－70（a）所示，TA发生故障时，如图8－70（b）所示，会导致TA变比改变。

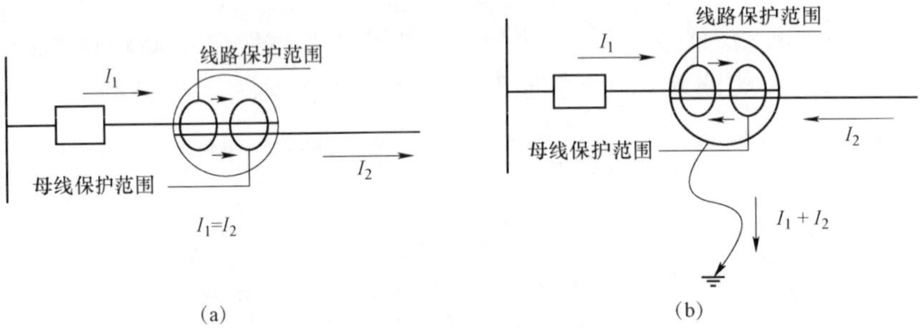

图8－70　2匝串联的独立式TA电流示意图

（a）正常运行时；（b）故障时

三、母联TA死区故障实例

1. 事件概述

某日23时13分42秒，220kV某变电站发生母联TA死区C相故障（母联TA有冒烟现象），故障发生后3ms母差保护正确动作出口跳开220kV母联和220kV Ⅱ母相关元件；由于故障为母联死区故障，故障后125ms母差保护母联死区保护元件正确动作出口跳开220kV Ⅰ母相关元件。

2. 保护动作分析

母联录波TA二次绕组为1LH，录波图如图8－71所示，判断故障点位于母联TA的1LH和母联开关之间（母联死区C相故障），其配置情况如图8－72所示。其中母差最大差流（大差及Ⅱ母小差）出现在Ⅱ母相关元件切除前，为15.84A（一次值19.01kA，基准TA变比为1200/1）；母联最大电流出现在Ⅱ母相关元件完全切除后，为9.515A（一次值11.42kA，TA变比为1200/1）。

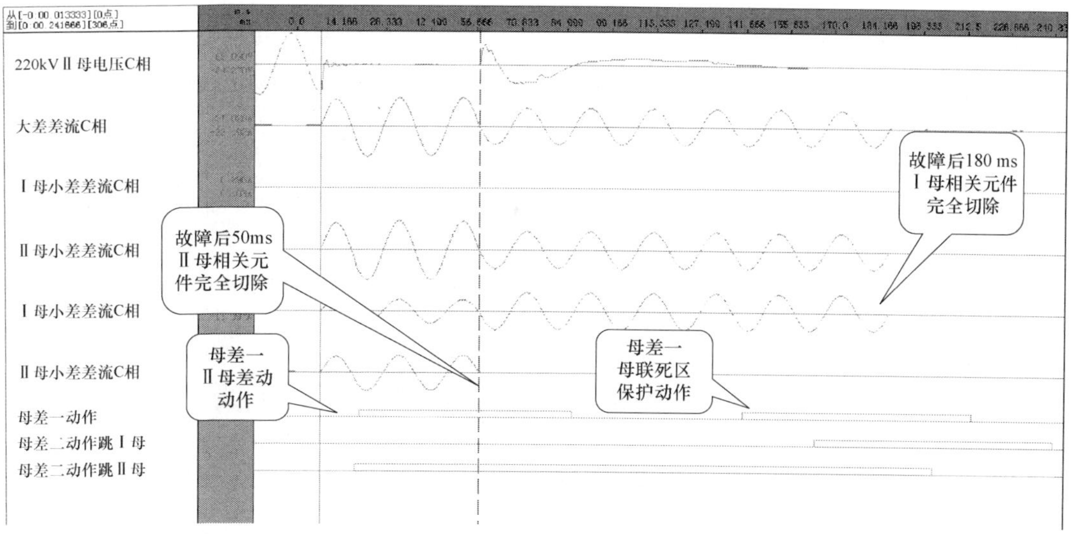

图8－71　故障发生过程录波图

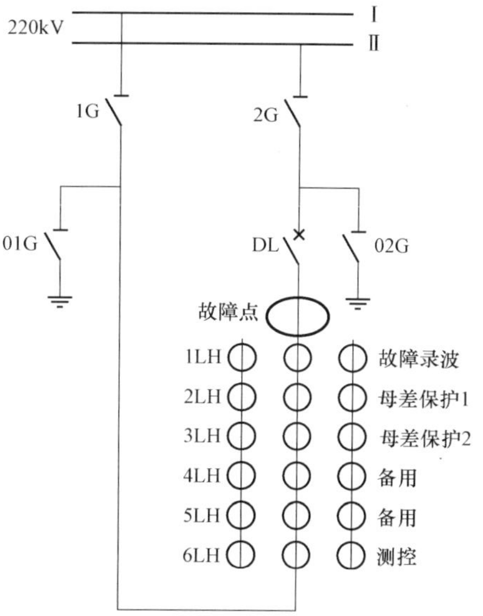

图8－72　220kV某变电站220kV母联TA绕组配置情况

故障发生后，母差二的Ⅱ母差动故障后3ms正确动作出口，母差一的Ⅱ母差动故障后5ms正确动作出口跳Ⅱ母相关元件，并于故障后50ms完全切除Ⅱ母相关元件；由于故障为母联死区故障，故障后 125ms 母差一母联死区保护正确动作出口，故障后 150ms 母差二母联死区保护正确动作出口跳 220kV Ⅰ母相关元件，并于故障后 180ms 完全切除Ⅰ母相关元件，至此故障完全切除。母差保护动作含启动相关线路保护的远跳功能，保护动作时序图如图 8－73 所示。

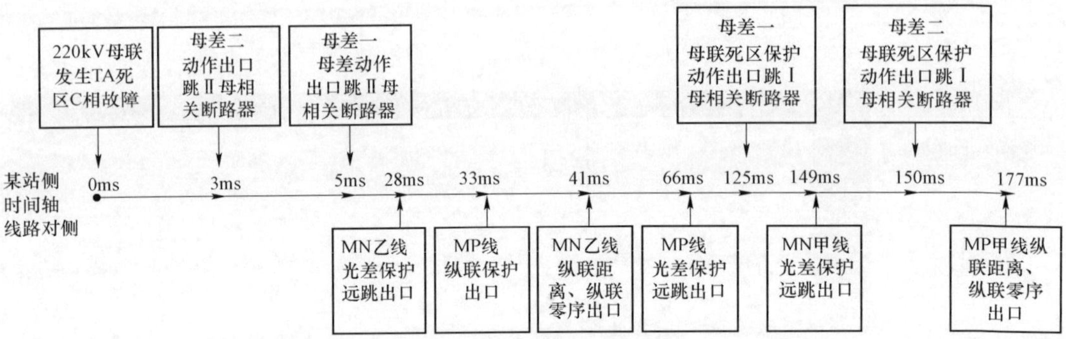

图 8－73 220kV 某变电站失压事件保护动作时序图

第五节 地区电网的典型故障实例

一、110kV 线路保护拒动导致多个 110kV 站失压实例

1. 事件概述

某日 11 时 35 分 10 秒，110kV NP 线发生 C 相接地故障，N 变电站侧 110kV NP 线保护拒动，随后 220kV M 变电站 2 号主变压器、1 号主变压器相继跳闸，切主变压器三侧，造成 110kV N 变电站、110kV P 变电站等 8 个 110kV 变电站失压。

2. 事故前电网运行方式

事故前 220kV 片网的运行方式为：M 变电站 2 号主变压器高、中压侧中性点直接接地；110kV Ⅰ、Ⅱ段母并列运行，110kV 系统中除了某风电站 110kV 主变压器中性点直接接地外，其余 110kV 变电站主变压器中性点均间隙接地。事故前 220kV 片网的运行方式如图 8－74 所示。

3. 保护动作分析

整个故障过程可分为以下 4 个阶段进行分析：

（1）0～7364ms 时刻。如图 8－75 录波分析显示，110kV NP 线发生 C 相故障时，M 变电站 2 号主变压器中压侧出现零序电流，并缓慢增大，C 相电流也缓慢增大。判断 110kV 系统出现 C 相高阻接地故障。期间 110kV 系统零序电压不超过 4V（110kV 系统零序电压均以开口三角电压为基准），不满足变压器中压侧零序过电压保护动作条件。经查找，在 NP 线 41～42 号塔发现树木有放电烧焦痕迹。

110kV MN 甲、乙线有 C 相故障电流和零序电流缓慢增大，MN 甲线零序电流缓慢增大到约 286.2A（一次值），达到保护动作整定值 270A，零序保护开始计时，在故障过程中零序电流有两次因小于 270A 而重新返回计时；MN 乙线零序电流缓慢增大到约 282A（一次值），

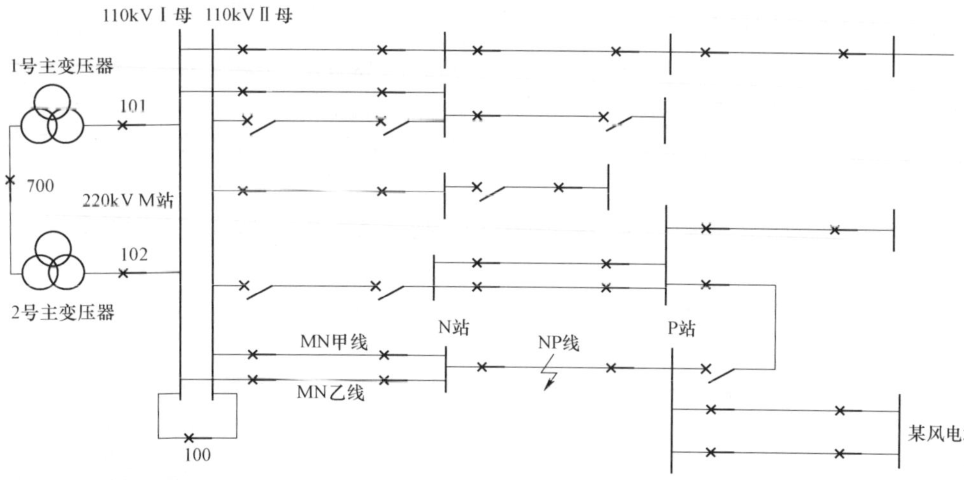

图 8－74 事故前 220kV M 片网的运行方式

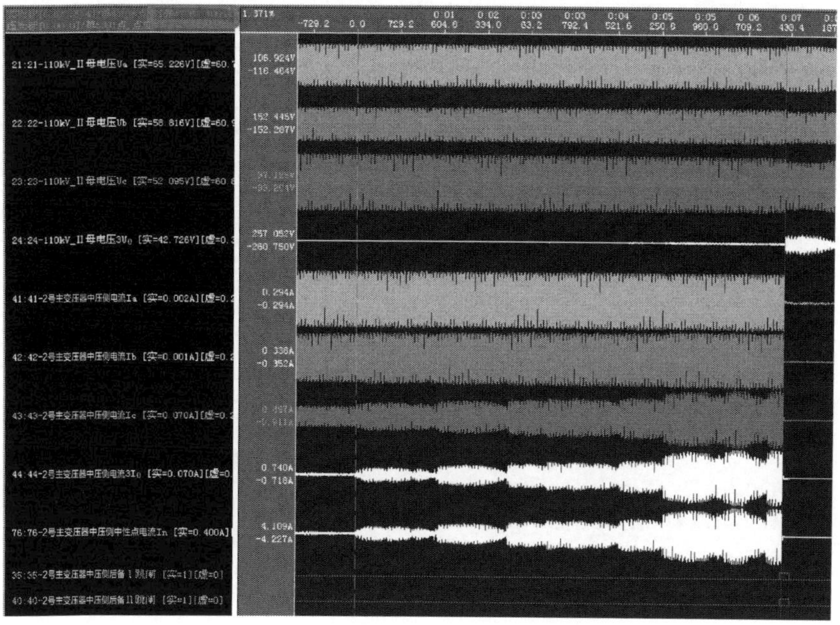

图 8－75 220kV M 变电站故障录波图

达到保护动作整定值 270A，零序保护开始计时，在故障过程中零序电流有两次因小于 270A 而重新返回计时。在 0～7364ms 中，110kV MN 甲、乙线零序保护始终无法满足动作条件而出口动作。

220kV M 变电站 2 号主变压器中压侧零序故障电流缓慢增大，约 4600ms 时刻增大到 300A，零序保护开始计时，约 7364ms 2 号主变压器零序过电流Ⅱ段动作切开主变压器三侧断路器。

110kV MN 甲、乙线零序过电流Ⅱ段定值整定为 270A（一次值）、2.1s；220kV M 变电站 2 号主变压器中压侧零序过电流Ⅱ定值整定为 300A、2.7s。

（2）7364～10 644ms 时刻。110kV 系统发生故障约 7.3s 后，M 变电站 2 号主变压器中压侧零序过电流保护动作，跳 2 号主变压器三侧。随后 110kV 系统零序电压缓慢增大至约 55V 并伴随小幅波动。期间未见 M 变电站 1 号主变压器中性点电流和零序电流，推测 1 号主变压器中压侧间隙未发生击穿（如图 8－76 所示）。

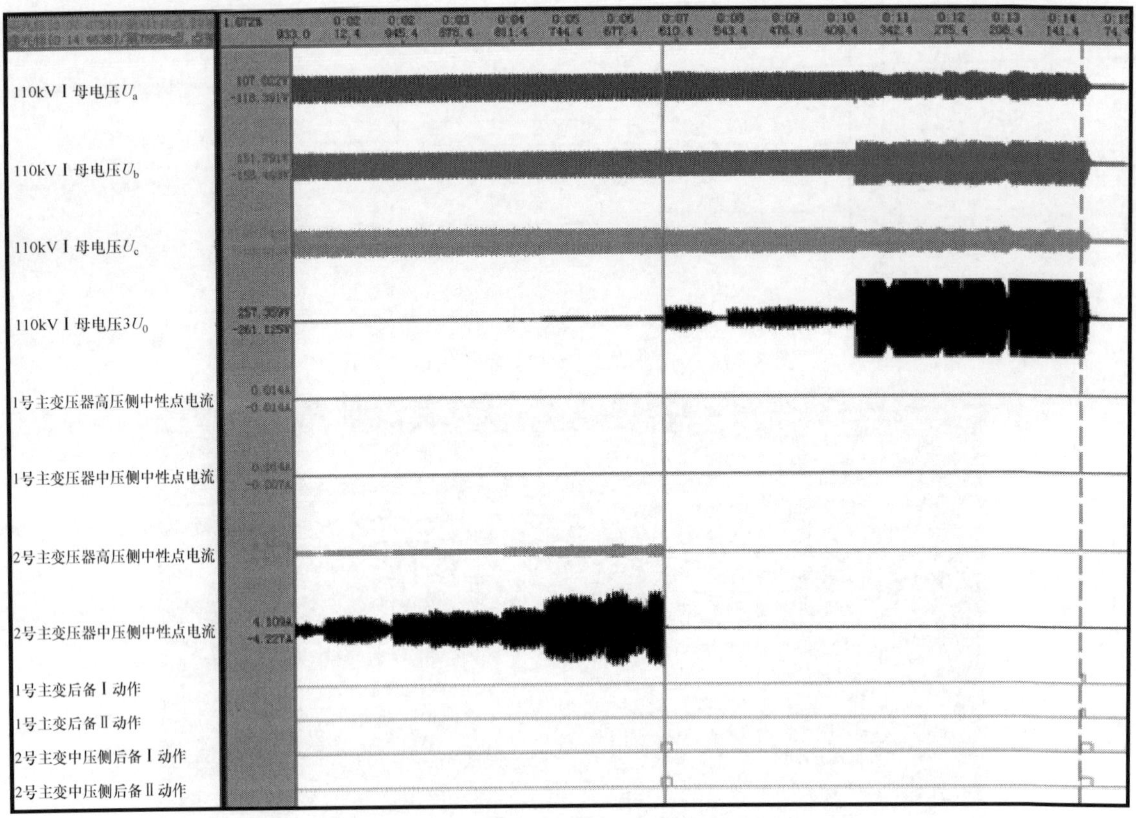

图 8－76　1、2 号主变压器中性点电流波形

此过程中，由于 220kV M 变电站 2 号主变压器跳闸，M 变电站和 N 变电站的 110kV 系统为中性点不接地系统。考虑到 110kV 系统中性点电压只有 55V，故可判断某风电站 110kV 主变压器（中性点直接接地）仍与系统连接，即 110kV NP 线 P 变电站侧保护仍未动作出口。随着 110kV NP 线 C 相高阻接地故障的发展，P 变电站侧保护感受到的零序电流不断增大，于 10 644ms 时刻满足零序过电流Ⅱ段动作条件，从而跳开 P 变电站侧断路器。

（3）10 644～13 257ms 时刻。110kV 系统发生故障约 10.6s 后，110kV NP 线 P 变电站侧断路器跳开，M 变电站 110kV 系统变为中性点不接地系统，此时由于 110kV NP 线 C 相故障仍然存在，中性点电位出现严重飘移，110kV 系统零序电压突然增大，基本超过 200V（波形出现削顶，如图 8－77 所示）。但期间出现 3 次电压低落（零序电压约 140V 左右），造成 1 号主变压器零序过电压保护未能出口。期间仍未见 M 变电站 1 号主变压器中性点电流，考虑 1 号主变压器中压侧间隙未仍发生击穿。

（4）13 257～14 520ms 时刻。110kV 系统发生故障约 13s 后，M 变电站 110kV 系统零序电压在波动后再次超过 200V（波形出现削顶），并持续超过 1.2s。随后 M 变电站 1 号主变压器中压侧零序过电压保护动作，跳主变压器三侧。

M 变电站 1 号主变压器间隙过电压保护定值为 180V、1.2s。

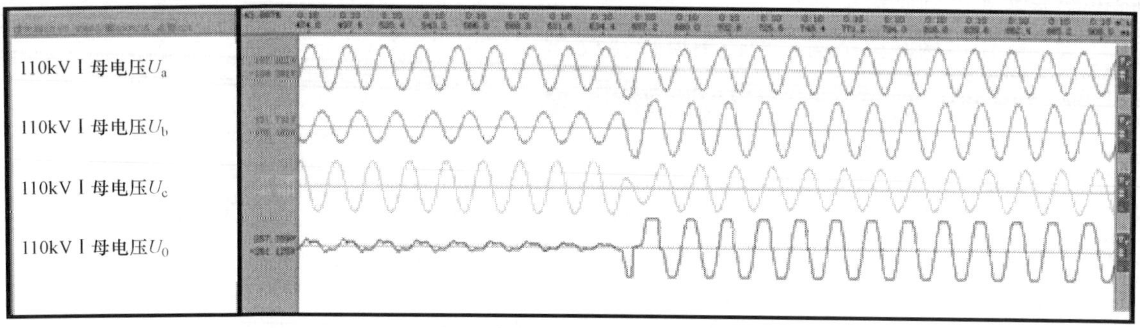

图 8－77　故障时 110kV 系统电压波形

4. 110kV NP 线拒动分析

110kV NP 线保护是 1992 年生产、1998 年投产运行的，装置老化严重。在检查调试的过程中，继电保护人员发现保护装置的时间继电器有数值漂移，零序三段保护定值原整定为 240A（一次值）、2.1s，如图 8－78 所示，但试验时实际动作时间约 3.0s。因装置老化产生数值漂移，使得 110kV NP 线 N 侧保护未能在 M 变电站 2 号主变压器跳闸前及时动作出口隔离故障。更换后的时间继电器如图 8－79 所示。

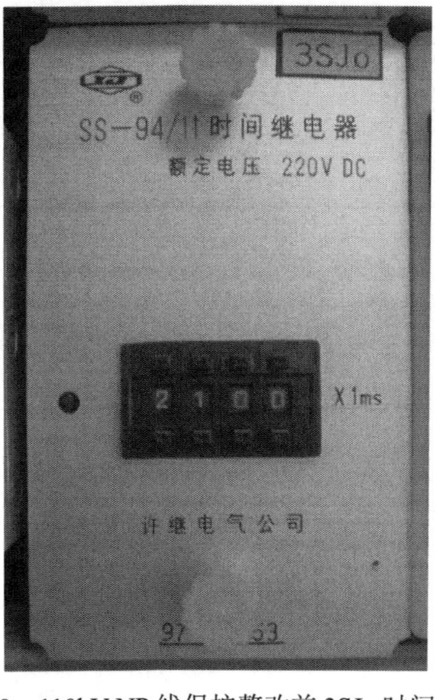

图 8－78　110kV NP 线保护整改前 3SJo 时间继电器

图 8－79　110kV NP 线保护整改后 4SJo 时间继电器

5. 改进措施

（1）加强非微机保护装置的运行维护，重点核对老式继电器型保护装置的整定值。尽快将非微机保护更换为微机保护。

（2）双回线与单回线配合时，为提高高阻接地情况下保护的灵敏度，双回线及单回线零序最后一段电流定值可适当下调，按躲过不平衡电流整定，但一次值一般不能低于 120A。

（3）变压器中性点接地方式安排应保证正常运行方式下单一元件停运或跳闸后 110kV 系统仍然为中性点直接接地系统。

（4）优化电网网架结构，加快备自投建设。

二、110kV 双回线合环导致故障影响范围扩大的实例

1. 事件概述

某日 16 时 42 分 27 秒，110kV MN 线发生 B 相瞬时性接地故障，MN 线保护装置未动作，220kV M 变电站 1、2 号主变压器越级跳闸，造成 220kV M 变电站 110kV Ⅰ、Ⅱ母线失压。

2. 保护动作分析

110kV MN 线发生 B 相接地故障持续 664ms 后发展为三相故障，线路保护未动作；1、2 号主变压器 A、B 保护中压侧复压闭锁方向过电流Ⅰ段Ⅰ时限 1431ms 动作跳母联 110 断路器、Ⅱ时限 1729ms 动作分别跳 111、112 断路器，110kV 母线失压。

3. 不正确动作原因

110kV MN 线发生 B 相接地故障持续 664ms 后发展为三相故障，期间零序电流 35A（一次值 4200A），达到零序Ⅱ段定值（二次值 9.3A），时间未到动作时限 0.8s，转三相故障后无零序电流，零序保护返回；又因距离保护软压板控制字未投入，距离保护功能退出（如表 8－4 所示），MN 线线路保护装置拒动。

表 8－4　　MN 线 M 变电站侧保护软压板定值

序号	定值名称	数值	备注
1	投差动保护压板	0	退出
2	投距离保护压板	0	退出
3	投零序Ⅰ段压板	1	投入
4	投零序Ⅱ段压板	1	投入
5	投零序Ⅲ段压板	1	投入
6	投零序Ⅳ段压板	1	投入
7	不对称速动压板	1	投入
8	双回线速动压板	0	退出
9	投闭锁重合压板	0	退出

1、2 号主变压器提供故障电流均超过 A、B 套保护中压侧复压闭锁方向过电流Ⅰ段整定值，经Ⅰ时限 1431ms 动作跳母联 110 断路器（如表 8－5 所示），但故障点并未隔离。

表 8－5　　1、2 号主变压器保护主要整定值

保护	整定项目	TA 变比	定值	单位
1 号主变压器高后备	复压闭锁方向过电流Ⅰ段电流定值	1200/5	4	A
	复压闭锁方向过电流Ⅰ段Ⅰ时限时间定值		1.7	s
	复压闭锁方向过电流Ⅰ段Ⅱ时限时间定值		2	s

续表

保护	整定项目	TA 变比	定值	单位
1 号主变压器中后备	复压闭锁方向过电流Ⅰ段电流定值	600/5	7	A
	复压闭锁方向过电流Ⅰ段Ⅰ时限时间定值		1.4	s
	复压闭锁方向过电流Ⅰ段Ⅱ时限时间定值		1.7	s
2 号主变压器高后备	复压闭锁方向过电流Ⅰ段电流定值	1200/5	2.75	A
	复压闭锁方向过电流Ⅰ段Ⅰ时限时间定值		1.7	s
	复压闭锁方向过电流Ⅰ段Ⅱ时限时间定值		2	s
2 号主变压器中后备	复压闭锁方向过电流Ⅰ段电流定值	1200/5	5	A
	复压闭锁方向过电流Ⅰ段Ⅰ时限时间定值		1.4	s
	复压闭锁方向过电流Ⅰ段Ⅱ时限时间定值		1.7	s

MN 线发展性故障期间，1、2 号主变压器分别通过中压侧断路器向故障点提供电流（如图 8－80、图 8－81 所示）。

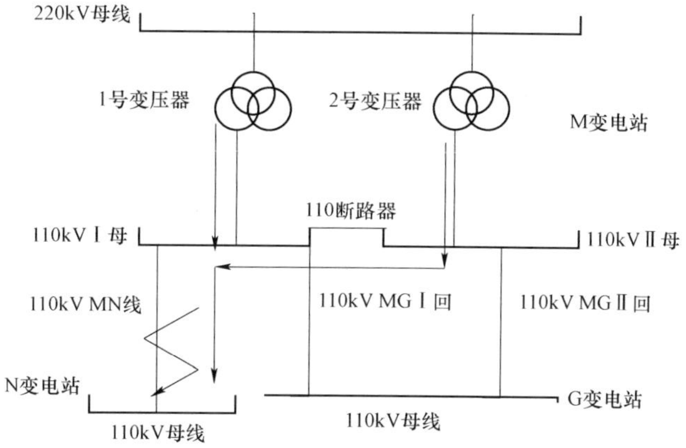

图 8－80　110kV 母联断路器断开前故障电流流向

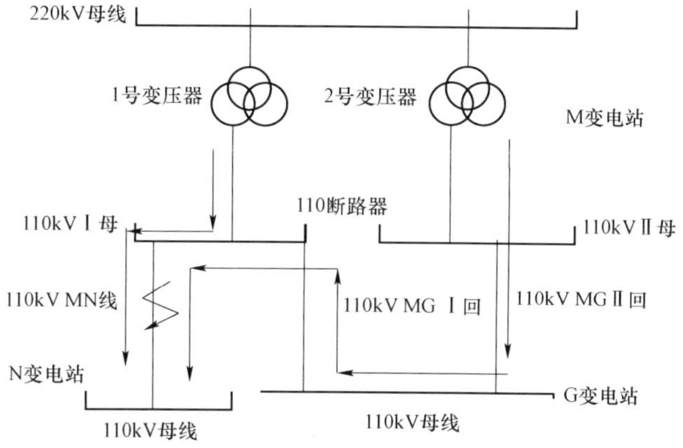

图 8－81　110kV 母联断路器断开后故障电流流向

110kV 母联断开后，1 号主变压器继续通过 110kV Ⅰ母，继续向 110kV MN 线提供故障电流，故障电流 18.29A，大于 A、B 套保护中压侧复压闭锁方向过电流Ⅰ段定值 7A（一次值 840A），经Ⅱ时限 1729ms 跳主变压器中压侧 111 断路器。由于 G 变电站 110kV 合环运行，2 号主变压器继续通过 110kV Ⅱ母——110kV MGⅡ回——110kV G 变电站母线——110kV MGⅠ回——M 变电站 110kVⅠ母，继续向 110kV MN 线提供短路电流，故障电流 7.54A，大于 A、B 套保护中压侧复压闭锁方向过电流Ⅰ段定值 5A（一次值 1200A），经Ⅱ时限 1729ms 跳主变压器中压侧 112 断路器。

4. 事故教训

（1）因 M 变电站进行保护定值更改并核对工作时，未严格按照管理办法要求开展该工作，造成正式定值单的软压板投退栏与装置定值不符，导致线路距离保护功能误退出，故障时线路保护拒动。

（2）110kV 双回线合环供电运行，导致故障点无法有效隔离，扩大停电范围。建议对于合环运行的 110kV 线路增加线路备自投，开环供电运行，保障供电可靠性。

第九章

误碰实例分析

继电保护“三误”是指误碰、误整定、误接线。造成继电保护“三误”事故的原因主要有如下三点：

（1）随着继电保护技术的不断发展，变电站和电力设备规模的快速扩大，变电运行无人值守和集控方式的采用以及大量安全自动化及综合自动化技术的应用，变电运行人员对继电保护技术掌握的难度加大。

（2）基建或技改施工、检验调试，需要对继电保护装置进行大量的操作、试验、调整等工作，由于图纸设计错误、现场图实不符、现场安全措施不到位、二次压板运行操作不规范、启动调试结束临时定值未恢复、继电保护误整定等造成“三误”。

（3）由于一次设备检修通常是由非继电保护工作人员进行的，对于二次回路不熟悉，危险点管控不到位，也可能发生保护误动，造成运行中的设备跳闸事故。

针对继电保护“三误”特点，应加强继电保护的运行管理和技术监督；规范化二次设备及回路，降低维护难度；加强整定计算管理，优化整定流程；严格执行二次设备定期检验、检测、试验标准；重视二次回路管理，严格执行整组试验和带负荷检查等检验项目，确保回路接线正确；提高继电保护人员专业素质。

第一节　误碰、误接运行的保护设备和回路实例

一、现场安全措施不到位导致 TA 拆除过程中机组主变压器差动保护误动实例

1. 事件概述

某电厂 500kV 5022 断路器 A 相 TA 拆除工作中，因未做好现场安全措施，误将 TA 二次电缆接线接地，两点接地造成 1 号发变组 B 柜保护装置主变压器工频变化量差动保护误动作。

作业现场如图 9-1 所示，检修工作人员在拆除 A 相 TA 至 1 号发变组 B 屏主变压器差动的电流回路时，由于扳手尺寸较大将 TA 二次接线柱与外壳短接接地，导致 1 号主变压器电流回路形成两点接地。

图 9-1　作业现场

2. 保护动作分析

1 号发变组 B 套保护 128ms 工频变化量差动跳 5021 断路器三相，5021 断路器保护 218ms

三相跟跳动作跳 5021 断路器三相。

3. 暴露的问题

（1）未严格按照调度规程要求，在涉网设备电流二次回路上开展工作前，未向中调上报检修工作申请，擅自开展工作。

（2）工作票危险点分析不全面，未对二次回路工作进行危险点分析，未做安全措施。

（3）现场作业检修工具扳手尺寸较大不适合在二次回路上使用，且未做绝缘处理，容易碰到外壳。

二、废弃电缆误碰运行设备导致保护误动跳闸实例

1. 事件概述

某电厂 220kV 2 号联络变压器高压侧断路器无故障跳闸，2 号联络变压器保护屏 TWJA、TWJB、TWJC 信号灯亮，无任何保护动作出口。

2. 保护动作分析

保护装置无任何启动报文和保护动作报文，仅 TWJA、TWJB、TWJC 红灯亮（表明三相断路器跳开）、TXJ 绿灯亮（为电源监视灯）、第二块 YQJ 插件红灯亮（为 220kVⅡ母电压指示灯，表明 2 号联络变压器运行于Ⅱ母），其余灯均为正常运行显示灯。

如图 9－2 所示，2 号联络变压器跳闸时，系统无故障，三相同时跳开。

对 2 号联络变压器控制屏（供值班员进行远方投切断路器操作）进行检查，发现在控制屏控制手柄 KK 第 7 号接点处有一裸露线头悬垂（该线为原 2 号联络变压器控制屏上母线隔离开关的位置指示器所用，由于该指示器损坏并不再使用，将此线拆除后并用绝缘胶布进行包裹，但由于年限较长，绝缘胶布的黏性受到影响，导致胶布脱落并使线头裸露在外），与第 7 号接点有接触的可能性很大，用万用表直流电压挡对此裸露线头进行测量，电压值为＋113.7V。如图 9－3 所示为控制屏背面 KK 手柄 7 号接点与裸露线头距离很近。

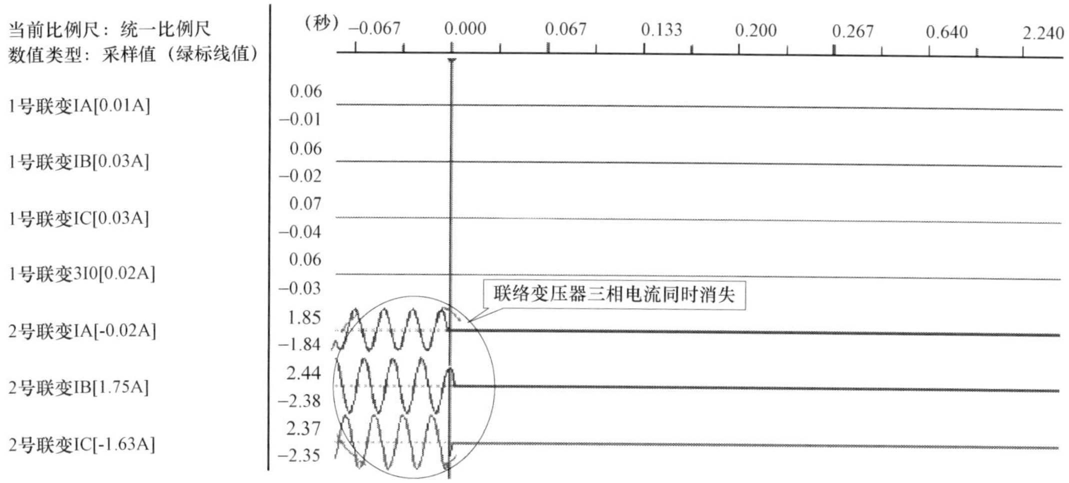

图 9－2　2 号联络变压器保护无故障跳闸录波图

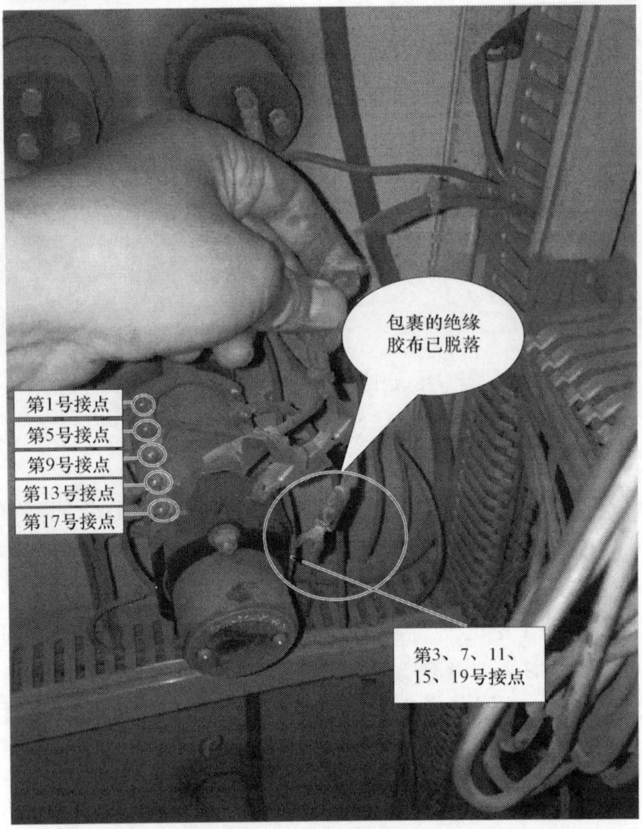

图 9-3　控制屏背面 KK 手柄 7 号接点与裸露线头

3. 不正确动作原因

在 2 号联络变压器控制屏后发现的裸露线头原设计为通过 4YQJ 动合触点导通送至 734 回路上，用于显示母线隔离开关的位置，指示器损坏后该线头不再使用，将此线拆除后并用绝缘胶布进行包裹。但由于年限较长绝缘胶布的黏性受到影响导致胶布脱落并使线头裸露悬垂（母线隔离开关指示器回路图如图 9-4 所示，其中 WS 表示母线隔离开关指示器），而控

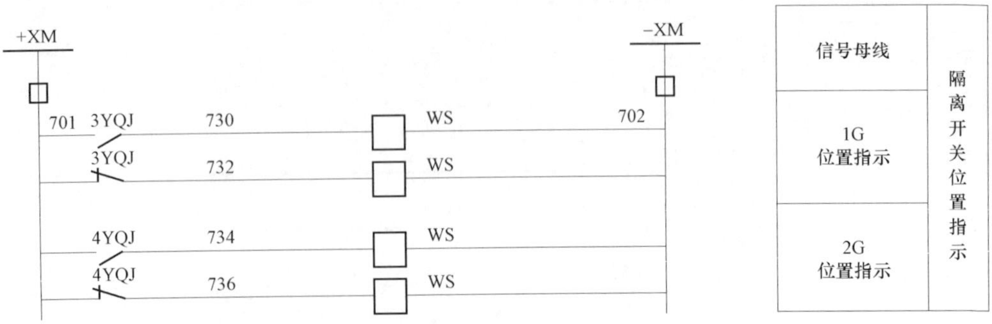

图 9-4　母线隔离开关指示器回路图

制手柄 KK 第 7 号接点是手跳回路接点（联络变压器高压侧断路器控制回路图如图 9–5 圈出部分，回路编号为 141），当此裸露线头瞬时接触在控制手柄 KK 第 7 号接点上，导通手跳回路跳联络变压器高压侧断路器。

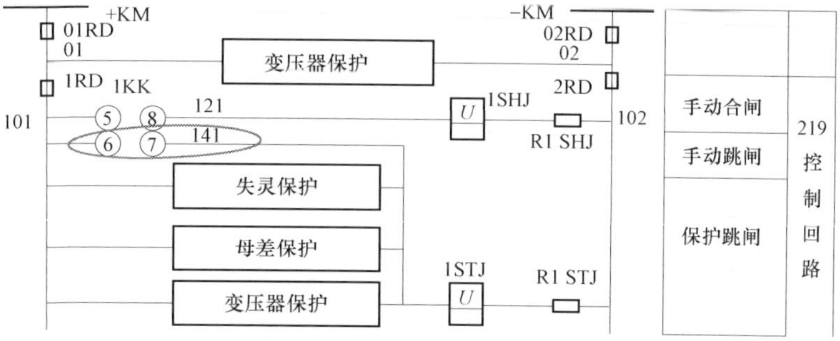

图 9–5　联络变压器高压侧断路器控制回路图

为验证该分析，用裸露线头搭接在控制手柄 KK 第 7 号接点上，模拟当时的故障情况。试验证明，当裸露线头（带有正电）接触 KK 手柄第 7 号接点时，联络变压器高压侧断路器跳闸，试验结果与故障信号一致，变压器保护没有任何启动报文和跳闸出口报文。

三、3/2 接线中断路器检修期间安全措施不到位导致线路差动保护 TA 回路两点接地实例

1. 事故概述

某日 17 点 25 分，500kV 某线路主二保护动作，5053 断路器 C 相跳闸，其后重合闸失败，主二保护动作三跳。17 点 28 分，主三保护纵联距离和距离后加速共动作 13 次；因断路器此时已处于分闸状态，故实际断路器未再动作。

2. 事件前运行方式

事件前，500kV 某站 5051、5052 断路器检修；500kV 某线路、5053 断路器运行中。1、4 号主变压器并列运行，2 号、3 号主变压器并列运行，其余间隔处于正常运行方式，其运行方式如图 9–6 所示。

3. 保护动作经过

500kV 某线路保护动作时序图如图 9–7 所示，保护动作情况如表 9–1 所示。

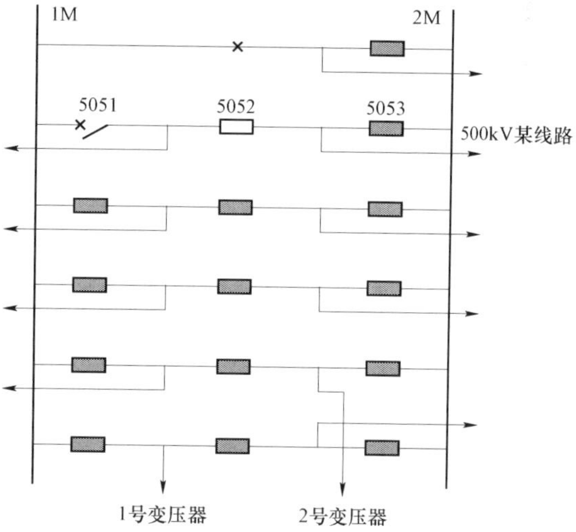

图 9–6　500kV 某站一次接线示意图

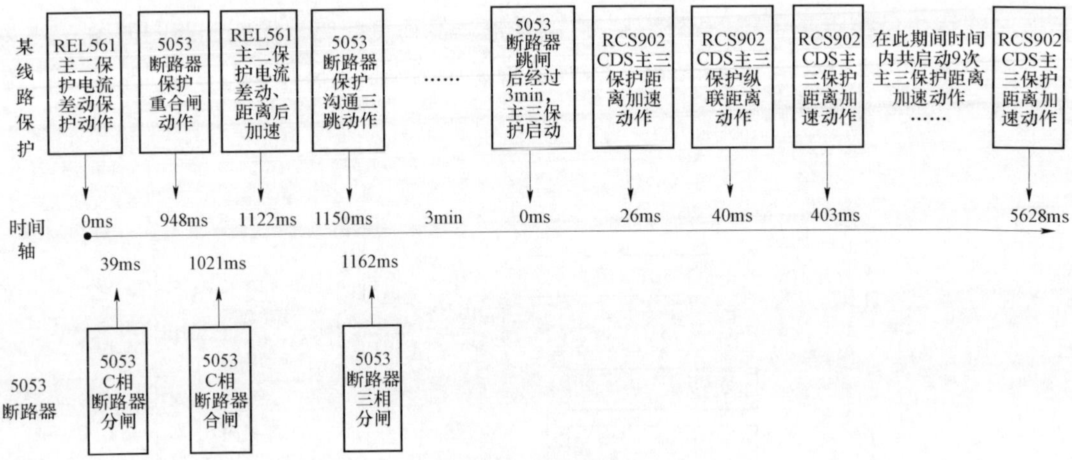

图 9-7　动作时序图

表 9-1　　**保护动作情况**

17 点 25 分 07 秒（零时刻）		
主二保护	0ms	电流差动
	1122ms	电流差动、距离后加速
5053 断路器保护	948ms	重合闸
	1150ms	沟通三跳
17 点 28 分 17 秒（零时刻）		
主三保护	26ms	距离后加速
	40ms	纵联距离
	403ms	距离后加速
	957ms	距离后加速
	1135ms	距离后加速
	1397ms	距离后加速
	1468ms	距离后加速
	1573ms	距离后加速
	3549ms	距离后加速
	3671ms	距离后加速
	4122ms	距离后加速
	4234ms	距离后加速
	5628ms	距离后加速

4. 保护动作行为分析

（1）17 时 25 分

集中录波器是由主二保护动作开入启动录波，而主一保护由 C 相断路器变位启动录波；启动前系统三相电压、电流均衡，无明显突变。主一保护正确不动作。

由主三保护录波分析，17 时 25 分，主二、三保护三相电压正常（如图 9-8、图 9-9 所示），C 相电流在 17 时 25 分出现了明显的突变电流（如图 9-10 所示）；而从使用同一绕组的第二套短引线保护录波可以看出，该突变电流来源于处于检修状态的 5052 断路器 TA（如图 9-11 所示）。主二保护 C 相电流出现突变（由正常的有效值 0.147A 变化为 0.081A），$3I_0$ 有明显的突变电流（有效值 0.074A），导致满足差动保护动作条件，C 相断路器单跳单重之后，异常突变电流依然存在，所以距离后加速保护动作，其动作行为符合装置逻辑。主三保护由于电压正常，不满足距离元件动作条件未动作。

（2）17 时 28 分

集中录波器由主三保护动作开入而启动录波，三相电压电流未出现明显突变（如图 9-12 所示），使用同一绕组的主一保护未启动。由主三保护录波分析，17 时 28 分，主三保护三相电压未出现明显突变，在断路器处于分闸的状态下，C 相电流异常出现了多次间断电流，由于此时 C 相电压较低，从而满足距离后加速动作条件而先后多次动作（如图 9-13 所示）。从使用同一绕组的第二套短引线保护录波可以看出（如图 9-14 所示），该突变电流与 17 时 25 分一样来源于处于检修状态的 5052 断路器 TA，二次有效值均约为 0.13A。

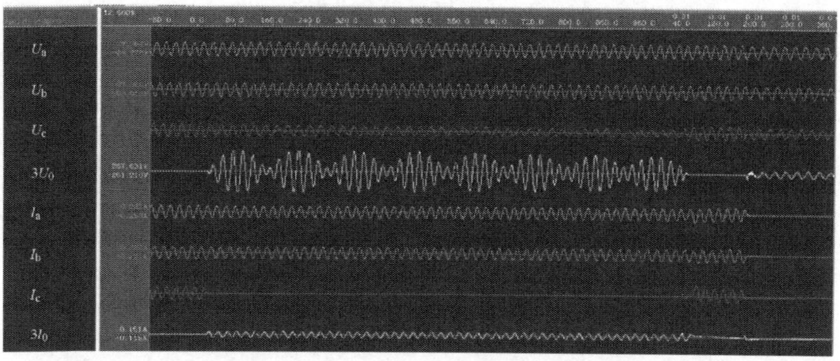

图 9-8　17 时 25 分某站集中录波图

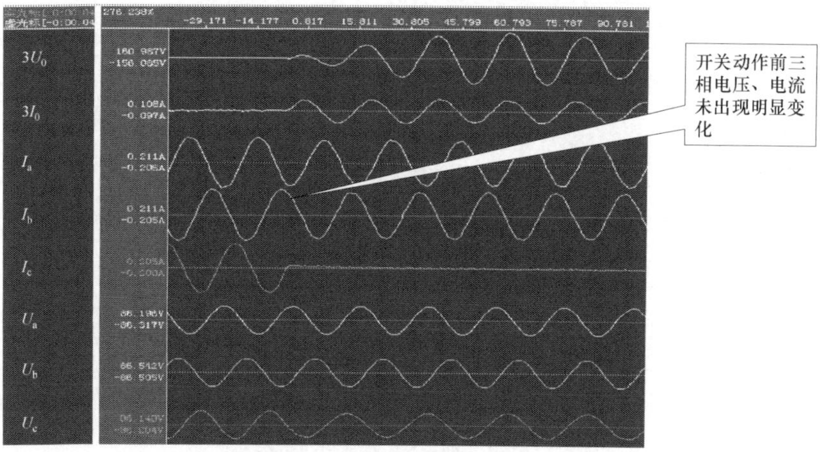

图 9-9　17 时 25 分主一保护录波

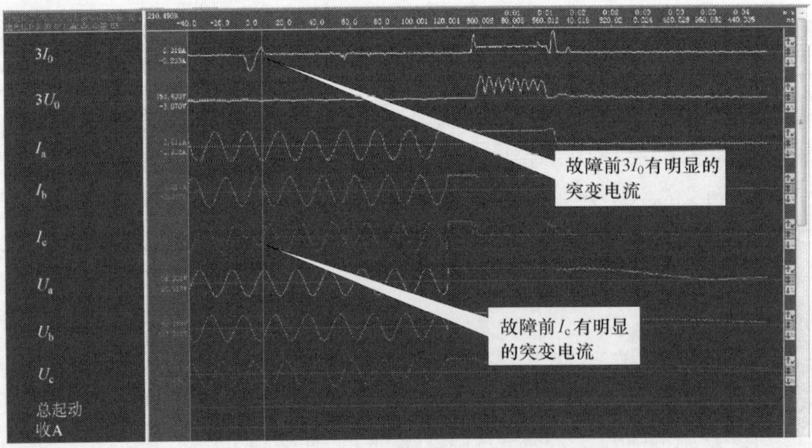

图 9-10　17 时 25 分主三保护录波

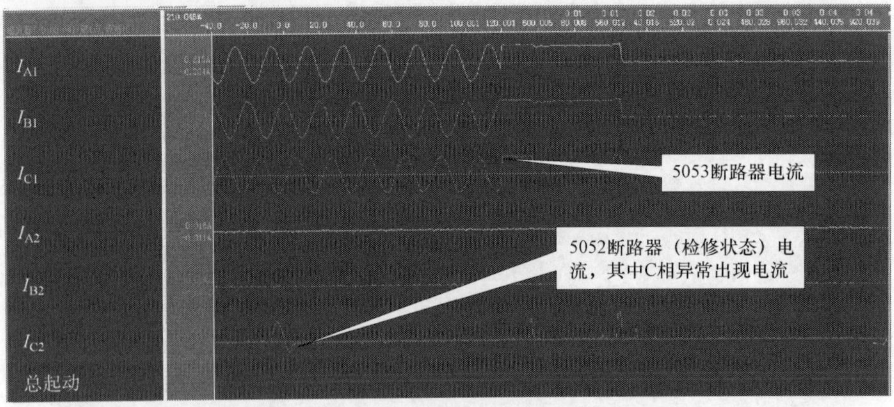

图 9-11　17 时 25 分第二套短引线保护录波

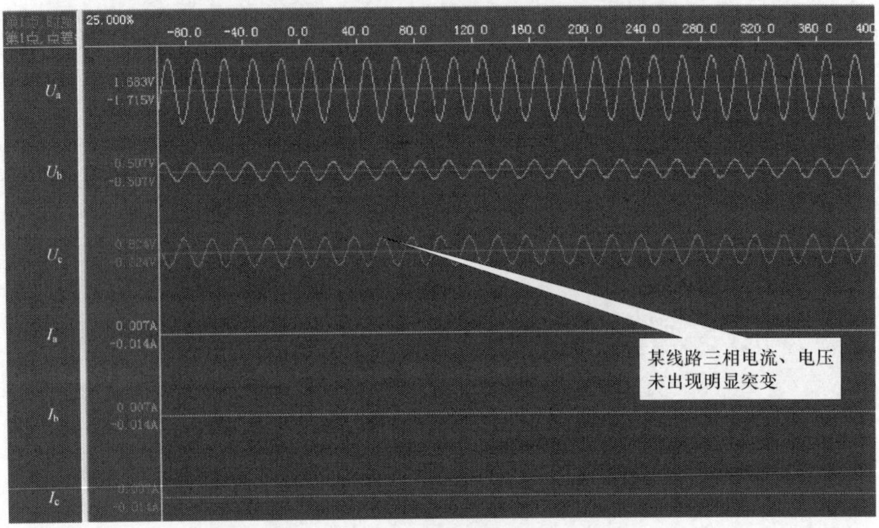

图 9-12　17 时 28 分集中录波器波形

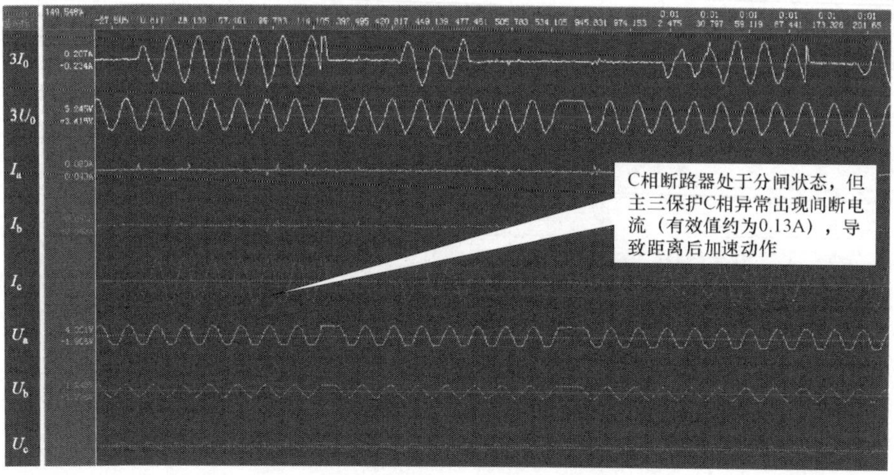

图 9－13　17 时 28 分主三保护录波

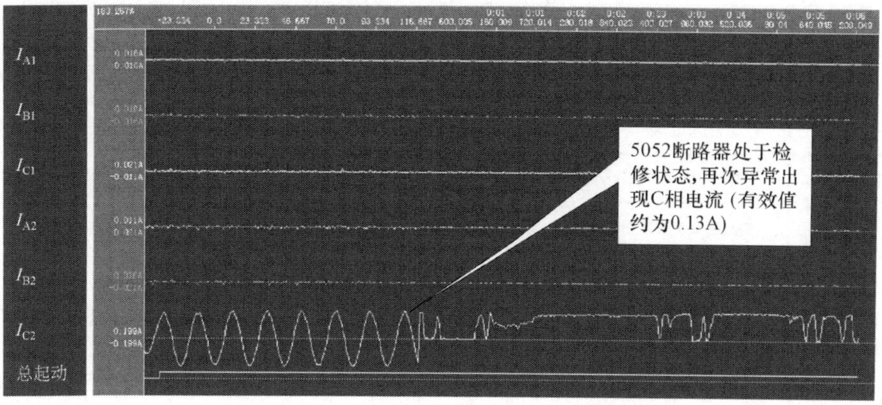

图 9－14　17 时 28 分第二套短引线保护录波

综合以上分析，某线路 17 时 25 分主二保护动作、17 时 28 分主三保护后加速动作的直接原因均为处于检修状态的 5052 断路器 TA 第四绕组出现异常电流，可排除一次系统发生故障，判断 5052 断路器 TA 出现异常。由于录波装置与主一保护使用同一组电流绕组，与主二、主三保护不是同一组绕组，所以两者的录波存在差异，也正因此可以解释主一保护正确不动作，而主二保护由于电流突变满足差动条件而动作。

5. 现场试验及结论

经分析，5052 断路器 TA 第二绕组出现异常电流的可能原因有：① 一次断路器击穿出现故障电流；② 交流串入；③ TA 回路两点接地。由于第一个绕组并未出现异常电流，因此可排除第一个原因；由于交流串入产生的二次电流大小会远大于 0.13A，所以排除第 2 个原因，因此从 TA 回路两点接地来着手调查。

现场检查，某站 500kV 某线路第一套短引线、主一、录波装置使用 5052 断路器 TA 第五绕组（准确级 TPY），第二套短引线保护、主二、主三使用 5052 断路器 TA 第四绕组（准确级 TPY），5052 断路器使用第三绕组（准确级 5P30）。根据现场保护动作分析，重点检查 5052 断路器 TA 第四个电流绕组（主二、主三、第二组短引线保护均使用 5052 断路器 TA 第四个电流绕组）。

（1）使用 500V 绝缘电阻表在保护屏检查绝缘（带保护装置）如表 9－2 所示。

表 9－2　　使用 500V 绝缘电阻表在保护屏检查绝缘

屏位及保护	绕　组	接地点	绝缘值（MΩ）
P166 5053 断路器保护屏，第一套短引线保护	7206E（5053 断路器 TA 第一绕组 A、B、C 相）	P166 5053 断路器保护屏第一套短引线保护处	3.2
	7201E（5052 断路器 TA 第五绕组 A、B、C 相）		2.9
P166 5053 断路器保护屏，第二套短引线保护	7207E（5053 断路器 TA 第二绕组 A、B、C 相）	P166 5053 断路器保护屏第二套短引线保护处	3.1
	7202E（5052 断路器 TA 第四绕组 A、B、C 相）		2.8

（2）断开 TA 连接片，单独检查 TA 电缆绝缘如表 9－3 所示。

表 9－3　　断开 TA 连接片，单独检查 TA 电缆绝缘

屏位及保护	绕　组	接地点	绝缘值（MΩ）
P166 5053 断路器保护屏，第一套短引线保护	7206E（5053 断路器 TA 第一绕组 A、B、C 相）	P166 5053 断路器保护屏第一套短引线保护处	3.2（断开连接片）
	7201E（5052 断路器 TA 第五绕组 A、B、C 相）		60（断开连接片）
P166 5053 断路器保护屏，第二套短引线保护	7207E（5053 断路器 TA 第二绕组 A、B、C 相）	P166 5053 断路器保护屏第二套短引线保护处	3.3（断开连接片）
	7202E（5052 断路器 TA 第四绕组 A、B、C 相）		60（断开连接片）

通过现场检查可排除原有 TA 回路电缆绝缘和原有 TA 回路存在两点接地的可能，判断可能存在人为原因导致的两点接地。

（3）5052 断路器 TA 第二绕组不同地点模拟两点接地。由于当天有保护和检修专业在 5052 断路器 TA 回路上工作，因此开展以下模拟试验：

1）5052 断路器 TA 端子箱处，短接主二、主三、第二套短引线保护使用的绕组 C 相与接地铜牌，主三、第二套短引线均有启动电流 0.13A（主二 ABB 保护无法查看启动电流），波形、大小均与本次事件一致。

2）5052 断路器 TA 接线盒处，短接主二、主三、第二套短引线保护使用的绕组 C 相与接地铜牌，主三、第二套短引线均有启动电流约 0.13A（主二 ABB 保护无法查看启动电流），波形、大小均与本次事件一致。

3）短接主三保护使用的绕组 C 相与接地铜牌，主三保护无启动电流。

试验结论：由 1）和 2）可知，在 5052 断路器 TA 端子箱与接线盒处短接 C 相与接地点，主三保护均产生 0.13A 二次电流，与 17:25:07 和 17:28:17 的 5052 断路器 TA 第四绕组异常电流基本吻合；由 3）可知，在主三保护屏短接 C 相与接地点，未能导致主三保护出现异常电流。

6. 动作原因分析

经调查，当天保护动作时，该站内正在对 500kV 第五串联络断路器 TA 进行维护，治理电流互感器二次接线盒内二次元件受潮的隐患处理，之前采用电吹风加热烘干燥的方法未能根治此隐患，效果不理想。决定采取对电缆保护钢管进行钻孔的方式，解决虹吸效应造成接线盒受潮的隐患。为避免二次电缆在打孔过程中受到损伤，检修专业研究采用 8 寸活动扳手（因扳手头手柄有一定厚度，不会被钻穿；扳手头较大，不会滑进电缆保护钢管）插入钢管保护电缆受损的方案。

17:25 检修人员在 500kV 第五串联络断路器 TA 接线盒处，对接线盒下部二次电缆保护管进行钻孔作业，打开接线盒用扳手来保护二次电缆时，扳手触碰到 TA 二次接线柱，造成 C 相二次绕组接地（如图 9－15 所示）。结合模拟试验结果，在 500kV 第五串联络断路器 TA 接线盒处人为将 C 相二次绕组两点接地，在该二次绕组回路中产生差电流，造成了本次事件发生。

图 9－15　在 500kV 第五串联络断路器 TA
接线盒处人为将 C 相二次绕组两点接地

7. 暴露的问题

（1）检修专业人员对 500kV 线路 5052 断路器 TA 接线盒防潮封堵工作风险辨识不足，未能辨识出一次设备转检修后，相关二次回路仍和运行中设备有关联的风险。

（2）运行专业人员许可工作票时，未能辨识出一次设备转检修后，相关二次回路仍和运行中设备有关联的风险。

（3）检修专业采用新方法进行断路器 TA 接线盒防潮封堵工作，制定了相应的作业指导书，但没有经继电保护、运行专业会审，只辨识出钻孔时对二次电缆损伤的风险，但没有辨识出采用扳手插入钢管的方式保护电缆所带来触碰 TA 二次回路的风险。

第二节 误将交流试验电源通入运行的保护装置实例

一、误用万用表导通跳闸出口导致线路保护跳闸实例

1. 事件概述

某日 19 时 13 分，某供电局继电保护人员在 220kV 某站进行 220kV 母差及失灵主一保护验收接入工作，在确认母差保护出口回路过程中，误用万用表欧姆挡导通 220kV 某联甲线 2226 断路器、220kV 新某乙线 2218 断路器跳闸出口回路，造成 220kV 某联甲线、220kV 新某乙线断路器跳闸。

2. 保护动作情况

事件发生后，现场检查线路保护装置无动作报告，220kV 某联甲线保护操作箱第一组 A 相跳闸、第一组 B 相跳闸、第一组 C 相跳闸指示灯亮，220kV 新某乙线保护操作箱第一组 A 相跳闸、第一组 B 相跳闸、第一组 C 相跳闸指示灯亮。一次设备检查正常。

由该站故障录波图可知，跳闸时刻母线及上述两回线路各模拟量均正常，无保护动作信息，仅有断路器变位记录。由此可判断 220kV 某联甲线、220kV 新某乙线线路及母线一次设备无故障。

3. 事件原因分析

现场工作人员分两组进行工作，一组负责母差保护屏侧回路接入，另一组负责各线路保护屏侧回路接入。接入及测试方法采用为：① 采用万用表欧姆挡对线，确认线芯正确。② 母差保护屏的电缆芯线先接入，线路保护屏接入标号为 101 的芯线时，在母差保护屏用万用表电压挡测量正电位是否正常；线路保护屏接入标号为 R133 的芯线时，在母差保护屏用万用表测量负电位是否正常。

19 点 13 分，在完成 220kV 某联乙线对线工作后，等待线路保护侧工作人员接入期间，工作人员想再次确认已接入间隔电位是否正确。该工作人员在使用万用表欧姆挡完成某联乙线两侧对线后，没有将挡位切换至电压挡，直接测量已带电的某联甲线间隔，表笔导通母差屏 1C6D1、1C6D3 端子（出口跳某联甲线跳闸回路，误碰回路指示图如图 9－16 所示），造成

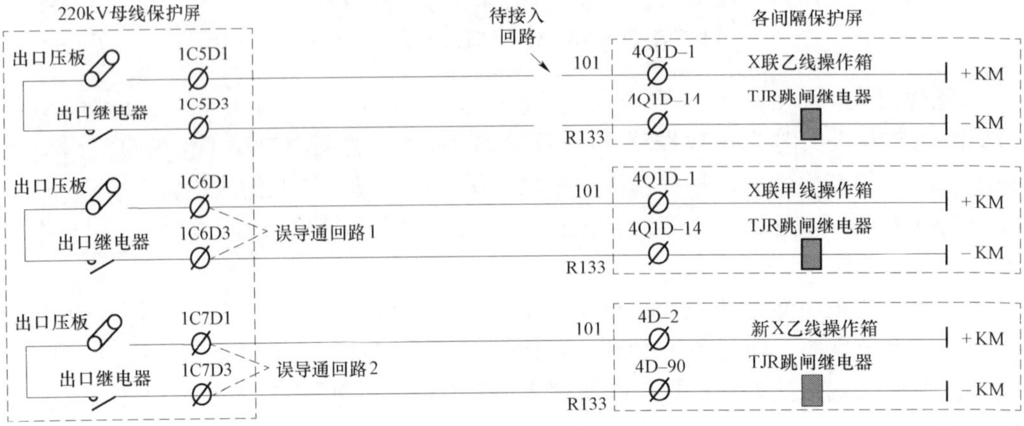

图 9－16 误碰回路指示图

某联甲线断路器跳闸。由于站内事故音响声音小，而保护屏相隔控制台较远，该工作人员未听到事故音响，继续进行跳其他回路间隔测量，再次误导通已接入的新某乙线回跳闸回路（母差屏 1C7D1、1C7D3 端子），造成新某乙线断路器跳闸。

4. 暴露的问题

（1）现场作业方法不恰当，作业人员错误地用万用表欧姆挡直接测量跳闸回路。正确测量跳闸端子或出口压板的方法是：选用万用表直流电压挡分别测量跳闸端子或出口压板两端的对地电压，确认跳闸端子或出口压板两端无异电位；禁止利用万用表直接测量压板两端的电压差。

（2）现场安全措施不足，未对已接入的运行间隔做好隔离措施，施工方案风险辨析不足，没有针对性防范措施。

二、间隔二次升流期间误将试验电流加入运行设备导致 500kV MN 线路保护误动实例

1. 事件概述

某日，工作人员在 5032 断路器间隔处进行保护二次升流时，误将试验电流加至 MN 甲线线路主一保护，引起 MN 甲线主一保护误动，跳开 MN 甲线线路。

2. 保护动作分析

M 变电站 500kV MN 甲线主一零序反时限保护动作、三相差动保护动作、相间距离Ⅲ保护动作，跳开 5033 断路器三相。对侧 N 变电站主一保护三相差动保护动作，主二保护未动作。保护动作时序图如图 9－17 所示。

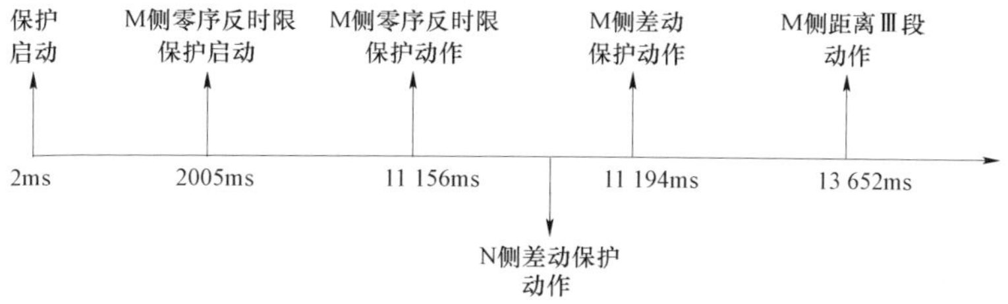

图 9－17　保护动作时序图

（1）M 侧零序反时限保护动作分析。根据图 9－18 所示的保护动作报文，MN 甲线主一集成辅 A 保护零序电流为 $3I_0=0.1699$A，零序电流满足反时限定值，零序反时限保护正确动作。

（2）差动保护动作分析。

1）N 侧差动保护动作分析。故障期间，MN 甲线 M 侧保护启动且差动元件动作，并向 N 侧发允许信号。由于 N 侧保护未启动，故在此期间 N 侧差动保护可靠不动作。当 M 侧零序反时限保护动作跳开 5033 断路器三相时，N 侧主一保护启动，满足判据后三相差动保护跳闸。

2）M 侧差动保护动作分析。故障初始阶段，由于仅在 M 侧误加入试验电流，本侧电流差动判据满足，但未收到对侧允许信号，差动保护正确不动作。当 M 侧零序反时限保护动作跳开本站 5033 断路器三相后，N 侧差动保护满足启动条件，动作跳开 N 变电站 5013

断路器。

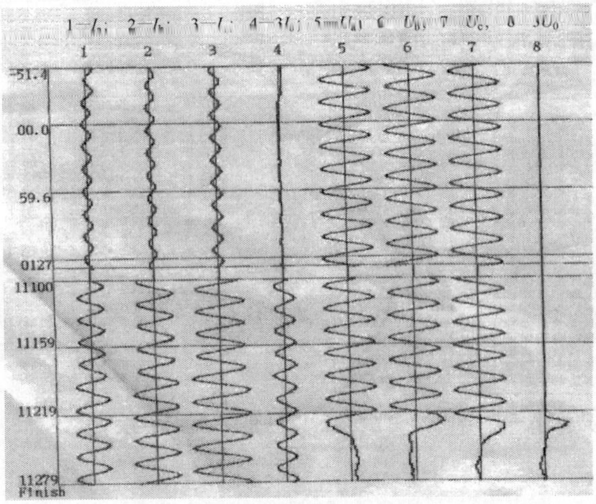

图 9-18 主一保护动作报文

3. 不正确动作原因

故障发生的直接原因是工作人员进行升流试验时，误将试验电流加至 MN 甲线主一线路保护，引起保护动作跳闸。如图 9-19 所示为 TA 二次回路图，本应在 TP10：13、16、19、21 处注流，在核对时未对电缆编号核对完全，误在 TP10：96、93、90 端子处分别给 A、B、C 三相加入 0.3A、0.4A、0.5A 电流，所加电流与 5032 电流合流后流入 MN 甲线主一集成辅 A 保护，导致保护产生差流和零序电流，零序反时限和差动保护动作。

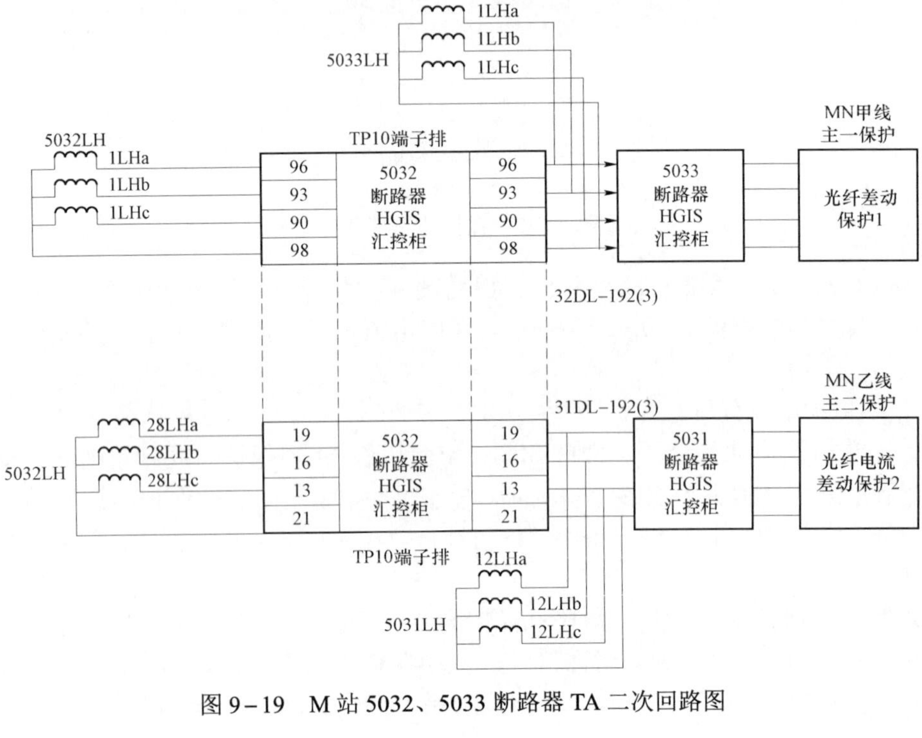

图 9-19 M 站 5032、5033 断路器 TA 二次回路图

4. 暴露的问题

（1）该工程属于扩建工程，原有设备施工时未对电缆进行有效的整理，导致接入端子排后编号部分被遮挡，难以看清。施工人员现场做二次安全措施时，未认真核对现场端子编号，进而导致事故发生。

（2）工作负责人对二次措施的正确性校核流于形式，未能发现施工人员现场核对端子错误。

（3）未严格执行工作方案。按照公司《检修方案管理业务指导书》“6.2.4 凡是在检修方案批准后因临时性不可预测的原因需变更检修方案的，应进行风险评估，如风险评估风险值为中、高风险或需变更原有技术措施，需返回生产部门专责重新组织讨论、重新进行风险评估、完善相应“三措”等方案内容，然后重新履行方案审批手续。”工作中临时将工作地点5031 就地汇控柜更改至 5032 就地汇控柜。现场临时更改工作方案后，未严格履行工作方案变更手续。

三、TA 试验期间误将试验电流加入运行设备导致 500kV 线路保护误动实例

1. 事件概述

某电厂在开展 3 号主变压器第二套发变组保护高压侧 TA 特性及二次负载校核试验时，由于安全措施不全，试验人员将试验测试线误接到 500kV MN 线主二保护 A 相电流回路，将试验电流通入线路主二保护（500kV MN 线线路没有 TA，保护电流取 3、4 号主变压器高压侧的和电流），导致 500kV MN 线线路主二保护差动保护动作跳闸。

2. 保护动作分析

500kV MN 线电厂侧主二保护 178ms 差动保护三跳出口，跳开 5004 断路器三相；500kV MN 线系统侧主二保护 167ms 差动保护三跳出口，跳开 5031 和 5032 断路器三相。

电厂侧录波如图 9－20 所示，通过故障录波可以发现 500kV MN 线电厂侧主二保护感受

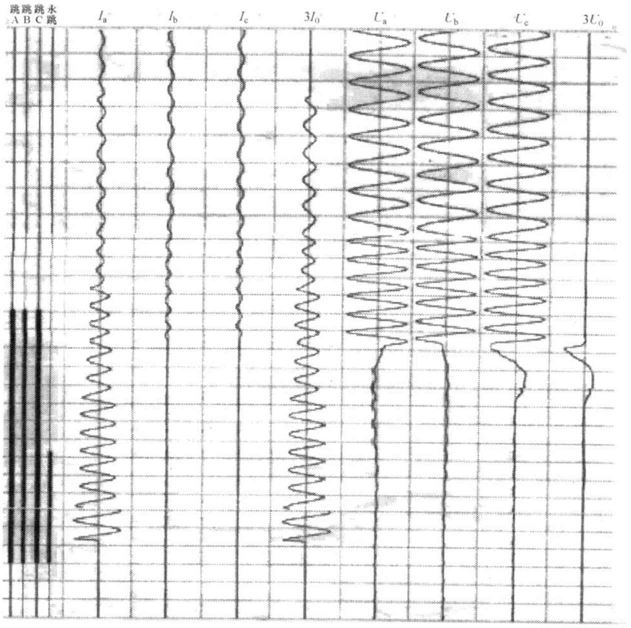

图 9－20　500kV MN 线电厂侧线路保护录波图

到A相故障电流持续约2430ms；178ms MN线主二保护跳闸时刻前，500kV MN线A相电流逐步变大后达到0.51A（定值0.48A），满足差动动作条件，两侧差动保护动作跳闸，B、C相电流为负荷电流；178ms三相跳闸后，A相电流还在继续变大，334ms保护永跳动作出口，至2430ms，由于试验结束，A相电流消失。

3. 不正确动作原因

电厂开展3号主变压器高压侧TA的特性及二次负载校核试验，试验人员在做3号机组第二套发变组保护使用的TA4171绕组二次负载时，在3号主变压器高压侧母线TA端子箱内打开电流端子7（A4171）、8（B4171）、9（C4171）、10（N4171）、11（N4171）、12（N4171）连接片后，测试第二套发变组保护用TA4171回路二次负载时，试验人员将试验测试线一端接到电流端子9C4171，误将另一端试验测试线接在电流端子13A4161上（本应接在电流端子12N4171处，如图9-21所示）。试验线通过地网连通，构成回路（如图9-22所示），误将实验电流通入500kV MN线主二保护A相电流回路中（500kV MN线线路没有TA，保护电流取3、4号主变压器高压侧的和电流如图9-23所示），导致500kV MN线主二保护差动保护动作跳闸。

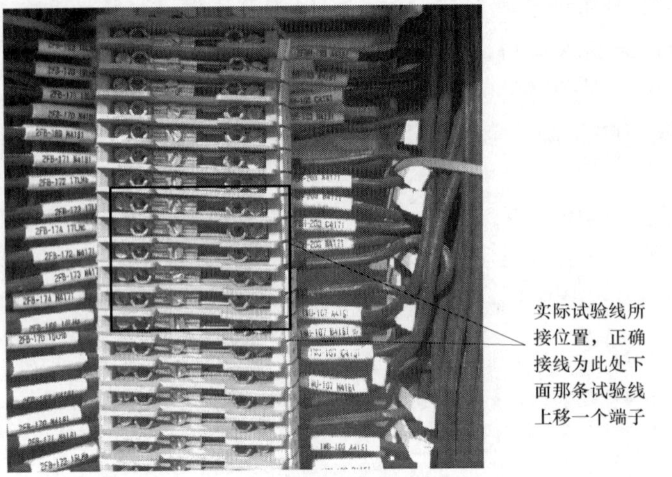

图9-21　3号主变压器高压侧TA端子箱

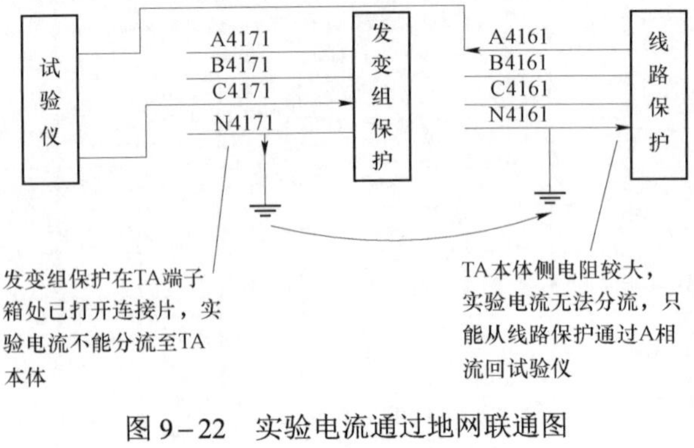

图9-22　实验电流通过地网联通图

4. 暴露的问题

（1）工作人员风险辨识能力不强，作业风险评估不充分，未识别误通入电流引起运行设备误动的风险。在进行二次负载试验过程中，未将线路保护二次电流回路有效隔离，误将电流通入 500kV MN 线主二保护，导致 500kV MN 线跳闸。

（2）电厂管理人员对施工方案中的危险点分析及预控措施把关不严、监督不到位。

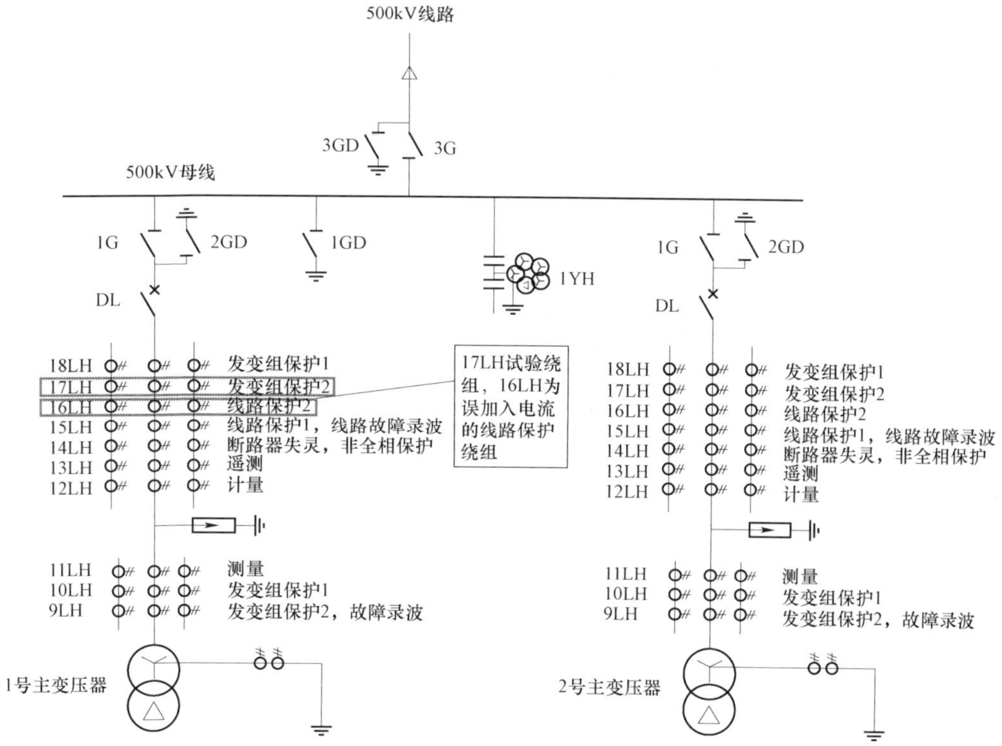

图 9－23　TA 二次绕组使用情况

四、直流电流串入母线保护差动回路保护误动事件分析

1. 事件概述

500kV 某变电站 500kV Ⅰ组母线第二套母差保护装置差动保护无故障误动作，跳开母线相连的 5621、5631、5651 断路器，差动电流为 0.59A（差动动作定值 0.4A）。

2. 保护不正确动作原因

500kV Ⅰ组母线第二套母差保护装置动作的同时，现场正在开展 5611 断路器汇控箱电流二次线核对工作（5611 断路器已停电）。经检查发现 500kV 第一串 5611 断路器 B 相汇控箱第五组电流（用于 500kV Ⅰ组母线第二套母差保护）C 相电流端子连接片未打开，如图 9－24 所示。

图 9－24　5611 断路器 B 相汇控箱未打开连接片

第二套母差保护电流回路示意图如图 9－25 所示，施工人员在使用“通灯”进行 C 相

TA 本体至汇控箱电流二次线进行核查时，C 相电流二次回路通过未打开的端子连接片、两点接地以及“通灯”形成了一个闭合的回路。

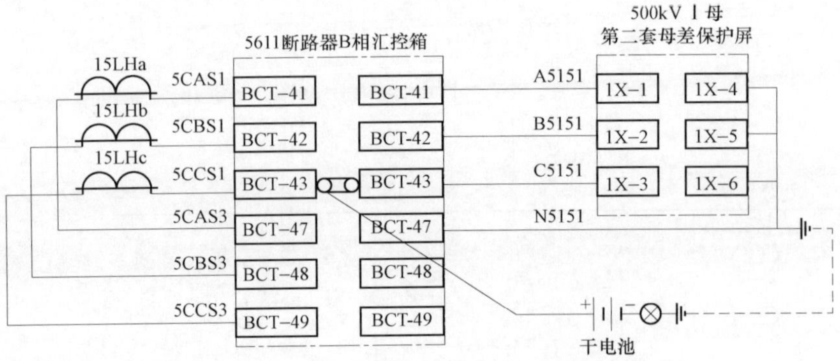

图 9-25　第二套母差保护电流回路示意图

C 相电流二次回路通过未打开的端子连接片、两点接地以及“通灯”形成了的闭合回路电流理论计算如下：

电缆长度为 200m，电缆线芯为 $4mm^2$

$$R = \rho L / S$$

式中　R——回路电阻；

L——电缆长度；

S——电缆长度截面积；

ρ——铜的电阻率。

电缆电阻为 $R = 0.89\Omega$，忽略母差保护装置内电流互感器阻抗。

“通灯”小灯泡电阻约为 3Ω，每只干电池电压为 1.5V，共 2 只。闭合回路中的电流为 $1.5\times2/(0.89+3) = 0.77$A。

通过该回路的电流为 0.77A，接近保护报文中的实际动作值 0.59A，可以确定为误动电流来源。

3. 暴露的问题

安全措施实施不到位。作业人员和监护人员均未发现连接片打开错漏，造成人为注入电流，导致母差保护动作。

第三节　保护装置在没有断开跳闸线（连接片）的情况下作业实例

一、500kV 线路保护传动试验漏退压板误跳对侧断路器实例

1. 事件概述

M 变电站 500kV MN 乙线对应的 5041 和 5042 断路器停电检修；N 变电站 500kV MN 乙

线线路隔离开关打开，对应的 5011 和 5012 断路器合环运行，双套短引线保护投入运行，线路差动保护差动功能压板未退出。13 时 21 分，500kV MN 乙线 M 侧进行主Ⅱ保护传动试验时，保护通道尾纤未自环，线路 N 侧因无相关工作主保护出口压板未退出，传动引起线路 N 侧主Ⅱ保护动作出口跳开正在运行的 5011 和 5012 断路器。

2. 保护动作情况

MN 乙线 M 侧主二保护动作报告及动作录波如图 9-26 和图 9-27 所示。

序 号	动作相	动作相对时间	动作元件
01	ABC	00042ms	电流差动保护
02	ABC	01517ms	TV断线过流
03	ABC	04698ms	零序反时限过流
故障测距结果			0004.6kM
故 障 相 别			ABC
故障相电流值			004.52A
故障零序电流			003.95A
故障差动电流			001.00A
启动时开入量状态			

图 9-26　MN 乙线 M 侧主二保护动作报告

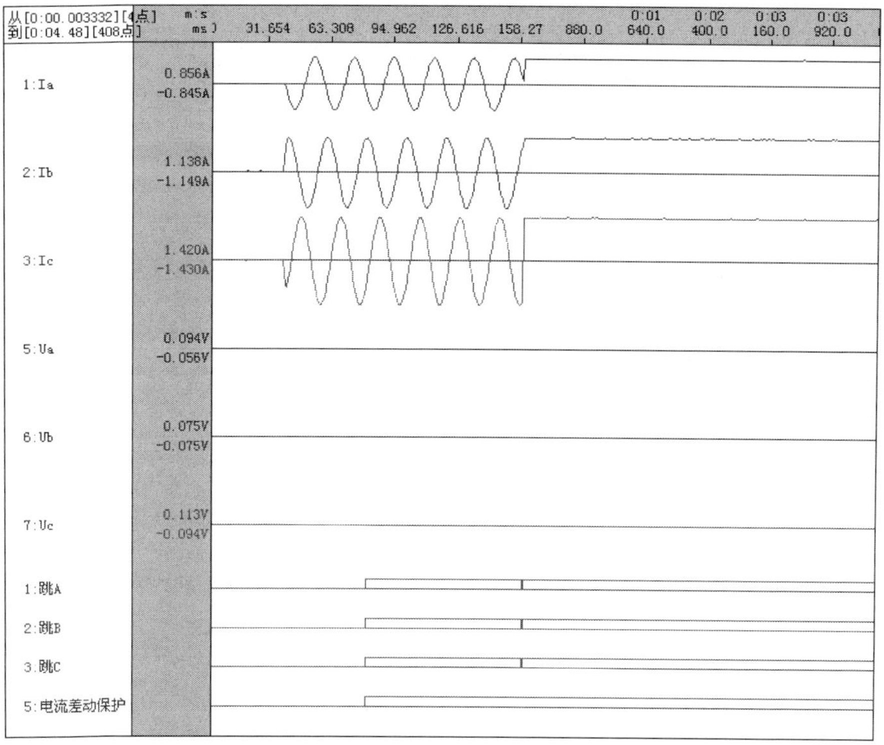

图 9-27　MN 乙线 M 侧主二保护动作录波

MN 乙线 N 侧主二保护录波图如图 9-28 所示。

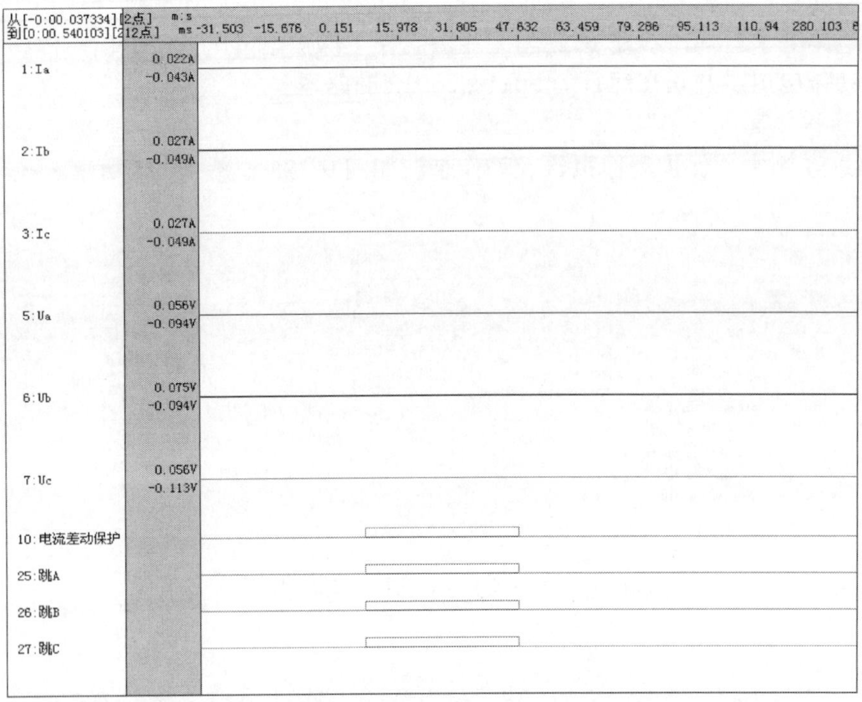

图 9-28 MN 乙线 N 侧主二保护录波图

3. 事件原因分析

继电保护班工作人员到 M 变电站进行 500kV MN 乙线保护出口传动的工作，采用原理和试验方法较简单的电流差动保护进行传动试验。但在布置安全措施时，错误地认为线路处于检修情况下 N 侧断路器已断开，此时即使不采用通道自环的形式进行电流差动保护传动试验也不会造成不良后果，从而未严格按照工作表单的要求布置“隔离与 N 侧关联的通道”的措施，但仍在工作表单中相关安全措施确认中打勾，如图 9-29 所示。

4. 作业过程

（1）安全措施确认。

序号	作 业 内 容	作 业 标 准	作业记录
1	一次设备的检修状态	一次设备的状态与运行方式批复及工作要求的安全措施一致	确认（√）
2	隔离与对侧关联的通道	断开主一、二保护及接口装置（光纤）通道收发信尾纤	确认（√）
3	隔离失灵联跳回路	断开断路器保护屏失灵联跳压板或启失灵压板及发远跳令压板，用绝缘胶布封好压板开口带电端	确认（√）
4	确认各工作地点已有明显标识	在各工作地点已装置安全遮栏及挂“在此工作”标示牌	确认（√）

图 9-29 作业表单（一）

（2）传动试验。

作业内容	作 业 标 准	
风 险	控 制 措 施	作业记录
误跳运行开关	断开断路器保护屏失灵联跳压板或启失灵压板及发远跳令压板，用绝缘胶布封好压板开口带电端	确认（√）
误跳对侧运行开关	断开主一、二保护及接口装置（光纤）通道收发信尾纤	注：现场工作人员在未做措施的情况下仍确认打勾

图 9－29 作业表单（二）

工作过程中，试验人员通入三相电流以确定采样是否正确，由于所加电流超过差动保护动作门槛值，且未退出差动保护功能压板，本侧保护出口，对侧断路器三跳。

5. 暴露的问题

（1）工作班组成员未严格按照作业表单要求执行作业过程，擅自变更安全措施，存在漏做作业表单项目的问题。

（2）班组人员未充分认识到 500kV 系统接线形式的特殊性和存在的风险，错误的认为由于线路处于检修状态，N 侧断路器也一定处于断开状态，为后面一系列错误操作埋下隐患。

二、试验端子连接片未拨开导致 500kV 线路零序反时限误动作实例

1. 事件概述

500kV 某变电站开展安全自动装置安装调试工作期间，现场安全措施不到位，导致 500kV 线路主二保护二次电流回路发生两点接地，零序反时限保护误动作。

2. 保护动作分析

主二保护装置故障电流为 0.11A（大于零序反时限过电流整定值 0.08A），21 860ms 反时限延时动作，保护出口。

将动作电流 $I_d=0.111\,8$A 代入到标准反时限动作公式，可计算出动作时间为

$$T=\frac{0.14}{\left(\frac{0.1118}{0.08}\right)^{0.02}-1}=\frac{0.14}{1.006\,716-1}=20\,845\text{ms}$$

此理论计算值与装置实际动作值基本一致，需要查找主二保护零序电流产生的来源。

3. 保护不正确动作分析

在保护动作时，现场正进行 500kV 某变电站 B 套安全自动装置程序升级、改接线、单站调试工作。按照二次措施单要求完成打开安稳装置 500kV 线路电流 A426/1ID－22、B426/1ID－23、C426/1ID－24、N426/1ID－28 试验端子连接片及其他所列安全措施，但在打开 500kV 线路电流回路 N426/1ID－28 试验端子连接片时，连接片没有有效打开，如图 9－30 所示。

图 9-30　安全稳定 B 屏 500kV 某线电流回路安全措施示意图

通过对动作行为及录波图进行分析，同时从现场安全措施执行未到位情况来看，判断 500kV 某线主二保护电流回路存在两点接地的情况或保护测试仪存在对地有空载输出的情况。

将试验装置输出的电流、电压，接至安全稳定装置 B 套 500kV 某线试验端子上，模拟事件发生时现场实际情况。用备用电缆模拟安稳装置 B 套 500kV 线路电流接线端子外部的接线情况：一侧接至试验端子电流 N 相，另一侧接至线路保护屏静态接地网处（与该间隔主二保护电流 N 相为同一接地点），如图 9-31 所示。

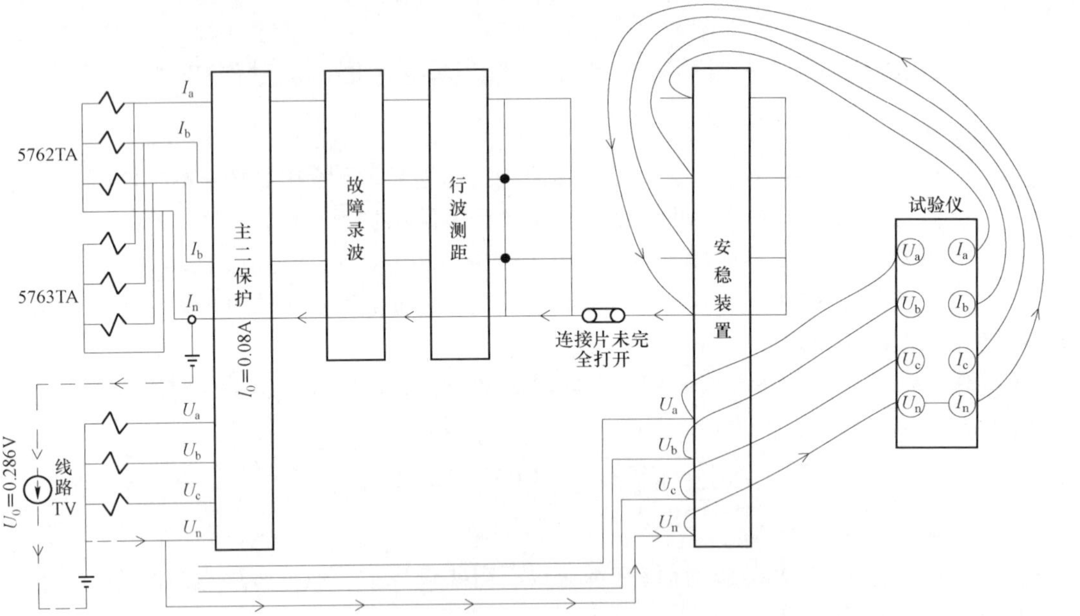

图 9-31　现场 500kV 某线主二保护电流回路两点接地示意图

由图 9-31 可见，此时整个电流、电压二次回路通过两点接地、以及试验设备相连的电流、电压 N 相，形成了一个闭合的通路。在试验装置空载、关闭的状态下，用钳形表测量出电流、电压 N 相均有 0.08A 电流（由于模拟故障用的电缆截面积为 2.5mm^2，实际电缆为 4mm^2，模拟用电缆阻抗大于实际运行中的电缆阻抗，加上地电位可能受电磁环境的影响发生变化，故测得的电流比本次事件发生时的 0.11A 电流稍小）。断开电压回路 N 相的连接线后，测得 TV 接地点与 TA 接地点之间有 0.256V 电位差。判断该电流为导致保护误动的原因，两个接地点之间的电位差为产生电流的电压源。

4. 暴露的问题

（1）现场调试时，安全措施实施不到位。安全稳定装置调试人员在安全措施实施后未对安全措施执行到位情况进行检查，未发现电流 N 端子下层连接片没有断开。安全稳定装置调试人员在检查 500kV 某线主二保护屏中的电压回路断开点时，未发现 N600 已经接入运行端子。此两处安全措施任一处做到位，均可避免此次事件的发生。

（2）作业人员工作经验不足，对作业中存在的风险分析、回路状况摸底不全面，致使未能意识到此隐患可能导致的后果。调试单位与施工单位未充分沟通衔接，导致未投产设备电缆误接入运行端子。

第十章

误操作实例分析

第一节 未按规定投、停保护实例

1. 事件概述

11 时 49 分 02 秒，某电厂保信子站消缺过程中 220kV 母联断路器跳闸，造成 220kV 5M 失压，发电机断路器 804 跳闸。

2. 原因分析

电厂继电保护人员配合保信子站厂家人员完善保信子站基建遗留工作及消缺。保信子站厂家技术人员计划使 3 号主变压器保护发出动作信号，检查保信子站缺陷，但未与电厂继电保护人员沟通。11 时 49 分，电厂继电保护人员在检查 3 号主变压器保护 C 屏时，厂家人员擅自操作了 3 号主变压器保护 A 屏的“主变过激磁，主变复合低压过流，主变差动，零序电流电压保护，间隙零序电流电压”出口传动试验（装置操作事件记录如图 10－1 所示），导致 2056 母联断路器跳闸，从而造成 220kV 5M 失压，4 号机组甩负荷跳闸，发电机开关 804 跳闸。

图 10－1 主变压器保护装置操作事件记录

事后检查发现，工作票及二次安全措施单上无退出相关保护的安全措施。正常操作时，若需模拟主变压器保护动作信号，应做好安全隔离措施，提前退出保护出口压板。

3. 暴露的问题

（1）开工前未编写工作技术方案，没有做好安全交底。电厂继电保护人员与外来工作人员没有充分沟通，对周围工作环境、设备运行状态交代不清晰，以致外来工作人员对本项工作缺乏足够的安全认识。

（2）工作票填写不规范，未写明工作地点，安全措施不明确，没有进行工作危险点分析，没有做好运行设备隔离措施。

（3）对外来工作人员的作业监管不力，工作监护不到位，导致外来工作人员在未经许可情况下，擅自操作主变压器保护。

第二节 保护投错位置实例

一、重合闸把手设置错误导致 220kV 线路跳闸未重合实例

1. 事件概述

某日，220kV MN 甲线发生 A 相瞬时性接地故障，由于线路主二保护屏重合闸方式控制把手置“停用”，导致保护沟通三跳，线路三相跳闸，重合失败。

2. 不正确动作原因

现场运行规程中规定：只投入线路一套重合闸功能时，首先将主一、主二屏重合闸方式均置于“单重”位置，再分别将一面屏“重合闸出口”压板投入，另一面屏“重合闸出口”压板退出。现场检查，主一保护装置重合闸方式处于“单重”位置，而主二保护装置重合闸方式处于“停用”位置。当重合闸方式置为“停用”位置时，主二保护判重合闸停用，线路发生单相故障时，保护动作后直接沟通三跳。

3. 暴露的问题

（1）运行值班人员对运行规程不熟悉，未按规程要求对重合闸功能进行投退。

（2）运行值班人员日常巡视不到位，主二保护重合闸方式置“停用”位置时，保护装置上重合闸充电灯熄灭，运行值班人员未能及时发现指示灯异常现象。

二、断路器内外重合闸设置不一致导致500kV线路重合闸拒动实例

1. 事件概述

500kV MN线发生A相瞬时性接地故障，M电厂侧5013断路器A相跳闸后重合成功，5012断路器内外重合闸功能不一致，重合闸未充电，保护沟通三跳。

2. 保护动作分析

主一保护：11ms电流差动保护、距离Ⅰ段保护动作跳5012、5013断路器A相。

主二保护：18ms接地距离Ⅰ段、纵联保护Ⅰ段动作跳5012、5013断路器A相。

5012断路器保护：35ms沟通三跳。

5013断路器保护：997ms重合闸出口合上A相断路器。

3. 不正确动作原因

（1）现场检查情况。现场检查发现断路器保护装置的重合闸外部硬压板和内部软压板设置不一致，装置软压板设置为LONG ZC（长延时综合重合闸），而外部的硬压板的转换开关设置为单重方式。该保护装置的软、硬压板采用串联方式进行逻辑判断，当重合闸软压板和硬压板的设置方式有冲突时，将会判断为重合闸停用，导致断路器跳闸后不启动重合闸。

（2）重合闸软压板改动情况。经调查，M电厂每个月都会安排一次涉网继电保护装置定值核查工作，继电保护人员对5012保护装置内部“CPU1的刻度”菜单中的“RYB“子菜单进行核查时，误将该子菜单中的“DC”改为“ZC”并进行固化，从而将5012断路器保护装置的重合闸软压板由单相重合闸改为综合重合闸，造成5012断路器重合闸停用（如图10－2、图10－3所示）。

图10－2　单相重合闸DC，故障时为综合重合闸ZC

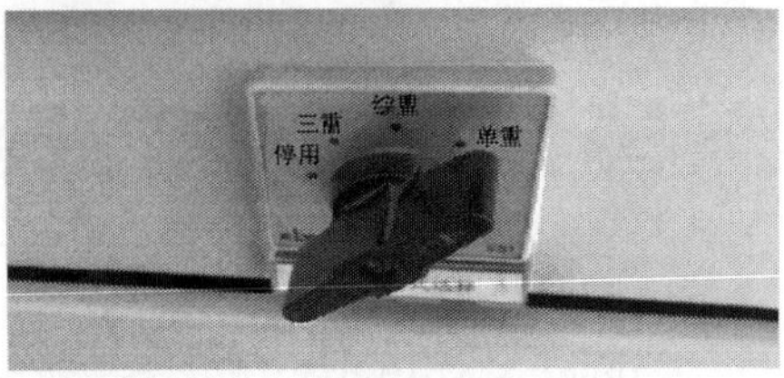

图10－3　硬压板为单重

进行定值核查时，检查人员仅打印出5012保护装置的定值清单与下发的定值清单进行核对，未进入软压板控制界面核对重合闸软压板设置情况，使断路器保护装置重合闸停用的状态一直未被发现。

4. 暴露的问题

（1）保护人员对于装置原理及设置不熟悉，误整定重合闸软压板方式，且定期核查定值时仅对保护定值内容核对，未对软压板进行核对，造成重合闸软压板设置错误。

（2）运行人员巡检工作流于形式，巡检未发现重要的“重合充电”指示灯异常。

（3）电厂保护装置压板投退规程存在漏洞，保护装置重要指示灯异常未纳入巡检突出要求，造成运行人员对重要信号指示异常不重视。

三、误退KK把手造成220kV线路故障重合闸不动作实例

1. 事件概述

某日220kV MN线发生B相接地短路故障跳闸，N变电站侧主保护动作出口跳B相断路器，重合闸动作成功；M变电站侧主保护动作出口跳A、B、C三相断路器，重合闸未动作。

2. 保护动作分析

（1）N变电站侧：5ms工频变化量阻抗动作、8ms距离Ⅰ段动作、11ms纵联差动保护动作，出口跳B相断路器，断路器1054ms重合闸动作，断路器重合。

（2）M变电站侧：8ms纵联差动保护动作出口跳A、B、C三相断路器，重合闸不动作。

3. 不正确动作原因

根据故障时保护录波图分析：220kV MN线B相接地短路故障时，N变电站侧保护动作正确。M变电站侧由于220kV MN线路保护A、B屏保护重合闸方式把手在停用位置如图10－4所示，造成线路发生单相故障时保护沟通三跳，保护三跳出口重合闸不动作。

图10－4 M变电站220kV MN线保护A、B屏重合闸方式把手停用位置

220kV MN线线路启动前，根据启动方案令退出“220kV MN线保护A、B屏重合闸”，运行人员退出220kV MN线“重合闸出口”硬压板并将重合闸方式把手切换至“停用”位置。

启动结束后运行人员依据调度令投入“220kV MN线重合闸”，仅投入重合闸出口压板，未将重合闸方式把手置“单重”位置，造成220kV MN线发生故障时，M变电站侧跳三相不重合。

4. 暴露的问题

（1）运行人员对220kV线路投入重合闸操作不熟悉，误将调度令“投入220kV MN线重合闸”理解为仅投入重合闸硬压板，未将重合闸方式把手置“单重”位置。

（2）运行人员巡视不到位，在线路正式投入运行后近一个月的时间内没有发现重合闸方式把手置“停用”，也没有发现保护装置重合闸“充电完成”灯不亮的异常情况。

四、重合闸出口压板漏投导致 5022 断路器重合不成功实例

1. 事件概述

某日 14 时 07 分，500kV MN 乙线 A 相瞬时故障，500kV MN 乙线 M 电厂侧 5021 断路器 A 相跳开并重合成功；5022 断路器 A 相跳开，重合闸保护正确动作，但由于出口压板未投，导致 5022 断路器 A 相重合不成功。5022 断路器三相不一致保护在 A 相跳闸后经过 2038ms 延时，跳开 5022 断路器三相。

2. 保护动作情况

500kV MN 乙线 M 电厂侧保护动作情况如下：

14:07:49.926，MN 乙线主一保护差动保护 A 相动作，装置显示故障电流为 3680A。

14:07:49.925，MN 乙线主二保护差动保护 A 相动作，装置显示故障电流为 3680A。

14:07:49.931，5021 断路器保护启动，15ms 后发出 A 相跟跳命令，957ms 后重合闸动作，5021 断路器 A 相重合成功。

14:07:49.931，5022 断路器保护启动，16ms 后发出 A 相跟跳命令，1458ms 后重合闸动作，但重合闸未成功。

14:07:51.969，三相不一致保护跳开 5022 断路器三相。

3. 事件原因分析

事件发生后，现场人员检查压板投退情况，发现 5022 断路器重合闸出口压板处于退出状态，如图 10－5 所示。

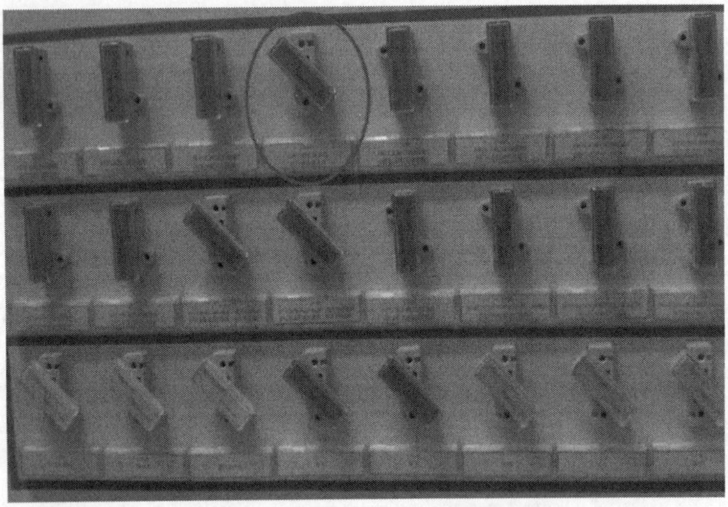

图 10－5　5022 断路器保护屏压板

调查人员核查此前对 5022 断路器重合闸出口压板操作的工作记录，发现此前《M 电厂 1 号主变压器及厂变压器 A、厂变压器 B 启动方案》中，涉及 5022 断路器重合闸投退的操作步骤为："第 71 步 5022（0GEW220JA）重合闸停运""第 179 步按正式定值单恢复 5022（0GEW220JA）、5023（0GEW230JA）断路器保护正式运行定值"。操作单第 71 步对重合闸停运的操作描述不详细，没有细化到设备编码，容易造成操作失误，是重合闸把手切换至停用位置还是退出重合闸出口压板，或者是两者均要退出；第 179 步只是恢复正式定值，并未

细化到投入重合闸操作。经调查，因操作单中没有详细的重合闸停运方式，现场执行第 71 步操作时退出了重合闸把手和重合闸出口压板，但在现场执行第 179 步操作时仅进行了重合闸把手投入操作，未恢复重合闸出口压板。

综合以上分析，可确认 5022 断路器重合闸出口压板在 1 号主变压器送电启动中退出后未恢复，是本次事件的直接原因。巡检记录表中无保护压板投退状态检查项目，是本次事件的间接原因。

4. 暴露的问题

（1）500kV 开关站停/送电操作单步骤不明确。在操作单的编写过程中存在不细致，不全面的问题，对重合闸投退的操作描述不详细，没有细化到设备编码，给本次事件埋下了隐患。

（2）监护操作不到位。1 号主变压器送电时退投 5022 断路器重合闸操作中监护不到位，未能履行到监护的职责，存在漏洞。

（3）巡检项目不完善。开关站送电后运行人员对相关设备进行定期巡检，但由于巡检记录表中缺少对压板状态的检查项目，没有及时发现 5022 断路器重合闸出口压板未投入的缺陷，巡检管理不到位，巡检记录存在漏洞，不能全面掌握设备的运行状态。

第三节 误变更整定值实例

1. 事件概述

某日 19 点 24 分 19 秒，某电厂 2 号机汽机超速试验调节汽门过程中，2 号发电机保护 B 屏"逆功率保护"动作出口，2 号主变压器高压侧 2202 断路器、220kV 母联 2012 断路器、灭磁开关跳闸，主汽门关闭。

2. 保护动作情况

现场检查发现，220kV 母线保护无报警及动作报告，2 号发变组保护 B 屏"后备保护动作"灯亮，动作报文显示发电机逆功率保护启动后 182s 动作跳闸，如图 10－6 所示。

图 10－6 B 屏保护动作报文

根据逆功率保护长延时动作原理，机组逆功率到达整定值（1%额定有功功率，即二次值 5.82W）且无机组 TV 断线的情况下，逆功率保护延时 5s 发信，延时 180s 动作出口。由图 10－6 可知发电机逆功率 $P=16.75$，满足动作条件，B 屏逆功率保护动作出口。因 A、

B 屏的采样有偏差，A 屏逆功率保护发信比 B 屏逆功率保护发信先动作 4s 左右，因此 B 屏先达到逆功率长延时动作出口时间，B 屏保护出口跳闸，随后逆功率消失，A 屏逆功率保护未出口跳闸。

3. 原因分析

检查发变组保护 B 屏定值及装置参数，发现逆功率跳闸矩阵为 C1CF（如图 10－7 所示）：跳断路器 1、跳断路器 2、跳 A 分支开关、跳 B 分支开关、启动快切、跳灭磁开关、关主汽门、跳备用跳闸 3、跳备用跳闸 4。其中“跳断路器 1”为跳 2 号主变压器高压侧断路器 2202，“跳断路器 2”为跳母联断路器 2012，“跳备用跳闸 3”为跳自动励磁调节器输出断路器，“跳备用跳闸 4”为跳手动励磁调节器输出断路器。

发电机/励磁差动跳闸	C1CF	跳断路器1，跳断路器2，跳A分支开关，跳B分支开关，启动快切，跳灭磁开关，关主汽门/导水叶，跳备用跳闸3，跳备用跳闸4
匝间跳闸	C1CF	跳断路器1，跳断路器2，跳A分支开关，跳B分支开关，启动快切，跳灭磁开关，关主汽门/导水叶，跳备用跳闸3，跳备用跳闸4
大电流闭锁跳闸	0000	
发电机过流T1跳闸	0002	跳断路器2
发电机过流T2跳闸	C1CF	跳断路器1，跳断路器2，跳A分支开关，跳B分支开关，启动快切，跳灭磁开关，关主汽门/导水叶，跳备用跳闸3，跳备用跳闸4
发电机过流跳闸2	0000	
发电机阻抗T11跳闸	0000	
发电机阻抗T12跳闸	0000	
发电机阻抗T21跳闸	0000	
发电机阻抗T22跳闸	0000	
发电机阻抗跳闸2	0000	
基波零压定子接地跳闸	C1CF	跳断路器1，跳断路器2，跳A分支开关，跳B分支开关，启动快切，跳灭磁开关，关主汽门/导水叶，跳备用跳闸3，跳备用跳闸4
三次谐波定子接地跳闸	0000	
转子一点接地跳闸	0000	
转子两点接地跳闸	C1CF	跳断路器1，跳断路器2，跳A分支开关，跳B分支开关，启动快切，跳灭磁开关，关主汽门/导水叶，跳备用跳闸3，跳备用跳闸4
失磁2跳闸	224C	跳A分支开关，跳B分支开关，启动快切，减出力，跳备用跳闸2
失磁3跳闸	C1CF	跳断路器1，跳断路器2，跳A分支开关，跳B分支开关，启动快切，跳灭磁开关，关主汽门/导水叶，跳备用跳闸3，跳备用跳闸4
失磁3跳闸2	0000	
定子过负荷跳闸	C1CF	跳断路器1，跳断路器2，跳A分支开关，跳B分支开关，启动快切，跳灭磁开关，关主汽门/导水叶，跳备用跳闸3，跳备用跳闸4
定子过负荷跳闸2	0000	
负序过负荷跳闸	C1CF	跳断路器1，跳断路器2，跳A分支开关，跳B分支开关，启动快切，跳灭磁开关，关主汽门/导水叶，跳备用跳闸3，跳备用跳闸4
负序过负荷跳闸2	0000	
转子过负荷跳闸	C1CF	跳断路器1，跳断路器2，跳A分支开关，跳B分支开关，启动快切，跳灭磁开关，关主汽门/导水叶，跳备用跳闸3，跳备用跳闸4
转子过负荷跳闸2	0000	
过电压跳闸	C1CF	跳断路器1，跳断路器2，跳A分支开关，跳B分支开关，启动快切，跳灭磁开关，关主汽门/导水叶，跳备用跳闸3，跳备用跳闸4
过电压跳闸2	0000	
过激磁跳闸	C1CF	跳断路器1，跳断路器2，跳A分支开关，跳B分支开关，启动快切，跳灭磁开关，关主汽门/导水叶，跳备用跳闸3，跳备用跳闸4
过激磁跳闸2	0000	
逆功率跳闸	C1CF	跳断路器1，跳断路器2，跳A分支开关，跳B分支开关，启动快切，跳灭磁开关，关主汽门/导水叶，跳备用跳闸3，跳备用跳闸4
程跳逆功率跳闸	C1CF	跳断路器1，跳断路器2，跳A分支开关，跳B分支开关，启动快切，跳灭磁开关，关主汽门/导水叶，跳备用跳闸3，跳备用跳闸4

图 10－7　误整定的跳闸矩阵

由跳闸矩阵可看出逆功率跳闸矩阵误整定，误将母联断路器整定进了跳闸矩阵中。逆功率跳闸矩阵误整定是造成母联断路器跳闸的直接原因。按整定方案，仅需将过电流保护 1 时限整定跳母联断路器（如图 10－8 所示）。

发电机/励磁差动跳闸	C1CD	跳断路器1，跳A分支开关，跳B分支开关，启动快切，跳灭磁开关，关主汽门/导水叶，跳备用跳闸3，跳备用跳闸4
匝间跳闸	C1CD	跳断路器1，跳A分支开关，跳B分支开关，启动快切，跳灭磁开关，关主汽门/导水叶，跳备用跳闸3，跳备用跳闸4
发电机过流T1跳闸	0002	跳断路器2
发电机过流T2跳闸	C1CD	跳断路器1，跳A分支开关，跳B分支开关，启动快切，跳灭磁开关，关主汽门/导水叶，跳备用跳闸3，跳备用跳闸4
基波零压定子接地跳闸	C1CD	跳断路器1，跳A分支开关，跳B分支开关，启动快切，跳灭磁开关，关主汽门/导水叶，跳备用跳闸3，跳备用跳闸4
三次谐波定子接地跳闸	0000	
转子一点接地跳闸	0000	
转子两点接地跳闸	C1CD	跳断路器1，跳A分支开关，跳B分支开关，启动快切，跳灭磁开关，关主汽门/导水叶，跳备用跳闸3，跳备用跳闸4
失磁2跳闸	224C	跳A分支开关，跳B分支开关，启动快切，减出力，跳备用跳闸2，
失磁3跳闸	C1CD	跳断路器1，跳A分支开关，跳B分支开关，启动快切，跳灭磁开关，关主汽门/导水叶，跳备用跳闸3，跳备用跳闸4
定子过负荷跳闸	C1CD	跳断路器1，跳A分支开关，跳B分支开关，启动快切，跳灭磁开关，关主汽门/导水叶，跳备用跳闸3，跳备用跳闸4
负序过负荷跳闸	C1CD	跳断路器1，跳A分支开关，跳B分支开关，启动快切，跳灭磁开关，关主汽门/导水叶，跳备用跳闸3，跳备用跳闸4
转子过负荷跳闸	C1CD	跳断路器1，跳A分支开关，跳B分支开关，启动快切，跳灭磁开关，关主汽门/导水叶，跳备用跳闸3，跳备用跳闸4
过电压跳闸	C1CD	跳断路器1，跳A分支开关，跳B分支开关，启动快切，跳灭磁开关，关主汽门/导水叶，跳备用跳闸3，跳备用跳闸4
过激磁跳闸	C1CD	跳断路器1，跳A分支开关，跳B分支开关，启动快切，跳灭磁开关，关主汽门/导水叶，跳备用跳闸3，跳备用跳闸4
逆功率跳闸	C1CD	跳断路器1，跳A分支开关，跳B分支开关，启动快切，跳灭磁开关，关主汽门/导水叶，跳备用跳闸3，跳备用跳闸4
程跳逆功率跳闸	C1CD	跳断路器1，跳A分支开关，跳B分支开关，启动快切，跳灭磁开关，关主汽门/导水叶，跳备用跳闸3，跳备用跳闸4

图 10－8　正确的跳闸矩阵

电厂原发电机保护失步保护被配置为隐藏（失步保护功能未投入）。为投入失步保护功能，电厂继电保护人员配合厂家开放发电机保护失步保护功能，并对装置定值重新整定。

因保护装置跳闸矩阵出口方式表达不直接，没有以实际跳闸断路器命名，厂家及电厂继电保护人员误认为“跳断路器 2”是跳 2 号主变压器高压侧断路器 2202 第 2 组跳闸线圈（实际为跳母联），将“跳断路器 2”整定进所有保护元件的跳闸矩阵中。另外，在出口传动过程中，因母联断路器在运行状态，发变组保护跳母联压板退出，未对其出口回路进行传动，出口传动未发现跳闸矩阵误整定。

4. 暴露的问题

（1）继电保护人员对厂家人员安全交底不够，双方对回路定值修改风险预计不足，造成对跳闸矩阵的误整定。

（2）在定值管理上存在问题，重新整定装置定值后未认真核对，导致出现误整定。

第四节　误切换、误投连接片实例

一、TA 连接片恢复不到位导致 5031、5032 断路器跳闸实例

1. 事件概述

某日 1 点 08 分 41 秒，某电厂启动 3 号高压厂用变压器（简称高厂变）B 分支 6kV D 段

3B 循泵，3 号机发变组保护屏 B 厂变保护比率差动动作，分别跳开 3 号主变压器高压侧 500kV 断路器 5031、5032 三相断路器和高厂变低压侧断路器。

图 10－9　3 号机 B 厂变高压侧 TA 端子

2. 原因分析

从保护动作报告及录波图分析，高厂变差动电流 A、B、C 相电流分别 $0.41I_e$、$0.41I_e$、$0.42I_e$，达到高厂变比率差动启动定值（$0.4I_e$），差动越限定值 $0.1I_e$，因而高厂变比率差动保护动作出口。

现场检查发现保护装置录波图上 B 厂变低压侧有电流，B 厂变高压侧没有电流，而启动 6kV D 段 3B 循泵流过 B 厂变的电流是穿越性电流。再检查，发现发变组保护屏 B 厂变高压侧 TA 连片连接不到位，B 厂变高压侧电流回路实际上处于开路状态，如图 10－9 和 10－10 所示。

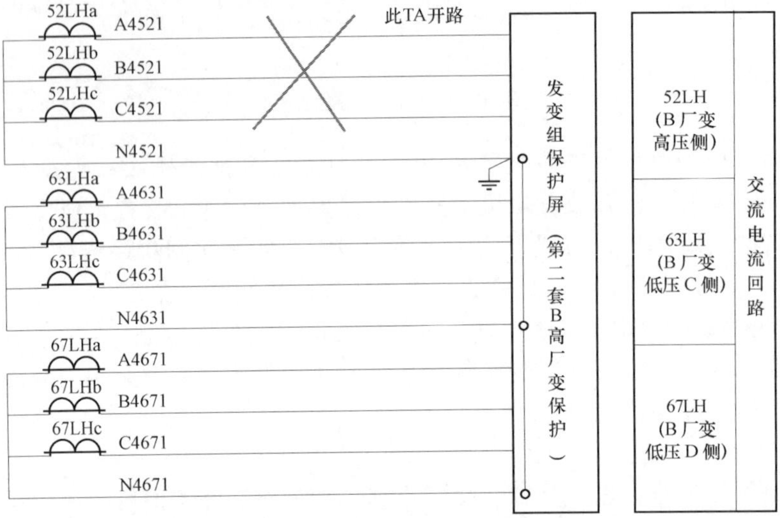

图 10－10　电流回路示意图

该电厂按计划利用 B 厂变差动保护来传动 5031 和 5032 断路器，传动前二次安全措施为将 B 厂变高压侧电流回路（2ID－64、65、66、67）连接片打开，二次安全措施单如图 10－11 所示。

传动工作结束，作业人员恢复 B 厂变高压侧电流回路时，发变组保护 2ID－64、65、66 端子连接片恢复不到位，给后续电流开路留下隐患。

3. 暴露的问题

（1）现场安全措施恢复人员缺乏必要的操作技能及安全意识，其对恢复端子连片的作业标准不明确，未充分认识电流回路开路可能导致的巨大风险。

5	√	11.14	短接500kV第三串5032断路器保护柜电流端子3D－1、3、5、7端子：A5251、B5251、C5251、N5251（TA侧）并接地，验明进入装置侧无电流后，打开中间连片并在接线端子处粘贴绝缘胶布警示	√	11.27
6	√	11.14	验明500kV第三串5032断路器保护柜电压端子3D－8、9、10、11端子：A653、B653、C653、N600无电后，打开中间连片并在外侧接线端子处粘贴绝缘胶布警示	√	11.27
7	√	11.14	验明500kV第三串5032断路器保护柜电压端子3D－12、13端子：1A640、N600无电后，打开中间连片并在外侧接线端子处粘贴绝缘胶布警示	√	11.27
8	√	11.14	短接3号机发变组B柜1ID－64、65、66、67端子验明进入装置侧无流后打开连片在接线端子处粘贴绝缘胶布警示	√	11.27
9	√	11.14	短接3号机发变组E柜2ID－64、65、66、67端子验明进入装置侧无流后打开连片在接线端子处粘贴绝缘胶布警示	√	11.27
10	√	11.14	可能受影响远动信号已告知南网和中调自动化部	√	11.27
11	√	11.15	工作结束后打印定值并核对	√	11.27
12			以下空白		

图10－11 某电厂差动保护传动工作二次安全措施单

（2）工作监护人形同虚设，未能履行监管职责，在现场恢复安全措施时未能发挥监督作用，恢复工作结束后未进行检查便签名确认。

二、旁路代路过程中2号主变压器异常跳闸实例

1. 事件概述

某日10时43分25秒，某电厂在执行2号高压侧断路器旁路代路过程中，2号主变压器保护屏A柜差动保护动作，跳开2号主变压器高压侧2202断路器和并网运行的3号机组、4号机组出口断路器。

2. 保护动作分析

现场检查发现2号主变压器保护A柜差动保护动作，B柜差动保护未动作。图10－12为2号主变压器保护A柜差动保护装置动作时录波图。

图10－13为2号主变压器保护A柜TA配置图，高压侧电流来自2202断路器外侧TA（1BELH绕组），旁路断路器电流来自旁路断路器侧TA（EP4LH绕组）。B柜主变压器差动保护高压侧电流来自2号主变压器高压侧套管TA，电流回路切换不涉及B柜保护，因此B柜保护未动作。

3. 原因分析

9时53分，某电厂运行人员执行“用220kV旁路2030断路器代2号主变压器高压侧2202断路器运行，2号主变压器高压侧2202断路器由运行转检修”操作。执行到操作票第27项，“旋入2号主变压器保护A柜差动保护1SD短接端子D1，D2，D3”时，刚旋入2号主变压器差动保护1SD短接端子D1，2号主变压器保护A柜差动保护动作，跳开2号主变压器高压侧2202断路器、3号机组出口803断路器、4号机组出口804断路器及厂变812断路器。

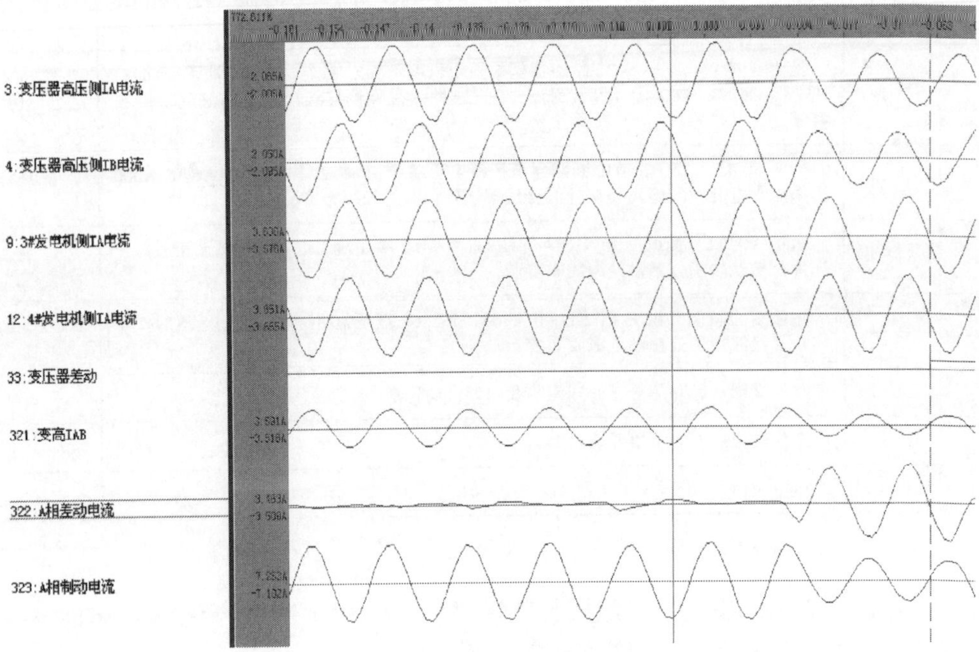

图 10－12　保护动作时录波图

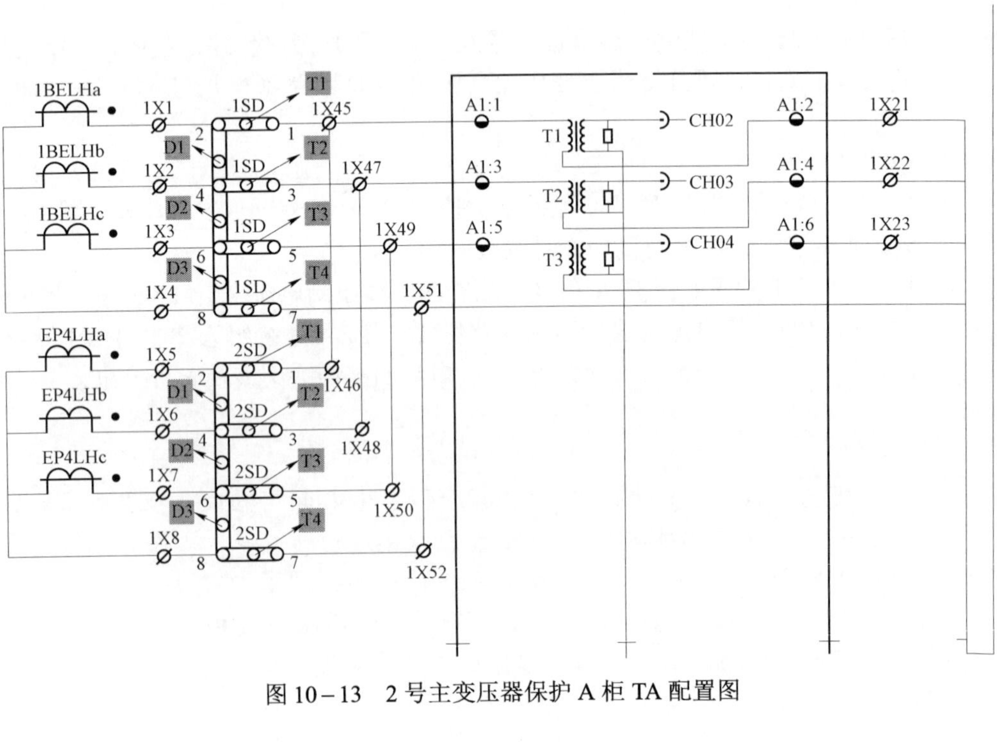

图 10－13　2 号主变压器保护 A 柜 TA 配置图

该项工作需要退出 2 号主变压器差动保护功能压板，保护出口压板保持投入，图 10－14 中功能压板“1”为 2 号主变压器差动保护功能压板，图 10－15 中“1XB”为 2 号主变压器差动保护跳 2202 断路器出口压板。现场填写操作票时将“1”误写为“1XB”。

图 10－14 保护装置功能压板

图 10－15 保护装置出口压板

由于操作票填写错误，导致执行操作时错误地退出了保护跳 2202 断路器出口 I 压板，而未退出应该退出的 2 号主变压器差动保护功能压板“1”，致使当执行至操作票 27 项，“短接 #2 主变变高电流端子 D1”时，主变压器保护 A 柜检测到 2 号主变压器高压侧与低压侧差流超过差动保护动作启动值，差动保护动作，跳开主变压器高压侧 2202 断路器及 803、804、812 断路器。操作票填写错误是造成此次跳闸事件的直接原因。

4. 暴露的问题

（1）运行人员在编写操作票工作中，没有认真的进行现场核对，操作票审核不到位，暴露出电厂缺乏完善的现场作业流程和作业指导书，未能有效规范运行人员的现场作业行为。

（2）电厂专业管理不到位，运行规程对主变压器旁路代路过程无具体的压板操作规定，未能有效指导运行人员进行操作。

（3）电厂继电保护管理工作存在不足，对继电保护操作的关键环节把关不严，未对保护装置容易混淆的出口压板和功能压板进行明显标示。

三、保护插件更换操作不当导致 220kV 侧及 110kV 侧母联断路器动作跳闸实例

1. 事件概述

某日 10 时 48 分，M 变电站对 2 号主变压器保护 B 屏主保护 CPU 插件进行更换及试验时，由于操作不当引起 M 变电站 220kV 母联、110kV 母联断路器跳闸，无保护信号。

2. 保护动作分析

（1）事故前运行方式。

M 变电站 1、2 号主变压器并列运行。

220kV：双母并列运行，主进线路 1 在Ⅱ母运行，Ⅱ母带 2 号主变压器，Ⅰ母带 1 号主变压器。

110kV：双母并列运行，Ⅱ母带 2 号主变压器，Ⅰ母带 1 号主变压器。

M 变电站有工作任务：2 号主变压器保护 B 屏主保护 CPU 插件更换及试验。

（2）现场工作情况。

9 时 40 分，现场报已更换好 CPU 插件，准备在屏后拆开差动保护电流端子连片加流做试验。

在更换完 2 号主变压器保护屏 B 屏主保护 CPU 插件，在对装置进行补充检验的过程中，厂家现场服务人员误动了 2 号主变压器高后备保护复压过电流跳母联开出传动保护测试功能（Ⅰ时限跳 220kV、110kV 母联断路器）。

10 时 48 分运行人员发现站内 220kV 母联断路器 2213、110kV 母联断路器 1113 同时无信号跳闸。

3. 不正确动作原因

厂家服务人员、继电保护人员进行 2 号主变压器保护补充检验中，安全措施没有做到位，没有退出 2 号主变压器保护“跳高、中压母联开关”硬压板，在投退压板时，工作负责人未能起到监护作用，误动开出传动“主变高后备保护复压过流跳母联”功能，引起两母联断路器跳闸。

四、电流端子短接错误导致试验期间 500kV 线路零序反时限动作实例

1. 事件概述

某日 20 时 05 分，M 电厂进行 4 号主变压器 500kV 高压侧短引线保护、5021、5022 断路器保护及二次回路检修、传动工作，因安全措施错误，造成 500kV MN 甲线 M 电厂侧主二保护柜电流分流，零序反时限过电流保护误动作，跳开正在运行的 5023 断路器 A、B、C 三相开关（5022 断路器处于检修状态）。

2. 保护动作情况

现场检查，发现 M 电厂 500kV MN 甲线主二保护 13 066ms 零序反时限过电流保护动作，动作报文如图 10－16 所示。

序号	动作相	动作相对时间	动作元件
01	ABC	13066ms	零序反时限过流
故障测距结果 故障相别 故障相电流值		1061.3 km C 000.13 A	

图 10－16　500kV MN 甲线 M 电厂侧主二保护动作报文

从图 10－17 所示的动作报告可看出，主二保护 A、B、C 相电流通道均有突变，且零序电流通道亦有明显的变化。根据电流不同阶段的变化情况，保护动作时序如图 10－18 所示。

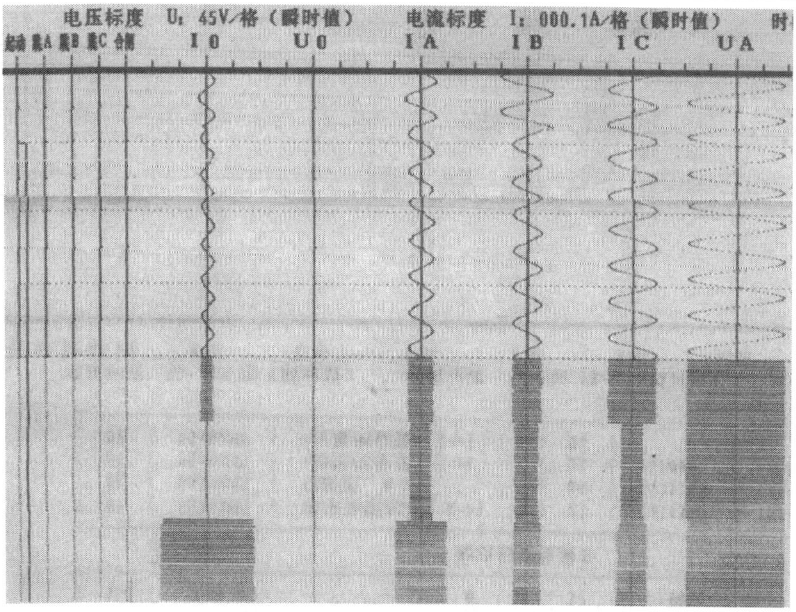

图 10－17　500kV MN 甲线 M 电厂侧主二保护动作报告

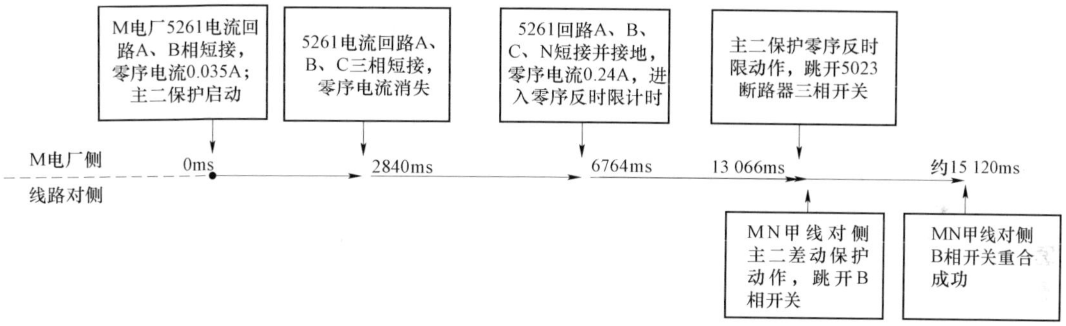

图 10－18　保护动作时序图

3. 事件原因分析

流入 MN 甲线主二保护装置的电流是 5022 断路器侧的电流与 5023 断路器侧的电流之和，和电流是通过在保护柜把两个电流回路并接构成。事件发生前，继电保护人员在做安全隔离措施时，断开 5022 断路器侧的电流回路连片后，错误地在去保护侧 TA 二次回路上做了 A、B、C、N 三相短接并接地的防护措施（为了防止做 TA 绝缘试验时，2500V 的直流电压可能对保护装置产生影响），电流回路示意图如图 10－19 所示。

去保护侧 TA 二次回路 A、B、C、N 三相短接并接地时，一方面，将 5023 开关汇控柜的电流回路分流一部分，导致流入线路主二保护的电流减小；另一方面，由于电流回路在主二保护柜已有一个接地点，5022 开关汇控柜侧 A、B、C、N 三相短接并接地后，形成电流回路两点接地，因两接地点的地电位不一致，两接地点之间有电势差，电流回路与地网间构成环路，形成零序电流回路。受地电位和分流双重影响，M 侧主二保护零序反时限出口跳三相。

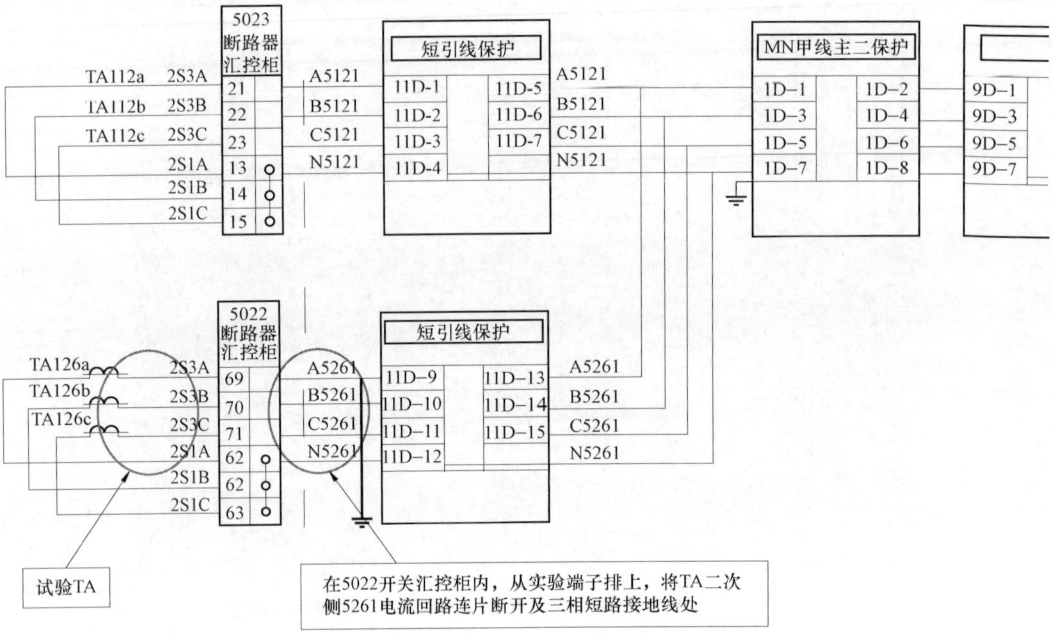

图 10－19　电流回路示意图

4. 暴露的问题

（1）500kV 部分为 3/2 接线方式，线路保护采用两个断路器的电流和，回路设计复杂且设备较多。继电保护人员对回路接线方式、设计图纸及装置工作原理掌握不全面，片面的只以汇控柜端子接线图作为编写继电保护安全措施票的依据，没有按照电流回路图核对其作用。

（2）工作票及二次安全措施执行错误。在运行电流回路上工作时，没有办理相应的工作票，只办理了“5021、5022 断路器检修及预防性试验”的第一种工作票，且该工作票也没有体现相应的安全措施。继电保护人员错误的三相短接了运行电流回路后，又擅自增加措施内容，将该电流回路接地，造成电流回路两点接地，暴露出 M 电厂现场作业管理混乱，签发、批准环节没有发挥审核把关职责，工作票制度执行存在严重漏洞。

五、误投线路保护“沟通三跳”压板导致 500kV 单瞬故障三跳实例

1. 事件概述

某日，500kV MN 线 C 相发生瞬时接地故障，线路主一保护、主二保护动作跳 C 相断路器；主三保护动作后直接跳三相断路器并闭锁重合闸。

2. 保护动作分析

由图 10－20 所示的波形可知，故障发生时刻（0ms），线路 C 相电压下降、电流增大，符合线路单相接地故障特征。故障后 10ms，线路的主保护分别动作，跳线路 C 相；故障发生 60ms 之后，5001 及 5002 断路器三相处于分闸位置，线路不重合。

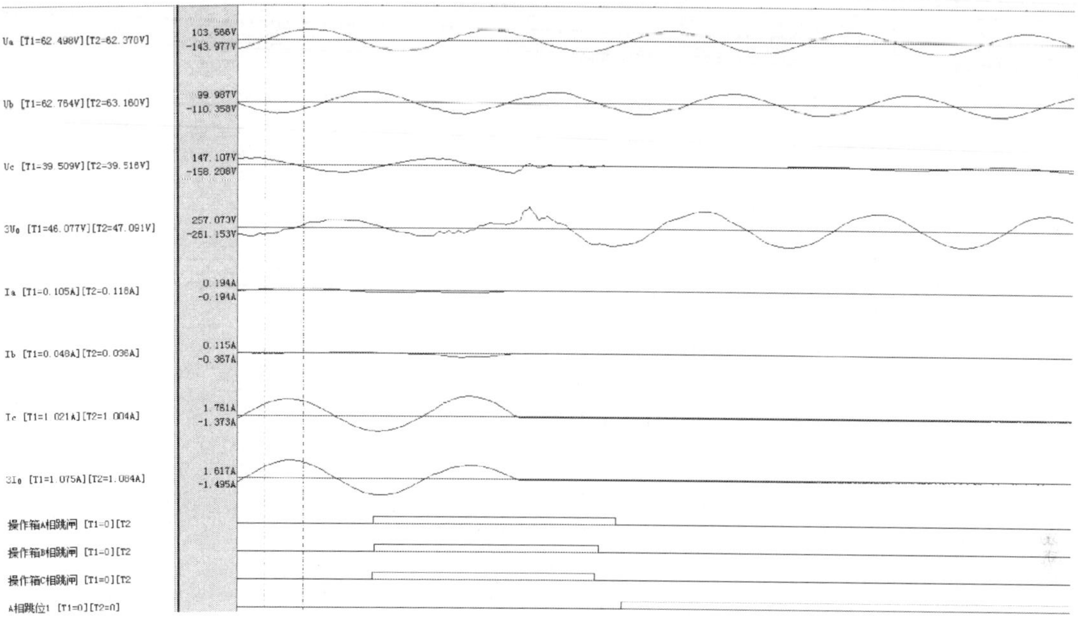

图 10－20　故障时刻波形及开关量

3. 不正确动作原因

（1）直接原因。当线路发生单相瞬时接地故障后，由于主三保护屏内“LP7 沟通三跳”压板在投入状态，导致保护在判断为单相故障的情况下跳三相断路器。

（2）间接原因。经检查操作票，“LP7 投沟通三跳”压板误投入时间是 2010 年 3 月 17 日 14 时 37 分（操作票如图 10－21 所示）。当时 500kV MN 线投运，运行人员在投入 500kV MN 线主三保护时，没有使用“两票专家系统”中的“图形制票”功能填写操作票，而是直接调用了某日 MN 线启动时已经执行的操作票，因当时启动试验需要，票上有“LP7 投沟通三跳”压板投入的内容。

4. 暴露的问题

（1）管理方面。

1）这是一起由误投保护压板导致的人为责任事故，也是典型的习惯性违章导致的事故。

2）根据《交接班制度》的规定，交、接班值需检查 24h 内保护运行情况及变动情况，但因站内控制保护系统改造，运行人员分为调试组、运行组，运行组只在组内交班，规定未得到严格执行。

3）操作票“三审”制度流于形式。运行人员未能对照《运行规程》中正常运行情况下 MN 线主三保护压板投入规定进行审核。

（2）技术方面。

1）运行人员对线路重合闸与“沟通三跳”压板的配合认识不足，对当时系统的运行方式不清楚，对是否应该投入保护的“沟通三跳”压板不了解。

编号：1003266

顺序	操 作 项 目	操作√
	（上接第1003265号操作票）	
11	查MN线 1#屏 距离保护“LP7 投 沟通三跳”压板两端对地电位正常。	✓
12	投入MN线 1#屏 距离保护“LP7 投 沟通三跳”压板。	✓
13	查MN线 1#屏 距离保护“LP7 投 沟通三跳”压板确已投入。	✓
14	查MN线 1#屏 距离保护“LP14 跳5001开关A相线圈一”压板两端对地电位正常。	✓
15	投入MN线 1#屏 距离保护“LP14 跳5001开关A相线圈一”压板。	✓
16	查MN线 1#屏 距离保护“LP14 跳5001开关A相线圈一”压板确已投入。	✓
17	查MN线 1#屏 距离保护“LP16 跳5001开关B相线圈一”压板两端对地电位正常。	✓
18	投入MN线 1#屏 距离保护“LP16 跳5001开关B相线圈一”压板。	✓
19	查MN线 1#屏 距离保护“LP16 跳5001开关B相线圈一”压板确已投入。	✓
20	查MN线 1#屏 距离保护“LP18 跳5001开关C相线圈一”压板两端对地电位正常。	✓
21	投入MN线 1#屏 距离保护“LP18 跳5001开关C相线圈一”压板。	✓
22	查MN线 1#屏 距离保护“LP18 跳5001开关C相线圈一”压板确已投入。	✓
	（下转第1003267号操作票）	
备注		

图 10－21 投入MN线主三保护的操作票

2）“两票专家系统”中，虽然对投退“沟通三跳”压板以红色做出了提示，但操作票的填写、审核、执行等关键环节的提醒功能仍不够完善，如没有“重合闸与沟通三跳不能同时投入”等。

六、接口设备把手设置错误导致 220kV 线路保护误动实例

1. 事件概述

某日15时32分48秒，220kV NP乙线发生A相永久性接地故障，A相故障电流为14 208A，N变电站及P变电站的220kV NP乙线主一、主二保护的纵联保护动作跳开两侧A相断路器，重合于故障后线路两侧断路器三跳，隔离故障。

与此同时，220kV MN甲线M变电站侧主二保护动作，主一保护不动作，220kV MN甲线M变电站侧断路器A相单跳单重后断路器三跳。220kV MN甲线N变电站侧主一、主二保护不动作，断路器保持合位。220kV MN甲线变成由220kV N变电站侧空充线路状态。

2. 保护动作分析

（1）220kV NP乙线保护动作情况。220kV NP乙线发生线路区内A相永久性故障，两侧

保护正确动作跳开 A 相断路器，经重合闸延时后重合于故障，两侧保护再次动作跳开三相断路器。

（2）220kV MN 甲线保护动作情况。220kV MN 甲线主一保护为 RCS－931BM 光纤差动保护，主二保护为 RCS－902CB 允许式纵联距离保护，配置通道接口装置 FOX－41A。N 变电站侧 220kV 旁路保护为 RCS－902CB。

N 变电站 220kV MN 甲线主一、主二保护均有启动，没有保护动作及开关量变位信号。主二保护的通道接口装置 FOX－41A 报文显示收到对侧的 A 相发信，并向对侧发了三相允许信号。

继电保护人员对 MN 甲线保护及通道接口装置 FOX－41A 进行了详细检查，定值及压板投退正确，通道状态正常。对保护装置和通道接口装置 FOX－41A 报文进行分析，发现在 15 时 32 分 49 秒通道接口装置 FOX－41A 有收信而保护装置没有收信，随即通道接口装置 FOX－41A 向对侧发三相允许信号。检查监控系统报文，发现事故时 220kV 旁路有收信和发信动作报文，如图 10－22 所示。

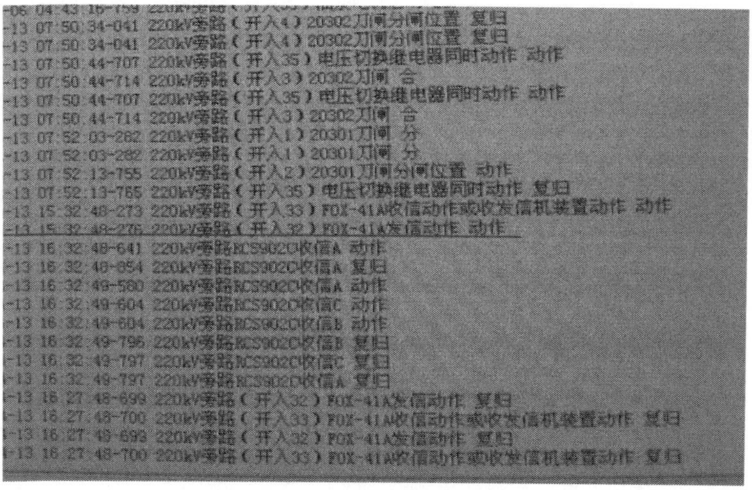

图 10－22　N 变电站后台报文

对 220kV MN 甲线通道接口装置的二次回路进行进一步检查，发现通道接口装置 FOX－41A 与 MN 甲线主二保护连接的收发信二次回路存在不导通情况，而与旁路保护连接的收发信二次回路导通。

经检查，N 变电站侧 220kV MN 甲线主二保护通道接口装置 FOX－41A 的本线/旁路切换把手未完全转换到位，不能有效地进行通道切换，导致通道接口装置 FOX－41A 收发信回路实际与旁路保护导通。

当 220kV NP 乙线线路故障时，M 变电站侧 MN 甲线主二保护判断为正方向故障，向 N 变电站侧保护发 A 相允许信号。N 变电站 MN 甲线通道接口装置 FOX－41A 将收信命令传给旁路保护装置，由于旁路断路器处于分闸状态，保护装置在收信后随即发出三相允许命令，通过 N 变电站的 MN 甲线的通道接口装置 FOX－41A 发送到对侧保护，M 变电站侧 MN 甲线主二保护收到允许信号后纵联保护动作，跳开 A 相断路器，经延时重合 A 相断路器。因此时 NP 乙线经相同延时重合于永久故障，M 变电站侧 MN 甲线主二保护判断为重合于故障，距离加速动作跳开 MN 甲线断路器。而 N 变电站侧的 MN 甲线主二保护因判为反向故障，且没有收到对侧发信信号，保护不动作。

3. 暴露的问题

（1）日常巡视检查工作欠细致，未能及时发现保护切换把手转换开关未完全到位的情况。

（2）通道接口装置的旁代切换回路设计欠完善，没有技术措施监控切换把手转换过程及最终状态，导致正常运行的过程中不能及时发现缺陷。切换把手的接点通断状态目前缺乏技术监控手段。

4. 防范措施

（1）加强对运行中设备的巡视工作，定期安排专业人员对设备进行专业巡视，及时发现设备出现异常。

（2）在旁代操作前，由保护班组进站进行改接线，在主二保护和旁路保护发信回路上增加通道测试压板。每次旁代时，由线路两侧的运行人员通过短时合上通道测试压板并检验对侧是否正常收信来确认通道切换有效性。

第十一章

误接线实例分析

第一节 没有按拟定的接线方式接线实例

一、传动试验未按规定接线导致7号主变压器高压侧断路器跳闸实例

1. 事件概述

某日，220kV某电厂9号主变压器调试传动试验过程中，9号主变压器高压侧2209断路器与正在运行的7号主变压器高压侧2207断路器同时跳闸，造成7号机孤岛运行，自带厂用电。

2. 保护动作情况

2207断路器跳闸后，现场检查7号发变组保护屏各装置面板的跳闸及告警指示灯均未亮起，各装置均无保护动作报告，可以确认2207断路器跳闸时系统未发生一次故障，其集中录波如图11-1所示。查看7号主变压器测控装置，无操作报告，NCS后台报文在2207断路器分闸SOE信号之前均无异常动作报文。

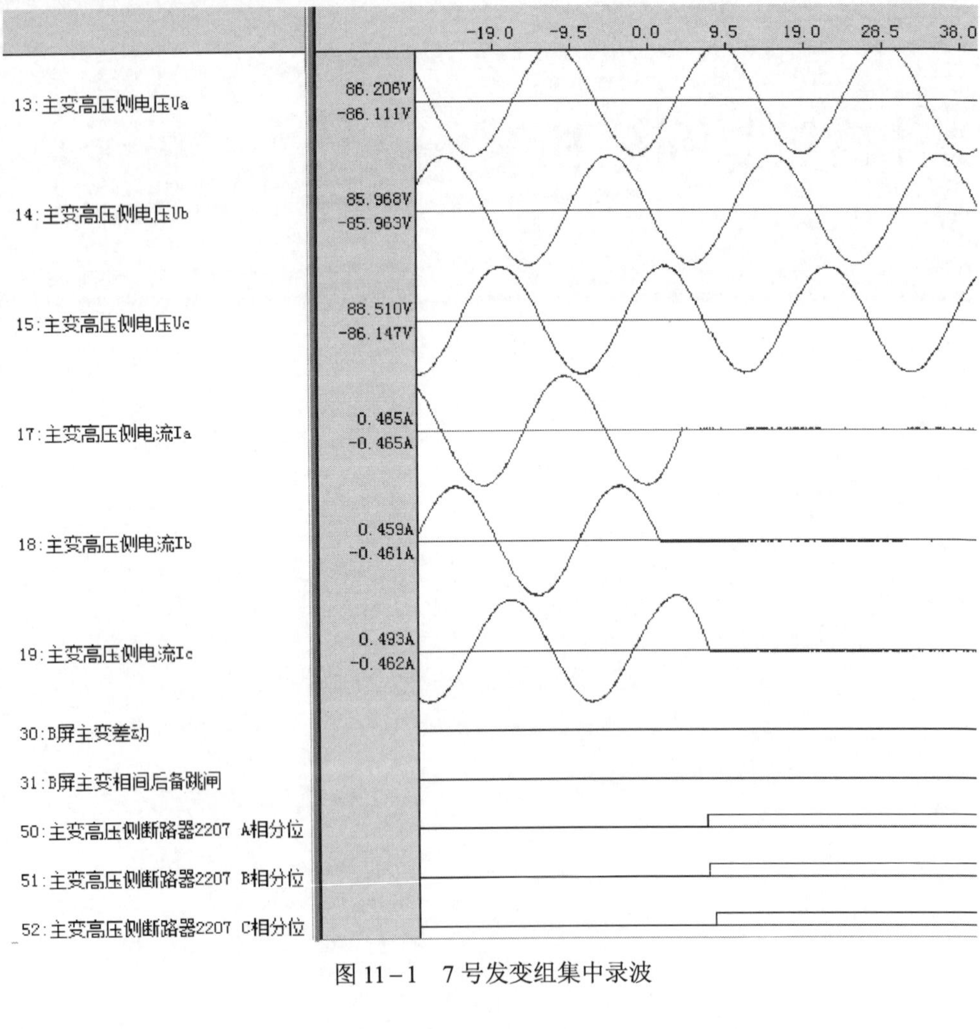

图11-1 7号发变组集中录波

3. 事件原因分析

该电厂 5、7、9 号主变压器分别加装了一套涌流抑制器，而 3 个装置组屏在同一个屏柜里，如图 11－2 所示。每套涌流抑制器屏后的端子排分别命名为 1－2Y、2－2Y、3－2Y。

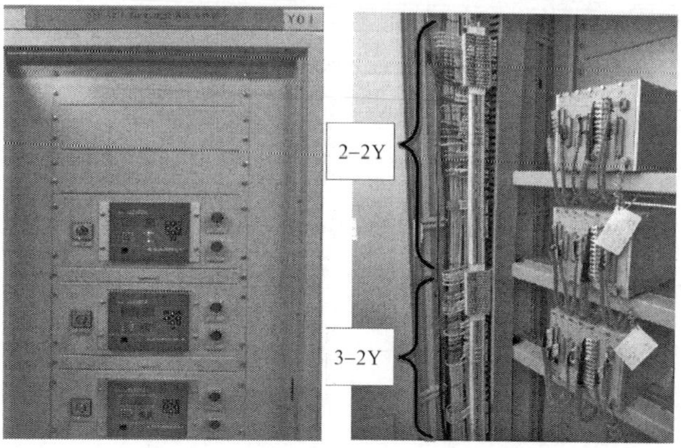

图 11－2 主变涌流抑制器组屏情况图

现场检查发现，7 号主变压器励磁涌流抑制器对应端子排 2－2Y 的 D24、D27、D31 端子均接有不同编号的两根线，如图 11－3 所示，而 9 号主变压器励磁涌流抑制器对应端子排 3－2Y 的 D24、D27、D31 端子无接线，如图 11－4 所示，与设计图纸不符合。

图 11－3 2－2Y 端子排实际接线图

图 11－4 3－2Y 端子排实际接线图

如图 11－5 所示的 7 号主变压器操作箱回路，加装涌流抑制器后，涌流抑制器开出一副合闸接点（2Y－27、2Y－24）、一副跳闸接点（2Y－34、2Y－31）给操作箱。而对于 9 号主变压器操作箱回路，涌流抑制器开出一副合闸接点（3Y－27、3Y－24）、一副跳闸接点（3Y－34、3Y－31）给操作箱。

因 9 号机是新建且在调试机组，施工单位将本应接在 3Y－27、3Y－24、3Y－34、3Y－31 的几根线全部误接在 2Y－27、2Y－24、2Y－34、2Y－31 上，相当于 7 号主变压器操作箱和 9 号主变压器操作箱的 101、103、133 电缆都是并接的。

当调试人员在 9 号主变压器操作箱上做传动试验时，短接如图 11－6 所示的 9 号主变压器操作箱 4Q1D9（101）、4Q1D27（133）端子，实际上也直接短接了 7 号主变压器操作箱 4Q1D9

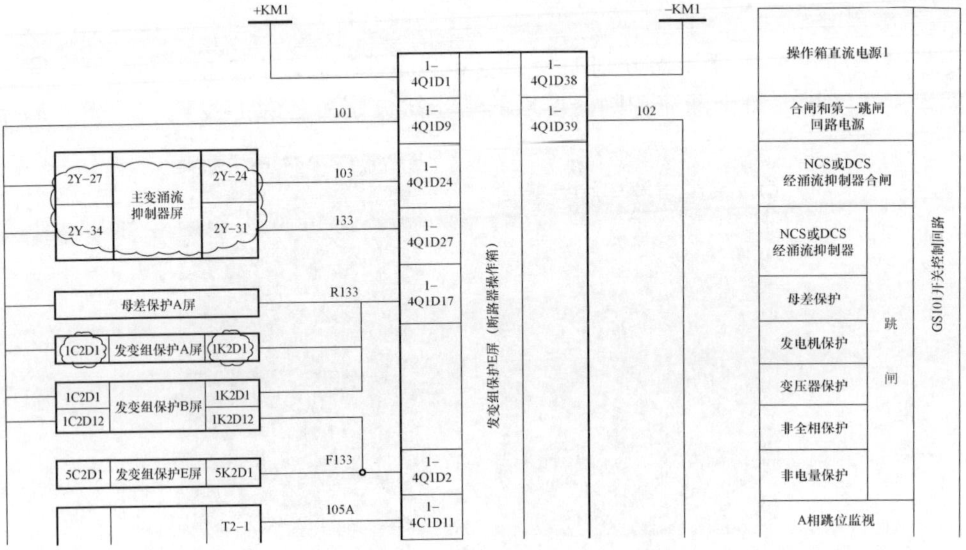

图 11-5　7 号主变压器操作箱回路图

（101）、4Q1D27（133）端子，造成 7 号主变压器高压侧断路器跳闸。

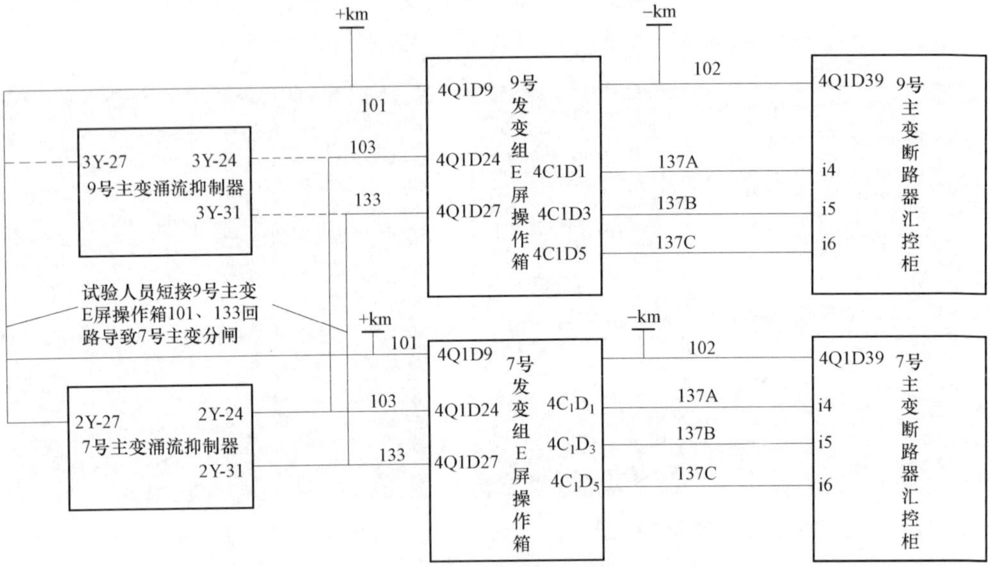

图 11-6　7、9 号主变操作箱回路示意图

4. 暴露的问题

（1）工程施工人员责任心不足，工作鲁莽，未按图纸进行接线。

（2）现场安全措施不足，工作票的安全措施缺乏操作性，未对相邻运行设备提出有效的安全隔离措施，未对运行端子排进行有效的标示，导致施工人员错误接线至运行设备回路上。

（3）工程管理、工作票审核、签发、工作许可等环节人员把关不到位，没有仔细对作业前风险辨识及梳理，对施工中涉及运行设备和回路的风险及防控措施不足，风险防范措施不具体。

（4）工作监护人员监护不到位，未能发现问题。

二、电流互感器接线错误导致区外故障机组解列保护动作分析

1. 事件概述

某日，220kV MN 线（某电厂相邻线路）发生 B 相单永故障，电厂 1 号机 A 套发电机差动保护动作跳闸。

2. 不正确动作原因

从图 11－7 的录波图中可以看出发电机绕组两端电流有明显差流。经检查，发电机中性点侧 TA 绕组接线如图 11－8 所示，未按照电流互感器铭牌的接线绕组准确级（如图 11－9 所示）设计，未明确标注 1LH 和实际互感器的接线端子，导致保护用 TA 接成测量用 TA（如表 11－1 所示）。当区外故障时，因故障电流直流分量较大，TA 不能正确反映故障电流，进而产生差流致使 A 套发电机差动保护动作跳闸。

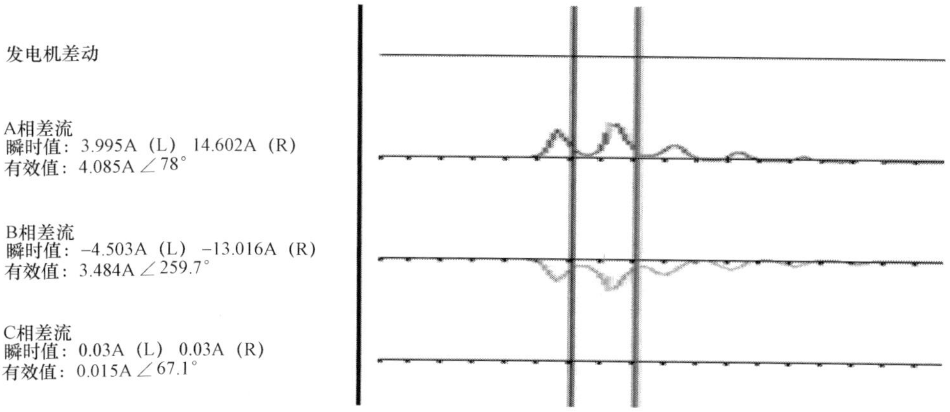

图 11－7　发电机录波图

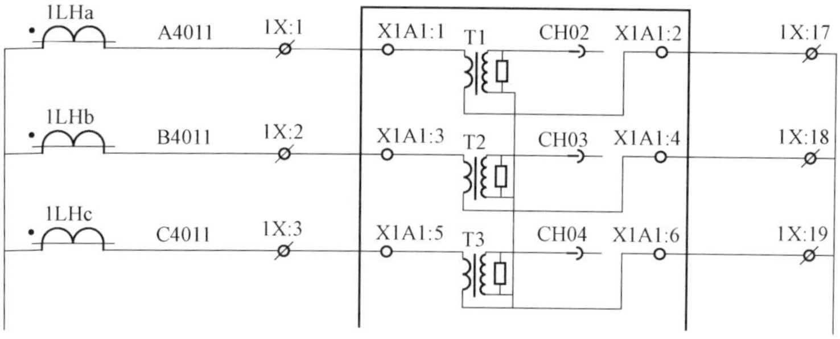

图 11－8　发电机中性点侧 TA 绕组接线

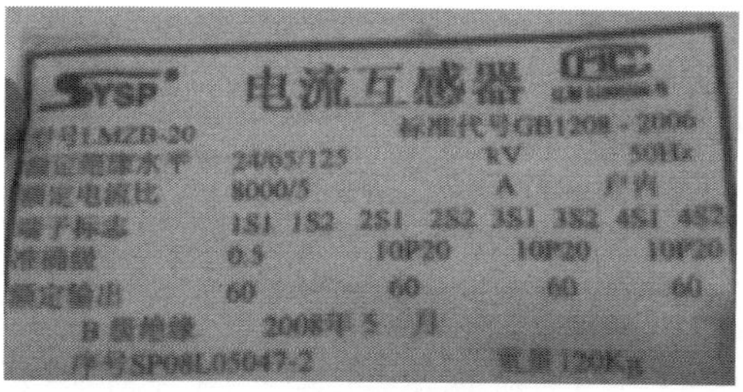

图 11－9　中性点互感器铭牌

表 11－1　　中性点侧发电机 TA 准确级与设计图纸接线对照表

竣工图命名编号	互感器抽头标识	实际互感器准确级	设计图纸标识互感器准确等级	图纸标注用途
1LH	1S1－1S2	0.5S	10P20	发变组保护 A
2LH	2S1－2S2	10P20	10P20	发变组保护 B
3LH	3S1－3S2	10P20	10P20	故障录波
4LH	4S1－4S2	10P20	0.5S	计量

3. 暴露的问题

（1）设计问题。保护用的 TA 绕组接线设计与准确级不符，设计单位未核对 TA 抽头的排布顺序，盲目套图，导致安装单位按设计图施工错将测量绕组接入 A 套发电机保护装置。

（2）安装问题。接线过程中未提出异议，未认真核对，错将测量绕组接入 A 套发电机保护装置。

（3）调试单位在核线过程中未发现 TA 绕组使用不正确，未按新设备投入运行的规范校验。

（4）维护单位管理问题。验收把关不严，在 1 号发变组保护检验试验中，未认真开展 TA 相关试验及二次回路检查，投运前未发现 TA 绕组使用错误。

三、未接保护级绕组造成 TA 饱和误动实例

1. 事件概述

某日，220kV 某变电站 110kV 出线故障，差动保护动作跳闸，重合闸动作成功。同时，该变电站的 220kV 2 号主变压器第二套保护纵差比率差动保护动作跳主变三侧断路器。

2. 保护动作分析

110kV 某线路 B 相故障，线路差动保护 15ms 跳线路断路器，断路器 75ms 断弧，2109ms 重合成功。同时，220kV 某变电站 2 号主变压器第二套差动保护 58ms 动作跳主变三侧断路器。

由图 11－10 2 号主变压器第二套保护（RCS－978YN）故障时 B 相电流可以看出，2 号主变压器中压侧三相电流均有 TA 饱和特征，其中 B 相饱和最为严重，因此产生较大的差流。

由于区外故障时 2 号主变压器中压侧 TA 饱和，导致 2 号主变压器主二保护感受到很大差流。启动约 10ms 后，B 相差流达到 $2I_e$，制动电流约 $2I_e$（计算差动制动门槛为 $1.92I_e$），进入无 TA 饱和判据区，此时差流中的二次谐波含量约 47%，涌流判别元件闭锁比率差动保护。故障持续期间，B 相差流约 $3.35I_e$，制动电流约 $2.68I_e$，始终在无 TA 饱和判据区。当差流中的谐波含量下降后，涌流判别元件开放比率差动保护，比率差动保护动作。

3. 保护不正确动作原因

2 号主变压器保护中压侧使用套管 TA，现场对套管 TA 接线盒接线及图纸进行核实时发现，2 号主变压器第二套保护使用 TA 接线盒中的 A1 和 C1 端子（如图 11－11 所示），而 A1－C1 端子对应的抽头标记 1－5（如图 11－12 所示），套管 TA 铭牌参数如图 11－13 所示，由此可

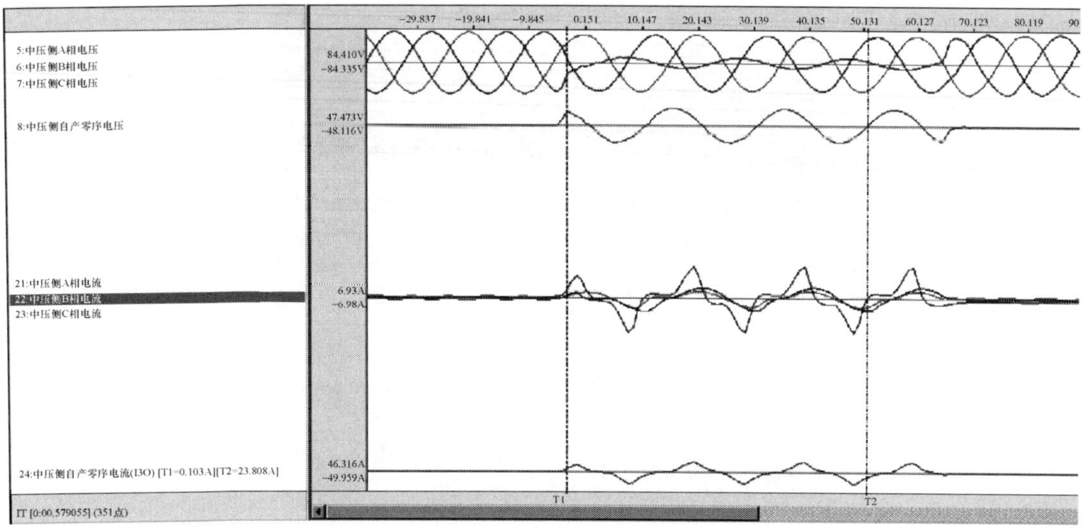

图 11－10　第二套保护中压侧电流电压波形

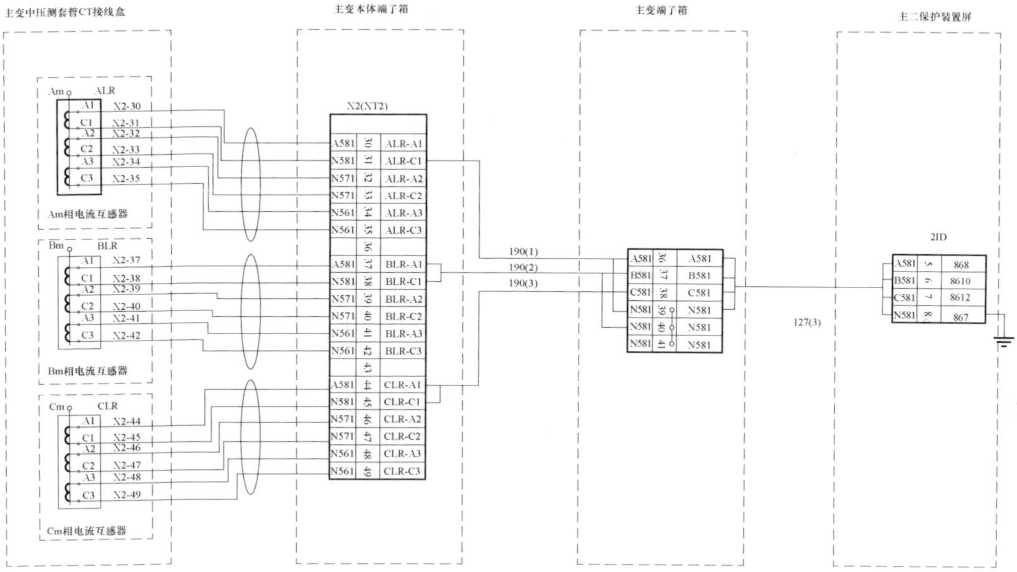

图 11－11　主变压器第二套保护装置中压侧电流回路图

知抽头 1－5 对应的是变比为 1200/5 的测量级绕组。2 号主变压器第二套差动保护 TA 绕组误接为测量绕组，在 110kV 线路故障后，2 号主变压器第二套差动保护 TA 饱和，差动继电器的差动电流达到变压器差动保护动作定值，最终导致差动保护误动作。

4. 暴露的问题

（1）设计图纸存在错误，误将保护用电流回路设计接至测量绕组。

（2）施工人员照图施工，未认真核对设计端子图、原理图与变压器厂家内部配线是否相符，也未核对实际设备铭牌及 TA 测试数据，仅按照设计端子图及接线图和经验进行施工接线，导致测量绕组误接于保护回路。

（3）运维单位人员在验收、定检过程中，未结合设计图纸、厂家说明书、实际设备铭牌

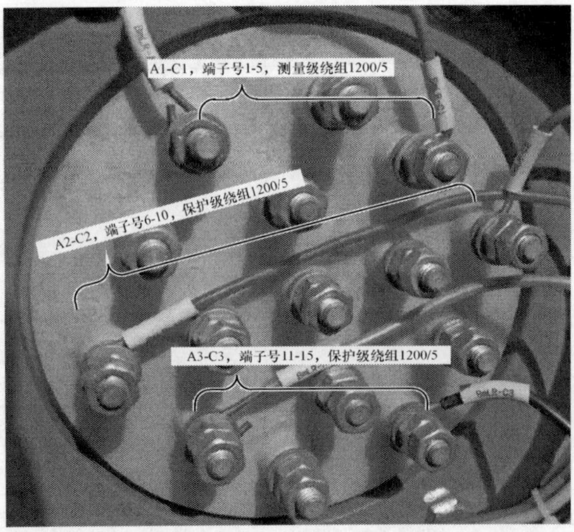

图 11－12　套管 TA 接线盒接线示意图（三相接线一致，选 B 相示意）

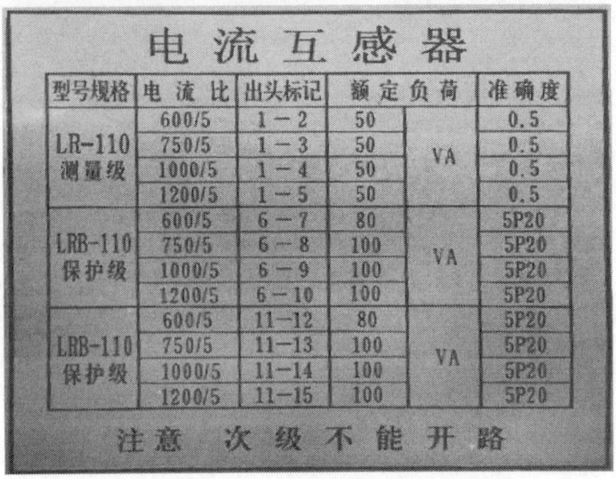

电流互感器

型号规格	电流比	出头标记	额定负荷		准确度
LR-110 测量级	600/5	1－2	50	VA	0.5
	750/5	1－3	50		0.5
	1000/5	1－4	50		0.5
	1200/5	1－5	50		0.5
LRB-110 保护级	600/5	6－7	80	VA	5P20
	750/5	6－8	100		5P20
	1000/5	6－9	100		5P20
	1200/5	6－10	100		5P20
LRB-110 保护级	600/5	11－12	80	VA	5P20
	750/5	11－13	100		5P20
	1000/5	11－14	100		5P20
	1200/5	11－15	100		5P20

注意　次级不能开路

图 11－13　套管 TA 铭牌参数

及现场试验报告，对保护装置的所有二次回路进行全面检查，导致一直未能消除回路错误的隐患。

四、跳闸回路接线错误导致 5051 断路器重合闸不成功实例

1. 事件概述

某日 14 时 39 分 37 秒，500kV 某电厂出线发生 A 相瞬时接地故障，电厂侧线路保护正确动作跳开 5051、5052 断路器 A 相，因主二保护跳 5051 断路器 A 相和 B 相电缆接反，5051 断路器 B 相也跳开，导致 5051 断路器未重合，三相不一致保护动作跳开 5051 断路器三相。

2. 保护动作情况

500kV 某电厂出线发生 A 相瞬时接地故障，经约 40ms 后，保护动作跳 A 相断路器，经 1551ms 后，重合 5052 断路器成功，5051 断路器跳开 A、B 相断路器，断路器三相不一致跳闸，保护动作情况如表 11－2 所示。

表 11－2　　　保护动作情况

保护装置名称	保护动作名称	动作时间	动作情况
主一保护	电流差动保护	12ms	跳 5051A 相断路器
	电流差动保护	12ms	跳 5052A 相断路器
主二保护	电流差动保护	11ms	跳 5051B 相断路器
	电流差动保护	11ms	跳 5052A 相断路器
5051 断路器保护	断路器保护 A 相跟跳	23ms	跳 5051A 相断路器
	断路器本体三相不一致保护	2125ms	跳 5051C 相断路器
5052 断路器保护	断路器保护 A 相跟跳	23ms	跳 5052A 相断路器
	单相重合闸	1551ms	合 5052A 相断路器

如图 11－14 所示的 5051 断路器保护动作打印报告可见，保护动作 A 相出口，62ms 却收到 B 相跳闸位置。

序号	动作相	动作相对时间	动作元件
01	A	00023ms	A相跟跳

启动时开入量状态

01	投充电保护	0		10	B相跳闸开入	0
02	先合投入	1		11	C相跳闸开入	0
03	重合闸方式1	0		12	A相跳闸位置	0
04	重合闸方式2	0		13	B相跳闸位置	0
05	闭锁重合闸	0		14	C相跳闸位置	0
06	闭锁先合开入	0		15	合闸压力降低	0
07	发变三跳开入	0		16	投充电保护S	0
08	线路三跳开入	0		17	投先合压板S	1
09	A相跳闸开入	0		18	投闭重压板S	0

启动后变位报告

01	00020ms	A相跳闸开入	0->1	04	00065ms	A相跳闸位置	0->1
02	00055ms	A相跳闸开入	1->0	05	00618ms	合闸压力降低	0->1
03	00062ms	B相跳闸位置	0->1	06	02125ms	C相跳闸位置	0->1

图 11－14　5051 断路器保护动作打印报告

3. 原因分析

现场检查，拆开 500kV 线路主保护屏Ⅱ至 500kV 第五串 5051 断路器保护屏操作箱的“跳 A 相 2”“跳 B 相 2”“跳 C 相 2”的出口跳闸回路电缆两头接线，并用绝缘胶布包好。核查接线情况，发现线路主保护屏Ⅱ的“跳 A 相 2”“跳 B 相 2”“跳 C 相 2”回路，对应 5051 断路器保护屏“跳 B 相 2”“跳 A 相 2”“跳 C 相 2”，即“跳 A 相 2”“跳 B 相 2”两根线接反。

4. 暴露的问题

（1）生产运行单位对外来施工单位工作人员监管不力，施工单位在重要设备施工过程中，未认真核对接线图，导致二次回路接线错误。

（2）在500kV断路器传动试验过程中，调试单位人员有章不循，只检查线路主保护屏及断路器本体，未对断路器保护屏、断路器汇控柜进行检查、确认，工作安排存在失误，未能发现主Ⅱ保护传动时断路器跳闸相别不对应。

（3）生产运行单位在交接验收中未充分发挥主导作用，质量把关不够严格，未严格按照生产标准进行验收交接，在人员组织及关键点见证上存在缺失，导致未能及时发现试验过程中存在的漏洞。

五、某电厂500kV MN线A相故障误跳断路器三相实例

1. 事件概述

某日，某电厂500kV MN线因雷击发生A相瞬时接地故障，5002、5003断路器三相跳闸。5002断路器保护：16ms A相跳闸开入，19ms A相跟跳，47ms B相跳闸位置开入，56ms A相跳闸位置开入，59ms沟通三跳，76ms闭锁先合开入，96ms C相跳闸位置开入，106ms闭锁重合闸。

2. 不正确动作原因

5002断路器的动作报告显示在A相跳闸同时B相也跳闸，经对5002断路器模拟事故跳闸及现场接线核对，发现5002断路器第一组跳闸线圈接线正确，第二组跳闸线圈接线有错误，如图11－15所示，第二组A相跳闸线圈的线与B相跳闸线圈的线接反，造成线路A相故障三相跳闸。

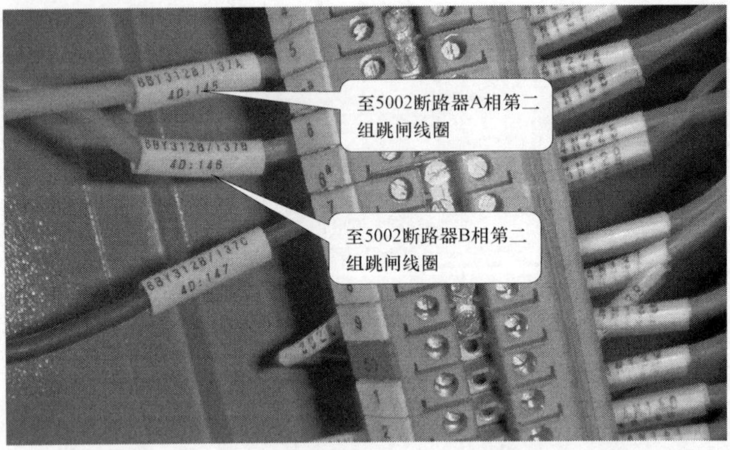

图11－15　5002断路器第二组跳闸线圈端子排图

3. 暴露的问题

（1）调试安装问题。基建安装单位未按照施工图纸施工，调试单位未按照校验规范进行调试，传动开关试验存在漏项行为，未按相分合闸。

（2）发电厂继电保护人员验收不到位，风险意识淡薄，对新设备投运可能存在的风险分析把控不到位，未严格按照500kV线路保护验收规范进行验收，使新设备投运后存在安全隐患。

第二节 电流或电压回路相别、极性接错实例

一、中性点 TA 极性错误导致主变压器零序差动误动实例

1. 事件概述

某电厂 500kV MN 线 A 相单相接地故障，MN 线主一保护、主二保护动作，5043、5044 断路器 A 相跳闸重合成功。线路故障同时，500kV 1 号主变压器 A 套保护装置零序比率差动动作、零序差动速断动作，B 套保护未动作。

2. 保护动作分析

（1）1 号主变压器保护动作情况分析。

零序差动保护要求外部 TA 为 0 度接线，也就是在发生区外故障时，高压侧自产零序电流和主变中性点零序电流相位是相同的。

装置系统参数以及保护相关定值如表 11－3 所示。

表 11－3　装置系统参数以及保护相关定值

高压侧 TA（一次侧）	1600A	接地零序 TA（一次侧）	600A
高压侧 TA（二次侧）	1A	接地零序 TA（二次侧）	1A
差动启动定值	$0.3I_n$	比率制动系数	0.5
差动速断定值	$5I_n$		

根据表 11－3 中系统参数可知，高压侧断路器 TA 变比是主变压器中性点 TA 变比的 1600/600＝2.667 倍，即高压侧零序电流需要乘以 2.667 的平衡系数后再和主变压器中性点电流进行差流计算。

（2）A 套保护动作分析。

A 套保护动作时电流录波数据如图 11－16 所示，高压一侧自产零序电流约 0.861A，高压侧中性点零序电流约 2.365A。考虑 TA 变比的不同，高压侧自产零序电流折算到中性点侧为

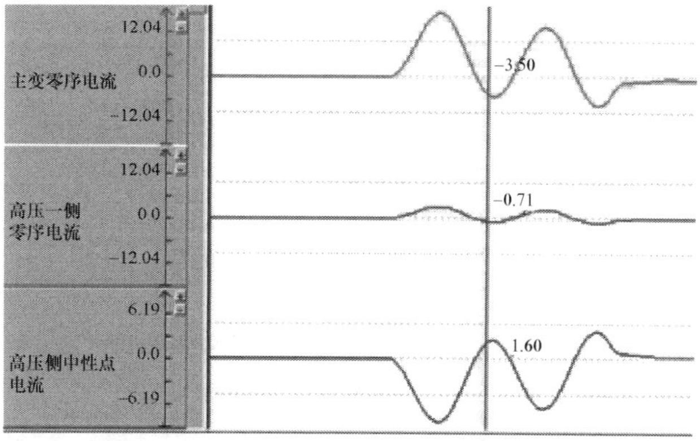

图 11－16　A 套保护动作时电流录波数据

$0.861\times2.667=2.296I_n$（$I_n=1A$），由于高压侧自产零序电流和中性点电流相角差为 79.311°+99.380°=178.7°，接近 180°，如果按照两侧电流相差 180°来计算，差流大约为：$0.861\times2.667+2.365=4.661I_n$。差动电流远远大于差动动作门槛值，所以 A 套主变压器零序比率差动动作；后续零差电流计算值继续增大，超过 $5I_n$，因此主变压器零序差流速断也动作。

（3）B 套保护套保护动作分析。

如图 11－17 所示为 B 套保护动作时电流录波数据，高压一侧自产零序电流约 0.919A，高压侧中性点零序电流约 2.479A。考虑 TA 变比的不同，高压侧自产零序电流折算到中性点侧为 $0.919\times2.667=2.451I_n$（$I_n=1A$）。由于高压侧自产零序电流和中性点零序电流相角差为 −78.082°+81.471°=3.39°，接近 0°。如果按照两侧电流相差 0°来计算差流大约为：$0.919\times2.667-2.451=0.03I_n$，看波形知差流最大约 0.1，远小于差动启动值 0.3，所以差动保护不动作。

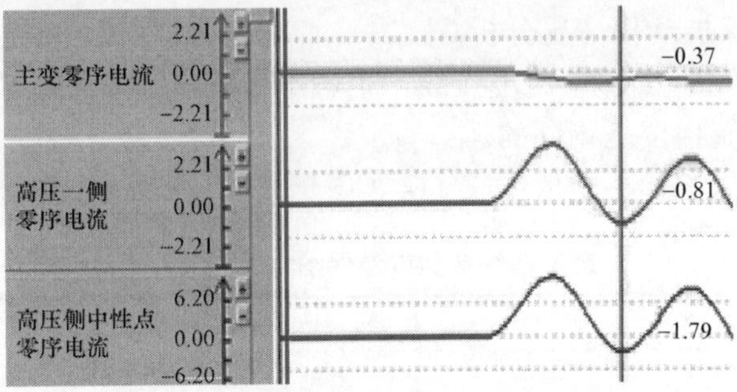

图 11－17　B 套保护动作时电流录波数据

3. 不正确动作原因分析

常规电流互感器二次回路接线图如图 11－18 所示，电流互感器二次回路工作可能影响保护极性的环节主要有四个：TA 一次接线盒、TA 端子箱、保护屏柜、保护装置。

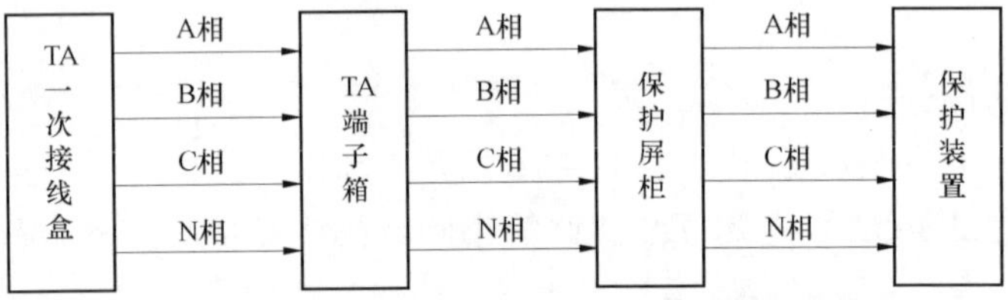

图 11－18　常规电流互感器二次回路接线图

主变压器 A、B 套保护中性点零序 TA 回路设计接线图如图 11－19 所示，A 套保护 TA 回路在 1 号主变压器保护柜内反接（与设计图不一致），但由于中性点零序 TA 本体端子盒处的接线也反接，因此整个回路的极性是正确的。

2015 年 1 月对 1 号主变压器零序电流接入机组故障录波进行改造，现场接线人员发现 A 套保护中性点零序 TA 接线在保护屏柜处与设计图纸不一致，但未确认中性点零序 TA 在本体端子盒处的接线，即按设计图纸修改接线，将原来正确的接线改错。

电厂在 1 号机组检修后未及时对 1 号主变压器零差电流进行跟踪、记录和分析，未利用励磁涌流时三相电流不平衡检查主变压器零序差动极性是否正确，未能及早发现主变压器中性点零序 TA 接线错误。

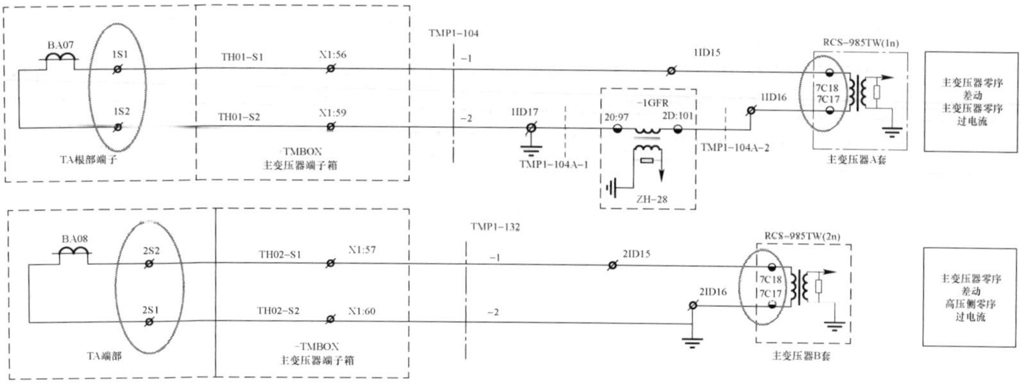

图 11－19 主变压器 A、B 套保护中性点零序 TA 回路设计接线图

4. 暴露的问题

（1）未严格执行利用励磁涌流时三相电流不平衡，未通过录波检查零序差动极性是否正确的规定，未严格执行零序差动极性未校之前应退出零序差动保护的规定。

（2）开展的图实相符和图纸修订工作存在死角。投产后电厂开展了图实相符、接线核对工作，并重新修订了全厂图纸，但接线核对工作未发现 1 号主变压器中性点零序 TA 接线图实不符的问题，导致修订图纸和本次改造图纸仍与实际接线不符。

二、500kV 联络变压器保护电流回路相别接错导致误动实例

1. 事件概述

某日，某站 500kV 1 号联络变压器第一套保护动作，跳开 5001、5004、2082、313 断路器，2081 断路器在分位。500kV 交流系统主接线图如图 11－20 所示，220kV 交流系统主接线图如图 11－21 所示。

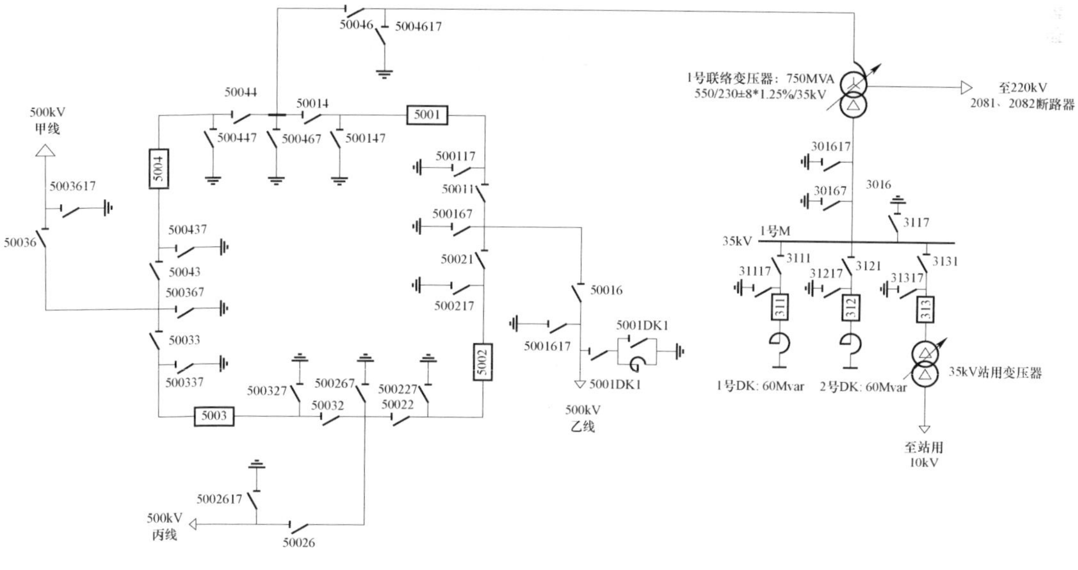

图 11－20 500kV 交流系统主接线图

2. 保护动作分析

如图 11－21 所示为保护电流录波图，差流满足变压器差动保护动作判据。图 11－22 所示为电流矢量示意图，中压侧断路器 TA 电流 A、B 相接反，与高压侧断路器产生差流，差动保护动作。

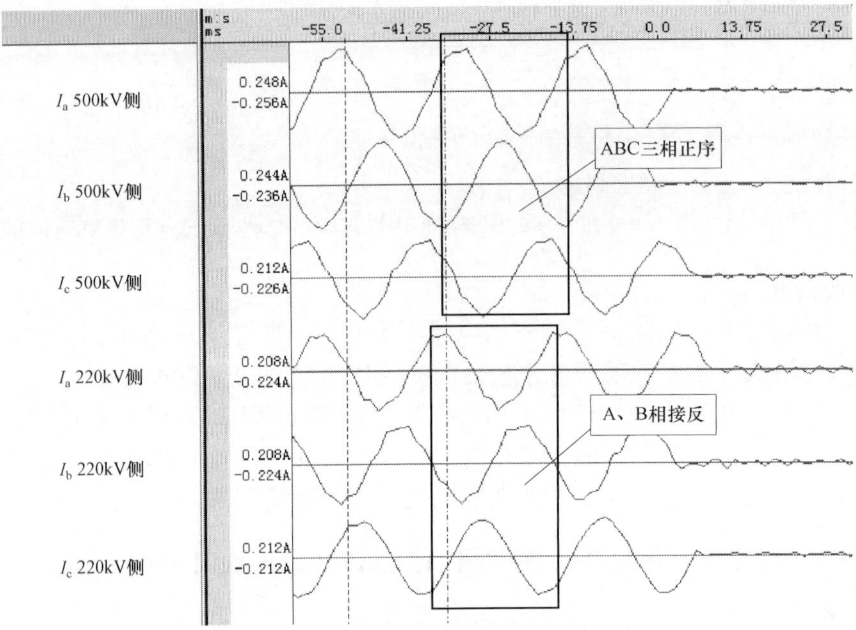

图 11－21　联络变压器保护电流录波图

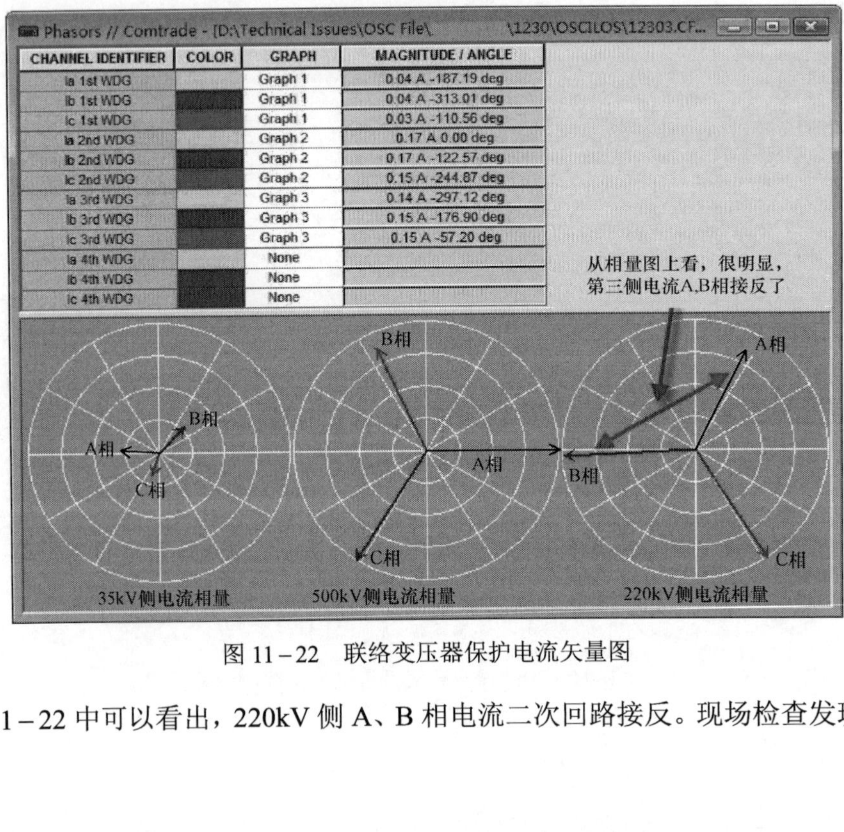

图 11－22　联络变压器保护电流矢量图

从图 11－22 中可以看出，220kV 侧 A、B 相电流二次回路接反。现场检查发现 2082 断路器 TA 端子箱内电流回路的 A、B 相至 2081 断路器接口屏的电缆接线接反。

3. 不正确动作原因

2082 断路器 TA 端子箱内电流回路的 A、B 相至 2081 断路器接口屏的电缆接线接反，是导致 1 号联络变压器第一套保护误动出口的根本原因。

4. 暴露的问题

（1）1 号联络变压器差动保护无差流越限告警功能。

（2）工作人员技能水平、责任意识不强。对二次回路工作的安全意识淡薄，未严格执行二次措施单，导致出现二次接线错误。

（3）验收工作存在漏洞。联络变压器设备启动验收档案缺漏严重，无一次通流试验报告、无带负荷测试记录等。对验收中存在的问题没能进行跟踪，未严格细致地进行验收资料审查。

（4）二次设备工作和管理不细致。多次明确要求对二次回路，特别是对 TA、TV 回路进行清查和整治，但仍出现了图实不相符情况，均未在历次二次回路检查中反映并整改。

第三节　未恢复断开的二次回路和连接片实例

一、线路复电漏投电压二次空气开关造成距离保护误动实例

1. 事件概述

某日 22 时 45 分，在 500kV 线路复电操作过程中，用 500kV 某变电站 5753 断路器同期合环时，因漏恢复 CVT 二次空气开关，造成线路主一、主二保护距离 I 段出口。

2. 保护动作分析

500kV 线路主一保护距离手合加速保护 51ms 动作、主二保护距离加速保护 25ms 动作，跳开 5753 断路器。

根据图 11－23 保护录波报文可以看到，5753 断路器同期合环前后，保护装置中无线路电压。

3. 保护不正确动作原因

500kV 线路保护装置电压取自相关串补站 CVT 二次电压，而串补站 CVT 二次电压空气开关在线路复电前未合上（空气开关标签为备用和测量）。线路保护判定“TV 断线”需要断路器合位无压或线路有流无压两个判据，且延时 1.25s 发信，因断路器未合上前条件不满足，不能发出“TV 断线”信号；当同期合上 5753 断路器后，保护装置采集到 0.14A 的电流，同时线路主一、主二保护装置均无线路电压，合闸瞬间保护装置有流、无压，主一、主二保护距离加速保护动作。

4. 暴露的问题

用于线路保护的 TV 改造后，应按照新设备投运要求做好检验工作，特别是需要仔细核对电压、电流回路的完好性，并及时更新变化的回路标签，避免现场漏投电压空气开关。

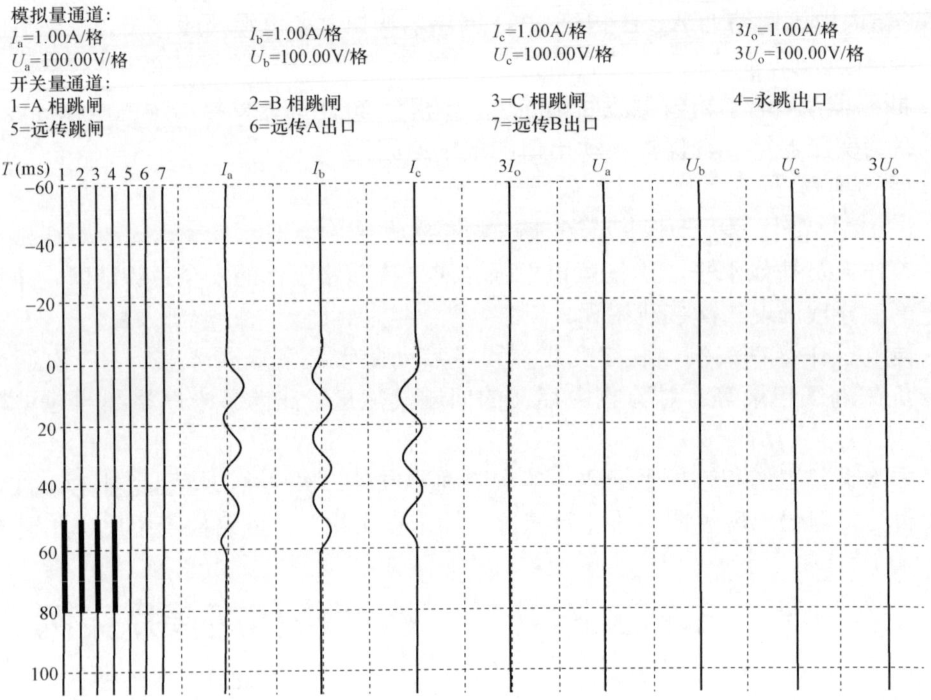

图 11－23　保护录波报文

二、TA 回路故障导致某电厂 3/4 号主变压器高压电缆差动保护误动作

1. 事件概述

23 时 49 分 31 秒，某电厂出线 B 相发生接地故障，保护跳闸后重合闸成功。线路故障期间，电厂 3/4 号主变压器高压电缆 A 套差动保护动作，5004 断路器跳闸，3/4 号主变压器高压电缆 B 套差动保护未动作。

2. 保护动作情况分析

故障发生时，3/4 号主变压器高压电缆保护 A 套差动保护动作（厂房侧、开关站侧）；B 套差动保护未动作。

保护装置显示动作信息如下：

A 套差动保护装置（厂房侧）：TRIP I DIFF；TRIP C；

IA diff：592.7A；IB diff：100.8A；IC diff：653.0A；

IA bias：525.8A；IB bias：775.3A；IC bias：498.8A。

A 套差动保护装置（开关站侧）：TRIP I DIFF；TRIP C；

IA diff：481.5A；IB diff：27.3A；IC diff：550.2A；

IA bias：469.3A；IB bias：719.3A；IC bias：498.8A。

（1）保护动作时厂房侧 A 套高压电缆保护故障录波图如图 11－24 所示。

（2）开关站 5004 断路器故障录波图如图 11－25 所示。

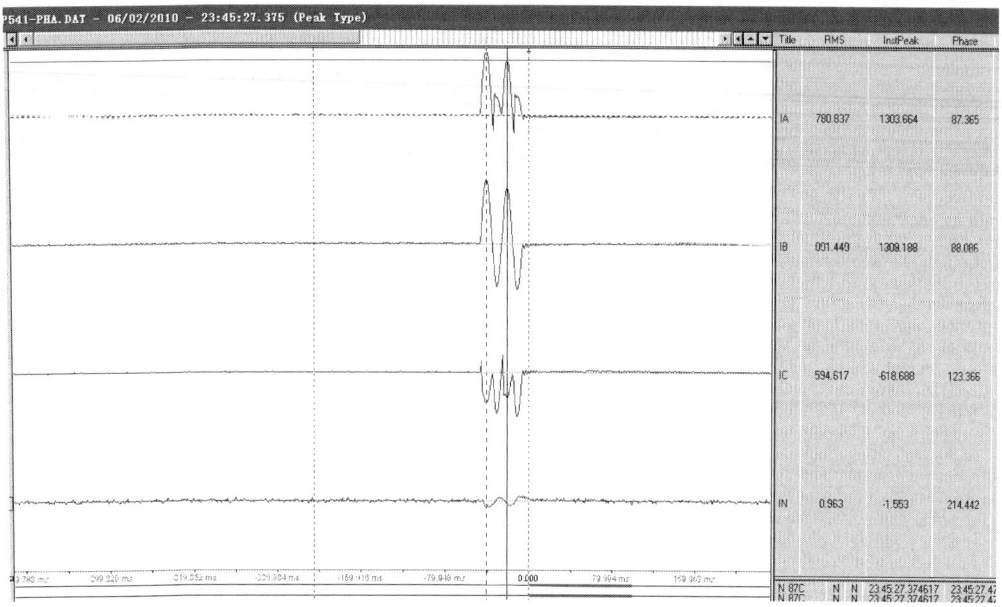

图 11－24 厂房侧 A 套高压电缆保护故障录波图

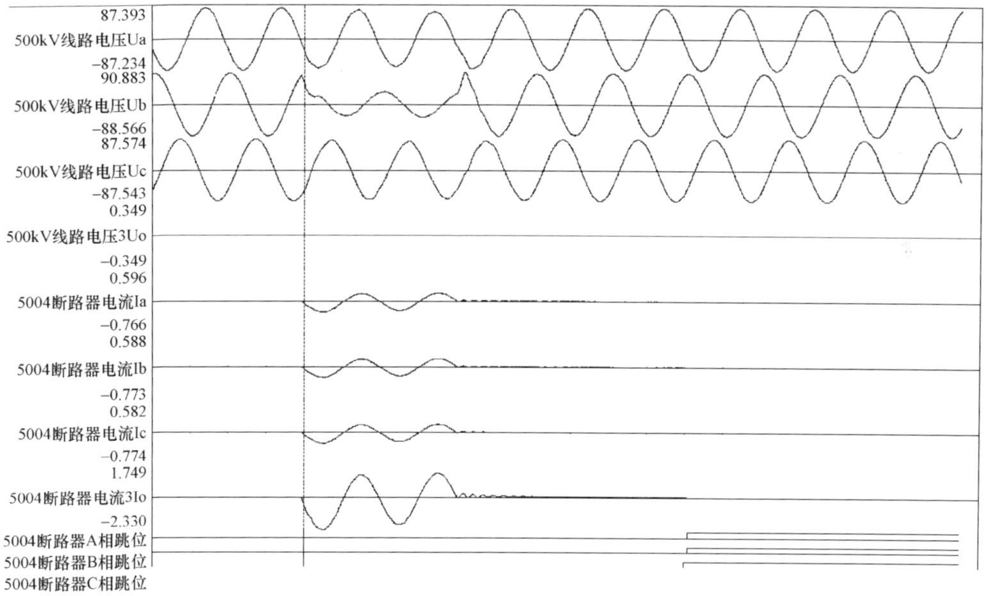

图 11－25 开关站 5004 断路器故障录波图

综合分析故障发生时的系统电压、电流及故障时其他保护装置的启动情况（1～4 号主变压器零序过电流保护均启动），排除了 3/4 号主变压器高压电缆存在故障的可能性，确认为 A 套差动保护误动所致。

3. 保护不正确动作原因分析

高压电缆差动保护 A 套保护装置在厂房侧电流输入回路为 3 号主变压器高压侧电流与 4 号主变压器高压侧电流在保护屏柜内并接后进入保护装置，其电流输入回路示意图如图 11－26 所示。

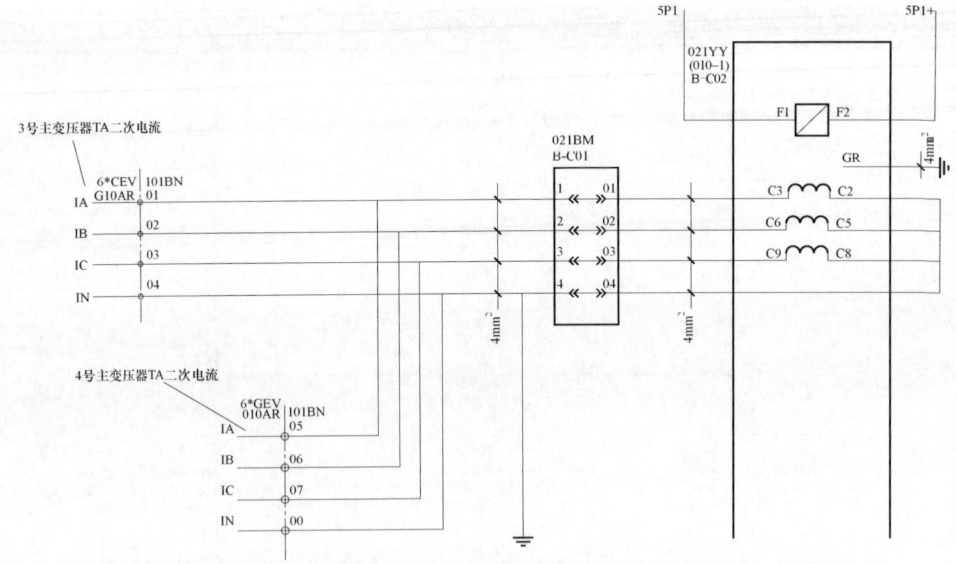

图 11－26　高压电缆差动保护 A 套保护装置厂房侧电流输入回路示意图

在检查电流回路过程中发现，开关站电流回路接线正确。地下厂房电流回路 3/4 号主变压器侧 GIS 就地控制柜内，X2I 端子排上端子 2、4、6 经短接片短接在一起，作为 TA 二次绕组的公共端，端子 7 为保护 IN 回路输出端子，在盘柜内，其他所有 TA 回路的公共端与 IN 输出端在端子排下部通过一个金属短接片进行短接，在现地控制柜内或保护盘柜内进行接地，但 X2I 的端子 6 与端子 7 间无短接连片，造成 TA 回路二次公共端与 IN 回路间断开，如图 11－27、图 11－28 所示。

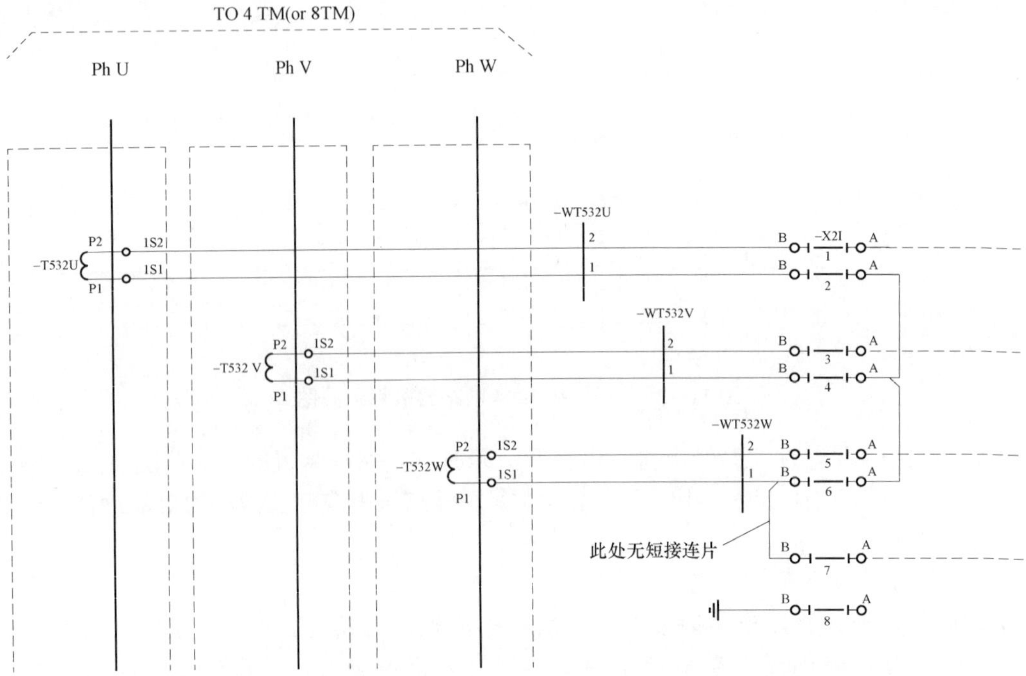

图 11－27　厂房侧 A 套高压电缆保护电流回路连接示意图

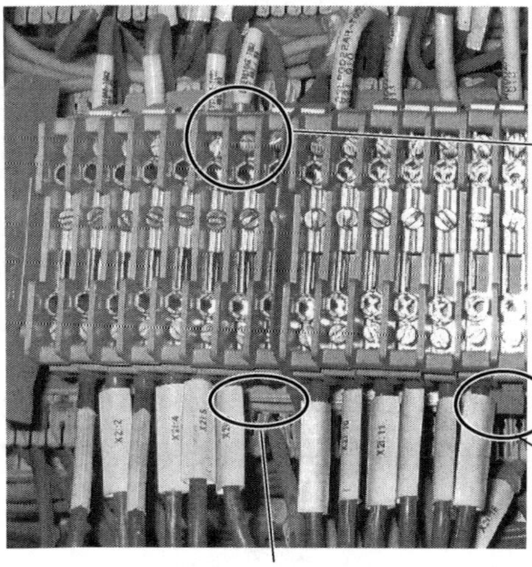

图 11－28 厂房侧 A 套高压电缆保护电流回路端子示意图

在正常情况下，高压电缆一次回路通过三相平衡电流，二次回路中不会有零序电流从 IN 回路流出，此时即使 IN 回路断开，保护装置所测量到的相电流与实际电流一致。但一旦区外发生单相接地等不对称故障时，一次回路中产生不平衡电流，此时在 IN 回路中将会流过零序电流，如果 IN 回路断开，则零序电流无法通过 IN 回路流回，导致一次回路电流经保护测量后产生畸变，保护装置的 A、B、C 三相电流发生变化，与实际一次电流不一致。当开关站测量电流与地下厂房保护测量的电流差流达到保护动作值时，保护动作。

在 23 点 49 分，系统中 500kV MN 线发生单相接地故障时，3/4 号主变压器高压电缆中产生峰值约 2330A 的零序电流，由于 IN 回路断开，导致厂房侧二次回路中电流的流通回路发生变化，保护装置的测量电流不能正确反映一次电流，发生了畸变，如图 11－23 所示。从保护装置录波可以看到，所测量到的 A、B、C 相电流与实际一次电流存在差异，且 A、C 相电流差异较大（根据理想情况，三相电流同幅值、同相位）。厂房侧 C 相电流幅值较小，为 185A，而开关站侧 C 相电流为 702A（正常的相电流），导致差动电流变大（550A）、制动电流减小（443A），从而引起差动保护动作。

4. 暴露的问题

（1）安装调试工作不够细致，存在漏洞，未能在设备调试过程中及时发现施工单位在进行 TA 二次绕组到端子排 X2I 下侧的电缆、X2I 上侧到保护盘柜的电缆核对检查工作中漏接该端子短接片。

（2）常规的保护装置试验及一次通流试验均未能发现该短接片漏接，暴露出试验方法不够完善。

三、未恢复 TA 连接片 500kV MN 甲乙线主Ⅱ保护区外故障误动作实例

1. 事件概述

某日 22 时 07 分 24 秒，500kV PM 甲线发生 C 相瞬时性故障，P 变电站和 M 变电站的线路保护跳开 C 相断路器并重合成功。与此同时，500kV N 变电站 500kV MN 甲、乙线主Ⅱ保护动作跳开 B 相断路器，重合成功。

2. 保护动作分析

500kV MN 甲线主Ⅱ保护 32ms 电流差动保护动作跳闸，保护报故障相为 B 相，故障差动电流二次值 0.89A；5041 断路器保护 1076ms 重合闸动作；5042 断路器保护 1478ms 重合闸动作；其他保护未动作。

500kV MN 乙线主Ⅱ保护 20ms 电流差动保护动作跳闸，保护报故障相为 B 相，故障差动电流二次值 1.24A；5051 断路器保护 1062ms 重合闸动作；5052 断路器保护 1466ms 重合闸动作；其他保护未动作。

500kV MN 甲乙线两条线路主Ⅰ保护均未动作。

3. 事件原因分析

经检查发现，500kV MN 甲线主Ⅱ保护 TA 回路在安全稳定装置 B 系统从机柜端子排上的 N4122、N4123 未连通，如图 11－29 所示的端子排图。500kV MN 乙线主Ⅱ保护 TA 回路存在同样问题。

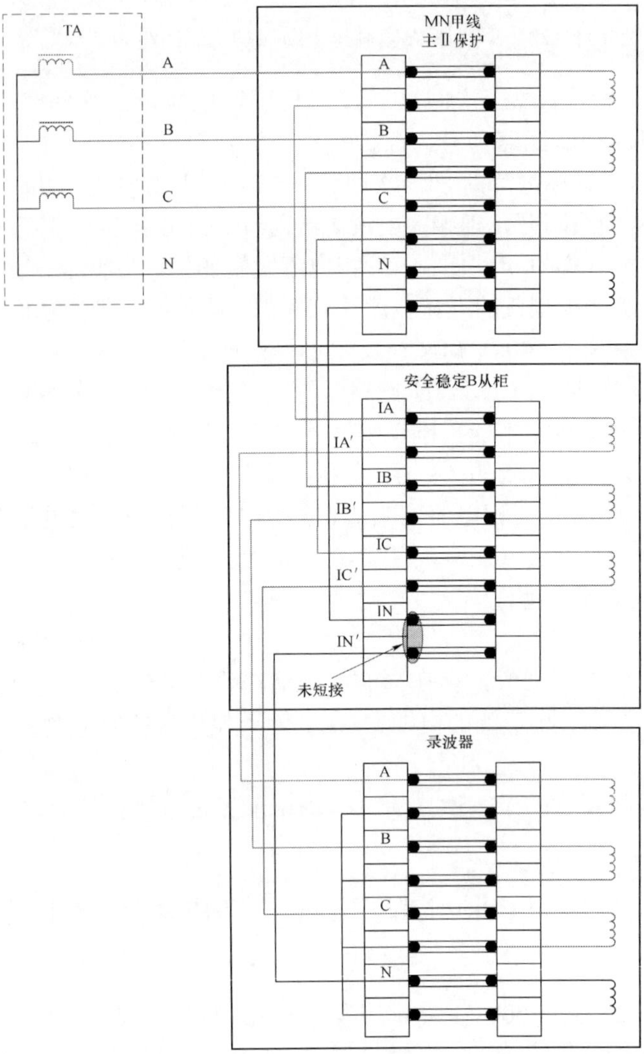

图 11－29　500kV MN 甲线主Ⅱ保护 TA 端子排图

500kV MN 甲（乙）线安全稳定接入从柜的时间为 2009 年 4～5 月，在 2009 年 6 月第四、五串启动时，由于 500kV MN 甲（乙）线线路尚未具备送电条件，故该电流不接入安全稳定装置，在安全稳定装置从柜端子排进行短接。2009 年 10 月 500kV MN 甲（乙）线接入安全稳定系统，施工单位在屏后拆 A 相短接线，运行单位在安全稳定装置屏前进行 A 相电流核对正确，并按相同方法进行 B、C 相的拆线工作。对 A、B、C 三相短接线均拆除后，施工单位将 N 相短接线也拆除。当时施工单位和运行单位均未发现因 N4122、N4123 漏连通而造成的采样异常问题。

2010 年 6 月 15 日 22 时 07 分，500kV PM 甲线发生 C 相瞬时性故障，对于 500kV MN 甲（乙）线是区外故障。但由于 N 站 500kV MN 甲（乙）线主Ⅱ保护 TA 回路在安全稳定装置 B 系统从机柜端子排上的 N4122、N4123 漏连通，造成 500kV MN 甲（乙）线主Ⅱ保护 TA 采样异常，使差动保护两侧存在差流，导致 500kV MN 甲（乙）线主Ⅱ光纤电流纵差保护动作。

4. 暴露的问题

（1）现场拆线时没有详细的拆线方案，无法指导作业人员准确拆线，留下安全隐患。

（2）拆线工作完成后，现场未开展相应试验确保 TA 回路的完好性。

四、漏投 TV 空气开关导致主变压器送电过程中跳闸实例

1. 事件概述

某日 22 时 08 分，500kV 某变电站在执行 2 号主变压器送电操作票“合上 500kV 第二串联络 5022 开关”时，2 号主变压器主一、主二高后备保护相间阻抗Ⅰ段 1 时限动作跳开 5022 断路器。现场检查发现，5022 断路器跳闸时 2 号主变压器高压侧 CVT 二次保护电压空气开关正处于断开状态。

2. 保护动作情况

2 号主变压器保护高压侧相间阻抗Ⅰ段定值为 22Ω，相间阻抗Ⅰ段 1 时限为 0.5s。由图 11－30 所示的故障录波图形可以看到，2 号主变压器高压侧 5022 断路器合上后，产生了较大的励磁涌流，涌流初期最大电流值为 A 相 1.02A、B 相 1.19A、C 相 0.47A，经过大约 500ms 后衰减至 0.34A、0.39A、0.17A；2 号主变压器高压侧 A、B、C 相电压在断路器分合前后始终为 0（原因为 2 号主变压器高压侧 CVT 端子箱内的电压空气开关未投入），2 号主变压器保护高压侧保护计算出相间阻抗值约为 0，满足相间阻抗Ⅰ段 1 时限动作条件，动作跳开 2 号主变压器高压侧 5022 断路器。

3. 故障原因分析

送电前，操作人（操作票编制人）编制好操作票后送值班负责人审查。值班负责人在审查操作票时，发现 66kV 母线 TV 送电操作顺序是“先合 TV 二次空气开关，再合 TV 一次隔离开关”与典型操作票不符，随即交代操作人对 TV 送电操作顺序进行改票，将 66kV 母线 TV 送电操作顺序改为先合 TV 一次隔离开关，再投入二次电压空气开关。操作人误以为对操作任务涉及的电压互感器（TV、CVT）送电操作顺序都修改，于是对 66kV 母线 TV 及 2 号主变压器高压侧 CVT 的送电操作顺序进行了修改。66kV 母线 TV 送电顺序修改为：先合 TV 隔离开关，后合 TV 电压二次空气开关（改为符合典型票）；主变压器高压侧 CVT 送电顺序修改为：先合高压侧断路器（CVT 无一次隔离开关，直接挂在高压侧套管导线上），后合 CVT 电压二次空气开关，即将“合上 2 号主变压器高压侧 CVT 二次保护电压空气开关（2MCB、

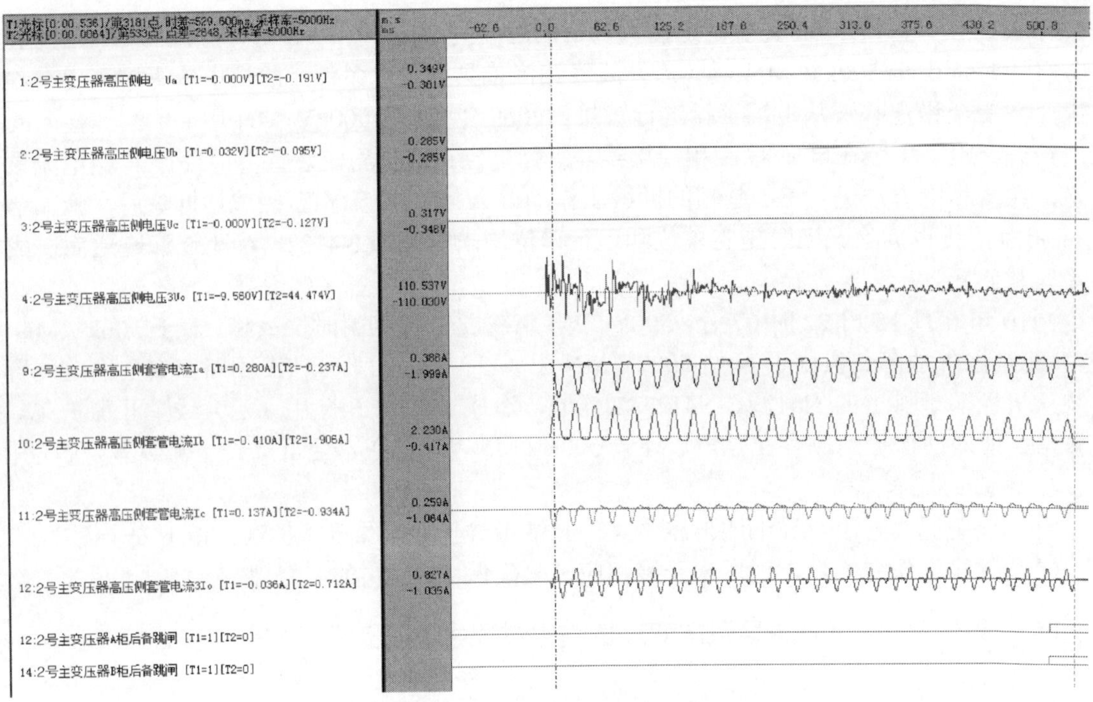

图 11－30　2 号主变压器故障录波图形

3MCB）”的步骤写到“合上 500kV 第二串联络 5022 断路器”之后，修改前、后操作票如图 11－31 和图 11－32 所示。

	26	在#2 主变变高 CVT 端子箱：
		1）合上#2 主变计量电压空气开关 1MCB
		2）合上#2 主变主二保护电压空气开关 2MCB
		3）合上#2 主变主一、录波保护电压空气开关 3MCB
		4）合上抽取电压 Sa 空气开关 4MCB
……		
	76	合上 500kV 第二串联络 5022 开关
	77	检查 500kV 第二串联络 5022 开关三相在合闸位置

图 11－31　修改前操作票

	77	合上 500kV 第二串联络 5022 开关
	78	检查 500kV 第二串联络 5022 开关三相在合闸位置
……		
	80	在#2 主变变高 CVT 端子箱：
		1）测量二次电压正常
		2）合上#2 主变计量电压空气开关 1MCB
		3）合上#2 主变主二保护电压空气开关 2MCB

图 11－32　修改后操作票

4. 暴露的问题

（1）操作人员对电气倒闸操作一、二次设备逻辑关系掌握不熟悉，未能认识到未投入 2 号主变压器高压侧 CVT 二次空气开关送电会导致跳闸的操作风险。

（2）操作票“三审”制度执行不到位，审查操作票时关注点不全面，未能及时发现电气倒闸操作逻辑关系错误。

第四节　直流回路接线错误实例

1. 事件概述

220kV 某变电站发生 1 号直流接地告警，继电保护人员按紧急缺陷对直流接地处理过程中，在断开 220kV MN 线 2777 断路器第一路控制电源空气开关时，事故喇叭响，监控主机显示 220kV MN 线 2777 断路器 A、B、C 三相跳闸。事件发生时，该站直流Ⅱ段母线停电改造，2777 断路器两组控制电源同时由直流Ⅰ段母线供电。

2. 保护动作情况

事件发生时，一次系统未发生任何故障，该线路主Ⅰ保护与主Ⅱ保护均无保护动作信息，操作箱上的第二组跳闸灯“A 相跳闸”“B 相跳闸”“C 相跳闸”亮起，第一组跳闸灯未亮起。检查监控后台无保护动作相关报文。

3. 故障原因分析

在事故调查过程中，发现两点异常：

（1）经图纸检查，发现操作箱内部存在寄生回路，本应该相互独立的两组远方跳闸继电器驱动回路的负电源端同时接到第一组控制电源负极上，如图 11－33 所示的虚线框标示位置。

（2）现场试验时发现，当快速拉开第一组控制电源空气开关时，并无跳闸现象；当缓慢拉开第一组控制电源空气开关时，发现三相断路器跳闸事故现象重现。

由于跳闸与第一组控制电源空气开关断开快慢有关，极端情况下试验人员只断开正极电源，保留负极电源，无跳闸现象；只断开负极电源，保留正极电源，跳闸现象重现。

检查发现，图 11－33 中 2ZJ 继电器的负极电缆 4n59 本应接在第二组控制电源负极端子 4D65 上，但实际接在了第一组控制电源负极端子 4D62 上。对相关回路上的端子进行了电位测量，测量结果表明，当第一组控制电源空气开关分开停在中间位置而并没有完全分开时，第一组控制电源的负极端子 4D62 相对于第二组控制电源的负极端子 4D65 的电位为 103V，加在第二组跳闸回路 TJR 继电器的正向电压差为 87V。此电压可能驱动 TJR 继电器线圈。

综上所述，本次事故的原因可归结为：由于两组控制电源存在寄生回路，且同时由直流Ⅰ段母线供电，第一组控制电源的正极电源可与第二组控制电源的负极电源形成回路。因为第一组控制电源空气开关正、负极分合触点不同步，当其在缓慢断开时负极电源先断开，尚未断开的正极电源通过监视回路把负极端子 4D62 的电位提高，通过寄生回路与第二组控制电源的负极端子 4D65 形成了回路，从而驱动了第二组跳闸回路上的 TJR 继电器，最终导致 A、B、C 三相断路器跳闸。

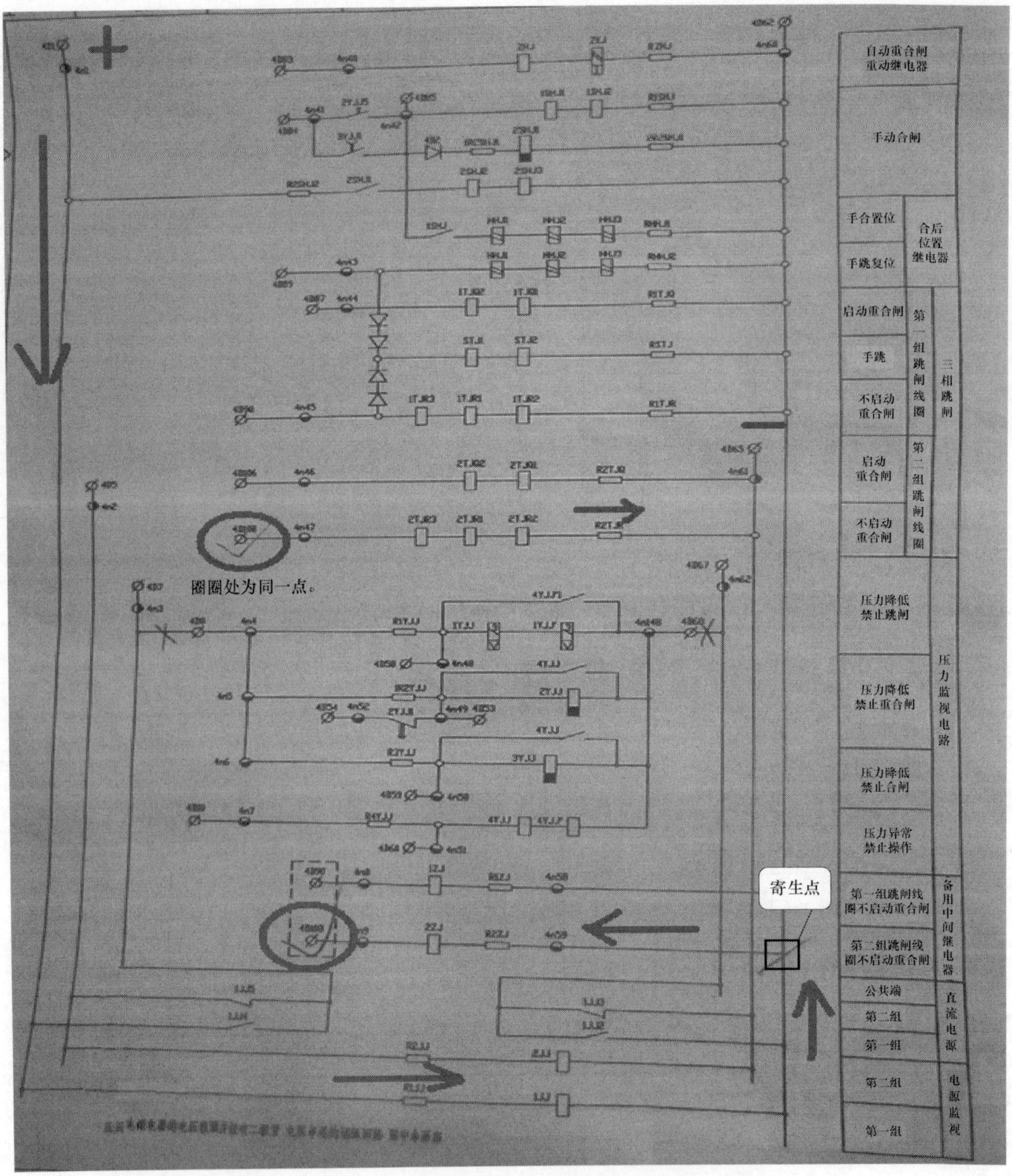

图 11－33　通过寄生回路的跳闸回路图

4. 暴露的问题

（1）工程设计单位设计出错误图纸给施工单位安装接线。正确的图纸设计应注意第一组控制电源与第二组控制电源之间不能有交叉寄生。

（2）验收管理混乱，未按 220～500kV 线路保护验收规范要求对直流电源寄生回路项目进行检查验收，验收工作不到位。验收规范中明确要求寄生回路检查项目：“断开某路电源空气开关，分别测试空气开关后端子对地直流电压、交流电压，应为 0V。”

第十二章

误整定实例分析

第一节　整定值设置错误实例

一、电压基准值选取不当导致电厂 1 号主变压器过励磁保护误动实例

1. 事件概述

M 电厂 1 号机主变压器两套保护进行保护版本升级后主变压器投入运行。投入运行 1 小时 44 分后，M 电厂 1 号机主变压器第二套保护“主变过励磁保护”动作，跳主变压器 2211 和 2212 断路器。

主变压器额定容量为 3×260MVA，额定电压为 242±2×2.5%/20kV。

2. 保护动作分析

故障录波器跳闸时刻录波如图 12－1 所示。从图中可知，故障录波器由 1 号机主变压器高厂变第二套保护主变压器过励磁保护动作启动，100ms 左右主变压器失电。从电压波形图看，故障录波器启动前后，母线三相二次电压对称、大小正常，没有任何突变；电压频率也正常，说明电网当时没有发生短路或电压波动的故障。

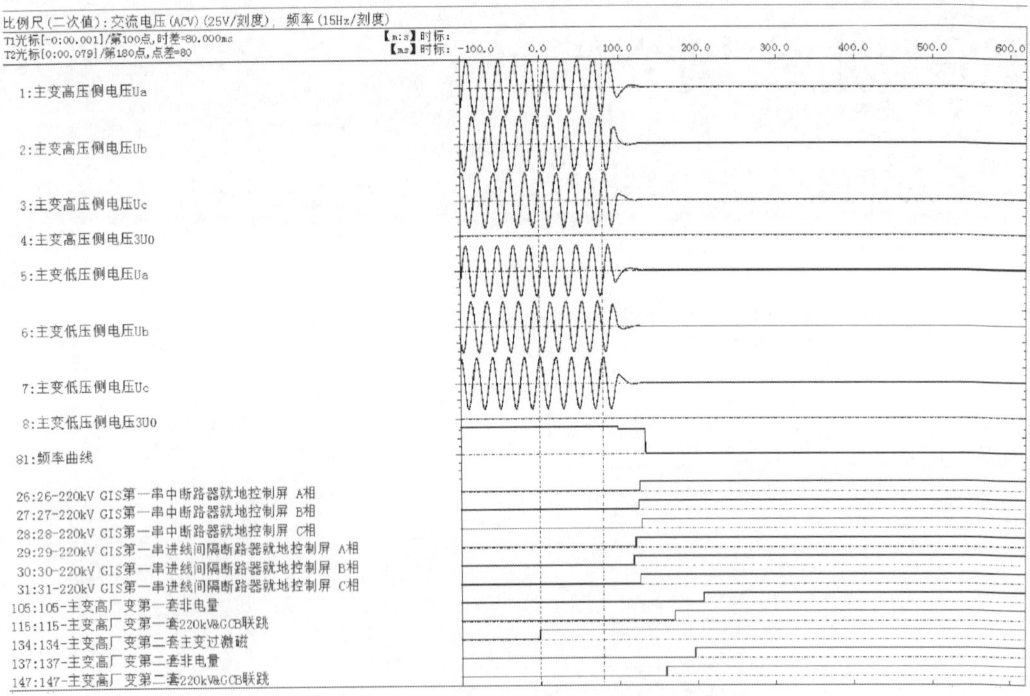

图 12－1　故障录波器跳闸时刻录波图

主变压器过励磁保护是防止励磁电流过大对变压器造成损害的保护。从变压器的工作原理可知，励磁电流大小与电网频率、母线电压大小有关。电网频率越低，励磁电流越大；母线电压越高，励磁电流越大。

该主变压器过励磁保护测量电压取自高压侧（220kV 侧）电压。从图 12－1 中看出，励

磁保护动作时，高压侧相电压二次值约为 60.8V；频率为 50.015Hz。

换算到一次电压约为：$U = 60.8 \times 2200 \times 1.732 = 231.67\text{kV}$

可见，当时主变压器高压侧电压处于正常水平，比主变压器额定电压 242kV 小，电网频率也正常，主变压器不会出现过励磁状态。

3. 不正确动作原因

过励磁保护的主要判据是利用一个过励磁倍数来判别：

$$过励磁倍数\ n = \frac{运行电压U\ /\ 额定电压U_n}{运行频率f\ /\ 额定频率f_n}$$

从图 12－2 变压器厂家提供的主变压器过励磁能力表看出：

（1）空载时，主变压器过励磁能力上限 1.4 倍，6s；下限约为 1.106 倍，100 000s。

（2）满载时，主变压器过励磁能力上限为 1.4 倍，6s；下限约为 1.051 倍，10 000s。

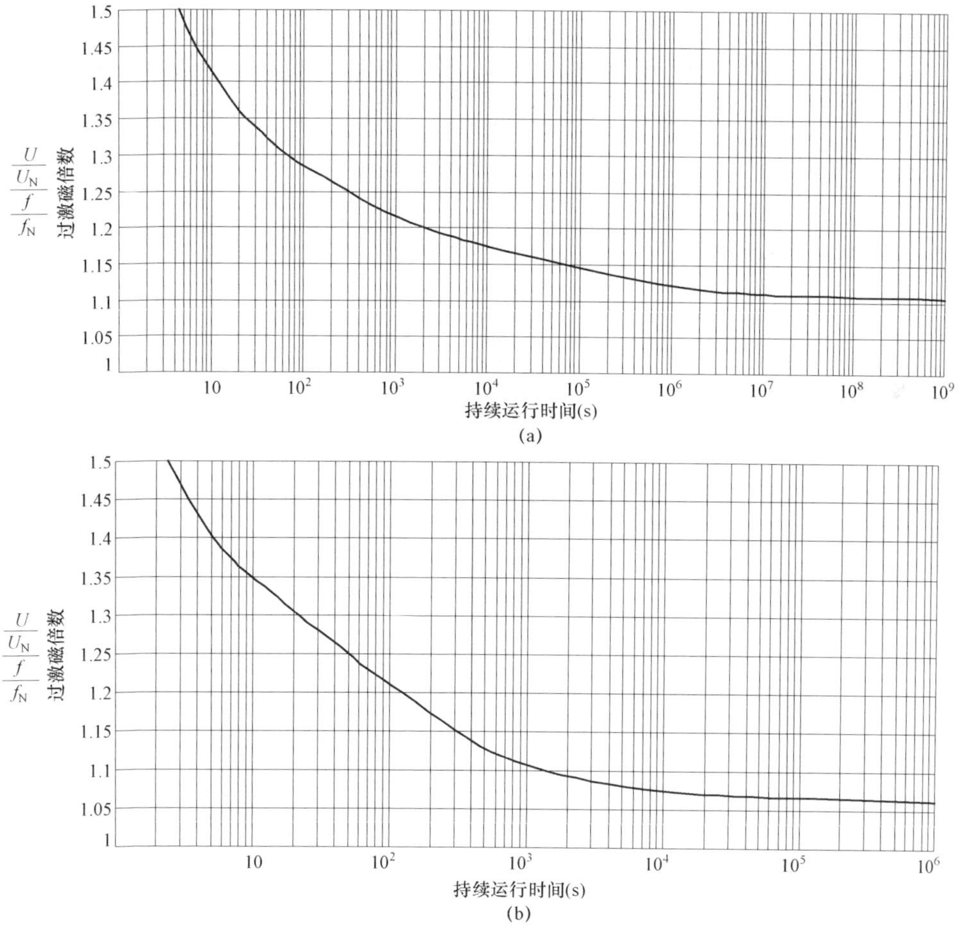

图 12－2　变压器过励磁能力表

（a）空载时过励磁曲线；（b）满载时过励磁曲线

说明：1. 曲线适用于高压各挡位及低压；

2. U_N 在高压侧对应高压不同挡位下对应的挡位电压，在低压侧取低压电压；

3. U 系统运行电压、U_N 不同挡位的对应电压、f 系统运行频率，f_N 额定工频电压 50Hz。

根据保护动作时电网实际运行电压、频率和主变压器额定电压、电网额定频率计算，当时的过励磁倍数：

$$n=(231.67\div242)/(50.015\div50)=0.957$$

该主变压器的过励磁保护定值设为：

（1）定时限：$n=1.3$，延时10s。

（2）反时限：上限，$n=1.27$，延时20s；

下限，$n=1.05$，延时3000s。

计算出的过励磁倍数0.957小于过励磁保护的反时限下限定值1.05，过励磁保护不应动作。实际保护装置内部将变压器的额定电压固定取220kV，导致保护动作时计算出来的过励磁倍数为：

$$n=(231.67\div220)/(50.015\div50)=1.053$$

高于反时限定值的下限值，反时限过励磁保护误动出口。

保护装置厂家在过励磁保护软件设计中，将基准电压取高压侧母线的额定电压220kV，而整定值是按变压器厂家提供的变压器过励磁曲线计算的，基准电压为变压器额定电压造成保护装置实际测量的过励磁倍数偏大，达到整定值，引起误动。M电厂主变压器保护装置动作报文如图12－3所示。

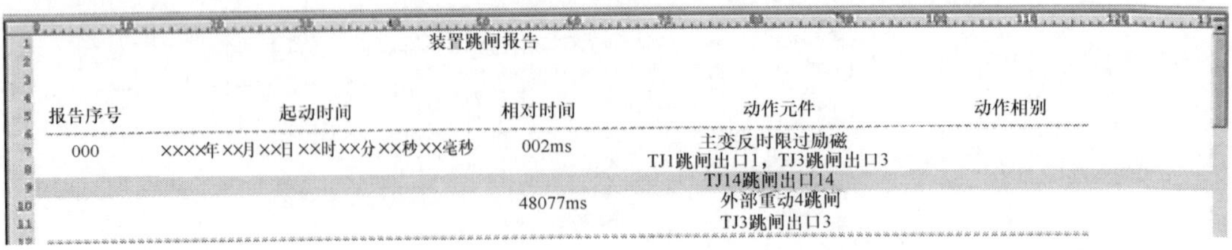
装置跳闸报告

报告序号	起动时间	相对时间	动作元件	动作相别
000	××××年××月××日××时××分××秒××毫秒	002ms	主变反时限过励磁 TJ1跳闸出口1，TJ3跳闸出口3 TJ14跳闸出口14	
		48077ms	外部重动4跳闸 TJ3跳闸出口3	

图12－3 M电厂主变压器保护装置动作报文

4. 暴露的问题

保护装置厂家设计过励磁保护软件时，没有正确理解用于计算过励磁倍数的基准电压应取变压器的额定电压，而是固定取母线的额定电压220kV，反映了保护厂家设计人员对过励磁保护的参数理解不透切。在保护装置使用说明书中也没有说明这一点，导致整定计算人员整定定值时，不清楚两个基准电压的不对应，使得过励磁保护定值在正常运行时，电压已经处于临界动作状态。

5. 改进措施

（1）保护装置厂家要正确理解变压器额定电压的含义和过励磁保护的作用，修改保护装置软件，按变压器的实际额定电压作为基准电压进行修改。

（2）完善保护装置的使用说明书，让使用人员更好掌握保护装置的关键点，达到正确使用的目的。

二、电压基准值设置错误导致电厂 2 号主变压器差动保护动作

1. 事件概述

某日 22 点 54 分 28 秒，M 电厂 2 号机组在 CP 启动过程中，当机组满足同期并网条件，发电机出口断路器（GCB）合闸的瞬间，2 号主变压器 A 套保护装置差动保护动作，跳开主变压器高压侧断路器 5002 及发电机出口断路器。2 号主变压器 B 套保护装置未动作。

2. 保护动作分析

（1）相关设备的动作记录及故障录波数据如表 12－1 所示。

表 12－1　　机组 LCU 事件记录

时间	描　述	事件	备　注
22:54:28:295	GA634DIFF Trip Signal 3	NO－>YES	A 套主变压器差动保护动作信号
22:54:28:295	GA634DIFF Trip Signal 2	NO－>YES	A 套主变压器差动保护动作信号
22:54:28:295	GA634DIFF Trip Signal 1	NO－>YES	A 套主变压器差动保护动作信号
22:54:28:295	GA634MAIN General trip Cmd 1	NO－>YES	A 套主变压器差动保护动作信号
22:54:28:376	UNIT CB 001JD POSITION	OPEN－>N－OPEN	2 号机组出口断路器合闸 1
22:54:28:403	UNIT CB 001JD POSITION	N－CLOSED－>CLOSED	2 号机组出口断路器合闸 1
22:54:28:442	MTR PROT SFC CB TRIPPING ORD	N－DE－>DETETAED	2 号主变压器保护动作跳开 SFC 系统
22:54:28:456	STATION SERVICE CB TRIPPING ORD	N－DET－>DETETAED	2 号主变压器保护动作跳开厂用电系统
22:54:28:458	MTR PROT OUT GOING CB TRIP ORD	N－DET－>DETETAED	2 号主变压器保护动作跳开 5002 断路器
22:54:28:470	CB 5002PHASE B	CLOSED－>N－CLOSED	5002 断路器 B 相跳闸
22:54:28:472	CB 5002PHASE C	CLOSED－>N－CLOSED	5002 断路器 C 相跳闸
22:54:28:473	CB 5002PHASE A	CLOSED－>N－CLOSED	5002 断路器 A 相跳闸
22:54:28:523	MTR PROT UNIT TRIPPING ORD	N－DET－>DETETAED	2 号主变压器保护动作跳开机组断路器
22:54:28:546	UNIT CB 001JD POSITION	CLOSED－>N－CLOSED	2 号机组出口断路器分闸 1
22:54:28:567	UNIT CB 001JD POSITION	N－OPEN－>OPEN	2 号机组出口断路器分闸 2

（2）A 套主变压器保护装置故障记录如图 12－4 所示。从保护装置记录报文可以看出，当保护装置动作时，差动电流分别为 $0.52I_{ref}$、$0.62I_{ref}$、$0.49I_{ref}$，制动电流分别为 $0.28I_{ref}$、$0.34I_{ref}$、$0.26I_{ref}$，其中 I_{ref} 为各侧的基准电流值。

```
                              Fault data

    tAbs         | tRel(s) | xxx.yyy Description                  | Value
-----------------------------------------------------------------------------------
22:54:28.295       0.100   003.090 MAIN  Date                     01.11.97 dd.mm.yy
22:54:28.295       0.100   002.120 DVICE Software version         631.00
22:54:28.437       0.242   008.010 FT_DA Fault duration           0.1 s
22:54:28.295       0.100   005.082 FT_DA Diff. current 1          0.52 Iref
22:54:28.295       0.100   005.083 FT_DA Restrain. current 1      0.28 Iref
22:54:28.295       0.100   006.082 FT_DA Diff. current 2          0.62 Iref
22:54:28.295       0.100   006.083 FT_DA Restrain. current 2      0.34 Iref
22:54:28.295       0.100   007.082 FT_DA Diff. current 3          0.49 Iref
22:54:28.295       0.100   007.083 FT_DA Restrain. current 3      0.26 Iref
```

图 12－4　A 套主变压器保护装置故障记录

（3）根据图 12－5 中 A 套主变压器保护装置录波数据，跳闸时刻主变压器高压侧电流为 0.038A（二次值），换算至一次侧为 38A；发电机出口侧电流为 0.072A（二次值），换算至一次侧为 1080A。根据保护装置差流计算公式，此时的 $I_{diff1}=0.001I_{ref}$、$I_{diff2}=0.002I_{ref}$、$I_{diff3}=0.002I_{ref}$，制动电流为：$I_{restrain1}=0.095I_{ref}$、$I_{restrain2}=0.095I_{ref}$、$I_{restrain3}=0.090I_{ref}$，差动保护动作门槛定值为 $0.2I_{ref}$，此时的差动电流值远未达到保护启动值。

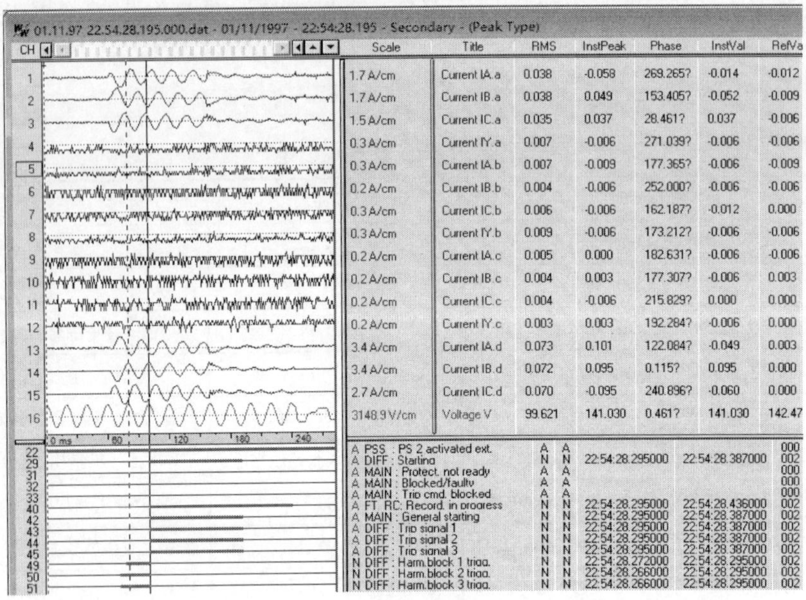

图 12－5　A 套主变压器保护装置录波数据

（4）B 套保护装置动作情况。因 2 号主变压器 B 套保护装置在本次动作过程中处于闭锁状态，保护装置未启动，没有相关的录波信息及事件记录信息。

3. 保护不正确动作原因分析

经现场检查变压器本体、变压器非电量保护装置及变压器油气在线监测装置数据，并根据故障录波数据分析，可以确认保护动作时，变压器各侧电流均为正常值，无电流突变情况发生，基本可以排除变压器内部及其他一次设备故障的可能性。

在现场使用本次动作的保护装置（软件版本为升级后的版本）进行测试，试验结果及分析如下：

（1）保护动作情况回放试验。将保护装置定值组切换至第二组定值（对应 CP 工况及 P 工况），使用继电保护校验仪模拟保护动作时刻的电流值，即从保护装置 a 侧（对应主变压器高压侧）注入 0.037A 电流，d 侧（对应发电机出口侧）注入 0.074A 电流，d 侧电流相位滞后 a 侧电流 150°。此时保护装置动作，显示差动电流及制动电流量如图 12－6 所示。

005.082	FT_DA	Diff. current 1	0.55 Iref
006.082	FT_DA	Diff. current 2	0.55 Iref
007.082	FT_DA	Diff. current 3	0.56 Iref
005.083	FT_DA	Restrain. current 1	0.29 Iref
006.083	FT_DA	Restrain. current 2	0.29 Iref
007.083	FT_DA	Restrain. current 3	0.29 Iref

图 12－6　装置定值组 2 差动保护动作试验的差动电流和制动电流量

模拟试验的差动电流及制动电流与保护动作时的故障电流相近，即本次保护动作可以重现。

（2）保护动作电流在定值组 1 的表现情况。为了验证本次保护动作情况是否在各组定值都存在动作的风险，现场将定值组切换至定值组 1（对应发电工况），重新模拟跳闸时的电流情况，此时保护未动作，显示的差动电流较小，与理论计算值相近，具体数值如图 12－7 所示。

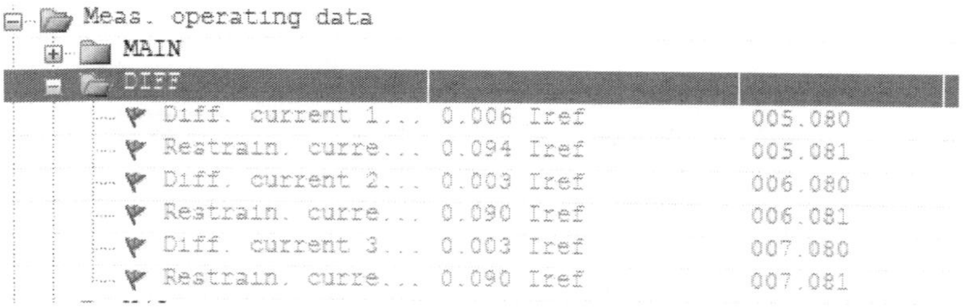

图 12－7　装置定值组 1 差动保护动作试验的差动电流和制动电流量

（3）差动电流计算方法分析。根据新程序版本的保护装置技术说明书，其差动电流、制动电流的计算值均折算至各侧的基准值（I_{ref}），主变压器 A 套差动保护装置升级前变压器各侧电压基准值如图 12－8 所示（其中 a 侧为主变高压侧，b 侧为 SFC 进线开关侧，c 侧为厂高变侧，d 侧为发电机出口侧），各侧基准值计算式为

$$I_{ref,a}=\frac{S_{ref}}{\sqrt{3}\bullet U_{nom,a}}\qquad I_{ref,b}=\frac{S_{ref}}{\sqrt{3}\bullet U_{nom,b}}$$

$$I_{ref,c}=\frac{S_{ref}}{\sqrt{3}\bullet U_{nom,c}}\qquad I_{ref,d}=\frac{S_{ref}}{\sqrt{3}\bullet U_{nom,d}}$$

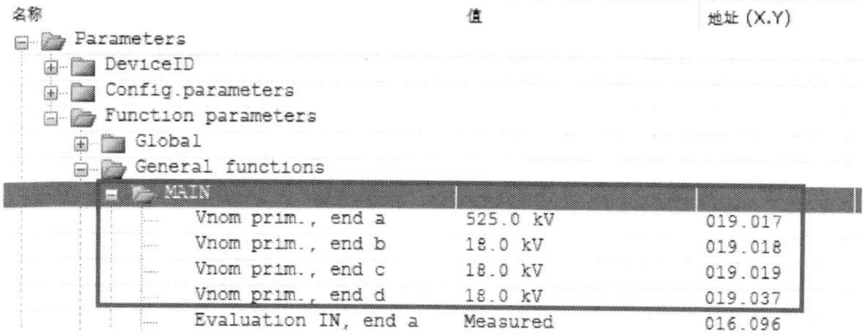

图 12－8　主变压器 A 套差动保护装置升级前变压器各侧电压基准值

根据此算法，保护动作时的差动电流应为 $I_{diff1}=0.001I_{ref}$、$I_{diff2}=0.002I_{ref}$、$I_{diff3}=0.002I_{ref}$，制动电流为：$I_{restrain1}=0.095I_{ref}$、$I_{restrain2}=0.095I_{ref}$、$I_{restrain3}=0.090I_{ref}$，保护不动作。

跳闸发生后，装置制造厂家分析了故障报文及录波文件，提出在当前软件版本中，发电工况与泵工况的定值组中配置参数需分别设置，如图 12－9 所示（定值组 1 为发电工况，定值组 2 为泵工况）。各侧基准值的计算不再使用之前版本的全局变量，而是选取各组定值中的配置。以前的版本中发电工况与泵工况的定值组中配置参数统一设置。

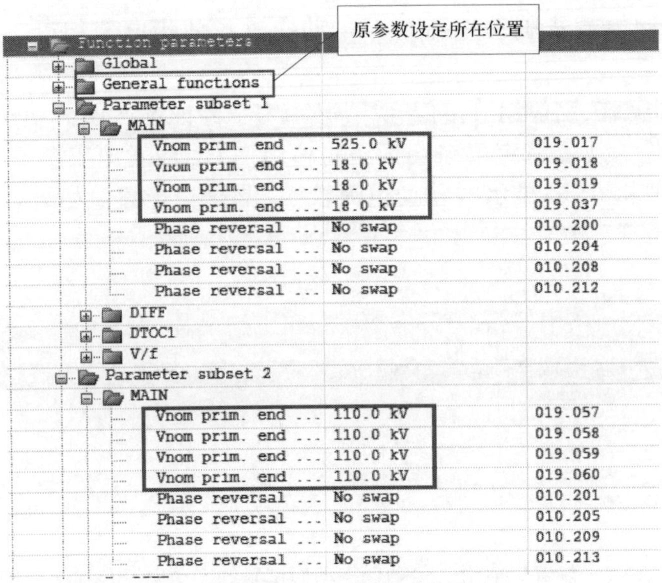

图 12-9　主变压器 A 套差动保护装置升级前和
升级后变压器各侧电压基准值位置

根据厂家提供的信息，对保护动作时的差动电流及制动电流进行了验证性计算，结果为：$I_{\text{diff1}}=0.56I_{\text{ref}}$、$I_{\text{diff2}}=0.56I_{\text{ref}}$、$I_{\text{diff3}}=0.56I_{\text{ref}}$、$I_{\text{restrain1}}=0.30I_{\text{ref}}$、$I_{\text{restrain2}}=0.30I_{\text{ref}}$、$I_{\text{restrain3}}=0.30I_{\text{ref}}$，与保护动作时的故障数据基本一致。

根据以上排查结果，确认本次保护动作的原因为，保护装置软件版本升级后，差动保护计算逻辑发生变化，但相应的配置参数未能及时更新。

4. 暴露的问题

（1）厂家技术说明书与设备本身存在较大差异。针对本次保护装置软件版本升级，厂家提供了新版本软件对应的技术说明书，列出了新旧两个版本的变更清单，并做出了“在主要保护功能及保护逻辑上没有改动”的承诺。实际运行情况表明，新软件版本的保护装置的定值文件结构、差动保护的内部计算逻辑均发生了重大、实质性变更，但厂家提供的技术文件中并未体现这些变更，也没有对用户做出提示。

（2）厂家现场技术服务人员经验欠缺。为确保本次保护装置软件版本升级工作的顺利开展，电厂特向厂家发出了技术协助的邀请，要求厂家安排相关技术人员到现场开展软件升级工作。但通过本次事件暴露出，厂家现场服务人员并不清楚软件升级的各个变更细节，并做出了不正确的指示。如在新旧版本定值文件转换中，针对菜单中出现的 89 个不同项，错误指示为版本升级后，参数发生的变化，不会影响保护功能，只需核对通信设置即可，如图 12-10 所示。

（3）保护装置功能校验方法不完善。厂家提供的设备使用说明书、安装调试说明书对保护装置的功能校验方法做了说明，“在进行功能校验时，仅需对不同定值的功能进行分开校验，对于不同定值组但定值相同的功能不需重复校验”。电厂根据相关规程规范及厂家技术文件，编写了《主变保护定检作业指导书》，因多组的定值相同（如差动启动定值、拐点定值、斜率定值等均相同，A 套保护装置有发电、抽水工况 2 组定值，B 套保护装置有发电并网、

类	地址	文件1菜单文本	文件1值	文件2值
	056.082		(无此地址)	Without
	056.083		(无此地址)	Without
	056.084		(无此地址)	Without
	005.248		(无此地址)	Without function
	005.249		(无此地址)	Without function
	019.057		(无此地址)	110.0 kV
	019.058		(无此地址)	110.0 kV
	019.059		(无此地址)	110.0 kV
	019.060		(无此地址)	110.0 kV
	019.061		(无此地址)	110.0 kV
	019.062		(无此地址)	110.0 kV
	019.063		(无此地址)	110.0 kV
	019.064		(无此地址)	110.0 kV
	019.065		(无此地址)	110.0 kV
	019.066		(无此地址)	110.0 kV
	019.067		(无此地址)	110.0 kV
	019.068		(无此地址)	110.0 kV

新增配置参数在对比时已提示参数列表有差异，现场服务人员指示直接忽略

图 12－10 新增配置参数对比表

抽水并网、发电方向不并网、抽水方向不并网 4 组定值，定值组的差异与 TA 位置及是否换相关）。针对本次升级后的主变压器 A 套装置全检工作，厂家认为升级前后参数变化不影响保护功能逻辑，未针对第二组定值做功能校验（升级后的各组定值也相同）。未能及时发现第二组定值存在的隐患。

（4）电厂工作人员技术把关不严。针对本次升级工作，电厂技术人员虽然做了前期准备，并在升级前利用备件在试验平台上先行开展了升级试验工作，但过于依赖、信任厂家技术人员，针对存在疑问的地方，完全听信厂家意见，而没有深入研究，技术把关不严。

三、主变压器保护定值灵敏度不足导致低压侧故障时高压侧保护越级

1. 事件概述

某日 15 时 10 分，电厂 10.5kV 母线 505、506 开关柜发生爆炸，电厂 220kV 1 号主变压器高压侧 2201 断路器及 10.5kV 母线上的断路器跳闸，厂用电全部失去且后备电源无法供电，造成电厂所有 220kV 出线主保护失效。调度机构下令断开电厂所有 220kV 出线对侧断路器，电厂对外全部停电。

2. 事件发生前运行方式

故障前 1 号机在检修，机端 501 断路器断开；2 号机和 1B 变压器、两回 220kV 线路在运行；厂用电区域，503 断路器，母联 403 断路器，处于分闸状态；504、505、506 断路器在合闸状态；10kV 近区线带 602 断路器在运行，通过 61T 隔离变压器与 506 断路器相连，其接线图如图 12－11 所示；602 断路器往 10kV 线路侧还有另一分支线路带 603 断路器运行，虚框内为电厂厂房设备。

3. 保护动作分析

事后分析 10kV 近区线因雷击发生 AC 相故障，随后，故障发展到 506 断路器，引起 506 断路器爆炸波及 505 断路器起火，再发展为机端 10.5kV 母线三相故障。

保护动作时序如表 12－2 所示。

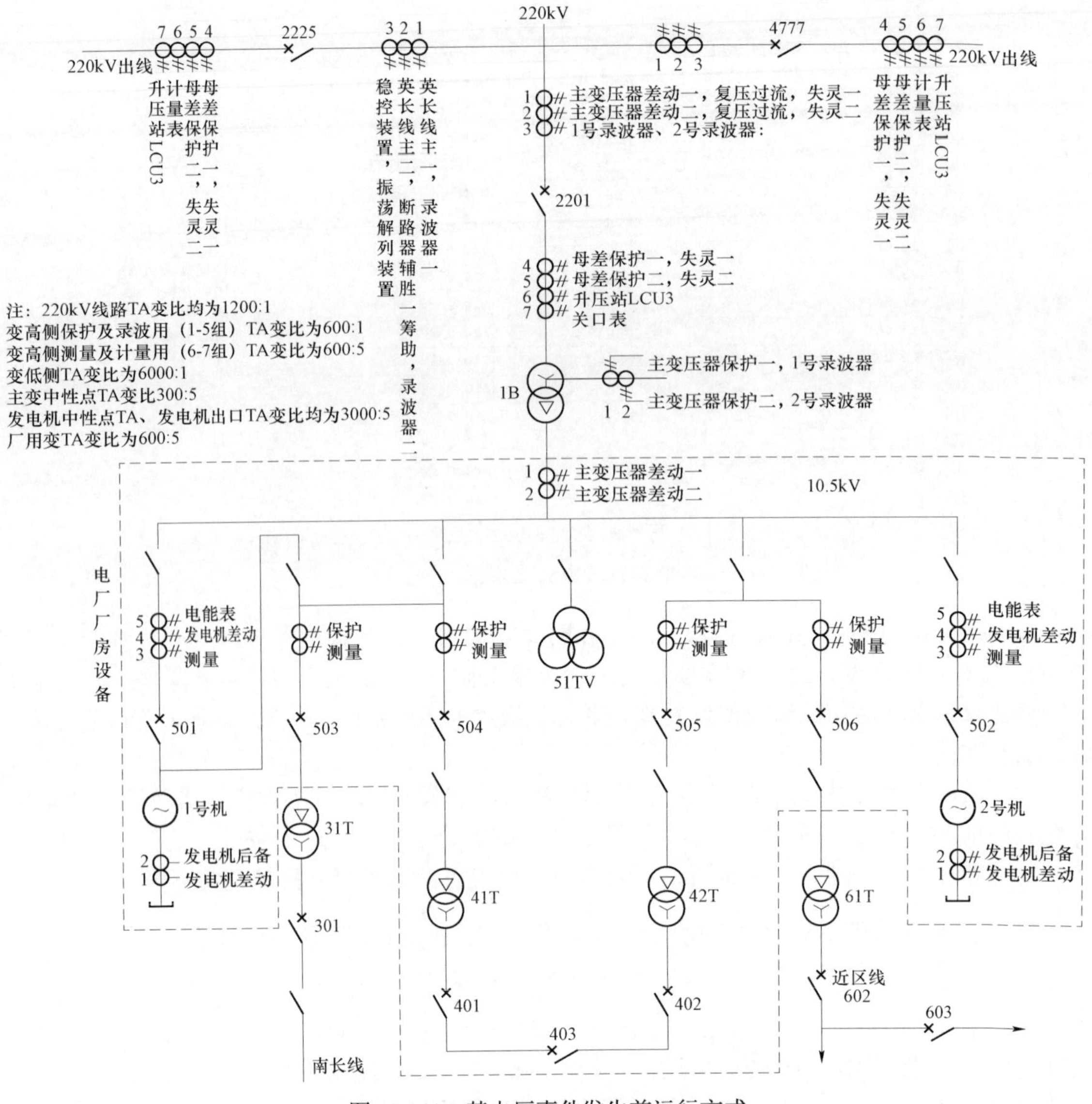

图 12－11　某电厂事件发生前运行方式

表 12－2　　　　　　　　**保护动作时序**

序号	相对时间	故障发展及保护动作行为
1	15:10:27.706（故障零时刻）	10kV 近区线发生 AC 相短路故障
2	30ms	10kV 近区线 NEP－981A 线路电流速断保护出口跳 602 断路器，断路器 110ms 断弧，另一分支线 CSC－211 保护出口跳 603 断路器
3	1.48s（低压侧录波启动零时刻）	故障发展到厂用变压器 61T 一次侧（靠 10.5kV 母线侧），故障录波启动
4	3.553s（低压侧录波启动后 2.073s）	505、506 断路器爆炸起火，发展为机端 10.5kV 母线区域三相故障，42T 厂用变压器 ISA－381GA 保护动作跳开 505 断路器（离故障点较近）
5	7.032s（低压侧录波启动后 5.552s）	2 号发电机低电压过电流保护动作跳 504 断路器（出口跳闸压板已退出。仅在电厂与 220kV 系统断开，2F 机通过 504 断路器带厂用电运行时才投入）

续表

序号	相对时间	故障发展及保护动作行为
6	7.534s（低压侧录波启动后 6.054s）	2 号发电机低电压过电流保护动作跳 2F 发电机出口 502 断路器及 MK 灭磁断路器
7	32.28s（低压侧录波启动后 30.8s）	41T 厂用变压器 ISA－381GA 保护动作跳开 504 断路器（离故障点较远）
8	74.803s（低压侧录波启动后 73.323s）	火势蔓延到 1 号主变压器低压侧靠 10.5kV 母线侧 TA 一次绕组，主变 1 号主变压器第二套保护差动保护出口跳高压侧 2201 断路器
9	74.831s（低压侧录波启动后 73.351s）	变压器高压侧 2201 断路器 28ms 断弧

发变组区域分别配置有主变压器、1 号机和 2 号机三个区域的差动保护（小差），未配置包括机端 10.5kV 母线的发变组差动保护（大差），机端 10.5kV 母线范围的故障依靠主变压器高压侧复压过电流保护以及发电机定时限负序过电流、低电压过电流保护切除。本次事件中，1 号主变压器高压侧复压过电流保护因灵敏度不足而拒动，导致故障发展至 1 号主变压器低压侧主二差动保护 TA 绕组后，靠 1 号主变压器主二差动保护动作使系统隔离故障。随后，厂房内设备继续着火燃烧，导致蓄电池及直流系统失效，线路保护无法动作跳闸，故调度机构下令断开电厂所有 220kV 出线对侧断路器，电厂对外全部停电。

4. 事件发生原因分析

主变压器高压侧复合电压过电流保护动作条件：高压侧线电压≤60V，负序电压≥4.04V，动作电流≥0.6A（TA 变比为 600/1），动作延时 2s，动作后切除主变压器。根据图 12－12 故障录波分析，从故障起始到主变压器差动保护跳闸，主变压器高压侧各相故障电流都在 2.2A

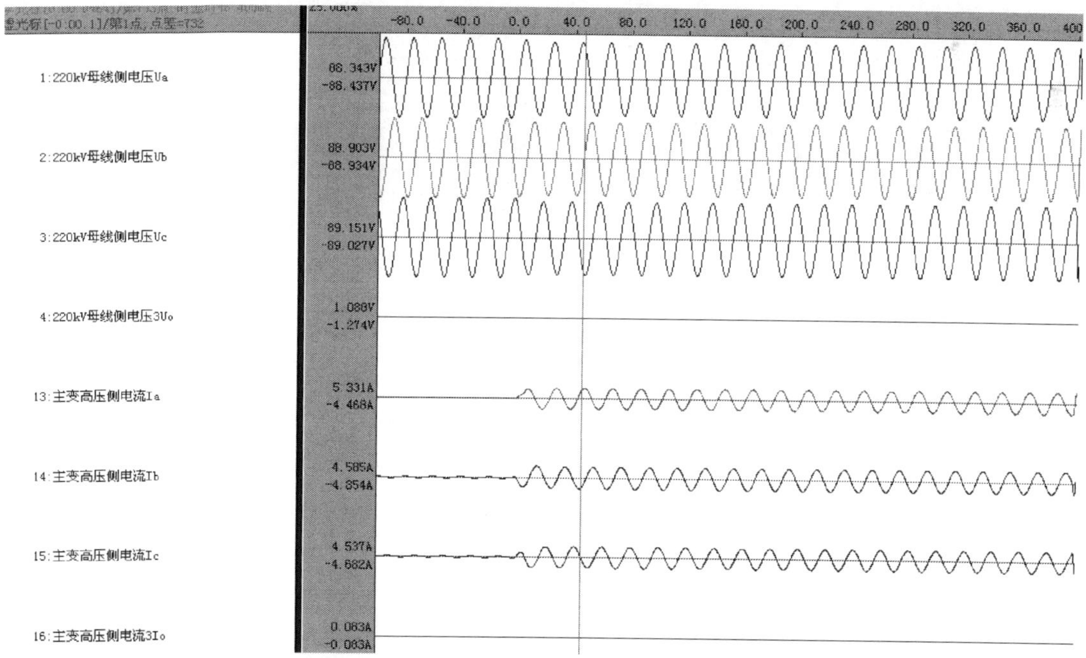

图 12－12　1 号主变压器高压侧录波图

以上，远大于定值 0.6A，但高压侧母线的相电压在故障全过程一直维持在 56V 以上（线电压 96.9V），高于线电压定值（60V），而故障全过程三相故障电压对称，基本无零负序分量，不满足负序电压开放条件。故主变压器高压侧复合电压过电流保护不动作。

电厂的整定计算书中明确了 1 号主变压器高压侧及低压侧复合电压过电流的整定计算内容，且高、低压侧复压过电流复合电压取自 220kV 母线及 10.5kV 母线 TV，但实际上 1 号主变压器保护在装置性能上无法满足高、低压侧两组电压取“或”逻辑，只能接入一组电压。在此情况下，电厂未配置 1 号主变压器低压侧复合电压过电流保护，且高压侧复压过电流复合电压只取高压侧电压，导致此次事件中主变压器保护越级跳闸，爆炸现场平面示意及现场照片如图 12－13 所示。

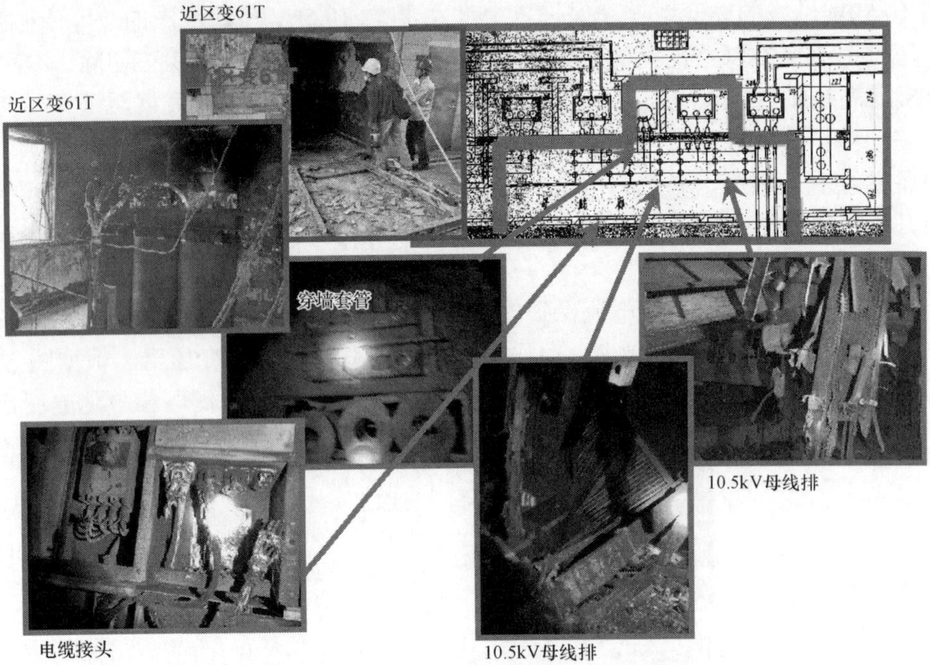

图 12－13　变压器低压侧爆炸现场

5. 暴露的问题

（1）电厂在 10.5kV 母线未配置快速保护情况下，1 号主变压器低压侧未配置后备保护，保护配置不满足 NB/T 35010—2013《水力发电厂继电保护设计规范》的相关要求。

（2）电厂继电保护人员对保护装置性能不熟悉，未及时发现主变压器高压侧复合电压过电流保护灵敏度不足问题。

（3）整定计算人员工作不到位，未对保护装置的功能逻辑进行核实，未及时提出保护功能不完善及定值灵敏度不足带来的风险。

第二节　软件版本错误实例

两侧线路保护版本不一致导致区外故障误动实例

1. 事件概述

某日 220kV NQ 线发生 A 相接地故障，两侧线路保护正确动作。相邻 MN 线 M 侧光纤分相电流差动保护远跳出口、差动永跳出口动作，220kV MN 线 N 变电站侧保护未动作，故障时变电站及线路的位置示意图如图 12－14 所示。

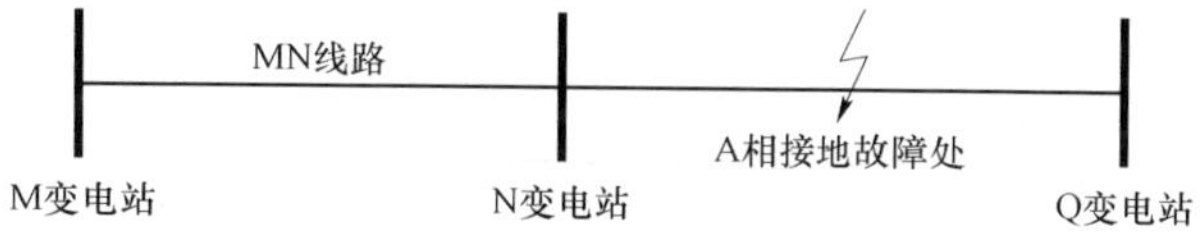

图 12－14　故障时变电站及线路的位置示意图

2. 保护不正确动作原因分析

保护厂家对 220kV MN 线 N 变电站侧线路保护装置进行软件升级，此时仅退出 M 变电站侧差动功能压板，后备保护和出口压板未退，准备第二日到 M 变电站侧进行软件升级。由于两侧光纤分相差动保护软件升级不同步。线路保护软件版本不一致，在相互检测数据码时 N 变电站侧误发远跳信号，M 侧收到信号后正好检测 220kV NQ 线 A 相接地故障电流，且在正方向，满足“远跳经就地判据”由远传跳闸出口。

3. 暴露的问题

对保护升级工作的风险辨识不够，未辨识出线路保护两侧不同时升级会出现远跳动作的风险，导致在退出保护时没有将出口压板退出只退出了功能压板。

对涉及线路两侧的纵联保护，必须同时升级并经联调实验后方能投运。

第三节　未按电力系统运行方式的要求变更整定值实例

安全措施执行错误导致断路器启动过程中其他断路器异常跳闸实例

1. 事件概述

某变电站在操作 5063 断路器 TA 更换后的启动过程中，5023、5033、5043 断路器跳闸。现场运行人员未严格执行启动方案要求，误投入 500kV 相应断路器充电保护Ⅱ段。当现场操作断开 5062 断路器、准备进行极性校核时，断路器充电保护定值未能躲过负荷电流，导致保护误动跳闸。

2. 原因分析

某变电站 5063 断路器 TA 更换后进行启动过程工作。为确保启动过程中发生母线故障能快速切除，启动方案中明确要求投入 2 号母线 5023、5033、5043、5053、5063、5073 断路器保护的充电保护，如表 12－3 所示（“投入 500kV 第六串 5062、5063 断路器充电过电流保护Ⅰ段，充电过电流保护Ⅰ段定值改为 0.5A/0.1s，控制 5062、5063 断路器潮流不超过 1500MW”；

“投入 5023、5033、5043 断路器充电保护Ⅰ段，充电Ⅰ段定值改为 0.5A/0.1s；投入 5053、5073 断路器充电保护，充电保护定值改为 0.5A/0.1s，控制 5023、5033、5043、5053、5073 断路器潮流不超过 1500MW”）。

在执行启动方案“投入 500kV 第六串 5062、5063 断路器充电过流保护Ⅰ段”，现场人员擅自将充电保护Ⅰ段控制字与充电保护Ⅱ段控制字同时投入，将 5023、5033、5043 断路器充电保护Ⅰ、Ⅱ段同时投入。当断开 5062 断路器时，由于负荷电流突变，造成充电保护Ⅱ段动作，跳开 5023、5033、5043 断路器（5053、5063、5073 断路器电流均小于充电保护定值而未跳闸）。

表 12-3　　充电临时定值

断路器编号	启动前定值	启动更改后定值	跳闸情况	跳闸时刻电流值
5023	Ⅰ段：0.62A/0.05″	Ⅰ段：0.5A/0.1″	跳闸	0.255A
	Ⅱ段：0.2A/0.5″	Ⅱ段：0.2A/0.5″		
5033	Ⅰ段：0.13A/0.05″	Ⅰ段：0.5A/0.1″	跳闸	0.138A
	Ⅱ段：0.1A/0.5″	Ⅱ段：0.1A/0.5″		
5043	Ⅰ段：0.13A/0.05″	Ⅰ段：0.5A/0.1″	跳闸	0.242A
	Ⅱ段：0.1A/0.5″	Ⅱ段：0.1A/0.5″		
5053	0.2A/0.5″	0.5A/0.1″	未跳闸	—
5063	Ⅰ段：0.65A/0.05″	Ⅰ段：0.5A/0.1″	未跳闸	—
	Ⅱ段：0.4A/0.5″	Ⅱ段：0.4A/0.5″		
5073	0.2A/0.5″	0.5A/0.1″	未跳闸	—

3. 暴露的问题

（1）现场人员对启动作业风险认识不足，没有认真熟悉启动方案，在启动工作中碰到问题时，处理程序失当。

（2）现场运行规程不完善。未对特殊保护、特殊接线、特殊运行方式提出针对性的运行操作注意事项，以及危险点分析和控制措施。

（3）现场人员不熟悉保护装置压板设置，错误地认为充电保护Ⅰ、Ⅱ段的软、硬投入压板皆共用，导致误投相关断路器的充电过电流保护Ⅱ段。

第四节　整定计算错误实例

一、整定计算一次设备参数错误导致保护越级动作实例

1. 事件概述

某日 05 时 14 分，220kV N 牵引站 27.5kV 馈线发生短路故障，220kV MN 乙线 M 侧双套

保护距离Ⅰ段保护动作出口切除故障，同时 N 牵引站备自投动作，跳开 2 号主变压器侧断路器，合 1 号主变压器侧断路器，220kV MN 甲线带 N 牵引站 1 号主变压器运行。05 时 34 分，N 牵引站 27.5kV 馈线再次发生短路故障，220kV MN 甲线 M 侧距离Ⅰ段保护动作出口切除故障。

2. 事件前运行方式

事件前 M 变电站 220kV MN 乙线（仅 A、C 两相运行）挂 220kV Ⅱ母运行，带 N 站 2 号主变压器；N 牵引站 2 号主变压器处于运行状态，N 牵引站 1 号主变压器处于热备用状态。N 牵引站 220kV 主接线为线变串形式，无 220kV 母线。事件前 M 变电站、N 牵引站运行方式图如图 12－15 所示。

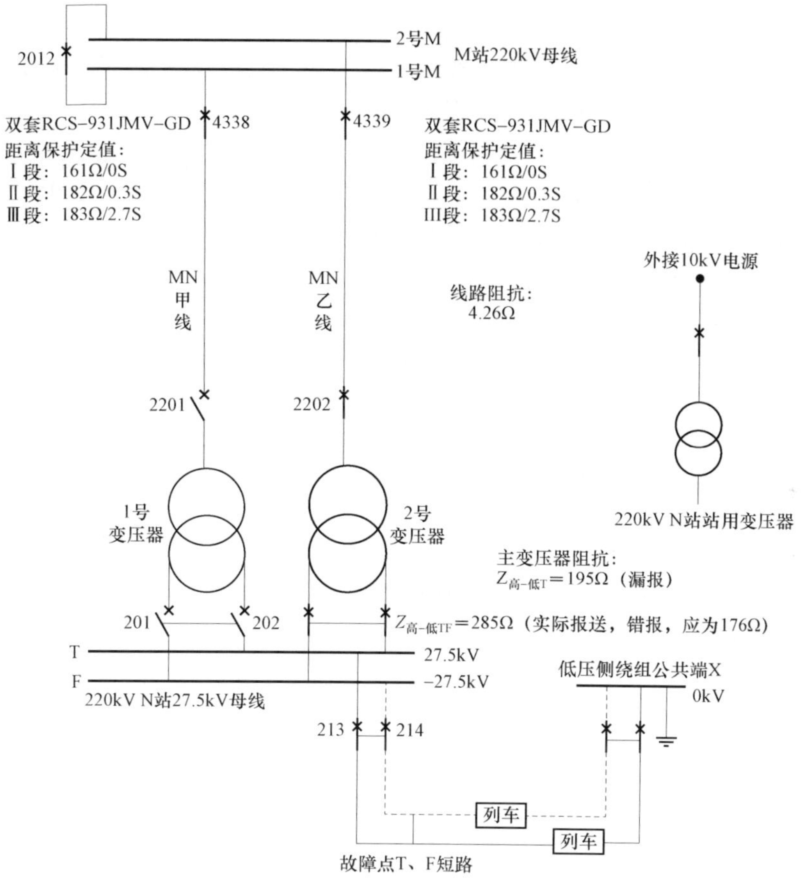

图 12－15　事件前 M 变电站、N 牵引站运行方式图

3. 保护动作分析

（1）保护配置情况。M 变电站 MN 甲乙线双套保护装置配置了电流差动保护、相间距离保护、和流保护、过电流保护，正常退出电流差动保护。距离Ⅰ段、和流Ⅰ段保全线实现全线速动。此外，根据高铁方面要求，试运行期间线路保护重合闸功能退出。

（2）第一次故障。220kV N 牵引站 27.5kV 馈线（T、F 两相）发生两相短路故障，MN 乙线 M 侧双套保护距离Ⅰ段故障后 17ms 动作出口，故障后约 50ms 跳开 M 变电站 MN 乙线三相断路器。故障相别为 AC 相，故障电流为 0.34A（二次值，TA 变比为 2400/1，折合一次值为 816A）。

由于发生故障的 27.5kV 馈线保护的速动段过电流带 0.1s 延时，故障中未动作出口，故 27.5kV 故障馈线开关未跳开。同时，故障切除后 N 牵引站备自投动作，跳开 2 号主变压器双侧开关，合 1 号主变压器双侧开关，MN 甲线带 N 牵引站 1 号主变压器运行。

（3）第二次故障。220kV N 牵引站 27.5kV 馈线再次发生短路故障，MN 甲线 M 侧双套保护距离Ⅰ段均于故障后 17ms 动作出口，故障后约 51ms 跳开 M 变电站 MN 甲线三相开关。故障相别为 AC 相，故障电流为 0.35A（二次值，TA 变比为 2400/1，折合一次值 840A）。

4. 事件原因分析

高铁报送的 N 牵引站主变压器参数低 TF 短路电压 21.317%，低 T0 短路电压、低 F0 短路电压均填报为无（如图 12－16 中圆圈所示）。为确保 MN 甲乙在线路差动保护退出期间线路故障能在 0s 切除，距离Ⅰ段按躲变压器其他侧母线故障原则整定，即 $Z_1=0.85Z_L+0.6Z_T=0.85\times4.26+0.6\times258=161\Omega$，$t=0s$。（按高铁方面报送的 2 号主变压器参数短路阻抗为 21.32%，主变压器容量为 40MVA，计算主变压器阻抗为 258Ω；线路长度为 9.77KM，线路阻抗为 4.26Ω。）

型号	DQY-40000/220	预计投产日期	年　　月
制造厂家	卧龙电气银川变压器有限公司	额定容量比（MVA）	40/25/25
额定电压变比（kV）	220±2×2.5%/27.5	额定电流（A）	181.82/909.09/909.09
接线组别	Ii0	冷却方式	ONAN
变压器结构	□ 三相变压器组 ☑ 单相牵引变压器	变压器类型	□ 自耦变 ☑ 牵引变

变压器抽头电压（kV）			低压侧无功补偿	电容器		电抗器	
第 1 档	中间档	最末档	额定电压（kV）	无	无	无	无
231	220	209	组数	无	无	无	无
			单组容量（kvar）	无	无	无	无

请说明下面所填写的值是：□ 铭牌值 ☑ 出厂实测值

短路损耗	负载损耗基于 116.925kVA	短路电压	短路阻抗基于 14.60%
P（高）3-低 T	无	U%高（3）—低 T	无
P（高）3-低 F	无	U%高（3）—低 F	无
P（高）3-低 T；F	146.226（kW）	U%高（3）—低 T；F	21.317

图 12－16　用户报送的主变压器参数

从如图 12－17 所示的厂家测试报告中可以明显看出牵引站主变压器短路阻抗有三个值，根据测试报告的数据，参数报送正确的应为低 TF 短路电压 14.60%，低 T0 短路电压为 $10.06\times40/25=16.10\%$，低 F0 短路电压为 $10.08\%\times40/25=16.13\%$。

短路方式	分接位置	容量（MVA）	施加电流（A）	测量电压（kV）	短路阻抗（%）	负载损耗（kW）校正值	总损耗（kW）校正值
					$t=75℃$ $I=I_r$	$t=75℃$ $I=I_r$	$t=75℃$ $I=I_r$
AX 输入 a_1a_2 短路	3	40	120.65	21.317	14.60	116.925	146.226
AX 输入 a_10 短路	3	25	77.99	15.186	10.06	58.772	/
AX 输入 a_20 短路	3	25	80.198	15.649	10.08	58.811	/

短路阻抗关系：$1/4\times(3Za_10+Za_20-Za_1a_2)=0.28\Omega$。

图 12－17 主变压器短路阻抗测量值

因高铁牵引站报送主变压器参数的错误和缺漏，导致按照错误参数整定的 M 变电站 MN 甲乙线相间距离Ⅰ段定值伸入到对侧 N 牵引站主变压器低压侧，N 牵引站主变压器低压侧故障时引起 M 变电站 MN 甲乙线保护距离Ⅰ段越级动作。

二、保护定值执行错误造成保护误动分析

1. 事件概述

某日 500kV MN 线 M 变电站侧 5013 断路器 TA 本体 C 相故障，故障位于 TA 本体靠近母线侧，为 MN 线线路保护区外。N 电厂侧线路保护 328ms 收到 M 侧远跳后跳闸，N 电厂侧 1 号主变压器零序电流保护 285ms 动作跳闸，动作电流为 650A。

2. 保护动作分析

N 电厂侧主变压器接地方式：1 号主变压器中性点接地运行，2 号主变压器中性点不接地运行，启备变备用。

N 电厂侧 1 号主变压器中性点零序过电流Ⅰ段保护，定值整定通知单如图 12－18 所示，现场在 1 号主变压器零序电流保护继电器上的整定值如图 12－19 所示。

设备名称	1 号主变压器	保护型号	KCGG142	TA 变比	750/1
开关编号	#2001	保护屏号		TV 变比	220000/100
符号	说明		单位	原定值	新定值
Stage 1	第一段使用选择				used
I_0>	零序动作电流				0.8In
Time setting	定时限或反时限选择				DJT
t_0>	定时限动作时间		s		1.7
t_{RESET}	返回时间		s		0.0
Stage 2	第二段使用选择				used
I_0>>	零序动作电流				0.8In
t_0>>	定时限动作时间		s		2.0
Stage 3	第三段使用选择				used
I_0>>>	零序动作电流				0.36In
t_0>>>	定时限动作时间		s		6.0
Stage 4	第四段使用选择				Not used

图 12－18 定值整定通知单

05	05000 EARTH FLT1	
0501	0501 EF Links	0000000000000110
0502	0502 CT Ratio	750.0:1
0504	0504 Curve	DT
0505	0505 I0>	600.0 A
0506	0506 t0> /TMS	1.000
0507	0507 t0> /DT	200.0ms
0508	0508 t0RESET	0 s
0509	0509 I0>>	600.0 A
050A	050A t0>>	200.0ms
050B	050B I0>>>	270.0 A
050C	050C t0>>>	6.000 s
050E	050E I0<	75.00 A

图 12－19　现场在 1 号主变压器零序电流保护继电器上的整定值

1 号主变压器零序电流保护继电器上的整定值与下发的整定值有差异，主要差异在定时限动作时间，Ⅰ、Ⅱ段现场整定值为 200ms，而定值单中分别为 1.7s 和 2.0s。500kV MN 线 M 变电站侧 5013 断路器 TA 本体 C 相故障，故障位于 TA 本体靠近母线侧，为 MN 线线路保护区外。N 电厂侧线路保护 328ms 收到 M 侧远跳后跳闸，N 电厂侧 1 号主变压器零序电流保护依据中调定值要求，保护不应该动作，实际整定 200ms，故 285ms 动作跳闸。

3. 不正确动作原因

电厂不理解机网协调要求，自作主张地认为 1 号主变压器中性点零序过流Ⅰ段保护定值的整定应主要从保护设备角度考虑，与电网出线的纵联主保护配合即可，不应与线路后备保护的配合。定值单执行环节不到位，未按照调度机构下发的定值单整定，导致区外故障时 1 号主变压器零序电流保护误动。

4. 暴露的问题

（1）电厂对定值管理不规范，设备实际整定值与调度机构下发的整定值通知单不一致，导致设备长期运行在错误定值下。

（2）电厂主变压器高压侧复压过电流保护定值未与高压侧出线相间及接地保护对线未有灵敏度段的最长动作时间配合。

（3）电厂主变压器中性点零序过电流保护未与高压侧出线零序过电流保护配合。

5. 改进措施

（1）为防止机网协调失当引发或扩大事故，并网电厂涉网继电保护装置的技术指标和性能应满足所接入电网的要求，并满足安全性评价和技术监督的要求。并网机组的失磁、失步、阻抗、零序电流和电压、复合电压闭锁过电流，以及发电机的过电压和低电压、低频率和高频率等涉网继电保护定值均应满足电网整定配合要求，并网电厂保护定值应定期核算，200MW 及以上汽轮发电机组、100MW 及以上水轮发电机组和 100MW 及以上燃气发电机组涉网保护、接入 110kV 及以上系统的新能源机组的发变组保护定值应在相应调度机构备案。

（2）各发电公司（厂）在对发电机变压器组保护进行整定计算时，应遵循 DL/T 684—2012《大型发电机变压器继电保护整定计算导则》、电网运行情况和主设备技术条件，认真校核涉网保护与电网保护的整定配合关系，并根据调度部门的要求，定期对所辖设备的整定值进行全面复算和校核工作。当电网结构、线路参数和短路电流水平发生变化时，应及时校核相关涉网保护的配置与整定，避免保护发生不正确动作行为，并注意以下原则：

1）在整定计算大型机组高频、低频、过电压和欠电压保护时应分别根据发电机组在并网前后的不同运行工况和制造厂提供的发电机组特性曲线进行。同时还需注意与汽轮机超速保护、励磁系统过电压、欠电压以及过励磁、低励磁保护的整定配合关系。

2）在整定计算发电机变压器组的过励磁保护时应全面考虑主变压器及高压厂用变压器的过励磁能力，并按电压调节器过励磁限制首先动作，其次是发电机变压器组过励磁保护动作，然后再是发电机转子过负荷动作的阶梯关系进行。

3）在整定计算发电机定子接地保护时，必须根据发电机在带不同负荷的运行工况下实测基波零序电压和发电机中性点侧三次谐波电压的有效值数据进行。

4）在整定计算发电机变压器组负序电流保护应根据制造厂提供的负序电流值进行。

5）在整定计算发电机、变压器的差动保护时，在保证正确、可靠动作的前提下，不宜整定得过于灵敏，以避免不正确动作。

三、主变压器参数设置错误导致差动保护误动作

1. 事件概述

220kV 某大用户站 35kV 3 号矿热炉 337 出线发生 BC 相间故障，3 号矿热炉 337 断路器保护过电流Ⅰ段动作，同时 3 号主变压器差动保护动作出口跳开高压侧断路器和低压侧 303 断路器，35kV Ⅱ段和Ⅲ段母线失压。

2. 保护动作分析

事件发生后，现场检查发现 3 号主变压器主一、主二保护屏均有比率差动保护动作出口记录。由图 12－20 所示的波形分析可知，3 号主变压器高压侧和低压侧的 B、C 相电流大小基本相同，方向相反，A 相电流几乎为 0。经检查确认，3 号主变压器两侧绕组采用星形接线，两侧故障电流波形符合接线特点。

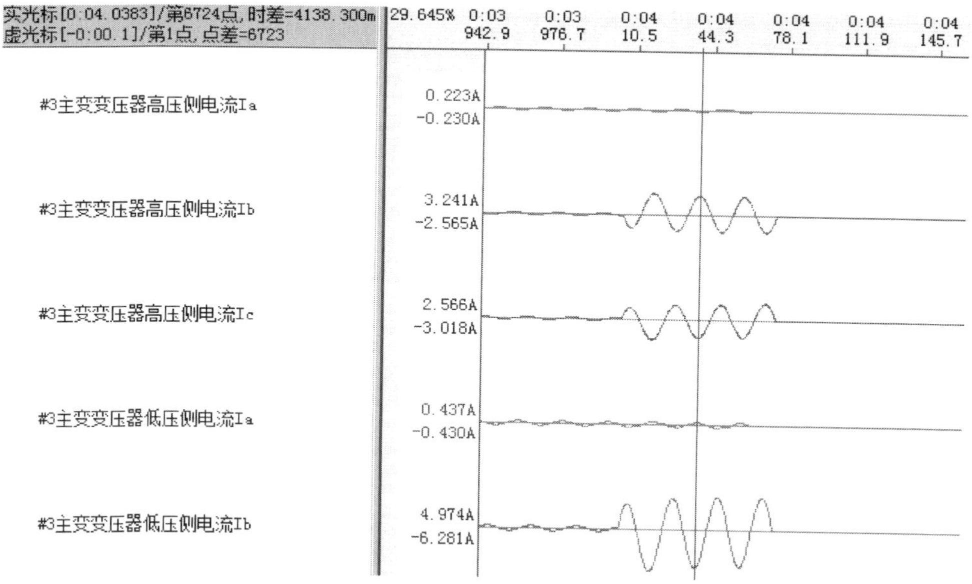

图 12－20 3 号主变压器故障电流波形（一）

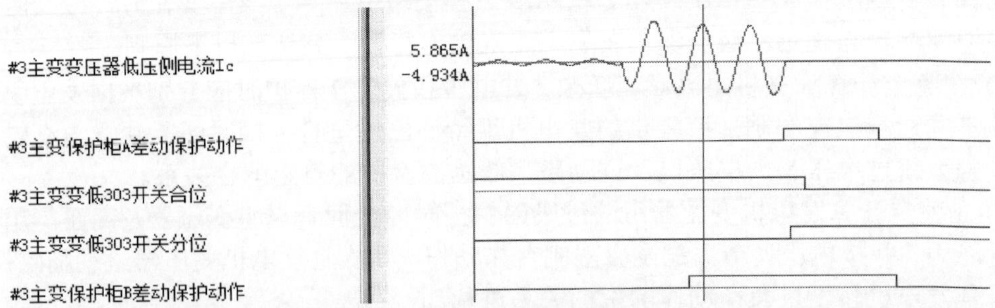

图 12-20　3 号主变压器故障电流波形（二）

若对 3 号主变压器两侧电流采用“Y-Y”星形接法计算差流，则三相差流均为 0，如图 12-21 所示。若采用“Y-△”星—三角接法计算差流，折算到高压侧的三相差流非常明显（如图 12-21 所示），经计算满足比率差动动作条件。

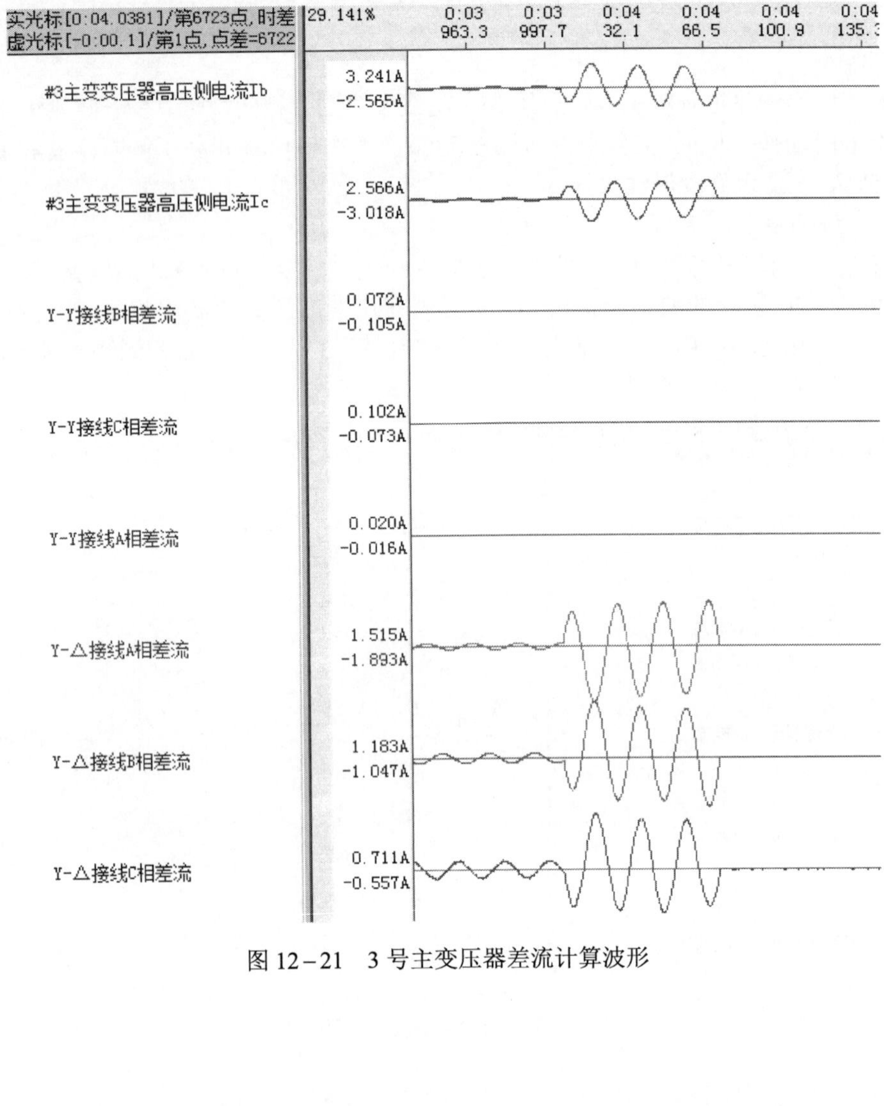

图 12-21　3 号主变压器差流计算波形

3. 原因分析

3 号主变压器差动保护动作跳闸后，现场检查原因是变压器特殊接线方式和系统参数设置不一致产生差流。3 号主变压器为双绕组带平衡线圈方式，实际接线为 YN/（yn0+d11），其中 d11 没有外部接线，低压侧实际为 yn0。变压器接线方式对应装置说明书整定说明如图 12－22 所示。

接线方式代码（定值）	接线方式
0	$Y_{12}/Y_{12}/Y_{12}$
1	$Y_{12}/Y_{12}/\triangle_{11}$
2	$Y_{12}/Y_{12}/\triangle_{1}$
3	软件不做星三角转换

图 12－22 变压器接线方式对应装置说明书整定说明

主变压器保护装置将 35kV 侧电流接入了低压侧，平衡线圈（即△侧）的电流没有引出，未接入保护装置，所以应忽略平衡线圈绕组把变压器接线方式设定为“0”（即$Y_{12}/Y_{12}/Y_{12}$）。而实际保护装置中变压器接线方式设定为“1”，故低压侧区外故障时保护装置计算出差流引起不正确动作。

变压器的双星形接法中，若没有平衡绕组，在二次侧会出现大的三次谐波电动势，产生过电压危害线圈绝缘。故平衡线圈主要是为三次谐波提供低阻抗通道，一般没有外部接线。

4. 暴露的问题

（1）整定计算过程不严谨，计算人员因惯性思维按常规变压器考虑，误认为接线方式的选择为$Y_{12}/Y_{12}/d_{11}$，对主变压器保护系统参数中的变压器接线方式控制字设定为“1”。

（2）审核人员把关不严，没有细致审核现场参数和整定参数的区别，注意力重点在差动电流值、过电流值和出口控制的审核等方面，未审查出接线方式整定错误。

（3）调试验收及启动过程存在漏洞。带负荷测试时，由于测试负荷较小，在电流钳表测试的极性判断正确后，现场人员对保护屏产生的细小差流当做不平衡电流忽略，未严格按启动方案要求对差流进行详细比对确认，再次错过发现错误机会。

四、主变压器差动保护平衡调整系数整定错误实例

1. 事件概述

某 220kV 变电站 35kV 1 号电容器组 361 断路器间隔 3616 隔离开关靠开关侧发生故障，同时 1 号主变压器比率差动保护误动作，变电站主接线及事故前运行断路器示意图如图 12－23 所示。

2. 保护动作分析

1 号主变压器差动保护装置比率差动保护 191ms 动作出口，保护二次差动电流为 4.55A，大于 1 号主变压器差动保护定值 0.3 I_e，变压器差动保护动作，跳开 1 号主变压器三侧 261、212、101、301 断路器。

3. 保护不正确动作原因

1 号主变压器保护装置内部 VFC 插件（电压频率变换插件，交流采样功能）上有整定用电位器，用于整定主变压器各侧平衡调整系数，该系数用于各侧电流的平衡调整，其整定计算式为

$$K_{ph} = I_n / I_e$$

式中 K_{ph} ——平衡调整系数；

I_e ——各侧电流互感器二次额定电流；

I_n ——额定电流为 5A。

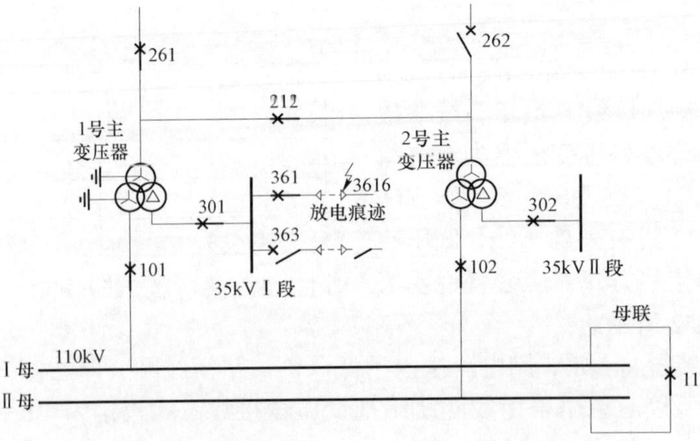

图 12-23 变电站主接线及事故前运行断路器示意图

其中 I_e 的整定方法为：

（1）若主变压器一次接线方式为星形接线，电流互感器接线方式为星形接线，则有

$$I_e=\left(\sqrt{3}\times\frac{\text{主变压器额定容量}}{\sqrt{3}\times\text{主变压器额定电压}}\right)/\text{电流互感器变比}$$

（2）若主变压器一次接线方式为三角形接线，电流互感器接线方式为星形接线，则有

$$I_e=\left(\frac{\text{主变压器额定容量}}{\sqrt{3}\times\text{主变压器额定电压}}\right)/\text{电流互感器变比}$$

表 12-4　　1 号主变压器参数

项　目	参　数
型号	SFPS8/180000/220
容量（MVA）	180/180/90
额定电压（V）	220/115/35
接线方式	$YN/yn0/d_{11}$

1 号主变压器参数如表 12-4 所示，通过上述主变压器参数及整定方法，可以计算出主变压器各侧平衡调整系数，其分别为 K_{phH} =1.47（高压侧），K_{phM} =0.77（中压侧），K_{phL} =0.68（低压侧），而现场实际整定为 K_{phH} =1.47（高压侧），K_{phM} =0.77（中压侧），K_{phL} =1.36（低压侧）。通过比较主变压器各侧平衡系数计算结果和现场实际整定值发现，220kV 和 110kV 侧平衡调整系数一致，35kV 侧则相差一倍。整定人员在进行平衡调整系数计算时，35kV 侧选用的主变压器额定容量按主变压器铭牌上的 90MVA 来计算，未按主变压器最大额定容量 180MVA 进行计算，造成 VFC 插件平衡调整系数整定错误，导致保护装置正常运行时出现差流。

第十三章

调试不良实例分析

第一节　电流互感器饱和特性不良、变比错误实例

一、主变压器零序TA选型不配合造成零差保护区外故障误动作事件分析

1. 事件概述

某电厂500kV某线发生C相瞬时性接地故障，线路保护正确动作，重合闸动作成功。同时，该电厂3、4号主变压器零差保护动作，跳3、4号主变压器。

2. 保护动作分析

线路发生单相接地时，500kV 3、4号主变压器两套保护零序差动分别动作跳开主变压器高压侧断路器。以3号主变压器保护动作报文为例（如图13－1所示），故障发生时3号主变压器空载运行，主变压器高压侧中性点零序电流二次值达14.75 I_n，且主变压器高压侧中性点零序电流出现饱和特征。由此可知，主变压器保护感受到高压侧零序电流而动作出口。

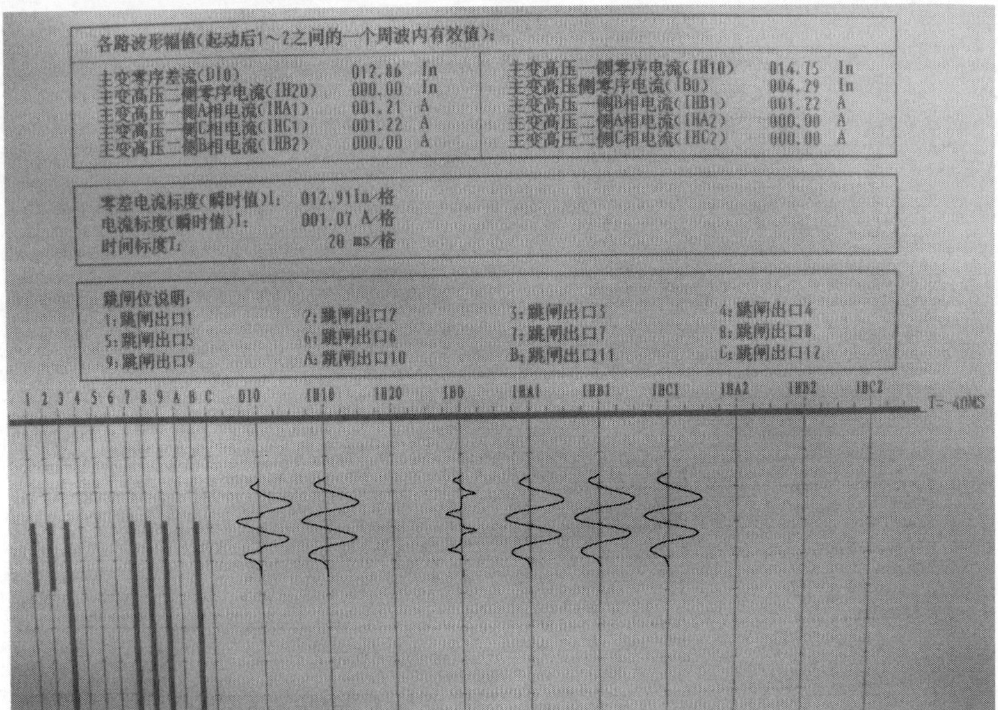

图13－1　3号主变压器故障电流及波形图

3. 保护不正确动作原因

对3、4号主变压器高压侧中性点零序TA分别做伏安特性试验，主变压器高压侧中性点零序TA伏安特性曲线如图13－2所示。零序TA伏安特性拐点为0.5A左右，二次值达到1.2A时TA基本已趋近饱和。线路发生单相接地时，流经零序TA的二次值达到14.8A，TA已经严

重饱和。由此可知主变压器中性点零序 TA 变比选择与 500kV 变压器等级要求不匹配，造成了零序 TA 饱和，导致区外故障时保护误动作。

4. 暴露的问题

主变压器高压侧零序 TA 容量和准确级偏小导致抗饱和能力不足。按设计要求，主变压器高压侧零序 TA 应采用准确级 5P20、容量 20VA，但是主变压器厂家提供的零序电流互感器准确级为 10P10、容量 5VA，厂家所供设备技术参数不满足设备合同要求。

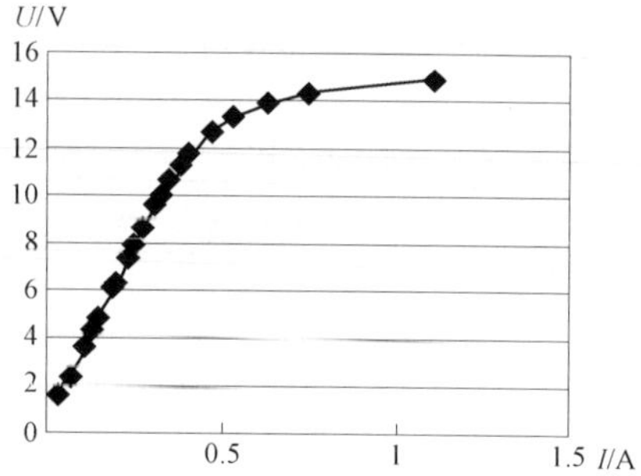

图 13－2　主变压器高压侧中性点零序 TA 伏安特性曲线

二、电流互感器选型不当导致区外故障 500kV 主变压器保护误动

1. 事件概述

某日，某电厂Ⅱ母及 500kV 出线相继故障，2 号发变组跳闸，其主接线图如图 13－3 所示。

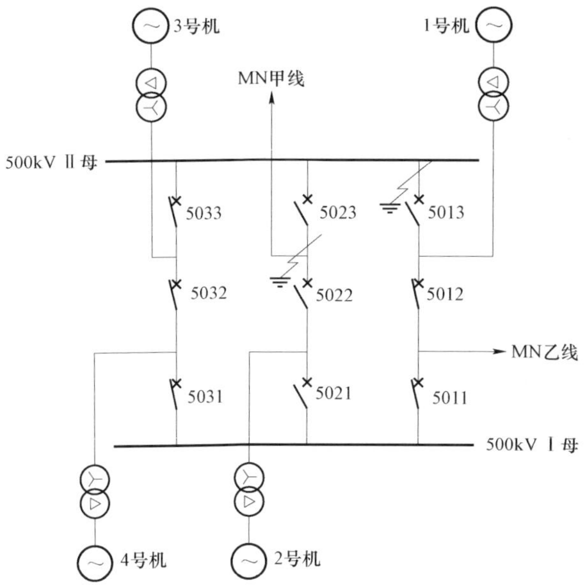

图 13－3　某电厂主接线图

2. 保护动作分析

（1）500kV Ⅱ母保护动作情况。500kV Ⅱ母 A 套母差，7.5ms 差动动作；B 套母差保护，5ms 变化量差动、21ms 稳态量差动动作；5013 断路器保护 13ms 跟跳；5023 断路器保护 21ms 跟跳；5033 断路器保护 22ms 跟跳；5033 断路器最终状态在合位。

（2）500kV MN 甲线保护动作情况。本侧主一保护，262ms 分相差动保护动作跳 A 相，289ms 差动发展性故障动作，跳三相；主二保护，差动保护动作跳 A 相后跳三相，5022 断路器保护 259ms A 相跟跳、287ms 三相跟跳。

对侧主一保护，263ms 分相差动动作，跳 A 相，289ms 差动发展性故障动作，跳三相；主二保护，差动保护动作跳 A 相后跳三相。

（3）2 号机组保护动作情况。2 号机组 B 套发电机差动保护动作跳 2 号机，5021 断路器保护 336ms 跟跳。

（4）故障时序图如图 13－4 所示。

3. 不正确动作原因

（1）母线保护动作分析。通过母差保护录波分析（如图 13－5～图 13－6 所示），保护范围内有故障，母差保护正确动作。现场检查发现第一串 501327（5013 断路器靠母线侧地刀）上端 B 相法兰盘对接地开关伸缩连杆有放电痕迹（该处为母线保护范围内）。从断路器录波上确认母差保护动作后，Ⅱ组母线基本无电压，说明 5033 断路器曾跳开。

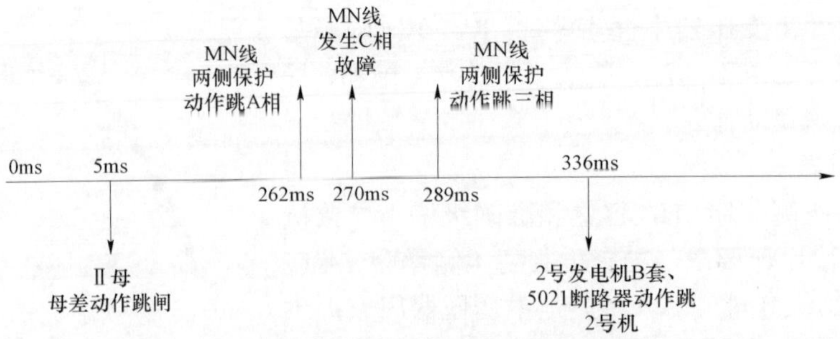

图 13－4　故障时序图断路器

序号	起　动　时　间	相对时间	动作相别	动　作　信　息
209	2011-04-15 18:51:57:130	00005 ms	B	变化量差动
		00021 ms	B	稳态量差动

RCS－915E　3.10　　故障波形——差流波形

装置编号：BUS001　　通讯地址：001　　打印时间：2011-04-15　20:24:50

故障号：209　　起动时间：　2011-04-15 18:51:57:130

最大电流（有效值）：　012.99 A

电流标度（瞬时值）I：　013.16 A/格
时间标度T：　20 ms/格

跳闸位说明：
1：变化量差动　　2：稳态量差动　　3：失灵跳母线

各路波形幅值（起动后0.5～1.5之间的一个周波内有效值）：

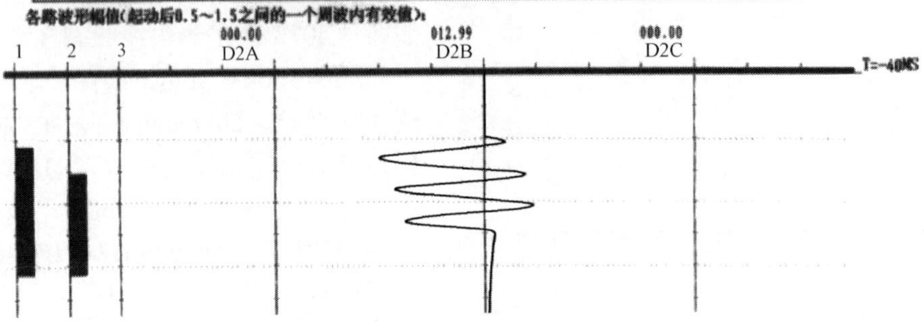

图 13－5　A 套母差保护报文

（2）5033 断路器最终在合位原因分析

因雷击故障，辅机跳闸及报警信息较多，事故发生时各类事件处理比较繁忙，500kVⅡ母母差保护动作跳 5033 断路器后约 1 分 13 秒，电气值班人员在 DCS 系统中翻到 5033 断路器画面时，5033 断路器画面呈现黄色（断路器位置不对应状态指示），没有核实断路器实际位置状态，误认为断路器还在合闸状态，点击 5033“合闸”按钮，致使 5033 断路器合闸。

注释：500kV 断路器合闸逻辑：

1）500kV 断路器正常合闸，要受“保护动作”“断路器故障”“两侧隔离开关在分位”“接地开关在合位”、“同期回路”等条件闭锁，必须在所有闭锁条件全部解除后断路器才能合闸。

2）非 DCS 断路器跳闸，由于 DCS 设计缺陷，只有在现场确认断路器在跳闸状态后，再在 DCS 操作画面上点击“跳闸”按钮，上述第（1）点的闭锁条件才能恢复闭锁合闸功能。若直接点击“合闸”按钮，DCS 将无条件将开关合闸。

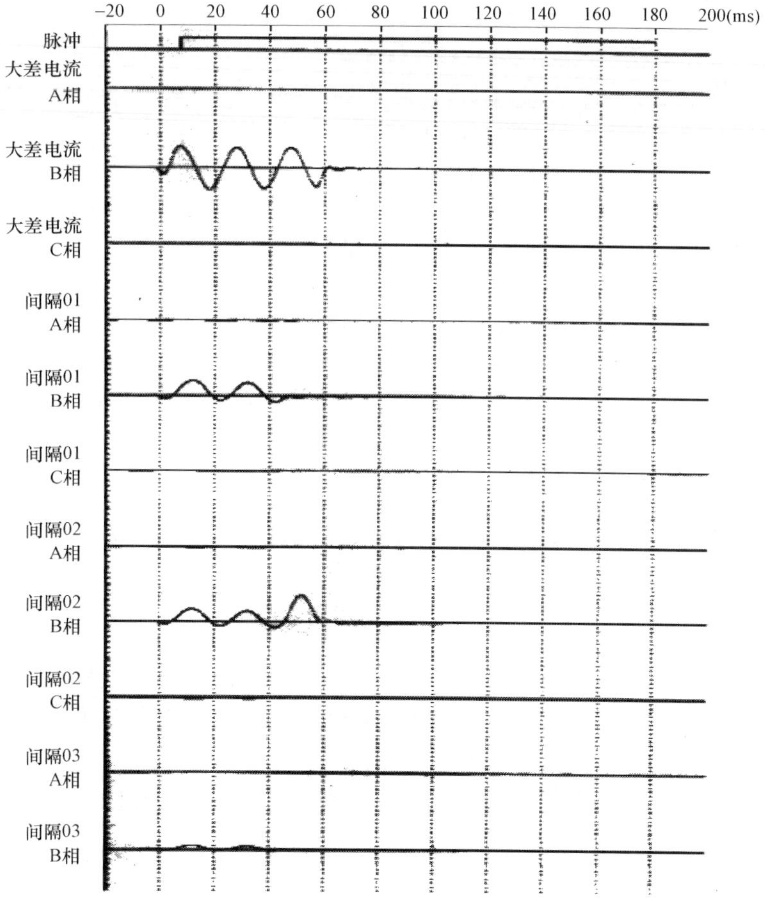

图 13-6 母差保护录波图

3）断路器状态指示。红色：断路器合闸状态；黄色：断路器位置不对应状态；绿色：断路器跳闸状态。

（3）MN 甲线路保护分析。综合两侧保护、录波分析，保护范围内有故障，线路保护正确动作。现场检查发现 MN 甲线路 50236 隔离开关 C 相支持绝缘子有雷击痕迹；第二串联络 50222 隔离开关静触头 A 相有雷击痕迹（该处为线路保护范围内）。

（4）2 号发电机 B 套发电机差动保护动作分析。检查发现 2 号发电机 TA 绕组使用错误，机端使用 0.5 级暂态特性差的测量用绕组，尾端使用 5P20 级保护用绕组。

对侧 MN 线路录波波形如图 13-7 所示。

电流互感器分为测量、计量与保护 3 种类型。保护 TA 要求电流互感器在一次电流很大时，铁芯也不应该饱和，能较好的按比例反映一次电流值，保证保护装置正确动作，而在正常电流下，不要求很高的准确度，准确度一般为 P 级，如 5P、10P 等；例子中 5P20 指的是在短路电流达到 20 倍的额定一次电流时，二次输出的复合误差不大于 5%。而测量 TA 只要求在正常电流下保证较高的准确度，使测量准确，尤其是计量的电流互感器，要求精度更高，因为它关系电能计费的问题，很小一点的误差反应到一次侧将导致很大的计量偏差，所以测量一般用 0.5、1.0 级（0.5 级一般是测量用，测量精度是 0.5%），计量用 0.2 级的电流互感器。

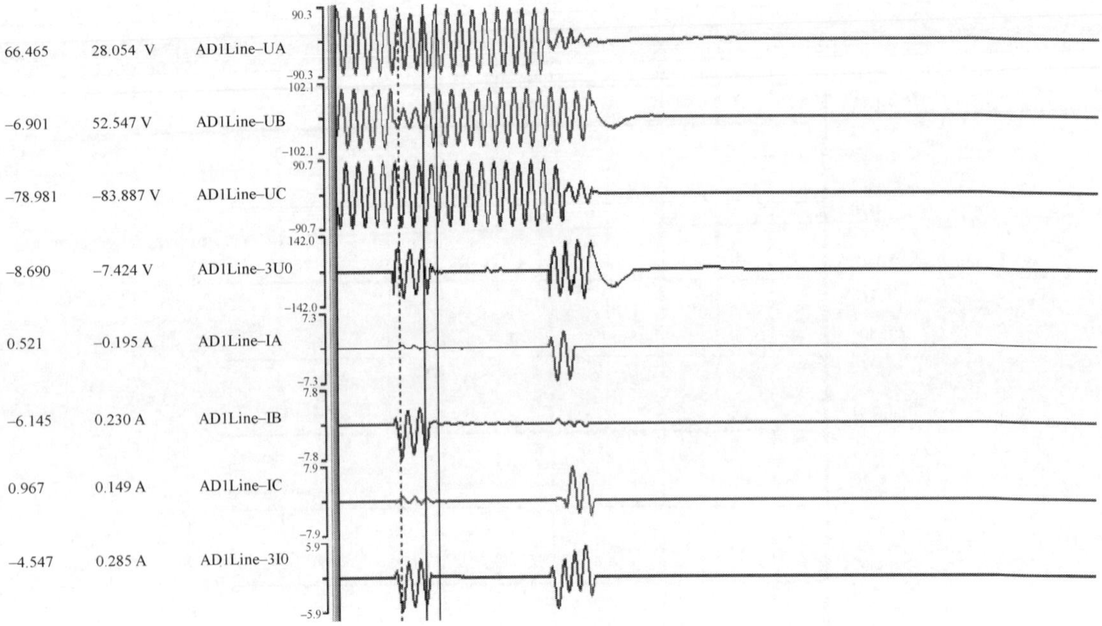

图 13－7　MN 线路录波波形

测量绕组在额定电流以下有较高的准确度，而在短路时测量绕组早已饱和，无法线性传变；在线路保护范围内发生故障，此时发电机流过十倍额定电流的穿越电流，机端采用 0.5 级的测量绕组 TA，TA 早已饱和，尾端采用保护绕组可线性传变穿越电流，两侧 TA 传变穿越电流的大小不一样，致差动保护装置出现差流，B 套发电机差动保护动作。2 号发电机保护录波图如图 13－8 所示。

4. 暴露的问题

（1）TA 绕组使用错误。基建调试部门未按照图纸认真进行施工接线，导致差动保护误用机端测量级 TA。验收把关不严，未发现 TA 绕组使用错误。2 号发变组保护装置换型改造中，由于 2 号发电机小室就地端子箱到 2 号发变组的保护 A、B 柜发电机差动保护的二次屏蔽电缆未更换，也没有发现基建期间的接线错误。

（2）5033 断路器在事故跳闸后合闸的问题。

1）DCS 系统断路器控制逻辑与电气控制配合设计不合理，对 500kV 断路器事故跳闸后的合闸操作逻辑电气闭锁功能不全。

2）运行规程存在缺陷，对 DCS 系统操作界面中可能出现的异常情况未做详细说明。

3）当值值班人员事故应急处理能力不强，在未对设备异常信息的实际状态认真核查情况下盲目处理。

5. 改进措施

（1）做好工程图纸审查，关注 TA 绕组配置、排列、准确级别、变比、极性、容量等审查，图纸应注明 TA 各绕组回路的编号、用途、走向等。

（2）要求新投或技改的间隔验收时，应查阅相关图纸、说明书等技术资料，按照《10kV～500kV 输变电及配电工程质量验收与评定标准》，开展绕组接线核对、伏安特性、通流等试验；当发现施工图纸设计有误时，应提出并跟踪竣工图设计修改；在 TA 端子箱和保护屏张贴电流回路标签，以明确 TA 各绕组回路的编号、用途、走向等。

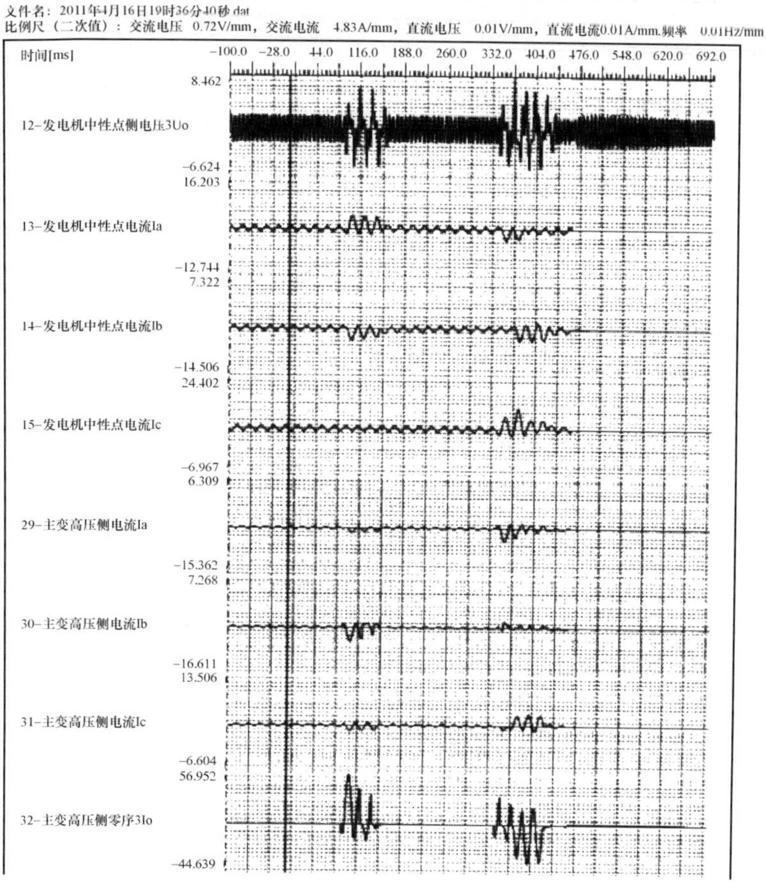

图 13-8　2 号发电机保护录波图

第二节　保护屏上二次回路、插头接触不良实例

电流回路 N 线段子接触不良导致 500kV 高抗保护误动实例

1. 事件概述

某日，500kV MN 线线路 C 相故障，5013 断路器 A、B、C 三相、5012 断路器 A、B、C 三相跳闸，主一、主二、主三保护动作，高抗第二套电气量保护比例差动、零序差动动作，高抗第一套电气量保护未动作，非电量保护未动作。

2. 保护动作分析

500kV MN 线线路保护动作情况：0ms 保护启动；16ms，线路主一保护动作跳 C 相；18ms，线路主二保护动作跳 C 相；24ms，线路主三保护动作跳 C 相；36ms，5012、5013 断路器 C 相跳开；79ms，第二套高抗保护动作。保护动作时序如图 13-9 所示。

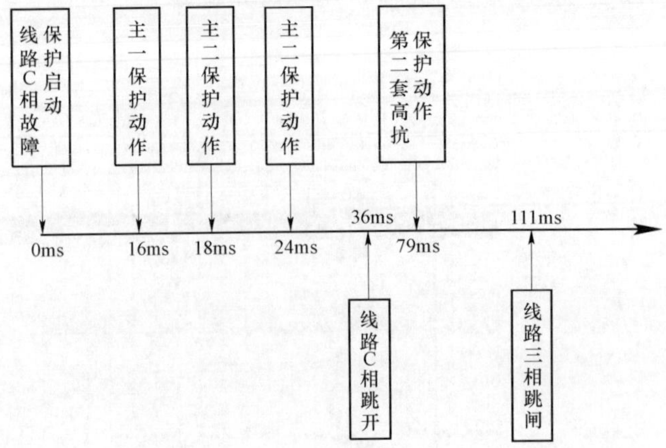

图 13－9　MN 线路保护动作时序图

由图 13－10 所示的录波可知，故障时刻 MN 线路 C 相电流突然增大，满足故障判据，故主一保护差动保护动作、距离Ⅰ段动作跳 C 相；主二保护纵联距离、纵联零序、距离Ⅰ段保护动作跳 C 相；主三保护差动保护、距离零序保护动作跳 C 相，36ms 后 MN 线路 C 相跳开。由图 13－11 所示的录波可看出，MN 线路第二套高抗保护在 C 相跳开后显示高压侧零序电流 I_{10} 为零，同时 I_{1C} 依然 0.15A，满足 C 相差动保护及零序差动保护动作判据，保护出口，跳开线路开关三相。

3. 不正确动作原因

检查发现第二套高抗保护高压侧电流采样回路中，故障录波器 N 线接入端子 40 号端子的 L14－311/4 线芯剥皮不彻底，有压皮现象（如图 13－12 所示）。

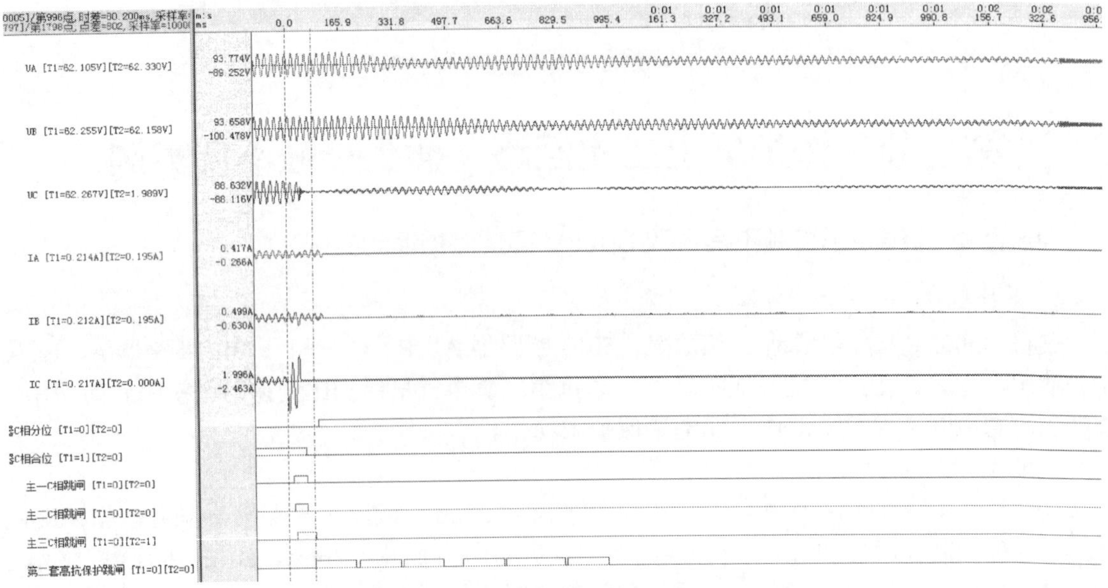

图 13－10　线路跳闸时集中录波器录波图

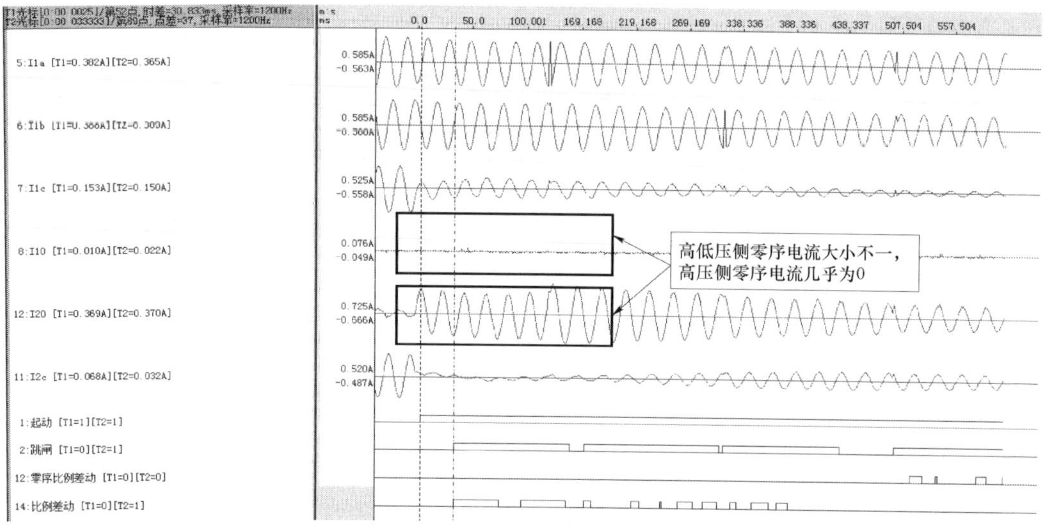

图 13－11　第二套高抗保护录波

图 13－12　端子压皮示意图

结合录波（图 13－11 所示）可知当线路 C 相发生故障时，三相不对称，I_{10} 不应当为零，但由于 N 线端子松动，当线路 C 相单相故障跳开断路器后，A、B 两相高压侧的电流无法从 N 相返回，只能流进 C 相，且大小为 A、B 相矢量和，而低压侧 C 相电流迅速降低至零，导致 C 相及 N 相存在差流，差动保护及零序差动保护动作。故第二套高抗保护高压侧电流 N 线存在不导通是导致误动的直接原因。

4. 暴露的问题

（1）故障录波器 N 线接入端子 40 号端子的 L14－311/4 线芯剥皮不彻底，故障录波装置改造施工工艺不高，验收把关不严，线路高抗保护 N 线回路存在隐患未及时发现。

（2）现场运行人员和保护专业巡视不够细致，专业巡视质量有待提高，未将巡视结果及时梳理安排进日常维护工作中。

5. 改进措施

（1）加强标准化作业标准的执行，严格按公司颁布的施工验收规范开展验收新建、扩建、技改项目的验收，工程全过程加强监督并加大抽查力度，严防设备带缺陷运行。

（2）区外故障时及时分析保护和录波启动情况。专业巡视除打印采样外，还应打印保护启动情况、自检信息、开入变位等信息。

第十四章

运行维护不良实例分析

第一节　端子箱端子接线不良实例

一、主变压器保护端子箱端子接线不良造成保护误动实例

1. 事件概述

某日20时51分44秒，某站1号主变压器差动保护动作跳1号主变压器三侧断路器。1号主变压器容量为150MVA。

2. 保护动作分析

从故障录波图上看，跳闸前220kV母线三相电压对称，大小一致，没有突变，通过波形计算，电压值为237.8kV，属正常运行电压。主变压器高压侧电流大小一致，三相对称，没有突变，通过波形计算，电流值为191.5A，属正常负荷电流。可以断定，主变压器跳闸前，电网及主变压器没有发生短路故障。

当时变电站内没有任何工作任务，排除误碰跳闸的可能。

3. 不正确动作原因

经现场检查发现，1号主变压器差动保护110kV A相二次电流回路由于端子长期接触不良发热，造成端子连接线烧断，造成110kV A相二次电流回路开路，差流大于整定值，导致1号主变压器差动保护动作跳三侧断路器。

4. 暴露的问题

（1）在定检时未能认真检查TA回路，定检工作完成后没有认真做好端子的紧固检查。

（2）运行值班人员对关键回路的监视不到位，未能及时发现二次电流回路断线告警。

5. 改进措施

（1）加强TA回路完好性的定期检查，重视二次回路端子紧固。

（2）加强运行监视，发现告警信息及时处理。

二、电压回路N线端子松动导致MN线路辅助保护误动实例

1. 事件概述

某站500kV MN线辅A保护过电压保护动作跳开5033、5032断路器，造成线路三相跳闸。500kV MN线主一、主二、主三、辅B保护未动作。

2. 保护动作分析

500kV MN线线路保护动作情况：0ms保护启动；300ms，辅A过电压保护动作跳开三相；328ms，5033、5032断路器三相跳开。故障时刻模拟量录波图如图14－1所示。

根据500kV MN线跳闸时故障录波图（如图14－2所示）分析，在17:28:33.960线路B相电压升高，数值约为85V，达到并超过辅A保护过电压定值82.6V，同时C相电压也略有升高，A相电压降低，达到过电压保护动作延时后，辅A过电压保护出口动作，跳开5032、5033断路器。线路电流未见有异常。

3. 不正确动作原因

保护人员对MN线CVT二次回路N线核查后关端子箱门时，由于用力过大，致使MN线CVT二次回路N线松动的I－30端子接线受震动后接触不良，使保护N线与CVT本体N

线虚接，辅A保护N线电位向U_A偏移，U_A变小，U_B、U_C变大（如图14－2所示）。最终达到过电压保护动作定值，保护动作导致MN线断路器跳闸。

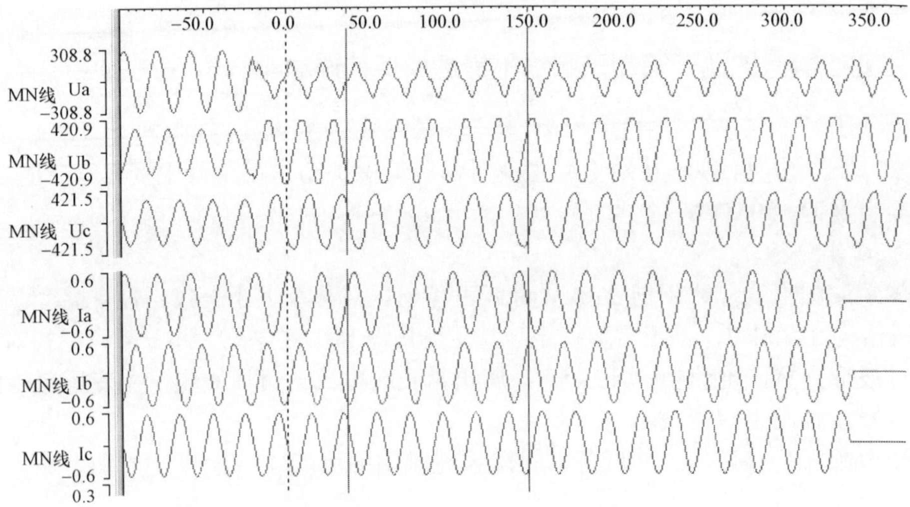

图14－1　故障时刻模拟量录波图

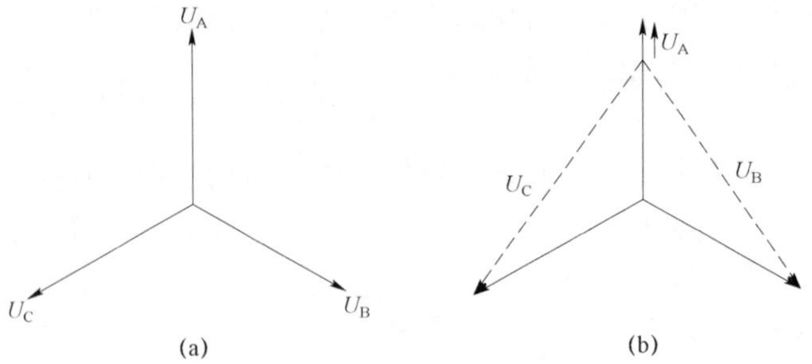

图14－2　电压向量变化图

（a）正常电压相位；（b）异常电压相位

三、电压中性点接线松动导致500kV主变压器过励磁保护误动实例

1. 事件概述

某500kV变电站3号主变压器第一套过励磁保护动作跳开5111、5112、203、303断路器，3号主变压器第二套保护未动作。

2. 保护动作分析

500kV 3号主变压器保护动作情况：0ms，保护启动；12 223ms，主一保护高压侧C相过励磁保护动作跳闸，12 288ms，高压侧低电压动作；12 289ms，低压侧低电压动作；12 298ms；高压侧负序电压动作；失灵保护3ms解锁母差复压出口；3号主变压器第二套保护、5111、5112断路器保护均未动作。

3号主变压器保护启动时刻录波图如图14－3所示、保护动作时刻录波图如图14－4所示。

通过波形分析，第一套保护装置启动时高压侧电压出现异常，A、C相电压异常升高，B

相电压降低，其中 $U_a=64.31V$，$U_b=37.78V$，$U_c=72.08V$（详见图 14－3）。C 相电压（72.08/60.62＝1.19 倍）达到动作值（过励磁保护定值整定为：电压大于 1.12 倍启动反时限计时），过励磁保护启动。

3 号主变压器第一套过励磁保护动作时，第一套保护装置高压侧三相电压依次为 $U_a=70.40V$，$U_b=28.13V$，$U_c=74.80V$（详见图 14－4）。C 相电压高达基准值的 1.23 倍（74.08/60.62＝1.23），过励磁保护定值整定为：电压大于 1.25 倍，反时限延时 12s 出口。

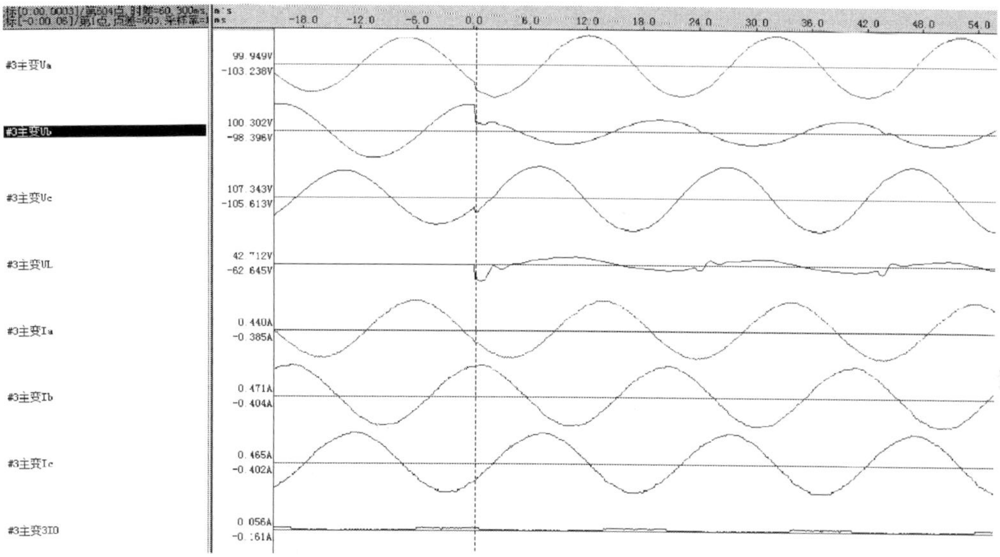

图 14－3　保护启动时刻录波图

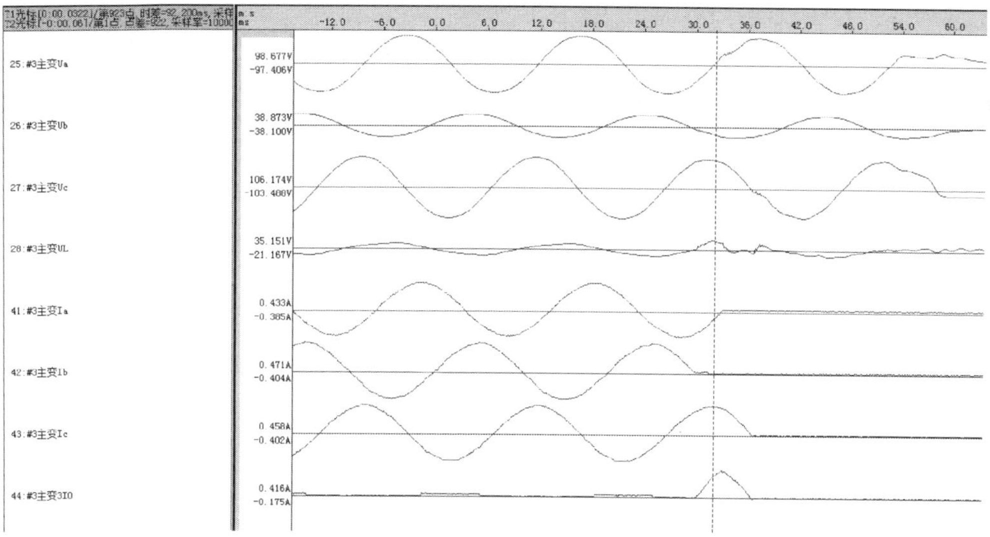

图 14－4　保护动作时刻录波图

3．不正确动作原因

500kV 3 号主变压器 500kV 侧 TV 回路接线图如图 14－5 所示，经检查在电能表屏屏顶，3 号主变压器保护用的 N600 与 YMN 小母线连接螺栓松动，如图 14－6 所示，造成电压中心

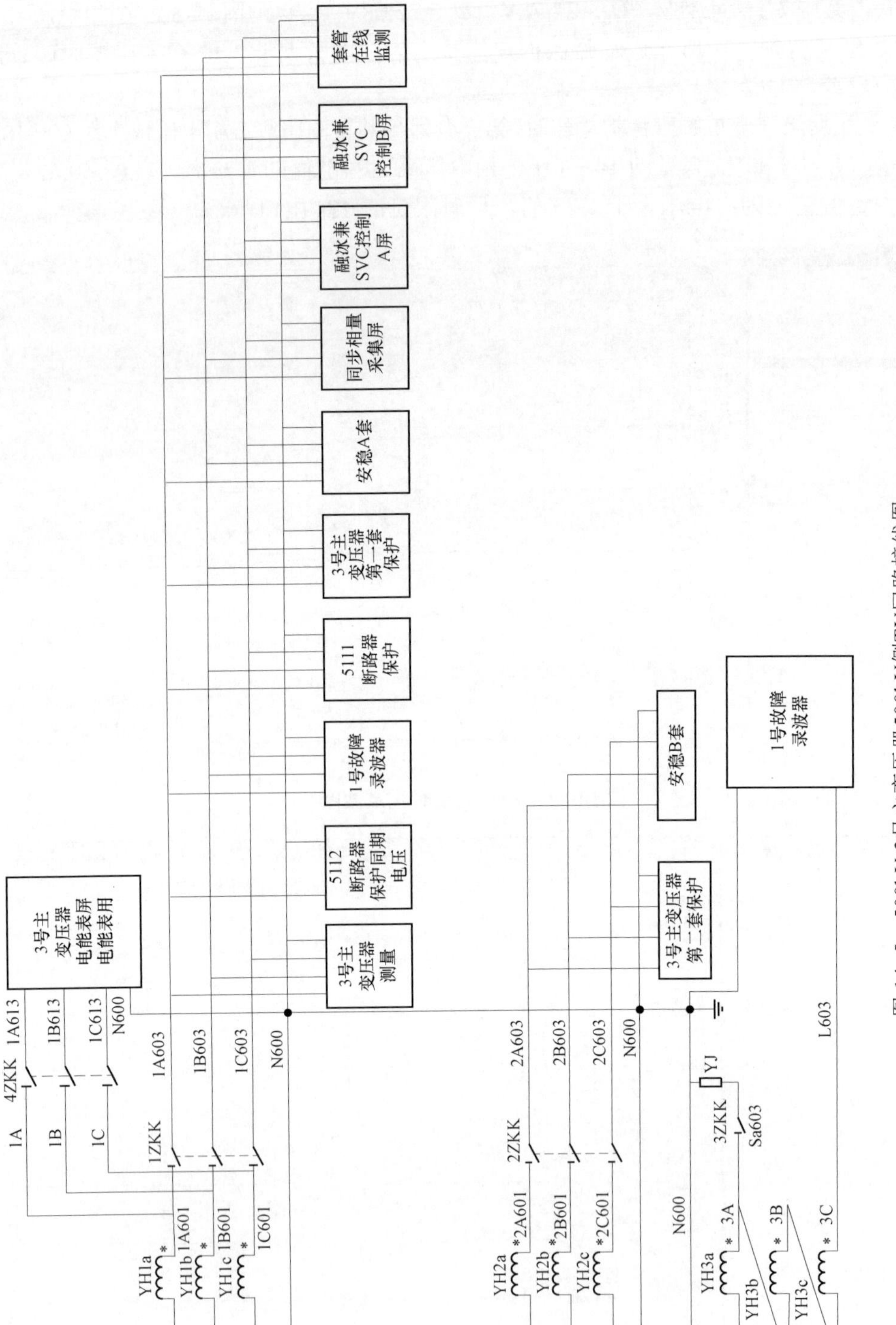

图 14-5 500kV 3号主变压器500kV侧TV回路接线图

图 14－6　N600 到屏顶与 YMN 小母线连接螺栓松动

点偏移，三相电压漂移，C 相电压达到过励磁保护动作值，导致 3 号主变压器第一套过励磁保护误动。

4. 暴露的问题

（1）保护及二次回路全检、二次系统综合整治工作方案不完备，未明确对屏顶小母线端子连接是否牢固进行检查。

（2）保护及二次回路全检漏项。未对 3 号主变压器保护及二次回路进行全检，未按照 DL/T 995—2016《继电保护和电网安全自动装置检验规程》中 6.2.3.1 条“检查电压互感器二次、三次绕组的所有二次回路接线的正确性及端子排引线螺钉压接的可靠性”的要求编制定检方案，未对 3 号主变压器保护用的 N600 到屏顶与 YMN 小母线连接螺栓进行检查。

（3）3 号主变压器第一套保护启动报警信号未接入运行监控系统。

5. 改进措施

（1）将 3 号主变压器第一套保护启动报警信号接入监控系统，完善保护报警信息。

（2）规范保护及二次回路全检作业指导书，严格执行标准作业要求。完善保护定检作业指导书，在保护定检作业表单中明确屏顶小母线连接是否牢固检查项目。

第二节　电缆芯断线和绝缘不良实例

一、某变电站 500kV MN 甲线绝缘不良高抗跳闸实例

1. 事件概述

某日 21 时 13 分，N 变电站 500kV MN 甲线第一套高抗保护动作，5051、5052 断路器三相跳闸。

高抗保护高、低压侧差动绕组 TA 变比均为 300/1A。TA 绕组配置如图 14－7 所示。

2. 保护动作情况

MN 甲线高抗主一保护 B 相电流波形如图 14－8 所示，500kV MN 甲线高抗第一套电气量保护高压侧电流由额定电流 0.5A 下降至 0.3A，低压侧二次电流保持 0.5A 不变，导致 B 相差动保护和零序差动保护动作。主二保护和集中录波器中高抗 B 相电流无变化。

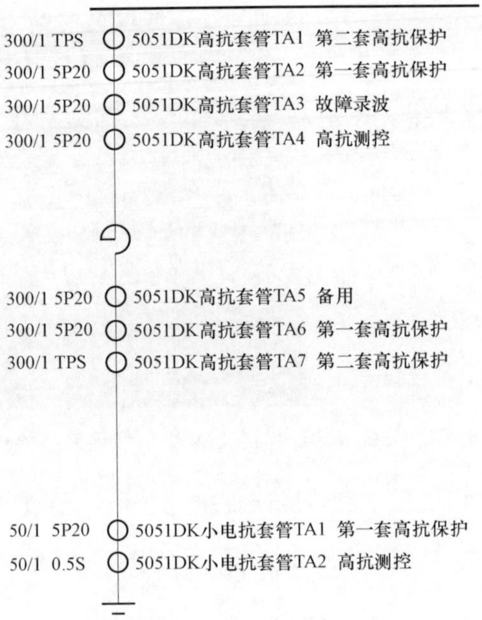

图 14－7 MN 甲线高抗保护 TA 绕组配置图

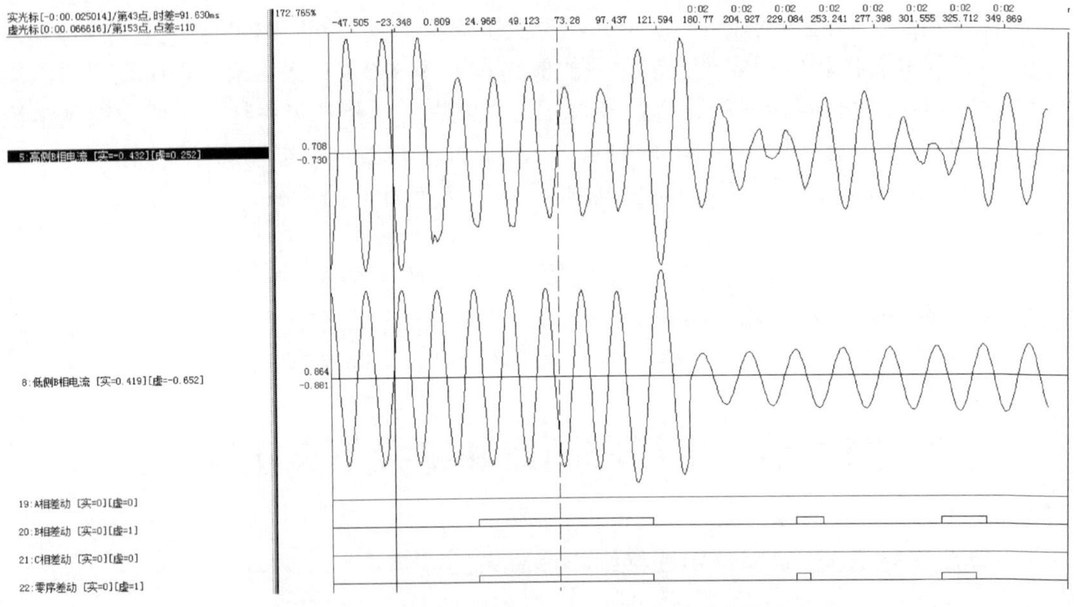

图 14－8 MN 甲线高抗主一保护 B 相电流波形

3. 设备检查情况

（1）对 MN 甲线高抗三相进行油中溶解气体色谱分析，试验结果正常（乙炔含量为 0μL/L）。高抗停电后进行绕组直流电阻、绕组连同套管进行绝缘电阻、吸收比、绕组连同套管的介质损耗及电容值、铁芯及夹件绝缘电阻试验，试验结果合格。

（2）检查高压套管 TA 二次接线盒，打开后发现升高座至本体端子箱电缆保护套管（高压套管 TA 二次接线盒侧）固定卡套的铁片切入电缆线芯，如图 14－9 所示。

(a)

(b)

图 14－9　固定卡套的铁片切入电缆线芯

（3）升高座至本体电缆为厂家基建安装时在现场装配，检修及试验均未对该处进行处理。2014 年 5 月大修时在本体接线盒升流试验、测试整个回路电阻正常，各线圈绕组对地均在 100MΩ 左右。

（4）把 B 相破损电缆用绝缘带包扎，破损处用 PVC 管加固故障处理完毕，完成通流试验，绝缘测试 100MΩ 以上。

（5）对 A、C 相进行检查，检查发现 A 相电缆保护管脱落，如图 14－10 所示，进行紧固和防摩擦处理，经检查 C 相未发现类似情况。A、C 相绝缘都在 100MΩ 以上。

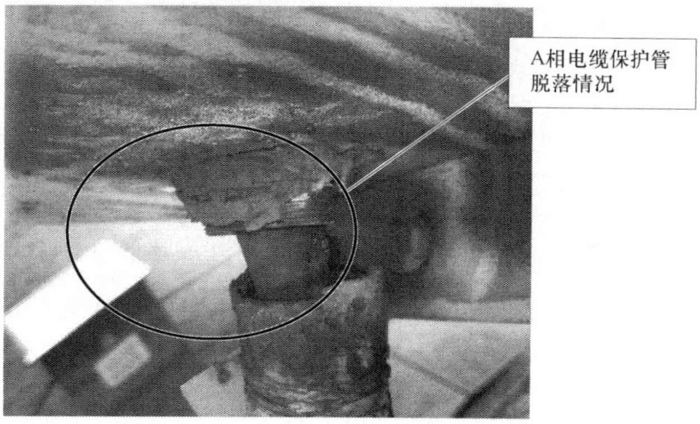

图 14－10　A 相电缆紧固和防摩擦处理

二、500kV MN 乙线线路绝缘不良导致高抗异常跳闸实例

1. 事件概述

某日 00 时 07 分 46 秒，500kV M 变电站交流场开关均在运行状态，500kV MN 乙线高抗第一套电量保护跳闸。

2. 保护配置及动作情况

500kV MN 乙线第一套高抗保护零序差动保护动作跳闸，经 5453、5452 断路器操作箱 CZX－12R 的手跳继电器，跳开 5453、5452 断路器，并发两路远跳命令，分别经辅 A、辅 B 保护跳开 500kV MN 乙线对侧断路器。线路保护及第二套电抗器电量保护未启动。

保护动作时，电抗器高端 A、B、C 三相电流为 0.52A 的正序电流，低端 B、C 相电流正常为 0.52A，A 相为 0.31A，A 相此时差流为 0.21A 达到分相差动和零序差动动作门槛值 0.21A，差动保护动作。跳闸前，500kV MN 乙线电压电流数据均为正常运行数据，无跳变畸变现象。

3. 设备检查情况

现场对 500kV MN 乙线断路器间隔、高抗间隔及二次保护装置进行检查。

二次回路检查情况：对高抗 TA 接线盒、A 相本体端子箱、高抗汇控箱、保护屏端子排、滤波电容、保护装置背板端子接线进行了检查，接线紧固，接线正确，无松脱和烧损痕迹，无发热现象。

保护装置检查：保护装置的采样、逻辑回路进行测试检查均正常。

一次设备检查：电抗器本体外观进行检查，无异常。

4. 故障原因

经检查，A 相高抗本体端子箱内，第一套电量保护低压侧电流回路引出缆芯，受箱内接地铜牌尖角挤压绝缘受损接地引起，如图 14－11 所示。

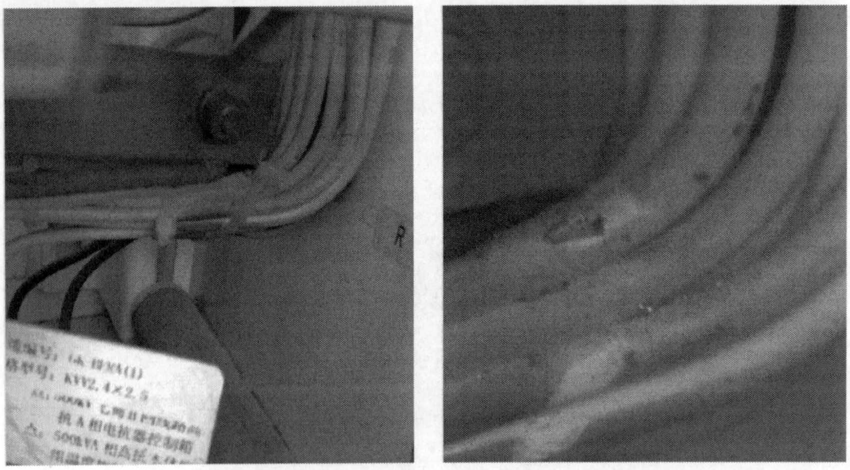

图 14－11　电流回路引出缆芯，受箱内接地铜牌尖角挤压绝缘受损

第三节　保护用通道衰耗不符合要求实例

220kV MN 线高频保护动作跳闸导致保护动作实例

1. 事件概述

某 220kV MP 线 B 相发生瞬时性故障，两侧双高频保护动作跳 B 相，重合成功。同时 220kV MN 线 N 变电站侧高频突变量保护出口跳 B 相，重合闸成功。

2. 保护动作分析

（1）220kV MN 线动作情况分析。220kV MP 线 P 变电站侧高频突变量保护出口跳 B 相。故障点反方向侧（M 变电站侧）在 MN 线高频发信出现短时缺口，从而造成故障点正方向侧（N 变电站侧）高频收信出现短时缺口使保护动作出口。MN 线故障时 M 变电站和 N 变电站高频通道录波如图 14－12 和图 14－13 所示。

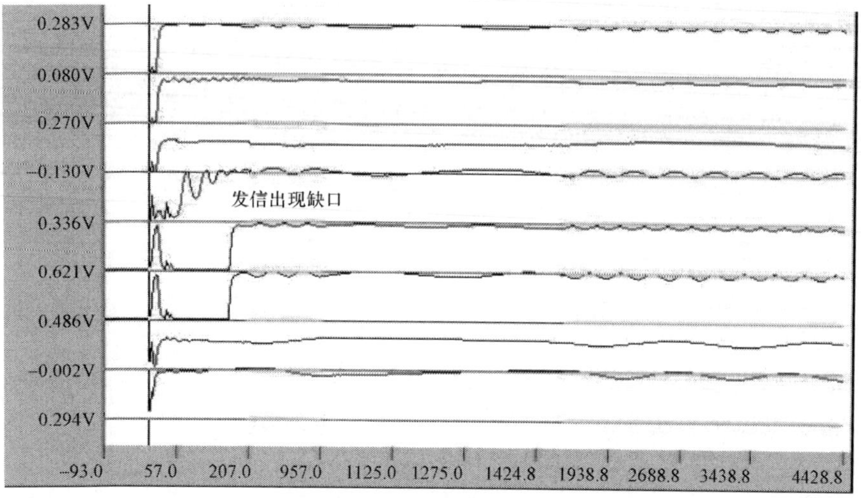

图 14－12　MN 线故障时 M 变电站高频通道录波图

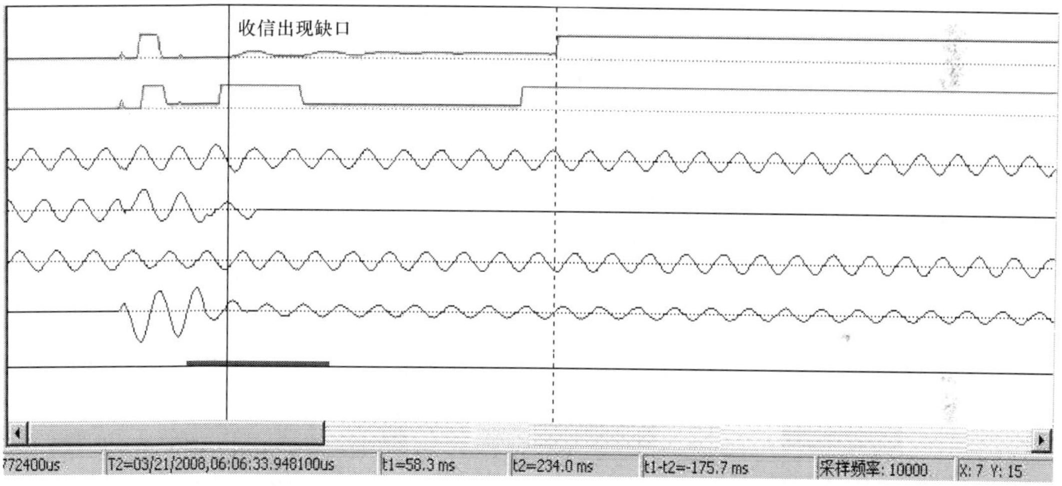

图 14－13　MN 线故障时 N 变电站高频通道录波图

（2）保护及高频通道检查情况：

1）退出 220kV MN 线高频保护，测试高频通道及用继电保护调试仪模拟反向故障，高频收发信机工作正常，发信 32.78dB、收信 19.72dB。保护发信接点、停信接点以及相关接线正确、紧固，高频电缆及二次接地线正确、紧固。六角图测试 TV、TA 接线正确。通道检查试验时 MN 线通道录波图如图 14－14 所示，模拟 MN 线反向故障时高频通道录波图如图 14－15 所示。

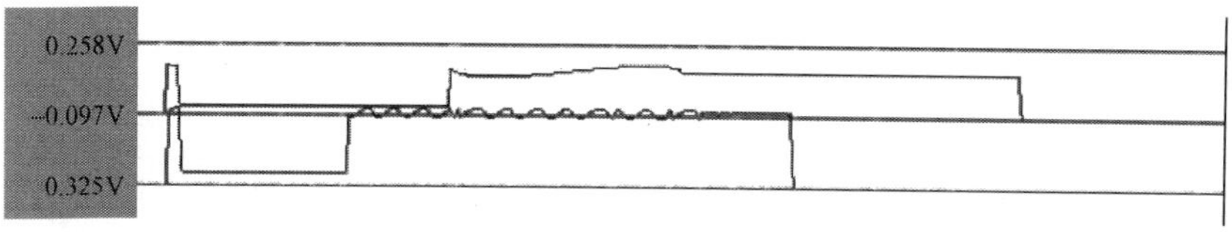

图 14－14　通道检查试验时 MN 线通道录波图

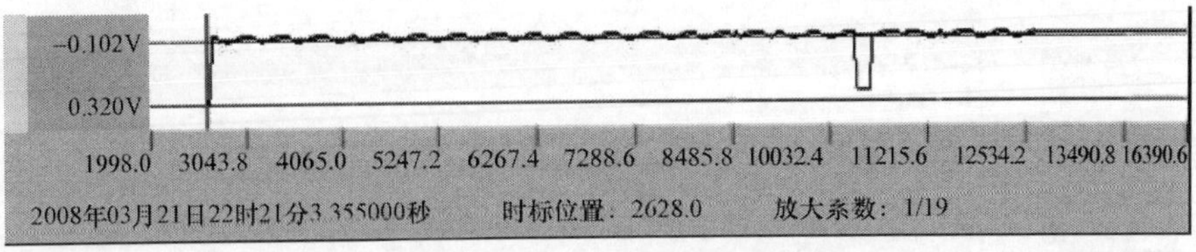

图 14－15　模拟 MN 线反向故障时高频通道录波图

2）保护厂家检查 MN 线两侧高频保护高频通道（B 相高频通道）。测试检查结果如下：

a. 两侧结合滤波器铭牌参数显示该结合滤波器非保护专用型，其回波衰耗＞12dB，保护专用型衰耗＞20dB。

b. 两侧高频电缆接线均符合反措要求。

3）停电检查测试结合滤波器、阻波器，检查结果未发现异常情况。

4）更换了 MN 线 M 变电站侧高频收发信机的发信板、功放板、线路滤波板，寄回厂家作发信状态下的快速瞬变、浪涌干扰常规试验。试验证明，高频收发信机的发信板、功放板、线路滤波板工作正常。

3. 不正确动作原因

220kV MN 线 M 变电站侧采用了非保护专用型结合滤波器，回波衰耗值偏小，当 MP 线靠 M 变电站出口故障时，产生较大干扰信号，造成 MN 线 M 变电站侧发信产生缺口，导致 N 电站侧保护误判区内故障，造成跳闸。

第四节　气体继电器进水、渗油实例

某变电站气体继电器进水导致 1 号主变压器重瓦斯保护动作实例

1. 事件概述

某日 02 时 40 分 31 秒，220kV 某变电站正在运行的 1 号变压器有载重瓦斯动作，跳开 1 号主变压器三侧断路器。检查发现有载调压气体继电器进水，造成接点短路，导致 1 号主变压器有载调压重瓦斯继电器动作出口。

2. 原因分析

由图 14－16 所示的录波图分析可知，在非电量保护动作之前，主变压器电压及负荷电流没有发生突变，无明显故障特征。

经现场人员检查发现，1 号主变压器保护有载调压重瓦斯动作，非电量保护及操作箱跳闸灯亮，后台机报“#1 主变有载调压重瓦斯动作”，1 号主变压器本体有载调压重瓦斯继电器触点一直导通，处于动作状态，按下复归按钮仍导通。而正常情况下按下复归按钮信号触点不会导通（正常运行位置常开触点）。对有载开关气体继电器进行拆除检查发现里面有水，拆下竿簧管，发现管内已进水，接触片氧化导致两片接触片已粘合，造成有载开关气体继电器出口。气体继电器进水的原因是有载调压开关储油柜和加油管之间的接头及有载调压开关储油柜和呼吸器之间的接头密封圈老化。现场照片如图 14－17 所示。

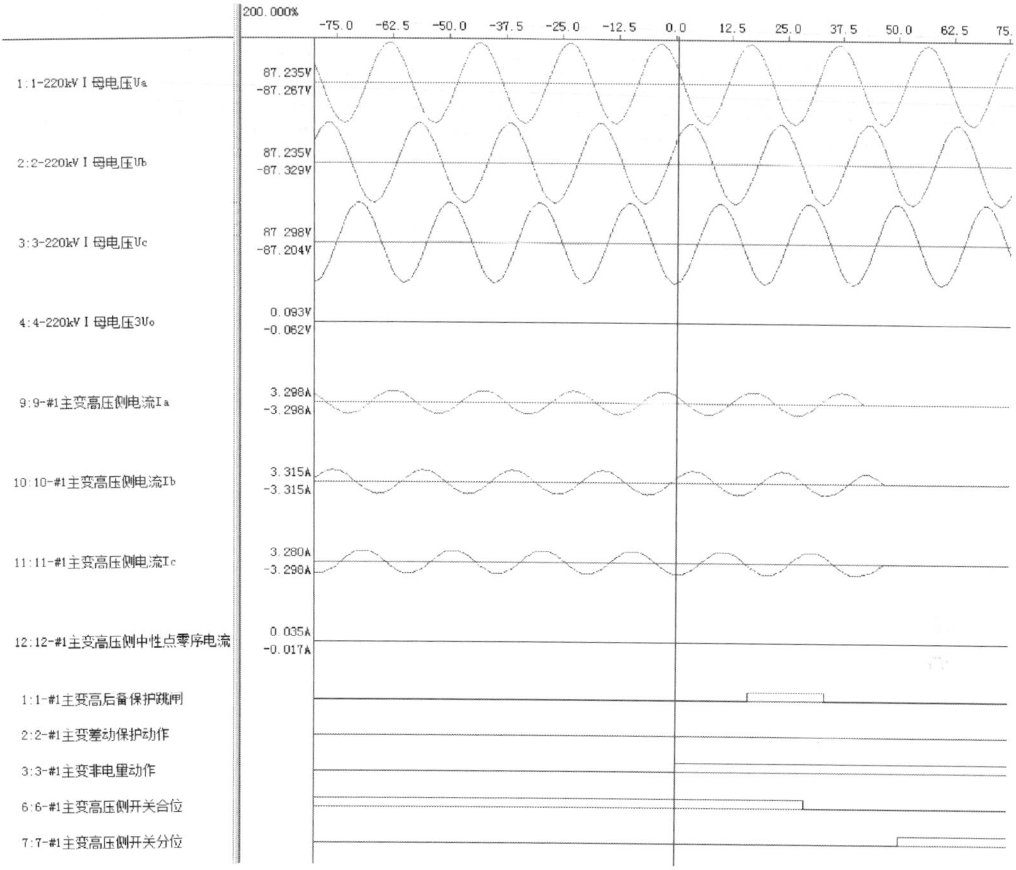

图 14－16　1 号主变压器高压侧录波图

图 14－17　现场照片

（a）载调压开关储油柜和加油管之间的接头；（b）各部件情况；（c）接触片氧化导致短路

本次事故跳闸是有载调压开关储油柜和加油管之间的接头及有载调压开关储油柜和呼吸器之间的接头密封圈老化，1 号主变压器有载调压气体继电器进水，造成其接点短路，导致 1 号主变压器有载调压重瓦斯继电器动作出口，跳开 1 号主变压器三侧断路器。

3. 防范措施

（1）结合停电对运行时间较长的接头密封圈及有载调压气体继电器做更换处理。

（2）严格做好密封，避免由于进气、进水而引起断路器跳闸。为检查变压器密封情况，在检修后应对变压器进行检漏试验。变压器投运前，要注意排除内部空气，如导管法兰、高压导管升高座、油管路中死区、冷却器顶部等的残留空气。投运前应尽早启用油泵，借助油循环将残留空气排出。

（3）在对运行中的变压器进行滤油、加油、更换硅胶、处理呼吸器，以及其他可能造成气体继电器误动作的工作之前，应将瓦斯保护改接信号。工作完毕，主变压器空气排尽后，方可将气体继电器重新投入跳闸。

第十五章

回路设计不合理实例分析

第一节 设计回路不合理实例

一、失磁保护方案设计错误导致机组失磁保护误动作实例

1. 事件概述

某 500kV 电厂 500kV 出线 C 相单相瞬时故障、保护出口、开关跳闸重合闸动作成功，线路非全相运行期间该电厂 1、4 号机组失磁保护动作与系统解列。

2. 保护动作分析

1、4 号机组发电机保护均为失磁二段保护动作，失磁保护是在 500kV 线路 C 相故障跳闸后的非全相运行期间动作，其动作报告如图 15－1、图 15－2 所示。

序号	动作元件名称	动作相别	动作相对时间
01	失磁二段		038ms

失 磁 二 段 故 障 参 数

序号	名称	量值	序号	名称	量值
01	机端 U_{ab}	81.909∠051 V	07	高压侧 U_{ab}	99.582∠000 V
02	机端 U_{bc}	100.624∠301 V	08	高压侧 U_{bc}	81.071∠264 V
03	机端 U_{ca}	105.756∠168 V	09	高压侧 U_{ca}	121.672∠139 V
04	机端 I_{ab}	1.665∠200 A	10	直流励磁电压	0.050 V
05	机端 I_{bc}	0.587∠097 A	11	有功功率	−113.518 W
06	机端 I_{ca}	1.640∠000 A			

图 15－1　1 号发电机保护 A 柜动作报告

序号	动作元件名称	动作相别	动作相对时间
01	失磁二段		030ms

失 磁 二 段 故 障 参 数

序号	名称	量值	序号	名称	量值
01	机端 U_{ab}	85.464∠120 V	07	高压侧 U_{ab}	98.706∠069 V
02	机端 U_{bc}	104.828∠008 V	08	高压侧 U_{bc}	85.404∠333 V
03	机端 U_{ca}	107.645∠235 V	09	高压侧 U_{ca}	123.602∠205 V
04	机端 I_{ab}	1.594∠262 A	10	直流励磁电压	0.025 V
05	机端 I_{bc}	0.530∠160 A	11	有功功率	−108.280 W
06	机端 I_{ca}	1.574∠062 A			

图 15－2　4 号发电机保护 A 柜动作报告

3. 保护不正确动作原因

该电厂发电机失磁保护的动作逻辑框图如图 15－3 所示。失磁Ⅱ段动作时的判据为静稳阻抗 Z_1（不经延时）和励磁低电压判据“与”运算后经过 0.2s 延时出口。

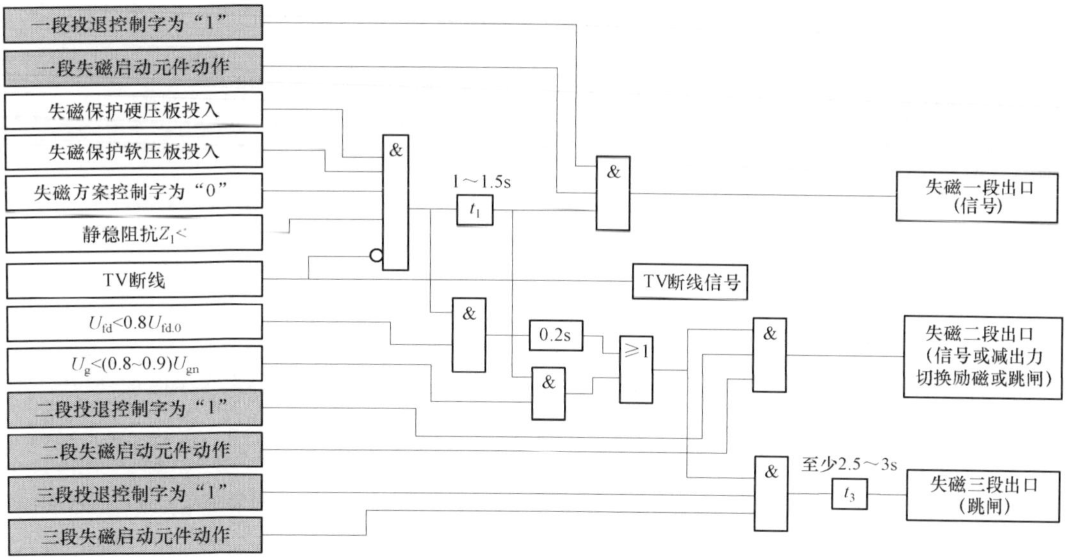

图 15－3　失磁保护的动作逻辑框图

（1）以 1 号发电机保护 A 柜动作报告为例进行分析。

失磁保护Ⅱ段动作时刻，机端测量阻抗 $Z=U_{ab}/I_{ab}=49.19\angle211°$（Ω），在静稳阻抗圆 Z_1 圆内，励磁电压 0.05V，有功功率为－113.518W，动作点在第三象限，满足静稳阻抗圆动作条件。

（2）对发电机保护装置启动前后的故障录波图进行进一步分析。

线路故障前发电机机端电压和电流有效值如图 15－4 和表 15－1 所示。从表 15－1 中可以看出 A 相电压超前 A 相电流 5.842°－（－179.134°）＝184.972°，故障前机组处于正常发电状态，A 相电压超前 A 相电流 184.972°是不正确的，B、C 相电压同样超前电流 185°和 186.2°，由此可以判断机端失磁保护用电流互感器（与发电机差动保护共用）极性接反，而发电机运行期间的差流为零，表明发电机中性点的电流互感器极性同样接反。

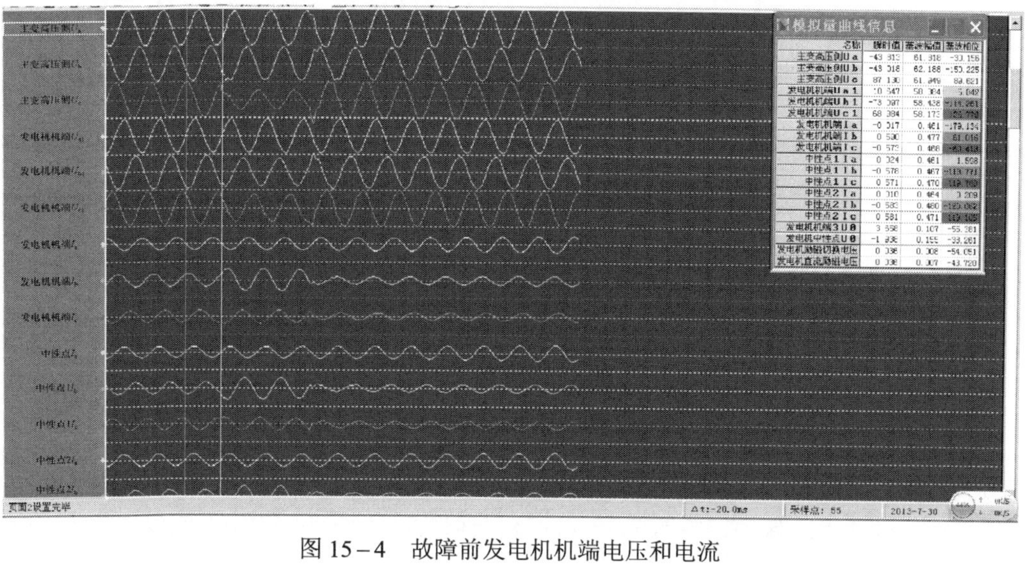

图 15－4　故障前发电机机端电压和电流

表 15-1　　故障前发电机机端电压和电流基波幅值和相位（有效值）

项　目	基波幅值	基波相位
发电机机端电压 U_a	58.381V	5.842°
发电机机端电压 U_b	58.438V	-114.261°
发电机机端电压 U_c	58.173V	125.779°
发电机机端电流 I_a	0.461A	-179.134°
发电机机端电流 I_b	0.477A	61.016°
发电机机端电流 I_c	0.468A	-60.418°

由于机端失磁保护用电流互感器极性接反，导致发电机机端测量阻抗在区外 500kV 线路 C 相故障跳闸后非全相运行期间，落入了失磁保护的静稳阻抗圆。

经检查发现，电厂没有将发电机励磁电压接入保护装置，因此“发电机转子低电压”的判据一直满足，加之发电机保护 TA 极性接反，导致 500kV 线路 C 相故障跳闸后非全相运行期间，“机端测量阻抗”进入了“机端静稳阻抗圆”的动作区，满足失磁保护Ⅱ段的动作条件而出口跳闸。

4. 暴露的问题

（1）设计错误。由于设计院与保护厂家在设计上存在脱节，保护厂家的失磁保护方案要求引入发电机励磁电压，而设计院在设计上未将发电机励磁电压设计引入，造成失磁保护设计方案存在问题。设计上没有将机组励磁系统电压引入发电机保护装置，致使失磁保护中“发电机转子低电压”判据一直开放。

（2）TA 极性错误。由于 TA 极性错误，造成机端测量阻抗方向错误，在线路 C 相单相故障跳闸后非全相运行期间，发电机机端测量阻抗落入失磁保护的“静稳阻抗圆”，从而开放失磁保护Ⅱ段。

二、重合闸回路接线错误导致 220kV MN 线 M 侧重合闸不动作实例

1. 事件概述

某 220kV MN 线发生 C 相故障，MN 线主一、主二保护动作出口跳三相，N 变电站侧三相重合成功，M 变电站收到对侧远方跳闸开入闭锁重合闸，重合闸未出口。

2. 保护动作分析

（1）M 变电站。

主一保护：分相差动出口、Ⅰ段阻抗出口。

主二保护：纵联保护三跳出口、接地距离Ⅰ段出口。

主一、主二重合闸均未动作。

（2）N 变电站。

主一保护：分相差动出口。

主二保护：纵联保护三跳出口。

主一、主二重合闸均动作。

3. 不正确动作原因

检查 N 变电站主一保护远方跳闸开入回路接线情况，发现 N 变电站 220kV MN 线保护在

设计上存在错误，将三跳（TJQ）与永跳（TJR）接线并在一起，如图 15-5 所示。

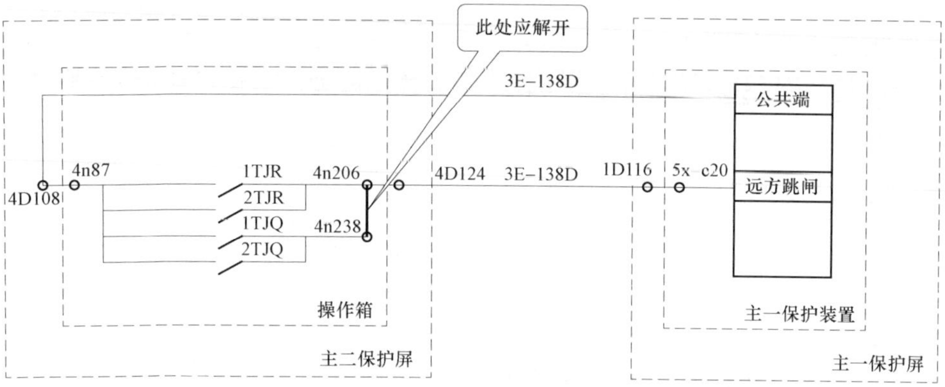

图 15-5　三跳（TJQ）触点与永跳（TJR）并联接线图

N 变电站三跳（TJQ）触点与永跳（TJR）触点并联后，接入主一保护远方跳闸开入接点是导致 M 变电站侧重合闸不启动的直接原因。重合闸方式投三重，任何类型故障直接三跳，三跳启动 TJQ，TJQ 启动 N 变电站远方跳闸，M 变电站主一保护接到对侧远方跳闸出口命令，永跳出口，闭锁重合闸。

4. 暴露的问题

（1）设计单位未按技术规范及反措要求进行标准设计，导致回路接线设计错误。

（2）施工方未按照《继电保护及有关二次回路验收规范》进行调试，即分别模拟三相故障，检查重合闸动作的正确性，致使三跳（TJQ）触点与永跳（TJR）触点回路并联缺陷未被发现。

（3）供电局在验收环节上存在管控不到位的问题，在保护装置的安装调试和试验验收期间，对保护装置的相关二次回路、保护动作逻辑没有逐项检查和试验验证，导致接入保护装置的三跳（TJQ）触点与永跳（TJR）触点并联错误接线没有被及时发现。

5. 改进措施

N 站侧 MN 线远方跳闸开入回路只接永跳（TJR）触点，取消三跳（TJQ）触点。修改后的远方跳闸开入回路接线图如图 15-6 所示，永跳（TJR）触点 4n206 后接 4D124 端子，通过 3E138D 电缆芯接到主一保护屏 1D116 端子，再接到主一保护装置 5X-c20 触点，为主一保护装置提供远方跳闸开入。

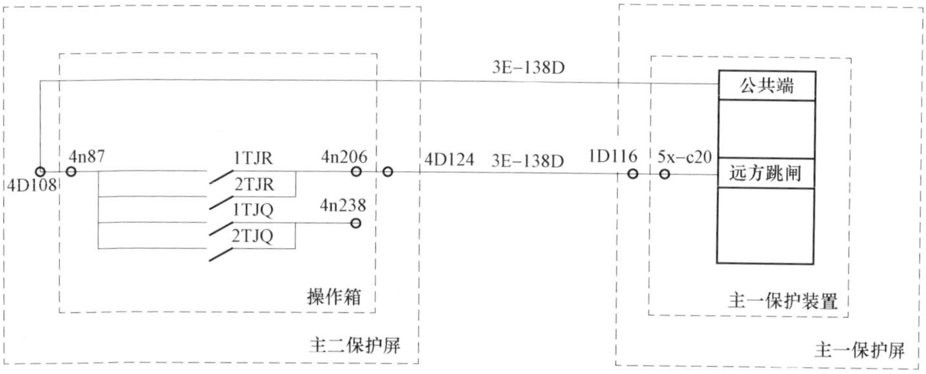

图 15-6　修改后远方跳闸开入回路接线图

三、重合闸回路接线错误导致500kV MN线C相单瞬故障N侧重合不成功实例

1. 事件概述

某日，500kV MN线线路C相因雷击发生瞬时接地故障，M电厂侧跳C相，重合成功，N电厂侧断路器三跳。

2. 保护动作分析

（1）M电厂侧。

主一保护、主二保护：10ms电流差动保护动作跳C相，开关40ms断弧；5013断路器保护1256ms重合成功，5012断路器保护1758ms重合成功。

（2）N电厂侧。

主一保护、主二保护：10ms电流差动保护动作跳C相，开关50ms断弧；5032、5033断路器保护88ms三跳闭锁重合闸，约130ms沟通三跳出口，MN线主保护分别给5032、5033断路器保护发“单跳启重”信号，但断路器保护接收信号为“三跳启重”，且5032、5033断路器保护重合闸为“单重”方式，故5032、5033断路器重合闸被闭锁而三跳。

3. 不正确动作原因

N电厂500kV MN线主二保护“单跳启重”和“三跳启重”二次回路接反，如图15－7所示，即主二保护装置“单跳启重”信号误接入5032、5033断路器保护“三跳启重”端子，致使当主保护发“单跳启重”信号时，断路器保护误判为“三跳启重”信号，导致5032、5033断路器误动跳三相。正确接线图如图15－8所示。

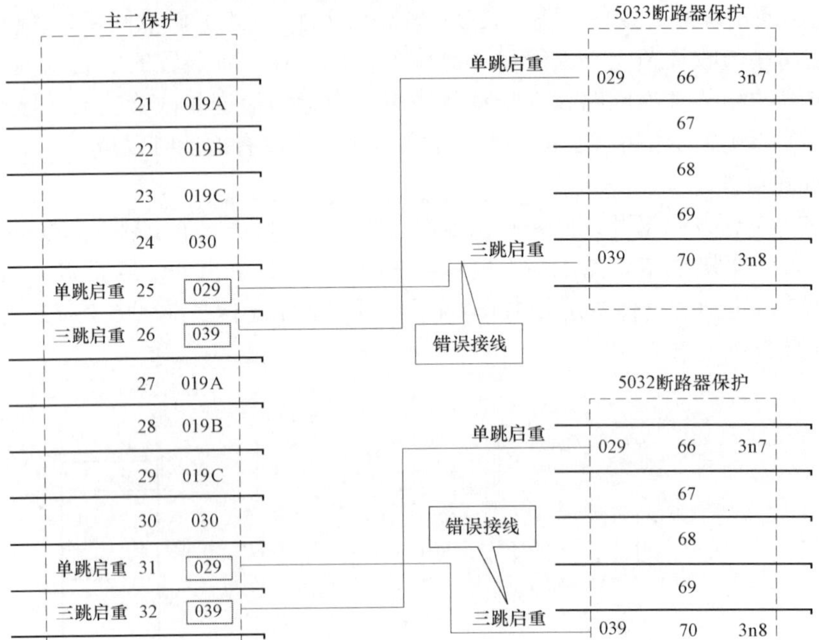

图15－7 线路保护与断路器保护间“单跳启重”和“三跳启重”回路

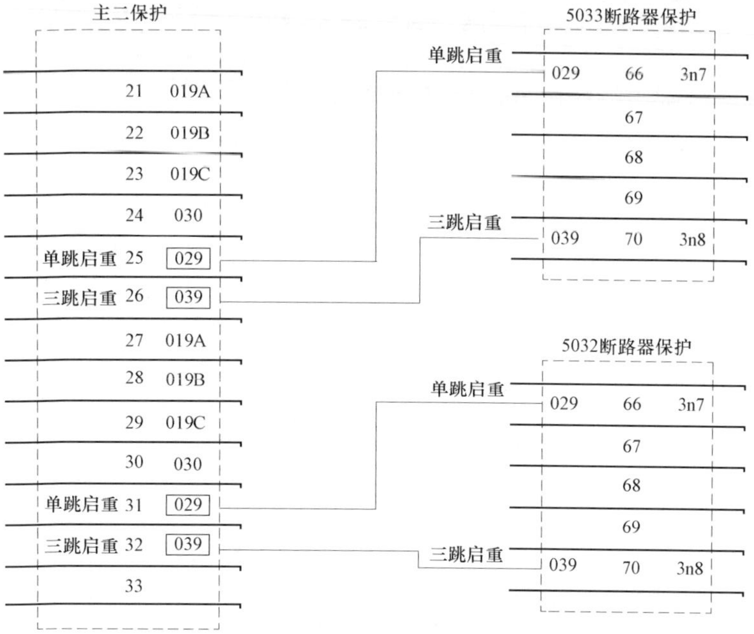

图 15－8 “单跳启重”和“三跳启重”回路正确接线图

MN 线原主二保护改造前设计单位将“三重”和“单重”回路设计接反，施工单位按图施工，调试单位在调试中发现并更正了错误接线，但竣工图的错误设计和电缆的错误标识均未更正，留下图实不符的安全隐患。

主二保护改造工作由运行维护单位自行设计、施工、调试及验收。由于运行维护单位设计不规范，在没有核实原设计图纸正确性的情况下，将原错误设计照搬。改造后 N 电厂继电保护人员未按照相关规定的要求严格进行调试及验收。调试人员模拟单相故障传动开关时，未投入主二保护启动重合闸压板，因此保护单跳启动重合闸回路没有得到有效检验，致使“三跳启重”与“单跳启重”回路接线错误未被发现。验收过程同样流于形式，没有进行逐一验收，未能发现存在的隐患，最终造成二次回路接线错误。

4. 暴露的问题

（1）设计图纸存在错误，存在图实不符问题，在基建调试时虽已发现并改正接线，但线芯胶头没有改正。

（2）施工人员未认真核对同一电缆芯两侧线芯号是否相符，仅按照设计端子图及电缆芯号进行施工接线。

（3）调试时试验项目不全，只在断路器保护装置进行重合闸试验，没有从线路保护处做试验，导致隐患未消除。

第二节　回路接线设计不合理实例

一、保护装置跳闸矩阵窜电造成断路器跳闸实例

1. 事件概述

某电厂按计划开展5号机组5CHA01保护屏寄生回路检查，分别断合保护装置供电空气开关，检查是否存在寄生回路装置故障闭锁信息，事故前运行方式如图15－9所示。11点20分，报警站出现了500kV 5005、5006断路器三相跳闸，6号机组CP工况跳机等报警信号，现场检查500kV 5005、5006断路器已跳闸，500kV 5、6号主变压器、1号电缆因此退备，6号机组CP工况跳机（未带负荷）。

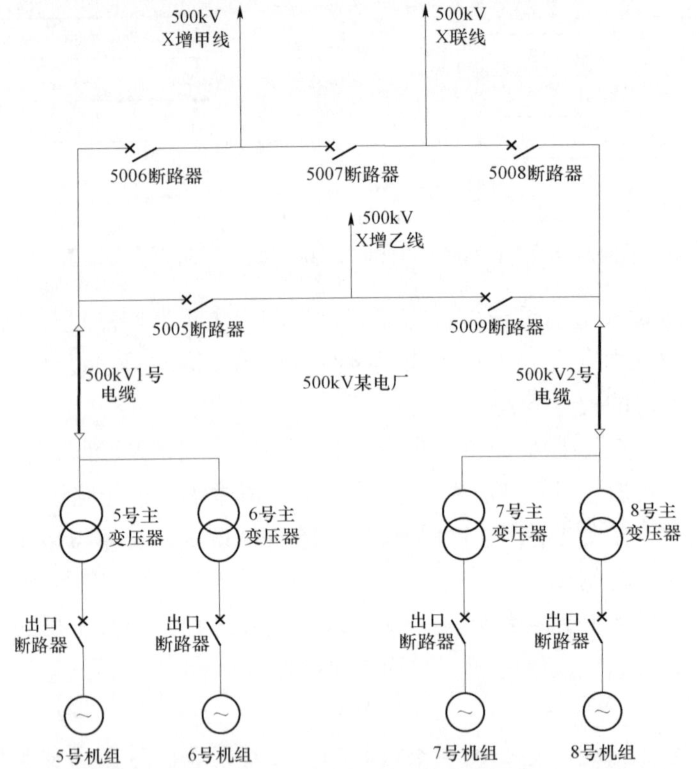

图15－9　电厂5005—5006断路器跳闸前运行方式图

2. 保护动作分析

500kV 5005、5006断路器跳闸后，检查500kV 5005、5006断路器、1号电缆、500kV 5、6号主变压器、6号机组一次设备均正常。现场检查5005、5006断路器操作箱均有三相跳闸信号。

查看断路器保护装置启动报告，500kV 5005断路器保护装置（如图15－10所示）有发变三跳开入，断路器三相跳闸，500kV 5006断路器保护（如图15－11所示）有发变三跳开入，断路器三相跳闸。从如图15－12故障录波的波形可见，故障前电流电压未见异常。

序号	动作相	动作相对时间	动作元件

起动时开入量状态

01	投充电保护	:	0	10	B相跳闸开入	:	0
02	先合投入	:	0	11	C相跳闸开入	:	0
03	重合闸方式1	:	0	12	A相跳闸位置	:	0
04	重合闸方式2	:	0	13	B相跳闸位置	:	0
05	闭锁重合闸	:	0	14	C相跳闸位置	:	0
06	闭锁先合开入	:	0	15	合闸压力降低	:	0
07	发变三跳开入	:	1	16	投充电保护S	:	1
08	线路三跳开入	:	0	17	投先合压板S	:	0
09	A相跳闸开入	:	0	18	投闭重压板S	:	0

起动后变位报告

01	00008MS	发变三跳开入	1->0	03	00047MS	B相跳闸位置	0->1
02	00045MS	A相跳闸位置	0->1	04	00049MS	C相跳闸位置	0->1

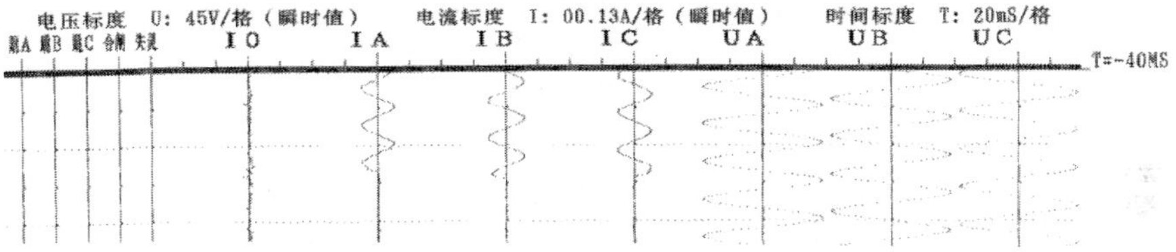

图 15－10 5005 断路器保护装置打印报告

模拟量： 1--Ia 2--Ib 3--Ic 4--3I0 5--UIX
6--UⅡXA 7--UⅡXB 8--UⅡXC

开关量： 1-保护启动 2-合闸 3-跳位A 4-跳位B
5-跳位C 6-Ⅰ跳A 7-Ⅰ跳B 8-Ⅰ跳C
9-Ⅰ跳三 10-Ⅱ跳A 11-Ⅱ跳B 12-Ⅱ跳C
13-Ⅱ跳三 14-发变三跳 15-闭锁重合闸 16-低气压闭锁重合闸
17-启动三相不一致 18-沟通三跳 19-A相跳闸 20-B相跳闸
21-C相跳闸 22-失灵跳相关断路器 23-死区保护出口 24-三相不一致出口

满量程： 88.5V/ 0.09A

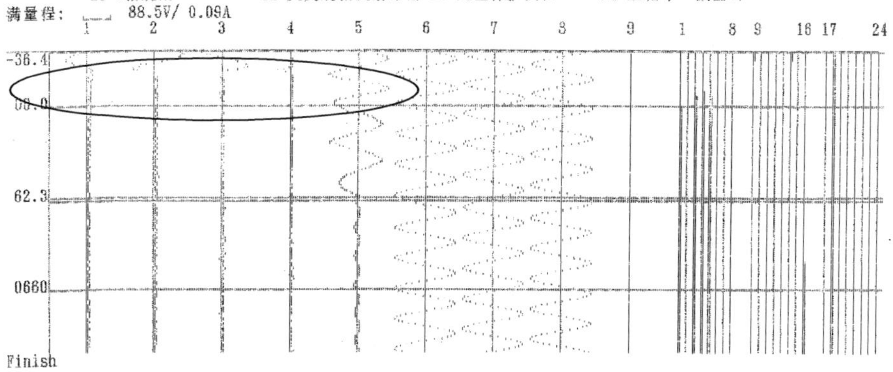

图 15－11 5006 断路器保护装置打印报告

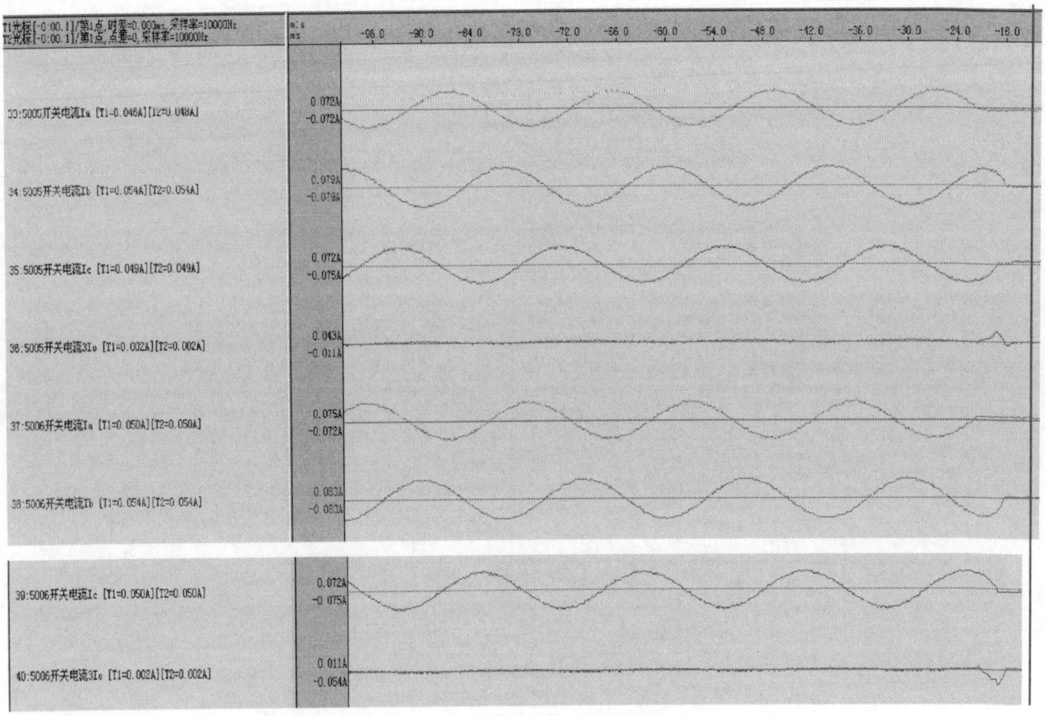

图 15－12　装置故障录波分析

3. 保护不正确动作原因分析

现场进行了三次手动断合跳闸矩阵电源开关试验，试验结果如下：

第一次试验，当断合电源空气开关时，500kV 5005、5006 断路器跳闸回路均有跳闸信号，最长 15ms，最短 7ms，并且 500kV 操作箱有跳闸信号，录波如图 15－13 所示。

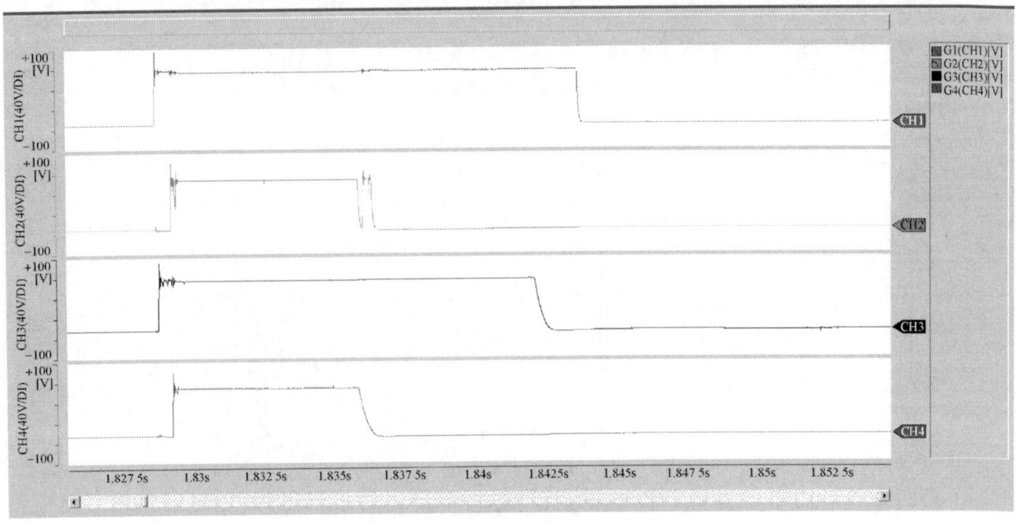

图 15－13　第一次试验录波

第二次试验，当断合电源空气开关时，500kV 5005、5006 断路器跳闸回路只有一路有跳闸信号，最长 1.86ms，最短 1.2ms，并且 500kV 操作箱有跳闸信号，录波图如图 15－14 所示。

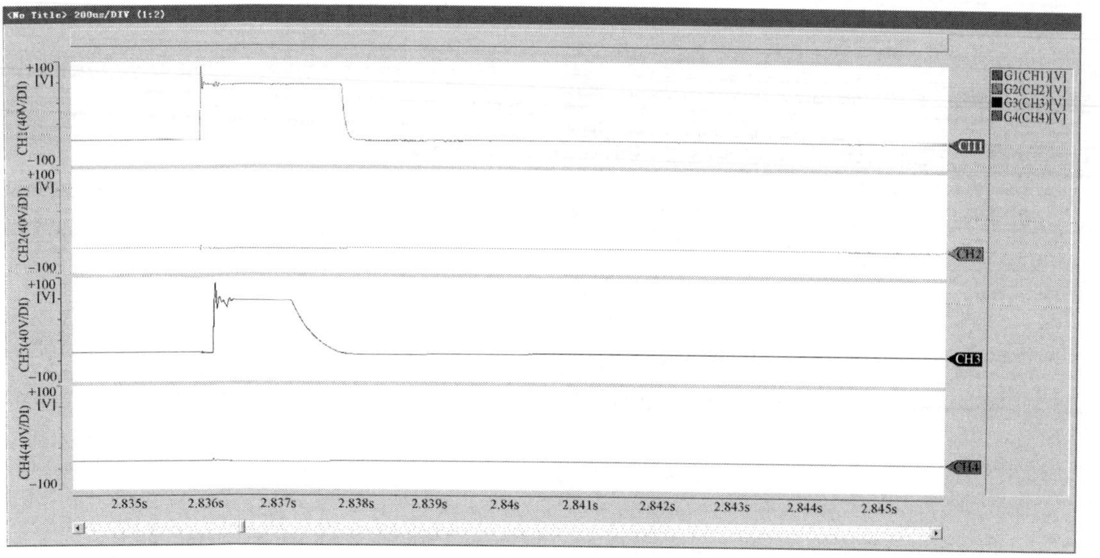

图 15－14　第二次试验录波

第三次试验，当断合电源空气开关时，500kV 5005、5006 断路器跳闸回路均没有跳闸信号。录波图如图 15－15 所示。

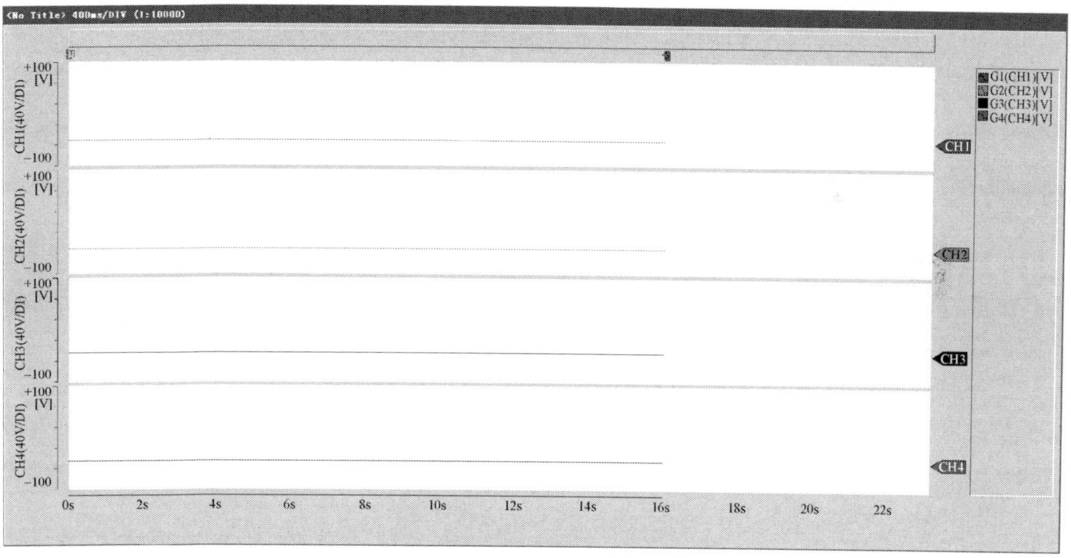

图 15－15　第三次试验录波

综合分析此次 500kV 5005、5006 断路器跳闸动作逻辑如下：在进行保护电源 MCB 断合试验过程中，由于跳闸矩阵 F61 回路存在电压窜电，在合上 5 号机组跳闸矩阵电源空气开关 F861 时，瞬间导致出口回路中间继电器励磁，从而跳开 500kV 5005、5006 断路器。

对废弃备品进行解体测试，发现跳闸矩阵外部电源 220VDC 负极（测点 1）与跳闸矩阵内部电源 15VDC 负极（测点 2）导通，如图 15－16 所示。确认跳闸矩阵外部电源负极与内部电源负极导通，内部自保持回路存在强弱电串接情况。解除强弱电回路的连接，测试发现窜电行为明显改善。

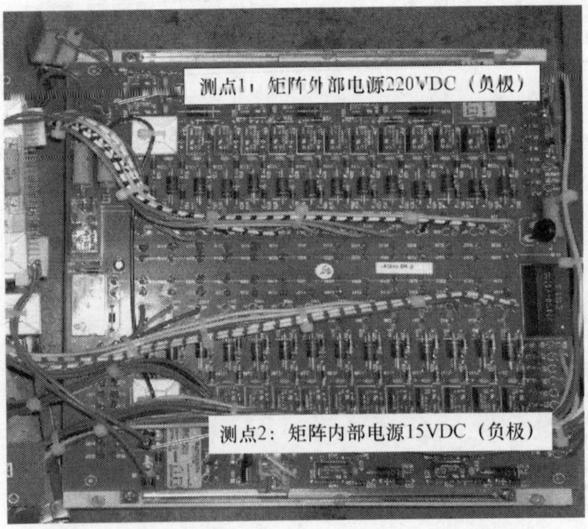

图 15－16　跳闸矩阵备品硬件回路测试示意图

（1）直接原因。5 号机组保护装置跳闸矩阵窜电至 500kV 5005、5006 断路器跳闸出口回路中间继电器，导致 500kV 5005、5006 断路器跳闸。

（2）间接原因。跳闸矩阵 F61 装置电源回路与矩阵跳闸出口回路间因设计原因存在窜电的物理通道，当跳闸矩阵装置电源上电时，装置电源正极有时先于负极接通，装置电源正电窜接至跳闸矩阵的出口回路上，从而驱动 500kV 5005、5006 跳闸出口回路中间继电器，跳开 500kV 5005、5006 断路器。

4. 暴露的问题

（1）检修人员对跳闸矩阵装置内部回路认识不深，未能分析到该跳闸矩阵电源回路与跳闸出口存在物理通道窜电的可能。

（2）跳闸矩阵存在设计缺陷，在装置电源回路与矩阵跳闸出口回路间存在窜电的物理通道，在断合该装置电源时，会导致断路器跳闸。

二、出口继电器选型不当导致 500kV 线路单相瞬时故障保护三跳实例

1. 事件概述

某 500kV MN 线发生 C 相瞬时性接地故障，M 变电站重合闸动作成功，N 变电站重合闸未动作。

2. 保护动作分析

（1）M 变电站侧。主一保护：11ms 电流差动，31ms 距离Ⅰ段；主二保护：11ms 电流差动，31ms 距离Ⅰ段；5041 断路器保护：23ms C 相跟跳，1265ms 重合闸动作；5042 断路器保护：23ms C 相跟跳，1765ms 重合闸动作。

（2）N 变电站侧。主一保护：11ms 电流差动、11ms 工频变化量阻抗、28ms 距离Ⅰ段；主二保护：11ms 电流差动、11ms 工频变化量阻抗、29ms 距离Ⅰ段；5022 断路器保护：20msB 相跟跳、C 相跟跳、三相跟跳、沟通三跳出口，38ms 两相联跳三相出口；5023 断路器保护：20ms C 相跟跳、沟通三跳出口。

3. 不正确动作原因

（1）通过对装置录波和集中录波数据的综合分析，500kV MN 线保护动作行为正确。但 5022 断路器保护装置除收到线路保护开出的 C 相跳闸开入信号外，并有 A、B 相跳闸信号开入，其持续时间为 5s，从而导致断路器保护三跳出口；5023 断路器保护装置除收到线路保护开出的 C 相跳闸开入信号外，并有线路三相跳闸信号开入，其持续时间为 2s，从而导致断路器保护三跳出口；由于两台断路器重合闸为单重方式，故在本次线路发生瞬时性接地故障时重合闸未动作。

（2）N 变电站一期工程仅投运第二串的 5022、5023 断路器用于 2 号主变压器，接于第四串位置的 MN 线采用硬连接的方式与主变压器共用 5022、5023 断路器，故 MN 线主一、主二

保护屏安装于 52 小室，5022、5023 断路器保护屏安装于 51 小室，通过二次电缆方式进行连接，由于 5022、5023 断路器保护开入回路使用的 24V 工作电源。根据规程规定，24V 二次回路不允许出继电保护小室，验收单位在验收调试时提出了该缺陷，设计单位通过强弱电光电隔离的措施解决该问题，MN 线线路 N 侧保护与断路器保护电缆联系示意图如图 15－17 所示。

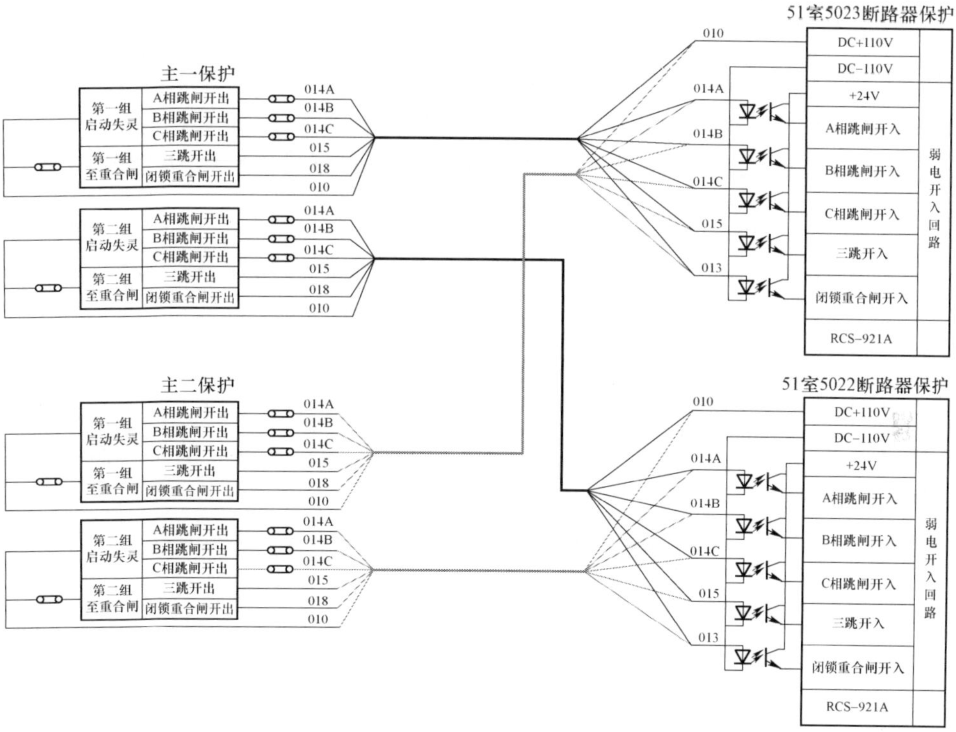

图 15－17　MN 线线路 N 侧保护与断路器保护电缆联系示意图

5 月 2 日在对光隔元件检测时，发现其动作电压为直流电压 54V。用示波表在光隔强电入口处（DC220V）检测瞬时电压，在传动试验时，非动作相的光隔入口有瞬时过压，通过 10 次对不同光隔端子测量，瞬时升高电压最大为 54.4V，其测量波形如图 15－18 所示，最小为 23.2V 的尖顶波干扰信号（峰谷间约 3.2ms），其高值达到光隔动作电压。在实际故障切除过程中，断路器动作开断一次故障电流时，对二次回路产生的操作过电压更高于此次模拟试验的值。

因 MN 线线路保护与断路器保护间的光换隔离元件动作电压不合格（光隔动作电压为 54V，而根据相关规程对出口中间继电器的要求，其动作值应大于 55%的额定工作电压即 121V），造成 N 变电站侧重合闸未动作。

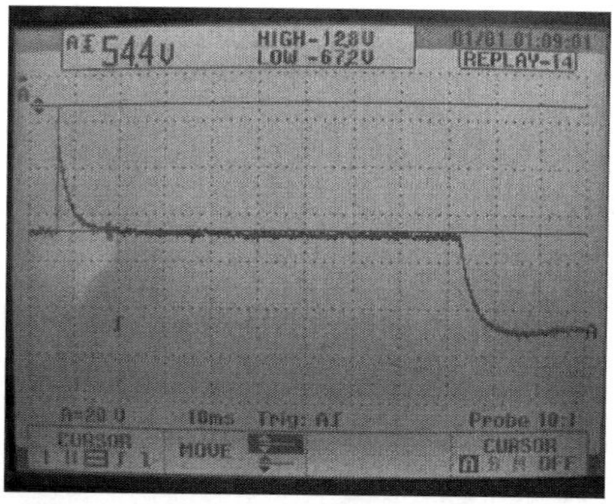

图 15－18　模拟 A 相故障在 5022 断路器保护屏 B 相跳闸开入光隔入口处测量波形

4. 暴露的问题

（1）设计单位设计时未考虑到24V二次回路不允许出小室问题，以至在验收环节才在断路器保护屏增加强弱电光电隔离措施。

（2）施工单位后期在断路器屏内增加的光隔，特性不满足规程要求，施工安装前未进行相关试验，验收单位也未提出试验要求。

（3）光隔元件动作电压低，不满足规程对出口继电器的动作电压要求。

5. 改进措施

（1）设计时应充分结合反措要求进行，特别是一些过渡期设计方案；在采用非常规方案对保护设备有特殊要求时，应在设备招标阶段向厂家提出要求，由厂家实现。

（2）基建或技改时，对于非原厂提供的辅助元件，应对其现场试验，确保元件的特性满足规程要求。

三、电流互感器中性点接线不当导致变压器差动保护误动作实例分析

1. 事件概述

某电厂500kV联络变压器第二套差动保护动作，跳开三侧断路器。经检查，35kV侧电流互感器N段接线不当，导致电流互感器一、二次侧存在电连接，使得同相位的干扰信号注入保护装置电流回路，导致了保护装置动作，注入保护装置的同相位的干扰信号如图15－19所示，干扰信号谐波分量如图15－20所示。

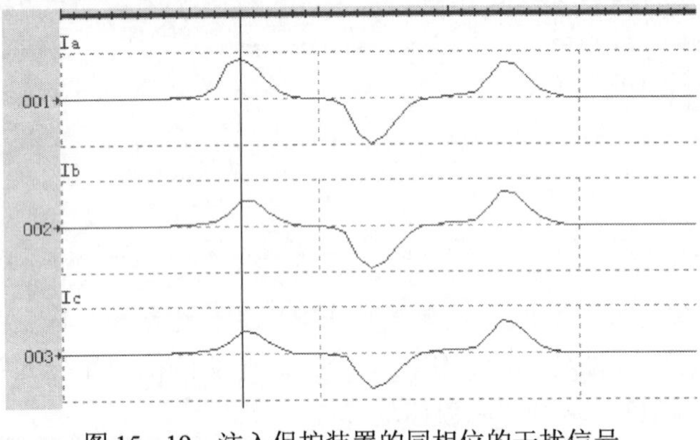

图15－19　注入保护装置的同相位的干扰信号

2. 保护动作分析

500kV联络变压器第二套差动保护27ms动作出口，差动动作电流为0.549A（整定值为0.2A）。

3. 保护不正确动作原因

对保护动作时记录的电流波形进行分析。根据分析结果，A、B、C相中五次谐波分量为0.262A、0.188A、0.16A，而A、B、C相差动电流（基波）分别为0.757A、0.952A、0.947A，差流中五次谐波与基波比值分别为34.6%、19.7%、16.9%，均小于软件设置的38%的制动值，故未制动，而三相差流均大于差动要求的动作值，满足保护出口动作条件。

专业人员先后对联络变压器保护装置进行了程序版本校验、采样检查、逻辑功能试验及模拟试验，结果均正确，对装置各插件外观进行了检查，未发现异常。

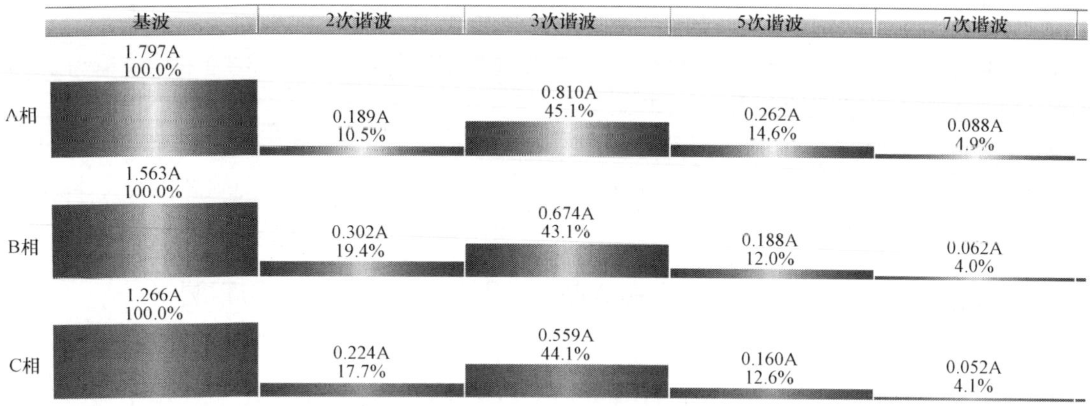

图 15－20　A、B、C 三相电流谐波分析

在对联络变压器保护二次回路进行全面核查后，发现联络变压器保护用 15LH、17LH 两组电流互感器采用主电流互感器和中间电流互感器的两级变换方式，每相主电流互感器二次侧用 $2.5mm^2$ 导线作为穿芯匝穿过中间电流互感器铁芯（即充当中间电流互感器一次侧），通过中间电流互感器对电流进行二次变换。主电流互感器二次侧穿芯匝穿过中间电流互感器铁芯后，未直接回到线圈 N 端，而是在中间电流互感器二次侧 N 端接线端子上进行了过渡，使得中间电流互感器一、二次侧产生了直接的电连接（正常时一、二次侧应为磁耦合），如图 15－21 所示。中间电流互感器二次侧在经过保护装置后按要求在保护屏一点接地，由于中

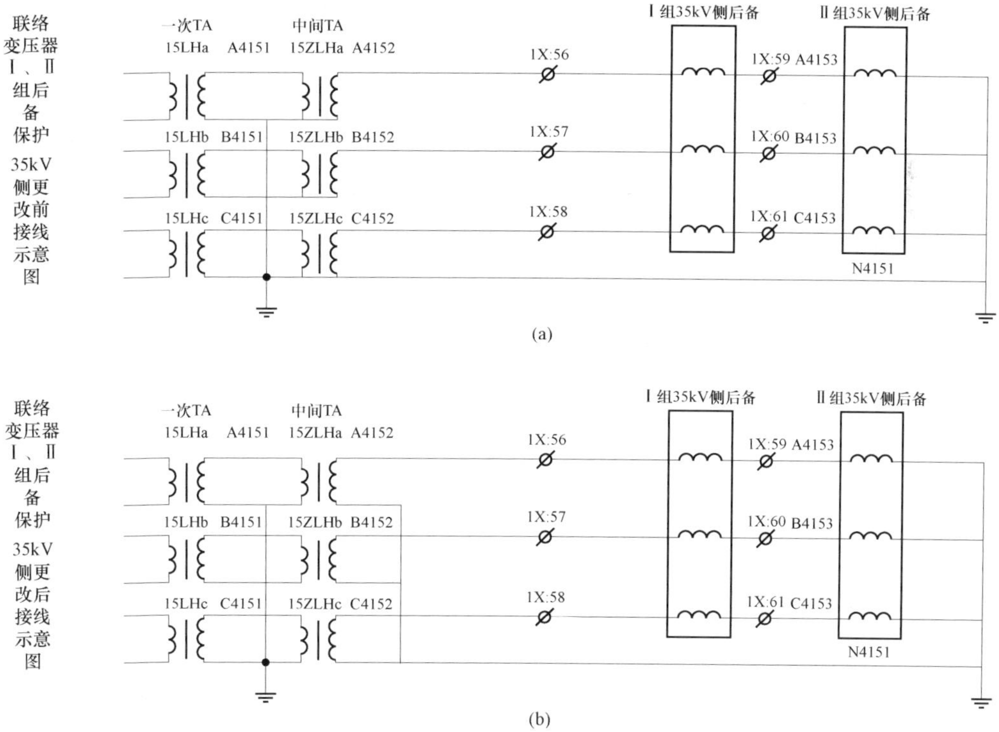

图 15－21　联络变压器Ⅰ、Ⅱ组后备保护 35kV 侧电流回路连接示意图

（a）更改前；（b）更改后

间电流互感器一、二次侧产生电连接，保护屏接地点与主电流互感器的二次侧接地点之间形成了电流通道。保护装置电流二次回路一、二次侧存在电连接，同相位的干扰信号注入保护装置电流回路，导致了保护装置误动作。

4. 暴露的问题

电流互感器一、二次侧因接地点设置错误，导致保护装置电流二次回路产生了直接的电连接，应在设计和接线时严格避免。

四、M 变电站 TV 多点接地导致区外故障 220kV 线路保护误动实例

1. 事件概述

某日 06 时 54 分 52 秒 N 变电站 110kV MN 线因绝缘子击穿引起发生 B 相接地故障跳闸故障，与此同时 N 变电站 220kV M 带线高频保护误动作出口跳线路 B 相断路器，如图 15－22 所示。

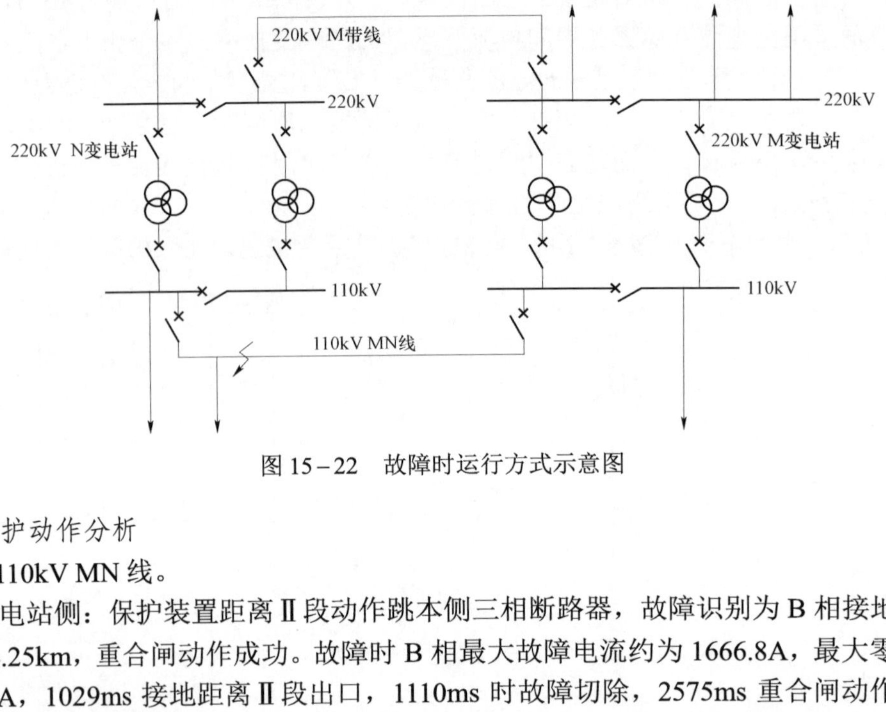

图 15－22　故障时运行方式示意图

2. 保护动作分析

（1）110kV MN 线。

M 变电站侧：保护装置距离Ⅱ段动作跳本侧三相断路器，故障识别为 B 相接地故障，故障测距 44.25km，重合闸动作成功。故障时 B 相最大故障电流约为 1666.8A，最大零序电流约为 1676.4A，1029ms 接地距离Ⅱ段出口，1110ms 时故障切除，2575ms 重合闸动作成功（检无压），保护正确动作。

N 变电站侧：保护装置接地距离Ⅰ段、零序Ⅰ段保护动作跳本侧三相断路器，故障识别为 B 相接地故障，故障测距 14.51km，重合闸动作成功。故障时 B 相最大故障电流约为 4862A，最大零序电流约为 5770A，14ms 距离Ⅰ段出口，16ms 零序Ⅰ段出口，62ms 时故障切除，3730ms 重合闸动作成功（检同期），保护正确动作。

（2）220kV M 带线 N 变电站侧。

N 变电站侧：110kV MN 线故障发生 128ms 时，由于功率倒向高频保护误动出口跳线路 B 相断路器，1200ms 重合闸出口（正确）。根据故障录波图及保护报文分析 220kV M 带线 N 变电站侧保护动作属于误动。

3. 不正确动作原因

经现场检查发现，M 变电站 220kV Ⅰ、Ⅱ母母线 TV 和线路 TV 就地端子箱和中控室存在多点接地，因而造成区外故障时 $3U_0$ 和 $3I_0$ 的相位幅值发生较大变化而落在动作区的边缘，致使保护误动。

4. 暴露的问题

（1）未严格执行电压互感器的二次回路只允许在控制室内有一点接地的反措。

（2）在保护试验中未能通过试验发现多点接地的安全隐患。

第三节　设计图纸不标准、不规范，图纸不全、不正确实例

某电厂 7 号发变组差动保护区外故障误动作实例

1. 事件概述

某日某电厂 7 号机组 6kV 厂用Ⅶ C 段进线隔离开关 6013 三相短路，6kV 厂用Ⅶ C 段电源断路器 601 速断保护动作，7 号发变组差动保护动作，7 号机组全停。

2. 故障情况分析

事件发生后，现场检查录波发现 7 号机组厂用高压变压器（简称厂高变）6kV 侧故障特征明显，故障电流约为 12 000A，故障录波图如图 15－23 所示。

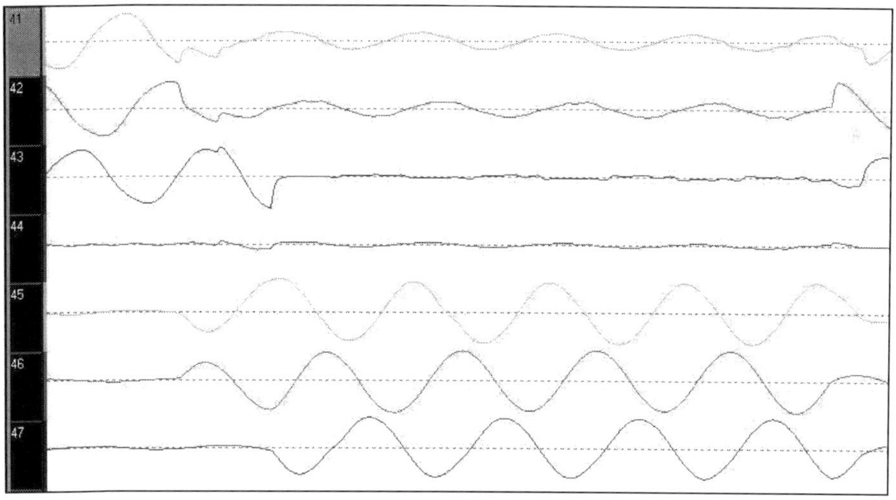

图 15－23　故障录波图

注：通道 41～43：6kV 厂用 A 段电压 U_a、B 段电压 U_b、C 段电压 U_c；
通道 45～47：6kV 厂用 A 段电流 I_a、B 段电流 I_b、C 段电流 I_c

检查一次设备，发现隔离开关 6013 处有一死老鼠，判断故障原因为老鼠串入隔离开关 6013 引起三相短路，现场图如图 15－24 所示。

图 15－24　6013 隔离开关箱

3. 事件原因分析

电厂 7 号发变机组一次接线图如图 15－25 所示。

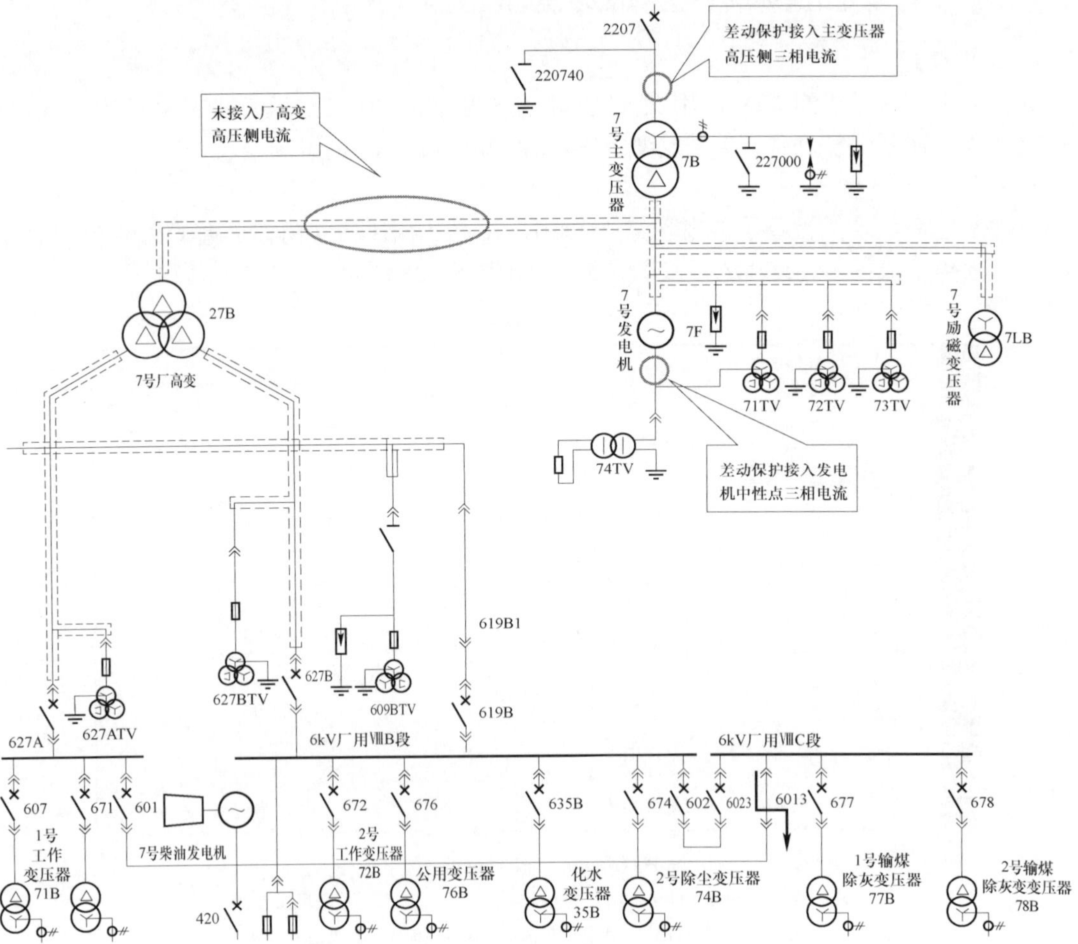

图 15－25　7 号发变机组一次接线图

检查 7 号发变组差动保护设计图纸及现场接线发现，图 15－25 中 TA 绕组位置中，7 号主变压器高压侧电流和 7 号发电机中性点电流接入了 7 号发变组差动保护，但 7 号厂高变高压侧电流未接入 7 号发变组差动保护。由图 15－26 可见，7 号发变组差动保护电流回路设计图纸只设计了两组电流回路。

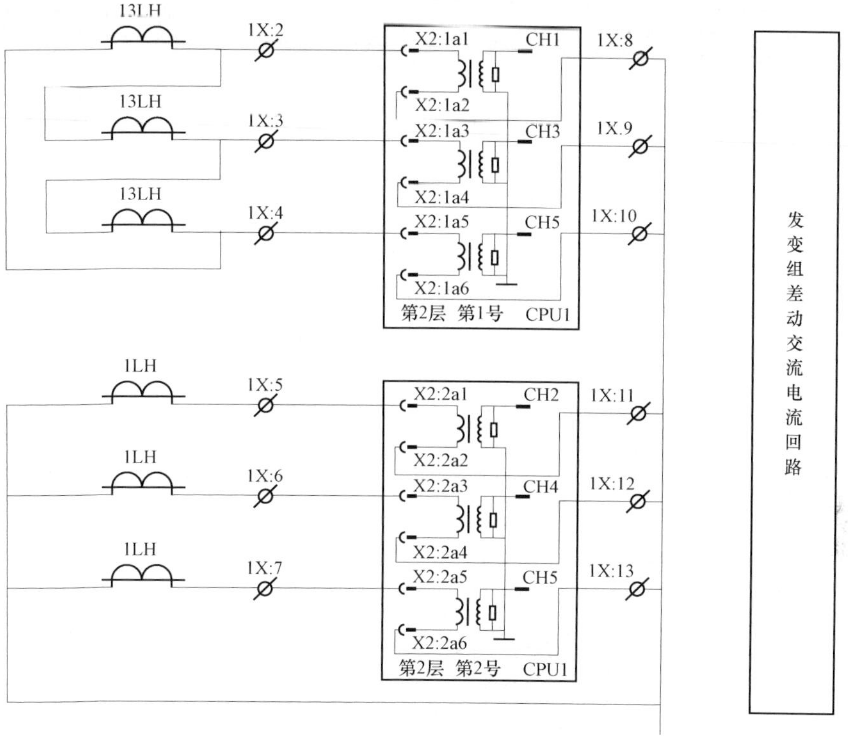

图 15－26 7 号发变组差动保护电流回路设计图

对 7 号发变组差动保护，保护范围应包括 7 号厂高变高压侧部分，但不应包括 7 号厂高变低压侧部分。但因图纸设计错误，实际上 7 号厂高变低压侧所有设备均在 7 号发变组保护差动保护范围内，故 6kV 厂用Ⅶ C 段进线隔离开关 6013 三相短路，引起 7 号发变组保护差动保护误动作。

4. 暴露的问题

（1）设计单位图纸设计错误，未将 7 号厂高变高压侧电流接入 7 号发变组差动保护。

（2）电厂验收把关不严，电厂继电保护人员专业基础不强，未能发现差动保护装置漏接一组电流。

（3）电厂运维不到位，日常运维中未能仔细查看 7 号发变组保护装置存在的差动电流，未能及时发现缺陷。

第十六章

装置原因导致的保护误动实例分析

1. 事件概述

某日，220kV MN 乙线发生 C 相瞬时故障，两侧线路主保护动作，C 相断路器跳闸，重合成功。同时，220kV MN 甲线两侧主二保护动作，C 相断路器跳闸，重合成功。

2. 保护动作分析

220kV MN 甲、乙线两侧主一保护为电流差动保护，主二保护为纵联距离保护，两侧保护动作情况如表 16－1 所示。

表 16－1　　220kV MN 甲、乙线保护动作情况

保护名称	M 变电站	N 变电站
MN 乙线主一	4ms　工频变化量阻抗 13ms　电流差动保护 20ms　距离 I 段动作 863ms 重合闸动作	12ms　电流差动保护 863ms　重合闸动作
MN 乙线主二	5ms　工频变化量阻抗 21ms　距离 I 段动作 22ms　纵联距离动作 22ms　纵联零序动作 863ms　重合闸动作	20ms　纵联距离动作 24ms　纵联零序动作 862ms　重合闸动作
MN 甲线主一	905ms　重合闸动作	1017ms　重合闸动作
MN 甲线主二	48ms　纵联距离动作 905ms　重合闸动作	176ms　纵联零序动作 1017ms　重合闸动作

3. 不正确动作原因

220kV MN 甲线保护动作时序图如图 16－1 所示，MN 乙线 M 侧 C 相断路器 40ms 跳开，M 变电站 MN 甲线发生功率倒向，如图 16－2 所示，主二保护判断为正方向故障，保护未进入功率倒向逻辑，同时收到对侧的发信信号，经过 5ms 确认延时后纵联距离动作，导致 220kV MN 甲线跳闸。

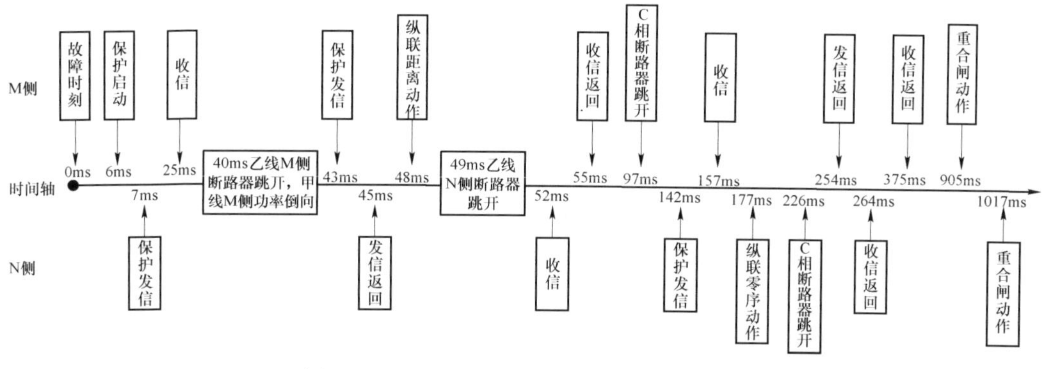

图 16－1　220kV MN 甲线保护动作时序图

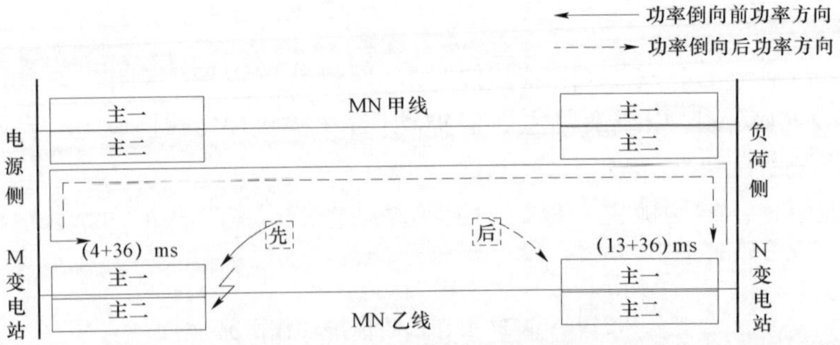

图 16-2 220kV MN 甲线功率倒向示意图

MN 甲线主二保护功率倒向逻辑：保护启动后 40ms 内正方向元件未动作，即进入功率倒向逻辑，此后保护跳闸需要的确认延时由 5ms 增长为 25ms。本次故障保护未进入功率倒向逻辑的原因为：

（1）MN 乙线 M 侧保护动作、断路器断弧时间快，40ms 断路器跳开切除故障。MN 甲线 M 侧主二保护 6ms 启动，43ms 判断为正方向故障，时间间隔 37ms，不满足保护功率倒向逻辑判据。

（2）N 变电站为负荷侧，MN 乙线故障时，流过 MN 甲线的故障电流较小，MN 甲线 M 侧主二保护 6ms 启动，保护启动较慢。

220kV MN 甲线 N 侧 177ms 纵联零序保护动作的原因为：MN 甲线 M 侧 97ms 断路器 C 相跳开，主二保护持续发信 150ms，MN 甲线非全相运行，由于负荷电流的影响，MN 甲线 N 侧的零序电流 142ms 满足零序方向过流定值。由于 N 变电站为终端站且 MN 甲、乙线 C 相跳开，N 变电站 C 相电压仅为 52.9V，产生零序电压，且零序方向为正向。因此，MN 甲线 N 侧主二纵联零序保护满足动作条件，经 25ms 确认延时，177ms 动作跳开 C 相。

4. 防范措施

（1）随着电力系统的发展，断路器切除故障电流的时间较以前更短，直流换相失败也时有发生，线路发生功率倒向的时间缩短导致部分运行的线路保护功率倒向逻辑不满足运行要求，存在误动风险。事件中涉及的保护供应商已完善保护程序，完善后的功率倒向逻辑：反方向元件（零序和纵联距离）动作展宽 50ms，展宽过程中正方向元件（零序和纵联距离）动作则判别为功率倒向，此后纵联保护动作出口需经 30ms 确认延时。

（2）暂不具备保护升级条件的双回线路，可退出工频变化量距离元件，避免保护误动。

第十七章

智能变电站运行中的主要问题及事故实例

2014 年实施的 GB/T 30155—2013《智能变电站技术导则》定义了智能变电站是采用先进、可靠、集成、低碳、环保的智能设备，以全站信息数字化、通信平台网络化、信息共享标准化为基本要求，自动完成信息采集、测量、控制、保护、计量和监测等基本功能，并可根据需要支持电网实时自动控制、智能调节、在线分析决策、协同互动等高级功能的变电站。

智能变电站的技术特点如下：

（1）变电站过程层设备及传输数据方式的数字化。智能变电站的主要核心技术包括电子式互感器、过程层网络通信技术、采样同步方案、配置文件管控技术。

（2）基于信息共享、数据整合实现设备集成、功能优化及智能化高级应用。

智能变电站运行中主要暴露出电子式互感器设备快速暂态过电压（VFTO）、远端模块抗干扰能力差易误动、合并单元网络传输正确性依赖外部时钟等问题。

第一节　电子式互感器主要问题及实例分析

一、电子式互感器基本原理

电子式互感器包括有源式和无源式电子式互感器。有源式电子式互感器包括 AIS 和 GIS 两种形式，保护级采用罗氏线圈采样，测量级采用低功率线圈采样。目前，罗氏线圈的采样就工程应用而言虽然能基本满足保护的采样要求，但对罗氏线圈的频率响应及暂态传变特性的研究还不够深入；AIS 由于光供能器件的寿命问题，整体可靠性弱于 GIS 互感器。无源式电子式互感器受原理的限制，在各种温度条件、振动及压力变化条件下还存在稳定性和一致性问题，精度也难以满足计量精度的要求。

二、电子式互感器技术难点

GIS 变电站中，断路器、隔离开关和接地开关操作时会在触头间产生电弧，每次电弧的产生都会导致高频振荡，由此产生沿着 GIS 筒壁传导、折射和叠加，频率高达几百兆赫兹，幅值达 3 倍系统电压的过电压，称之为快速瞬态过电压（very fast transient overvoltage，VFTO）。VFTO 具有幅值高、波前陡、频率高和多次连续脉冲的特点，对 GIS 及其连接的设备产生影响。针对 GIS 互感器，VFTO 会对与壳体连接的远端模块产生电磁扰动。

如图 17－1 所示为某公司的 GIS 电子式互感器的传感器实物图及远端模块示意图，双套远端模块安装在气室外、罐体内，处在 VFTO 的传导通道上。目前，电子式互感器远端模块在硬件设计时为抑制 VFTO 已经做了大量的防范措施。但在实际运行环境中，由于 GIS 及系统结构参数、机构类型、分合闸时刻等诸多因素的影响，不可避免的偶尔会出现 VFTO 影响远端模块的情况，从而产生数据扰动。

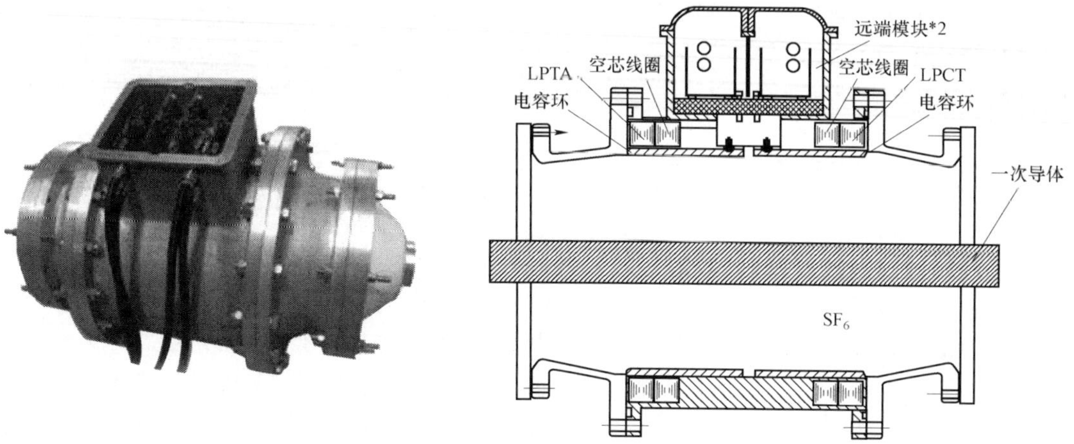

图 17-1 GIS 电子式互感器的传感器实物图及远端模块示意图

三、电子式互感器事故实例分析

【实例一】光纤式电子式互感器抗干扰能力较差，导致交流采样无效

一、故障现象描述

地调监控人员发现 110kV 某变电站 110kV MN 线 C 相电流剧烈波动，A、B 相电流正常（约 50A），电流波形图如图 17-2 所示。

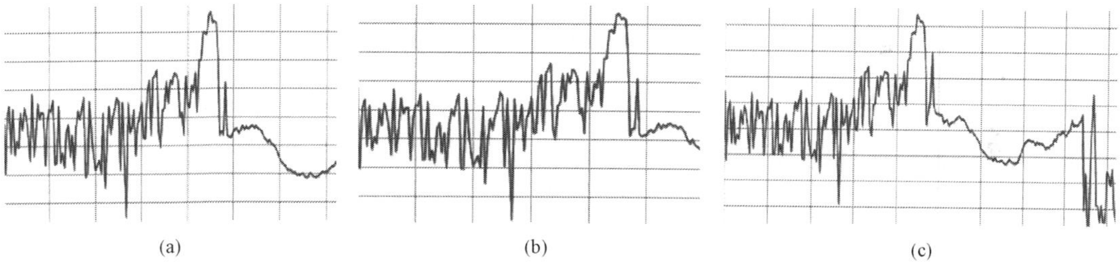

图 17-2 某变电站 110kV MN 线电流波形图

（a）110kV MN 线 A 相电流；（b）110kV MN 线 B 相电流；（c）110kV MN 线 C 相电流

由于 110kV MN 线 C 相电流采样无效，严重影响保护测控装置运行，且重启 TA 采集板电源依旧无法复归信号。为了避免出现保护误动或拒动的情况，运行人员经调度许可将 110kV MN 线由运行状态转到热备用状态。

继保自动化人员现场检查发现：

（1）110kV MN 线合并单元、110kV MN 线保护测控装置、110kV 母线保护装置均有采样无效告警信息。

（2）1 月 7 日 0 时 36 分至 8 时 13 分，MN 线 C 相电流采样波形曾出现畸变，且合并单元、110kV MN 线保护测控装置均曾发出采样无效告警信息，8 时 13 分，告警信号自动复归，采样恢复正常。

（3）检查报文分析仪历史记录，MN 线合并单元频繁发出数据品质异常（数据无效）信息，查看报文分析仪波形图，可知 C 相电流产生周期性畸变。

（4）检查 110kV MN 线互感器箱，发现温度无异常，测量 A 相采集板空气开关电源和采集板电源正常。

二、故障检查处理

对 110kV 某变电站 110kV MN 线 A、B、C 相全光纤电流互感器进行了现场停电检查和处理。

（1）开箱检查发现 C 相全光纤电流互感器采集板稳压电容碎裂，判断为电容老化导致耐压性能下降而被击穿。

（2）拆除碎裂的稳压电容，重新测量稳压电容两端电压，约为 4.15V，与正常电压值（4.43V）相差 0.28V。逐级测量电压发现采集板电源空气开关电压（4.9V）与采集板电源接线端子电压（4.70V）相差 0.2V。检查回路发现采集板电源接线端子螺钉松动，判断故障原因为电源端子接线接触不良引起压降偏高。紧固端子螺钉后，稳压电容两端电压恢复正常值（4.43V）。

（3）温度控制箱温控系统工作情况检查：温度出现偏差，控制功能异常，温控系统对密封箱持续加热导致温度过高，检查后发现温控器采样线缆接触不良，重新整理线缆后温控功能正常。

（4）全光纤电流互感器精度测试：在互感器没有做任何处理之前对 110kV MN 线 A、C 相的全光纤电流互感器进行了精度测试。测试结果为 C 相全光纤电流互感器比差精度远远偏离规定值，且 A、C 相角差数据均远远达不到 0.2 级的准确度要求。

（5）全光纤电流互感器精度校验：对检查处理过的 C 相全光纤电流互感器进行了精度重新校验，校正后进行了三次升流测试。校正后，比差基本能够接近 0.2 级的准确度要求，而角差变化并不明显，远远达不到 0.2 级的准确度要求。

三、故障原因分析

造成本次采样无效缺陷的原因主要有以下 4 点：

（1）110kV MN 线采用的全光纤电流互感器采集板制造工艺不够完善，采用的元器件耐压能力不满足长期运行的要求，在运行过程中出现碎裂的情况。

（2）110kV MN 线 C 相全光纤电流互感器采集板电源接线端子螺钉松动导致接触不良，导致采集板电源压降过大，不满足运行要求。

（3）110kV MN 线电流互感器箱温控器采样线接触不良，造成温度采样错误，使温控器工作模式由制冷转为加热，严重影响全光纤电流互感器工作环境，从而导致采样出现偏差。

（4）110kV MN 线全光纤电流互感器采用单闭环补偿方法，通过恒温箱来保证产品的温度稳定性，无法实现彻底补偿，需要完善补偿机制，彻底解决产品的稳定性差问题。

四、后续处理措施

（1）要求电流互感器厂家人员对温控系统及采集板工况进行全面检测，避免出现潜在故障，影响设备运行。

（2）继电保护人员进行专业巡视、运行人员日常巡视时，加强对全光纤电流互感器温控器的巡视工作，注意对比温控器采样与实际环境温度的偏差，并记录温控器当前工作模式。

（3）密切关注该变电站110kV MN线三相电流的波形、报文及变化情况，并定期进行跟踪检查，做好数据的保存和分析工作。

（4）更换变电站内光纤式电流互感器。

【实例二】间隔电子式互感器VFTO现象导致母差保护动作

一、事件概述

某220kV智能变电站按《220kV备自投装置现场传动试验操作方案》准备进行模拟220kV MN甲线跳闸后，220kV备自投装置合母联断路器试验。按操作方案步骤，正当该站运行人员手动合上220kV MN甲线断路器时，220kV母差主二保护动作出口，跳开了220kV MN甲线断路器。220kV母差主一保护无动作，未启动。

二、保护动作分析

（一）动作前运行方式

母差主二保护动作前具体运行方式为：MN甲线（热备用）挂Ⅰ母母线；MN乙线（热备用）、MP甲线（运行）、MP乙线（运行）、1号主变压器（运行）、2号主变压器（运行）、3号主变压器（运行）、4号主变压器（运行）挂Ⅱ母母线；220kV母联2012断路器在热备用状态，其接线示意图如图17－3所示。

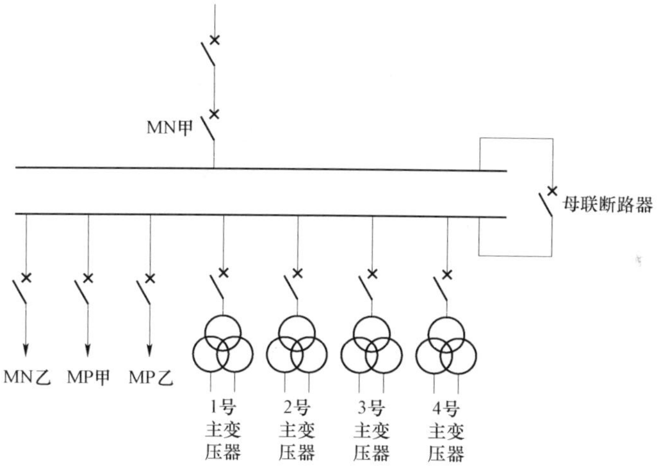

图17－3　事件前运行方式

（二）设备配置情况

220kV间隔的合并单元和电子式互感器的远端模块都按双重化配置，远端模块与合并单元配套使用，即任一间隔主一远端模块把数据量传送至与其对应的主一合并单元。主一合并单元主要为该间隔的线路主一保护、母差主一保护、网络分析仪、测控提供电流和电压；主二合并单元主要为各间隔的主二保护、母差主二保护、网络分析仪、测控提供电流和电压。

（三）一次系统情况

因220kV MN甲线线路保护电压取自线路侧电压，根据220kV MN甲线主二保护装置录波图（如图17－4所示），在线路开关合闸过程中线路相电压保持三相平衡，没有出现零序电压，可判断一次系统没有发生接地故障。

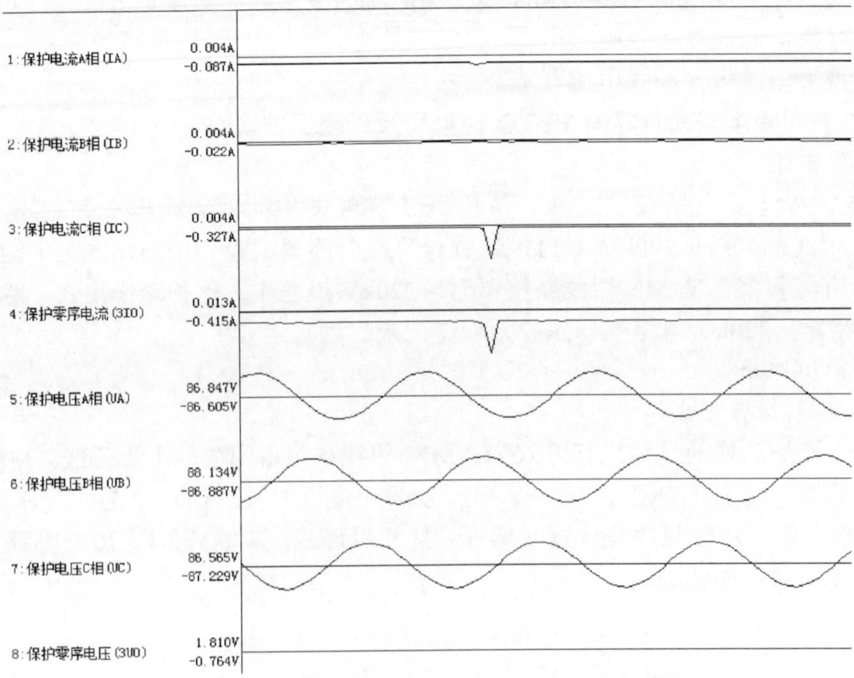

图 17－4　220kV MN 甲线主二保护装置电子录波图

（四）母差保护动作情况

根据图 17－5 所示网络分析仪记录结果，在 MN 甲线合闸时刻，第二套合并单元（对应主二保护）有 1 帧报文出现异常，其中 C 相电流瞬时值为 31A，记录时刻为 01:47:25.141 273。

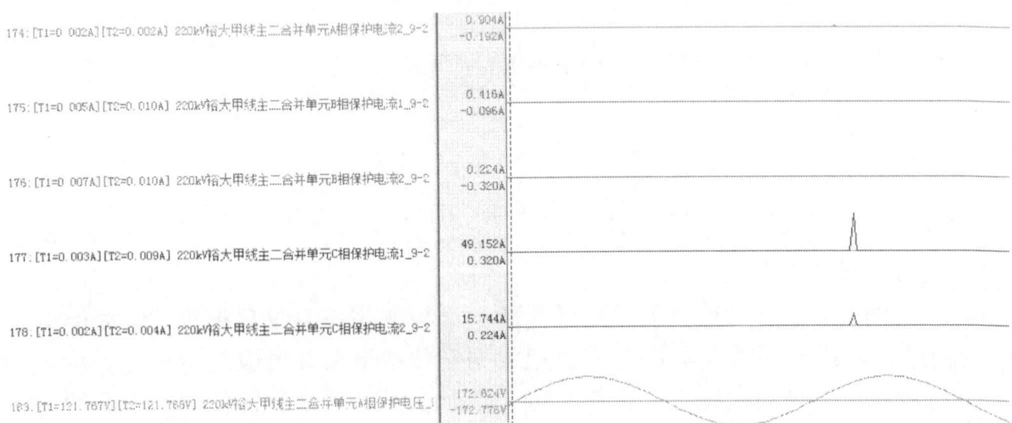

图 17－5　网络分析仪第二套合并单元

根据母差主二保护装置录波图（如图 17－6 所示），在 MN 甲线合闸瞬间，因第二套合并单元数据出现较大扰动，母差主二保护装置感受到大差电流和小差电流，持续时间约为 4ms，差流最大瞬时值为 4.8A，折算成最大差流有效值为 0.47A；同时因空充母线过程中母线电压是从无到有，母差电压闭锁满足开放条件，故 220kV 母差主二保护变化量差动元件动作出口。

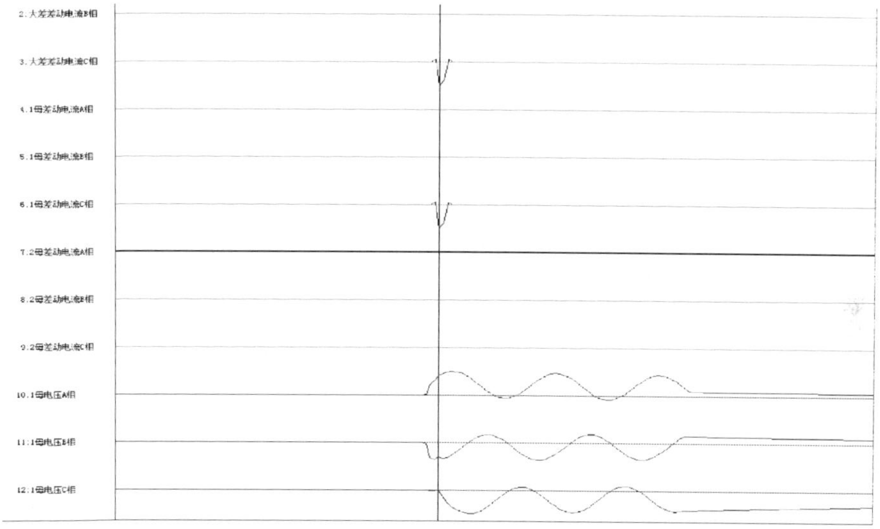

图 17－6 母差主二保护装置电子录波图

根据网络分析仪记录结果，在 MN 甲线合闸时刻，第一套合并单元（对应主一保护）有 1 帧报文出现异常，其中 C 相电流瞬时值为 0.27A，记录时刻为 01:47:25.141 286。因第一套合并单元数据扰动较小，母差主一保护装置未感受到差流，故主一保护未动作。

三、事件原因分析

（一）数据扰动原因

两套合并单元的远端模块均在 1 时 47 分 25 秒受到了不同程度的扰动，从图 17－6 所示的波形中可以看出这个时刻正是断路器操作的时刻，推断扰动是由断路器操作时的 VFTO 引起的。扰动时刻和扰动数据大小不完全相同是因为扰动频率很高，而两套远端模块采集的时刻不完全相同而导致的。

本次事件中，220kV MN 甲线断路器合闸时产生 VFTO，频率高达几百 MHz，采样频率为 4kHz 的电子式互感器远端模块在某一点采样时恰好受电磁干扰从而产生数据扰动。

（二）母差主二保护动作原因

为了防止频谱混叠及过滤高频信号，合并单元发送到保护装置的采样数据首先进行低通滤波处理。保护装置的低通滤波器可滤除采样数据中的高频分量，还原出高质量的正弦波，而对于工频的基波数据不受任何影响。为保证低通滤波器具有较好的幅频响应特性，该型号母差保护装置采用了 14 阶滤波器，滤波前 1 个异常大数据将会影响到滤波后输出的 14 个数据（共 3.5ms）。保护采用低通滤波输出信号进行插值同步计算，3.5ms 内有 4 个采样点（1.2kHz）会受到影响。图 17－6 中合并单元数据中有一个异常采样点约 31A；而图 17－7 中母差主二保护录波波形中共有 4 个采样点受到影响，相电流峰值约为 4.8A。

本次事件中，母差主二保护装置在 4 个采样点时间窗口中感受到大差电流和小差电流，差流最大瞬时值为 4.8A，折算成最大差流有效值为 0.47A，满足变化量差动条件而动作出口。

（三）分析结果

220kV MN 甲线断路器合闸时产生 VFTO，频率高达几百 MHz，采样频率为 4kHz 的电子式互感器第二套远端模块在某一点采样时恰好受电磁干扰，从而 C 相电流通道产生较大的数据扰动。这 1 帧异常报文通过母差主二保护装置低通滤波后影响到 4 个保护采样数据，母差主二保护感受到差动电流而动作出口。

四、后续处理措施

设备供应商对合并单元及保护程序增加了单点异常大数处理的逻辑。当发生单点大数时，通过插值算法辨识出错误的数据，并在厂家内部通过故障波形回放、反复测试等工作，确保新程序在现场应用无运行风险。

单点异常大数处理算法是根据单点异常大数奇异性特点设计的，可以快速有效识别并修复异常大数点，算法设计以不降低保护可靠性为基本原则，不会将一次电流中的正常数据误识别为坏数据。具体措施如下：

（1）合并单元程序升级增加单点异常大数处理的逻辑，合并单元功能不受任何影响。升级后的程序会自动识别并修复异常单点大数，避免对保护等间隔层设备造成影响。

（2）母线保护程序升级增加了单点异常大数处理的逻辑，其他功能及逻辑均未做任何改动，保护功能不受任何影响。升级后的程序会自动识别并修复异常单点大数，避免保护的不正确动作。

【实例三】因 VFTO 干扰导致差动速断保护动作

一、事件概述

某变电站在对 110kV 1102 隔离开关进行分闸操作时，2 号主变压器差动速断保护动作跳开 102、012 断路器。

跳闸前运行方式：110kV 线路 1 带 1 号主变压器运行、线路 2 带 2 号主变压器运行，10kV 分段 010 断路器热备用，110kV 分段 110 断路器正在由热备用转冷备用操作中。事故前运行方式如图 17－7 所示。

二、保护动作分析

（一）故障录波分析

根据故障录波数据，1102 隔离开关进行分闸操作时，110kV 分段 110 断路器的桥左电子式电流互感器 B 相二次电流由 0A 突变至 240A，造成 2 号主变压器差动速断动作，故障录波如图 17－8 所示。

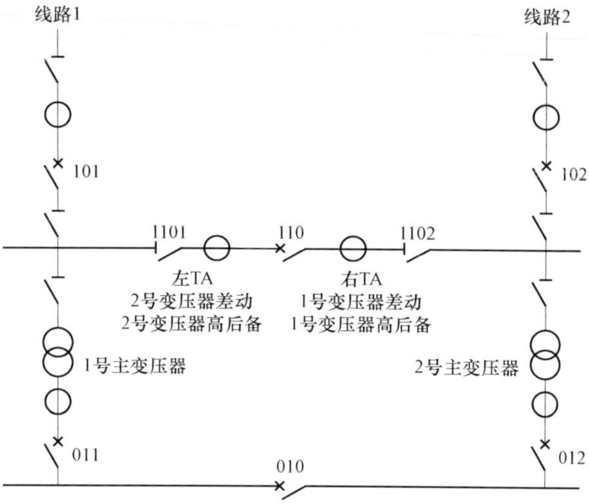

图 17－7 事故前运行方式

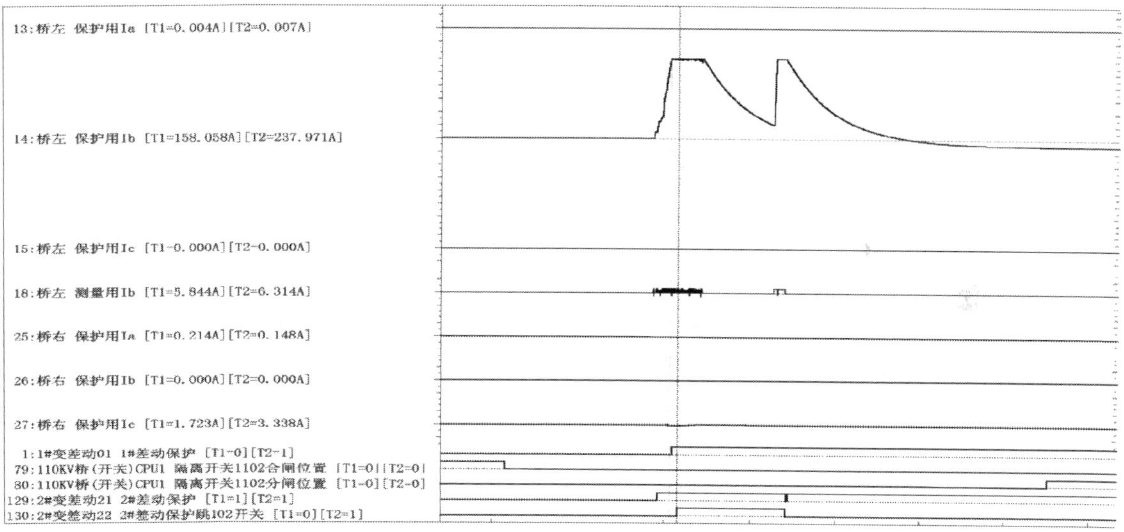

图 17－8 故障录波图

（二）2 号主变压器差动保护行为分析

（1）现场检测工作。

总共操作断路器、隔离开关 9 次，在每次 1101 或 1102 隔离开关操作时都伴随 1、2 号主变压器差动保护启动。

010、110、131 断路器操作没有引起保护启动。

1101 隔离开关操作 3 次，引起 1 号主变压器差动保护启动 0 次，引起 2 号主变压器差动保护启动 3 次。

1102 隔离开关操作 3 次，引起 1 号主变压器差动保护启动 3 次，引起 2 号主变压器差动保护启动 2 次，第 3 次则引起 2 号主变压器差动速断动作出口。

由表 17－1 中可以看出，在操作桥两侧隔离开关时，会给主变压器保护 TA 采样回路带来干扰，且 2 号主变压器差动的桥左 TA 更容易带来干扰。

表 17－1　断路器与隔离开关操作情况统计表

操作	20:11:41.700	20:12:17.156	21:37:15.659	21:33:15.735	22:18:42.941	22:19:13.884
	1101 分闸	1102 分闸	1101 合闸	1102 合闸	1101 分闸	1102 分闸
1 号主变压器差动		启动（桥右 C、B 相电流异常）		启动（桥右 A、C 相电流异常）		启动（桥右 A、C 相电流异常）
2 号主变压器差动	启动（桥左 A、B 相电流异常，Ⅰ母 A 相电压异常）		启动	启动（桥左 B 相电流异常）	启动（桥左 B 相电流异常）	动作（桥左 B 相电流异常）

（2）VFTO 共模干扰原因分析。

该变电站使用的 GIS 一次设备，集成度高、气压高、操作速度快，相对于 AIS 干扰严重。经分析，本次事件是 VFTO 现象引起 GIS 壳体和互感器线圈电位抬高造成采集器损坏导致。

电子互感器结构简图如图 17－9 所示，当导体上产生操作过电压通过耦合电容 C_1、C_2 耦合到互感器内屏蔽桶和 GIS 外壳，两者是连通的，造成 GIS 壳体的共模干扰，此干扰通过互感器连接线、地线到达采集器。高频共模干扰是波传导过程，通过导线和地线传导，接地线无法完全对其屏蔽。

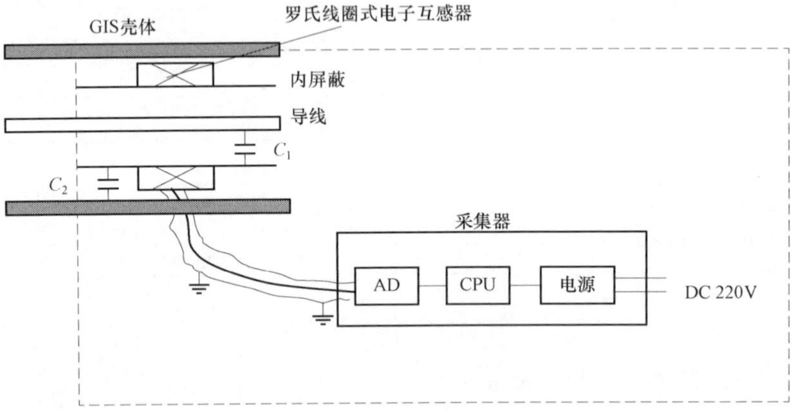

图 17－9　电子互感器结构简图

当共模干扰到达采集器会抬高采集器 5V 电源的地回路电位，使 5V 电源回路电位整体上移，采集器 5V、220V 直流电源通过逆变电源变压器隔离，实际设计标准为抗共模干扰 2500V，若干扰超过 2500V 便会损坏电源系统，导致出现大数采样值及采集器损坏。

故该变电站在操作 1102 隔离开关时产生的电磁干扰信号，互感器受此影响输出异常采样值，并达到 2 号主变压器差动速断保护元件定值而保护动作。

三、故障原因

GIS 中隔离开关操作引起 VFTO 电磁干扰，电子互感器采集器受到共模干扰，导致采集器损坏，从而传输错误采样值。

四、改进措施

更换电子式互感器的采集器后恢复正常，采集器采取了如下措施：

（1）针对采集器与 GIS 距离太近的情况，更换新型号的采集器，新采集器采取如下抗干扰技术措施：

1）在采集器前端增加抗共模干扰回路。

2）采集器的电源采用抗 6000V 共模干扰设计。

3）模拟回路和数字回路采用光电隔离。

4）采用浮地设计加强抗共模干扰性能。

（2）对电子式互感器（罗氏线圈原理）需要达到的抗电磁干扰能力开展广泛调研，提出电子式互感器的电磁兼容性的严酷等级要求。

（3）智能变电站的保护装置如果已经判断出“采样异常”应该闭锁保护出口，防止由于采样错误保护误动。

（4）合并单元及保护程序增加单点异常大数处理的逻辑，当发生单点大数时，通过插值算法辨识出错误的数据，防止由于采样错误保护误动。

第二节　合并单元主要问题及实例分析

一、合并单元基本原理

合并单元是互感器与二次设备接口的关键装置，主要实现数据合并和数据同步功能。数据合并是指合并单元同时接受并处理电流互感器和电压互感器的输出信号，并按 IEC 61850－9－2 的要求输出信号；数据同步是指电流互感器和电压互感器相互独立，由合并单元实现同步，不同的测控装置及保护装置根据自己的需求从合并单元获取一次侧电流电压信息。

合并单元就地安装，环境温度、湿度、电磁环境相对恶劣，对装置质量、抗干扰能力要求比较高。合并单元由于是采样数据源头，为不影响保护动作速度，要求数据延迟短，可靠性要求最高。

二、合并单元技术难点

在常规变电站中，绝大多数保护控制设备的采样与逻辑计算都不依赖于外部同步时钟，一定程度上保证了保护控制设备单体运行的可靠性。但是在网络传输采样值的条件下，二次保护控制设备本身并不能独立运行，采样值的数字化传输必然带来同步采样的问题，同步采样的性能直接关系到保护、测量的可靠性。目前智能变电站均采用站内统一的 GPS 时钟秒脉冲作为所有二次设备的外部时钟同步信号。但卫星信号的失去再恢复、合并单元及保护控制设备的时钟信号丢失等，都可能造成大面积失去主保护。2013 年 10 月，500kV 某线路进行人工短路试验，因供应商合并单元内部软件延时参数设置错误，导致交流电流采样数据不同步，在发生区外故障时，相关差动保护感受到差流，造成500kV某智能变电站500kV主变压器差动保护、220V母线差动保护、220V部分线路差动保护动作。

三、合并单元事故实例分析

【实例一】合并单元内部虚焊导致主变压器差动保护误动

一、事件概述

某110kV智能变电站2号主变压器高、中、低三侧断路器无故障跳闸。2号主变压器保护A套比率差动保护动作，跳主变压器三侧断路器，B套保护未动作。

二、保护动作分析

（1）经现场检查，除2号主变压器保护A套比率差动保护动作，站内其余保护装置无任何启动报文和保护动作报文，2号主变压器保护B套保护未动作。

通过故障录波图（如图17－10所示），可以看出2号主变压器A套保护2567ms差动保护动作跳高、中、低三侧断路器，A相差流1.201I_e（定值为0.5I_e）。

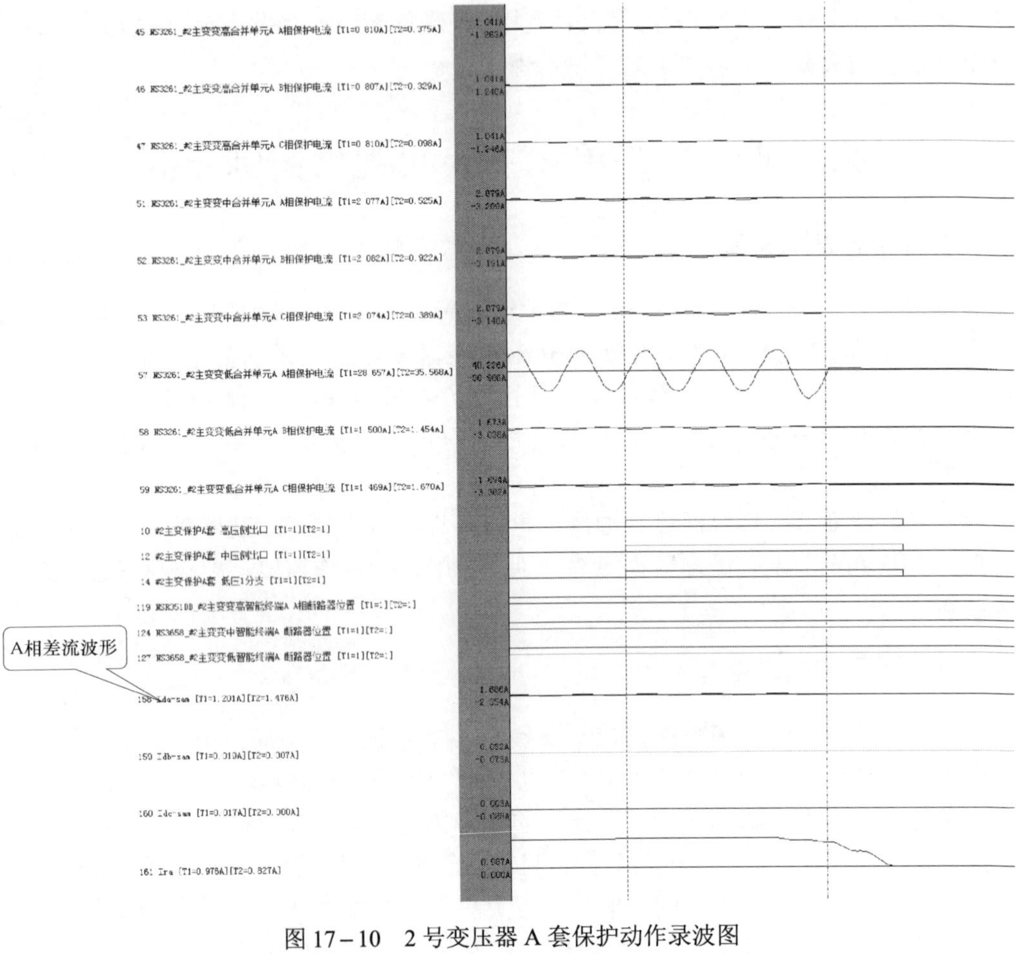

图17－10　2号变压器A套保护动作录波图

（2）根据 2 号主变压器保护动作报文可以看出，在保护动作之前，保护装置已经发“差流越限”“低压 1 分支 CT 断线”A 套等告警信号，如图 17－11 所示。

图 17－11　2 号变压器 A 套保护动作报文

调取装置发告警信号时（13:53 分左右）的故障录波可以看出（如图 17－12 所示），此时差流已经达到 $0.184I_e$，达到差流越限定值 $0.15I_e$，装置发差流越限告警信号；低压侧的负序电流和零序电流满足当某侧负序电流大于 $0.06I_n$ 或零序电流大于 $0.08I_n$ 时报该侧 TA 断线的 TA 断线判断条件，故装置报低压 1 分支 TA 断线告警正确。由于保护定值投入“TA 断线闭锁差动保护”控制字，当差流未达到 $1.2I_e$ 前，差动保护都将被闭锁，所以直到 14:09:11:239 时差动保护才动作。低压侧 A 相电流增大期间，由于系统未发生故障电压未降低，低压侧后备保护不满足复压条件，故后备保护不动作。

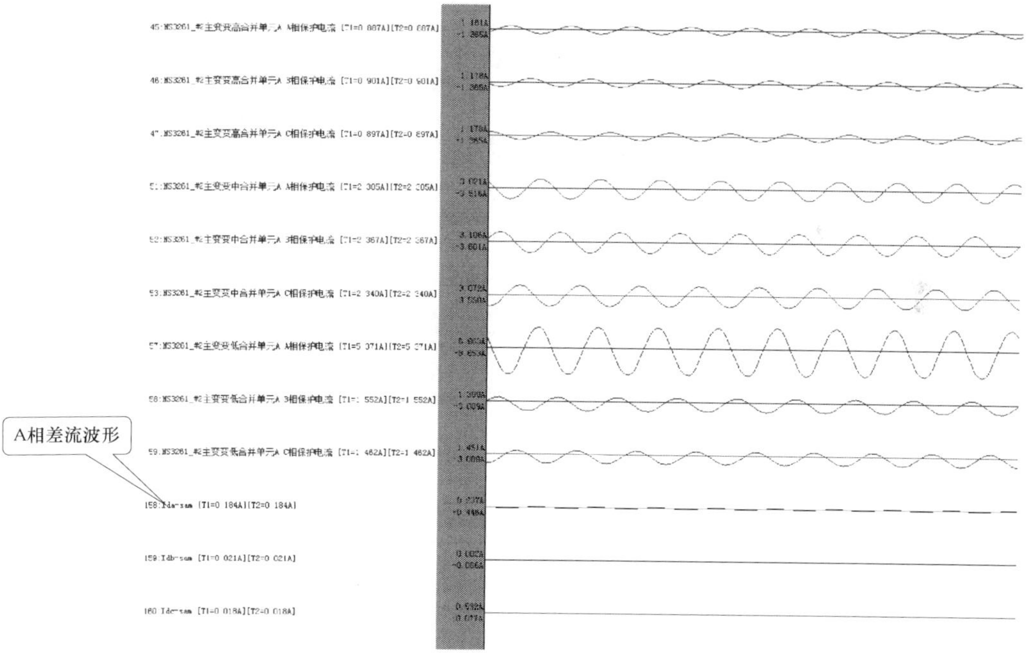

图 17－12　2 号变压器 A 套保护发告警信号时故障录波图

三、不正确动作原因

（1）通过上面的保护动作分析，异常造成 2 号变压器 A 套保护动作的原因是 2 号变压器低压侧 A 套合并单元输出 A 相保护电流增大。通过对图 17－10、图 17－12 进行分析，A 相电流在增大过程中始终与其余两相电流相差在 120° 左右，且为正弦波，波形平滑、无畸变。

（2）根据厂家对原插件进行的解剖检查，发现 2 号主变压器低压侧合并单元保护 A 相小 TA 内部分压电阻出现虚焊情况，把电阻引脚拔开测试输出，两侧引针上电阻在 1kΩ 左右，较正常电阻值大了 15 倍左右。正常在匝数比一定、输入量一定的情况下，输出电流也是一定的，但由于有虚焊情况（如图 17－13 所示），采样阻值变大，所以输出电压较高，这是合并单元 A 相电流增大的原因。

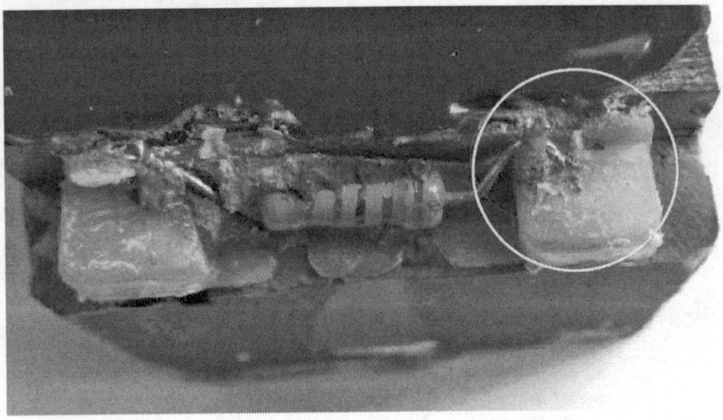

图 17－13　2 号主变压器低压侧合并单元保护 A 相小 TA 内部分压电阻虚焊

【实例二】时钟跳变导致主变压器差动保护误动

一、事件概述

某 110kV 数字化变电站 2 号主变压器 B 套保护运行期间差动保护动作，跳开三侧断路器。

二、保护动作分析

2 号主变压器为 Y/Y/△-11 接线方式，在三侧合并单元同步时，以 A 相电压为例，U_{Ha} 应当与 U_{Ma} 同相位，U_{Ma} 与 U_{La} 相差 30°。根据装置录波文件分析，在保护动作时，U_{Ha} 与 U_{Ma} 相差 102°（如图 17－14 所示），再取故障前的任意两个点分析，角差约为 100°（图 17－15、图 17－16 所示），而中低压侧固定为 30°。保护装置采样存在角差，导致装置存在差流，差动保护动作。

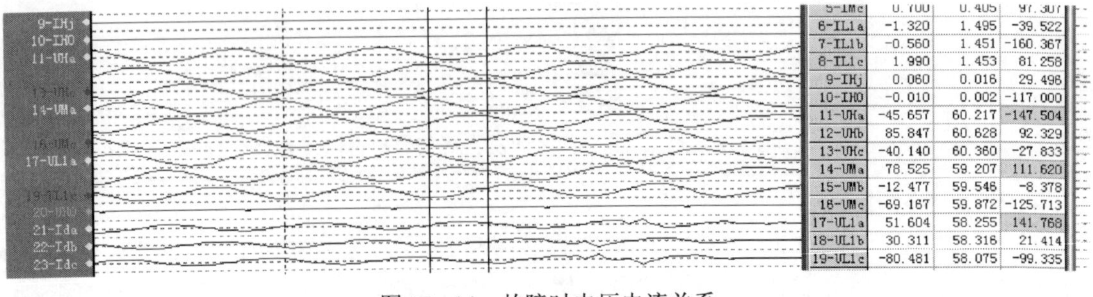

图 17－14　故障时电压电流关系

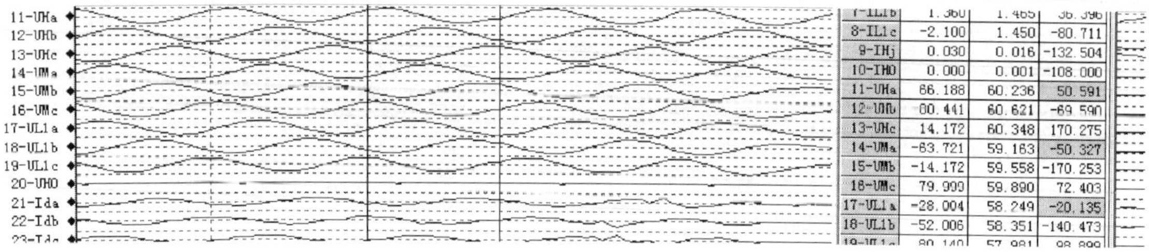

图 17－15　故障前某一时刻 1

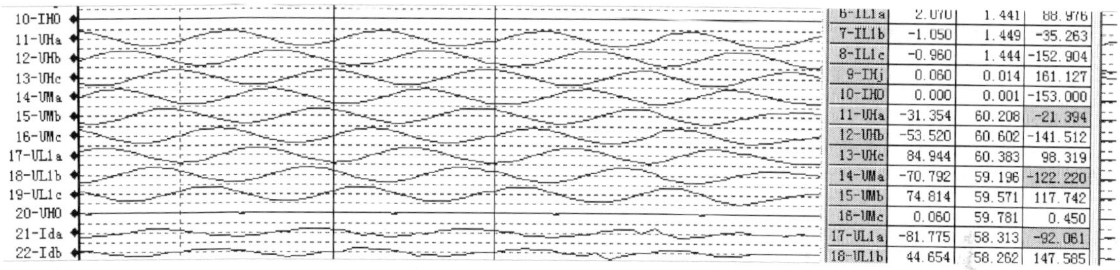

图 17－16　故障前某一时刻 2

11－UHa—高压侧电压；14－UMa—中压侧电压；17－UL1a—低压侧电压；灰底标注数字为各电压当前时刻的角度

三、不正确动作原因

（1）通过波形图，可以发现动作时刻波形并没有突变，所以高、中、低三侧采样数据出现了假同步状态。本站跨间隔保护装置依赖于同步源进行各侧数据同步，主变压器保护通过计数器对齐方式进行三侧采样值的同步缓冲处理。据此推断高、中压侧相差 100° 是因为高压侧合并单元报文计数器与中、低压侧合并单元报文计数器在同一时刻相差较大。查看装置告警记录，在 29 秒 246 毫秒报高压侧合并单元“状态字异常”（如图 17－17 所示），在 34 秒 732 毫秒返回（如图 17－18 所示）。32 秒 726 毫秒报高压侧合并单元“数据异常”（如图 17－19 所示），在 32 秒 748 毫秒返回（如图 17－20 所示）。保护装置在三侧采样点计数不一致时，解除差动闭锁功能，导致差动保护动作，跳三侧断路器。这种处理方式是不合理的，需要保护厂家对程序作出相应的改动，使得装置在三侧采样点计数不一致时，保护装置能够报警并闭锁差动保护功能。

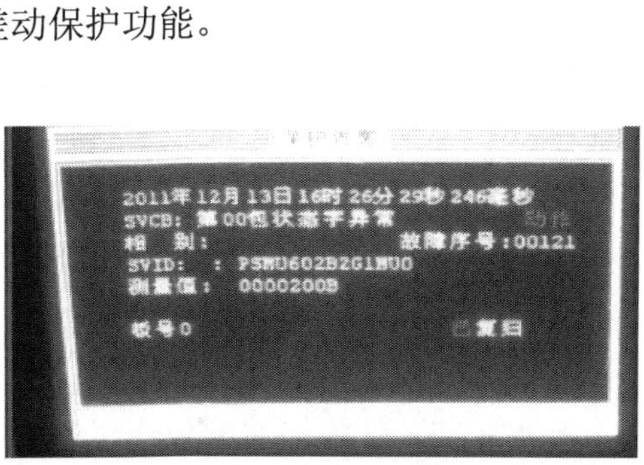

图 17－17　主变压器保护装置告警记录 1

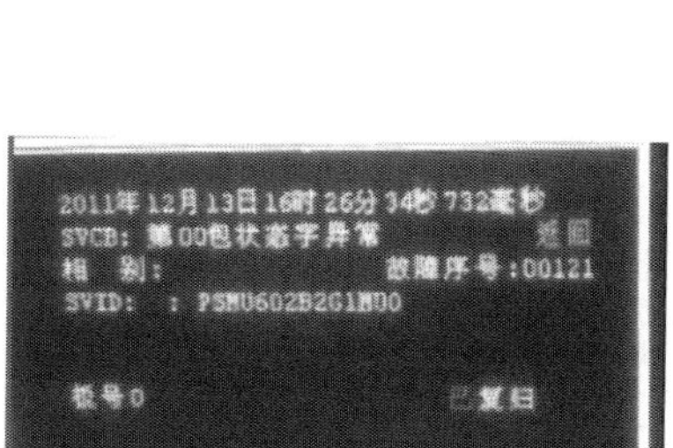

图 17－18　主变压器保护装置告警记录 2

图 17－19　主变压器保护装置告警记录 3

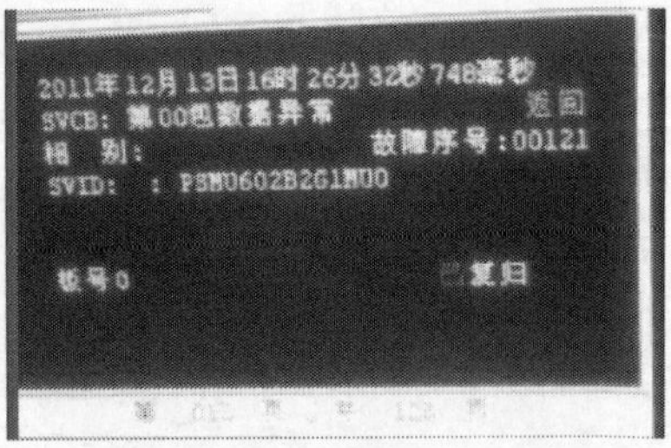

图 17－20　主变压器保护装置告警记录 4

（2）合并单元的计数器是由同步时钟源控制的。结合当时接收 B 码同步的所有合并单元在主变压器保护动作时刻都有瞬间报同步丢失及同步恢复进行分析，合并单元当时所接收到的同步源出现了异常现象。进行时钟试验时，对时系统丢失北斗时钟源卫星后不能正常切换到 GPS 时钟源，且停止发送对时信号，再恢复的过程中发生时间跳变。跳闸时 2 号主变压器 A 套三侧原始数据同步性对比如表 17－2 所示。

表 17–2　　跳闸时 2 号主变压器 A 套三侧原始数据同步性对比

时　间	说　明	高压侧	中压侧	低压侧
		计数	计数	计数
18:19:29.000838	丢失同步开始，无跳变	3998	3997	3997
18:19:32.824345	计数从 3291 跳变到 3996	3996	3291	3291
18:19:34.824335	同步标恢复、无跳变	3995	3290	3291
18:19:34.89110	跳闸出口	262	3557	3558

（3）保护装置在三侧采样点计数不一致时，解除差动闭锁功能，导致主变压器差动保护出口。

四、暴露的问题

（1）对时系统丢失原卫星信号时钟源后再切换到新卫星信号时钟源的过程中，发生时间跳变，保护装置计数器与时钟源未能保持相应的配合，导致三侧计数器在对时系统故障恢复后未能保持一致。

（2）2 号主变压器保护软件存在缺陷，在三侧采样点计数不一致时，不能闭锁差动保护功能。

五、改进措施

（1）升级对时系统，保证时钟源的正常切换，切换过程中无时钟跳变。

（2）优化主变压器保护算法，使得主变压器保护三侧采样点计数不一致时，给出相应报警并闭锁主变压器差动保护功能。

（3）合并单元应具备守时功能。

【实例三】高低压侧合并单元额定延时不一致导致变压器保护误动实例

一、事件概述

某 110kV 变电站 1、2 号主变压器分列运行，所带负荷分别为 15.57MW、14.70MW。此时该变电站 2 号主变压器 A 套增量差动保护动作跳开 103、012 断路器，动作电流 52A，动作时间 30ms。事故前运行方式如图 17－21 所示。

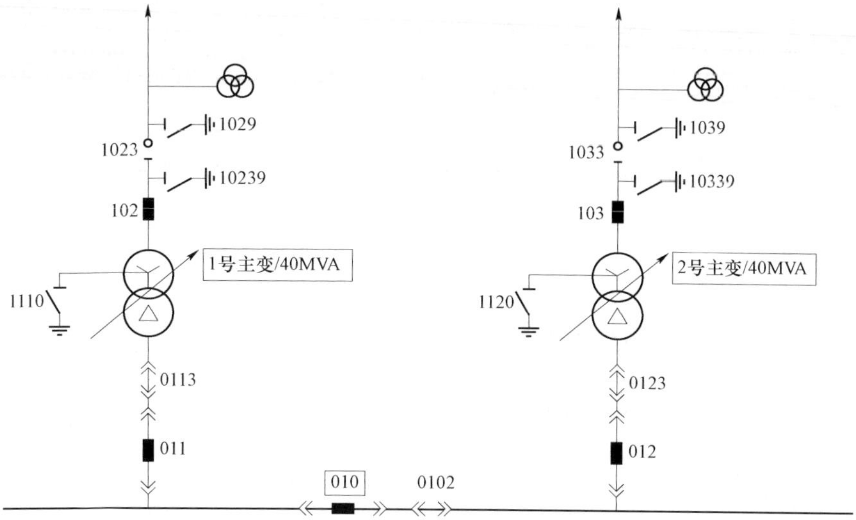

图 17－21　事故前运行方式

二、保护动作分析

2 号主变压器 A 套保护装置的录波波形如图 17－22 所示。从该录波波形看，主变压器高压侧 A 套合并单元输出波形相移大约 36 度（2ms），根据 2 号主变压器高低侧负荷电流计算产生 53A 差流，增量差动保护动作门槛值为 42A，因此 2 号主变压器 A 套保护装置增量差动保护动作出口，同时跳 103、012 断路器。

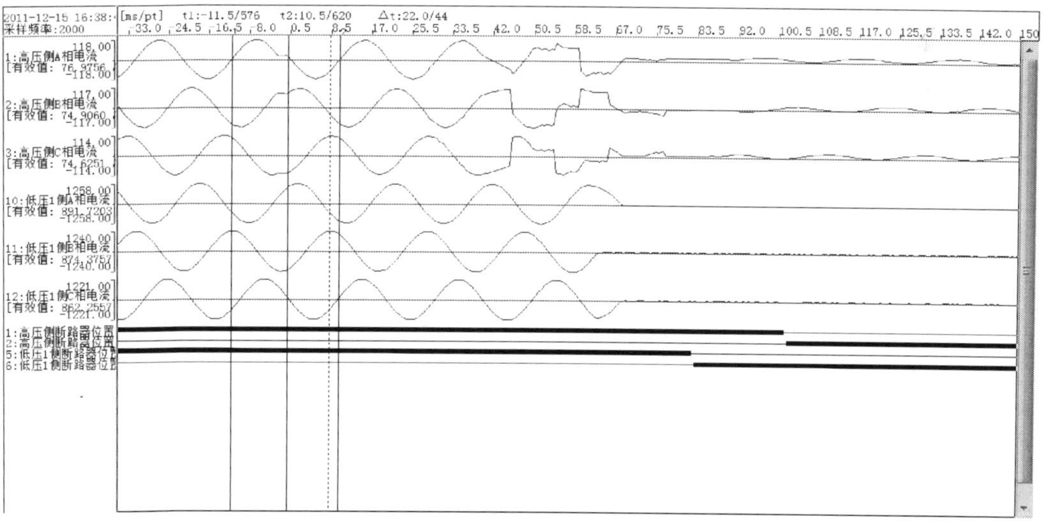

图 17－22　2 号主变压器 A 套保护装置的录波波形图

三、不正确动作原因分析

（1）主变压器高压侧合并单元与低压侧合并单元的发送额定延时不同（高、低压侧合并单元不是同一厂家)，高压侧合并单元发送额定延时为 1500μs，低压侧合并单元额定延时为 500μs，在网络报文分析装置上可以看到同时到达的报文差 4 个采样点，即有 1ms 的时差。

（2）主变压器高压侧合并单元正常情况下有对时失步情况，测量的结果为：GPS 对时装置对应的 B 码输出功率为 –35～–38db，接收侧为 –37～–40db。接收端灵敏度偏低，容易引起对时失步，该变电站为网采网跳，对时功能对装置采集影响很大。

（3）A 套合并单元输出的报文有丢包、错序现象，也会对波形相移产生影响。

四、整改措施

（1）修改低压侧合并单元、变压器中性点合并单元的额定延时为 1500μs，修正与主变压器高压侧合并单元波形输入角差，提高采样精度。

（2）对对时装置功率发送回路整改，提高 B 码对时输出功率，模块发送功率达到 –23db，合并单元接收功率提高到 –30db，已满足现场实际需要。

（3）更换了主变压器高压侧 A 套合并单元 CPU 插件，并将其两套合并单元的软件升级到最新版本（增加丢包容错功能），解决了高压侧合并单元采样丢包和错序的问题。此后，分别做了高压侧、低压侧合并单元从失步转同步及同步转失步、间隔层保护从失步转同步及同步转失步、GPS 装置断电到上电（全部装置同步转失步，以及失步转同步）等组合试验，均不发生误动问题（失步闭锁），功能正常。

第三节　智能终端主要问题及实例分析

一、智能终端基本原理

智能终端是一种智能组件，与一次设备采用电缆连接，与保护、测控等二次设备采用光纤连接，实现对一次设备（如断路器、隔离开关、主变压器等）的测量、控制等功能。智能终端对上采用 GOOSE 数字化接口和间隔层设备进行通信，对下采用常规电缆和一次设备进行接口。

二、GOOSE 断链导致智能终端拒动

1. 事件概述

某日，110kV MN 线发生 A 相永久性接地故障，1167ms 发展为 AB 两相接地故障，2269ms 发展为 ABC 三相相间短路。该线路 M 变电站侧保护动作后，因智能终端 CPU 插件故障，导致未成功出口跳开 M 变电站侧断路器，越级由 110kV 系统 MP 甲线、MP 乙线、MQ 线对侧断路器跳闸切除故障，造成 M 变电站全站失压，系统接线示意图如图 17–23 所示。

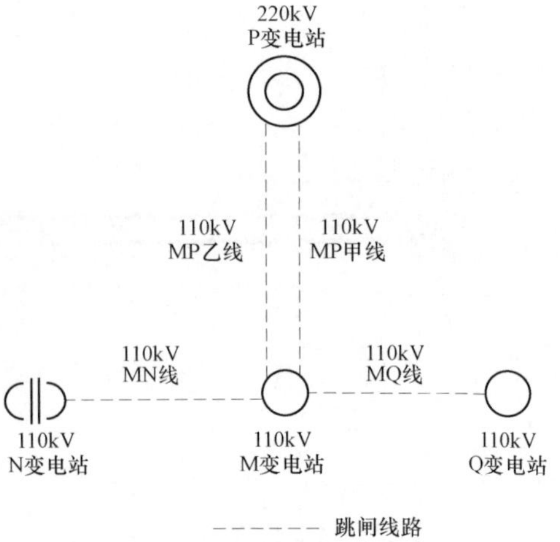

图 17–23　系统接线示意图

2. 保护动作分析

保护动作时序如图 17–24 所示。

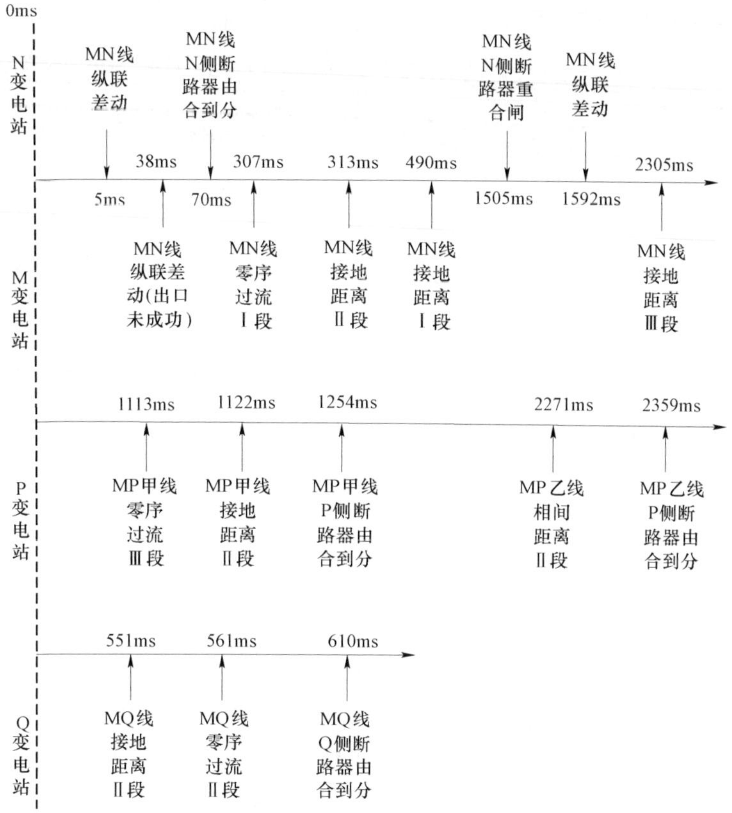

图 17－24　保护动作时序图

（1）110kV MN 线保护。

某日 15 时 56 分 28 秒，110kV MN 线 A 相因外力破坏（吊车触碰）发生接地故障。N 变电站侧 5ms 纵联差动保护动作，跳开 N 变电站侧断路器，1505ms 重合闸动作，N 变电站侧断路器重合于故障，1592ms 纵联差动保护再次动作，跳开 N 变电站侧断路器，N 变电站侧 MN 线保护录波如图 17－25 所示。

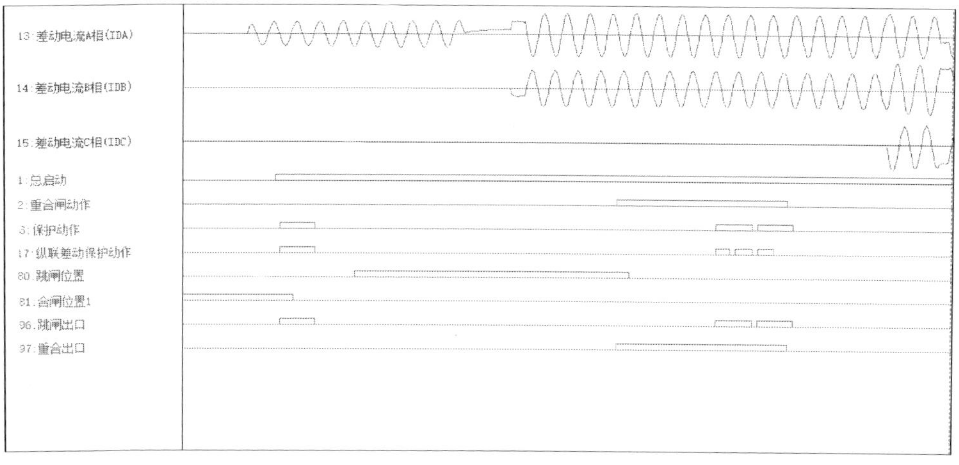

图 17－25　N 变电站侧 MN 线保护录波图

M变电站侧38ms纵联差动保护动作，因M变电站侧智能终端未出口跳闸，断路器一直在合位，故307ms零序过流Ⅰ段动作、313ms接地距离Ⅱ段动作、490ms接地距离Ⅰ段动作、2305ms接地距离Ⅲ段动作，M变电站侧MN线保护录波如图17－26所示。

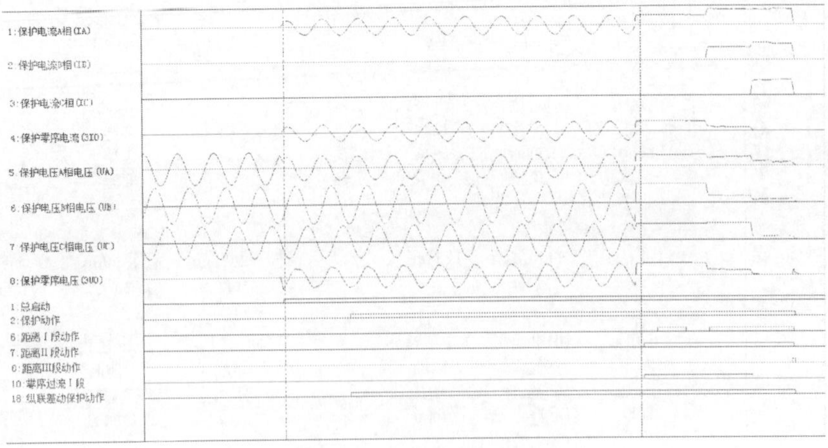

图17－26　M变电站侧MN线保护录波图

在吊车触碰MN线A相导线的初始阶段，因吊车内阻较大，绝缘未击穿，造成带过渡电阻的不完全接地，持续300ms，接地距离Ⅱ段、零序过流Ⅰ段保护动作。随着绝缘持续下降直至击穿后，接地距离Ⅰ段动作。跳闸线路保护整定值如表17－3所示。

表17–3　　M变电站侧MN线路保护整定值

线路	相间距离Ⅱ段	接地距离Ⅰ段	零序Ⅰ段
MN线	1.72Ω，0.3s	1.72Ω，0.3s	0.9A，0.3s

（2）110kV MQ线保护。

110kV Q变电站侧110kV MQ线接地距离Ⅱ段、零序过流Ⅱ段保护分别在551ms、561ms动作，跳开Q变电站侧断路器，Q变电站侧MQ线保护录波图如图17－27所示。

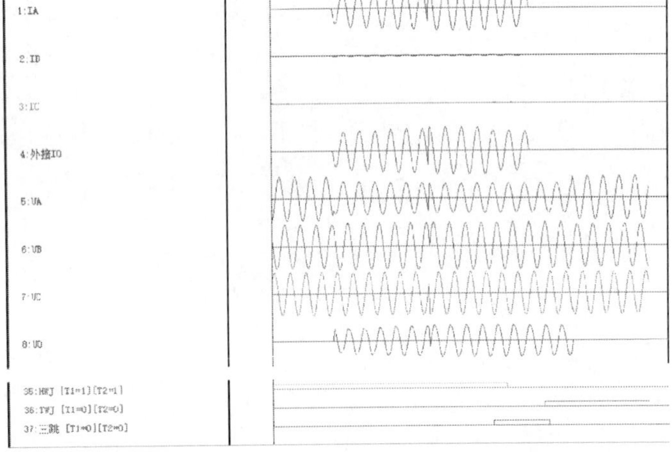

图17－27　Q变电站侧MQ线保护录波图

（3）110kV MP 甲线保护。

220kV P 变电站侧 110kV MP 甲线接地距离Ⅱ段、零序过流Ⅲ段分别在 1122ms、1113ms 动作，跳开 P 变电站侧断路器，P 变电站侧 MP 甲线保护录波图如图 17－28 所示。

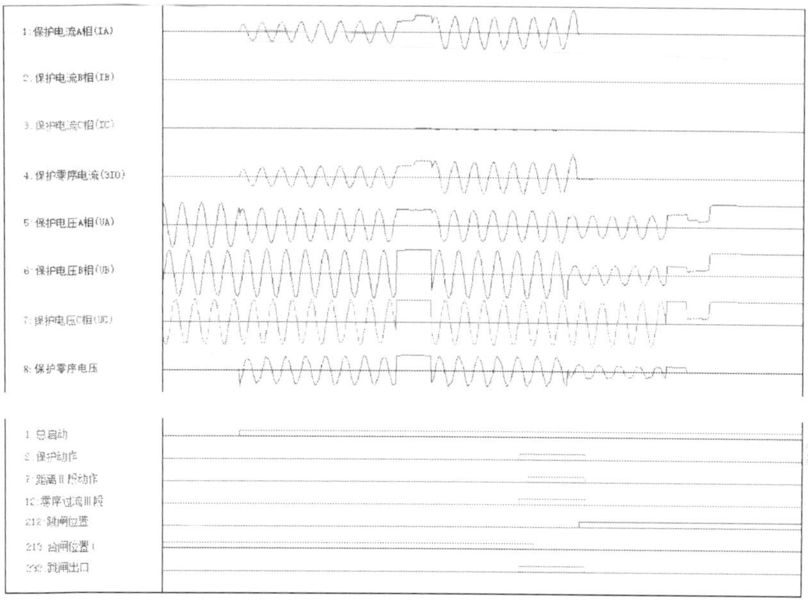

图 17－28　P 变电站侧 MP 甲线保护录波图

（4）110kV MP 乙线保护。

220kV P 变电站侧 110kV MP 乙线相间距离Ⅱ段 2269ms 动作出口，跳开 P 变电站侧断路器，P 变电站侧 MP 乙线保护录波图如图 17－29 所示。

在 110kV MP 乙线接地距离Ⅱ段、零序过流Ⅲ段保护计时 1167ms 后，故障类型由 A 相接地转为 AB 两相接地，零序电流下降至 0.906A，未达到零序过流Ⅲ段定值，计时中止，此时 AB 相相间测量阻抗在相间距离Ⅱ段动作区内，相间距离Ⅱ段开始计时，接地距离Ⅱ段停止计时，2269ms 时，AB 相相间测量阻抗为 2.013+j1.563Ω，相间距离Ⅱ段动作出口（2269ms－1167ms=1102ms，符合整定时限），最终跳开 P 变电站侧断路器。

3. 智能终端未出口原因

（1）在 MN 线保护动作时智能终端 CSD－601 装置面板上的“总告警”“GO A/B 告警”指示灯在点亮状态，“跳闸”指示灯在熄灭状态（如图 17－30 所示），说明智能终端装置未出口。

（2）监控记录显示 MN 线保护动作前智能终端订阅保护的 GOOSE 通信一直处于中断状态，如图 17－31 所示。

（3）对 MN 线智能终端 GOOSE 链路中断分析。经现场检查，外部 GOOSE 报文正确，可排除外部 GOOSE 通信的问题。而智能终端面板“跳闸”灯未点亮，结合智能终端调试软件调取的记录，是 CPU 接收 GOOSE 异常引起。

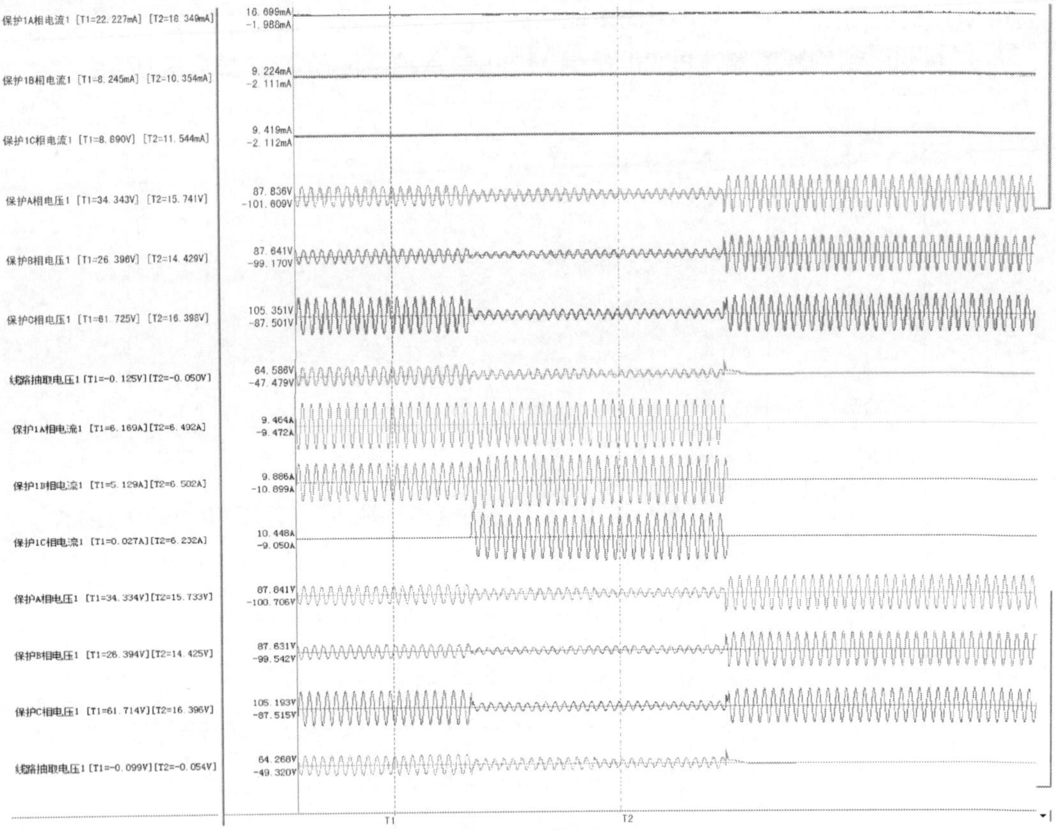

图 17－29　P 变电站侧 MP 乙线保护录波图

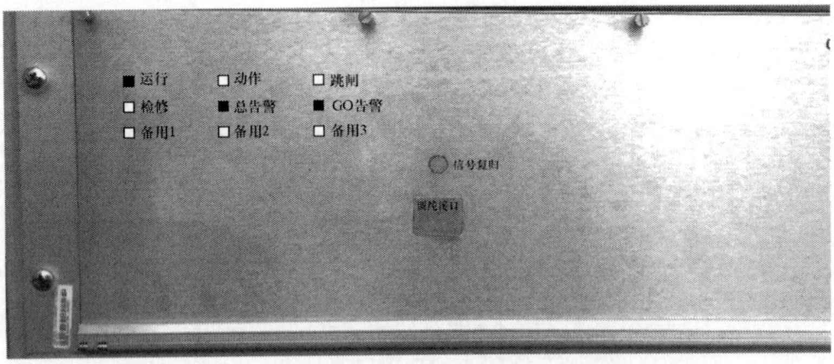

图 17－30　故障时保护装置面板局部图片

2016-07-07　19:13:03	110kV线路智能终端故障!
2016-07-07　19:13:16	110kV线路智能终端订阅本线路保护测控装置goose A网通信中断!
2016-07-07　19:13:16	110kV线路智能终端订阅本线路保护测控装置goose B网通信中断!

图 17－31　集中监控后台告警记录

将现场拔出的 CPU 插件在放大镜下进行外观检查时，发现电阻 R263 存在明显损伤，如图 17－32 所示。从损伤现象看，该电阻应该是受到自右向左的侧向锐利物体撞击而受损，推断是在生产周转工序中引入的外力损伤。

图 17－32 智能终端 CPU 插件损伤部位示意图

GOOSE 以太网接收报文由 CPU 板上的 FPGA 芯片（板件位号 U3）经 LINKPORT 口传递给主控 DSP 芯片 ADSP－21469（板件位号 U1），通过插件原理图确认（如图 17－33 所示），电阻 R263 是 LINKPORT 口时钟信号 CLK 上串联的匹配电阻。

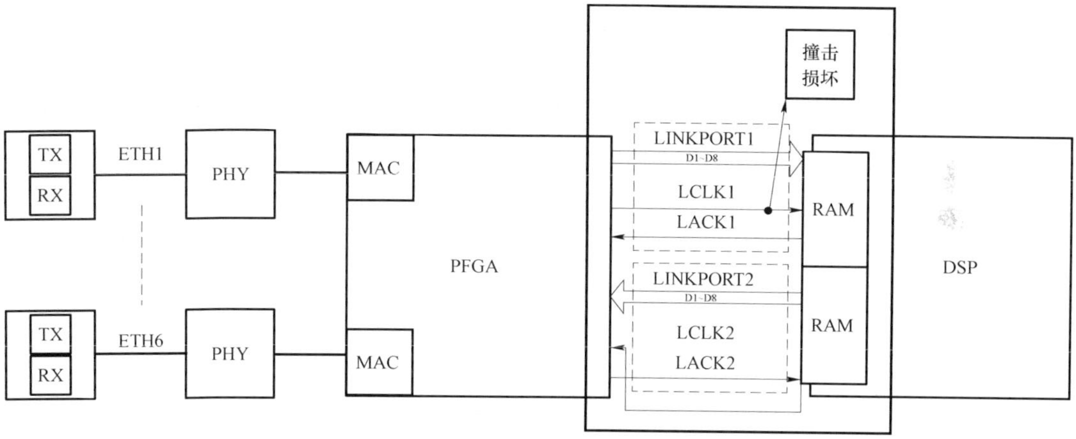

图 17－33 智能终端 CPU 插件原理图

对现场返回的插件上的电阻 R263 进行测量及通电试验，推断电阻 R263 焊接处局部受损，随着运行时间的加长，电阻与焊盘的受损状况逐渐恶化而导致工作状态不可靠，进而影响到 LINKPORT 口时钟信号的稳定性，出现信号失真的现象，即 GOOSE 链路中断。

由于 MN 线智能终端 CPU 插件损坏，使智能终端接收保护 GOOSE 链路中断，导致保护动作后智能终端未出口。

4. 暴露的问题

（1）设备厂家智能终端硬件质量管控不足。

（2）运行维护人员责任心不强，未及时发现智能终端告警信号。

（3）调控人员对智能站特有的保护设备（例如智能终端）告警信号不熟悉。

（4）智能变电站保护设备告警信号描述不直观，未进行分级分类。

5. 整改措施

（1）提高产品的出厂硬件质量检测。

（2）加强调控人员针对智能站告警信号的培训，制定异常告警信息处置流程。

（3）加强运行维护人员对变电站设备的巡视力度，确保不留死角。

（4）优化智能变电站保护设备告警信号描述，实现分级分类上送。

附录 A　短路故障电气量特点分析

A.1　单相接地短路的电流电压特点

A.1.1　边界条件与特殊相

A 相金属性接地，边界条件如下

$$\left.\begin{aligned}\dot{I}_{KB}^{(1)}&=0\\ \dot{I}_{KC}^{(1)}&=0\\ \dot{U}_{KA}^{(1)}&=0\end{aligned}\right\}\qquad\text{(A－1)}$$

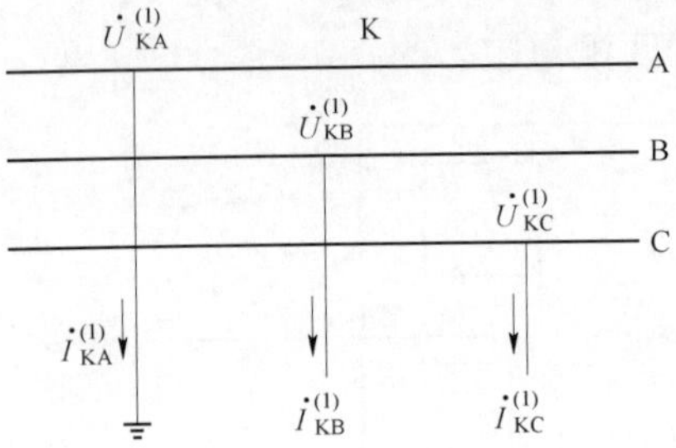

图 A－1　K 点 A 相金属性接地

特殊相是 A 相，B 相接地时特殊相是 B 相，C 相接地时特殊相是 C 相，即特殊相是故障相。K 点 A 相金属性接地如图 A－1 所示。

A.1.2　复合序网

应用对称分量法，将式（A－1）边界条件用特殊相序分量表示时，可得到

$$\dot{I}_{KA1}^{(1)}+\dot{I}_{KA2}^{(1)}+\dot{I}_{KA0}^{(1)}=\dot{I}_{KA}^{(1)}\qquad\text{(A－2)}$$

$$\dot{U}_{KA1}^{(1)}+\dot{U}_{KA2}^{(1)}+\dot{U}_{KA0}^{(1)}=0\qquad\text{(A－3)}$$

由于 $\dot{I}_{KA1}^{(1)}=\dot{I}_{KA2}^{(1)}=\dot{I}_{KA0}^{(1)}$，所以故障点特殊相的正序、负序、零序网络串联；又由于 $\dot{U}_{KA1}^{(1)}+\dot{U}_{KA2}^{(1)}+\dot{U}_{KA0}^{(1)}=0$，故三个序网络串联后应短接。做出 A 相 K 点接地时的复合序网如图 A－2 所示。复合序网指的是特殊相的，非特殊相的各序网络不能这样连接。

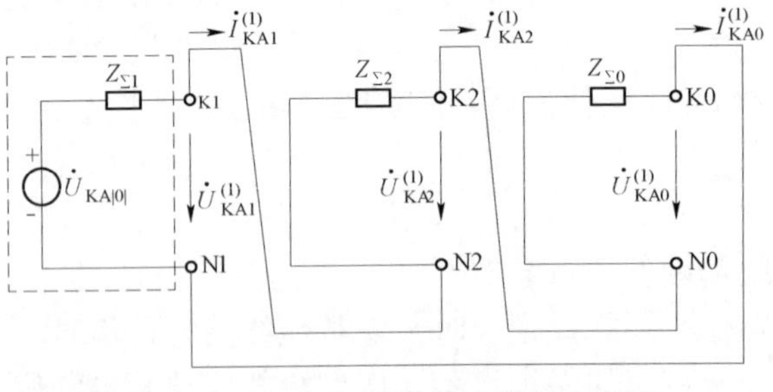

图 A－2　K 点 A 相接地时的复合序网

由复合序网可见，单相接地时会出现零序分量电流、电压。

A.1.3　故障点电流、电压

（一）故障点电流

由图 A－2 求得

$$\dot{I}_{KA1}^{(1)}=\dot{I}_{KA2}^{(1)}=\dot{I}_{KA0}^{(1)}=\frac{\dot{U}_{KA[0]}}{Z_{\Sigma1}+Z_{\Sigma2}+Z_{\Sigma0}}\qquad\text{(A－4)}$$

接地故障电流为

$$\dot{I}_{KA}^{(1)}=\frac{3\dot{U}_{KA[0]}}{Z_{\Sigma1}+Z_{\Sigma2}+Z_{\Sigma0}} \tag{A-5}$$

（二）故障点电压

因$\dot{U}_{KA}^{(1)}=0$，所以只需分析两非故障相电压。由图 A－2 得

$$\dot{U}_{KA0}^{(1)}=-\dot{I}_{KA0}^{(1)}Z_{\Sigma0}=-\dot{I}_{KA1}^{(1)}Z_{\Sigma0} \tag{A-6}$$

$$\dot{U}_{KA2}^{(1)}=-\dot{I}_{KA2}^{(1)}Z_{\Sigma2}=-\dot{I}_{KA1}^{(1)}Z_{\Sigma2} \tag{A-7}$$

$$\dot{U}_{KA1}^{(1)}=\dot{I}_{KA1}^{(1)}(Z_{\Sigma2}+Z_{\Sigma0}) \tag{A-8}$$

于是$\dot{U}_{KB}^{(1)}$与$\dot{U}_{KC}^{(1)}$可表示为

$$\dot{U}_{KB}^{(1)}=\alpha^2\dot{U}_{KA1}^{(1)}+\alpha\dot{U}_{KA2}^{(1)}+\dot{U}_{KA0}^{(1)}=\frac{(\alpha^2-\alpha)Z_{\Sigma2}+(\alpha^2-1)Z_{\Sigma0}}{Z_{\Sigma1}+Z_{\Sigma2}+Z_{\Sigma0}}\dot{U}_{KA[0]} \tag{A-9}$$

$$\dot{U}_{KC}^{(1)}=\alpha\dot{U}_{KA1}^{(1)}+\alpha^2\dot{U}_{KA2}^{(1)}+\dot{U}_{KA0}^{(1)}=\frac{(\alpha-\alpha^2)Z_{\Sigma2}+(\alpha-1)Z_{\Sigma0}}{Z_{\Sigma1}+Z_{\Sigma2}+Z_{\Sigma0}}\dot{U}_{KA[0]} \tag{A-10}$$

当$Z_{\Sigma1}=Z_{\Sigma2}$时，式（A－9）、式（A－10）可化简为

$$\dot{U}_{KB}^{(1)}=\dot{U}_{KB[0]}+\frac{Z_{\Sigma1}-Z_{\Sigma0}}{2Z_{\Sigma1}+Z_{\Sigma0}}\dot{U}_{KA[0]};\quad \dot{U}_{KC}^{(1)}=\dot{U}_{KC[0]}+\frac{Z_{\Sigma1}-Z_{\Sigma0}}{2Z_{\Sigma1}+Z_{\Sigma0}}\dot{U}_{KA[0]} \tag{A-11}$$

由式（A－11）可得到非故障相电压为

$$\left|\frac{\dot{U}_{KB}^{(1)}}{\dot{U}_{KA[0]}}\right|=\left|\frac{\dot{U}_{KC}^{(1)}}{\dot{U}_{KA[0]}}\right|=\sqrt{1+\frac{(2Z_{\Sigma0}+Z_{\Sigma1})(Z_{\Sigma0}-Z_{\Sigma1})}{(2Z_{\Sigma1}+Z_{\Sigma0})^2}} \tag{A-12}$$

容易看出，$Z_{\Sigma0}>Z_{\Sigma1}$时非故障相电压要升高，（注意，此时一定是$I_K^{(1)}<I_K^{(3)}$），升高的程度随$Z_{\Sigma0}/Z_{\Sigma1}$比值增大而增大（如果$Z_{\Sigma0}=1.5Z_{\Sigma1}$时，则$U_{KB}^{(1)}=U_{KC}^{(1)}=1.08U_{KA[0]}$）；$Z_{\Sigma0}=Z_{\Sigma1}$时，非故障相电压保持故障前数值；$Z_{\Sigma0}<Z_{\Sigma1}$时，非故障相电压降低。

对于两非故障相电压的夹角$\alpha_U=\arg\frac{U_{KB[0]}}{U_{KC[0]}}=120°$；当$Z_{\Sigma0}>Z_{\Sigma1}$时，有$\alpha_U<120°$（$Z_{\Sigma0}\to\infty$时，$\alpha_U\to60°$）；当$Z_{\Sigma0}<Z_{\Sigma1}$时，有$\alpha_U>120°$（$Z_{\Sigma0}\to0$，$\alpha_U\to180°$）。单相接地时非故障相电压的变化如图 A－3 所示。

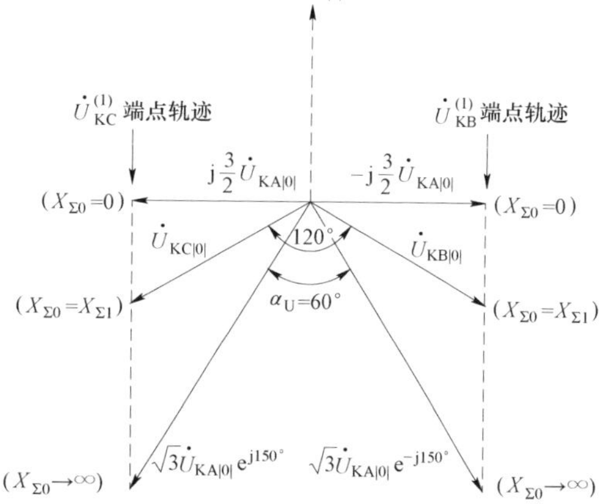

图 A－3　单相接地时非故障相电压的变化

（三）故障点电流、电压间相量关系

先做出故障点故障前的三相电压$U_{KA[0]}$、$U_{KB[0]}$、$U_{KC[0]}$向量，再由式（A－5）可做出$I_{KA}^{(1)}$向量；由式（A－11）可做出$U_{KB}^{(1)}$、$U_{KC}^{(1)}$向量，其相

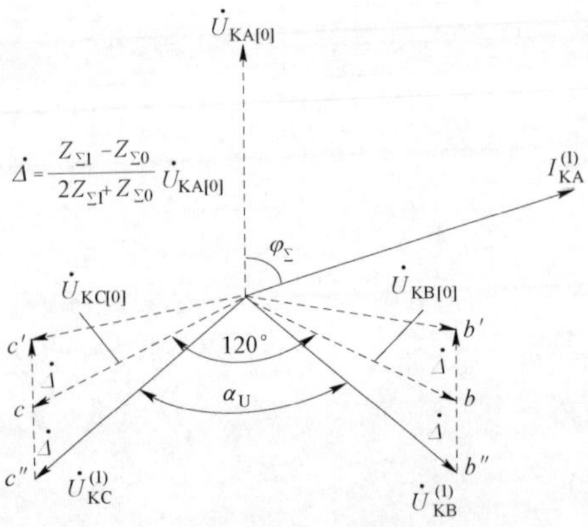

图 A-4　A 相接地时故障点电流、电压间相量关系

量关系如图 A-4 所示。

$Z_{\Sigma 0}=Z_{\Sigma 1}$ 时，有 $\Delta=\dfrac{Z_{\Sigma 1}-Z_{\Sigma 0}}{2Z_{\Sigma 1}+Z_{\Sigma 0}}\cdot U_{KA[0]}=0$，此时 $U_{KB}^{(1)}$、$U_{KC}^{(1)}$ 向量端点在 b、c 点，$\alpha_U=120°$；当 $Z_{\Sigma 0}<Z_{\Sigma 1}$ 时，有 $\Delta>0$，此时 $U_{KB}^{(1)}$、$U_{KC}^{(1)}$ 向量端点在 b'、c' 点，$\alpha_U>120°$；当 $Z_{\Sigma 0}>Z_{\Sigma 1}$ 时 $\Delta<0$，此时 $U_{KB}^{(1)}$、$U_{KC}^{(1)}$ 向量端点在 b''、c'' 点，$\alpha_U<120°$。

可以看出，$Z_{\Sigma 0}\to 0$ 时，$\Delta\to\dfrac{1}{2}U_{KA[0]}$，此时 $U_{KB}^{(1)}$、$U_{KC}^{(1)}$ 反相位，即 $\alpha_U\to 180°$，$U_{KB}^{(1)}=U_{KC}^{(1)}=\dfrac{\sqrt{3}}{2}U_{KA[0]}$；当 $Z_{\Sigma 0}\to\infty$ 时，$\Delta\to -U_{KA[0]}$，此时 $U_{KB}^{(1)}$、$U_{KC}^{(1)}$ 夹角为 60°，即 $\alpha_U\to 60°$，$U_{KB}^{(1)}=U_{KC}^{(1)}=\sqrt{3}U_{KA[0]}$。因此 $Z_{\Sigma 0}$ 变化时，$U_{KB}^{(1)}$、$U_{KC}^{(1)}$ 向量端点变化轨迹沿 $b'b''$，$c'c''$ 方向确定的直线段变化。

不管 $\dot{U}_{KB}^{(1)}$、$\dot{U}_{KC}^{(1)}$ 向量端点位置如何变化，因零序电压 $\dot{U}_{KA0}^{(1)}$ 为

$$\dot{U}_{KA0}^{(1)}=\frac{1}{3}[\dot{U}_{KA}^{(1)}+\dot{U}_{KB}^{(1)}+\dot{U}_{KC}^{(1)}]=\frac{1}{3}[\dot{U}_{KB}^{(1)}+\dot{U}_{KC}^{(1)}]=-\rho_0\dot{U}_{KA[0]} \qquad (A-13)$$

式中，ρ_0 为由 $Z_{\Sigma 0}$、$Z_{\Sigma 1}$ 大小确定的系数，当 $Z_{\Sigma 0}\to 0$ 时，$\rho_0\to 0$；当 $Z_{\Sigma 0}\to\infty$ 时，$\rho_0\to 1$；当 $Z_{\Sigma 0}=Z_{\Sigma 1}$ 时，$\rho_0=\dfrac{1}{3}$。

由式（A-13）可见，$U_{KA0}^{(1)}$ 向量总在 $U_{KA[0]}$ 的反方向上。

A.1.4　单相接地短路电流电压波形简析

A 相单相接地短路典型录波图、相量图如图 A-5 所示，分析单相接地故障录波图要点：

（1）一相电流增大，一相电压降低；出现零序电流、零序电压。

（2）电流增大、电压降低为同一相别。

（3）零序电流相位与故障相电流同向，零序电压与故障相电压反向。

（4）故障相电压超前故障相电流约 80°；零序电流超前零序电压约 110°。

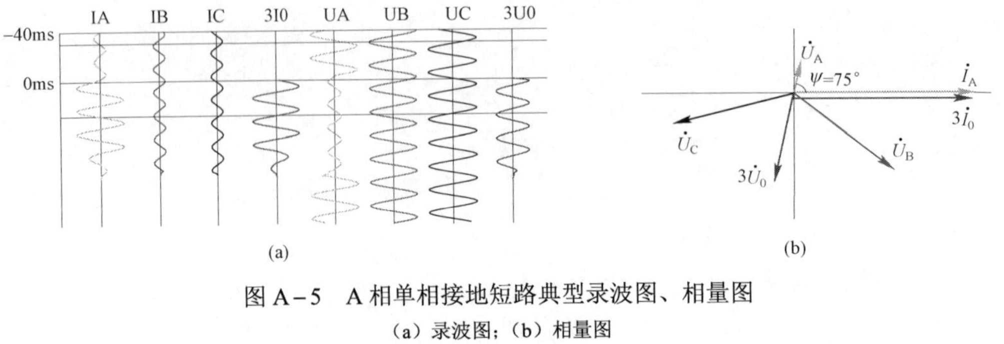

图 A-5　A 相单相接地短路典型录波图、相量图

（a）录波图；（b）相量图

当看到符合第（1）条的一张录波图时，基本上可以确定系统发生了单相接地短路故障；

若符合第（2）条可以确定电压、电流相别没有接错；符合第（3）条、第（4）条可以确定保护装置、二次回路整体均没有问题。

对于电压、电流相别同时接错的问题需要综合考虑，比如说可以收集同一系统上下级变电站的录波图，对于同一个系统故障各个变电站录波图反映的情况应该是相同的，那么与其他变电站反映的故障相别不同的变电站就需要进行现场测试。若单相接地短路故障出现不符合上述条件情况，那么需要仔细分析，查找二次回路是否存在问题。这里需要特别说明一下南瑞公司的 LFP－900 系列线路保护装置，该系列保护在计算零序保护时加入了一个 78° 的补偿阻抗，其录波图上反映的是零序电流超前零序电压 180° 左右。南瑞公司的 RCS－900 系列线路保护装置，该系列保护在计算零序保护时没有加入 78° 的补偿阻抗，其录波图上反映的是零序电流超前零序电压 110° 左右。对于分析录波图，第（4）条是非常重要的，对于单相故障，故障相电压超前故障相电流约 80°；对于多相故障，则是故障相间电压超前故障相间电流约 80°；“80° 左右”的概念实际上就是短路阻抗角，也即线路阻抗角。

A.2 两相短路的电流电压特点

A.2.1 边界条件与特殊相

图 A－6 示出了 K 点 BC 相金属性短路故障，边界条件为

$$\left.\begin{array}{l}\dot{I}_{KA}^{(2)}=0\\ \dot{I}_{KB}^{(2)}+\dot{I}_{KC}^{(2)}=0\\ \dot{U}_{KB}^{(2)}=\dot{U}_{KC}^{(2)}\end{array}\right\} \tag{A－14}$$

特殊相是 A 相。当然，CA 相短路时特殊相是 B 相，AB 相短路时特殊相是 C 相。特殊相是非故障相。

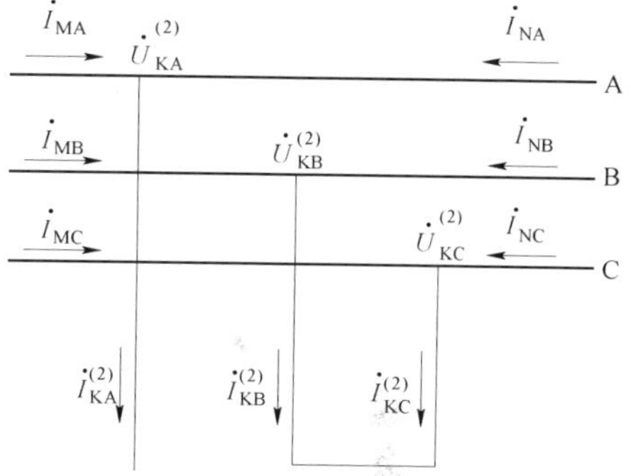

图 A－6 K 点 BC 相金属性短路故障

A.2.2 复合序网

将边界条件变换为特殊相序分量关系式，得到 A 相序分量电流为

$$\dot{I}_{KA0}^{(2)}=\frac{1}{3}(\dot{I}_{KA}^{(2)}+\dot{I}_{KB}^{(2)}+\dot{I}_{KC}^{(2)})=0 \tag{A－15}$$

$$\dot{I}_{KA1}^{(2)}=\frac{1}{3}(\dot{I}_{KA}^{(2)}+\alpha\dot{I}_{KB}^{(2)}+\alpha^2\dot{I}_{KC}^{(2)})=\mathrm{j}\frac{\dot{I}_{KB}^{(2)}}{\sqrt{3}} \tag{A－16}$$

$$\dot{I}_{KA2}^{(2)}=\frac{1}{3}(\dot{I}_{KA}^{(2)}+\alpha^2\dot{I}_{KB}^{(2)}+\alpha\dot{I}_{KC}^{(2)})=-\mathrm{j}\frac{\dot{I}_{KB}^{(2)}}{\sqrt{3}} \tag{A－17}$$

由于 $Z_{\Sigma0}$ 为有限值，所以 $U_{KA0}^{(2)}=-\dot{I}_{KA0}Z_{\Sigma0}=0$，因此两相短路故障时没有零序电流、电压，说明零序网络开路。另外，$\dot{I}_{KA1}^{(2)}$、$\dot{I}_{KA2}^{(2)}$ 的关系为

$$\dot{I}_{KA1}^{(2)}+\dot{I}_{KA2}^{(2)}=0 \tag{A－18}$$

同样，得到故障点电压的序分量为

$$\dot{U}_{KA1}^{(2)}=\frac{1}{3}(\dot{U}_{KA}^{(2)}+\alpha\dot{U}_{KB}^{(2)}+\alpha^2\dot{U}_{KC}^{(2)})=\frac{1}{3}(\dot{U}_{KA}^{(2)}-\dot{U}_{KB}^{(2)}) \tag{A－19}$$

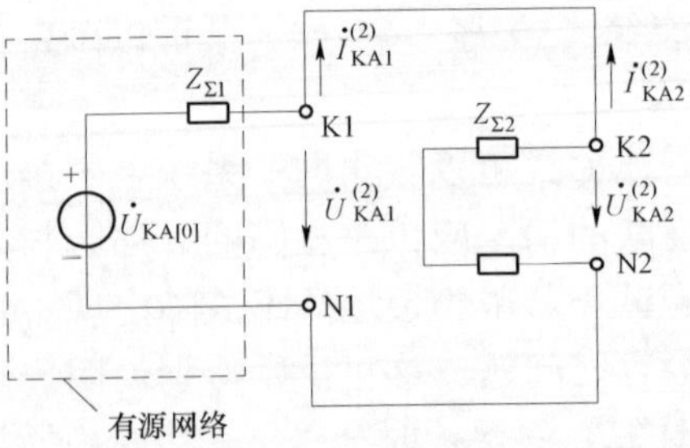

图 A－7　K 点 BC 相短路故障时的复合序网

$$\dot{U}^{(2)}_{KA2}=\frac{1}{3}(\dot{U}^{(2)}_{KA}+\alpha^2\dot{U}^{(2)}_{KB}+\alpha\dot{U}^{(2)}_{KC})=\frac{1}{3}(\dot{U}^{(2)}_{KA}-\dot{U}^{(2)}_{KB})\tag{A-20}$$

所以

$$\dot{U}^{(2)}_{KA1}=\dot{U}^{(2)}_{KA2}$$

做出 BC 两相短路故障时的复合序网如图 A－7 所示，故障点的正序网络和负序网络并联（特殊相），零序网络开路。需要指出，复合序网中的各序分量是特殊相的各序分量；正序网是有源网络，在该网络中除正序故障分量电流外，还有正常负荷电流分量。

A.2.3　故障点电流、电压

（一）故障点电流

由图 A－7 求得 $I^{(2)}_{KA1}$ 为

$$\dot{I}^{(2)}_{KA1}=\frac{\dot{U}_{KA[0]}}{Z_{\Sigma1}+Z_{\Sigma2}}\tag{A-21}$$

计及式（A－21）得到故障电流为

$$\dot{I}^{(2)}_{KB}=-\dot{I}^{(2)}_{KC}=\alpha^2\dot{I}^{(2)}_{KA1}+\alpha\dot{I}^{(2)}_{KA2}=(\alpha^2-\alpha)\dot{I}^{(2)}_{KA1}=-j\sqrt{3}\frac{\dot{U}_{KA[0]}}{Z_{\Sigma1}+Z_{\Sigma2}}\tag{A-22}$$

当 $Z_{\Sigma1}=Z_{\Sigma2}$ 时，式（A－22）变为

$$\dot{I}^{(2)}_{KB}=-\dot{I}^{(2)}_{KC}=-j\frac{\sqrt{3}}{2}\frac{\dot{U}_{KA[0]}}{Z_{\Sigma1}}\tag{A-23}$$

（二）故障点电压

由图 A－7 求得 $U^{(2)}_{KA1}$、$U^{(2)}_{KA2}$ 为

$$\dot{U}^{(2)}_{KA1}=\dot{U}^{(2)}_{KA2}=\frac{Z_{\Sigma2}}{Z_{\Sigma1}+Z_{\Sigma2}}\cdot\dot{U}_{KA[0]}\tag{A-24}$$

于是故障点的三相电压为

$$\dot{U}^{(2)}_{KA}=2\dot{U}^{(2)}_{KA1}=\frac{2Z_{\Sigma2}}{Z_{\Sigma1}+Z_{\Sigma2}}\cdot\dot{U}_{KA[0]}\tag{A-25}$$

$$\dot{U}^{(2)}_{KB}=\dot{U}^{(2)}_{KC}=(\alpha^2-\alpha)\dot{U}^{(2)}_{KA1}=-\frac{Z_{\Sigma2}}{Z_{\Sigma1}+Z_{\Sigma2}}\cdot\dot{U}_{KA[0]}\tag{A-26}$$

当 $Z_{\Sigma1}=Z_{\Sigma2}$ 时，式（A－26）写为

$$\dot{U}^{(2)}_{KA}=\dot{U}_{KA[0]}\tag{A-27}$$

$$\dot{U}^{(2)}_{KB}=\dot{U}^{(2)}_{KC}=(\alpha^2-\alpha)\dot{U}^{(2)}_{KA1}=-\frac{1}{2}\cdot\dot{U}_{KA[0]}\tag{A-28}$$

式（A－27）、式（A－28）说明，两相短路故障时，故障点非故障相电压保持原有的幅值

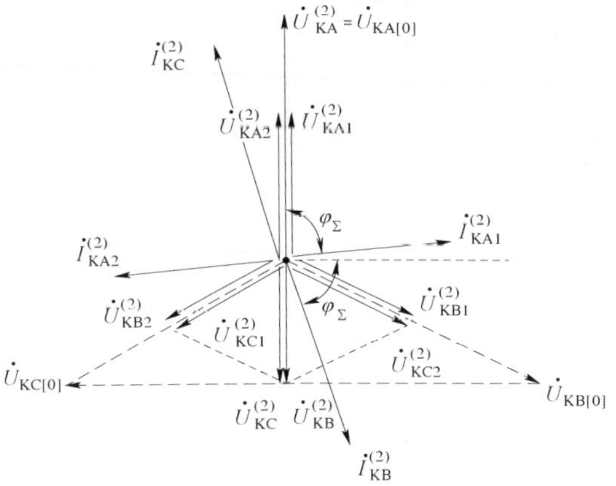

图 A-8 K 点 BC 相短路故障时的故障点电流、电压相量关系

和相位，两故障相电压在非故障相电压的反方向上，其值等于非故障相电压的一半。

（三）故障点电流、电压间相量关系

由式（A-23）可做出 $\dot{I}_{KB}^{(2)}$、$\dot{I}_{KC}^{(2)}$ 相量，由式（A-25）、式（A-26）可做出 $\dot{U}_{KA}^{(2)}$、$\dot{U}_{KB}^{(2)}$、$\dot{U}_{KC}^{(2)}$ 相量，如图 A-8 所示。

A.2.4 相间短路电流电压波形简析

两相故障电流电压波形如图 A-9 所示，相间短路故障录波图要点如下：

（1）两相电流增大，两相电压降低；没有零序电流、零序电压。

（2）电流增大、电压降低为相同两个相别。

（3）两个故障相电流基本反向。

（4）故障相间电压超前故障相间电流约 80°。

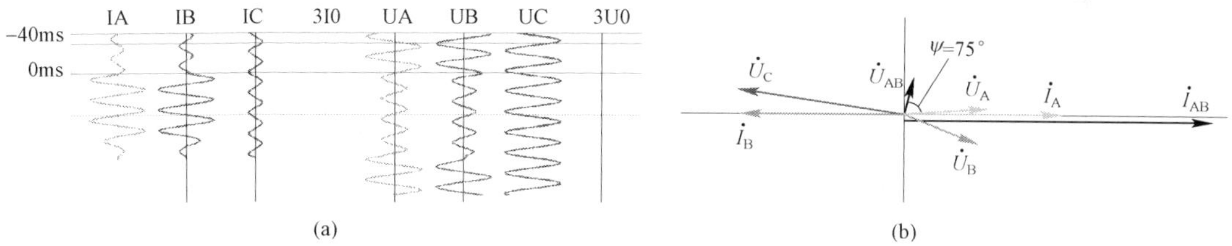

图 A-9 两相故障电流电压波形图

（a）AB 两相短路典型录波图；（b）AB 两相短路典型相量图

若两相短路故障出现不符合上述条件情况，那么需要仔细分析，查找二次回路是否存在问题。

对于分析录波图，第（4）条是非常重要的，对于单相故障，故障相电压超前故障相电流约 80°；对于多相故障，则是故障相间电压超前故障相间电流约 80°；“80°左右”的概念实际上就是短路阻抗角，也即线路阻抗角。

A.3 两相接地短路的电流电压特点

A.3.1 边界条件与特殊相

图 A-10 示出了 K 点 BC 相金属性接地，写出边界条件为

$$\left.\begin{aligned}\dot{I}_{KA}^{(1,1)}&=0\\ \dot{U}_{KB}^{(1,1)}&=0\\ \dot{U}_{KC}^{(1,1)}&=0\end{aligned}\right\}\qquad(A-29)$$

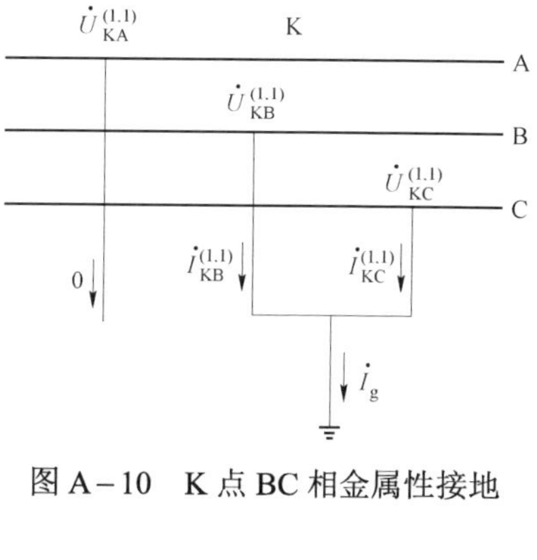

图 A-10 K 点 BC 相金属性接地

特殊相是 A 相，CA 相接地时特殊相是 B 相，AB 相接

地时特殊相是C相。特殊相是非故障相。

A.3.2 复合序网

将式（A－29）用特殊相A相序分量表示为

$$\dot{I}_{KA1}^{(1,1)}+\dot{I}_{KA2}^{(1,1)}+\dot{I}_{KA0}^{(1,1)}=0 \tag{A-30}$$

由式（A－30）做出复合序网如图A－11所示，特殊相正序、负序、零序网络并联。

$$\dot{U}_{KA1}^{(1,1)}=\dot{U}_{KA2}^{(1,1)}=\dot{U}_{KA0}^{(1,1)}=\frac{\dot{U}_{KA|0|}}{3} \tag{A-31}$$

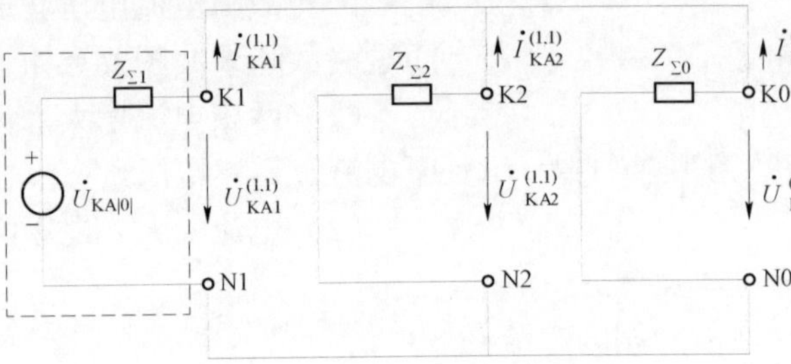

图A－11　BC相接地时的复合序网

A.3.3 故障点电流、电压

（一）故障点电流

由图A－11求得

$$\dot{I}_{KA1}^{(1,1)}=\frac{\dot{U}_{KA[0]}}{Z_{\Sigma1}+\dfrac{Z_{\Sigma2}Z_{\Sigma0}}{Z_{\Sigma2}+Z_{\Sigma0}}} \tag{A-32}$$

$$\dot{I}_{KA2}^{(1,1)}=-\frac{Z_{\Sigma0}}{Z_{\Sigma2}+Z_{\Sigma0}}\dot{I}_{KA1}^{(1,1)} \tag{A-33}$$

$$\dot{I}_{KA0}^{(1,1)}=-\frac{Z_{\Sigma2}}{Z_{\Sigma2}+Z_{\Sigma0}}\dot{I}_{KA1}^{(1,1)} \tag{A-34}$$

计及$Z_{\Sigma1}=Z_{\Sigma2}$、三相短路电流$I_{KA}^{(3)}=\dfrac{U_{KA[0]}}{Z_{\Sigma1}}$，故障支路电流$I_{KB}^{(1,1)}$、$I_{KC}^{(1,1)}$可表示为

$$\begin{aligned}\dot{I}_{KB}^{(1,1)}&=\alpha^2\dot{I}_{KA1}^{(1,1)}+\alpha\dot{I}_{KA2}^{(1,1)}+\dot{I}_{KA0}^{(1,1)}=\left(\alpha^2-\frac{\alpha Z_{\Sigma0}+Z_{\Sigma2}}{Z_{\Sigma2}+Z_{\Sigma0}}\right)\dot{I}_{KA1}^{(1,1)}\\&=\dot{I}_{KB}^{(3)}+\frac{Z_{\Sigma0}-Z_{\Sigma1}}{Z_{\Sigma1}+2Z_{\Sigma0}}\dot{I}_{KA}^{(3)}\end{aligned} \tag{A-35}$$

$$\begin{aligned}\dot{I}_{KC}^{(1,1)}&=\alpha\dot{I}_{KA1}^{(1,1)}+\alpha^2\dot{I}_{KA2}^{(1,1)}+\dot{I}_{KA0}^{(1,1)}=\left(\alpha-\frac{\alpha^2 Z_{\Sigma0}+Z_{\Sigma2}}{Z_{\Sigma2}+Z_{\Sigma0}}\right)\dot{I}_{KA1}^{(1,1)}\\&=\dot{I}_{KC}^{(3)}+\frac{Z_{\Sigma0}-Z_{\Sigma1}}{Z_{\Sigma1}+2Z_{\Sigma0}}\dot{I}_{KA}^{(3)}\end{aligned} \tag{A-36}$$

流入地中的电流（零序电流的3倍）为

$$\dot{I}_{g}=\dot{I}_{KB}^{(1,1)}+\dot{I}_{KC}^{(1,1)}=\frac{3Z_{\Sigma1}}{Z_{\Sigma1}+2Z_{\Sigma0}}\dot{I}_{KA}^{(3)} \tag{A-37}$$

将式（A－35）、式（A－36）表示的$|I_{KB}^{(1,1)}|$、$|I_{KC}^{(1,1)}|$取模值，经变换得

$$\left|\dot{I}_{KB}^{(1,1)}\right|=\left|\dot{I}_{KC}^{(1,1)}\right|=\sqrt{3}\sqrt{1-\frac{Z_{\Sigma2}Z_{\Sigma0}}{(Z_{\Sigma1}+Z_{\Sigma0})^{2}}}\bullet\left|\dot{I}_{KA}^{(3)}\right| \tag{A-38}$$

或表示为

$$\begin{aligned}\left|\dot{I}_{KB}^{(1,1)}\right|=\left|\dot{I}_{KC}^{(1,1)}\right|&=\frac{\sqrt{3}\sqrt{Z_{\Sigma1}^{2}+Z_{\Sigma1}Z_{\Sigma0}+Z_{\Sigma0}^{2}}}{Z_{\Sigma1}+2Z_{\Sigma0}}\bullet\left|\dot{I}_{KA}^{(3)}\right|\\&=\sqrt{1+\frac{(2Z_{\Sigma1}+Z_{\Sigma0})(Z_{\Sigma1}-Z_{\Sigma0})}{(Z_{\Sigma1}+2Z_{\Sigma0})^{2}}}\bullet\left|\dot{I}_{KA}^{(3)}\right|\end{aligned} \tag{A-39}$$

当然，$Z_{\Sigma0}<Z_{\Sigma1}$时，有$|I_{KB}^{(1,1)}|=|I_{KC}^{(1,1)}|>|I_{KA}^{(3)}|$

（二）故障点电压

故障点非故障相电压为

$$\dot{U}_{KA}^{(1,1)}=3\dot{U}_{KA1}^{(1,1)}=3[\dot{U}_{KA[0]}-\dot{I}_{KA1}^{(1,1)}\bullet Z_{\Sigma1}]=\dot{U}_{KA[0]}+\frac{Z_{\Sigma0}-Z_{\Sigma1}}{Z_{\Sigma1}+2Z_{\Sigma0}}\bullet\dot{U}_{KA[0]} \tag{A-40}$$

当$Z_{\Sigma0}>Z_{\Sigma1}$时，非故障相电压升高；当$Z_{\Sigma0}=Z_{\Sigma1}$时，非故障相电压不变；当$Z_{\Sigma0}<Z_{\Sigma1}$时，非故障相电压降低。当$Z_{\Sigma0}=0\sim\infty$时，故障点非故障相电压在（0～1.5）$U_{KA[0]}$内变化。

需要指注意：在$Z_{\Sigma0}<Z_{\Sigma1}$情况下，有$I_{KA}^{(1)}>I_{KA}^{(3)}$，$I_{KA}^{(1,1)}>I_{KA}^{(3)}$；在$Z_{\Sigma0}>Z_{\Sigma1}$情况下，单相接地和两相接地时非故障相电压均要升高。在实际电力系统中，均以单相接地情况来校核单相短路电流是否大于三相短路电流，校核非故障相电压升高情况。

（三）故障点电流、电压间相量关系

先做出故障点故障前的$U_{KA[0]}$、$U_{KB[0]}$、$U_{KC[0]}$，在做出三相短路电流$I_{KA}^{(3)}$、$I_{KB}^{(3)}$、$I_{KC}^{(3)}$。由式（A－40）做出$U_{KA}^{(1,1)}$相量，但$Z_{\Sigma0}=Z_{\Sigma1}$时，有$\varDelta_{a}=\frac{Z_{\Sigma0}-Z_{\Sigma1}}{2Z_{\Sigma0}+Z_{\Sigma1}}\bullet U_{KA[0]}=0$，$U_{KA}^{(1,1)}$相量端点在a点；当$Z_{\Sigma0}>Z_{\Sigma1}$时，有$\varDelta_{a}>0$（表示与$I_{KA}^{(3)}$同相位），$U_{KA}^{(1,1)}$相量端点在$a'$点。当$Z_{\Sigma0}<Z_{\Sigma1}$时，有$\varDelta_{a}<0$（表示与$U_{KA[0]}$反相位），相量端点在$a''$点。

$$\varDelta_{a}=\frac{Z_{\Sigma0}-Z_{\Sigma1}}{2Z_{\Sigma0}+Z_{\Sigma1}}\bullet U_{KA[0]} \tag{A-41}$$

$$\varDelta_{1}=\frac{Z_{\Sigma0}-Z_{\Sigma1}}{2Z_{\Sigma0}+Z_{\Sigma1}}\bullet I_{KA}^{(3)} \tag{A-42}$$

由式（A－35）、式（A－36）可做出$I_{KB}^{(1,1)}$、$I_{KC}^{(1,1)}$相量。当$Z_{\Sigma0}=Z_{\Sigma1}$时，有$\varDelta_{1}=\frac{Z_{\Sigma0}-Z_{\Sigma1}}{2Z_{\Sigma0}+Z_{\Sigma1}}\bullet I_{KA}^{(3)}=0$，$I_{KB}^{(1,1)}$、$I_{KC}^{(1,1)}$相量端点在b、c点；当$Z_{\Sigma0}>Z_{\Sigma1}$时，有$\varDelta_{1}>0$（表示与$I_{KA}^{(3)}$同相位），$I_{KB}^{(1,1)}$、$I_{KC}^{(1,1)}$相量端点在$b'$、$c'$点；当$Z_{\Sigma0}<Z_{\Sigma1}$时，有$\varDelta_{1}<0$（表示与$I_{KA}^{(3)}$反

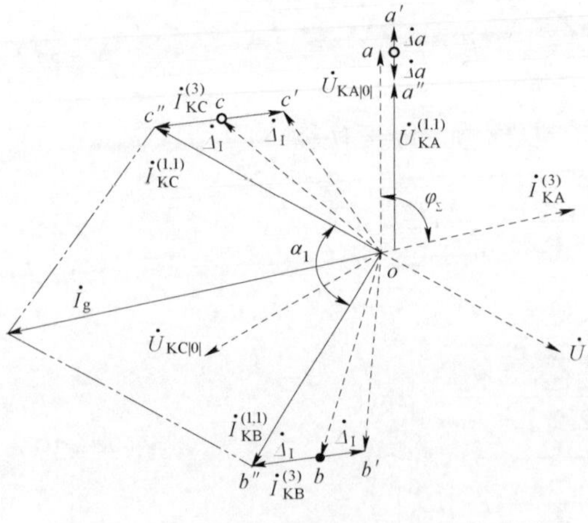

图 A－12　K 点 BC 相接地故障时的故障点电流、电压相量关系

相位），相量端点在 b''、c'' 点，此时 $I_{KB}^{(1,1)}$、$I_{KC}^{(1,1)}$ 相量夹角 $\alpha_1<120°$。由式（A－37）可做出 I_g 相量，在 $I_{KA}^{(3)}$ 反方向上。相量关系如图 A－12 所示。

可以看出，当 $Z_{\Sigma0}\to0$ 时，$\Delta_1\to-I_{KA}^{(3)}$，此时 $I_{KB}^{(1,1)}$ 与 $I_{KC}^{(1,1)}$ 夹角为 60°，即 $\alpha_1\to60°$（$I_{KB}^{(1,1)}=I_{KC}^{(1,1)}=\sqrt{3}\,I_{KA}^{(3)}$，$I_g=\sqrt{3}\,I_{KA}^{(3)}$）；当 $Z_{\Sigma0}\to\infty$ 时，$\Delta_1\to\frac{1}{2}I_{KA}^{(3)}$，此时 $I_{KB}^{(1,1)}$ 与 $I_{KC}^{(1,1)}$ 反相位，即 $\alpha_1\to180°$（$I_{KB}^{(1,1)}=I_{KC}^{(1,1)}=\frac{\sqrt{3}}{2}I_{KA}^{(3)}$，$I_g=0$）。因此，$Z_{\Sigma0}$ 变化时，$I_{KB}^{(1,1)}$、$I_{KC}^{(1,1)}$ 相量端点变化轨迹沿 $b'b''$、$c'c''$ 方向确定的直线段变化，I_g 相量端点在 $I_{KA}^{(3)}$ 反方向确定的直线段变化。此外，$Z_{\Sigma0}<Z_{\Sigma1}$ 时，有 $|I_{KB}^{(1,1)}|=|I_{KC}^{(1,1)}|>|I_{KA}^{(3)}|$，但此时必有 $|U_{KA}^{(1,1)}|<|U_{KA[0]}|$；$Z_{\Sigma0}>Z_{\Sigma1}$ 时，有 $|I_{KB}^{(1,1)}|=|I_{KC}^{(1,1)}|<|I_{KA}^{(3)}|$，此时必有 $|U_{KA}^{(1,1)}|>|U_{KA[0]}|$。说明故障电流大于（或小于）三相短路电流与非故障相电压升高（或降低）是不会同时存在的。

A.3.4　两相接地短路电流电压波形简析

图 A－13 所示为 AB 两相接地短路典型录波图和相量图，分析两相接地短路故障录波图要点如下：

（1）两相电流增大，两相电压降低；出现零序电流、零序电压。

（2）电流增大、电压降低为相同两个相别。

（3）零序电流向量为位于故障两相电流间。

（4）故障相间电压超前故障相间电流约 80°；零序电流超前零序电压约 110°。

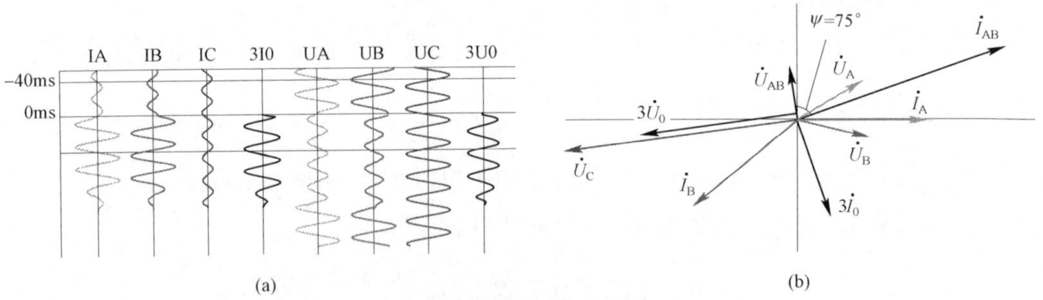

图 A－13　AB 两相接地短路典型录波图和相量图

（a）录波图；（b）相量图

若两相接地短路故障出现不符合上述条件情况，那么需要仔细分析，查找二次回路是否存在问题。

A.4　三相短路的电流电压特点

A.4.1　边界条件与特殊相

图 A－14 给出了 K 点金属性三相短路的情况（可接地，也可不接地），在 K 点将系统分割成两个部分。因三相处在相同的情况，故任一相均可取特殊相（基准相），一般取 A 相。

写出 K 点金属性三相短路的边界条件为

$$\left.\begin{aligned}\dot{U}_{KA}^{(3)}=0\\ \dot{U}_{KB}^{(3)}=0\\ \dot{U}_{KC}^{(3)}=0\end{aligned}\right\} \qquad (A-43)$$

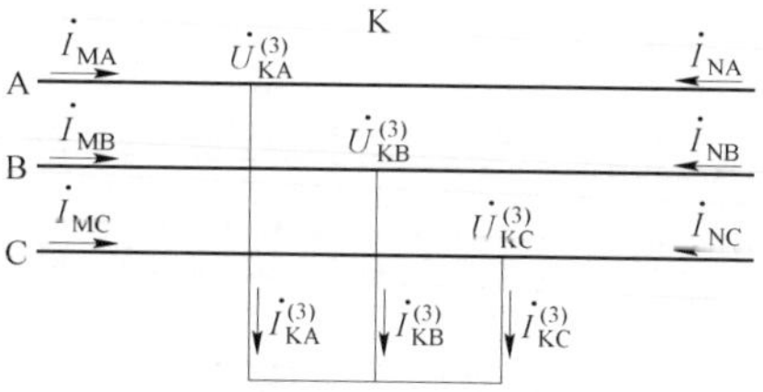

图 A-14　K 点金属线三相短路

A.4.2　复合序网

故障点各序分量电压为

$$\dot{U}_{KA1}^{(3)}=\dot{U}_{KA2}^{(3)}=\dot{U}_{KA0}^{(3)}=0 \qquad (A-44)$$

复合序网就是正序网络。显然，$I_{KA2}^{(3)}=0$、$I_{KA0}^{(3)}=0$，即三相对称短路没有负序电流和零序电流，自然也没有负序电压和零序电压。

故障点的正序电流就是三相短路电流，即

$$\dot{I}_{KA}^{(3)}=\dot{I}_{KA1}^{(3)}=\frac{\dot{U}_{KA[0]}}{Z_{\Sigma1}} \qquad (A-45)$$

A.4.3　三相短路故障电流电压波形简析

综上所述，当系统发生三相短路，电压电流波形特点如下。

（1）电压均下降，且幅值基本相同。

（2）三相电流均增大，其幅值基本相同。

（3）三相电流相位关系与正常运行时相同。

（4）无零序电流，零序电压。

（5）故障相电压超前故障相电流约 75°；故障相间电压超前故障相间电流同样约 75°。

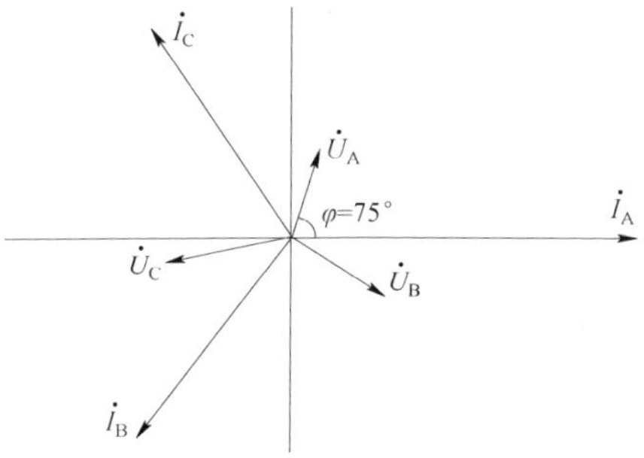

图 A-15　三相短路时电压电流向量图

三相短路时，电压电流的向量图，如图 A-15 所示。

三相短路时电压电流的波形如图 A-16 所示。

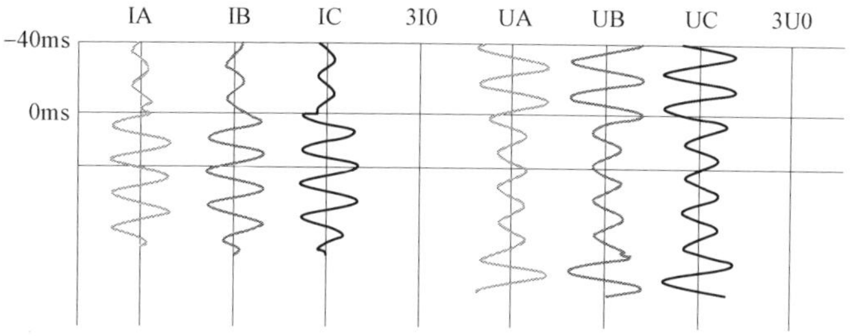

图 A-16　三相短路时典型故障录波图

附录B　断线故障电气量特点分析

B.1　单相（a相）断线分析

B.1.1　单相断线故障边界条件

A相断线示意图如图B－1所示。

$$\Delta\dot{U}_{Fb}=\Delta\dot{U}_{Fc}=0,\dot{I}_{Fa}=0 \qquad (B-1)$$

特别指出$\Delta\dot{U}_{Fb}$、$\Delta\dot{U}_{Fc}$是指断线处X、Y两点间的电压降。

$$\left.\begin{aligned}\Delta\dot{U}_{A(1)}=\Delta\dot{U}_{A(2)}=\Delta\dot{U}_{A(0)}\\ \dot{I}_{A(1)}+\dot{I}_{A(2)}+\dot{I}_{A(0)}=0\end{aligned}\right\} \qquad (B-2)$$

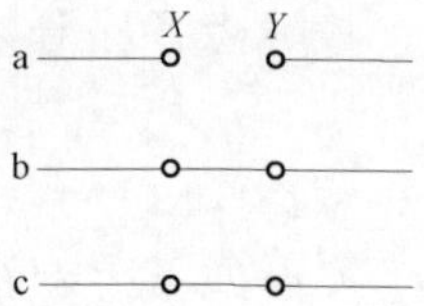

图B－1　A相断线示意图

B.1.2　单相断线复合序网

A相断线时的复合序网如图B－2所示，其中N′1、N″1为断相处X、Y侧的系统中性点；N′2 N″2为断相处X、Y侧的系统中性点；N′0 N″0为断相处X、Y侧接地中性点。

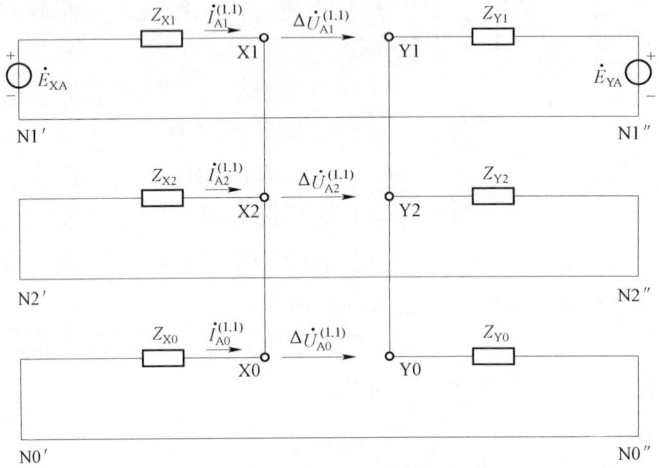

图B－2　A相断线时的复合序网

由图B－2可以看出如果断线两侧有任意一侧无接地点，则单相断线不会产生零序电流和零序电压。

设　$Z_{FF(1)}=Z_{X1}+Z_{Y1}$、$Z_{FF(2)}=Z_{X2}+Z_{Y2}$、$Z_{FF(0)}=Z_{X0}+Z_{Y0}$

由图B－2可得

$$\dot{I}_{A(1)}=\frac{\dot{U}_{XY}^{(0)}}{(Z_{FF(1)}+Z_{FF(2)}//Z_{FF(0)})}=\frac{\dot{U}_{XY}^{(0)}}{\left(Z_{FF(1)}+\dfrac{Z_{FF(2)}\times Z_{FF(0)}}{Z_{FF(2)}+Z_{FF(0)}}\right)} \qquad (B-3)$$

$$\dot{U}_{XY}^{(0)}=|\Delta\dot{E}_A|=\dot{E}_{XA}-\dot{E}_{YA}=2E_{\varphi}\sin\frac{\delta}{2} \qquad (B-4)$$

$$\left.\begin{aligned}\dot{I}_{\mathrm{A(1)}}&=\frac{\Delta\dot{E}_{\mathrm{A}}}{\left(Z_{\mathrm{FF(1)}}+\dfrac{Z_{\mathrm{FF(2)}}\times Z_{\mathrm{FF(0)}}}{Z_{\mathrm{FF(2)}}+Z_{\mathrm{FF(0)}}}\right)}\\ \dot{I}_{\mathrm{A(2)}}&=-\dot{I}_{\mathrm{A(1)}}\frac{Z_{\mathrm{FF(0)}}}{Z_{\mathrm{FF(2)}}+Z_{\mathrm{FF(0)}}}\\ \dot{I}_{\mathrm{A(0)}}&=-\dot{I}_{\mathrm{A(1)}}\frac{Z_{\mathrm{FF(2)}}}{Z_{\mathrm{FF(2)}}+Z_{\mathrm{FF(0)}}}\end{aligned}\right\}\tag{B-5}$$

断线的故障口电压电流各序分量为

$$\dot{I}_{\mathrm{Fb}}=\alpha^2\dot{I}_{\mathrm{A(1)}}+\alpha\dot{I}_{\mathrm{A(2)}}+\dot{I}_{\mathrm{A(0)}}=\left(\alpha^2-\frac{Z_{\mathrm{FF(2)}}+\alpha Z_{\mathrm{FF(0)}}}{Z_{\mathrm{FF(2)}}+Z_{\mathrm{FF(0)}}}\right)\dot{I}_{\mathrm{A(1)}}\tag{B-6}$$

$$\dot{I}_{\mathrm{Fc}}=\alpha\dot{I}_{\mathrm{A(1)}}+\alpha^2\dot{I}_{\mathrm{A(2)}}+\dot{I}_{\mathrm{A(0)}}=\left(\alpha-\frac{Z_{\mathrm{FF(2)}}+\alpha^2 Z_{\mathrm{FF(0)}}}{Z_{\mathrm{FF(2)}}+Z_{\mathrm{FF(0)}}}\right)\dot{I}_{\mathrm{A(1)}}\tag{B-7}$$

$$\Delta\dot{U}_{\mathrm{F}}=3\Delta\dot{U}_{\mathrm{A(1)}}=\frac{3Z_{\mathrm{FF(2)}}Z_{\mathrm{FF(0)}}}{Z_{\mathrm{FF(2)}}+Z_{\mathrm{FF(0)}}}\dot{I}_{\mathrm{A(1)}}\tag{B-8}$$

按给定两侧电源电动势分析纵向不对称故障，概念清晰，容易得到纵向不对称故障电气量的特点。但是，在复杂多电源网络中，要得到断线处两侧等值电动势间的相角差是十分困难的，并且断相后两侧等值电动势间的相角差还要发生变化。正因为如此，按给定电动势分析纵向不对称故障的方法，难以得到断相处的各序电流、断口处两点间的电压等。按给定负荷电流分析纵向不对称故障，是不计断相后两侧等值电动势的大小及相位变化，即假设

$$\dot{I}_{\mathrm{loa\cdot A}}=\frac{\Delta\dot{E}_{\mathrm{A}}}{Z_{\mathrm{FF(1)}}}=\frac{E_{\mathrm{XA}}-\dot{E}_{YA}}{Z_{\mathrm{FF(1)}}}\tag{B-9}$$

断相前、后保持不变，$\Delta\dot{E}_{\mathrm{A}}=\dot{E}_{\mathrm{XA}}-\dot{E}_{\mathrm{YA}}=\dot{I}_{\mathrm{loa\cdot A}}Z_{\mathrm{FF(1)}}$ 从而求得断相后的有关电气量，适合多电源网络中非全相运行的分析计算。

B.2 两相（bc 相）断线分析

B.2.1 两相断线故障边界条件

b、c 相断线示意图如图 B－3 所示，则有

$$\Delta\dot{U}_{\mathrm{Fa}}=0\text{，}\quad \dot{I}_{\mathrm{Fb}}=\dot{I}_{\mathrm{Fc}}=0\tag{B-10}$$

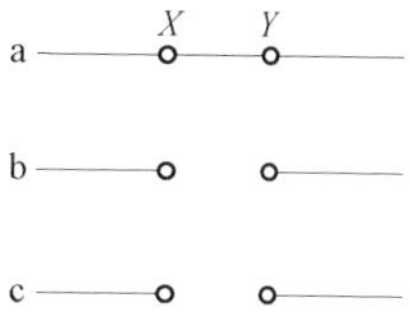

图 B－3 b、c 相断线示意图

序分量表示为

$$\left.\begin{aligned}&\Delta\dot{U}_{\mathrm{F(1)}}+\Delta\dot{U}_{\mathrm{F(2)}}+\Delta\dot{U}_{\mathrm{F(0)}}=0\\ &\dot{I}_{\mathrm{F(1)}}=\dot{I}_{\mathrm{F(2)}}=\dot{I}_{\mathrm{F(0)}}\end{aligned}\right\}\tag{B-11}$$

B.2.2 两相断线复合序网

b、c 相断线时的复合序网如图 B－4 所示，其中，$N'1$、$N''1$ 为断相处 X、Y 侧的系统中性点；$N'2N''2$ 为断相处 X、Y 侧的系统中性点；$N'0N''0$ 为断相处 X、Y 侧接地中性点。

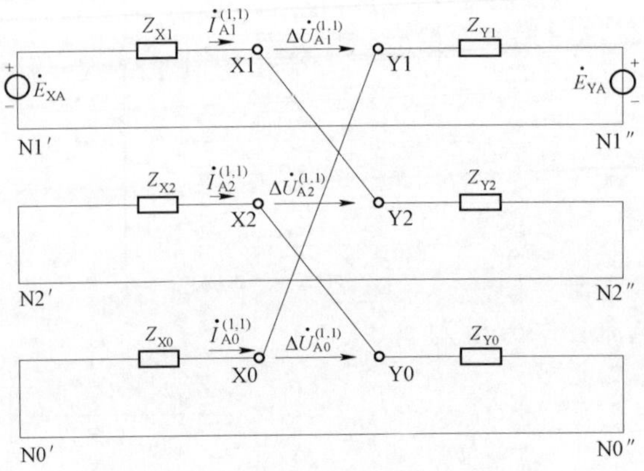

图 B-4　b、c 相断线时的复合序网

设 $Z_{FF(1)}=Z_{X1}+Z_{Y1}$、$Z_{FF(2)}=Z_{X2}+Z_{Y2}$、$Z_{FF(0)}=Z_{X0}+Z_{Y0}$，由复合序网图可得

$$\dot{I}_{A(1)}=\dot{I}_{A(2)}=\dot{I}_{A(0)}=\frac{\dot{U}_{XY}^{(0)}}{(Z_{FF(1)}+Z_{FF(2)}+Z_{FF(0)})} \tag{B-12}$$

$$\dot{U}_{XY}^{(0)}=\left|\Delta\dot{E}_{A}\right|=2E_{\varphi}\sin\frac{\delta}{2} \tag{B-13}$$

$$\dot{I}_{A(1)}=\dot{I}_{A(2)}=\dot{I}_{A(0)}=\frac{2E_{\varphi}\sin\frac{\delta}{2}}{(Z_{FF(1)}+Z_{FF(2)}+Z_{FF(0)})} \tag{B-14}$$

断线的故障口电压电流各序分量为

$$\dot{I}_{FA}=\dot{I}_{A(1)}+\dot{I}_{A(2)}+\dot{I}_{A(0)}=\frac{3\Delta\dot{E}_{A}}{(Z_{FF(1)}+Z_{FF(2)}+Z_{FF(0)})} \tag{B-15}$$

$$\begin{aligned}\Delta\dot{U}_{A1}&=[Z_{FF(2)}+Z_{FF(0)}]\dot{I}_{A(1)}\\ \Delta\dot{U}_{A2}&=-Z_{FF(2)}\dot{I}_{A(1)}\\ \Delta\dot{U}_{A0}&=-Z_{FF(0)}\dot{I}_{A(1)}\end{aligned} \tag{B-16}$$

$$\Delta\dot{U}_{Fb}=\alpha^2\Delta\dot{U}_{A1}+\alpha\Delta\dot{U}_{A2}+\Delta\dot{U}_{A0}=[(\alpha^2-\alpha)Z_{FF(2)}+(\alpha^2-1)Z_{FF(0)}]\dot{I}_{A(1)} \tag{B-17}$$

$$\Delta\dot{U}_{Fc}=\alpha\Delta\dot{U}_{A1}+\alpha^2\Delta\dot{U}_{A2}+\Delta\dot{U}_{A0}=[(\alpha-\alpha^2)Z_{FF(2)}+(\alpha-1)Z_{FF(0)}]\dot{I}_{A(1)} \tag{B-18}$$

按照 $\dot{I}_{loa\cdot A}=\dfrac{\Delta\dot{E}_{A}}{Z_{FF(1)}}=\dfrac{E_{XA}-E_{YA}}{Z_{FF(1)}}$ 的关系，求出两相断相有关的电气量。

非全相断线与不对称短路的区别如图 B-5 所示。

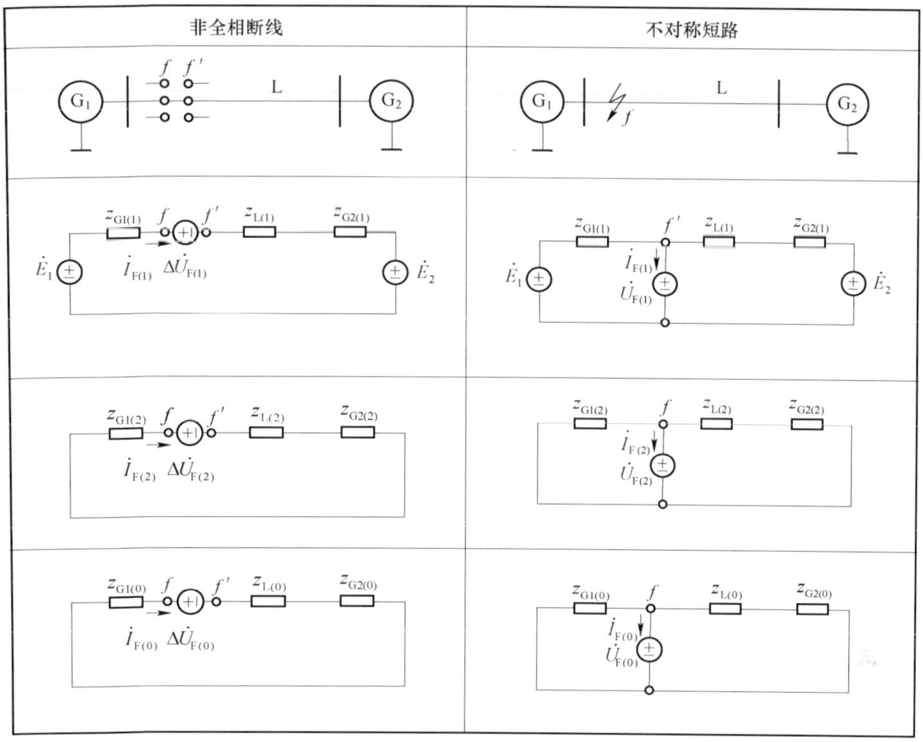

图 B－5　非全相断线与不对称短路区别

由以上分析可知，开关断相运行时，会产生较大的负序或零序电流，甚至会产生较大的故障电流对电力设备和保护均有影响。

（1）开关断相运行时，可能会产生很大的故障电流，也会产生较大的负序及零序电流，对发电机、变压器、断路器等设备产生很大的危害。

（2）由于出现负序、零序等分量，使得系统中的一些保护可能处于启动状态，影响保护的可靠性。系统中的负序、零序等分量还可能使一些保护（如零序电流保护）动作跳闸，误断开正常运行的线路。所以，保护定值整定需考虑这方面的影响。

参　考　文　献

[1] 国家电力调度通信中心. 国家电网公司继电保护培训教材（上、下册）. 北京：中国电力出版社，2004.
[2] 国家电力调度通信中心. 电力系统继电保护实用技术问答. 北京：中国电力出版社，2000.
[3] 中国南方电网电力调度通信中心，广东电网电力调度通信中心. 地区电网继电保护整定计算. 北京：中国电力出版社，2010.
[4] 中国南方电网. 中国南方电网有限责任公司电力生产事故调查规程. 北京：中国电力出版社，2005.
[5] 王世祥. 变电站继电保护运行维护实用指南. 北京：中国电力出版社，2013.